ATLAS DU CIEL

UN VOYAGE À LA DÉCOUVERTE
DES PLANÈTES, DES ÉTOILES
ET DE L'UNIVERS

GRÜND

Remerciements
Les auteurs remercient pour sa précieuse collaboration
le Comité pour la vulgarisation de l'astronomie de Florence,
qui a mis à disposition les cartes stellaires visibles
sur le site www.cd.astro.org

Projet éditorial et textes :
Adriana Rigutti
Comité scientifique :
Prof. Fabrizio Mazzucconi,
Observatoire d'astrophysique d'Arcetri, Florence
Conception et maquette :
Enrico Albisetti
Tableaux et dessins sur ordinateur :
Enrico Albisetti, Bernardo Mannucci
Cartes stellaires :
Bernardo Mannucci
(modèle des cartes stellaires réalisé avec le programme *Planetario*)

Adaptation française :
Paloma Cabeza-Orcel
Secrétariat d'édition :
Luc-Édouard Gonot
Réalisation PAO :
Bénédicte Chantalou, Tifinagh

ISBN 2-7000-1903-2 / Dépôt légal : septembre 2003
Imprimé en Italie

ATLAS DU
CIEL

UN VOYAGE À LA DÉCOUVERTE
DES PLANÈTES, DES ÉTOILES
ET DE L'UNIVERS

GRÜND

Légendes des illustrations

8-9: astrolabe attribué à Egnazio Danti, cosmographe de Cosme Ier de Médicis. Caractéristique de la dernière génération d'instruments astronomiques qui précédèrent l'observation au télescope, cet astrolabe en laiton, d'un diamètre de 84 cm, a « un seul tympan pour la latitude de 45°24' correspondant à la cité de Padoue ». Il fut aussi utilisé par Galilée.
EN MÉDAILLON : le télescope spatial *Hubble*, l'un des instruments modernes ayant contribué à révolutionner notre vision de l'Univers.
26-27: l'ouragan Fran, vu par satellite, s'approchant des côtes de Floride ; l'image est obtenue par ordinateur.
EN MÉDAILLON : la fusée *Saturn 5*, qui lancera le vaisseau *Apollo 11* vers la Lune, décolle de sa rampe de lancement.
28: la Corne de l'Afrique vue d'un satellite en orbite.
42: l'empreinte de Neil Armstrong, le premier homme sur la Lune.
62-63: cette image, prise dans le visible par la deuxième caméra planétaire à large champ *(WFPC2)* du télescope spatial *Hubble*, montre une portion de la nébuleuse Dorade 30. L'analyse du rayonnement infrarouge révèle que de nombreuses étoiles se forment dans cette région de l'espace.
EN MÉDAILLON : sphère céleste autrichienne de la fin du XVIIIe siècle où figurent les constellations.
64: carte des constellations tirée d'une gravure tchécoslovaque du XVIIe siècle.
76: les principales étoiles de la constellation d'Orion.
120: le mouvement de la voûte céleste au-dessus du dôme de Gemini, l'un des télescopes les plus avancés de l'observatoire de Mauna Kea.
136-137: vue du Soleil lors du développement d'une immense protubérance prise par *SoHO*. Les zones les plus chaudes sont presque blanches, les plus froides, rouge sombre.
EN MÉDAILLON : l'observatoire solaire et héliosphérique *SoHO*, qui a fourni des données extraordinaires sur la structure et les phénomènes solaires.
138: magnifique image d'une protubérance prise par *SoHO*.
154: photomontage des planètes du Système solaire (Terre et Pluton exclues). Les plus lointaines sont les planètes telluriques, les plus proches, les géantes gazeuses.
186-187: l'image de la nébuleuse galactique NGC3603 prise par *Hubble* montre la supergéante bleue Sher 25, un amas stellaire dominé par des étoiles de Wolf-Rayet – « jeunes » et chaudes – et par des étoiles de type O produisant des rayonnements ionisants et des vents stellaires qui interagissent avec la matière voisine pour créer, entre autres, de gigantesques flèches gazeuses. Les taches sombres en bas à droite sont des globules de Bok – probablement le stade initial de la formation de nouvelles étoiles.
EN MÉDAILLON : rencontre entre les galaxies NGC6872 et IC4970 observée par *Hubble*.
188: la nébuleuse de l'Œuf (CRL2688), à 3 000 années-lumière de nous, vue dans l'infrarouge par *Hubble* et reproduite en fausses couleurs. Deux jets de radiations émergent de l'étoile cachée dans une coquille de poussières et de gaz qui se dilate à la vitesse de 20 km/s.
208: la galaxie spirale NGC1232, dans la constellation de l'Éridan, se trouve à 20° sous l'équateur céleste, à environ 100 millions d'années-lumière de la Terre. Image du *Very Large Telescope* de l'ESO (Observatoire européen austral).

Crédits photographiques

pp. 23, 121, 195 : Nigel Sharp, NOAO/NSO/Kitt Peak FTS/AURA/NSF ; p. 123 : NOAO/AURA/NSF ; p. 125 : NOAO/AURA/NSF ; p. 141 : NOAO/AURA/NSFM ; p. 145 : T. Rimmele, M. Hanna/NOAO/AURA/NSF ; p. 196 : NOAO/AURA/NSF ; p. 210 : C. Howk (JHU), B. Savage (U. Wisconsin), N.A.Sharp (NOAO)/WIYN/NOAO/NSF ; pp. 10, 13, 25, 29, 32b, 33, 34b, 34, 36, 37, 39, 40, 51-51, 52, 69, 70, 72, 73, 74, 75, 77, 111, 112, 113, 114, 115, 116, 117, 118, 118-119, 119, 120, 124, 149, 189, 198 : Corbis/Grazia Neri e Science Photo Library/Grazia Neri ; pp. 8-9, 10h, 11, 12, 14, 15, 16, 17, 18, 19, 20, 21, 22, 23h, 24, 42, 53, 54, 63, 64, 70, 71, 72, 73, 75, 80, 81, 82b, 83, 84, 118c, 148bdh, 155bd, 166bhg, 182, 183h, 183bg, 189bgb ; 192b, 198d, 208d ; 208b : Archivio Iconografico Giunti ; pp. 27, 28, 34c, 42, 43, 44, 45, 46, 47, 48, 49, 50l, 53b, 55, 56, 57, 58, 59, 60, 61, 70lh, 76, 126, 127, 128, 129, 130, 131, 132h, 133, 134hg, 134b, 146l, 154, 155h, 155c, 155bg, 158, 159, 160, 161, 162, 163, 164, 165, 166, 167, 168, 170bg, 171l, 173, 175 b, 177 b, 178, 179hg, 179b, 180, 181, 202c : NBGA/NSSDC ; pp. 26-27 : Nasa/Goddard Space Flight Center ; p. 38 : Nasa/Goddard Space Flight Center ; p. 28 : NOAA ; pp. 71lh, 132l, 135b : ESA ; p. 134 : ESA/NASA/JPL/Caltech ; pp. 121, 136-137, 133, 135h, 136, 137, 138, 139, 141, 142, 143, 144, 145, 146, 147, 148, 149, 152, 153 : Solar & Heliospheric Observatory (SoHO). SoHO est un projet de coopération internationale entre l'ESA et la NASA ; pp. 120, 122, 123h, 123c : ESO ; pp. 187, 221cd : ESO (VLT ANTU/UT1+FORS1), p. 200h : ESO (VLT ANTU/UT1+ISAAC) ; p. 204 : ESO (VLT KUEYEN/UT2+FORS2) ; p. 207b : ESO (VLT KUEYEN+FORS2+FIERA) ; p. 208hg : ESO (VLT ANTU/UT1+FORS1), p. 211h : ESO (VLT ANTU+FORS1), p. 224hd : ESO (VLT KUEYEN/UT2+FORS2) ; 131b : Edward A. Guinness, Washington University in St. Louis ; 165b : Mary A. Dale-Bannister, Washington University in St. Louis ; pp. 62-63 : NASA, John Trauger (Jet Propulsion Laboratory) et James Westphal (California Institute of Technology) ; p. 64 : Don Figer (Space Telescope Science Institute) et NASA ; p. 70b : Steve Lee (Univ. Colorado), Todd Clancy (Space Science Inst., Boulder, CO), Phil James (Univ. Toledo), et NASA ; p. 71h : Erich Karkoschka (University of Arizona), et NASA ; p. 82 : NASA/K.L.Luhman (harvard-Smithsonian Center for Astrophysics, Cambridge, Mass.)/G. Schneider, E. Young, G. Rieke, A. Cotera, H. Chen, M. Rieke, R. Thompson (Steward Observatory, University of Arizona, Tucson, Ariz.) ; pp. 9, 126, 127, 128, 129, 130, 131, 133, 134b, 154, 155, 158-159, 160-161, 162-163, 164, 165, 166, 167, 168, 171c, 173, 175b, 177b, 178, 179hg, 179b, 180hg, 180hd, 180b, 217hd : NASA ; pp. 162-163, 160c : NASA/USGS ; p. 166h : GSFC/NASA ; p. 164b : Steve Lee (University of Colorado), Jim Bell (Cornell University), Mike Wolff (Space Science Institute) et NASA, p. 164 : Jim Bell (Cornell University), Justin Maki (JPL) ; et Mike Wolff (Space Sciences Institute) et NASA ; p. 164s : Jim Bell (Cornell University), Justin Maki (JPL), et Mike Wolff (Space Sciences Institute) et NASA ; p. 166hg : Phil James (Univ. Toledo), Todd Clancy (Space Science Inst., Boulder, CO), Steve Lee (Univ. Colorado), et NASA : p. 169 : Ben Zellner (Georgia Southern University), Peter Thomas (Cornell University) et NASA ; 170 bd : Reta Beebe (New Mexico State University) et NASA ; 171b : NASA/ESA, John Clarke (University of Michigan) ; 174h : J. Trauger (JPL) et NASA ; p. 174bg : Erich Karkoschka (University of Arizona), et NASA ; p. 174bd : Erich Karkoschka (University of Arizona Lunar & Planetary Lab) et NASA ; p. 175c : NASA et The Hubble Heritage Team (STScI/AURA). Remerciements : R.G. French (Wellesley College), J. Cuzzi (NASA/Ames), L. Dones (SwRI), et J. Lissauer (NASA/Ames) ; p. 177hg : Heidi Hammel (Massachusetts Institute of Technology) et NASA ; p. 177hd : Erich Karkoschka (University of Arizona) et NASA ; p. 179hd : Lawrence Sromovsky (University of Wisconsin-Madison), NASA ; p. 181 : Dr. R. Albrecht, ESA/ESO Space Telescope European Coordinating Facility ; NASA ; p. 183bd : NASA/Harold Weaver (The John Hopkins University)/the HSY Comet LINEAR Investigation Team/University d'Hawaii ; p. 184 : Rodger Thompson, Marcia Rieke et Glenn Schneider (University of Arizona) et NASA ; pp. 186-187 : Wolfgang Brandner (JPL/IPAC), Eva K. Grebel (Univ. Washington), You-Hua Chu (Univ. Illinois Urbana-Champaign), et NASA ; p. 188h : R. Sahai et J. Trauger (JPL), the WFPC2 Science Team et NASA ; p. 188b : Yves Grosdidier (Université de Montréal et Observatoire de Strasbourg), Anthony Moffat (Université de Montréal), Gilles Joncas (Université de Laval), Agnès Acker (Observatoire de Strasbourg), et NASA ; p. 189h : C. Burrows et J. Krist (ST ScI) et NASA ; p. 189bdh : CfA et NASA ; p. 190 : C.A. Grady (National Optical Astronomy Observatories, NASA Goddard Space Flight Center), B. Woodgate (NASA Goddard Space Flight Center), F. Bruhweiler et A. Boggess (Catholic University of America), P. Plait et D. Lindler (ACC, Inc., Goddard Space Flight Center), M. Clampin (Space Telescope Science Institute), et NASA ; p. 191h : Don F. Figer (UCLA) et NASA ; p. 191bg : C.A. Grady (National Optical Astronomy Observatories, NASA Goddard Space Flight Center), B. Woodgate (NASA Goddard Space Flight Center), F. Bruhweiler et A. Boggess (Catholic University of America), P. Plait et D. Lindler (ACC, Inc., Goddard Space Flight Center), M. Clampin (Space Telescope Science Institute), et NASA ; p. 191bd : The Hubble Research Team, dirigé par Paul Kalas (Space Telescope Science Institute, Baltimore, Md.), avec John Larwood (Queen Mary et Westfield College, London, United Kingdom), Bradford Smith (Université d'Hawaii, Institute for Astronomy, Honolulu, Hawaii), et Alfred Schultz (Space Telescope Science Institute) ; p. 192c : Don Figer(STScI) et NASA ; p. 198s : NASA/C. R. O'Dell et S.K. Wong (Rice University) ; 198d : NASA/K. L. Luhman (harvard-Smithsonian Center for Astrophysics, Cambridge, Mass.)/G. Schneider, E. Young, G. Rieke, A. Cotera, H. Chen, M. Rieke, R. Thompson (Steward Observatory, University of Arizona, Tucson, Ariz.) ; p. 199 : A. Caulet (ST-ECF, ESA) et NASA ; 200 b : STScI et NASA ; p. 201 : Chris Burrows (STScI), the WFPC2 Science Team et NASA ; 202 hg : NASA, The Hubble Heritage Team (STScI/AURA) ; p. 202hc : Hubble Heritage Team (AURA/STScI/NASA) ; p. 202hd : Matt Bobrowsky (Orbital Sciences Corporation), K. Sahu (ST ScI) et NASA ; p. 202c : Harvey Richer (University of British Columbia, Vancouver, Canada) et NASA ; p. 203hd : Bruce Balick (University of Washington), Vincent Icke (Université de Leyde, Pays-Bas), Garrelt Mellema (Stockholm University), et NASA ; p. 203bg : NASA/the Hubble Heritage Team (AURA/STScI) ; p. 203bd : T. Nakajima et S. Kulkarni (Caltech), S. Durrance et D. Golimowski (JHU), NASA ; p. 204hg : NASA, Peter Challis et Robert Kirshner (Harvard-Smithsonian Center for Astrophysics), Peter Garnavich (University of Notre Dame), et the SINS Collaboration ; p. 204hc : Roeland P. Van der Marel (STScI), Frank C. Van den Bosch (University of Washington), et NASA ; p. 205h : Gary Bower, Richard Green (NOAO), the STIS Instrument Definition Team, et NASA ; p. 205b : Dave Finley (National Radio Astronomy Observatory), Bill Junor (University of New Mexico), Space Telescope Science Institute et NASA ; p. 205bd, NASA et John Biretta (STScI/JHU) ; p. 205bc, National Radio Astronomy Observatory/Associated Universities, Inc. ; p. 206c : Mike Shara, Bob Williams, et David Zurek (STScI) ; Roberto Gilmozzi (European Southern Observatory) ; Dina Prialnik (Tel Aviv University) ; et NASA ; p. 207hg : C. Barbieri (Univ. de Padoue), et NASA/ESA ; p. 207hd : D. Golimowski (Johns Hopkins University), et NASA ; p. 207c : NASA et The Hubble Heritage Team (STScI/AURA) ; p. 209 : The Hubble Space Telescope Key Project Team, et NASA ; p. 211b : Jeff Hester (Arizona State University)/NASA ; p. 212bd : NASA et The Hubble Heritage Team (STScI/AURA) ; p. 213h : NASA et Jeff Hester (Arizona State University) ; p. 213b : STScI et NASA ; p. 215 : NASA, Brian D. Moore, Jeff Hester, Paul Scowen (Arizona State University), Reginald Dufour (Rice University) ; p. 216 : NASA, The Hubble Heritage Team (AURA/STScI) ; p. 217hg : NASA, John Trauger (Jet Propulsion Laboratory) et James Westphal (California Institute of Technology) ; p. 217b : NASA, Donald Walter (South Carolina State University), Paul Scowen et Brian Moore (Arizona State University) ; p. 218h : STScI et NASA ; p. 218c : Michael Rich, Kenneth Mighell, et James D. Neill (Columbia University), et Wendy Freedman (Carnegie Observatories) et NASA ; p. 218b : NASA, ESA, et Martino Romaniello (European Southern Observatory, Germany). Remerciements : Le traitement de cette image a été réalisé par Martino Romaniello, Richard Hook, Bob Fosbury et the Hubble European Space Agency Information Center ; p. 219g : Hubble Heritage Team (AURA/STScI/NASA) ; p. 219d : R. Saffer (Villanova University), D. Zurek (STScI) et NASA ; p. 220, Photo du bas : Allan Sandage (Carnegie Observatories), John Bedke (STScI). WFPC2 image : NASA et John Trauger (JPL). NICMOS image : NASA, ESA, et C. Marcella Carollo (Columbia University) ; 221 hd : Hubble Heritage Team (AURA/STScI/NASA) ; p. 221hc : NASA, Jayanne English (University of Manitoba), Sally Hunsberger (Pennsylvania State University), Zolt Levay (Space Telescope Science Institute), Sarah Gallagher (Pennsylvania State University), et Jane Charlton (Pennsylvania State University) Crédit scientifique : Sarah Gallagher (Pennsylvania State University), Jane Charlton (Pennsylvania State University), Sally Hunsberger (Pennsylvania State University), Dennis Zaritsky (University of Arizona), et Bradley Whitmore (Space Telescope Science Institute) ; p. 221b : G. Fritz Benedict, Andrew Howell, Inger Jorgensen, David Chapell (University of Texas), Jeffery Kenney (Yale University), et Beverly J. Smith (CASA, University of Colorado), et NASA ; p. 222h : Hubble Heritage Team (AURA/STScI/NASA) ; p. 222b : Brad Whitmore (ST ScI) et NASA ; p. 223h : Allan Sandage (The Observatories of the Carnegie Institution of Washington) et John Bedke (Computer Sciences Corporation et the Space Telescope Science Institute)/NASA/ESA et Reynier Peletier (University of Nottingham, UK) ; p. 223b : NASA et The Hubble Heritage Team (STScI/AURA) ; p. 224hg. NASA, William C. Keel (University of Alabama, Tuscaloosa) ; p. 224bg : NASA, Andrew S. Wilson (University of Maryland) ; Patrick L. Shopbell (Caltech) ; Chris Simpson (Subaru Telescope) ; Thaisa Storchi-Bergmann et F. K. B. Barbosa (UFRGS, Brazil) ; et Martin J. Ward (University of Leicester, U.K.) ; p. 224bd : John Hutchings (Dominion Astrophysical Observatory), Bruce Woodgate (GSFC/NASA), Mary Beth Kaiser (Johns Hopkins University), Steven Kraemer (Catholic University of America), et the STIS Team. et NASA ; p. 225h : Christopher D. Impey (University of Arizona) ; p. 225b : Karl Gebhardt (University of Michigan), Tod Lauer (NOAO), et NASA ; p. 226 : R. Williams et the HDF Team (STScI) et NASA ; p. 227 : NASA, A. Fruchter et the ERO Team, STScI, ST-ECF.

L'éditeur présente ses excuses pour d'éventuelles erreurs ou omissions dans les crédits photographiques cités ci-dessus et se tient à la disposition des ayants droit pour les sources iconographiques non identifiées.

SOMMAIRE

CENT MILLE ANS D'ASTRONOMIE 8

UN PEU D'HISTOIRE 10
- Des premiers astronomes à Aristote 10
- *Les premiers calculs astronomiques* 12
- Encore les Grecs 13
- De Ptolémée à Copernic 14
- Un pavé dans la mare : Copernic 15
- Kepler et Brahe : les preuves mathématiques 16
- Galilée, paladin de la révolution 18
- Newton et la gravitation 21
- Après Newton : Kirchhoff et la chimie des étoiles 22
- Le diagramme HR : vers le futur 23

DE LA TERRE À LA LUNE 26

LA PLANÈTE BLEUE 28
- La planète de l'eau et ses quatre « sphères » 29

LA LITHOSPHÈRE 30
- Minéraux, roches et mouvements de la croûte 30
- La dynamique de la planète 32
- *Les types de roches* 32
- La tectonique des plaques 33

L'HYDROSPHÈRE 34
- Mers et océans 34
- Mers intérieures, lacs et fleuves 35

LA BIOSPHÈRE 36
- Les facteurs limitatifs 37

L'ATMOSPHÈRE 38
- Structure 39

LA TERRE DANS L'ESPACE 40
- Rotation et précession 40
- La révolution 41

LA LUNE ET LE SYSTÈME TERRE-LUNE 42
- Les observations 42
- La distance Terre-Lune et autres mesures 43

LA GÉOLOGIE LUNAIRE 44
- Les principales structures géologiques 44
- *Hypothèses sur l'origine de la Lune* 44
- *Cratères, cirques, rainures et failles* 46
- Minéraux, roches et régolite 48
- L'intérieur de la Lune 49

MOUVEMENTS ET PHÉNOMÈNES LUNAIRES 50
- La rotation et ses conséquences 50
- La révolution et ses conséquences 51
- Les phases de la lune 51
- Les éclipses 52
- Les librations 53
- La distance Terre-Lune 54
- La Lune dans le ciel 55

EXPLORATION ET CONQUÊTE 56
- *À l'assaut de la Lune* 58

LES MISSIONS APOLLO 59

INITIATION À L'OBSERVATION 62

S'ORIENTER DANS L'ESPACE 64
- Les coordonnées géographiques 64
- Les coordonnées célestes 65

LES BASES DE L'OBSERVATION 69
- Que peut-on observer ? 69
- L'équipement 71
- Les instruments 71
- *Les différents télescopes* 72

LES SITES D'OBSERVATION 74
- *Il y a quelqu'un là-haut ?* 75
- L'union fait la force 75

DES DESSINS DANS LE CIEL 76
- Figures et légendes 76
- Constellations connues et moins connues 77

L'OBSERVATION DU CIEL 78
- Constellations et cartes célestes 78
- La nomenclature 79

LES CONSTELLATIONS LES PLUS CONNUES 80
- Dans l'hémisphère Nord 80
- Entre l'hémisphère Nord et l'hémisphère Sud 82
- Dans l'hémisphère Sud 82

LE ZODIAQUE 84
- Hémisphère Nord, *régions polaires, solstice d'hiver* 86
- Hémisphère Nord, *régions polaires, équinoxe de printemps* 87
- Hémisphère Nord, *régions polaires, solstice d'été* 88
- Hémisphère Nord, *régions polaires, équinoxe d'automne* 89
- Hémisphère Nord, *latitudes moyennes, solstice d'hiver* 90
- Hémisphère Nord, *latitudes moyennes, équinoxe de printemps* 91
- Hémisphère Nord, *latitudes moyennes, solstice d'été* 92
- Hémisphère Nord, *latitudes moyennes, équinoxe d'automne* 93
- Hémisphère Nord, *régions tropicales, solstice d'hiver* 94
- Hémisphère Nord, *régions tropicales, équinoxe de printemps* 95
- Hémisphère Nord, *régions tropicales, solstice d'été* 96
- Hémisphère Nord, *régions tropicales, équinoxe d'automne* 97
- Hémisphère Sud, *régions tropicales, solstice d'été* 98
- Hémisphère Sud, *régions tropicales, équinoxe d'automne* 99
- Hémisphère Sud, *régions tropicales, solstice d'hiver* 100
- Hémisphère Sud, *régions tropicales, équinoxe de printemps* 101
- Hémisphère Sud, *latitudes moyennes, solstice d'été* 102
- Hémisphère Sud, *latitudes moyennes, équinoxe d'automne* 103
- Hémisphère Sud, *latitudes moyennes, solstice d'hiver* 104
- Hémisphère Sud, *latitudes moyennes, équinoxe de printemps* 105
- Hémisphère Sud, *régions polaires, solstice d'été* 106
- Hémisphère Sud, *régions polaires, équinoxe d'automne* 107
- Hémisphère Sud, *régions polaires, solstice d'hiver* 108
- Hémisphère Sud, *régions polaires, équinoxe de printemps* 109

L'OBSERVATION DE LA LUNE 110
- Instruments pour regarder, étudier et photographier 110
- *Premier croissant* 111
- *Premier quartier* 112
- *Lune gibbeuse croissante* 113
- *Pleine Lune* 114
- D'une Nouvelle Lune à l'autre 115
- *Lune gibbeuse décroissante* 115
- *Dernier quartier* 116
- *Dernier croissant* 117

L'OBSERVATION DES ÉCLIPSES 118
- Les éclipses de Lune 118
- Les éclipses du Soleil 118

INSTRUMENTS ET EXPÉDITIONS SPATIALES 120
- Les instruments de base 120

L'EXPLORATION DU SYSTÈME SOLAIRE 126
- Les sondes lunaires 126
- Laboratoires et instruments spatiaux 127
- L'exploration planétaire 129
- Les sondes solaires 134

LE SOLEIL ET SES PLANÈTES 136

NOTRE ÉTOILE 138
- Les émissions solaires 139

STRUCTURE ET PHÉNOMÈNES 140
- *Le spectre solaire* 140
- Les phénomènes solaires 143

L'ACTIVITÉ DU SOLEIL 150
- *La formation de l'hélium dans le Soleil* 151

DE MERCURE À PLUTON 154

MOUVEMENTS PLANÉTAIRES 156
- Le sens des mouvements 157
- Orbites et mouvements apparents 157
- Les alignements 157

MERCURE 158

VÉNUS 160
- Si semblable et si différente 161
- Une atmosphère « pesante » et une planète « infernale » 161

MARS 164
- Géologie 165
- *Les volcans du Système solaire* 166
- Le paysage martien 167
- Phobos et Deimos 167

LA CEINTURE PRINCIPALE D'ASTÉROÏDES 168

JUPITER 170
- Ni planète, ni étoile 170
- Anneaux et satellites 171

SATURNE 174

URANUS 177

NEPTUNE 179

PLUTON ET CHARON 181

COMÈTES, MÉTÉORITES ET MILIEU INTERPLANÉTAIRE 182
- Météorites et étoiles filantes 183
- La lumière zodiacale 183

HYPOTHÈSES SUR L'ORIGINE DU SYSTÈME SOLAIRE 184

ÉTOILES ET GALAXIES 186

UN UNIVERS DE SOLEILS 188
- Distances et dimensions 189

LUMINOSITÉ ET DISTANCE 190
- *La recherche de systèmes planétaires* 190

LES SPECTRES STELLAIRES 192
- Spectres, atomes, éléments chimiques 192
- *La structure et les niveaux d'énergie atomique* 193
- Les types spectraux 196

L'ÉVOLUTION D'UNE ÉTOILE 198

ÉTOILES BINAIRES ET VARIABLES 206
- *Dynamique de couple* 206

LES GALAXIES 208
- La dynamique de la Voie lactée 209

STRUCTURE DE LA VOIE LACTÉE 210
- Régions et caractéristiques 210
- Au voisinage de la Galaxie 218
- *Effet Doppler et vitesse* 219

AUTRES TYPES DE GALAXIES 220
- Les objets extragalactiques 224

DU BIG BANG AU FUTUR 226

QUELQUES CONSEILS 228

BIBLIOGRAPHIE DE VULGARISATION 228

GLOSSAIRE 230

INDEX ANALYTIQUE 236

TAVRVS
ARIES
AQVARIVS
CAPRICORNVS
AVGVSTVS
CETI · NARES
CAVDA · CETI
HVMERVS · PEGASI
CRVX · PEGASI
RICTVS · PEGASI
TIBIA · AQVARII
SAGITTA
CAVDE · CAPRIC · PRECEDENS
AQVILA · VEL · VVLTVR · VOLANS
CAVDA · DELFINI
CAPVT · HERCVLIS
CORONE · SEPTEN
C · SERPENTARII
EXT · CHELE · AVSTRINA

Cent mille ans d'astronomie

UN PEU D'HISTOIRE

L'astronomie, c'est-à-dire l'étude des corps célestes, de leurs mouvements et des phénomènes qui leur sont liés, est certainement la science la plus ancienne. On peut dire qu'elle est née avec l'homme tant elle est intimement liée à sa nature d'être pensant : à son besoin de mesurer le temps et de s'orienter, d'organiser les travaux agricoles ou, plus généralement, de maîtriser la nature et les saisons et de planifier le futur.

Ce n'est pas un hasard si des correspondances astronomiques ont été trouvées dans les plus anciens vestiges archéologiques. Stonehenge, le monument néolithique le plus célèbre, a ainsi été construit sur la base d'une connaissance astronomique précise, mais ce n'est pas le seul exemple : une fonction astronomique était sûrement dévolue à la disposition des cromlechs et monolithes bretons, des trilithes anglais, des pierres et tumulus irlandais, des *medicine wheel* des Indiens nord-américains et de la Casa rinconada (Maison à encoignures) des Indiens Anazi, de même qu'est établie l'importance astronomico-religieuse des sites mayas d'Uaxactún, Copán et Caracol, des tours incas de Cuzco ou du Machu Picchu et la fonction scientifique des véritables observatoires astronomiques antiques indiens, arabes, chinois, etc.

Les avancées de la recherche archéologique révèlent toujours davantage de preuves des connaissances astronomiques des peuples du passé et reculent sans cesse la date de la première participation de l'homme aux principaux événements célestes. Le plus vieux témoignage de l'étude du ciel semble être les peintures rupestres de Lascaux. Que cette découverte soit confirmée ou non, nul doute que la contemplation du ciel nocturne a dû susciter l'émerveillement, la crainte et des interrogations dès l'aube des temps : quelle est la nature des corps célestes ? Pourquoi se déplacent-ils et comment ? Ont-ils des effets les uns sur les autres ? Et par-dessus tout : influencent-ils la Terre et le destin de ses habitants ? Pouvons-nous prévoir ces effets et lire l'avenir dans le mouvement des planètes ? À de telles demandes, chaque culture, à chaque époque, a tenté de donner une réponse, et ces réponses ont donné naissance à des mythes cosmologiques complexes.

DES PREMIERS ASTRONOMES À ARISTOTE

Les premiers astronomes de l'histoire sont les Sumériens, comme l'attestent des tablettes d'argile. Néanmoins ils n'ont certainement pas été les premiers à noter que certains points lumineux de la voûte céleste se déplacent au fil du temps tandis que d'autres restent immobiles.

Stonehenge, environ 2800 avant J.-C.
La partie la plus spectaculaire, constituée de 30 piliers soutenant des architraves de pierre pour former un cercle de près de 30 m de diamètre situé à 5 mètres du sol, est certainement postérieure. L'édifice mégalithique originel est formé d'un terre-plein d'environ 100 m de diamètre au sein duquel ont été creusés 56 trous profonds d'un mètre. À l'extérieur, un menhir dépassant 6 m de haut indiquait à celui qui se plaçait au centre la direction exacte où surgirait le Soleil au solstice d'été. À côté, proche de l'entrée de l'édifice, quelques trous servaient à introduire des bâtons qui permettaient de localiser de la même façon des points d'arrêt importants du parcours compliqué de la Lune.

Aujourd'hui, à l'ère de la science-fiction et des effets spéciaux, la distinction qu'ils ont établie entre les « étoiles fixes » et les « étoiles errantes » (en grec, « vagabond » se dit *planêtês*) peut sembler banale, mais il y a six, sept ou huit mille ans, cette découverte a sans doute été très marquante.

Distinguer à l'œil nu une planète d'une étoile et la reconnaître chaque fois que la nuit revient, après un certain temps, n'est pas aussi simple qu'il semble. Faites-le donc : sans rien savoir de l'astronomie, à l'œil nu, essayez d'observer un ciel fourmillant d'étoiles (tel qu'aujourd'hui nous ne pouvons en voir qu'en montagne ou en pleine mer, loin de nos villes éblouissantes) ; et au milieu de cette multitude de petits points scintillants, essayez de distinguer Mars de Jupiter ou de Saturne.

Admettons que vous réussissiez. Essayez alors de repérer, nuit après nuit, cette étincelle en mouvement, de suivre son parcours, de la retrouver chaque fois qu'elle réapparaît après une longue absence... Dans le meilleur des cas, vous aurez besoin de beaucoup de temps et de patience avant de réussir à vous orienter.

Malgré l'évidente difficulté, tous les peuples, même les plus anciens, connaissaient bien les mouvements des astres – si réguliers qu'on parla spontanément de « mécanique céleste » lorsqu'on commença à utiliser les mathématiques pour les décrire. Les Sumériens sont les premiers à mesurer exactement les mouvements planétaires et à prévoir les éclipses de Lune (p. 52) ; ils établissent un calendrier parfait. Mais les plus audacieux sont sans conteste les Grecs qui font appel à l'imagination pour trouver des explications théoriques qui ne dépendent pas seulement de la mythologie.

Au VIe siècle avant J.-C., après des millénaires durant lesquels l'action d'un dieu quelconque suffit à tout expliquer, on se met à chercher une logique rationnelle dans l'ordre naturel, d'où découleraient les phénomènes. Les philosophes naturalistes sont les premiers à affirmer la possibilité pour l'homme de comprendre et de décrire la nature par l'intellect – une idée vraiment novatrice.

Ces pionniers se réunissent à Milet. Thalès, Anaximandre et Anaximène y font des observations astronomiques à l'aide d'un gnomon, dressent des cartes nautiques, émettent des hypothèses (plus ou moins fondées sur les faits observés) concernant la structure de la Terre, la nature des planètes et des étoiles, et les lois suivies par les astres dans leur mouvement. À Milet, la science – entendue comme l'interprétation rationnelle d'observations – fait ses premiers pas.

Naturellement, la majeure partie de l'humanité continue de croire aux dieux et aux esprits. Rien détonnant à cela : encore aujourd'hui, à l'ère de la haute technologie, nombreux sont ceux qui accordent foi aux images de saints et aux horoscopes. Néanmoins, bien que cette nouvelle attitude philosophique face au monde demeure le fait d'une élite de penseurs, l'étude rationnelle de la nature ne cesse plus.

Toujours au VIe siècle avant J.-C. naît l'école pythagoricienne, aux allures de secte secrète. Pythagore et d'autres philosophes croient que le monde procède de deux principes opposés : le fini (le bien, le cosmos, l'ordre) et l'infini ou l'illimité (le mal, le chaos, le désordre). Leurs études mathématiques ont un aspect magique et symbolique : Pythagore découvre des rapports numériques entiers derrière chaque harmonie

Lascaux, il y a 100 000 ans
Dans une grotte qui s'illumine seulement le jour du solstice d'hiver, des hommes devenus *sapiens* depuis peu ont peint des animaux merveilleux. Selon de récentes interprétations, ils reproduiraient les constellations visibles dans le ciel à cette époque. Une chasse à travers les étoiles, dans une grotte aveugle le reste de l'année.

Sextant astronomique
En haut près du titre : une photographie du sextant de Brahe utilisé pour mesurer la hauteur des corps célestes en degrés par rapport à l'horizon.

Les Mayas (IV-VIIIe siècle)
Intéressés avant tout par la récurrence des phénomènes célestes, favorisés par la position équatoriale de leurs territoires, les Mayas ont développé une astronomie zénithale et élaboré un calendrier complexe qui attribuait à Vénus une énorme importance. Dans le manuscrit reproduit ici, les mouvements de Vénus sont donnés sur 104 ans ; en bas, les deux figures mourantes représentent, à droite, le Soleil lors d'une éclipse (p. 52) et à gauche, Vénus en phase nouvelle (invisible) ; les personnages au centre sont les divinités célestes ayant tué les astres.

formelle et musicale, et comme la musique est l'harmonie des nombres, de même l'astronomie devient l'harmonie des formes géométriques. Par suite, la Terre et les autres astres *doivent* être sphériques (c'est-à-dire de forme parfaite), au nombre de 10 (nombre parfait), et leur mouvement *doit* nécessairement être circulaire et suivre des lois numériques.

Cette vision influence pour des siècles notre façon de regarder le ciel et ses phénomènes. Même Aristote (384-322 avant J.-C.), le « toutologue » de l'Antiquité, considéré au Moyen Âge comme la référence absolue du savoir, fait sienne cette idée de perfection céleste. Il renchérit même, en trouvant l'« explication » pour laquelle les choses sont ainsi : la Terre, lieu *du bas* où convergent la terre et l'eau (deux des cinq éléments formant le monde), ne peut se trouver qu'au centre de l'univers ; l'air et le feu restent *en haut*, leur *lieu naturel*. L'éther, le cinquième élément nous restant étranger, forme les corps célestes qui, par nature, se déplacent en cercle dans le cadre d'un système de 55 sphères homocentriques faites d'un cristal spécial, incorruptible et éternel. Autour de la Terre, immobile, tournent la Lune, Mercure, Vénus, le Soleil, Mars, Jupiter, Saturne et l'ultime sphère des étoiles fixes, mue par l'amour du « divin moteur immobile ». Cette même sphère gouverne le rythme du jour et de la nuit et transmet le mouvement (uniforme et circulaire) à tout le système de sphères. À mesure qu'il se propage de l'extérieur vers la Terre, le mouvement primordial se dégrade et, au niveau de la sphère de la Lune,

LES PREMIERS CALCULS ASTRONOMIQUES

1. Sachant que, si la Lune se trouve dans son premier ou son dernier quartier (p. 51), l'angle entre l'axe Terre-Lune et l'axe Lune-Soleil est de 90°, si l'on mesure à ce moment l'angle entre l'axe Terre-Lune et l'axe Terre-Soleil, on en déduit le rapport entre les côtés du triangle Soleil-Terre-Lune. Aristarque mesura un angle Lune-Terre-Soleil de 87° et en conclut que la distance du Soleil à la Terre est égale à 19 fois la distance Terre-Lune. Aujourd'hui nous savons que cet angle est en réalité de 89°45'. Cette erreur relativement faible de 2°45' a toutefois un énorme impact : le Soleil se trouve non pas 19 fois mais 389 fois plus loin que la Lune.

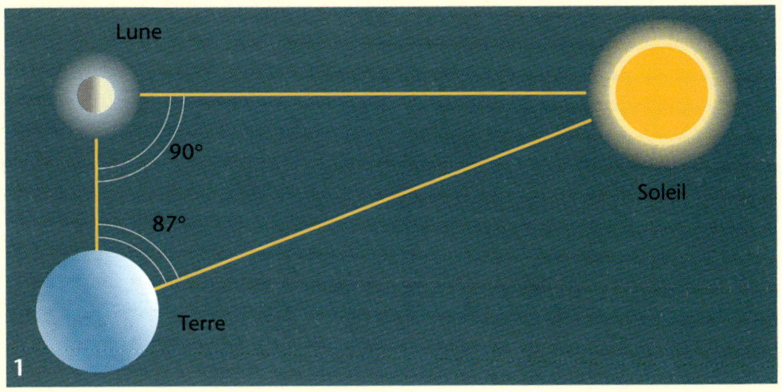

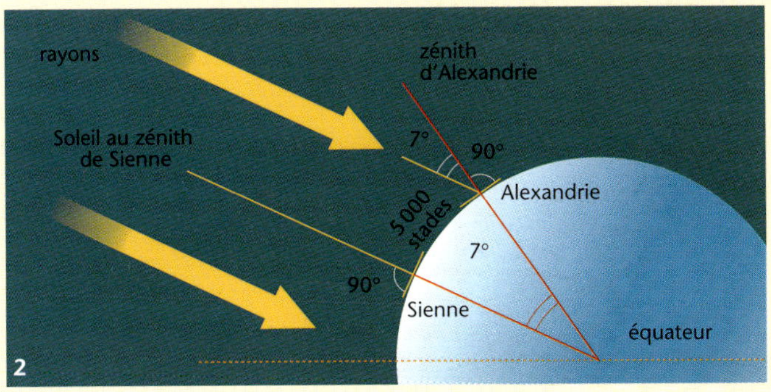

Éclipse de Soleil
L'angle visuel occupé par le Soleil et celui occupé par la Lune diffèrent très peu. L'erreur d'Hipparque a été de se fonder sur les résultats d'Aristarque : en réalité, le Soleil est beaucoup plus éloigné et – donc – aussi beaucoup plus grand que la Lune.

les mouvements sont devenus rectilignes. Le mélange permanent des quatre éléments fondamentaux forme toutes les substances connues. Ce cadre, qui harmonise mysticisme et physique, mécanique céleste et fantaisie, plaît beaucoup – et pour longtemps.

ENCORE LES GRECS

La réputation qu'Aristote a acquis dans de nombreux domaines (de la philosophie à la politique, de l'économie à la physique et de la métaphysique aux sciences naturelles) a contribué au succès de cette conception géocentrique de l'univers. Il ne fait aucun doute, toutefois, que dès le IVe siècle avant J.-C., on sait expliquer les mouvements des astres par au moins deux autres systèmes géocentriques et un système héliocentrique, utilisés à des fins pratiques ; gouvernants, paysans et navigateurs ont en effet besoin de retrouver les planètes dans leur course afin de « prévoir » les phénomènes célestes et de faire le point sur les configurations astrales. Les hypothèses sur les causes de ce qu'on observe restent du domaine de la spéculation philosophique, sans nécessité de démonstration concrète. Les théories sur l'univers, sa structure et ses mécanismes fleurissent, souvent de pure fantaisie mais parfois aussi aux intuitions heureuses.

La décision de mesurer est donc déterminante. Aristarque de Samos (310-230 av. J.-C.) est le premier véritable astronome de l'histoire. Non seulement ses convictions sont logiques et – à peu de choses près – correctes, mais il est le premier à utiliser des outils mathématiques pour étudier le cosmos. Il est convaincu que la Terre tourne autour du Soleil sur une orbite circulaire et que ce Soleil est immobile au centre de la sphère des étoiles, elle-même immobile. Comme il n'observe pas d'effet de parallaxe stellaire, il en déduit que les étoiles se trouvent à d'énormes distances de la Terre. Il est tout près de mesurer l'énormité de cet espace quand il établit la distance Terre-Soleil à partir de la distance Terre-Lune ; se fondant sur la mesure des angles et de calculs géométriques simples, il estime que la Lune est située à 30 diamètres terrestres de notre planète et que le Soleil est 19 fois plus éloigné (à 1 140 diamètres terrestres). Nous savons aujourd'hui

2. Convaincu de la sphéricité de la Terre, Ératosthène remarqua au IIIe siècle av. J.-C. que le jour du solstice, la hauteur du Soleil à midi était différente à Alexandrie en Égypte et à Sienne (actuelle Assouan), deux villes se trouvant pratiquement sur le même méridien. À l'aide d'un gnomon, il établit que la différence d'inclinaison de 7,2° correspondait à une distance d'environ 5 000 stades. En faisant une simple règle de trois, il obtint la longueur du méridien terrestre correspondant à 360° : 250 159 stades, soit 39 400 km – une mesure exceptionnellement proche de la valeur réelle.

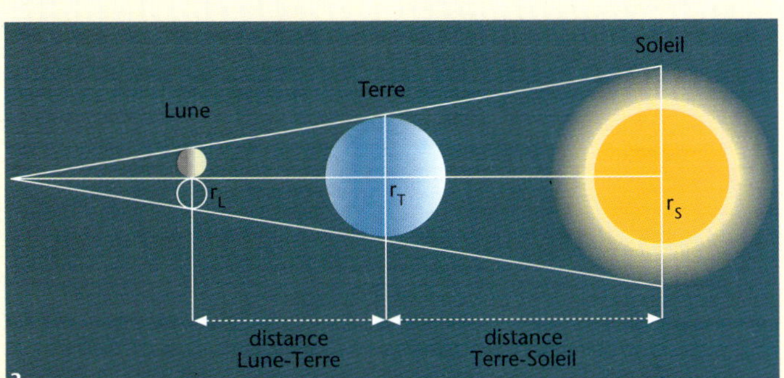

3. Sachant que la Lune met presque une heure à accomplir un trajet dans le ciel égal à son diamètre (environ 0,5°), si l'on mesure le temps qu'elle met pour traverser l'ombre de la Terre pendant la phase de totalité d'une éclipse totale, on obtient le rayon lunaire. Comme la distance à laquelle un objet doit se trouver pour occuper un angle visuel de près de 0,5° est d'environ 120 fois sa propre taille, la distance Terre-Lune doit être d'environ le quart du diamètre terrestre × 120, soit 30 diamètres terrestres (ou 60 rayons terrestres). Mais comme Aristarque, Hipparque se trompa dans la mesure des angles – une erreur de juste 4 minutes pour la parallaxe lunaire (53′ contre 57′ en réalité), entraînant toutefois une surévaluation de 7 % de la distance Terre-Lune. Pour le Soleil, il tint pour exacte la distance Terre-Lune trouvée par Aristarque ; considérant que dans les éclipses, la Lune et le Soleil occupent le même angle visuel, il conclut que le diamètre du Soleil devait être 19 fois celui de la Lune, soit près de 6 fois celui de la Terre.

Ptolémée
Dans ce manuscrit du XVIe siècle, Ptolémée établit la position de la Lune par rapport à la voûte céleste. À ses côtés, l'Astronomie le guide. La révolution copernicienne viendra dans plus de 100 ans.

Ptolémée au travail
Ici, Ptolémée est représenté par Andrea Pisano sur un panneau pour le campanile de Giotto du dôme de Florence (1337-1348). Là aussi, la validité des conclusions du savant et l'approbation de son œuvre sont mises en évidence par les personnages secondaires : Jésus, au centre d'une théorie d'anges, apparaît au-dessus de la sphère céleste symbolisée par les signes du zodiaque (au fond). Depuis son cabinet ouvert sur le ciel, Ptolémée observe et étudie, béni de Dieu.

que ces valeurs sont erronées, mais seulement du fait de l'imprécision de mesures faites « à l'œil nu » : elles n'ôtent rien à l'importance conceptuelle et philosophique d'une telle approche du problème. C'est en effet la première fois dans l'histoire que quelqu'un tente d'accéder à la connaissance de l'univers par la voie expérimentale, en utilisant la logique et les lois mathématiques et géométriques qu'il connaît et en faisant des observations et des mesures – une approche résolument moderne d'un problème astronomique complexe.

Les choses en sont là quand Ératosthène de Cyrène (276-194 avant J.-C.), à l'aide d'un calcul mathématique simple mais génial, détermine les dimensions réelles de notre planète. Il estime le méridien terrestre à 250 159 stades, soit environ 39 400 km – une valeur étonnamment proche de celle admise aujourd'hui (40 009 km).

Hipparque (188-125 avant J.-C.) est aussi un observateur attentif et intelligent. Compilant un catalogue de 1 080 positions stellaires et confrontant ses observations avec celles effectuées 154 ans plus tôt par Timocharis, il découvre la précession des équinoxes (p. 40) et évalue ce mouvement extrêmement lent de l'écliptique par rapport à l'équateur à environ 47 secondes d'arc par an – une valeur, là aussi, très proche de celle calculée aujourd'hui (50,1 secondes d'arc).

Ainsi donc la Terre est immense, et le Soleil doit l'être encore plus. L'espace devient, par suite, de dimensions incalculables. Peu de personnes réussissent à accepter ces affirmations révolutionnaires. C'est peut-être pourquoi, après Hipparque, rien de neuf ne survient pendant 300 ans : il est plus simple de souscrire aux thèses du grand Aristote sans en rechercher d'autres.

L'univers ptolémaïque
La Terre se trouve au centre de l'univers, dans le monde sublunaire, où les quatre éléments forment tout ce qui existe. Suivent les sphères des planètes faites d'éther : la Lune, Mercure, Vénus, le Soleil, Mars, Jupiter et Saturne. Enfin vient la sphère des étoiles fixes, où se lisent les noms des constellations zodiacales. La référence aux conceptions aristotéliciennes est évidente.

DE PTOLÉMÉE À COPERNIC

Cependant, au fil du temps, sous la pression des observations qui s'accumulent, les théories d'Aristote commencent à se fissurer. Les planètes observées depuis la Terre ont des mouvements inexplicables par rapport à la sphère céleste : elles ralentissent, inversent le cours de leur marche, s'arrêtent, puis repartent dans le « bon » sens, décrivant parfois de véritables boucles. Le modèle parfait aristotélicien doit donc être revu.

Pour Claude Ptolémée (100-170 après J.-C.), la Terre est sphérique, immobile au centre de l'univers ; le ciel, également sphérique, tourne autour d'un axe fixe et est mû par une sphère externe étoilée comme l'affirmait Aristote. Pour expliquer la précession des équinoxes et les étranges comportements des planètes, il suffit d'ajouter d'autres sphères ou, comme le suggérait Apollonius près de 200 ans avant J.-C., de nouveaux cercles de rotation – de déférents excentriques, épicycles et épicycles d'épicycles. L'espace autour de la Terre se remplit d'engrenages.

Ptolémée ne se soucie toujours pas que son modèle théorique de l'univers corresponde à une réalité physique : il définit son système complexe comme un « outil mathématique utile » pour calculer les positions des planètes. Curieusement, cet argument, utilisé également pour exposer la théorie opposée, ne suscite pas les critiques des ecclésiastiques et traditionalistes. Il est étrange aussi que Ptolémée préfère perfectionner le modèle d'Aristote

Portrait de Copernic
Calme, tranquille et homme d'église respecté, Copernic répugnait à affronter le jugement des sages et à menacer simplement sa tranquillité pour défendre ses idées. Le comparant à Giordano Bruno qui, inspiré par les travaux coperniciens, n'hésita pas à finir sur le bûcher pour affirmer ses convictions sur l'infinité de l'univers et des mondes habités, certains l'ont même dit couard. Mais la réserve de Copernic fut probablement davantage due à sa sympathie pour la philosophie pythagoricienne selon laquelle les découvertes ne sont destinées qu'à un nombre restreint d'élus : pourquoi parler à qui ne veut ou ne peut pas comprendre ? À quoi sert de souffrir par la faute d'incompétents ? Tout compte fait, quelles que soient les raisons du choix de Copernic, Galilée optera pour le même quand il se trouvera finalement contraint au silence afin de pouvoir poursuivre ses travaux.

Couard : Qui manque de courage, lâche, poltron.

en le rendant encore plus compliqué plutôt que d'adopter le modèle simple et novateur d'Aristarque – s'il faut juste un outil mathématique, celui d'Aristarque est bien plus facile à utiliser. Et l'histoire en aurait été bouleversée. Après Ptolémée, en effet, on perd jusqu'au souvenir de l'hypothèse héliocentrique, et bien que celui-ci ait précisé qu'« il ne s'agit que d'une hypothèse mathématique », on croit bel et bien 1 300 ans durant que notre planète est immobile, au centre d'un univers mû par des cercles d'une extrême complexité. Entre-temps Ptolémée écrit sa *Mathematikè Syntaxis* (Synthèse mathématique), rebaptisée par les Arabes *al-Magisti* et en grec *e meghistè* (le plus grand), qui donnera au Moyen Âge *Almageste*. Dans cette œuvre monumentale, il réorganise toute l'astronomie antique. C'est grâce à cet énorme travail que nous connaissons une grande partie de ce qui s'est fait au cours des siècles passés. Synthétisant et perfectionnant les idées d'Apollonius et d'Hipparque, intégrant leurs calculs aux résultats de ses propres recherches, il élabore un système théorique qui s'accorde bien aux observations. « Son » univers est actionné par 40 roues qui se meuvent à l'unisson : comme une immense horloge mécanique qui accumule au fil du temps de petites différences, ce système doit être mis à jour de temps à autre pour continuer de fonctionner.

Seul un grand mathématicien pouvait construire une œuvre aussi vaste et complexe, et c'est sans doute pour cela qu'elle a défié le temps et qu'au long des siècles, le système géocentrique sera toujours appelé « système ptolémaïque ».

Après Ptolémée, il est quasiment impossible d'avoir une autre vue sur l'univers. Et l'*Almageste* est si complexe que toute simplification conduit à des résultats incohérents. En outre, l'hypothèse ptolémaïque plaît beaucoup aux Chrétiens qui deviennent toujours plus puissants : il est logique que la planète créée par Dieu expressément pour l'Homme se trouve au centre de l'univers. D'outil mathématique, l'hypothèse de Ptolémée devient dogme et il devient dangereux d'envisager une théorie différente.

Il faut attendre qu'un autre intellect de la capacité de Ptolémée renverse la perspective et anéantisse cercles, épicycles et déférents en simplifiant le panorama. Il faut attendre qu'un grand astronome recueille une quantité énorme de données très précises, et qu'un grand mathématicien à l'esprit dépourvu de préjugés les analyse, trouvant les preuves objectives de la validité de la nouvelle hypothèse. Il faut attendre qu'un autre astronome de génie suffisamment courageux porte cette nouvelle théorie à l'attention du monde scientifique et défie l'autorité de l'Église pour bouleverser notre façon de regarder la nature. Bref, il faut attendre plus de mille ans pour que Copernic, Brahe, Kepler et surtout Galilée révolutionnent l'astronomie.

UN PAVÉ DANS LA MARE : COPERNIC

Finalement, l'homme s'aventure au-delà des colonnes d'Hercule et découvre que la Terre, que l'on pensait plate malgré Ptolémée, est en réalité un globe immense restant à explorer. L'usage de l'imprimerie se répand : vers le milieu du XVe siècle, l'homme part à la décou-

L'univers copernicien
Dans cette gravure figurent le Soleil (au centre), Mercure et Vénus dans le globe sublunaire, la Terre à la limite du globe sublunaire et, pour la première fois, la Lune qui tourne autour ; suivent les orbites de Mars, Jupiter et Saturne. Comme chez Ptolémée, la sphère des étoiles fixes, reconnaissable aux constellations zodiacales, encercle et clôt l'univers.

UN PEU D'HISTOIRE

Portraits de Tycho Brahe et Johannes Kepler
Dans le style des peintures de cour de l'époque, ces deux portraits montrent Tycho Brahe (à gauche) et Johannes Kepler (à droite) à l'époque de leur nomination comme mathématiciens à la Cour.

L'observatoire de Tycho Brahe
Vue extérieure de l'observatoire de Stjoernerborg construit par Brahe. Les instruments et la coupole sont les seuls éléments visibles, tout le reste est souterrain.

Sphère armillaire
Dessin d'une sphère armillaire tiré du *Codice Settala* conservé à la Bibliothèque ambrosienne de Milan. La sphère représente l'univers et les mouvements célestes selon la conception ptolémaïque du Système solaire.

verte du monde et des cieux et s'ouvre à la circulation des idées. Les temps sont mûrs pour des changements radicaux.

L'astronomie ressent la première les effets de ce renouveau. Pour celui qui voyage sous des cieux étrangers, le modèle de Ptolémée s'avère parfait et pour « faire le point » géographique, ses tables du mouvement des planètes sont plus précises que celles auparavant disponibles. Même le calendrier est revu – on en était encore à utiliser le calendrier de Jules César ! Cependant les tentatives pour sauver le système ptolémaïque en lui ajoutant de nouveaux déférents et épicycles transforment l'univers en un enchevêtrement de cercles en rotation. La société a besoin de quelque chose de neuf. C'est alors que Nicolas Copernic (Mikolaj Kopernik de son nom polonais, 1473-1543) lance son message réformateur. Il réfute tout ce qui a été appris, contredit ce que philosophes, savants et théologiens ont, durant des siècles, affirmé être la réalité ; il prétend que ce qui paraît évident pour tout un chacun – que c'est le Soleil qui se lève, se déplace dans le ciel et se couche – ne correspond pas à la véritable nature des choses. Détrônant les Fils de Dieu du centre de l'univers en une période où l'on va au bûcher pour bien moins, il a le courage de déclarer que la planète de l'Homme est seulement l'un des nombreux corps tournant autour du Soleil.

Toutefois, son idéal reste celui de l'école pythagoricienne : mieux vaut communiquer ses idées à voix basse et seulement à quelques initiés. Ses travaux, purement théoriques, se poursuivent donc en silence. Copernic fait peu d'observations directes – il exploite les données des Anciens dont il lit les écrits originaux, et il accumule critiques et doutes sur le système ptolémaïque. Comme il l'écrit dans *De revolutionibus orbium cœlestium* (Sur la révolution des sphères célestes), c'est la diversité même des opinions, des incertitudes et des incohérences trouvées qui le convainquent que quelque chose ne cadre pas dans la théorie de Ptolémée.

Comme Ptolémée, cependant, sa construction est exclusivement mathématique et sa pensée, essentiellement aristotélicienne. Certes, il place le Soleil au centre, autour duquel tournent les planètes, mais tout le reste demeure inchangé : les orbites sont parfaitement circulaires, le « mouvement naturel » de la Terre n'est soumis à aucune force, la Terre, le Soleil et l'univers sont sphériques car « cette forme est la plus parfaite de toutes, une intégrité absolue [...] attribuée aux corps divins ». La nouveauté radicale, c'est que Copernic, contre toute évidence, croit que le mouvement de la Terre est réel et que la géométrie astronomique décrit le véritable fonctionnement de la machine céleste.

Il met près de vingt-cinq ans à élaborer son système héliocentrique, durant lesquels prévalent son amour du secret et sa crainte des « morsures des calomniateurs ». À 63 ans, il n'a encore rien publié mais la teneur de ses travaux s'est ébruitée. En 1539, Reticus, jeune professeur luthérien à l'université de Wittenberg, étudie le manuscrit de *De revolutionibus* et arrache à Copernic l'autorisation d'en écrire un abrégé. Celui-ci, publié en 1540, connaît un succès large et immédiat. Salué comme un nouveau Ptolémée, Copernic publie enfin ses travaux. On est en 1542 ; il mourra un an plus tard avant d'en avoir vu l'impact. Est-ce à cause de la préface – écrite par le théologien et savant allemand Andreas Osiander – dans laquelle est déclaré que la théorie décrite n'est qu'une opinion parmi d'autres, ou à cause des bonnes relations que Copernic a toujours eu avec l'autorité ecclésiastique ? Toujours est-il que son livre n'est pas interdit par l'Église avant 1616. Il suscite une réaction, bien sûr, mais cantonnée aux cercles académiques. Pour que les choses changent vraiment, il faut encore attendre.

KEPLER ET BRAHE : LES PREUVES MATHÉMATIQUES

Le Tchèque Johannes Kepler (1571-1630) étudie les mathématiques et l'astronomie à partir de textes anciens. Il écrit en latin et fait des prédictions astrologiques pour la météorologie et l'agriculture qui le rendent célèbre. Religieux et mystique, il voit dans l'astrologie un élément essentiel pour interpréter le lien mystérieux entre l'homme et le cosmos : il est convaincu que dans tout phénomène se trouve un dessein, un ordre supérieur, une harmonie géométrique. Copernicien convaincu,

il explique déjà dans son *Mystère cosmographique* comment certaines observations que Ptolémée n'a pas réussi à expliquer trouvent une solution facile dans le système de Copernic. Toutefois, les questions qu'il se pose sont inspirées par sa quête de l'harmonie, et les explications qu'il donne rentrent dans un cadre complexe où astrologie, symbolisme, religion et nécessité de perfection jouent des rôles essentiels. Sphères coperniciennes, vortex, ceintures et réseaux de solides parfaits entremêlés aux orbites planétaires, les orbites mêmes et leurs relations mathématiques – Kepler met tout en relation, et tout procède d'une unique harmonie. En construisant le monde, Dieu a certainement suivi des lois mathématiques et géométriques. La théorie copernicienne s'adapte à un tel dessein.

L'occasion de trouver les preuves numériques de cette théorie arrive quand Tycho Brahe (1546-1601) met à sa disposition ses immenses archives d'observations. Ce Danois est obsédé par la précision, et pour effectuer des observations plus exactes, il construit lui-même de nouveaux instruments. Sa renommée s'étend à tout le pays et le roi du Danemark lui offre l'île de Hveen pour construire un véritable observatoire astronomique. Uraniborg, le premier observatoire d'Europe, est futuriste : tours, coupoles, horloges à pendule, quadrants solaires, globes célestes – dont un quadrant mural de plus de 4,5 m de diamètre et un globe céleste en bronze de 1,6 m de diamètre – et, en sous-sol, des ateliers pour construire les instruments, le laboratoire d'alchimie, l'imprimerie, la cartographie… et la prison pour punir les serfs. Ça ne lui suffit pas : il construit un second observatoire, Stjoernerborg, où tout est souterrain excepté la coupole.

Brahe passe sa vie à accumuler données, mesures et observations. Il utilise de nouvelles méthodes de visée qui limitent les erreurs de pointage à 1-2 minutes d'arc – un résultat exceptionnel quand on sait qu'à l'époque, personne n'a obtenu une précision supérieure à 8-10 minutes d'arc. Des années durant, jour après jour, il note chaque phénomène céleste : la position des étoiles, du Soleil et des planètes, la distance et le mouvement des comètes, ainsi que l'explosion de la nova de 1572 qui met un peu plus d'un an à disparaître. Il constate que l'hypothèse ptolémaïque ne parvient pas à expliquer ce qu'il voit.

Brahe n'est pas copernicien – la Terre « pesante et lente » ne peut se déplacer, ce serait contre toute évidence physique et religieuse –, mais il n'est pas plus ptolémaïque. Même les étoiles ne sont pas fixes, et l'orbite des comètes n'est pas « exactement circulaire mais un peu oblongue, comme la figure communément appelée ovale » qui brise les sphères de cristal. Il propose donc sa théorie de l'univers qui met d'accord les phénomènes et les Saintes Écritures et plaît à tous – physiciens et philosophes, religieux romains et protestants. Peu importe si son univers est encore plus compliqué que celui de Ptolémée : pour trouver la position des planètes, il équivaut aux systèmes précédents.

C'est alors que Kepler et Brahe se rencontrent. Après une période de collaboration brève et agitée, Brahe meurt en léguant à Kepler son poste impérial de mathématiques et toutes ses données – les meilleures existantes. En les analysant, Kepler découvre qu'il est mathématiquement impossible que le Soleil soit exactement au centre du Système solaire. Il se convainc que

Brahe au travail
Cette gravure ancienne montre Tycho Brahe dans son observatoire d'Uraniborg, dont on reconnaît la structure semi-souterraine. À l'extérieur, des globes célestes, des quadrants et divers instruments sont utilisés par des aides et des étudiants ; au centre, Brahe montre la direction à l'observateur sur la droite, qui mesure la hauteur d'une étoile en regardant directement à l'oculaire du grand quadrant mural. On découvre en bas à gauche une partie du laboratoire d'alchimie.

Les trois lois de Kepler
1. Première loi de Kepler : les planètes suivent une orbite elliptique autour du Soleil qui occupe l'un des foyers.
2. Deuxième loi de Kepler : le rayon-vecteur Soleil-planète balaie des aires égales en des temps égaux (l'aire balayée est proportionnelle au temps mis pour cela). La vitesse orbitale des planètes augmente donc quand elles se rapprochent du Soleil et diminue quand elles s'en éloignent.
3. Troisième loi de Kepler : les carrés des périodes de révolution des planètes varient entre eux comme les cubes des demi-grands axes de leurs orbites. Cela permet d'exprimer les distances au Soleil de toutes les planètes en fonction d'une seule d'entre elles, et donc de construire un modèle

SIDEREVS
NVNCIVS
MAGNA, LONGEQVE ADMIRABILIA
Spectacula pandens, suspiciendaque proponens
vnicuique, præsertim verò
PHILOSOPHIS, atq; ASTRONOMIS, quæ à
GALILEO GALILEO
PATRITIO FLORENTINO
Patauini Gymnasij Publico Mathematico
PERSPICILLI
Nuper à se reperti beneficio sunt obseruata in LVNÆ FACIE, FIXIS IN-
NVMERIS, LACTEO CIRCVLO, STELLIS NEBVLOSIS,
Apprime verò in
QVATVOR PLANETIS
Circa IOVIS Stellam disparibus interuallis, atque periodis, celeri-
tate mirabili circumuolutis; quos, nemini in hanc vsque
diem cognitos, nouissimè Author depræ-
hendit primus; atque
MEDICEA SIDERA
NVNCVPANDOS DECREVIT.
VENETIIS, Apud Thomam Baglionum. M DC X.
Superiorum Permissu, & Priuilegio.

Frontispice du *Siderius Nuncius*
Les 24 pages de ce *Messager des étoiles* sont riches de nouveautés révolutionnaires – sur le mouvement de Vénus, la structure de la Lune et les anneaux de Saturne, les taches solaires...

les mouvements des astres s'expliquent par une force mystérieuse agissant sur toutes les planètes. Il découvre aussi que, curieusement, les planètes se déplacent sur leur orbite avec une vitesse variable. L'hypothèse d'une orbite elliptique se cristallise, mais telle est la répulsion de Kepler pour les formes « imparfaites » qu'il préfère la tenir pour une « hypothèse vicaire ». Il recalcule tout à partir de données relatives à la Terre. Il découvre alors que même la Terre tourne à vitesse non constante autour du Soleil. La vérité est dans les chiffres.

De leur examen naît l'intuition : la vitesse varie parce que la distance des planètes au Soleil varie, et par suite la force à laquelle ces astres sont soumis – c'est la « seconde loi de Kepler ». Mais l'orbite de Mars pose encore des problèmes. Kepler refait donc des observations, des mesures et des calculs. Cette fois, il part des données avant de décider quel type d'orbite s'accorde le mieux aux observations – une démarche décisive, car il admet enfin que tous les problèmes disparaissent si l'on considère une orbite en forme d'ellipse, avec le Soleil situé à l'un des foyers. C'est la « première loi de Kepler », qui accorde toutes les observations.

Il découvre presque par hasard la « troisième loi de Kepler ». Tandis qu'il prépare une synthèse universelle qui harmonisera science, religion, astrologie, art, philosophie, géométrie et musique, il prend conscience des rapports qui relient les carrés et les cubes des distances planétaires. L'astronomie antique est dépassée. Kepler a travaillé cinq ans et refait soixante dix fois ses calculs mais, pour la première fois dans l'histoire, le modèle proposé n'est plus une simple hypothèse théorique mais une représentation de l'univers réel. C'est pourquoi, à l'instar de ce qui vient d'arriver aux travaux de Copernic, les travaux de Kepler sont également mis à l'index.

GALILÉE, PALADIN DE LA RÉVOLUTION

Les innovations révolutionnaires de Copernic, Brahe et Kepler n'entament pas plus que cela la populaire tradition ptolémaïque – peut-être parce qu'ils écrivent en latin pour leurs seuls collègues, ou qu'ils se contentent d'exposer leurs hypothèses sans prétendre les imposer à leurs contemporains.

Les doutes sont nombreux : bien que le nouveau modèle soit étayé par des données concrètes, si la Terre se déplaçait véritablement, tout ce qui se trouve à sa surface devrait s'envoler ! Une chose est de créer un modèle, une autre est d'affirmer que les choses se passent vraiment ainsi. C'est alors que Galileo Galilei dit Galilée (1564-1642), esprit acéré et anticonformiste, orgueilleux, ironique, polémiste, lettré et musicien, amateur de discussions, grand travailleur et artisan parfait, constructeur et concepteur de nouveaux instruments et expériences, vient jeter les bases de la physique moderne. En concevant la méthodologie scientifique, il ouvre la porte à l'ère moderne.

Il s'intéresse d'abord aux aimants et thermomètres, au mouvement et à la mécanique, recherchant leurs lois et affirmant que les corps tendent tous à tomber sous l'effet de la gravité. Il croit que les mouvements des planètes sont « naturels », uniformes et circulaires. Il reproche à Kepler, qui lui a envoyé son *Mystère cosmographique*, sa confiance aveugle dans les données de Brahe : construire les instruments et conduire les expériences soi-même est le seul moyen de connaître la fiabilité des mesures !

Galilée est convaincu que la réalité peut être connue au travers d'expériences « idéales » extrapolées de celles

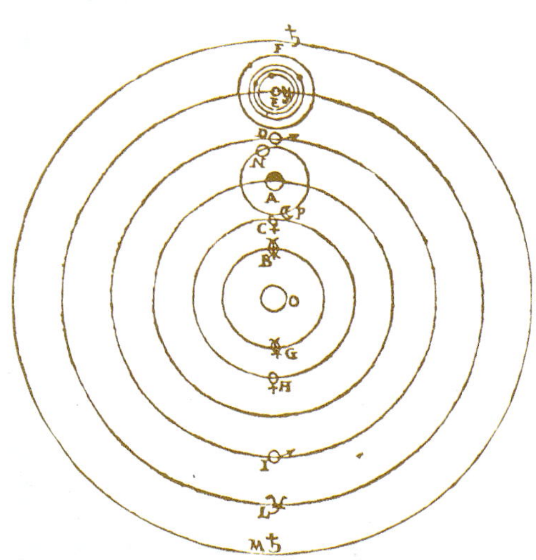

Le système copernicien
Ce petit modèle du système copernicien dessiné par Galilée et publié dans son *Dialogue sur les deux grands systèmes du monde* (1632) montre les satellites galiléens tournant autour de Jupiter, et la Lune autour de la Terre. Découverts le 7 janvier 1610, les satellites de Jupiter constituèrent pour Galilée la preuve irréfutable de la justesse des thèses de Copernic.

du Système solaire à l'échelle. Cette loi empirique a trouvé une explication dans la loi de la gravitation élaborée par Newton qui, inversement, contient implicitement les trois lois de Kepler.

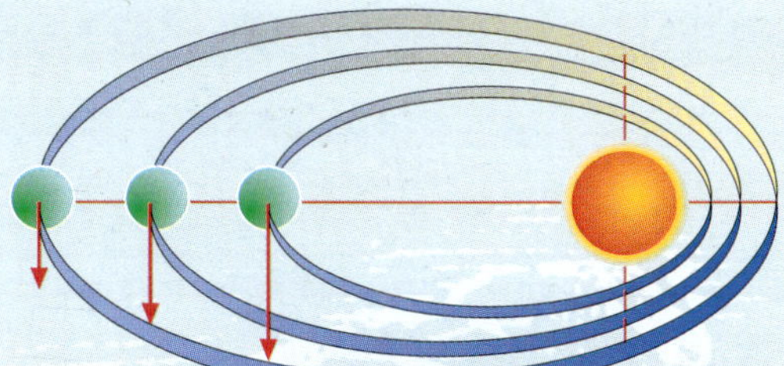

3

Portrait de Galilée
Ce célèbre portrait de Galilée conservé à la Galerie des Offices a été peint par J. Susterman.

obtenues en améliorant au maximum les instruments. Avant tout, donc, il révolutionne la façon d'étudier la physique. Il introduit les concepts de vitesse instantanée, vitesse moyenne et accélération, et détermine les lois du mouvement, substituant une nouvelle rationalité à l'ancienne philosophie aristotélicienne, purement spéculative. Il s'appuie sur l'observation des phénomènes mais aussi sur les données obtenues par des expériences et sur les raisonnements mathématiques et géométriques qui permettent d'extrapoler les expériences idéales à partir des expériences réelles.

Il pointe alors sa lunette vers le ciel et découvre un univers inconnu : la Lune n'est pas lisse comme on le pensait depuis deux mille ans, mais semblable à la Terre, avec des plaines, des montagnes et des mers ; les étoiles que nous voyons sont une infime partie de celles qui composent la Voie lactée ; ce qui ressemble à des nuages sont des ensembles d'innombrables étoiles ; et autour de Jupiter tournent quatre petites planètes qu'il dédie à Cosme II, grand-duc de Toscane. Pour la première fois dans l'histoire une découverte est faite hors de la Terre, à l'aide d'un instrument, et n'est pas le fruit de l'imagination.

Galilée observe les phases de Vénus, un phénomène qui ne peut trouver d'explication dans le système ptolémaïque mais qui, en revanche, confirme les théories de Copernic et Kepler. Il observe deux ans durant la migration des taches solaires, leurs modifications et les variations de leur nombre ; il en conclut qu'elles font partie du Soleil et que celui-ci tourne autour de son propre axe. C'est inadmissible : le Soleil, corps céleste parfait, ne peut avoir de taches ni bouger ! Beaucoup de personnes contestent en outre que le nombre des planètes soit supérieur à sept (le nombre des jours de la Création ou celui des péchés capitaux). Enfin, même Kepler doute que ce qu'a vu Galilée existe vraiment. Comme d'autres il se demande pourquoi Dieu aurait créé un monde d'objets que personne ne peut voir. L'Académie réfute la crédibilité de l'instrument au motif que les lentilles, qui existent depuis quelques siècles, distordent ce que l'on regarde par des réflexions, des lumières inexistantes, des effets étranges et des illusions d'optique… Qui pourrait croire ce que l'on voit à travers un tel dispositif ?

Mais Galilée est convaincu d'avoir raison : il construit des dizaines de lunettes et les offre à ses amis, aux étudiants et aux princes de toute l'Europe. Kepler peut ainsi observer les mêmes choses que Galilée. Il s'enthousiasme et publie en peu de temps *Dioptrique*, un traité sur la théorie géométrique des lentilles qui explique le fonctionnement de la lunette galiléenne et le principe du téléobjectif. C'est le printemps 1611 ; après des millénaires d'obscurité, les deux génies ont accès à l'espace et la lunette devient une simple extension de la vue.

Toutefois, l'attitude de Galilée est trop impertinente. Certain de ce qu'il a vu et de ses conclusions, il prétend en savoir plus qu'Aristote et que quiconque l'ayant précédé depuis deux mille ans. Et il soutient que sa méthode scientifique est l'unique type de recherche valable. Pire encore : à son avis, les différences avec les Écritures sont dues seulement à des erreurs d'interprétations parce que ce que montrent les découvertes scientifiques est l'œuvre de Dieu, et Dieu ne peut se contredire lui-même. C'est décidément un acte de guerre à l'encontre des traditionalistes – en nette majorité – et avant tout, envers l'Église. Le monde académique et le pouvoir ecclésiastique, percevant le pouvoir destructeur de ces affirmations, essaient de le faire taire : ils lui interdisent d'enseigner et de soutenir la théorie copernicienne.

Et Galilée se tait un moment. Mais cela dure peu : en 1623, il dédie à son ami le cardinal Maffeo Barberini (le futur pape Urbain VIII) le *Saggiatore*, une œuvre (la première publiée en langue vulgaire) qui deviendra une pierre angulaire de la science moderne. Il y affirme que la nature doit être étudiée avec humilité, sagacité et imagination, en observant et en se posant des questions, toujours attentif à distinguer la réalité et l'apparence, l'objectivité et la subjectivité. Les mathématiques, la géométrie, le raisonnement rationnel sont les seuls moyens que nous ayons pour extrapoler à partir de la réalité imparfaite les lois idéales qui régissent la Création. C'est la nouvelle philosophie de la connaissance.

Peu après suit son *Dialogue sur les deux grands systèmes du monde* où, reprenant courage, Galilée fait deux grosses erreurs. D'abord, il y affirme que les marées sont dues à la rotation de la Terre – un

De nouveaux instruments
Deux lunettes utilisées par Galilée pour ses observations révolutionnaires du ciel. Au centre, encadrée, la lentille construite par Galilée lui-même.

Galilée aveugle
À la fin de sa vie, Galilée, aveugle et entouré seulement de ses disciples les plus affectionnés, vivait dans la villa « le Joyau » près d'Arcetri, à quelques kilomètres de Florence, assisté de sa fille, sœur Marie Céleste. Son travail et sa personnalité ont été réhabilités par l'Église en 1992 seulement, 350 ans après sa mort.

argument qui lui avait été expressément interdit d'utiliser. Pire, il se moque de la position du pape qui avait été très claire : Dieu omnipotent peut faire tomber ce qu'il veut, et les phénomènes peuvent être vérifiés de mille façons possibles, aussi l'observation des faits naturels ne peut-elle apporter la connaissance de la vérité. Et si le pape le dit…

Dans un italien très clair, Simplicius, qui incarne la mentalité aristotélicienne obtuse et conservatrice, déclare que même si l'hypothèse de la rotation de la Terre semble la meilleure pour expliquer les marées, il la réfute au bénéfice d'une « doctrine très solide, émise par une personne infiniment savante et éminemment enseignée, et à laquelle il faut se soumettre ». Cependant, Salviati, qui représente les convictions galiléennes, rétorque que l'homme peut atteindre une connaissance de la Création à l'égal de celle de Dieu : « à propos de ce peu d'intelligence de l'esprit humain, je crois que la connaissance égale celle de Dieu dans la certitude objective, parce qu'il arrive à en comprendre la nécessité, au-dessus de laquelle ne saurait exister plus grande sécurité. » C'est exactement à l'opposé de ce qu'affirme le pape.

Tous ceux que Galilée a raillés et insultés ouvertement par le passé prennent alors une revanche facile. Le livre est considéré comme une attaque contre l'Église, son autorité sur la science et son infaillibilité ; en outre, il est en italien et permet à quiconque sachant lire d'accéder à ces idées subversives et diaboliques ! La condamnation doit être exemplaire. Galilée risque le bûcher, où a fini peu avant Giordano Bruno. Heureusement, il a peur – ou peut-être se rend-il compte qu'on ne peut gagner contre les fous, ou admet-il ne pas pouvoir compter sur ses protecteurs. Sans doute pense-t-il que ce qui est fait est fait : il a d'autres idées qu'il veut mener à terme et qui valent la peine d'incliner la tête.

Il se soumet donc, se montre humble, repenti. Il requiert l'indulgence pour sa « vieillesse croulante ». Il est néanmoins jugé, « véhémentement suspecté d'hérésie », et obligé de se confesser publiquement : « Je maudis et déteste les susdites erreurs et hérésies. » Condamné, il est assigné à résidence. Son œuvre est mise à l'index, comme celles de Copernic et Kepler. Vaincu, il devient aveugle en 1637.

Pourtant il continue de travailler, de trouver des éléments venant soutenir sa nouvelle méthode et réfuter la physique aristotélicienne fondée sur l'idéation. Malgré sa santé déclinante, l'œuvre qu'il accomplit dans sa dernière demeure est sa plus grande contribution à la physique : ses *Discours sur deux sciences nouvelles* sont l'avant-dernière œuvre où définitions, concepts, théorèmes, leurs démonstrations et leurs corollaires forment le cœur cohérent de la nouvelle physique. Il y formule tous les problèmes qui seront rencontrés et résolus dans les décennies suivantes par ses disciples et étudiants jusqu'à Newton. Nous sommes le 8 janvier 1642 : Galilée meurt. Le projet d'une sépulture solennelle à Sainte-Croix est empêché par Rome « pour ne pas scandaliser les bonnes gens » et « ne pas offenser la réputation » de la Sainte Inquisition. Les œuvres de ce blasphémateur hérétique restent interdites jusqu'en 1757. Heureusement cet interdit, comme tous les interdits, est transgressé de façon répétée, et l'œuvre de

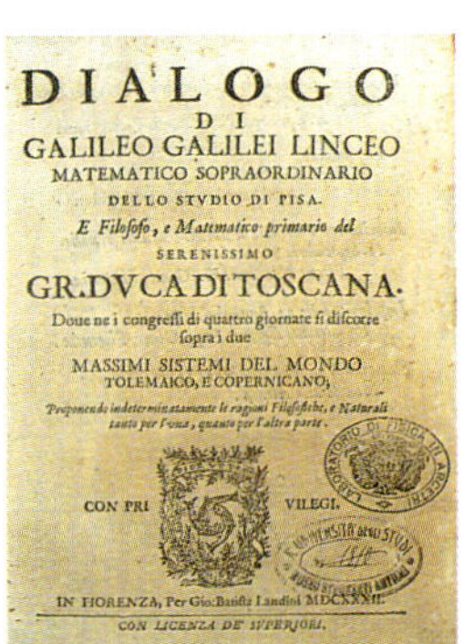

DIALOGO
DI
GALILEO GALILEI LINCEO
MATEMATICO SOPRAORDINARIO
DELLO STVDIO DI PISA.
E Filosofo, e Matematico primario del
SERENISSIMO
GR.DVCA DI TOSCANA.
Doue ne i congressi di quattro giornate si discorre
sopra i due
MASSIMI SISTEMI DEL MONDO
TOLEMAICO, E COPERNICANO;
CON PRI VILEGI.
IN FIORENZA, Per Gio:Batista Landini MDCXXXII.
CON LICENZA DE' SVPERIORI.

Frontispice du *Dialogue* de Galilée
Cette œuvre, publiée en 1632, entraîna la condamnation de Galilée par l'Inquisition et son assignation à résidence à vie.

Portrait d'Isaac Newton
Généreux, profondément opposé à toute forme de violence et d'hypocrisie, Newton est un des rares « honnêtes hommes ». Il disait de lui : « Je ne suis pas tel que le monde me juge ; je me fais l'effet d'un enfant qui joue sur le rivage de la mer, s'amusant à recueillir ici une pierre plus lisse, là un coquillage plus brillant que d'ordinaire, alors que l'océan infini de la vérité s'étend, inexploré, devant lui. » Et il ajoute, faisant référence à Descartes, père de la géométrie analytique, à Kepler, dont il utilise les lois sur les mouvements planétaires, et à Galilée, dont il applique les lois de la dynamique : « Si j'ai pu voir plus loin que d'autres, c'est parce que je me trouvais sur les épaules de géants. »

Galilée devient rapidement le terreau fertile des idées neuves et fécondes.

NEWTON ET LA GRAVITATION

L'année même où s'éteint Galilée naît Isaac Newton (1642-1727) en Angleterre, qui réunira toutes les données de ses prédécesseurs et contemporains pour élaborer un nouvel univers – celui que nous connaissons. Dans une Angleterre ensanglantée par la guerre civile, il étudie au Collège de la Sainte et Indivise Trinité à Cambridge, lit tout et élabore la méthode des séries infinies – première étape vers le calcul infinitésimal. Mais la peste bubonique sévit et l'université ferme. Newton retourne chez lui, à la campagne où, en deux ans, il invente le « calcul des fluxions » (différentielles et intégrales), débute ses expériences sur les couleurs de la lumière en développant une théorie corpusculaire opposée à la théorie ondulatoire de Huygens et Hooke, et invente le télescope à réflexion.

Il est convaincu que tous les mouvements ont quelque chose en commun et que si la nature des corps célestes est analogue à celle de la Terre, comme l'affirme Galilée, alors tous les corps célestes doivent avoir une « gravité » comme la Terre. Kepler pensait qu'une force magnétique liait les planètes et le Soleil : n'est-ce pas plutôt la gravité ? Newton n'est pas le seul à creuser cette idée : Boulliau suggère que la gravitation est proportionnelle à la masse des corps considérés et inversement proportionnelle au carré de leur distance (1679) ; Hooke avance que les planètes sont soumises à une attraction réciproque qui génère leur mouvement (1674) et que l'attraction entre le Soleil et les planètes est inversement proportionnelle au carré de leur distance (1679). Aucun, cependant, n'a d'idées aussi claires et mathématiquement étayées que Newton. En 1687, celui-ci publie *Philosophiae naturalis principia mathematica* (Principes mathématiques de la philosophie naturelle) qui introduit la physique théorique dans les sciences, organise de façon définitive la mécanique et, en particulier, définit une fois pour toutes la loi de la gravitation. Cet écrit deviendra l'un des livres fondamentaux de l'histoire humaine.

Newton constate l'inévitable existence de cette mystérieuse « action à distance », inacceptable du point de vue philosophique : deux corps s'attirent avec une force proportionnelle à leur masse et inversement proportionnelle au carré de leur distance – c'est ainsi et pas autrement. Les lois empiriques de Kepler sont une conséquence logique de cette loi. Par ailleurs, cette loi perfectionne la troisième loi de Kepler en permettant d'évaluer l'influence de la masse des planètes individuelles qui, pour Kepler, était éphémère, ou du moins négligeable par rapport à celle du Soleil.

Nier la théorie copernicienne est devenu, à ce stade, vraiment difficile. Par sa simplicité, en effet, cette loi fournit une réponse à de nombreux problèmes astronomiques : la forme et la vitesse de l'orbite des planètes et des comètes autour du Soleil et des satellites autour des planètes, la précession des équinoxes, la forme de la Terre, le mouvement des objets sur la Terre, les marées…

Ainsi s'affirme l'idée que chaque phénomène est régulé par quelques lois naturelles fondamentales qui peuvent être

Le télescope à réflexion de Newton
Un miroir parabolique concave placé à l'intérieur du tube fait converger en un faisceau unique les rayons émis par l'objet observé. Un second miroir, plan et incliné de 45° par rapport à l'axe de l'instrument, réfléchit le faisceau à 90° de sorte que l'image se forme sur le côté du tube où elle peut être observée plus facilement.

analogue
semblable . comparable

Des instruments toujours plus puissants
Les siècles suivant Newton virent l'importance croissante des instruments pour réaliser des observations toujours plus précises. Cette gravure représente le télescope construit en Irlande par William Parson, comte de Rosse (1800-1867), familièrement appelé « le Léviathan de Parsonville ». Son miroir de 1,80 m de diamètre lui permit de découvrir la structure en spirale de certaines galaxies.
CI-DESSOUS : Deux gravures d'époque montrant des étapes de sa construction.

identifiées grâce à l'observation et à l'expérimentation et traduites sous forme mathématique simple, ce qu'affirmait déjà Galilée. Dans la préface du troisième livre des *Principes*, Newton expose les quatre « règles du philosophe » décrivant cette nouvelle approche :

1) « Il ne faut admettre de causes, que celles qui sont nécessaires pour expliquer les phénomènes. »

2) « Les effets du même genre doivent toujours être attribués, autant qu'il est possible à la même cause. »

3) « Les qualités des corps qui ne sont susceptibles ni d'augmentation ni de diminution, et qui appartiennent à tous les corps sur lesquels on peut faire des expériences, doivent être regardées comme appartenantes à tous les corps en général. »

4) « Dans la philosophie expérimentale, les propositions tirées par induction des phénomènes doivent être regardées malgré les hypothèses contraires, comme exactement ou à peu près vraies, jusqu'à ce que quelques autres phénomènes les confirment entièrement ou fassent voir qu'elles sont sujettes à des exceptions. »

Tout l'effort des siècles suivants sera le développement de la théorie newtonienne. Même la théorie de la relativité d'Einstein ne réussira pas à l'invalider : notre monde, le système solaire et la physique de notre Galaxie sont toujours newtoniens.

Pourtant, à l'époque, ils sont nombreux à réfuter les idées de Newton, et pas seulement par rivalité personnelle : Leibniz, Kant, Goethe sont des adversaires résolus et compétents, et Hegel fustige « l'impropriété et la fausseté des observations et des expériences[...], et non moins l'insipidité de celles-ci, et enfin, comme Goethe l'a montré, leur mauvaise foi. [...] Et puis également la mauvaise qualité des raisonnements, des suppositions et des démonstrations, faites au moyen de ces données empiriques impures ». On ne s'étonnera donc pas que Newton, écœuré par toutes ces controverses, méchancetés et mesquineries, et après les polémiques ayant suivi la publication de sa théorie sur la formation des couleurs, renonce à publier ses *Leçons d'optique* et s'occupe avant tout d'études théologiques et alchimiques jusqu'en 1684. Néanmoins il connaîtra des honneurs fastueux à sa mort, alors que seulement quatre-vingt-cinq ans auparavant, Galilée avait été enterré en secret.

APRÈS NEWTON : KIRCHHOFF ET LA CHIMIE DES ÉTOILES

Désormais, les changements se suivent toujours plus vite. Appartiennent également au siècle de Newton : Fermat, illustre mathématicien, Rømer, qui quantifie la vitesse de la lumière, Grimaldi, qui étudie la diffraction, Torricelli, qui démontre l'existence du vide, Pascal et Boyle, qui définissent la physique des fluides. La précision des télescopes et des horloges augmente notablement, et un nombre croissant d'astronomes tâchent d'établir avec exactitude la position des étoiles, compilant des catalogues stellaires toujours plus riches, en une tentative de comprendre comment est faite la Voie lactée.

La nature des corps célestes reste en dehors de leurs préoccupations : si l'on peut déterminer la forme, l'éloignement, les dimensions et les mouvements des objets célestes, comprendre de quoi ils sont faits est certainement hors de portée des hommes. C'est ainsi qu'au début du XIXe siècle, l'astronome William Herschel (1738-1822) est en train d'étudier et de déduire la forme de la Galaxie. Il a construit le plus grand télescope du monde et a découvert, entre autres, Uranus, mais il croit sans crainte du ridicule que le Soleil est habité.

En quelques années, toutefois, naît l'astrophysique. À la différence de l'astronomie (dite « classique » ou « de positions »), cette science se fonde sur des expériences en laboratoire. Comparant la lumière émise par des substances incandescentes à la lumière stellaire, elle se risque à l'impossible : découvrir la composition chimique et, si possible, la structure et le fonctionnement des corps célestes.

Mal vue des astronomes « sérieux », elle se développe grâce aux physiciens et chimistes qui inventent de nouveaux instruments d'analyse fondés sur les découvertes de Newton sur la structure de la lumière.

En 1814, Joseph Fraunhofer (1787-1826) effectue des observations fondamentales sur les raies vues par Wollaston dans le spectre du Soleil – il y en a plus de 600, et elles sont aussi présentes dans les spectres de la Lune et des planètes ; les spectres des étoiles Pollux, Capella et Procyon sont similaires, mais pas ceux de

Albert Einstein à l'observatoire de Yerkes (1921)
Les réponses attendues par les astrophysiciens ne vinrent qu'après qu'Einstein établit une fois pour toutes que la masse était « un mode d'être » de l'énergie et vice versa. Selon la loi simple qu'il établit, la masse peut en effet se transformer en énergie et inversement. Le mécanisme permettant aux étoiles de produire d'énormes quantités d'énergie sans « se consumer » était enfin trouvé.

Sirius ni de Castor. Perfectionnant le spectroscope (p. 121) avec l'invention du réseau de diffraction (bien plus puissant et souple qu'un prisme de verre), Fraunhofer observe les deux raies du sodium dans le spectre solaire. C'est le début de l'analyse spectrale des sources célestes.

Pendant qu'en laboratoire, sir John Herschel étudie pour la première fois la correspondance entre les spectres et les substances qui les produisent, Anders Ångström (1814-1874) décrit les spectres des gaz incandescents et les spectres d'absorption (p. 196), tandis que Jean Foucault (1819-1868) confronte les spectres de laboratoires avec ceux des sources célestes. Finalement, Gustav Kirchhoff (1824-1887) formalise l'énorme masse de données en une règle simple qui change, une fois encore, radicalement la façon d'étudier le ciel : « Le rapport des puissances d'émission et d'absorption pour une même longueur d'onde est constant pour tous les corps se trouvant à la même température. »

On est en 1859. Cette *loi du corps noir*, qui associe l'exploration du ciel à la physique atomique, est, elle aussi, une loi empirique. C'est, en outre, la clef qui permet de pénétrer la chimie et la structure des objets célestes : en effet, il suffit de mesurer le spectre d'une étoile pour connaître sa composition. Grâce à la spectroscopie, Kirchhoff et Robert Bunsen (1811-1899) démontrent que de nombreux métaux sont présents dans le Soleil.

L'observation du Soleil, l'étoile la plus proche, devient le centre d'intérêt de la grande majorité des astrophysiciens qui en analysent les phénomènes et les différentes régions. L'identification de certaines raies s'avère parfois difficile et conduit à la découverte d'un nouvel élément chimique : l'hélium. On commence à se douter que le Soleil a une température beaucoup plus élevée qu'on ne le pensait. Parallèlement, les raies d'émission (p. 194) présentes dans les spectres des étoiles et des nébuleuses démontrent qu'environ un tiers des objets étudiés est gazeux. Et grâce aux travaux de Christian Doppler (1803-1853) et d'Armand Fizeau (1819-1896), qui montrent qu'une source de signaux sonores ou lumineux qui s'éloigne ou se rapproche de l'observateur voit la longueur d'onde de son signal augmenter ou diminuer (p. 219), le mouvement des objets les plus lointains se précise. Le ciel change donc encore : les « étoiles fixes » sont finalement mobiles !

LE DIAGRAMME H-R : VERS LE FUTUR

Désormais, les données s'accumulent. Le père Angelo Secchi (1818-1878) remarque que de nombreux spectres stellaires ont des caractéristiques similaires. Se fondant sur leur aspect général, il classe les étoiles en cinq types. Le passage d'une couleur blanc-bleu au rouge sombre indique la diminution progressive de la température, et la température est le paramètre principal déterminant l'aspect d'un spectre stellaire.

De nouvelles découvertes font avancer les connaissances astronomiques. Johann Jakob Balmer (1825-1898) montre que la régularité des longueurs d'onde des raies de l'hydrogène se résume par une formule mathématique simple. Pieter Zeeman (1865-1943) s'aperçoit qu'un champ magnétique agit sur les raies spectrales d'une source en les subdivisant en un nombre de raies proportionnel à l'intensité de ce champ ; cela permet de mesurer le champ magnétique des étoiles. Ces découvertes sont également empiriques : le soutien théorique viendra seulement après qu'on a compris la structure de l'atome, du noyau atomique et des particules élémentaires. Finalement la physique et la chimie apportent les outils théoriques nécessaires à l'élaboration d'hypothèses et de théories exhaustives. Faraday et son concept

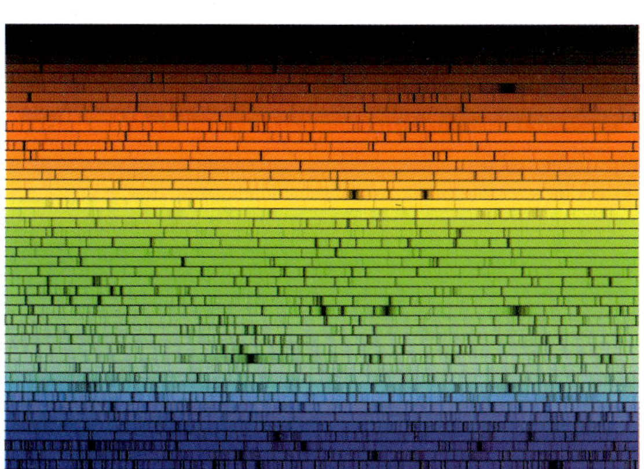

Le spectre solaire
L'impact qu'a eu la loi de Kirchhoff sur l'astronomie des XIX et XXe siècles est comparable à celui des lois de Kepler pour l'astronomie des XVII et XVIIIe siècles.

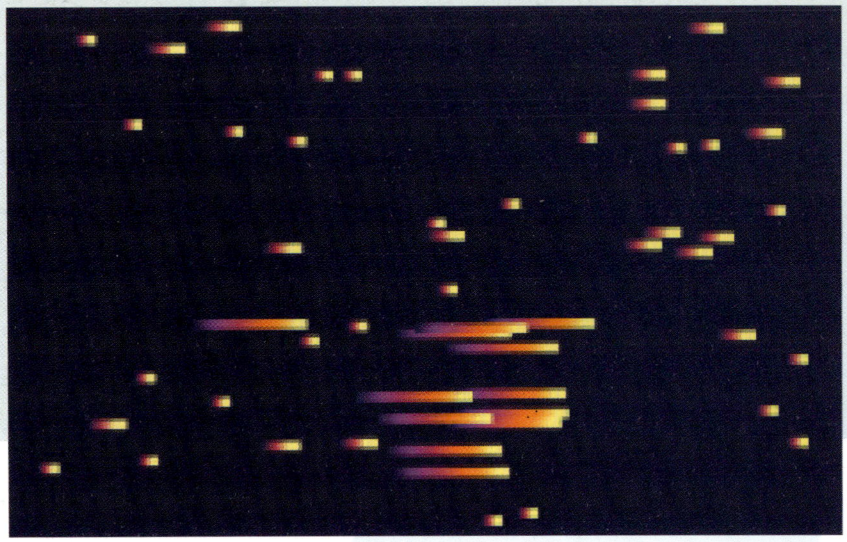

Spectres d'étoiles et de galaxies
Dès la moitié du XIXe siècle, la photographie permit d'enregistrer de façon fidèle et indélébile les phénomènes jusqu'alors observés à l'œil nu ou dessinés dans le meilleur des cas par un astronome. Une photographie peut, en outre, être examinée plusieurs fois, par davantage de personnes et par des techniques diverses, des années après. Elle permet aussi de mettre en évidence des objets invisibles grâce aux temps d'exposition ; ceux-là, toujours plus longs, fixent sur la pellicule photographique des informations encore plus détaillées qui peuvent être analysées avec calme et précision. L'image représentée ici montre les spectres d'un groupe d'étoiles.

de champ comme « état » de l'espace autour d'une « source », Mendeleïev et sa table des éléments chimiques, Maxwell et sa théorie de l'électromagnétisme, Becquerel et la découverte de la radioactivité, les recherches de Pierre et Marie Curie, les expériences de Rutherford et Soddy sur les rayons α, β et γ. Mais aussi les études sur le corps noir (p. 195) qui amènent Planck à déterminer sa constante universelle, Einstein et ses travaux sur la quantification de l'énergie expliquant l'effet photoélectrique, Bohr et son modèle quantique de l'atome, la théorie de la relativité restreinte d'Einstein qui lie la masse et l'énergie par une équation d'une extrême simplicité sont autant de découvertes qui permettent d'expliquer l'énergie stellaire et l'importante durée de vie des étoiles, de concevoir une échelle de temps bien plus grande qu'on ne l'imaginait et d'élaborer des hypothèses sur l'évolution de l'univers.
En 1911, Ejnar Hertzsprung (1873-1967) construit un graphe comparant la « couleur » et la « magnitude absolue » (p. 190) des étoiles et détermine la relation entre ces grandeurs. En 1913, Henry Russell (1877-1957) démontre une autre relation en utilisant leur classe spectrale (p. 196) à la place de la couleur et retrouve la même distribution. Le diagramme d'Hertzsprung-Russell (diagramme H-R, p. 197) montre que la couleur (c'est-à-dire la température de surface) et le spectre d'une étoile sont liés, et qu'à un type spectral est associée une luminosité donnée (p. 190). Et comme cette dernière dépend des dimensions de l'étoile observée, on peut tirer de son spectre des informations précises sur sa dimension réelle.

Albert Einstein
En s'attaquant à des phénomènes purement physiques comme l'effet photoélectrique, Albert Einstein arriva à des conclusions qui ont éclairé définitivement les problèmes les plus débattus de l'astrophysique des XIX et XXe siècles.

Il ne manque que la relation de cause à effet qui replace toutes les observations dans un cadre général. Les découvertes en chimie et physique y pourvoient. Les calculs du modèle atomique de Bohr reproduisent notamment les fréquences des raies de la série de Balmer de l'hydrogène. L'astrophysique peut enfin interpréter les spectres, et les énergies de liaisons atomiques expliquent en outre l'origine du rayonnement stellaire et de l'énorme énergie produite par le Soleil.
Les raies spectrales dépendent de la nature des atomes qui les produisent et de leur état d'ionisation, mais aussi de la température du gaz, de sa pression et de sa composition. On détermine de la sorte l'abondance relative des éléments chimiques dans l'atmosphère d'une étoile – une méthode qui permet aujourd'hui de mettre en évidence des différences de composition très petites, attribuables à des âges stellaires différents. Les astrophysiciens découvrent ainsi que la composition chimique des étoiles est presque uniforme : 90 % d'hydrogène pour 9 % d'hélium (en masse : 71 % et 27 % respectivement) ; le reste est composé de tous les autres éléments déjà identifiés sur Terre.
Le développement de la physique permet également de perfectionner les modèles théoriques, d'expliquer de façon cohérente ce qu'est et comment fonctionne une étoile. Les nouveaux modèles suggèrent à leur tour de nouvelles observations. On découvre ainsi de nouveaux types d'étoiles : les novae récurrentes, les supernovae (p. 104), les pulsars (p. 203) aux périodes de rotation très courtes… On découvre aussi que les étoiles évoluent, qu'elles se forment en groupes qui se désagrègent ensuite sous l'action des forces de marée galactiques.

Informatique : l'accélération de l'esprit
La dernière grande innovation est l'évolution des ordinateurs aux possibilités de calcul et de simulation toujours plus vastes. Ceux-là permettent, par exemple, de réaliser des modèles de l'intérieur d'une étoile et de calculer les valeurs de ses différents paramètres physico-chimiques (composition chimique, température, pression, densité, etc.) à différentes profondeurs. En un temps relativement bref et en utilisant les lois dont on veut tenir compte, l'ordinateur donne les caractéristiques du spectre devant être observé. Le modèle proposé est d'autant meilleur que ce spectre théorique se rapproche de ceux réellement observés.

D'autres informations sur notre Galaxie sont apportées par la radioastronomie, une nouvelle branche de l'astronomie qui va permettre de reconstruire la structure de la Voie lactée au-delà des limites de l'observation optique. De nouveaux champs d'études s'ouvrent alors : les objets galactiques, les amas globulaires (p. 218), les nébuleuses (p. 214), les mouvements de la Galaxie (p. 208) et ses caractéristiques sont étudiés au moyen d'instruments toujours plus sophistiqués. Plus on observe, plus on découvre d'objets inconnus, et plus les questions affluent. De nouvelles galaxies, différentes de la nôtre, sont découvertes. En étudiant leur décalage Doppler, on s'aperçoit qu'elles s'éloignent toutes de nous et que plus elles sont lointaines, plus elles s'échappent vite.
Nous nous sommes à peine rendus compte que l'univers ne finit pas aux frontières de la Voie lactée que déjà celui-ci se dilate de façon démesurée en se remplissant de galaxies et d'objets toujours plus étranges – jusqu'à mille milliards de galaxies dans le seul horizon du télescope *Hubble*. Et les découvertes se succèdent : un jet d'antimatière semble être émis du centre de la Galaxie, et s'étend perpendiculairement au plan galactique sur 3 000 années-lumière ; des objets comme Cygnus A émettent une énergie radio 10 millions de fois supérieure à celle émise par une galaxie entière comme Andromède ; certains quasars (p. 224) semblent beaucoup plus proches que ne le suggère l'effet Doppler et l'on parle « d'effets de perspective » qui fausseraient les conclusions. Hypothèses, observations, nouvelles hypothèses, nouvelles observations, objections, doutes…
Il n'y a toujours pas de réponse certaine et globale, mais un nombre croissant de chercheurs la traque dans mille directions différentes. Dans ce but, de nouveaux objets célestes et d'univers voient le jour par la seule puissance des mathématiques : « trous noirs », « univers-bulles », « cordes cosmiques »…
Les chercheurs étudiant l'évolution stellaire, l'astrophysique ou les théories cosmogoniques sont devenus si nombreux que désormais on parle moins des travaux d'un homme en particulier que d'un axe de recherche. Comme les autres sciences, l'astronomie est devenue un domaine d'investigation coordonné à l'échelle internationale qui progresse continuellement, sans révolutions, en une succession d'innovations, de découvertes, de nouvelles instrumentations et d'interprétations toujours plus élaborées mais aussi toujours plus difficiles à comprendre (parfois même par ses propres chercheurs) en suivant mille voies parallèles – comme le prédisait Bacon à l'époque de Galilée.
L'astronomie est devenue tellement « super-spécialisée » qu'il arrive que quelqu'un s'occupant d'un aspect particulier de la physique des étoiles ne connaisse rien aux planètes ou aux galaxies. Même le langage devient toujours plus instrumentalisé, technique, et les termes, qui résument parfois des champs entiers de recherche, deviennent de plus en plus difficiles à transposer en langage courant immédiatement compréhensible. De ce fait, la vulgarisation s'effectue à grand-peine en se dépêtrant d'une multitude de syllogismes et d'approximations (parfois erronées, incomplètes ou simplement incompréhensibles pour qui n'est pas de la partie). De même, les résultats issus d'autres disciplines sont acceptés par les autres scientifiques sans qu'ils entrent dans le détail du sujet et sont utilisés par tous.
Les recherches sur les planètes, les étoiles, la matière interstellaire, la Galaxie ou l'univers et son évolution sont ainsi conduites aujourd'hui en parallèle, comme s'il s'agissait de disciplines indépendantes, mais néanmoins en continu et en osmose profitable. Alors que les données sur le Soleil et les corps du Système solaire deviennent toujours plus complètes, détaillées et fiables, que les hypothèses relatives à notre Galaxie trouvent de nouvelles confirmations, l'univers que nous commençons à distinguer au-delà de nos frontières ne ressemble à rien de ce qui était tenu pour acquis seulement un siècle plus tôt – c'est une vision complètement neuve. Et, tandis que les modèles mathématiques les plus extrêmes dépeignent un, cent, mille univers toujours plus abstraits et complexes qui, curieusement, ont plus en commun avec la philosophie qu'avec les observations, il vaut la peine de rappeler comment toute notre connaissance a commencé. Quand, il y a des milliers d'années, un de nos ancêtres a planté un bâton pour fixer la course de la Lune.

La Terre : troisième planète du Système solaire à partir du Soleil, suffisamment proche de la source d'énergie la plus riche de cette région, mais pas au point de s'y brûler. Notre planète a, comme les autres planètes, un passé d'environ 4,5 milliards d'années, mais cela ne fait que quelques siècles que l'homme a commencé à se poser des questions à son sujet et à donner des réponses, pas toujours vérifiées ni vérifiables. Il en a dit de toutes les couleurs sur son compte : qu'elle est grande, petite, sphérique, plate comme une pizza ou cylindrique, soutenue par une tortue géante ou flottant sur un océan ; qu'elle est au centre de l'univers, creuse, solide, ou encore formée d'une couche de roches et remplie de lave... La Terre a changé bien des fois d'aspect, se gonflant comme un ballon. La Lune, compagne de la Terre dans sa course céleste, a aussi eu sa part : astre changeant, elle a toujours été associée à la femme, au cycle de la fertilité, aux semailles et aux saisons. Symbole des contrastes, elle a représenté tour à tour la naissance et la mort, la pureté et la sensualité, la fidélité et l'inconstance, la fantaisie et la rationalité. Elle a aussi été un important instrument céleste pour mesurer l'écoulement du temps, scander les saisons, les rythmes des cultures et de la pêche. Nous savons aujourd'hui que son influence est notable : sans la Lune, l'orbite de la Terre serait différente, nos mers ne connaîtraient pas de marées et la rotation terrestre aurait progressivement ralenti, nous n'observerions pas d'éclipses. Nous allons voir brièvement quelles sont les caractéristiques de ces deux remarquables corps célestes et leurs principales interactions.

De la Terre à la Lune

LA PLANÈTE BLEUE

RÉCEMMENT, ON S'EST ATTACHÉ À DÉBLAYER LE CHAMP DES CROYANCES SUR LA STRUCTURE ET LA DYNAMIQUE DE LA TERRE. DE NOMBREUX SCIENTIFIQUES ISSUS DE DIFFÉRENTES DISCIPLINES, PROCÉDANT AVEC PRUDENCE À PARTIR DE PREUVES AVÉRÉES, DE RECHERCHES TECHNOLOGIQUEMENT AVANCÉES, D'OBSERVATIONS SÛRES ET D'HYPOTHÈSES LARGEMENT VALIDÉES ET VÉRIFIÉES, ONT FAIT PROGRESSER LA CONNAISSANCE DE LA TERRE À PAS DE GÉANTS. CEPENDANT NOUS SAVONS ENCORE PEU DE CHOSE SUR CERTAINS ASPECTS DE NOTRE PLANÈTE – PARFOIS PARCE CE QU'ILS SONT, PAR NATURE, DIFFICILES À ÉTUDIER, TELLE LA STRUCTURE INTERNE DU GLOBE, MAIS PARFOIS SIMPLEMENT PAR MANQUE DE VOLONTÉ POLITIQUE ; AINSI, L'ÉTUDE DES FONDS OCÉANIQUES EST BIEN MOINS FINANCÉE QUE CELLE DE LA SURFACE DE VÉNUS.

La Terre est un corps solide qui, vu de l'espace, semble parfaitement sphérique. « Semble » seulement : en fait, lorsqu'on la mesure à l'aide d'instruments très précis embarqués à bord des satellites géodésiques, on s'aperçoit qu'il n'en est rien. Elle n'est pas plate, entendons-nous bien ! Cependant, si la hauteur des montagnes est insignifiante au regard du diamètre de la planète et si chaque dénivelé « s'aplanit » au vu de l'immensité du globe, il existe des zones où le profil terrestre s'éloigne légèrement mais significativement de la sphère idéale à laquelle il est toujours fait référence. Ainsi, le diamètre pris aux pôles est un peu plus petit que celui pris à l'équateur, et le rayon terrestre de l'hémisphère nord est plus court que celui de l'hémisphère sud ; et dans certaines régions, la surface du globe est plus enfoncée qu'en d'autres. La forme qui se rapproche le plus de celle de la Terre est la poire – une poire presque sphérique, certes, mais tout de même une poire. Les scientifiques, friands de termes techniques, l'ont appelée *géoïde*, littéralement « forme de la Terre » – la Terre a donc… une forme de Terre !
On ne sait pas avec certitude pourquoi notre planète a cette forme ; ce pourrait être à cause de la distribution asymétrique des continents

LA TERRE DEPUIS L'ESPACE
Vue de loin, notre planète semble vraiment sphérique. Pourtant, lorsqu'on mesure avec précision les différentes altitudes de la surface terrestre, les différences sont significatives par rapport à une sphère parfaite. En haut, cette reconstruction du *géoïde* amplifie les plus évidentes qui n'excèdent toutefois pas 100 km en réalité.

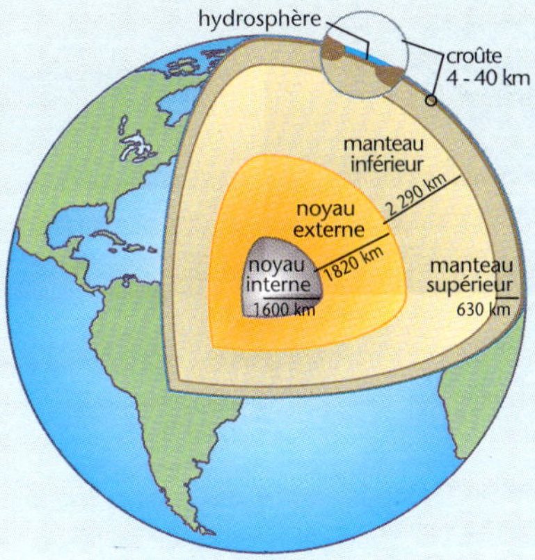

La Terre en chiffres

Âge (en milliards d'années)	4,5
Rayon équatorial (en km)	6378,388
• polaire (en km)	6356,912
• moyen (en km)	6367,650
Longueur	
• du méridien (en km)	40009,152
• du grand axe méridien (Nord, en km)	6388
• du petit axe méridien (Sud, en km)	6356,912
• de l'équateur (en km)	40076,592
• de l'orbite (en millions de km)	9,42
Superficie (en millions de km^2)	510,07
• des terres émergées	133,64
• des mers	361,13
Volume (en milliards de km^3)	1083
masse (en milliards de milliards de tonnes)	5974,2
densité moyenne (en g/cm^3)	5,5
accélération moyenne de la gravité en surface (en cm/s^2)	980,655
inclinaison de l'Équateur sur l'écliptique	23°27′
distance au Soleil	
• minimale (périhélie, en millions de km)	147,1
• maximale (aphélie, en millions de km)	152,1
• moyenne (en millions de km)	149,6
vitesse	
• de libération à l'équateur (en km/s)	11,2
• de rotation (en °/h)	15,0
• orbitale moyenne (en km/s)	29,8
période	
• de rotation sidérale (en h solaires moyennes)	23,93
• de révolution (en jours solaires moyens)	365,26
température moyenne au sol (en °C)	15
pression atmosphérique au niveau de la mer (en hectoPa)	1013,25
albédo	0,37

Masse des principales sphères (en milliards de tonnes)

• atmosphère	5,3 millions
• hydrosphère	1,4 milliard
• biosphère	1000
• Lithosphère	6000 milliards

par rapport à son axe de rotation (p. 40). Quoi qu'il en soit, pour les besoins du quotidien on continue à considérer la Terre comme une sphère : la différence de 21,476 km entre le rayon polaire et le rayon équatorial représente seulement 0,34 % du rayon terrestre moyen. C'est un peu comme de dire qu'une table carrée n'est pas vraiment carrée parce qu'au lieu de mesurer 1 mètre de côté partout elle mesure d'un côté 1,003 m et de l'autre, 0,997 m (si quelqu'un s'en offusque, c'est qu'il est menuisier !) On continue donc à parler de *grands cercles* (équateur, méridiens), de *rayon* (qui, sauf précision contraire, est le rayon moyen), de *diamètre* (également moyen), d'*angles* pour les coordonnées géographiques, etc.

LA PLANÈTE DE L'EAU ET SES QUATRE « SPHÈRES »

La Terre est très riche en eau, distribuée avant tout en surface : l'eau recouvre plus de 71 % de celle-ci et lui donne sa merveilleuse couleur azur. Les caractéristiques particulières de cette substance et les conditions de température et de pression propres à la Terre font que l'eau peut s'y trouver aussi bien à l'état solide, liquide que gazeux. Cela a des retombées considérables sur l'équilibre thermique de la Terre (par l'effet de serre naturel) et, par suite, sur l'origine et la distribution des organismes vivants dans les différents milieux.

L'eau modèle les roches et conditionne la vie. Les changements saisonniers, l'érosion par les pluies, les mers et les glaciers, la sédimentation dans de grands bassins primaires, les phénomènes atmosphériques sont autant d'aspects liés à la présence d'eau, visibles jusque depuis l'espace.

Le monde de l'eau, ou ***hydrosphère*** (du grec *hydros*), constitue l'une des quatre « sphères » qui constituent la planète Terre ou ***géosphère*** et permettent de mieux l'étudier, avec l'***atmosphère*** (sphère des vapeurs, du grec *atmos*), la ***biosphère*** (sphère de la vie, du grec *bios*) et la ***lithosphère*** (sphère de la pierre, du grec *lithos*). Chacune des quatre sphères a une composition et une structure physico-chimique globalement uniforme et se subdivise en zones de caractéristiques encore plus homogènes que nous allons brièvement détailler.

L'eau
La Terre est l'unique planète à avoir en surface de l'eau à la fois à l'état liquide, solide et gazeux. L'eau est le premier facteur limitatif essentiel à la vie, l'élément qui maintient la température planétaire dans des limites étroites, et le principal facteur de la dynamique exogène de la Terre. En se dilatant quand elle se transforme en glace et en solubilisant presque tous les minéraux, l'eau est l'agent érosif le plus efficace et modifie continuellement l'aspect de notre planète.

Comprenant la croûte et le manteau supérieur, solides, c'est la partie la mieux connue de l'intérieur rocheux de la Terre dont elle ne représente que les 150 km premiers kilomètres. Dans l'asthénosphère, la fluidité et la température des roches augmentent jusqu'au noyau interne, à nouveau solide à 5 500 km de profondeur.

LA LITHOSPHÈRE

Les informations directes que nous possédons sur la structure interne de la Terre ne concernent que sa surface : au mieux les 15 premiers kilomètres, grâce aux forages les plus profonds, soit un peu plus des 2/1 000 du rayon moyen de la planète. Les hypothèses sur ce qui se trouve en deçà s'appuient sur l'analyse du passage des ondes sismiques à travers le globe. En effet, lors d'un tremblement de terre, l'énergie accumulée dans les strates rocheuses se libère brusquement en mettant la roche en mouvement. À partir de l'*hypocentre*, de nombreuses ondes sismiques de différents types se propagent dans toutes les directions en s'atténuant progressivement. En d'autres mots, la Terre tout entière vibre pendant quelques minutes après chaque forte secousse.

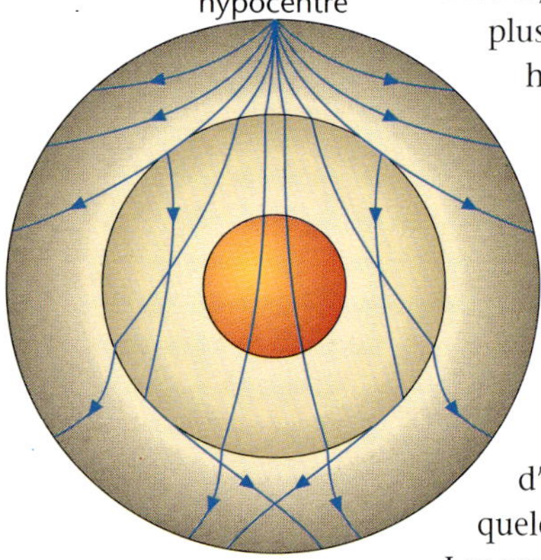

Les ondes sismiques
Les mouvements des strates rocheuses donnent naissance à des tremblements de terre (ou séismes) où l'on distingue plusieurs types d'ondes sismiques, reconnaissables à leurs tracés sur le sismographe. Elles se caractérisent par des mouvements préférentiels des roches et des vitesses de propagation différentes. Les *ondes de compression* ou *longitudinales* ou *premières* (ondes P) sont les premières à arriver : elles se propagent à 5,6 km/s dans la croûte continentale, à 6,5 km/s dans la croûte océanique, à 8,1 km/s dans les 100 premiers km du manteau et à 7,8 km/s au-dessous. Plus lentes, les *ondes transversales* ou *secondaires* (ondes S) se propagent à 4,4 km/s, et les *ondes de Love*, purement superficielles, à 3,3 km/s.

Les secousses sismiques sont enregistrées par des sismographes répartis sur toute la surface de la planète qui en analysent le type, l'intensité et la vitesse de propagation. C'est en étudiant les sismogrammes enregistrés par sa station de Zagreb qu'Andrija Mohorovičić s'aperçoit, en 1909, que le signal d'un séisme survenu à 200 km de là arrive beaucoup plus vite que celui produit par un tremblement de terre voisin – chose impossible en apparence.

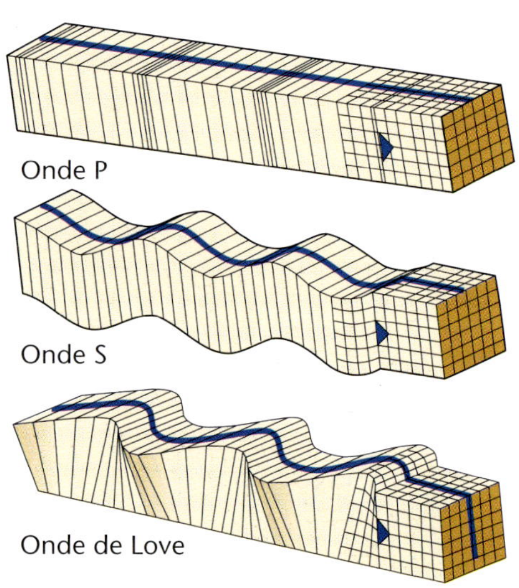

Mohorovičić trouve pourtant une explication convaincante : les ondes doivent traverser des roches de densités différentes ; dans les régions superficielles, moins denses, elles ont une vitesse de propagation plus faible que les ondes passant par les régions plus profondes, plus denses – et seules les ondes issues de séismes lointains peuvent atteindre une telle profondeur.
On commence alors à parler de croûte et de manteau. La zone de séparation entre ces deux zones reçoit le nom de son découvreur. Nous savons aujourd'hui que la ***discontinuité de Mohorovičić*** (ou ***moho***), où la vitesse de propagation des ondes sismiques change, a une épaisseur d'environ 0,78 % du rayon terrestre et se situe à profondeur variable entre 6 et 40 km ; elle est plus profonde sous les continents, plus proche de la surface sous les océans.
L'idée de Mohorovičić plaît. Quelques années après, l'Allemand Beno Gutenberg s'aperçoit qu'il ne peut enregistrer les ondes des séismes survenant dans l'autre hémisphère. Comme ce type d'ondes ne peut se propager dans un fluide, il en déduit que le cœur de la planète doit avoir un noyau « souple » où ces ondes se dispersent.
Beaucoup d'autres scientifiques s'attachent à l'étude des séismes, y compris ceux issus des explosions nucléaires souterraines. On s'aperçoit ainsi que l'intérieur de la Terre est beaucoup plus stratifié qu'on ne le pensait. En tenant compte des valeurs que la pression et la température peuvent prendre aux différentes profondeurs et en considérant les données gravimétriques, les caractéristiques magnétiques des différentes zones de la croûte et bien d'autres variables, des modèles structuraux de la planète sont successivement établis, toujours plus conformes aux observations. Le dernier modèle est représenté page ci-contre.

MINÉRAUX, ROCHES ET MOUVEMENTS DE LA CROÛTE

Pour le profane, les mots « minéraux » et « roches » ont souvent le même sens, mais en sciences de la Terre, la distinction est claire : les *minéraux* sont des roches composées d'un seul et même composé chimique d'aspect

Masses des principales parties de la lithosphère (en milliards de tonnes)

CROÛTE CONTINENTALE	0,00016
CROÛTE OCÉANIQUE	70
MANTEAU	4 100
NOYAU	1 900

Composition chimique de la croûte terrestre

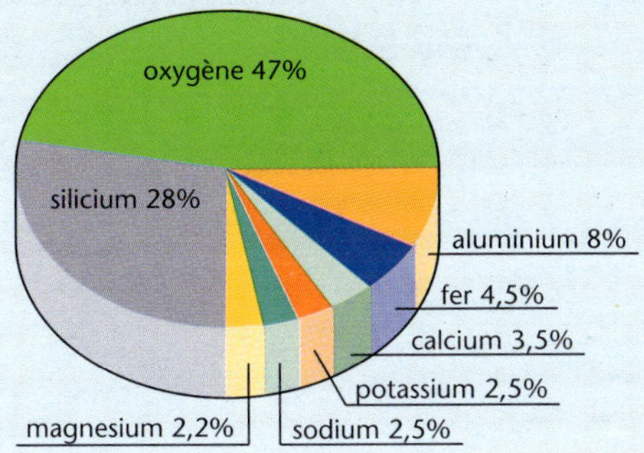

Structure

CI-DESSOUS : la Terre est formée de strates concentriques de roches de compositions chimiques variées et de température et de densité différentes, séparées par des surfaces de discontinuité ayant reçu le nom de leur découvreur respectif. Le modèle reproduit ici indique seulement quelques-unes des principales données sur lesquelles la communauté scientifique s'accorde.

cristallin typique, à la structure géométrique spécifique ; les *roches* sont des masses informes, des agrégats de substances diverses contenant elles-mêmes des cristaux ou des minéraux variés. Les minéraux sont classés selon le principal élément chimique qui les constitue : minéraux de fer, de soufre (ou sulfures), de silicium (ou silicates), de carbone (ou carbonates), etc. Les roches sont classées selon leur origine (voir encart p. 31).

Même les pierres les plus dures se modifient lorsqu'elles sont soumises à une contrainte. Si celle-ci reste en dessous du seuil de plasticité de la roche, les strates rocheuses se déforment mais ne se brisent pas : il se forme un ***pli***. Quand l'intensité de la contrainte dépasse le seuil de plasticité, les strates rocheuses se rompent et, si la contrainte est assez forte, les morceaux s'éloignent avec violence les uns des autres. Les roches fracturées

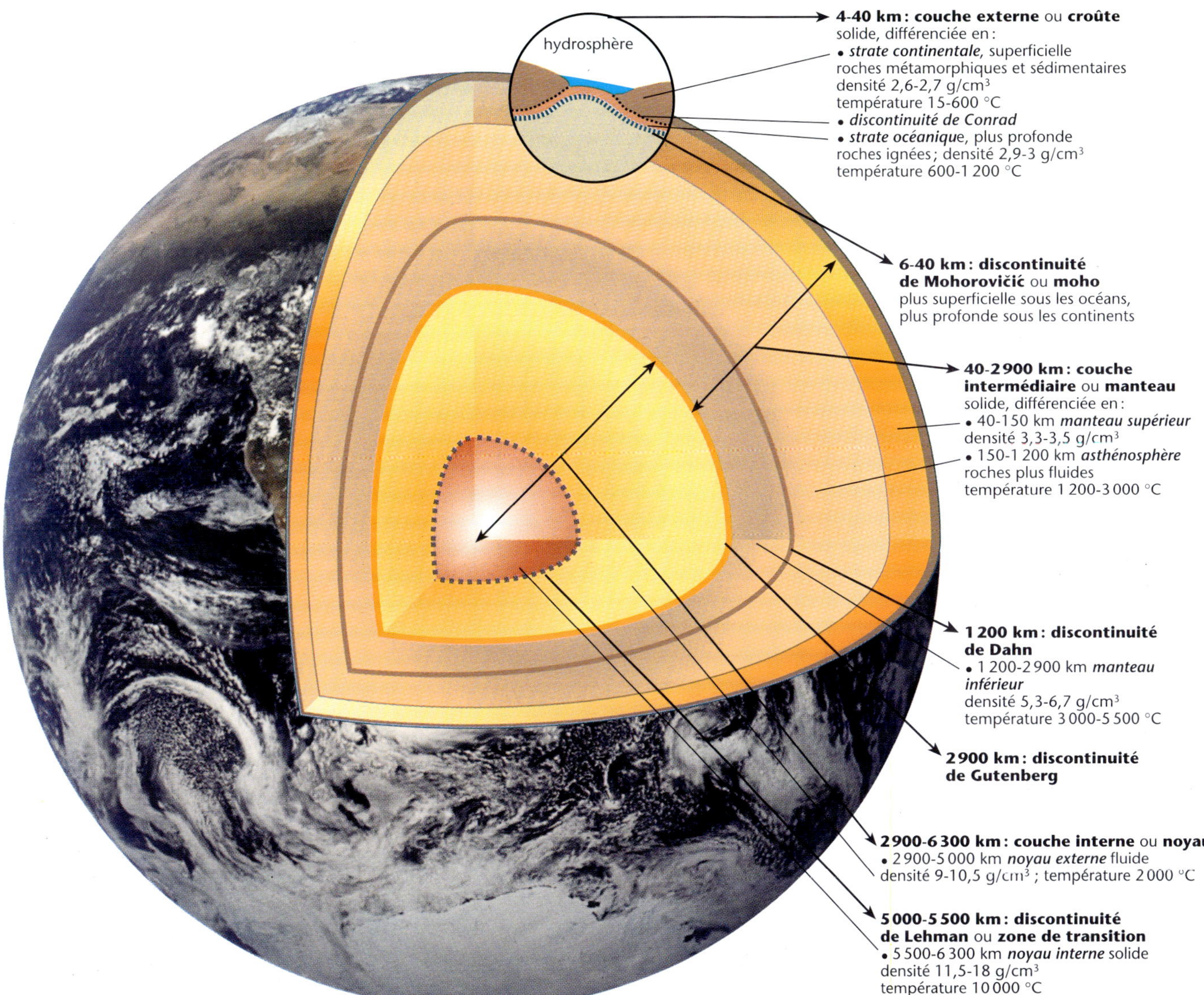

La faille de San Andreas
C'est sans doute la plus célèbre faille du monde. Elle marque la frontière entre la plaque continentale californienne qui coulisse lentement le long de la plaque continentale nord-américaine. Le mouvement de translation est bien mis en évidence par les vallées fluviales qui changent brusquement de direction.

et les strates rompues forment des ***failles***, des points de la croûte où les forces de compression ou de distension sont intenses.

LA DYNAMIQUE DE LA PLANÈTE

La croûte terrestre est, à l'évidence, en mouvement continu. Pourtant, il y a encore deux siècles, personne ne l'admettait : malgré l'érosion, les tremblements de terre, les glissements de terrain et les volcans, on pensait encore que la Terre était éternelle et immuable. À partir du XIXe siècle, disposant de données toujours plus nombreuses et dignes de foi sur l'intérieur et l'âge de la Terre, on commence à penser qu'il doit exister un mécanisme qui forme les montagnes et « recycle » (comprime) les sédiments.
L'Anglais John Pratt élabore une théorie de l'orogénèse qui rencontre un grand succès. Selon sa ***théorie isostatique***, les montagnes, moins denses, « flottent » sur les plaines et les fonds marins plus denses ; la croûte est formée de *prismes* – énormes blocs rocheux qui s'enfoncent plus ou moins dans l'***asthénosphère***, la partie plastique du manteau. L'isostasie a été longtemps en vogue et reste applicable à certains cas.
Toutefois c'est Albert Wegener, un climatologue passionné de géologie, qui ouvre l'ère de l'interprétation moderne des phénomènes géologiques. Il suppose que tous les continents, un temps réunis dans un énorme continent appelé la *Pangée*, ont ensuite dérivé loin les uns des autres. Dans son *Die Entstehung der Kontinente und Ozeane* (La formation des continents et des océans, 1915), il expose sa ***théorie de la dérive des continents*** qui est violemment rejetée par le milieu géologique : bien que très intuitive, elle ne s'appuie pas sur des preuves formelles et ne propose aucun « mécanisme » qui l'explique. Surtout, elle ne vient pas d'un géologue.
Wegener a dédié toute sa vie à la collecte de preuves mais n'a convaincu personne. À la différence de la théorie isostatique, la dérive des continents présuppose un « moteur », une cause encore inconnue : pourquoi Pangée s'est-elle fragmentée ? Pourquoi les morceaux sont-ils partis à la dérive ? Wegener n'en a pas la moindre idée.

LES TYPES DE ROCHES

ROCHES IGNÉES OU MAGMATIQUES : ce sont les roches « vierges », produites par l'activité endogène de la Terre. Elles proviennent de la solidification du **magma**, c'est-à-dire de la roche fondue qui se forme principalement dans certaines zones de contact entre la croûte et le manteau. Elles sont toutes constituées de silicates et sont riches en cristaux et en bulles produites par l'émission de gaz lors du refroidissement.

On distingue les roches :
– *PLUTONIQUES :* le magma s'est solidifié dans des conditions de pression et température élevées à l'intérieur de la croûte, ce qui induit le développement de cristaux de tailles homogènes (ex. les granits) ;
– *VOLCANIQUES :* le magma s'est solidifié en surface, à pression et température ambiantes, ce qui induit le développement rapide de bulles de gaz (ex. lapilli, pierre ponce), la formation de cristaux hétérogènes ou de roches vitrifiées (ex. obsidienne).

ROCHES SÉDIMENTAIRES : elles se forment en milieu marin. En certains points, sous le poids des sédiments, les fonds cèdent en pliant. Dans ces **géosynclinales**, les matériaux incohérents se transforment en nouvelle roche : sous les milliards de mètres cube de sédiments, le sable et la boue déposés sont écrasés, comprimés, perdent leur eau et acquièrent la consistance de la pierre ; dans le même temps, les grains de carbonate de calcium se soudent par un processus lent appelé **diagenèse**. Les roches sédimentaires se reconnaissent à leur tendance à se laminer et à la présence de cavités laissées par la disparition de résidus organiques, c'est-à-dire de fossiles (ex. travertin, calcaires).

Composées principalement de silice, on y distingue trois types :
– *ROCHES BIOGÉNÉTIQUES :* formées presque exclusivement de restes de plancton et d'animaux (ex. barrières coralliennes) ;
– *ROCHES CHIMIQUES :* résultant de dépôts salins formés par l'évaporation de grandes quantités d'eau due, par exemple, à la disparition progressive d'une mer ou à la permanence de conditions climatiques spéciales.

Les plaques tectoniques aujourd'hui

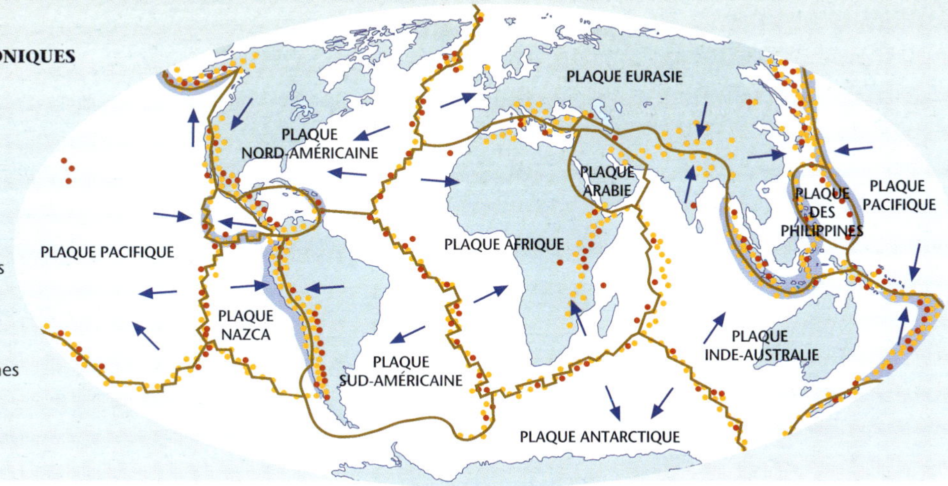

LA TECTONIQUE DES PLAQUES

Sa revanche viendra des abysses, dans les années soixante. Harry Hess découvre que les fonds s'agrandissent au niveau des dorsales médio-océaniques, véritables ceintures volcaniques. Voilà donc le moteur de la dérive des continents ! Sur cette hypothèse, McKenzie et Parker bâtissent la théorie orogénétique de la ***tectonique des plaques***: la croûte terrestre est un immense puzzle de blocs rocheux en mouvement (les *plaques*) qui reposent sur le manteau au niveau du moho.
Chaque plaque naît d'une dorsale océanique qui, en déversant du basalte frais, la pousse à glisser sur le manteau. Chaque plaque coulisse le long des bords des plaques voisines, ce qui produit des tremblements de terre. Certaines plaques se heurtent, donnant naissance à des montagnes. D'autres passent l'une sous l'autre, donnant naissance à une fosse océanique ; les roches de la plaque qui s'enfonce fondent et se mélangent au manteau ou rejaillissent sous forme de magma à travers les fissures de la plaque supérieure, formant les chaînes montagneuses côtières d'origine volcanique.

La tectonique des plaques est la théorie la plus largement admise : elle fournit une explication cohérente et complète à une multitude de phénomènes géologiques en les reliant à la seule dynamique de la Terre engendrée par la chaleur de la radioactivité naturelle.

Une planète vivante
Toute la Terre est en perpétuel mouvement : l'air et les nuages, l'eau des océans et des glaciers, la vie qui grouille partout… Même la roche se meut : les séismes font vibrer la croûte continuellement renouvelée par la dynamique lithosphérique ; les roches, piégées, écrasées, transformées, construisent des montagnes qui seront aplanies par l'érosion, et la lave fluide recouvre la surface rocheuse et remodèle des régions entières. La Terre est la plus active des planètes solaires.

L'augmentation de la concentration saline fait précipiter de nombreux autres sels minéraux, d'abord les carbonates (ex. gypse), puis les sulfates et les chlorures.
– *ROCHES DÉTRITIQUES :* formées à partir des débris de la désagrégation mécanique de roches préexistantes.

ROCHES MÉTAMORPHIQUES : la cimentation et la diagenèse des sédiments surviennent dans les géosynclinales vers 10-20 km de profondeur ; vers 40-50 km, les roches deviennent fluides. Entre les deux (20-40 km), la température et la pression sont trop élevées pour que se forment des roches sédimentaires mais trop basses pour former du magma : roches et sédiments se transforment profondément et changent d'aspect (ils se *métamorphosent*) mais ne fondent pas. Les roches métamorphiques sont toutes formées de silicates (à l'exception des marbres) ; elles se reconnaissent à la présence de lames iridescentes (schistes) mais présentent des caractères différents selon la cause de leur métamorphose :
– *MÉTAMORPHISME DE CONTACT :* la roche se transforme par la proximité de magma qui la « cuit » (ex. les calcaires se transforment en marbres) ;
– *MÉTAMORPHISME DE PRESSION :* entre 20 et 30 km de profondeur, loin des zones magmatiques, la pression modifie les roches ignées, moins sensibles à la chaleur ; il ne se forme pas une nouvelle roche mais de nouveaux types de cristaux (ex. des diamants).

UNE MINCE PELLICULE D'EAU – AU PLUS 0,9 MILLIÈME DU DIAMÈTRE TERRESTRE – RECOUVRE LA LITHOSPHÈRE. MAIS CETTE EAU EST OMNIPRÉSENTE : ELLE RUISSELLE DANS LA ROCHE, ÉRODE LES FLANCS DES MONTAGNES, CONSTRUIT PLAINES ET PLAGES... L'EAU, LA SUBSTANCE LA PLUS CARACTÉRISTIQUE DE LA TERRE, PERMET LA VIE, EN CONDITIONNE LA RÉPARTITION ET GOUVERNE LE CLIMAT.

L'HYDROSPHÈRE

UN MONDE D'EAU
En observant la Terre depuis l'espace, nous nous rendons compte de l'importance de l'eau pour notre planète. Outre les étendues marines, les calottes gelées des pôles, les lacs et les fleuves et les immenses bancs de nuage, la majeure partie de la matière vivante est constituée d'eau.

On appelle ainsi la partie de la planète occupée par l'eau liquide (océans, mers, lacs, fleuves, nappes phréatiques) et solide (calottes polaires, glaciers, banquise). Cette sphère s'étend depuis environ 8 km d'altitude (la cime des montagnes les plus élevées) jusqu'à près de 11 km de profondeur (fosses océaniques).
L'eau de l'hydrosphère est en perpétuel mouvement : courants, ondes et marées agitent les mers, les lacs et les fleuves, les glaciers glissent sur les continents, les icebergs voguent à la dérive, poussés par les vents et les courants, et mille ruisselets s'infiltrent dans la roche, creusant des grottes et se chargeant en sels tandis qu'ils courent vers la mer. L'hydrosphère modèle, en effet, la lithosphère en l'érodant mais aussi en transportant les débris et en les accumulant au point de former de nouvelles structures géologiques.
L'eau ayant une chaleur spécifique élevée, l'hydrosphère constitue un énorme réservoir de chaleur et influence de façon déterminante les climats et les vents des terres émergées.

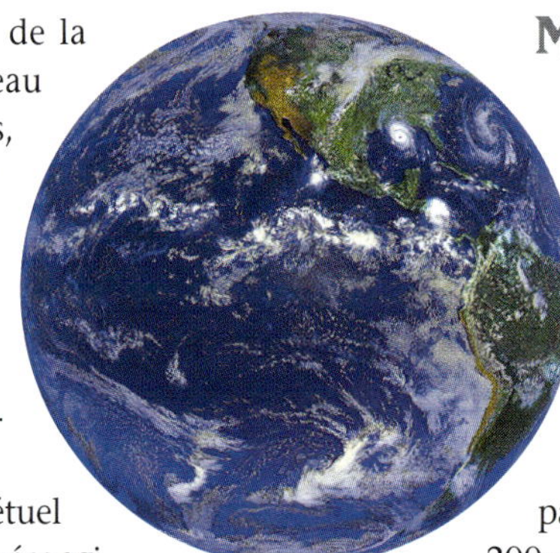

MERS ET OCÉANS

Les mers sont de grandes masses d'eau salée délimitées par des archipels, de grandes îles ou péninsules ou par des terres relativement proches les unes des autres. Les océans, bien plus grands, séparent les continents et atteignent une profondeur bien supérieure. Les continents se prolongent sous l'eau par une *plate-forme continentale* d'environ 200 m de profondeur ; celle-ci s'achève par un dénivelé abrupt, le *talus continental*, qui rejoint les *grands fonds* vers 3000 m de profondeur.
Bien que les océans et les mers communiquent les uns avec les autres, leur salinité, leur densité et leur température sont différentes. Ainsi les eaux tropicales sont-elles plus salées que les eaux où se jettent les grands fleuves et que les mers froides, du fait de la plus forte évaporation ou parce que les sels se dissolvent mieux dans une eau chaude. La plus forte salinité se rencontre dans la mer Rouge (44 g/l en moyenne et jusqu'à 300 g/l localement), la plus faible, dans la mer Baltique (2 g/l), la salinité moyenne étant de 35 g/l.

LA BARRIÈRE CORALLIENNE
Caractéristique des climats tropicaux, la barrière corallienne est un des écosystèmes ayant la plus grande diversité écologique de la planète.

UNE GROTTE
Les concrétions admirées dans les grottes karstiques sont produites par des infiltrations d'eau qui solubilisent les minéraux de calcium puis les redéposent.

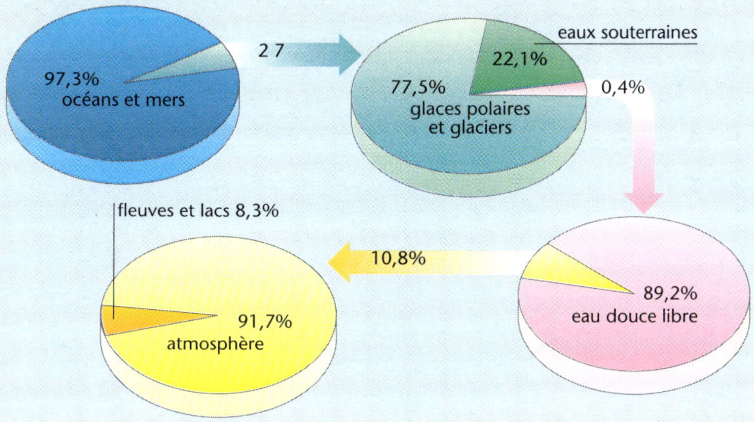

L'HYDROSPHÈRE EN CHIFFRES

SUPERFICIE DES EAUX SALÉES PAR RAPPORT :	
• À LA SUPERFICIE DE LA TERRE	71 %
• À LA SUPERFICIE DES TERRES (HÉMISPHÈRE NORD)	61 %
• À LA SUPERFICIE DES TERRES (HÉMISPHÈRE SUD)	84 %
MASSE (EN MILLIARDS DE MILLIARDS DE TONNES)	1,4
VOLUME (EN MILLIONS DE km^3)	
• TOTAL	1 384
• MERS ET OCÉANS	1 348
• CALOTTES POLAIRES ET GLACIERS	2,9
• EAUX SOUTERRAINES	0,84
• FLEUVES ET LACS	0,13

On distingue deux grandes zones de profondeur et de caractéristiques relativement homogènes :

- la ***zone euphotique*** (du grec *eu* = bon et *fotos* = lumière), peu profonde, est la région où parvient encore la lumière, où vivent de nombreuses plantes et où l'oxygénation est maximale. Elle se partage en zone *hémipélagique* (0 à –50 m de profondeur), et en zone *mésopélagique* (–50 à –200 m) que seuls les ultraviolets atteignent et où les seules plantes sont des algues rouges et brunes ;
- la ***zone aphotique*** (« sans lumière ») englobe tout le reste. L'obscurité y est totale. On y distingue la *zone infrapélagique* (–200 à –600 m), enrichie en nutriments par la proximité des côtes et de la zone euphotique et peuplée de nombreuses espèces animales ; la *zone bathypélagique* (–600 à –2 500 m), qui comprend la majeure partie des eaux et où seuls vivent les grands carnivores et les espèces adaptées aux profondeurs ; et enfin la *zone abyssopélagique* (–2 500 à –11 000 m), quasi déserte.

La pression augmente avec la profondeur – d'environ 1 000 hPa tous les 10 m. À 200 m sous le niveau de la mer, chaque centimètre carré doit supporter 20,46 kg. La température décroît de façon irrégulière et de façon différente suivant la latitude. À l'équateur, elle est en moyenne de 30 °C en surface, 15 °C à –250 m, 8 °C à –500 m, 5 °C à –1 000 °C et se stabilise entre 5 et 0 °C à –4 000 m. Ainsi, on ne retrouve qu'à 4 000 m de profondeur à l'équateur la température couramment trouvée en surface aux pôles.

MERS INTÉRIEURES, LACS ET FLEUVES

Les mers intérieures et les lacs sont d'importants réservoirs d'eau plus ou moins douce. Selon leur origine on distingue les lacs *volcaniques*, circulaires, *glaciaires*, de forme allongée et irrégulière, qui résultent de la fonte d'anciens glaciers, les lacs *tectoniques*, irréguliers, formés par les mouvements de la croûte terrestre (ex. la mer Morte), *côtiers*, formés d'eau saumâtre, *karstiques*, occupant des dépressions argileuses, *résiduels*, restes d'anciennes mers ou golfes (ex. la mer Caspienne), *alluvionnaires*, et enfin *de barrage*, artificiels ou naturels.

Les fleuves sont alimentés par les précipitations atmosphériques (via les torrents) ou la fonte de glaciers et sont caractérisés par un flux d'eau permanent. La quantité d'eau qui traverse à chaque seconde une section d'un cours d'eau est appelée son ***débit***, mesuré en m^3/s ; le débit est maximal durant la crue et minimal durant l'étiage. La région recouvrant l'ensemble des affluents d'un fleuve constitue son ***bassin hydrographique***.

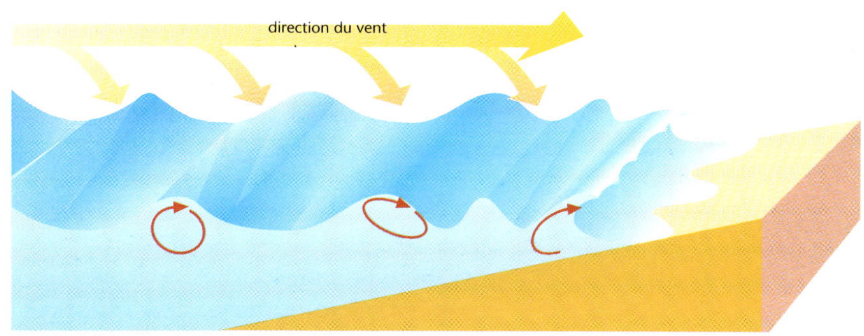

LA DYNAMIQUE DES ONDES
CI-DESSUS : En soufflant, le vent imprime un mouvement rotatoire aux particules à la surface de l'eau *(onde)*. Quand le fond vient contrarier ce mouvement, celui-ci se déforme jusqu'à créer une *lame déferlante*.
CI-DESSOUS : Les principaux courants océaniques chauds (en rouge) et froids (en bleu).

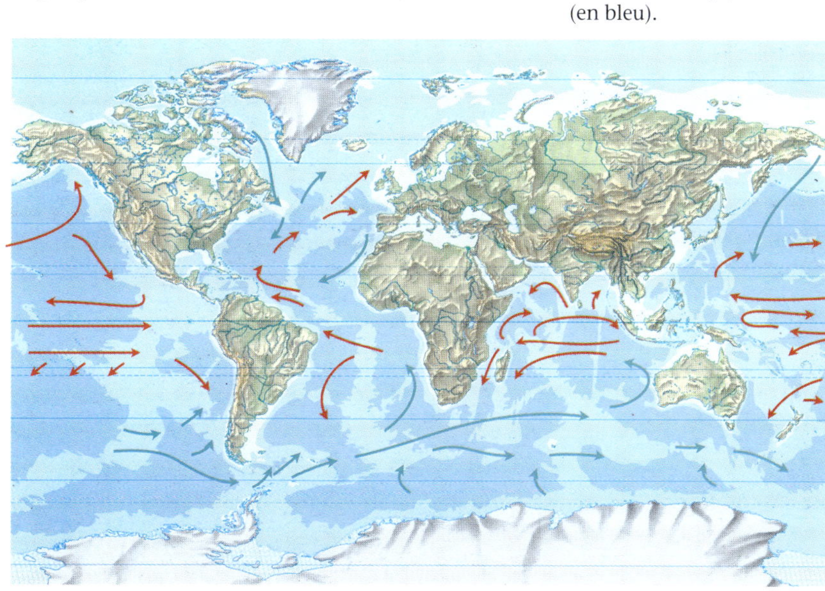

Une sphère qui n'atteint pas 20 km d'épaisseur : tel est l'espace affecté à la vie. Entre ciel et mer, entre terre et air, des millions d'espèces différentes nagent, volent, courent, creusent, sautent, rampent... Un monde grouillant d'êtres énormes ou microscopiques survit, en perpétuelle mutation, en équilibre précaire.

LA BIOSPHÈRE

Les milieux extrêmes
Les régions désertiques de la planète, celles où se forment la roche neuve, les grottes profondes, les sommets montagneux comme les abysses sont autant de milieux extrêmes où les formes de vie sont rares, voire absentes.

La biosphère et l'hydrosphère sont intimement couplées : l'eau est un élément essentiel à toute forme de vie, et la distribution de l'eau sur la planète (autrement dit les limites de l'hydrosphère) conditionne directement la distribution des organismes (les limites de la biosphère). Le terme « biosphère », de création récente, recouvre en effet l'ensemble des zones de la Terre où la vie est présente. Il se réfère donc à cette bande étroite d'environ 20 km d'épaisseur comprise entre les sommets montagneux les plus élevés et les fonds océaniques les plus profonds – seul espace où les conditions de température, de pression et d'humidité permettent la survie des formes de vie les plus disparates qui peuplent la Terre.

Cette « sphère » a des limites floues : si elle coïncide essentiellement avec l'hydrosphère, elle se prolonge toutefois jusqu'aux couches basses de l'atmosphère et aux couches supérieures de la lithosphère jusqu'à une profondeur maximale de 2 km environ. Cependant, si par biosphère s'entend la zone où se répartissent non seulement la vie mais aussi la partie inorganique indispensable à celle-ci, nous devons alors inclure dans ce concept toute l'atmosphère – ce bouclier antiradiation sans lequel aucune forme de vie ne résisterait –, ainsi que toute la croûte et les régions supérieures du manteau, dont l'activité volcanique enrichit la surface de notre monde de nouvelles substances minérales.

La biosphère est, par conséquent, un écosystème aux dimensions de la Terre, qui se modifie continuellement de façon naturelle ou artificielle. Les changements d'origine naturelle s'effectuent sur des échelles de temps variées : très longs, à l'échelle des évolutions astronomique et géologique qui influencent les caractéristiques climatiques des différents milieux (par exemple, la survenue d'une glaciation) ; ou plus brefs mais donnant également lieu à des changements climatiques induits par des événements géologico-climatiques tels que l'éruption d'un volcan qui, en émettant de grandes quantités de cendre, peut perturber rapidement et durablement le climat de vastes régions.

Les modifications d'origine artificielle, dues à l'activité de l'homme, ont des effets rapides. La déforestation en Afrique due aux campagnes de conquête romaines, par

DES ÉCOSYSTÈMES ARTIFICIELS
Les milieux modifiés par l'activité humaine sont très différents des milieux naturels et en équilibre toujours précaire. En outre, la diversité des espèces y est dramatiquement réduite que ce soit par des conditions environnementales « limites » ou par la sélection continuelle opérée par l'homme.

exemple, a certainement contribué à accélérer le processus de désertification du Sahara ; et il ne fait aucun doute que l'activité industrielle croissante de ces derniers siècles occasionne des modifications dramatiques et soudaines des équilibres biologiques.

LES FACTEURS LIMITATIFS

La biosphère est le point de rencontre entre les différentes « sphères » terrestres. Elle est traversée par un flux continu d'énergie d'origine interne (géothermie, vents, etc.) et externe (énergie solaire principalement), et est caractérisée par la transformation continuelle de la matière en un cycle incessant qui interconnecte tous les milieux.

Pour autant la vie ne s'y rencontre pas partout : celle-ci nécessite des conditions bien particulières et indispensables. Certains facteurs physiques et chimiques « limitent » ainsi le développement de la vie. Le principal est la présence et la disponibilité de l'eau. L'eau est, en effet, un solvant universel pour la chimie de la vie et le composant principal de tous les organismes vivants. Sans eau, la vie telle qu'elle est apparue sur Terre est impensable. En outre, en passant de l'état solide à l'état liquide ou gazeux et vice versa, l'eau entretient un « effet de serre » naturel qui maintient la température de la planète dans des limites compatibles avec la vie (entre –40 et +40 °C environ).

Les autres facteurs limitatifs déterminants sont la pression, qui ne doit pas être supérieure à 1 kilogramme par centimètre carré (pression trouvée à environ 10 m de profondeur dans la mer), et la disponibilité des sels minéraux et de la lumière solaire, indispensables à la vie des plantes. Certes, il existe des êtres vivants capables de survivre dans des conditions extrêmes où la température, la pression et/ou l'intensité lumineuse sont très éloignées de ces valeurs moyennes, mais ils sont très minoritaires.

EAU ET VIE
L'eau est l'élément essentiel à la vie et le premier facteur limitatif. Lorsqu'elle manque, seuls survivent des organismes dotés de systèmes de survie particuliers, comme cette petite plante poussant sur la lave. Là où l'eau abonde, la vie présente des millions d'aspects différents, comme dans cette forêt pluviale.

AURORES POLAIRES OU ÉCLAIRS, NUAGES ÉPAIS ET GRIS OU DENTELLES DE GLACE, VENTS SOUFFLANT À 300 KM/HEURE OU ZONE DE CALME PLAT, TELLE EST L'ATMOSPHÈRE – UN OCÉAN DE GAZ PERPÉTUELLEMENT AGITÉ QUI PROTÈGE LA TERRE DES RAYONS COSMIQUES.

L'ATMOSPHÈRE

UN CYCLONE
La troposphère, la couche la plus basse et la plus dense de l'atmosphère, riche en vapeur d'eau, est caractérisée par les phénomènes atmosphériques les plus spectaculaires. C'est la vapeur d'eau qui, en se condensant ou en cristallisant, donne naissance aux précipitations et aux nuages.

Au sens large, le mot atmosphère désigne l'enveloppe externe d'une planète ou d'une étoile et qui est constituée principalement de gaz neutres et d'ions (ou *plasma*). À première vue, cela semble simple. Les gaz, toutefois, ne se comportent pas comme un liquide ou un morceau de roche dont on peut déterminer la surface de séparation avec le milieu ambiant : il est, en effet, impossible d'indiquer l'endroit précis où finit l'atmosphère et où commence l'espace interplanétaire.

Dès qu'ils ne sont plus retenus par la gravité, les gaz « s'échappent » vers l'espace, fuyant en permanence le corps céleste. C'est encore plus compliqué dans le cas de la Terre, proche du Soleil. La limite entre l'atmosphère terrestre et l'atmosphère solaire (le ***vent solaire*** qui, à cette distance, est encore assez dense) ne peut se déterminer que théoriquement : la limite externe de *l'atmosphère est définie comme la distance supposée où les molécules de gaz atmosphérique cessent de subir l'attraction terrestre et les interactions de son champ magnétique.* Ces conditions se vérifient à une altitude qui varie avec la latitude – environ 60 000 km au-dessus de l'équateur, et 30 000 km au-dessus des pôles.

Ces valeurs ne sont toutefois qu'indicatives : le champ magnétique terrestre, en effet, est continuellement déformé par le vent solaire. L'épaisseur de l'atmosphère varie donc notablement. En outre, comme l'eau des océans, l'atmosphère subit l'influence de la rotation du système Terre-Lune (p. 54) et les interférences gravitationnelles de la Lune et du Soleil. Comme les molécules de gaz, plus légères et moins liées entre elles que

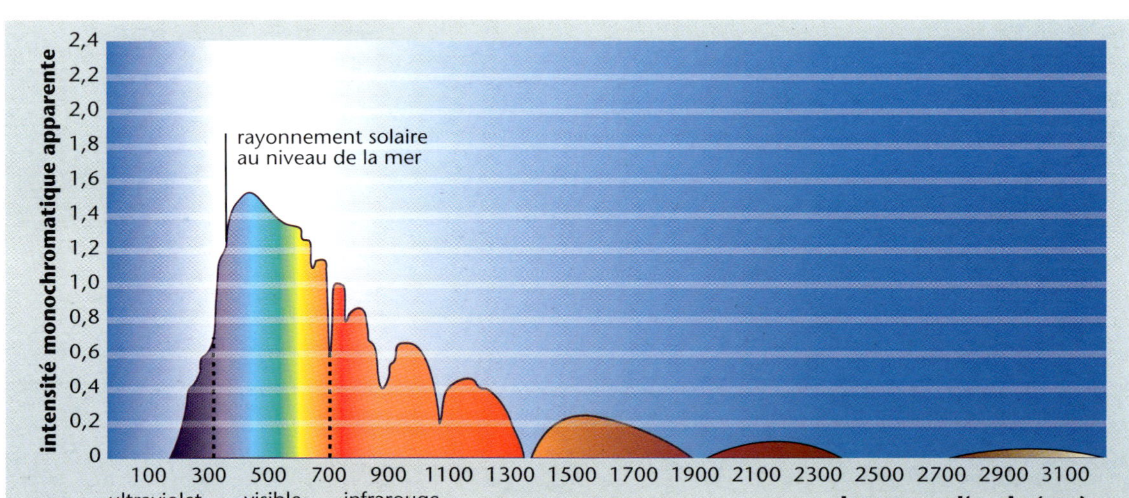

LE RAYONNEMENT SOLAIRE
L'atmosphère absorbe une grande partie du rayonnement solaire qui atteint la Terre. Ce diagramme montre qu'au niveau de la mer, le pic d'intensité se trouve dans les domaines du visible et du proche ultraviolet. Plus de 70 % du rayonnement solaire est réfléchi dans l'espace ; les 30 % restants sont transformés en chaleur alimentant le cycle de l'eau.

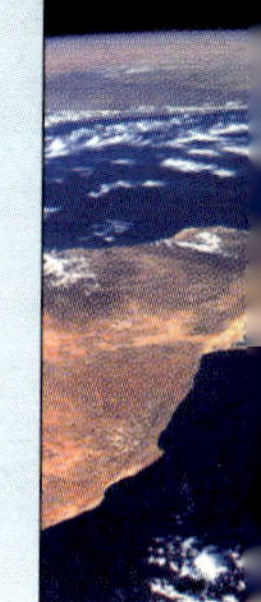

PRINCIPAUX COMPOSANTS EN QUANTITÉ PRESQUE CONSTANTE DANS LES COUCHES BASSES DE L'ATMOSPHÈRE (AIR SEC, EN PPM)

AZOTE MOLÉCULAIRE (N_2)	780 836
OXYGÈNE MOLÉCULAIRE (O_2)	209 475
ARGON (AR)	9 304
DIOXYDE DE CARBONE (CO_2)	43
NÉON (NE)	18,18
HÉLIUM (HE)	5,24
MÉTHANE (CH_4)	1,5
KRYPTON (KR)	1,14
HYDROGÈNE MOLÉCULAIRE (H_2)	0,50
DIOXYDE D'AZOTE (NO_2)	0,27
XÉNON (XE)	0,09

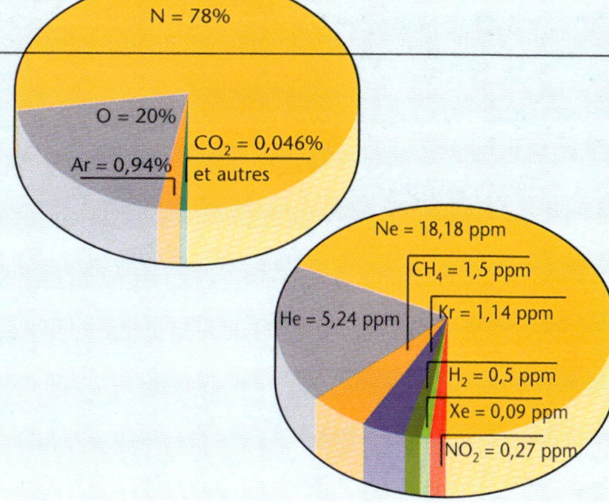

PRINCIPAUX COMPOSANTS PRÉSENTS EN QUANTITÉS VARIABLES DANS LES COUCHES BASSES DE L'ATMOSPHÈRE (AIR SEC)

OZONE (ISSU DU RAYONNEMENT ULTRAVIOLET)	0-7,5 ppm
DIOXYDE DE SOUFRE (ISSU DE L'INDUSTRIE ET DES VOLCANS)	0-1,00 ppm
MONOXYDE D'AZOTE (INDUSTRIE ET AUTOMOBILE)	0-0,02 ppm
HYDROGÈNE MOLÉCULAIRE (ISSU DE L'INDUSTRIE)	10-4 g/m³
CHLORURE DE SODIUM (ISSU DE LA MER)	10-4 g/m³
AMMONIAC (ISSU DE L'INDUSTRIE)	TRACES
MONOXYDE DE CARBONE (ISSU DE L'INDUSTRIE)	TRACES

les molécules d'eau, ont de plus grandes possibilités de mouvement, les marées atmosphériques sont des phénomènes beaucoup plus considérables que les marées océaniques.
Bien que ses gaz soient continuellement brassés, l'atmosphère n'est pas homogène, tant par sa composition que par ses caractéristiques physiques.

STRUCTURE

L'atmosphère n'est pas un corps solide dans lequel les molécules sont distribuées de façon uniforme dans tout le volume : 90 % des gaz atmosphériques sont concentrés à proximité du sol. De ce fait, la densité est maximale à terre et diminue rapidement quand on s'éloigne de la surface, de même que la pression et la concentration en vapeur d'eau, qui devient nulle vers 45 km d'altitude. On distingue ainsi l'*homosphère* (du grec *homós* = égal), qui comprend les premiers 100 km et est de composition similaire à celle relevée près du sol, et l'*hétérosphère* (du grec *heterós* = différent), au-delà de 100 km, de composition variée. Les variations de la température sont, quant à elles, déterminées par la source thermique prédominante : près du sol, les hautes températures sont dues à l'irradiation terrestre, tandis que dans les couches les plus externes, l'irradiation solaire prévaut ; dans la région intermédiaire, il fait froid. Selon les valeurs prises par la température, l'atmosphère est subdivisée en « sphères » plus homogènes :

- la ***troposphère***, de 0 à 7 km (aux pôles), de 0 à 18 km (à l'équateur), siège de presque tous les phénomènes météorologiques ;
- la ***stratosphère***, de 7-18 km à 30-60 km d'altitude ;
- la ***mésosphère***, de 30-60 à 80-100 km ;
- la ***thermosphère***, au-delà de 80-100 km.

Ces régions sont séparées par trois surfaces de discontinuité (les « pauses »), signalées par la brusque variation des paramètres : la *tropopause*, la *stratopause* et la *mésopause*. Si l'on considère le contenu de l'atmosphère en particules chargées, on distingue trois autres sphères :

- l'***ionosphère***, qui comprend une partie de la mésosphère et la thermosphère. Les molécules y sont dissociées par le rayonnement solaire en ions et électrons qui se distribuent et réfléchissent les ondes électromagnétiques différemment la nuit et le jour ;
- la ***magnétosphère***, où les particules chargées du vent solaire restent confinées dans les lignes du champ magnétique terrestre (ceintures de Van Allen) et produisent les aurores polaires ;
- l'***exosphère***, au-delà de 1 000 km. Hors de portée de la gravité, elle est composée principalement de plasma.

UN FLOCON DE NEIGE
Tous les phénomènes météorologiques sont liés à la présence de vapeur d'eau dans l'air. C'est pourquoi ils sont caractéristiques des couches atmosphériques les plus basses – la troposphère et les couches inférieures de la stratosphère.

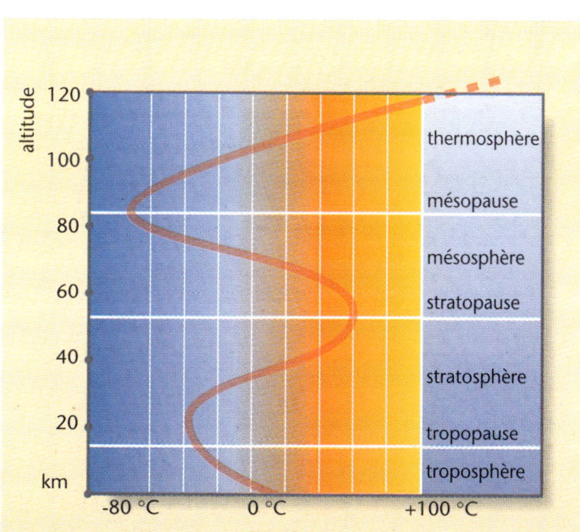

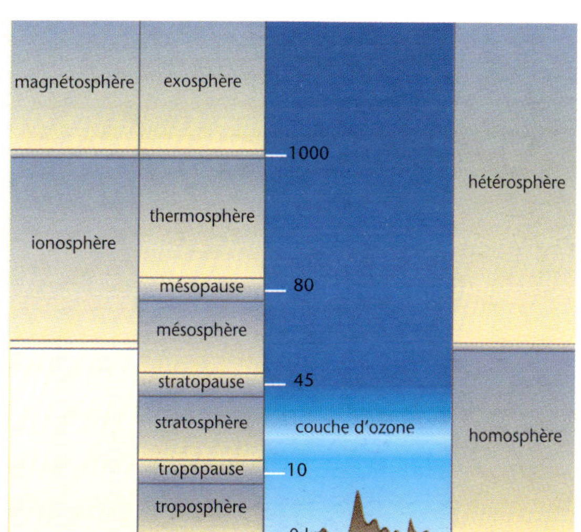

DIAGRAMME
Les variations de la pression et de la température avec l'altitude mettent en évidence les différentes « sphères » atmosphériques.

STRUCTURE
À partir du sol, on distingue de nombreuses couches atmosphériques caractérisées par des valeurs moyennes de température, de densité et de pression différentes.

Comme tout corps céleste dans l'espace, la Terre est en mouvement. Ce mouvement est très complexe : pour mieux l'étudier, nous le décomposons en plusieurs mouvements simples qui le décrivent de façon exacte et en clarifient la dynamique.

LA TERRE DANS L'ESPACE

Le mouvement de la Terre
Le déplacement de la Terre dans l'espace est très complexe et est donc décomposé en mouvements plus simples à décrire mathématiquement : une rotation autour de son axe, la précession de cet axe, une révolution autour du Soleil. De plus la Terre tourne, avec le Soleil, autour du centre de la Galaxie et se déplace dans l'espace avec celle-ci (p. 208).

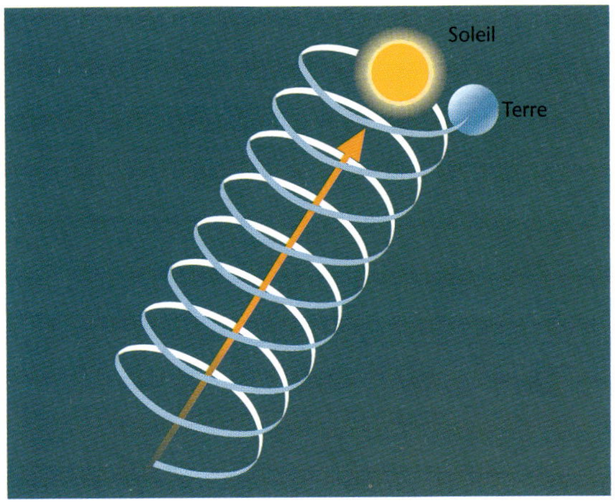

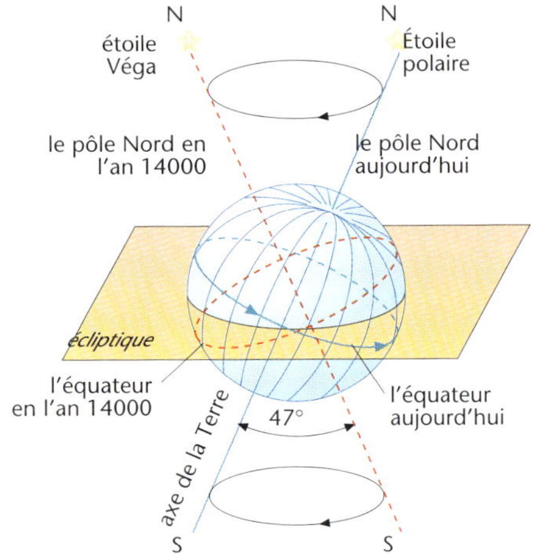

Les principaux mouvements élémentaires constituant le mouvement de la Terre sont la ***rotation*** autour de son axe, la ***précession*** de cet axe et la ***révolution*** autour du Soleil. Chacun de ces mouvements, en se combinant avec les caractéristiques générales de notre planète (notamment l'inclinaison de l'axe de rotation, qui est fondamentale) a de nombreux effets sur le climat et les conditions de vie de la Terre, ainsi que sur les possibilités d'observations astronomiques. Nous allons voir les paramètres essentiels de chacun de ces mouvements et leurs principales conséquences.

ROTATION ET PRÉCESSION

La Terre tourne donc autour d'un *axe de rotation* identifié à sa surface par le pôle Nord et le pôle Sud géographiques. L'axe de rotation terrestre pointe vers l'Étoile polaire, α *Polaris* dans la constellation de la Petite Ourse (p. 77). Cette direction change lentement à cause de la précession de l'axe de rotation terrestre : comme l'axe d'une toupie, celui-ci décrit un cône dont un tour est bouclé en 26000 ans. Pour cette même raison, le point vernal ou point γ (p. 66) accomplit dans le même temps le tour complet de l'*écliptique*. L'axe de rotation est incliné de 66°33′ par rapport à l'écliptique (le plan dans lequel la Terre accomplit sa révolution autour du Soleil) et garde cette inclinaison tout au long de la révolution. Comme la Terre est solide, la rotation s'effectue avec une vitesse angulaire identique en tout point de sa surface. Elle est de 360° en 24 heures, soit 15°/h, sauf pour les points situés le long de son axe, notamment les pôles. La longueur de la circonférence parcourue par un point de la surface de la Terre en 24 heures dépend de sa *latitude*.

CONSÉQUENCES DE LA ROTATION ET DE LA PRÉCESSION

Elles sont nombreuses et variées.

1. ***La rotation de la sphère céleste :*** les étoiles, à la différence du Soleil, ont une *déclinaison* δ (p. 66) constante

La rotation de la sphère céleste
Les étoiles proches du pôle céleste ont une déclinaison (p. 66) telle qu'elles restent toujours visibles à l'observateur dans cet hémisphère, tout comme le Soleil aux latitudes polaires.

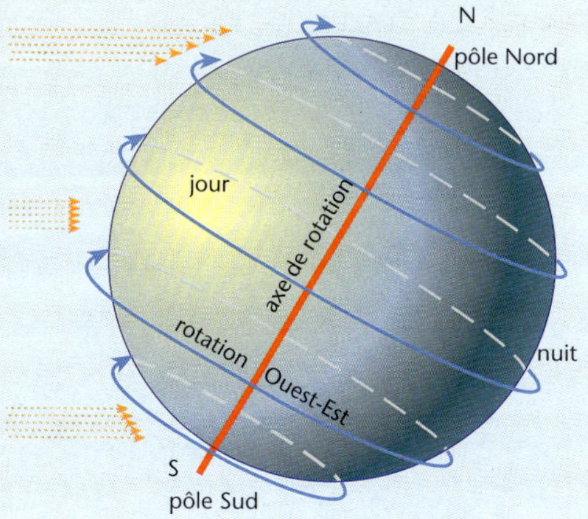

L'INSOLATION
La hauteur du Soleil sur l'horizon change avec la latitude et la saison.

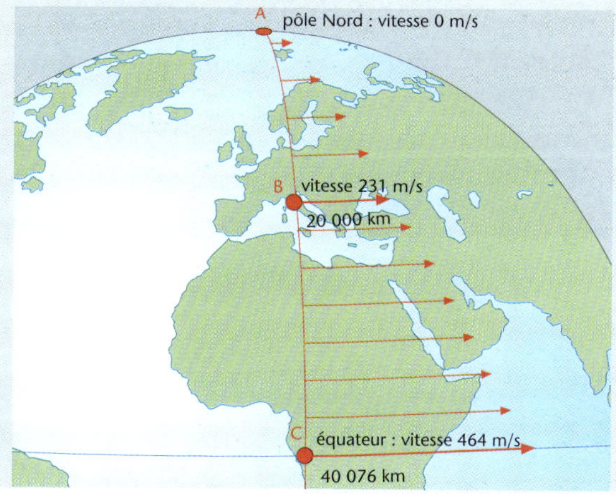

LA VITESSE TANGENTIELLE
Un point au pôle (ϕ=90°) est sur l'axe de rotation : sa vitesse est de 0 km/h. Un point situé à ϕ=45° parcourt en 24 h environ 20000 km à la vitesse de 833 km/h. Un point sur l'équateur (ϕ=0°) parcourt en 24 h près de 40076 km à 1670 km/h.

sur une année. Si $\delta \geq 90° - \phi$ (ϕ étant la latitude de l'observateur), les étoiles sont dites *circumpolaires* : elles ne se lèvent ni se couchent jamais. Si $\delta \geq 90° - \phi$, elles se lèvent et se couchent à l'instar du Soleil sous nos latitudes.

2. ***L'alternance du jour et de la nuit :*** au cours de l'année, la déclinaison du Soleil qui parcourt l'écliptique varie entre 23°27'N et 23°27'S. Pour les lieux de latitude f comprise entre 66°33' et 90°, le Soleil peut devenir circumpolaire pour un jour ou plus, jusqu'à un maximum de 6 mois aux pôles (ϕ=90°). L'alternance de lumière et d'obscurité sur 24 h s'appelle une *photopériode* ; elle régit toutes les activités des êtres vivants.

En outre, l'écoulement du temps est mesuré à partir de la rotation apparente du Soleil : le jour est subdivisé en 24 heures (h), chacune divisée en 60 minutes (min), elles-mêmes divisées en 60 secondes (s) ; les secondes sont subdivisées en dixièmes, centièmes et millièmes de seconde. De ce fait, le « temps horaire » change suivant le lieu sur Terre : là où le Soleil se lève, l'heure est différente du lieu où il se couche et de là où la nuit est déjà tombée. Pour plus de clarté, on a donc institué des *fuseaux horaires*, un *jour solaire moyen* et un *jour solaire sidéral*.

3. ***L'aplatissement des pôles :*** la Terre est solide mais plastique ; comme en surface, la rotation imprime une accélération différente selon la profondeur. Avec le temps, ces forces tangentielles amènent un accroissement progressif du diamètre équatorial et la diminution du rayon polaire.

4. ***L'effet Coriolis :*** chaque point de la Terre accomplit dans le même temps un parcours de longueur différente selon sa latitude et, par suite, leur vitesse de rotation est différente. Cela provoque l'*effet Coriolis* : les corps qui se déplacent le long d'un méridien de l'hémisphère nord sont déviés vers la droite, et le long de l'hémisphère sud, vers la gauche.

LA RÉVOLUTION

C'est le mouvement que la Terre accomplit autour du Soleil, considéré comme immobile au centre d'un des deux foyers de l'écliptique. Il obéit aux lois de Kepler (p. 18) et de Newton (p. 21) : la vitesse est plus grande au *périhélie* et plus petite à l'*aphélie*. Ces différences ne sont toutefois pas importantes car l'*excentricité de l'orbite terrestre* n'est que de 0,017. En moyenne, la Terre voyage autour du Soleil à environ 30 km/s.

CONSÉQUENCES DE LA RÉVOLUTION

L'alternance des saisons : elle est due autant à la révolution qu'à l'inclinaison de l'axe de rotation. Selon la position de la Terre par rapport au Soleil, l'altitude sur l'horizon de la trajectoire du Soleil change, et donc la quantité d'énergie qui arrive.

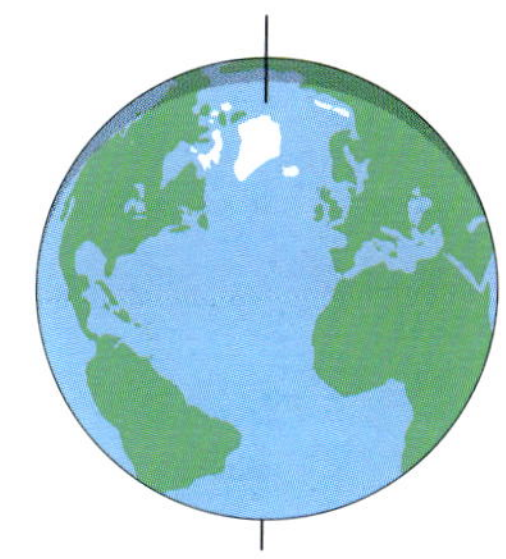

LES SAISONS
L'énergie que reçoivent les différentes régions de la Terre par insolation diffère selon leur latitude et la position de la planète sur son orbite, comme le montrent ces deux dessins de l'hémisphère nord durant l'été (ci-dessus) et durant l'hiver (ci-dessous).

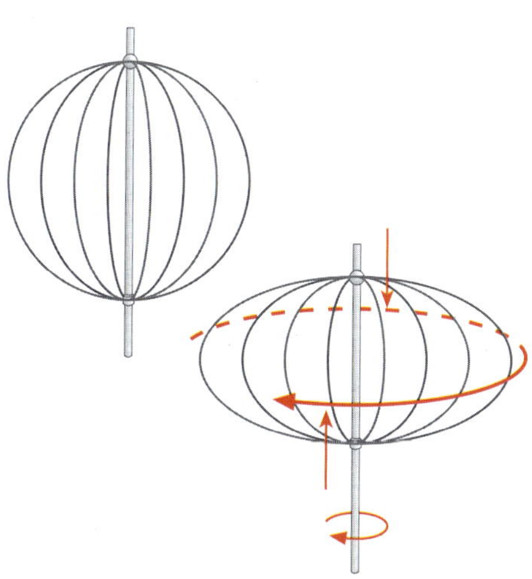

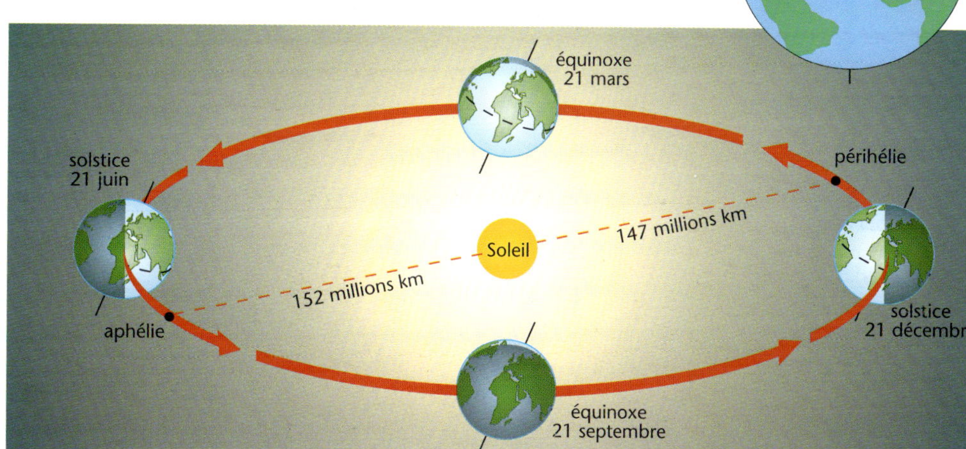

LA LUNE
ET LE SYSTÈME TERRE-LUNE

La Lune, en réalité très petite, nous apparaît aussi grande que le Soleil, c'est pourquoi elle a été adorée comme une divinité de même importance. Les variations régulières de son aspect en ont fait un instrument de mesure du temps et le symbole des éléments opposés : d'un côté la Pleine Lune, lumineuse et bienveillante, de l'autre, la Nouvelle Lune, obscure et mystérieuse. Encore aujourd'hui, malgré les connaissances acquises, et bien que l'homme l'ait explorée lui-même et via des sondes spatiales, que nous ayons éclairci de nombreux problèmes et que nous sachions que la Lune n'est qu'un bloc de roches tournant dans l'espace, nombreux encore sont ceux qui croient en son influence sur les événements terrestres – de la fréquence des pluies à la naissance des enfants.

La Lune, l'unique satellite naturel de la Terre, a une surface « vieille, grêlée, brûlée » comme la définit Qfwfq, un héros de la nouvelle « cosmicomique » d'Italo Calvino. Outre quelques cratères volcaniques assez rares, elle présente de vastes plaines volcaniques appelées *mers* ou *bassins*, de couleur plus sombre que les régions voisines appelées continents, souvent bordées de chaînes montagneuses. La Lune est aussi sillonnée de canyons, de gorges, de dépressions et de pics, mais surtout constellée de cratères dus à des impacts de météorites. La masse trop faible de la Lune ne peut retenir les molécules de gaz ; du fait de l'absence d'atmosphère et de liquides pour éroder sa surface, terrains et reliefs sont conservés quasi intacts depuis leur formation. Les plus anciens, qui remontent à environ 4 milliards d'années, s'élèvent encore à côté ou (souvent) sous les plus récents.

Ce petit monde rocheux connaît des écarts de température de plus de 200 °C : de +120 °C en moyenne au soleil à –50 °C à l'ombre, –163 °C sur la face cachée. Le sol, recouvert d'une couche poudreuse très fine appelée *régolite*, vibre en moyenne 3 000 fois par an sous l'action de secousses sismiques endogènes extrêmement faibles. En revanche, la chute d'une météorite de quelques dizaines de kilos peut engendrer des séismes de plusieurs minutes.

LES OBSERVATIONS

La Lune brille parce qu'elle reflète la lumière du Soleil. Ce phénomène, pressenti par les peuples antiques qui mesuraient le temps à partir d'observations astronomiques, retombe dans l'oubli jusqu'à ce qu'Anaxagore interprète correctement la dynamique des éclipses.

Selon Parménide, la Lune « regarde toujours vers les rayons resplendissants du Soleil », tandis qu'Empédocle pense que les éclipses sont dues à l'interposition de la Lune entre la Terre et le Soleil, ce qui l'amène à calculer une distance Lune-Soleil double de la distance Terre-Lune.

Démocrite est le premier à interpréter les taches de la Lune comme les ombres de vallées et de montagnes, tandis que Plutarque, qui l'observe, conclut qu'on voit toujours la même face depuis la Terre et que la Lune a, comme cette dernière, une surface irrégulière avec des plaines, des montagnes et des océans qui reflètent diversement la lumière solaire. Ce seront les dernières observations. La philosophie d'Aristote (p. 12) étouffe tout développement pour des centaines d'années jusqu'à Galilée

Le *Sidereus Nuncius*
Galilée est le premier à faire un portrait réaliste de la Lune, et l'émotion de la découverte transparaît dans les pages de son traité : « C'est une chose magnifique et excessivement attirante que de pouvoir admirer le corps lunaire… (…) Avec la certitude que donne l'expérience sensible, on peut apprendre que la Lune n'est pas du tout revêtue d'une surface lisse et polie mais rugueuse et inégale, et qu'à l'égal de la face de la Terre, elle se présente recouverte de toutes parts de grandes proéminences, de profondes vallées et creux. »

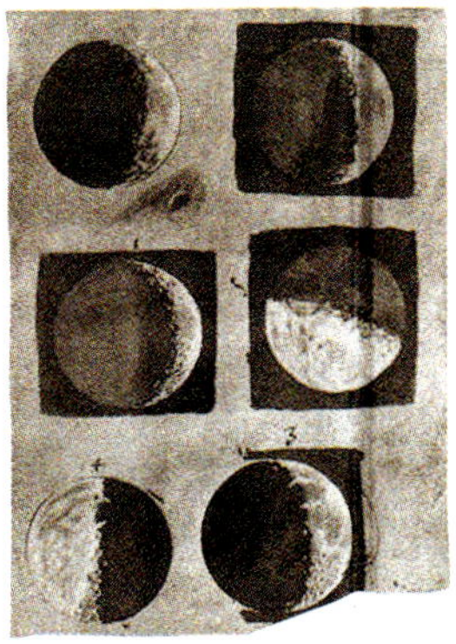

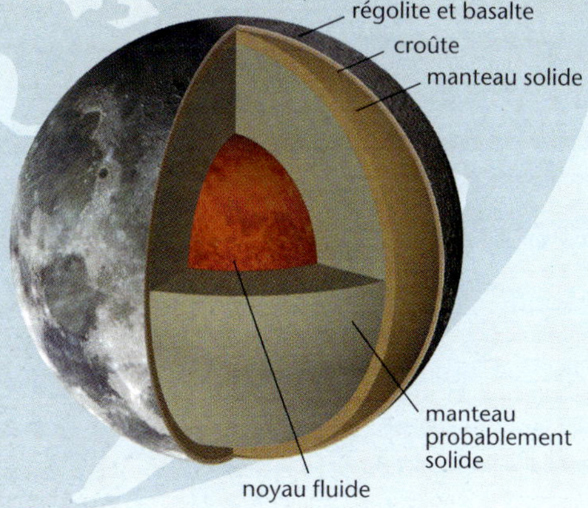

La Lune en chiffres

		Par rapport à la Terre
Rayon		
• équatorial (en km)	1738	0,272
• polaire (en km)	1740	0,272
Superficie (en millions de km^2)	38	0,075
Volume (en milliards de km^3)	22	0,02
Masse (en milliards de milliards de tonnes)	73,5	0,012
Densité (en g/cm^3)	3,34	0,61
Accélération moyenne de la gravité en surface (en cm/s^2)	162,2	0,166
Vitesse de libération (en km/s)	2,4	0,21
Âge (en milliards d'années)	4,5	
Mois (révolution sidérale, en jours solaires moyens)	27,32	
Lunaison (révolution synodique, en jours solaires moyens)	29,53	
Excentricité de l'orbite	0,055	
Inclinaison de l'orbite sur l'écliptique	5°-5°18′	
Inclinaison de l'axe de rotation sur le plan de l'orbite	83°3′	
Distance moyenne de la Terre (en km)	384401	

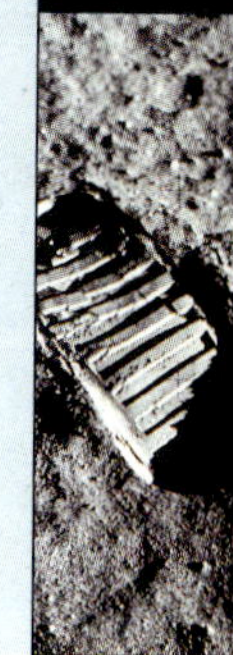

qui, grâce à la lunette, touche presque de la main ce que d'autres avaient seulement deviné – que la Lune est un objet physique, escarpé et rocheux, en tout point comparable à la Terre. Mais Galilée fait bien plus : comme à son habitude, il mesure, « démontrant que les reliefs terrestres sont de loin bien plus petits que ceux de la Lune ; plus petits, dis-je, non dans l'absolu mais par rapport aux grandeurs des globes respectifs ». La topographie lunaire est née.

Newton (p. 21) ne fait pas d'observations ; il se demande si la force qui fait tomber un projectile selon une trajectoire parabolique n'est pas la même qui meut la Lune sur son orbite elliptique, et la réponse qu'il donne change le cours de la science. Il faut attendre ensuite plusieurs siècles pour obtenir de nouvelles informations sur la structure et la topographie réelles de la Lune que dévoilent enfin les expéditions spatiales russes, américaines et japonaises. Il est probable, toutefois, que de nouvelles découvertes attendent sous la surface morte de notre satellite.

LA DISTANCE TERRE-LUNE ET AUTRES MESURES

Les premières tentatives pour mesurer la distance Terre-Lune par des considérations trigonométriques à partir du diamètre terrestre reviennent à Aristarque et Hipparque (p. 12) qui obtiennent des valeurs pas très éloignées de la vérité. Des mesures plus précises sont effectuées selon la même méthode à partir du milieu du XVIIIe siècle. De meilleurs résultats sont cependant obtenus en appliquant de nouvelles méthodes, comme la mesure du temps que met un faisceau d'ondes électromagnétiques pour faire l'aller-retour entre la Terre et la Lune. Pionnier de cette technique en 1946, l'américain Evans utilise pour cela un radar. Plus tard, ce sera un laser qui, pointé sur les réflecteurs installés sur la Lune par les sondes soviétiques et les astronautes américains des missions *Apollo 11*, *14* et *15*, permet d'obtenir la distance Terre-Lune au périgée, à l'apogée et aux nœuds (p. 51) avec une erreur maximale de 0,4 milliardième de mètre. La distance moyenne est estimée à 384400 km. La précision de cette mesure est importante : elle permet, entre autres, de vérifier la théorie du mouvement lunaire en quantifiant les échanges d'énergie entre la Terre et la Lune et le ralentissement de la rotation terrestre, et donc de tester les modèles de sa structure interne. Ce type de mesures a aussi permis de prouver le principe d'équivalence exposé par Einstein (qui affirme que la masse gravitationnelle et la masse inertielle sont identiques) et l'invariabilité de la constante gravitationnelle calculée par Cavendish.

Des mesures du diamètre terrestre, de la distance moyenne Terre-Lune et du diamètre angulaire moyen de la Lune (31′ 5″), on déduit le diamètre, la surface et le volume de notre satellite. La forme de la Lune est très proche de la sphère ; à cause de l'attraction terrestre et de sa rotation, la Lune présente une gibbosité en direction de la Terre, mais cet allongement est insignifiant – d'environ 1,5 km, soit à peine 0,43 %.

Sa masse est déterminée à partir de mesures gravitationnelles, en évaluant les marées terrestres ou les perturbations de l'orbite de l'astéroïde Éros (p. 162) qui s'approche beaucoup du système Terre-Lune.

Le système Terre-Lune Le centre de gravité du système se trouve à l'intérieur de la Terre, tandis que le « point neutre » où les attractions gravitationnelles de la Terre et de la Lune s'équilibrent se situe dans l'espace, à 38440 km de la Lune et à 345960 km de la Terre. Tout véhicule spatial lancé depuis la Terre et dépassant cette limite entre dans la sphère d'attraction lunaire.

Au temps de Galilée, on croyait que la Lune était lisse, parfaite. Puis la lunette sembla montrer qu'elle était recouverte d'océans et de terres, de montagnes et de plaines. Nous savons aujourd'hui que les ombres visibles sur la Lune sont celles d'énormes cratères météoritiques, de volcans éteints et d'immenses étendues de lave, des plaines pulvérulentes et sans vie.

LA GÉOLOGIE LUNAIRE

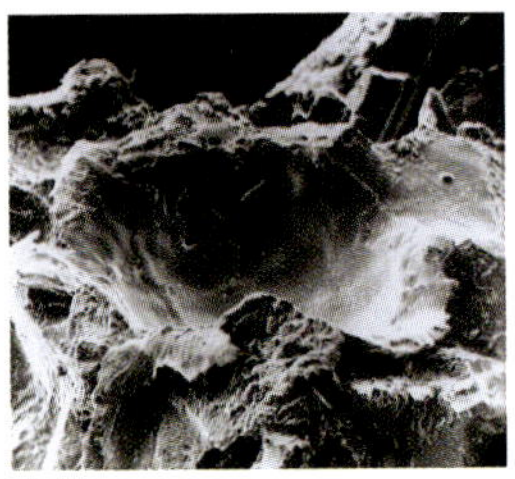

Microcratère d'impact
Le minuscule cratère, formé par l'impact d'une micrométéorite qui a fondu la roche, est bien visible dans cette microphotographie d'une roche lunaire.

Bien que l'exploration directe de la Lune ait apporté une réponse définitive à de nombreuses interrogations, les observations menées depuis la Terre ont aussi fourni de précieuses informations sur la géologie lunaire. Par exemple, du nombre des cratères et de leur stratification on a pu déduire l'âge relatif des roches d'une région: plus ils sont nombreux et superposés, plus les terrains sont anciens. En mesurant la diffusion de la lumière solaire, on a déterminé que le sol lunaire est meuble et de porosité élevée, principalement formé de grains de petite taille. Les techniques radar ont sondé la croûte lunaire jusqu'à 1 300 m de profondeur environ; c'est ainsi qu'ont été découverts récemment des cristaux de glace d'eau mêlés au régolite dans la région des pôles d'origine probablement cométaire. Bien d'autres informations ont été obtenues grâce aux techniques de télémesures, aux observations au télescope et à l'étude des photographies. Enfin, les perturbations gravitationnelles mesurées par les sondes en orbite lunaire permettent d'établir la distribution des masses de densités différentes dans le sous-sol lunaire; c'est ainsi qu'ont été découverts les *mascons* (acronyme pour «concentrations de masse»), des anomalies gravitationnelles négatives correspondant aux bassins circulaires créés par la chute d'énormes astéroïdes.

LES PRINCIPALES STRUCTURES GÉOLOGIQUES

LES MERS OU BASSINS

Appelées ainsi parce que les Anciens les pensaient recouvertes d'eau du fait de leur couleur plus sombre, ces plaines lunaires sont en réalité d'immenses étendues de roches basaltiques. Elles se sont probablement formées quand l'impact de grandes météorites a fracturé la croûte solide, laissant s'échapper de l'intérieur du magma.

Les ***mers*** représentent environ 15 % de la superficie lunaire et sont presque totalement absentes de la face cachée. Les roches qui les forment, caractérisées par une densité élevée (3,4 fois celle de l'eau), sont beaucoup plus jeunes que celles des autres formations lunaires, ce qui renforce l'hypothèse de leur origine volcanique.

LES HYPOTHÈSES SUR L'ORIGINE DE LA LUNE

L'âge de la Lune est certain. Tous les échantillons de roches prélevés par les astronautes ont été datés, et leurs dates concordent en laissant peu de doute: les régions les plus anciennes sont les continents (environ 4 milliards d'années), les plus jeunes sont les grands bassins (environ 3 milliards d'années). La Lune est donc née, comme les autres corps du Système solaire, il y a environ 4,5 milliards d'années. Mais comment? Les données recueillies ne suffisent pas encore à trancher définitivement parmi les nombreuses théories émises sur l'origine de la Lune; mais toutes doivent vérifier les prémisses suivantes:

- la Lune a le même âge que les autres corps du Système solaire;
- elle a une densité moyenne et une composition minérale de surface très similaires à celles de la croûte terrestre;
- elle était beaucoup plus proche de la Terre il y a 2 milliards d'années, comme le prouve la dynamique des marées;
- elle s'est formée dans la même

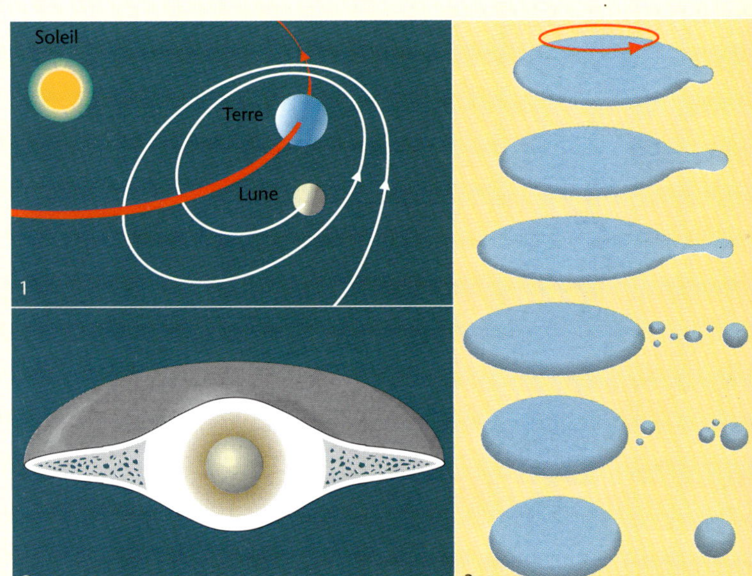

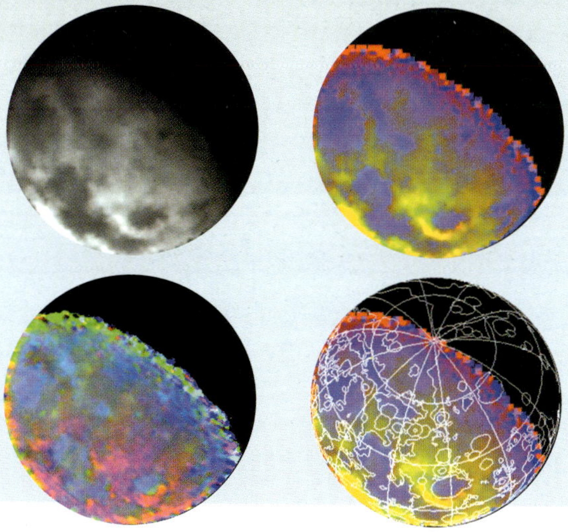

ANALYSES MULTISPECTRALES
Les observations en lumière polarisée, en infrarouge et dans l'ultraviolet fournissent des données sur la composition et la nature des roches lunaires superficielles.

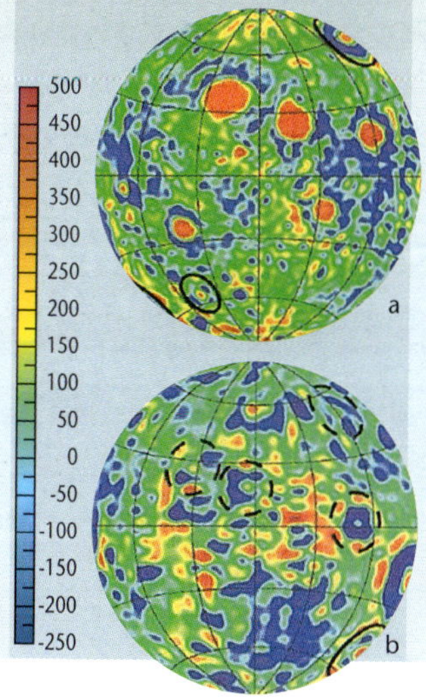

GRAVIMÉTRIE
Les *mascons* se trouvent tant sur la face visible (à droite, **a**) que sur la face cachée (**b**).

ROCHES LUNAIRES
Analyse microscopique d'une section fine de roche lunaire : les différentes couleurs correspondent à des cristaux de structure chimique différente.

LES CONTINENTS

Ainsi appelés par opposition aux mers, les ***continents*** sont les restes de la croûte primitive de la Lune ; les traces des bombardements météoritiques y sont plus nombreuses. Les continents représentent en moyenne 85 % environ de la surface lunaire (seulement 70 % sur la face visible) et sont composés de roches moins denses (densité moyenne égale à 3 fois celle de l'eau) et très anciennes (près de 4 milliards d'années).

La croûte de la Lune n'est pas segmentée en plaques en mouvement, comme sur Terre, et il est certain que la Lune n'a plus d'activité interne : les structures géologiques ne bougent pas d'un millimètre, et le flux de chaleur interne est trop faible pour soutenir une dynamique tectonique par des courants convectifs de magma. Les mesures faites par la mission *Apollo 17* indiquent, en effet, un flux de chaleur endogène de seulement 2 à 4 MW/cm^2 (environ la moitié du flux terrestre). Les ***chaînes montagneuses*** lunaires, qui bordent essentiellement les mers, n'ont donc pas été formées par la dynamique interne mais sont très probablement les vestiges de remparts d'immenses cratères météoritiques. La faible gravité a contribué à former des sommets qui, en proportion, sont beaucoup plus hauts que les sommets terrestres ainsi que le notait Galilée – entre 2 et 6 km d'altitude, certains pics atteignant 8 km.

MONTAGNES SÉLÉNITES
L'origine météoritique des montagnes lunaires est confirmée par leur forme en arc autour des grands bassins : des impacts très violents ont fendu la croûte qui s'est enfoncée sous la masse et s'est soulevée latéralement. Les monts Apennins photographiés ici font partie d'une chaîne montagneuse qui encercle l'énorme bassin de la mer des Pluies (*Mare Imbrium*).

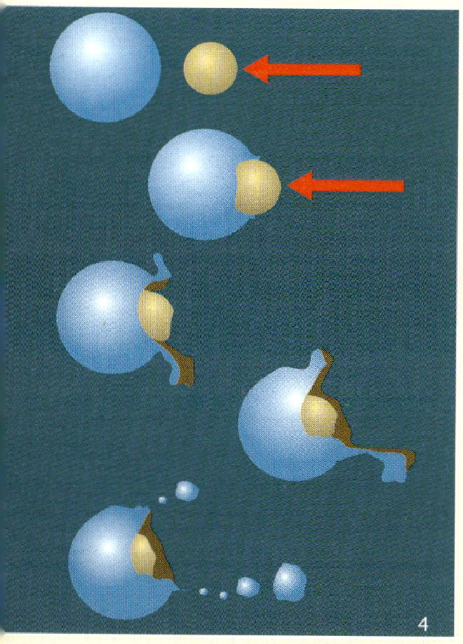

région de l'espace, comme le montre l'analyse isotopique des échantillons rocheux lunaires.

Excepté la première qui n'a qu'une valeur historique, les théories les plus significatives sont les suivantes :

1. La Lune était un corps errant, formé loin de la Terre (comme les comètes ou les astéroïdes), qui a été capturé par le champ gravitationnel terrestre.

2. Comme la Terre et les autres planètes, la Lune s'est formée à partir de la nébuleuse primitive par l'agrégation progressive de planétésimaux. Une variante de cette théorie suppose que la Terre primitive était entourée par un disque d'accrétion similaire à celui de Saturne s'étendant sur 3 rayons terrestres ; celui-ci aurait alimenté la croûte de la proto-Lune.

3. La Lune est une « goutte » de Terre échappée de notre planète quand celle-ci était encore semi-fluide sous l'effet de la rotation rapide.

4. La Lune a été arrachée à la croûte terrestre par un violent impact météoritique.

5. L'hypothèse aujourd'hui la plus accréditée est basée sur des simulations informatiques qui cherchent à intégrer en outre les données acquises depuis 1986 en un scénario unique.

Alors que la Terre avait consolidé depuis peu sa croûte rocheuse, une protoplanète d'au moins 6 000 km de diamètre (soit environ la taille de Mars) l'aurait heurtée ; sous le choc, les noyaux des deux planètes auraient fusionné tandis qu'une partie de leur manteau et de leur croûte, vaporisée, était éjectée dans l'espace. Quelques heures après l'impact, le matériau expulsé aurait commencé à se condenser en orbite autour de la Terre, et au bout de vingt-trois heures, la proto-Lune prenait forme.

CRATÈRES, CIRQUES, RAINURES ET FAILLES

Ces structures géologiques sont celles qui caractérisent le plus la Lune. Elles atteignent parfois des dimensions remarquables. Nous allons voir en quoi elles consistent, comment elles sont classifiées et quels phénomènes géologiques leur sont associés.

Cratères et cirques

Plus nombreux sur les continents, les cratères lunaires ont des formes et des tailles très variables : leur diamètre va d'un millimètre à des centaines de kilomètres, certains ont un piton, central ou décentré, un fond en dôme ou complètement plat ; ils sont parfois entourés d'anneaux rocheux concentriques, sont de forme circulaire, ovale ou irrégulière ; certains sont semblables aux *guyots* terrestres ou comblés de lave presque à raz bord, bien conservés ou à moitié détruits... la diversité est inouïe !

La très grande majorité des cratères lunaires sont dus à des impacts de météorites survenus principalement entre 4,2 et 3,9 milliards d'années comme le démontrent l'analyse des roches et le fait que presque tous les corps solides du Système solaire ont une structure superficielle similaire. L'examen des cratères d'impact sur la Terre a permis de dégager certains critères pour identifier rapidement et assez sûrement un tel cratère sur la Lune :

- il est associé à du matériau météoritique (métallique et métallico-rocheux),
- il présente une anomalie gravitationnelle négative due à la présence probable dans le sous-sol de la météorite,
- il a presque toujours une forme circulaire ou allongée,
- les strates de ses bords sont soulevées et sa stratigraphie est renversée (en creux),
- les cratères de plus de 20 km de diamètre présentent un ou plusieurs pitons au centre,
- il est entouré de blocs de matériaux (ou ***éjecta***) répartis d'autant plus loin que l'impact a été plus violent. Les éjecta ont parfois conservé une énergie suffisante pour créer des ***cratères secondaires*** qui se reconnaissent à leur alignement, leur forme allongée, leur moindre profondeur et leurs bords irréguliers.

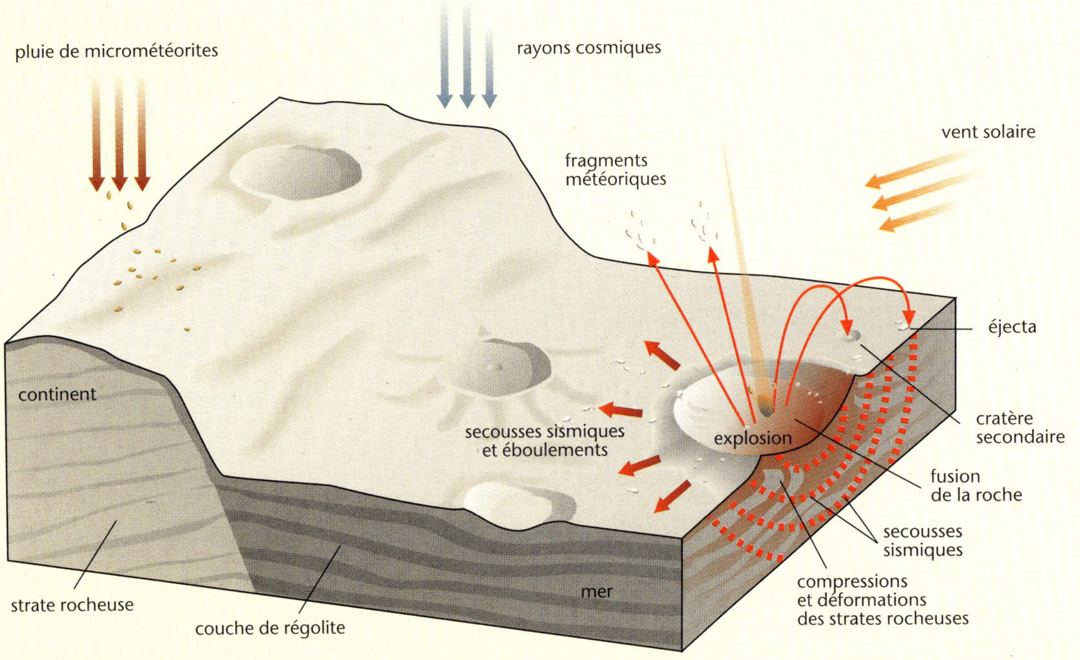

LE RELIEF LUNAIRE
a, **d** et **f** : images de chenaux lunaires. Ils résultent sans doute d'effusions de lave vraisemblablement liées à la formation des mers.
b, **c**, **d**, **e** et **g** : cratères.
En **b** on distingue bien les failles internes dues à l'impact météoritique, et en **c**, les gradins internes et les pitons centraux.
Les cratères en **d** et **e** sont petits, parfaitement circulaires et relativement profonds.
Le cratère Tsiolkovski en **g**, à la coloration sombre caractéristique, a sans doute été comblé par de la lave.
CI-CONTRE : dynamique de l'évolution d'un cratère d'impact.

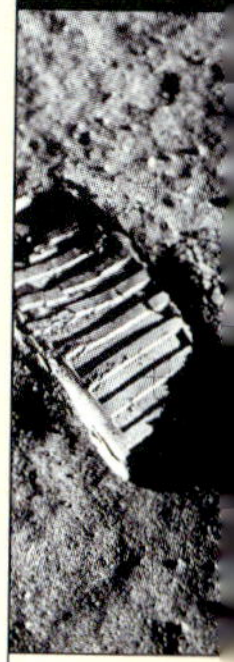

Malgré leur origine commune, la structure des cratères météoritiques varie selon leur taille.

- Cratères complexes : les cratères de 20 à 200 km environ de diamètre sont appelés ***cirques*** ; ils sont toujours circulaires et d'altitude uniforme, avec des bords bien définis. Leur paroi interne présente une série de fractures concentriques et de *gradins* ; sur leur paroi externe on observe des traces de coulées de matériau en fusion, et ils présentent à distance une *couronne continue* d'éjecta que suit une *couronne discontinue* de matériaux plus fins (rayons clairs). Les cratères de plus de 200 km, souvent comblés de laves et aux bords moins définis, sont appelés ***bassins***.
- Cratères simples : de diamètre inférieur à 20 km. Plus ils sont petits, plus leur forme circulaire est parfaite. Ils sont en proportion plus profonds que les grands cratères. Les bords peu terrassés entourent des dépressions en bol ou en entonnoir généralement dépourvues de piton.

c

Failles et rainures

Les ***failles*** visibles au fond des cratères sont dues à la fissuration de la croûte lunaire sous l'impact. Les ***rainures*** visibles dans les bassins, en revanche, résultent sans doute de coulées de lave. Pouvant atteindre 300 m de profondeur, elles peuvent décrire des sinuosités sur des centaines de kilomètres et montrent des caractères proches des tubes de lave terrestres ; la faible gravité les a « gigantisées », et les séismes et les chutes de météorites ont fait s'effondrer leur toit.

d

e

Plissements et chenaux

Ces formations auraient la même origine que les mers : elles résulteraient d'émissions de lave brèves, isolées et très espacées dans le temps. Cette hypothèse est renforcée par l'asymétrie observée dans les versants, plus escarpés du côté « externe » du bassin où ils sont situés.

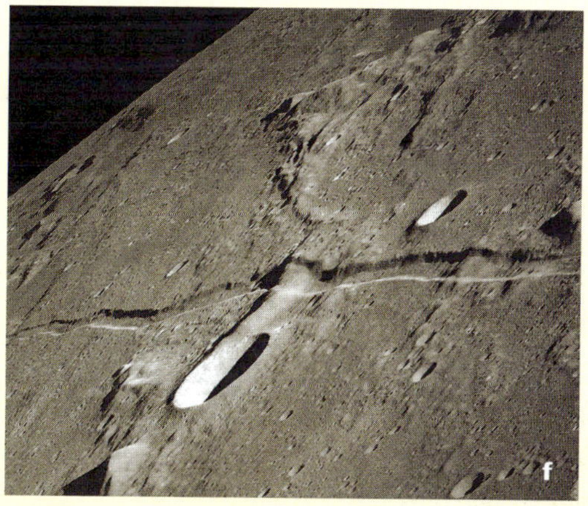

f

g

Examen direct
Deux moments de la collecte d'échantillons rocheux durant la mission *Apollo 12* (ci-contre et page suivante en bas).

Le régolite
Il résulte du bombardement d'innombrables météorites de toutes tailles qui ont pulvérisé les roches lunaires. Seul 1% du régolite est de nature météoritique.

En bas : une roche lunaire rapportée par les expéditions *Apollo*.

MINÉRAUX, ROCHES ET RÉGOLITE

En l'absence d'atmosphère, d'eau et de vie, il n'existe pas de roches de type sédimentaire sur la Lune : les roches lunaires sont presque complètement dégazées et déshydratées mais restent, toutefois, très similaires aux roches terrestres par leur composition isotopique. Les caractéristiques des minéraux varient beaucoup selon que la roche provient d'un continent ou d'une mer. Les mers sont principalement constituées de laves basaltiques, d'une densité moyenne de 3,35 g/cm^3 – très voisine de la densité moyenne du satellite tout entier (3,34 g/cm^3). Cependant, compte tenu de la pression et de la température internes qui devraient en résulter, la Lune ne peut être complètement basaltique ; son noyau métallique doit toutefois être très petit. Bien que plus riches en fer et titane et en éléments réfractaires (zirconium) et plus pauvres en éléments volatils, les basaltes lunaires sont similaires aux basaltes terrestres : riches en pyroxènes et pauvres en alumine qui, par contre, abonde dans les roches continentales.

Les continents, très hétérogènes du point de vue minéralogique, sont cependant caractérisés par la présence de roches métamorphiques. Les chocs dus aux chutes de météorites, très fréquents, ont fondu, fragmenté et comprimé la roche durant des millions d'années pour donner des *brèches*. Ces brèches sont composées principalement d'*anorthosite* (un silicate d'aluminium et de calcium) identique à la forme terrestre et, dans une moindre mesure, de *norites* (silicates de fer ou de magnésium) trouvées sous des formes différentes des roches terrestres.
Mais la majeure partie de la surface lunaire n'est pas rocheuse : elle est recouverte de ***régolite***, un matériau poudreux constitué de fragments de tailles très variables. L'épaisseur de la couche de régolite est minimale dans les bassins, de formation plus récente, où elle varie de quelques centimètres à 5 m, et maximale sur les continents où elle peut atteindre 30 m.

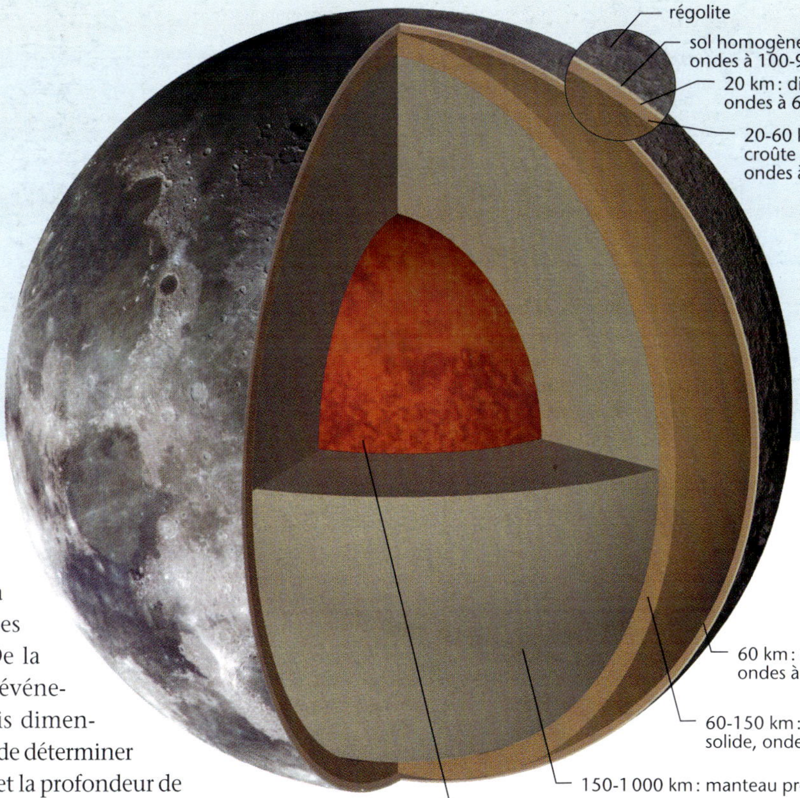

La structure de la Lune
Les hypocentres des séismes endogènes se trouvent entre 600 et 950 km de profondeur : c'est sans doute là la limite géologique entre la croûte et l'intérieur, plastique. La propagation des ondes sismiques suggère aussi l'existence de quelques discontinuités.

L'INTÉRIEUR DE LA LUNE

Chaque mission *Apollo* a installé des sismographes sur la surface lunaire. De la sorte, ils mesurent les événements sismiques en trois dimensions et permettent donc de déterminer la provenance des ondes et la profondeur de l'hypocentre et de quantifier l'énergie libérée. Sur les quelque 3 000 secousses enregistrées en moyenne par an, aucune n'a d'intensité supérieure à 2 sur l'échelle de Richter. La majorité des secousses, *superficielles*, est due aux écarts de température ; les secousses *profondes*, rares, sont dues à l'activité endogène résiduelle de la Lune ou aux forces de marées. Les séismes *artificiels*, dus à l'impact des modules spatiaux ou à la mise à feu de charges explosives par les astronautes, et les secousses d'origine *météoritique* (2,5 à 5 % des séismes enregistrés), sont les seuls permettant de recueillir, comme sur Terre, les informations sur l'intérieur de la Lune. D'autres informations sont tirées des observations gravimétriques.

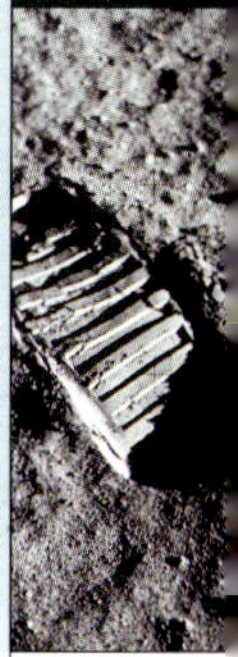

Un sol orange
Détail d'un échantillon de « sol orangé » (ci-dessous) rapporté sur Terre par *Apollo 17*. Vitreux, probablement d'origine volcanique, il est, comme d'autres échantillons, riche en titane (8 %) et en oxyde de fer (22 %), mais c'est une exceptionnelle concentration en zinc qui le caractérise. (Dimensions réelles : 20-45 µm.)

Roches lunaires
Ci-dessous : un gnomon et une mire photométrique, déposés dans la zone de prélèvement du « sol orange », servent de références pour établir l'angle d'incidence des rayons solaires, l'échelle et la couleur de la Lune.

Comme tous les objets célestes, la Lune tourne autour de son axe polaire. Et comme tous les satellites, la Lune tourne aussi autour de sa planète. Mais vu de chez nous, le mouvement de la Lune est très compliqué et donne lieu à des phénomènes qui ont toujours étonné.

MOUVEMENTS ET PHÉNOMÈNES LUNAIRES

La face cachée
Cette carte, reconstruite principalement à partir des photographies prises par les sondes soviétiques *Luna* (ci-dessous *Luna I*), montre la face cachée de la Lune. De la Terre, en effet, seule une face de la Lune est visible du fait de la combinaison de la rotation et de la révolution lunaires.

Le mouvement de la Lune dans l'espace, comme celui de tout autre corps céleste, est extrêmement complexe. Dominé par l'action gravitationnelle de la Terre, il est aussi fortement influencé par la présence du Soleil (p. 136) et des autres planètes (p. 154).
Le mouvement de la Lune a donc été décomposé, comme celui de la Terre, en mouvements simples décrits par les lois de Newton (p. 21) : la Lune tourne autour de son axe selon un *mouvement de rotation* et autour de la Terre selon un *mouvement de révolution*. Il est cependant plus juste de parler du mouvement du système Terre-Lune autour de son centre de gravité commun ; celui-ci est situé sur l'axe passant par les centres de masse des deux corps, à 4 635 km du centre de la Terre et 1 740 km sous la croûte terrestre. C'est ce point qui parcourt en fait une orbite elliptique autour du Soleil (l'orbite terrestre).
La Terre, en tournant autour du Soleil et autour du centre de masse du système, se trouve tantôt en avant, tantôt en arrière par rapport à ce point : c'est la raison de l'*inégalité lunaire* – un écart périodique de la position apparente du Soleil de 6,4″ d'arc. Quant au mouvement lunaire, les calculs requis pour l'exprimer en fonction des paramètres du système sont si complexes, et le centre de gravité est si proche du centre de la Terre, que la simplification consistant à assimiler le premier au second est toujours acceptable.

LA ROTATION ET SES CONSÉQUENCES

La Lune tourne autour de son axe polaire, incliné d'environ 5° par rapport à l'axe de son plan de révolution. Cela implique que :
- le jour lunaire connaît des variations saisonnières minimes, et varie très faiblement avec la latitude,
- le Soleil se lève toujours sur l'horizon des pôles lunaires.

Les plans orbitaux
Relations angulaires entre l'écliptique et le plan orbital de la Lune. La ligne d'intersection des deux plans est la *ligne des nœuds*.

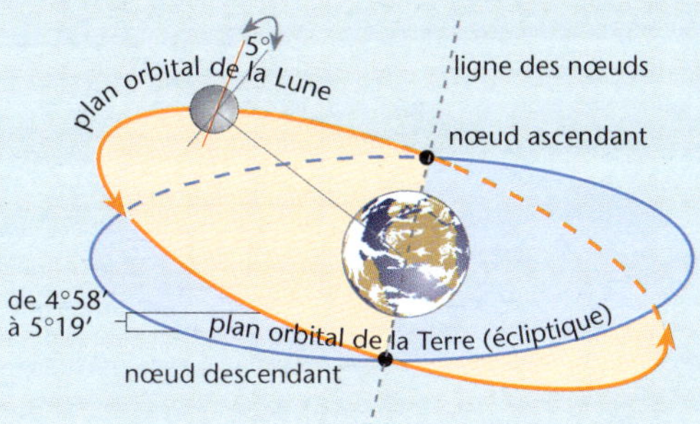

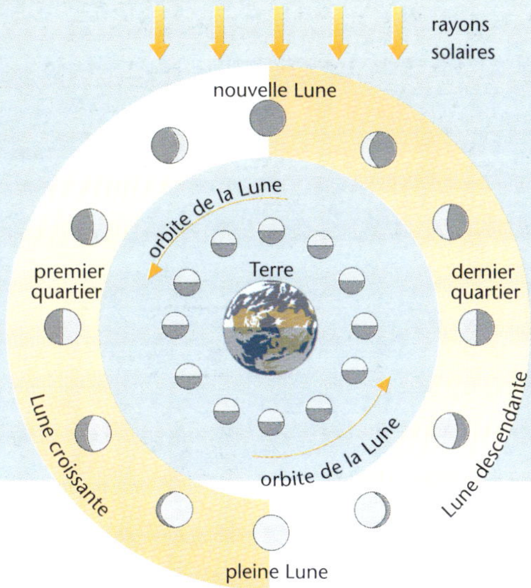

Dynamique des phases lunaires
Ce schéma montre (couronne externe) comment varie l'aspect de la face de la Lune visible de la Terre selon sa position par rapport au Soleil et à la Terre. Couronne interne : au cours de sa révolution, la Lune a toujours une moitié éclairée.

En outre, comme la période et le sens de rotation de la Lune sont identiques à la période et au sens de révolution, la Lune montre toujours la même face à la Terre. Ce phénomène est dû à l'attraction de la Terre qui a ralenti la rotation lunaire originelle, comme l'a démontré Lagrange en 1764.

LA RÉVOLUTION ET SES CONSÉQUENCES

L'orbite que suit la Lune autour de la Terre est, approximativement, une ellipse dont la Terre occupe un des foyers. Le mouvement s'effectue de l'ouest vers l'est, dans le même sens que la rotation et la révolution de la Terre.

La *période de révolution lunaire*, c'est-à-dire le temps s'écoulant entre deux passages de la Lune sur le même point de l'orbite, est appelée ***mois sidéral***; sa durée est de 27,32 jours solaires moyens.

Le plan de révolution lunaire est incliné par rapport à l'écliptique d'un angle qui varie entre 4°58' et 5°19' selon les interférences gravitationnelles avec le Soleil. La ***ligne des nœuds***, c'est-à-dire la ligne d'intersection entre ces deux plans, coupe l'orbite en deux points, les ***nœuds lunaires***. Ceux-ci se « déplacent » le long de l'écliptique de 19° par an dont ils font le tour en 18,61 années solaires moyennes.

La ***ligne des apsides*** est celle qui relie le périgée et l'apogée de l'orbite lunaire (p. 54). Elle aussi « glisse » le long de l'écliptique, mais en direction opposée à la ligne des nœuds, effectuant un tour complet en 8,85 années solaires moyennes.

LES PHASES DE LA LUNE

L'éclairement de la face de la Lune tournée vers nous change selon la position de notre satellite par rapport à la Terre et au Soleil. Les différents aspects que prend la Lune sont appelés ***phases***. Les principales ont reçu les noms suivants :

- ***Nouvelle lune :*** elle survient lorsque le Soleil, la Lune et la Terre (dans cet ordre) sont sur une même ligne. La Lune reste invisible parce qu'elle se lève et se couche devant le Soleil et nous montre donc sa face non éclairée dans la journée, tandis que la nuit, elle n'est pas là du tout.
- ***Lune croissante :*** elle survient après la nouvelle Lune. La partie illuminée de la Lune est un minuscule croissant qui va s'épaississant. À cette période on devine parfois la face cachée, très faiblement éclairée d'une *lumière cendrée*; en fait, la Lune reçoit la lumière reflétée par la Terre elle-même illuminée par le Soleil.

Les phases lunaires
Notre satellite tourne autour de son axe polaire en 4 semaines. Comme il met le même temps pour tourner autour de la Terre, il tourne toujours la même face vers nous (environ 58 % de sa surface) : notre lune est synchrone. Cela implique que, le jour lunaire durant 708 heures, un point quelconque sur l'équateur reste 354 heures au Soleil et 354 heures dans l'obscurité.
Cependant, la Lune n'offre pas toujours le même aspect ; selon sa position par rapport au Soleil et à la Terre, la portion éclairée que nous voyons change.
CI-DESSOUS, DE GAUCHE À DROITE : nouvelle Lune un peu dépassée, Lune croissante, premier quartier, Lune gibbeuse, pleine Lune, Lune décroissante, dernier quartier.

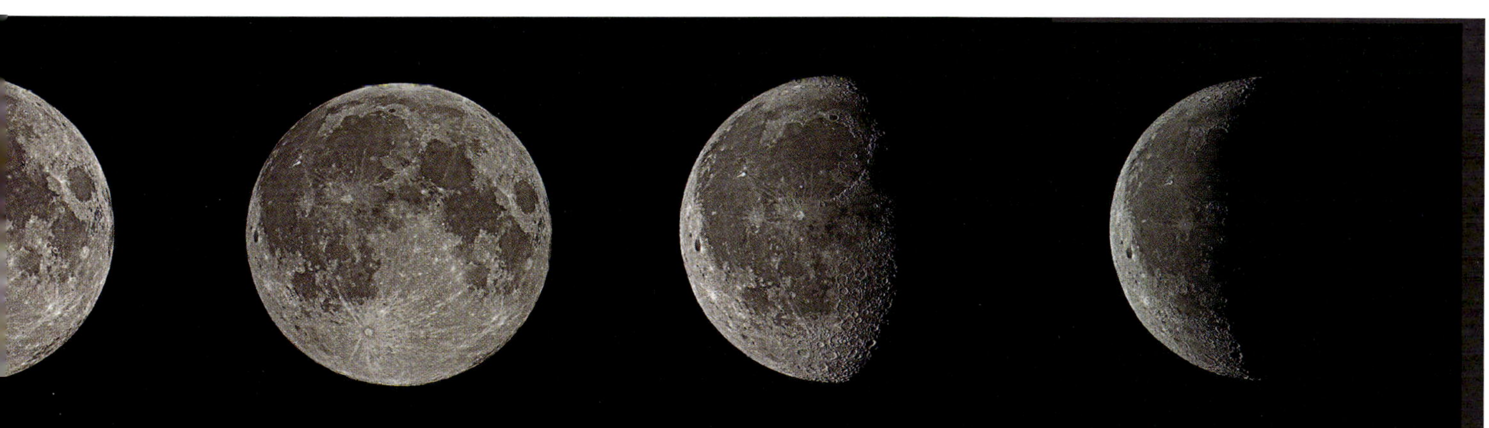

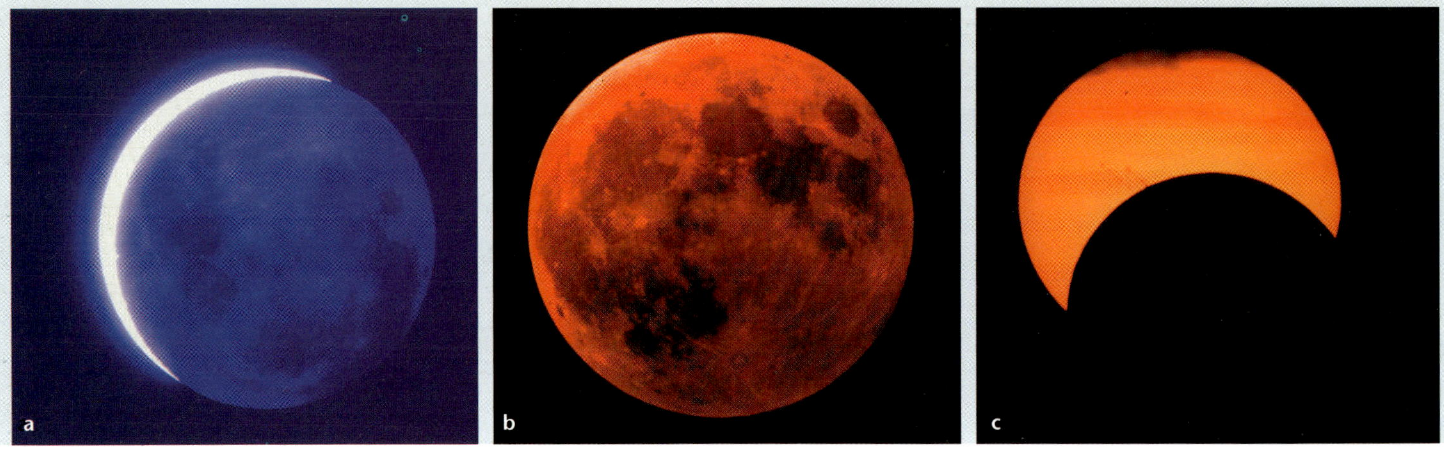

Phénomènes lunaires
a. Lumière cendrée
b. Éclipse de Lune
c. Éclipse partielle de Soleil.
Les éclipses sont sans doute les phénomènes célestes ayant le plus intéressé les astronomes de l'Antiquité; les Chaldéens, les Égyptiens et les Grecs savaient déjà les prédire.

Mois lunaires
Le mois sidéral s'achève quand la Lune reprend la même position par rapport à une étoile « fixe » (c'est-à-dire assez lointaine pour que les déplacements le long de l'orbite solaire soient négligeables). Le mois synodique, ou lunaison, s'achève quand la Lune retrouve la même position par rapport au Soleil. De ce fait, la lunaison est plus longue que le mois sidéral.

• ***Premier quartier:*** survient lorsque la conjonction Terre-Lune est à 90° de la conjonction Terre-Soleil. Le quart de la surface lunaire (la première moitié de son disque) est alors visible.
• ***Pleine Lune:*** le Soleil, la Terre et la Lune (dans cet ordre) sont alignés. Le disque lunaire est éclairé tout entier car la Lune se lève quand le Soleil se couche.
• ***Lune décroissante:*** après la pleine Lune , la partie illuminée de la Lune s'amenuise de plus en plus jusqu'à devenir un mince croissant.
• ***Dernier quartier:*** survient lorsque la conjonction Lune-Terre est à 180° de la conjonction Terre-Soleil. Le quart de la surface lunaire (la seconde moitié de son disque) est alors visible.
La position relative de la Terre et de la Lune dans son premier ou dernier quartier est appelée une ***quadrature***.
Le temps s'écoulant entre deux moments où la Lune prend le même aspect (la même phase) est appelé ***mois synodique*** ou ***lunaison***; il est de 29,53 jours solaires moyens, soit 29 jours 12 h 44 min 3 s. C'est une des premières unités de temps adoptées par l'homme – la régularité des phases lunaires est, en effet, absolue. Les peuples l'ayant utilisée pour cadencer le temps et organiser un calendrier sont très nombreux. Aujourd'hui encore, les Arabes fondent leur année sur le cycle lunaire; dans le calendrier islamique, l'année dure 354 jours et est composée de 6 mois lunaires de 29 jours alternant avec 6 mois lunaires de 30 jours. Ce calendrier est aussi précis que celui que nous utilisons, fondé sur le mouvement apparent du Soleil – peut-être même plus –, mais comme il rythme le temps de façon différente, il ne coïncide pas avec le nôtre.

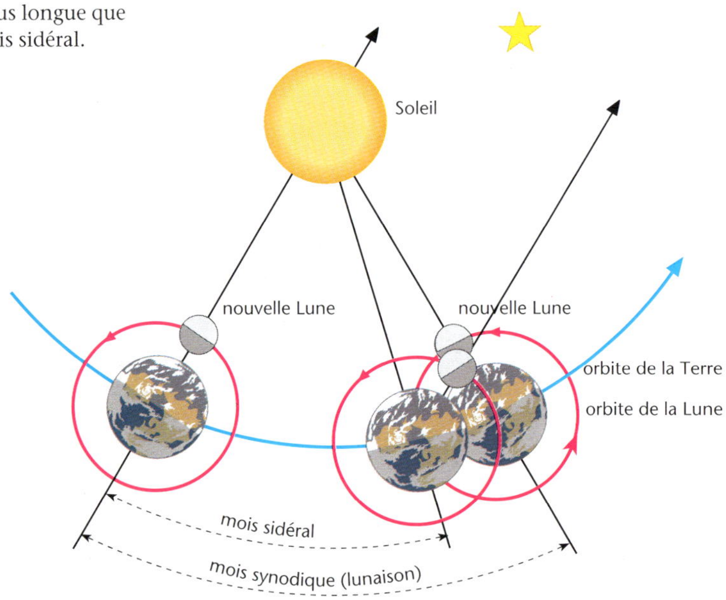

LES ÉCLIPSES

• Si la Lune est pleine au moment où, au long de son orbite, elle se trouve proche de l'écliptique, le cône d'ombre de la Terre l'obscurcit: il y a ***éclipse partielle de Lune***.
• Si la Lune est pleine au moment où elle se trouve sur un nœud, les centres du Soleil, de la Terre et de la Lune (dans cet ordre) sont alignés: la Lune est entièrement dans le cône d'ombre de la Terre et il y a ***éclipse totale de Lune***.
Lors d'une éclipse, la Lune ne disparaît pas complètement mais prend une coloration rougeâtre. En fait, la Lune reste toujours faiblement éclairée par les rayons du Soleil diffractés par l'atmosphère terrestre en un immense coucher de soleil.
• Si la Lune est nouvelle au moment où elle s'approche de l'écliptique, le cône d'ombre qu'elle produit obscurcit une partie de la surface terrestre: il y a ***éclipse partielle de Soleil***. Vu de la Terre, le disque sombre de la Lune masque seulement partiellement le disque du Soleil.
• Si la Lune est nouvelle au moment où elle se trouve sur un nœud, les centres du Soleil, de la Lune et de la Terre (dans cet ordre) sont alignés: le cône d'ombre de la Lune se projette totalement sur la surface terrestre et il y a ***éclipse totale de Soleil***. Vu de la Terre, le disque sombre de la Lune – dont le diamètre apparent est quasiment égal à celui du Soleil – recouvre progressivement tout le disque du Soleil pendant quelques secondes. Lors de ces instants d'obscurité , on peut voir les étoiles et des parties autrement invisibles du Soleil

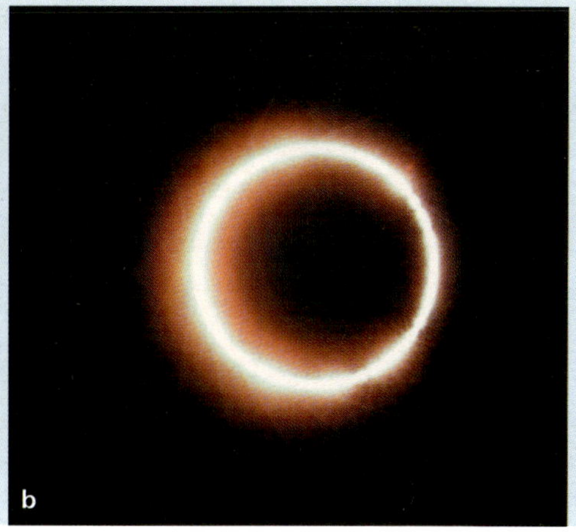

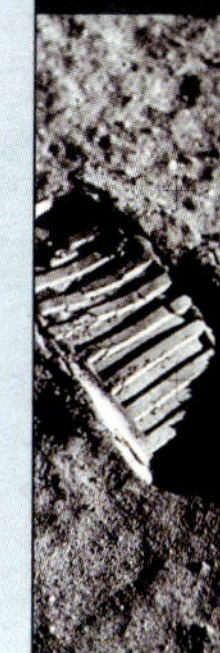

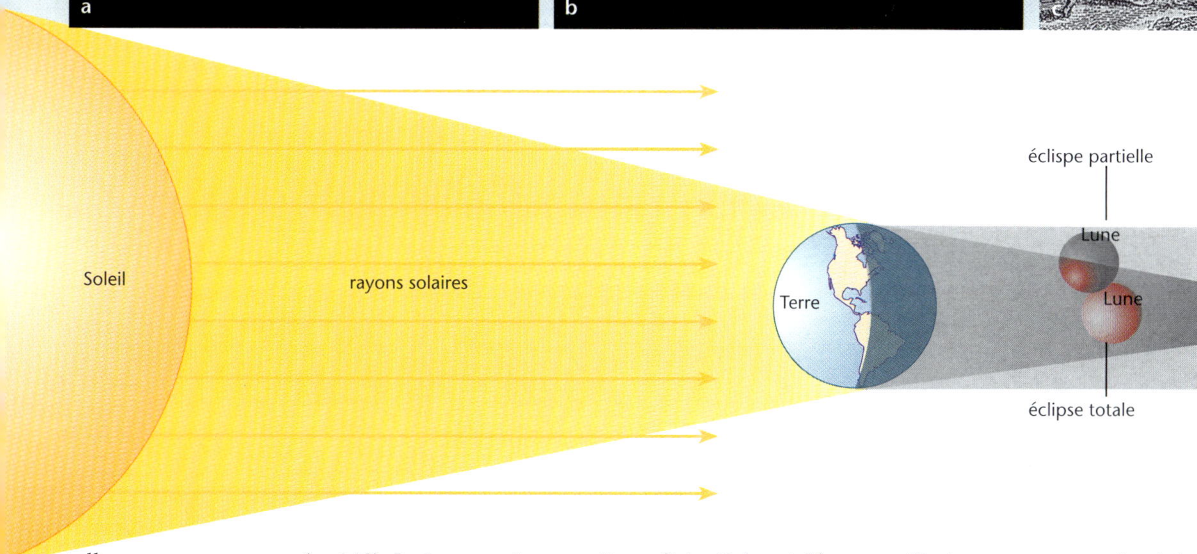

telles que sa couronne (p. 142). La Lune, qui poursuit sa course, « balaie » de son ombre une large bande sur notre planète.

• Quand la Lune est à l'apogée de son orbite (p. 54), le diamètre apparent de son disque est un peu plus petit que celui du Soleil : s'il se produit alors une éclipse totale de Soleil, la Lune ne recouvre pas alors tout le disque solaire et il y a une ***éclipse annulaire***.

En moyenne il se produit en 18 ans environ 70 éclipses : 42 de Lune et 28 de Soleil.

LES LIBRATIONS

Bien que la Lune nous présente toujours la même face, nous arrivons à voir un peu plus de 59 % de sa superficie. Cela est dû aux oscillations apparentes du globe lunaire liées à de légers changements de notre point de vue. Ces oscillations, appelées ***librations***, sont de quatre types :

• *libration en latitude :* analogue au phénomène des saisons, elle est due au fait que l'axe de rotation de la Lune est incliné sur son orbite. Elle permet de voir, par périodes alternées, une partie des régions polaires lunaires au-delà de la limite de l'hémisphère normalement tourné vers la Terre ;

• *en longitude :* elle est due au fait que la rotation et la révolution de la Lune ne sont pas parfaitement synchrones : alors que la rotation est un mouvement uniforme, la révolution suit les lois de Kepler (p. 21) (la vitesse augmente au périgée de l'orbite et diminue à

Éclipses de Soleil
a. Éclipse totale de Soleil
b. Éclipse annulaire
c. Gravure ancienne décrivant l'anecdote selon laquelle Christophe Colomb, utilisant ses connaissances astronomiques, aurait prédit une éclipse solaire pour dominer les indigènes hostiles.

Éclipses de Lune
Le schéma (ci-contre) montre la disposition des corps célestes lors d'une éclipse partielle de Lune et une éclipse totale.

Éclipse de Soleil
Le schéma (ci-contre) montre la disposition des corps célestes lors d'une éclipse partielle et une éclipse totale de Soleil. La photographie, prise depuis l'espace, montre l'ombre de la Lune sur la surface terrestre durant une éclipse totale de Soleil.

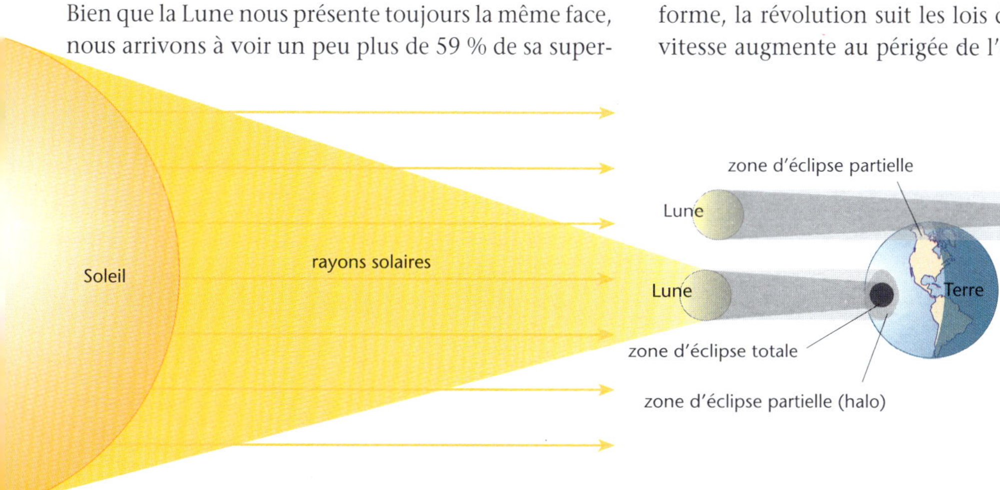

Stonehenge
L'étude du mouvement lunaire a amené la construction d'édifices d'observation depuis lesquels il était possible de déterminer et de reconnaître des points particuliers de l'horizon correspondant à des moments de « stase » de la course de la Lune.

Les marées
L'action gravitationnelle de la Lune et du Soleil et les forces de rotation du système Terre-Lune induisent sur Terre le phénomène des marées. La marée a une hauteur maximale lorsque la Lune est nouvelle ou pleine ; elle a une hauteur minimale lors du premier et du dernier quartier. Les marées maritimes sont plus manifestes dans certaines régions côtières qui bénéficient de conditions climatiques et/ou d'une conformation des fonds particulières. Cependant les forces de marées agissent aussi sur les continents et l'atmosphère terrestres, et sur la Lune, elles ont provoqué une déformation permanente de la croûte et le déplacement du centre de masse vers notre planète.

l'apogée). Elle permet de voir certaines régions orientales et occidentales de la Lune au-delà de la limite « géométrique » ;

• *parallactique* ou *diurne :* due au fait que l'observateur ne se trouve pas au centre de la Terre mais sur sa surface. Au lever de la Lune, elle permet de voir un peu au-delà du *limbe* Est, et au coucher, un peu au-delà du limbe Ouest ;

• *physique :* due à des irrégularités réelles dans la rotation de la Lune, ses effets sont négligeables.

La résultante des trois premières librations est la ***libration apparente***.

LA DISTANCE TERRE-LUNE

La Lune ayant une masse relativement petite, des forces qui semblent n'avoir aucune influence sur le mouvement de la Terre perturbent, en revanche, sensiblement le mouvement lunaire. Les principales perturbations sont dues presque exclusivement aux variations de la distance Lune-Soleil : celles-ci provoquent l'oscillation de la force d'attraction du Soleil sur la Lune. Ainsi, lors du premier et du dernier quartier, la Terre comme la Lune subissent une attraction solaire presque égale mais convergente et tendent donc à se rapprocher. Lors de la nouvelle Lune, la force qui attire la Lune est plus

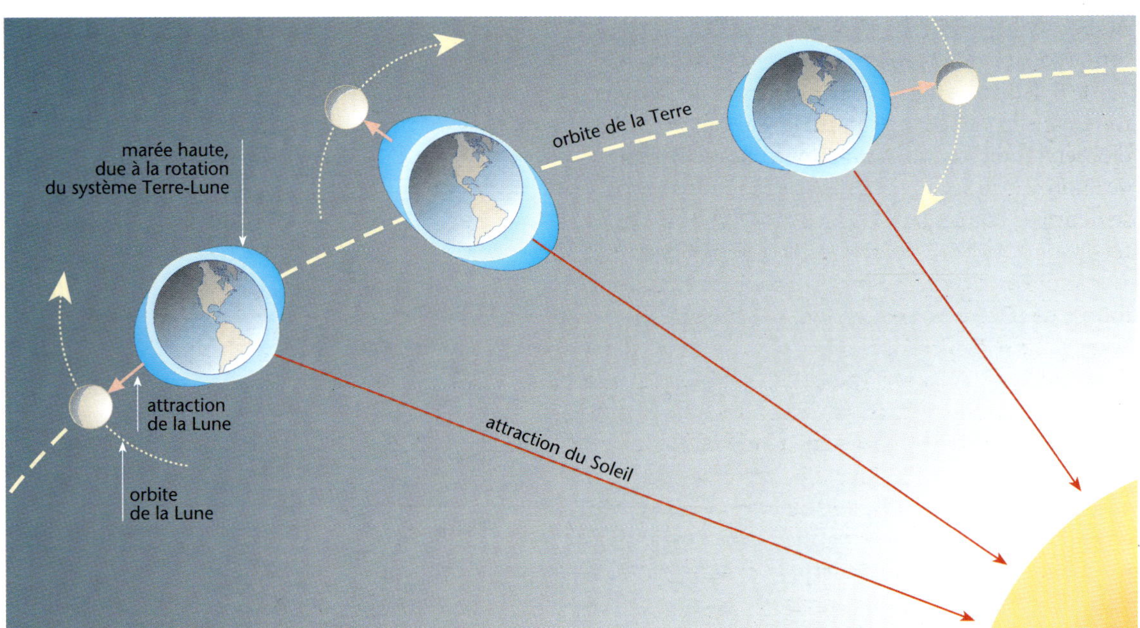

Périgée : moins de 356 425 km		**Apogée : plus de 406 710 km**	
Date	Distance à la Terre	Date	Distance à la Terre
15 décembre 1548	356 407 km	9 janvier 1921	406 710 km
26 décembre 1566	356 399 km	2 mars 1566	406 712 km
30 janvier 1771	356 422 km	23 janvier 2107	406 716 km
23 décembre 1893	356 396 km	3 février 2125	406 720 km
4 janvier 1912	356 375 km	14 février 2143	406 713 km
15 janvier 1930	356 397 km	27 décembre 2247	406 715 km
6 décembre 2052	356 421 km	7 janvier 2266	406 720 km
29 janvier 2116	356 403 km	18 janvier 2284	406 714 km
9 février 2134	356 416 km	29 novembre 2338	406 715 km
22 décembre 2238	356 406 km	11 décembre 2238	406 718 km
1er janvier 2 257	356 371 km	21 décembre 2424	406 712 km
12 janvier 2275	356 378 km	21 janvier 2452	406 710 km
26 janvier 2461	356 408 km	1er février 2470	406 714 km
7 février 2479	356 404 km	12 février 2488	406 711 km

grande, et lors de la pleine Lune, elle est plus faible. Par conséquent, les distances maximale et minimale entre la Terre et la Lune (à l'apogée et au périgée respectivement) ne peuvent être calculées qu'à 20 m près comme le montre, ci-dessus, la table des distances établies par Meeus à partir d'une simplification de Chapront. Les apogées les plus grands et périgées les plus petits surviennent toujours en hiver (pour l'hémisphère nord terrestre) parce que le système Terre-Lune subit alors les plus fortes perturbations gravitationnelles.

Pour la même raison, l'écart maximal entre les valeurs du périgée, de 51 km, est plus important que celui entre les valeurs de l'apogée (10 km).

Toujours à cause des perturbations du mouvement lunaire, le périgée se déplace dans la même direction que le mouvement orbital de la Terre. Le temps mis par la Lune pour retourner au périgée est appelé ***mois lunaire anomalistique*** ; il dure 27 j 13 h 18 min et 33 s.

LA LUNE DANS LE CIEL

Si nous observons la Lune toujours à la même heure, nous la verrons changer rapidement. Elle change de forme parce que la portion que nous voyons illuminée par le Soleil varie (phases). L'inclinaison de sa trajectoire dans le ciel change au fil des saisons et du lieu d'observation, comme la trajectoire du Soleil. Le point de l'horizon où la Lune se lève et celui où elle se couche se déplace chaque jour. De plus, l'heure de son lever (et de son coucher) est retardée chaque jour d'environ 53 minutes : c'est le temps mis par la sphère céleste, qui tourne de 15° d'est en ouest du fait de la rotation de la Terre, pour se déplacer de 13°.

Ces changements dans le lever et le coucher de la Lune sont la conséquence du mouvement de rotation de la Lune autour de la Terre. Ils sont analogues aux changements dans le lever (et le coucher) du Soleil sur Terre au fil des saisons. En effet, durant la période comprise entre l'équinoxe de printemps et l'équinoxe d'automne, le Soleil se lève toujours plus au nord, puis toujours plus au sud entre l'équinoxe d'automne et celui du printemps : le Soleil effectue donc une oscillation complète autour de son point de lever Est en l'espace d'une année. La Lune, quant à elle, effectue une oscillation complète autour de son point de lever Est en l'espace d'un mois.

Périgée et apogée
Ces photographies à l'échelle montrent la variation du diamètre apparent de la Lune selon sa distance à la Terre, ici à l'apogée (à gauche) et au périgée (à droite).

Mouvements solaires et lunaires
Trajectoire (à gauche) et variations du lieu du lever et du coucher (à droite) du Soleil sur un an (en haut) et de la Lune sur un mois (en bas) aux latitudes moyennes.

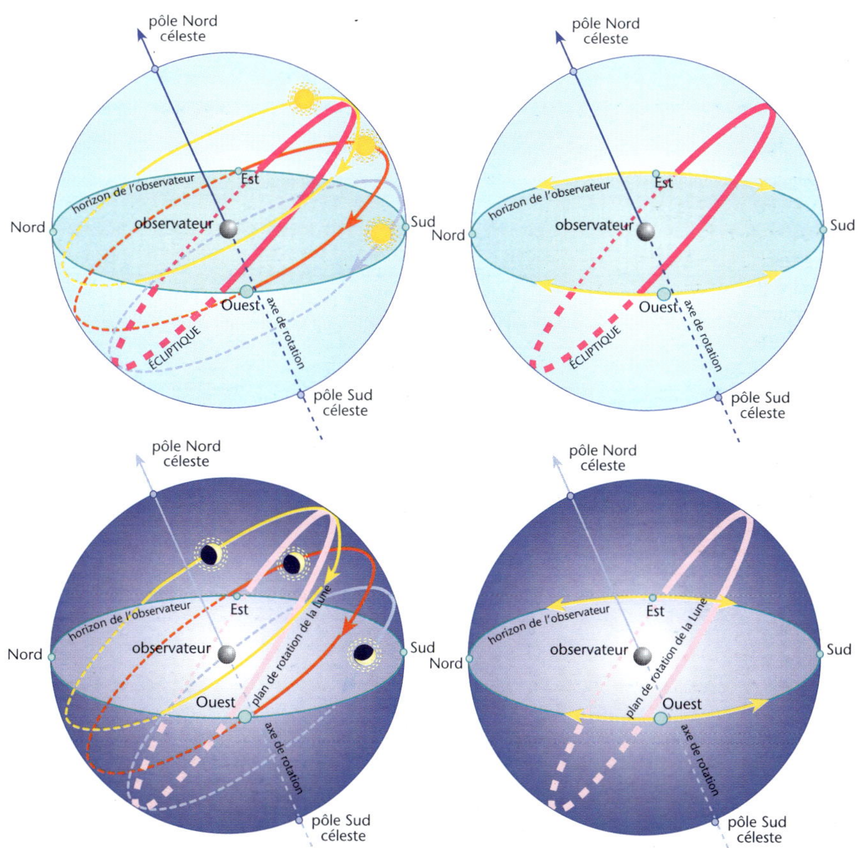

C'EST GRÂCE À L'EXPLORATION SPATIALE DIRECTE QU'AUJOURD'HUI NOUS EN SAVONS AUTANT SUR LA LUNE. LA CONQUÊTE DE NOTRE SATELLITE A TOUTEFOIS ÉTÉ LE FRUIT D'UNE COMPÉTITION INTERNATIONALE CONTESTÉE QUI A COÛTÉ DES MILLIARDS DE DOLLARS EN PEU D'ANNÉES – ET LA VIE DE QUELQUES HOMMES COURAGEUX.

EXPLORATION ET CONQUÊTE

Lunakhod 2
C'est le second véhicule lunaire tout-terrain russe. Débarqué de la sonde *Luna 21* à proximité du cratère Le Monnier, cet engin téléguidé depuis la Terre a parcouru 37 km en 4 mois. Actif uniquement durant le jour lunaire, il a envoyé des milliards d'informations.

CI-DESSOUS, EN BAS :
la capsule Mercury durant l'assemblage et les tests.

MÉDAILLON AU CENTRE :
le chimpanzé Ham est récupéré après son voyage à bord de la fusée *Mercury Redstone*.

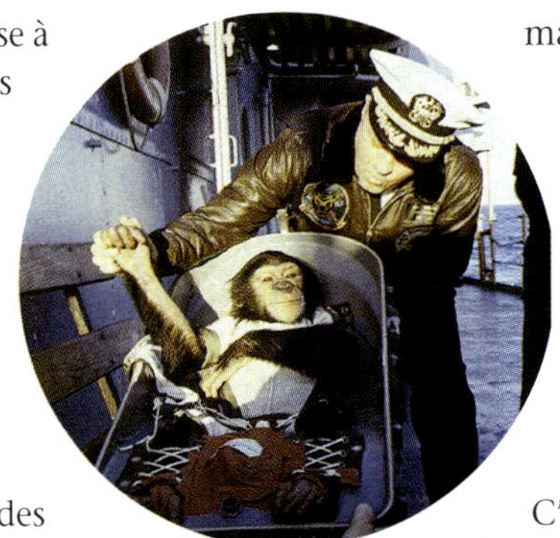

Les Soviétiques initient la « course à la Lune ». Ils l'atteignent avec des sondes toujours plus perfectionnées qui larguent sur la surface lunaire des automates téléguidés. Ceux-ci réussissent à recueillir des échantillons, mènent des recherches et collectent des données et des images retransmises ou rapportées (physiquement) sur Terre.
Avec les projets Luna et Zond, 32 sondes équipées d'instruments toujours plus sophistiqués permettent, en l'espace de 17 ans, de dresser la carte presque complète de la face cachée de la Lune, de recueillir des échantillons de sol lunaire et d'en faire l'analyse chimique, et de découvrir le champ magnétique de la Lune par des relevés spécifiques.
Il fallait pour cela maîtriser parfaitement les technologies de l'atterrissage « en douceur », de la télécommande et de l'automatisation afin d'effectuer de nombreuses opérations tant en vol que sur la Lune.
Les États-Unis ne peuvent ignorer ce défi. Ils mettent un point d'honneur à envoyer des êtres humains sur la Lune – un effort qui coûtera une centaine de milliards de dollars et le travail de plus de 500 000 scientifiques et techniciens pendant 15 ans. C'est le *programme Apollo*, qui a fait des États-Unis l'unique nation à avoir jamais planté sa bannière sur la Lune.
Toutefois, séjourner un peu plus de 300 heures au total sur la Lune et faire le tour des cratères en *rover* a coûté bien plus que cela : il faut aussi prendre en compte les coûteux programmes des sondes *Surveyor* et *Lunar Orbiter* qui ont assuré les reconnaissances préliminaires, ainsi que les programmes Mercury et Gemini

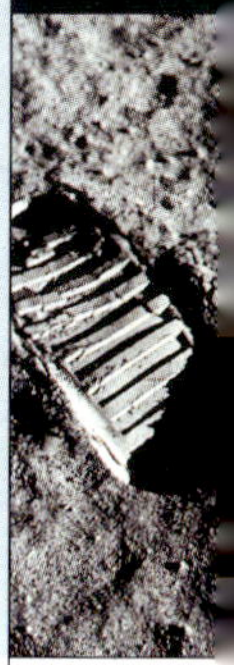

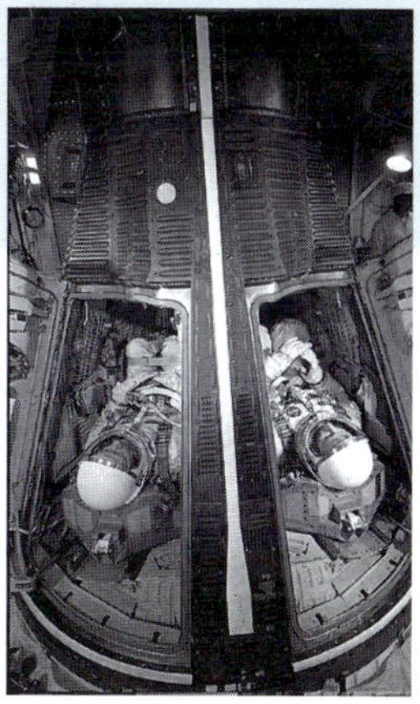

Autour de la Terre
Première EVA (Extra Vehicular Activity) d'un homme dans l'espace.

EN HAUT : le programme Gemini devait peaufiner toutes les technologies requises pour le débarquement sur la Lune – ici la capsule en orbite et son aménagement intérieur.

EN BAS : récupération de la capsule après l'amerrissage.

qui, entre 1958 et 1962, ont développé la technologie nécessaire au programme Apollo. Rappelons leur historique :

– le programme Mercury, avec 393 millions de dollars et la participation de plus de 2 millions de personnes, emmène le premier Américain en orbite terrestre. C'est le début de solutions à de gros problèmes techniques tels que le bouclier thermique pour la rentrée atmosphérique, la stabilité du lanceur, le microclimat dans la capsule, le scaphandre… Un seul astronaute est envoyé à chaque fois, à faible distance de la Terre et pour peu de temps ;

– le programme Gemini, de plus d'un milliard de dollars, double l'équipage, met au point les rendez-vous spatiaux et les premières sorties extravéhiculaires, consolidant ainsi les méthodologies spatiales acquises.

Cela en valait-il la peine ? Du point de vue scientifique, sans aucun doute : la contestation sera bâillonnée par les copieuses retombées qui, dans les domaines les plus divers, ont compensé les énormes investissements.

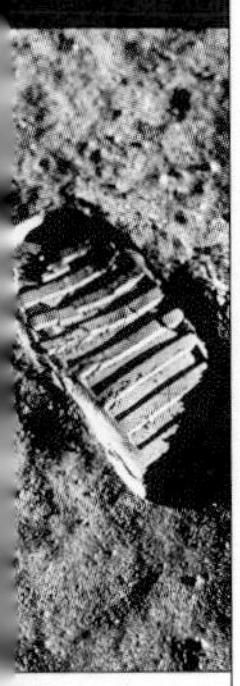

À L'ASSAUT DE LA LUNE

DATE	MISSION
1959	
02/01	**Luna 1** : passe à 4000-6000 km de la surface lunaire.
03/03	**Pioneer** : passe à environ 60000 km de la surface lunaire.
12/09	**Luna 2** : avant de s'écraser sur la Lune, mesure son champ magnétique.
04/10	**Luna 3** : passe à environ 7000 km de la Lune et photographie sa face cachée.
1962	
26/01	**Ranger 3** : tente d'alunir mais passe à 37000 km de la Lune.
23/04	**Ranger 4** : s'écrase sur la face cachée de la Lune.
18/10	**Ranger 5** : tente d'alunir mais passe à 700 km de la Lune en recueillant des données.
1963	
02/04	**Luna 4** : passe à 8500 km de la Lune.
1964	
30/01	**Ranger 6** : s'écrase sur la Lune.
28/07	**Ranger 7** : s'écrase sur la Lune mais envoie vers la Terre plus de 4 300 photographies prises à 1 500 m d'altitude de la mer des Nuées avec une résolution allant jusqu'à 40 cm ; cette région fut rebaptisée à cette occasion mer de la Connaissance.
1965	
17/02	**Ranger 8** : s'écrase sur la Lune mais envoie plus de 7000 photographies montrant des vues panoramiques de la mer de la Tranquillité ; certaines ont une résolution de 2 m.
18/11	**Ranger 9** : s'écrase dans le cratère Alphonse, mais envoie plus de 5800 photographies.
09/05	**Luna 5** : s'écrase sur la Lune.
08/06	**Luna 6** : tente d'alunir mais passe à 160000 km de la Lune.
18/07	**Zond 3** : survole la Lune en envoyant 25 photographies de la face visible.
04/10	**Luna 7** : s'écrase sur la Lune.
03/12	**Luna 8** : s'écrase sur la Lune.
1966	
28/09	**Luna 9** : premier alunissage en douceur ; prend 27 photographies et mesure la radioactivité lunaire.
31/03	**Luna 10** : premier satellite artificiel de la Lune ; répète les mesures de radioactivité en restant en orbite.
30/05	**Surveyor 1** : alunit et envoie plus de 11100 photographies.
01/07	**Explorer 33** : tentative de mise en orbite lunaire.
10/08	**Lunar Orbiter 1** : se met en orbite, prend 211 photographies et fait des mesures gravimétriques ; découvre ainsi les *mascons*.
24/08	**Luna 11** : se met en orbite et recueille des données.
20/09	**Surveyor 2** : tente d'alunir mais s'écrase sur la Lune.
22/10	**Luna 12** : se met en orbite lunaire (qui change plusieurs fois) et prend 422 photographies.
06/11	**Lunar Orbiter 2** : depuis son orbite lunaire, prend 184 photographies, fait des mesures gravimétriques et découvre de nouveaux *mascons*.
21/12	**Luna 13** : alunit et réalise quelques mesures sur le sol du bassin.
1967	
04/02	**Lunar Orbiter 3** : depuis son orbite lunaire, prend 182 photographies, fait des mesures gravimétriques et découvre d'autres *mascons*.
17/04	**Surveyor 3** : alunit, analyse le sol lunaire et envoie plus de 6300 photographies.
08/05	**Lunar Orbiter 4** : depuis son orbite lunaire, prend 326 photographies, fait des mesures gravimétriques et découvre d'autres *mascons*.
14/07	**Surveyor 4** : essaie d'alunir mais s'écrase sur la Lune.
19/07	**Explorer 35** : effectue en orbite des mesures de magnétisme et de radiations lunaires.
06/11	**Lunar Orbiter 5** : depuis son orbite lunaire prend 426 photographies, fait des mesures gravimétriques et découvre d'autres *mascons*.
08/09	**Surveyor 5** : alunit et réalise l'analyse chimique du sol ; envoie plus de 18000 photographies.
07/11	**Surveyor 6** : alunit et envoie plus de 30000 photographies ; tente de redécoller.
1968	
07/01	**Surveyor 7** : alunit et envoie plus de 21 200 photographies ; analyse le sol d'un continent.
07/04	**Luna 14** : de son orbite, effectue des relevés gravitationnels.
15/09	**Zond 5** : alunit et recueille des échantillons de sol.
10/11	**Zond 6** : orbite autour de la Lune et rapporte des photographies.
1968	
21/12	**Apollo 8** : aller et retour d'un équipage qui orbitera autour de la Lune.
1969	
18/05	**Apollo 10** : aller et retour d'un équipage qui s'approchera à 8 km de la surface lunaire.
13/07	**Luna 15** : orbite autour de la Lune puis s'écrase dans la mer des Crises.
16/07	**Apollo 11** : premier débarquement sur la Lune. Les astronautes restent 21 h 36 min dans la mer de la Tranquillité, installent des instruments et reviennent avec 21 kg de pierres.
07/08	**Zond 7** : orbite autour de la Lune et prend des photographies.
14/11	**Apollo 12** : 2e débarquement sur la Lune. Les astronautes restent 31 h 31 min dans l'océan des Tempêtes, installent de nombreux instruments et reviennent avec 35 kg de roches.
1970	
11/04	**Apollo 13** : tour de la Lune par l'équipage.
12/09	**Luna 16** : se pose dans la mer de la Fécondité et recueille 100 g de sol lunaire.
20/10	**Zond 8** : orbite autour de la Lune et prend des photographies.
10/11	**Luna 17** : se pose dans la mer des Pluies, accomplit diverses expériences scientifiques et envoie plus de 20000 photographies.
1971	
31/01	**Apollo 14** : 3e débarquement sur la Lune. Les astronautes restent 33 h 31 min dans le cirque Fra Mauro, effectuent des expériences, installent de nombreux instruments et ramènent 43,5 kg de roches.
26/07	**Apollo 15** : 4e débarquement. Les astronautes circulent en tout-terrain dans la région du mont Hadley (Apennins) et dans le Marais de la Putréfaction. Ils restent sur la Lune 66 h 55 min, accomplissant plusieurs expériences, mettent une orbite un satellite et reviennent avec 77 kg de roches.
02/09	**Luna 18** : envoie des données en orbite puis s'écrase.
28/09	**Luna 19** : reste en orbite pendant plus de 4 ans, envoyant des données et accomplissant des expériences.
1972	
14/02	**Luna 20** : se pose dans la mer de la Fécondité et recueille des échantillons de sol.
16/04	**Apollo 16** : 5e débarquement. L'équipage reste 71 h sur la Lune ; il circule en tout-terrain dans la région du cratère Descartes, monte le premier observatoire astronomique lunaire et effectue de nombreuses expériences.
07/12	**Apollo 17** : 6e débarquement. L'équipage reste 75 h sur la Lune ; il circule dans la région Taurus-Littrow, effectue un programme structuré d'expériences et de recherches, puis revient avec 110 kg d'échantillons de sol.
1973	
08/01	**Luna 21** : se pose dans le cratère Le Monnier et libère le module télécommandé *Lunakhod 2* qui effectue des expériences et transmet plus de 80000 photographies.
10/06	**Explorer 49** : poursuit en orbite des mesures radioastronomiques de la face cachée.
1974	
02/06	**Luna 22** : reste en orbite et transmet des images pendant plus d'un an et demi.
28/10	**Luna 23** : se pose dans la mer des Crises et effectue des expériences mais est incapable de redécoller.
1976	
14/08	**Luna 24** : se pose dans la mer des Crises et prélève des échantillons de sol jusqu'à 2 m de profondeur.
1990	
24/01	**Hiten 24** : en orbite rapprochée, recueille des données pendant près de 3 mois avant de s'écraser.
1994	
25/01	**Clementine** : orbite durant 4 mois et réalise une carte de la surface lunaire dans plusieurs longueurs d'onde.
1997	
24/12	**AsiaSat3/HGS-1** : vol rapproché.
1998	
07/01	**Lunar Prospector** : en orbite polaire durant 1 an, cartographie la composition superficielle de la Lune, recherche les dépôts de glace et mesure les champs magnétique et gravitationnel.
2002	
	SMART 1 : recueille des données géologiques, morphologiques, topographiques, minéralogiques et géochimiques pour comprendre l'origine du système Terre-Lune, l'activité volcanique et tectonique lunaire, ses processus thermiques et dynamiques.
2003	
	Lunar-A : lance depuis son orbite des pénétrateurs qui se fichent jusqu'à 3 m de profondeur dans le sol lunaire, et clôt la recherche sur la sismologie lunaire, ses propriétés thermiques et son flux énergétique.
	Selene : emportant 13 instruments (radar, altimètre laser, spectromètre X, γ, et à fluorescence), recueille des données en orbite et largue une sonde qui atterrit à 3 m/s et doit recueillir des données sur le milieu lunaire.

Luna 9

Le débarquement d'équipages humains sur la Lune a certainement été l'un des moments les plus significatifs de l'histoire du XXe siècle et a permis un saut qualitatif décisif non seulement dans la connaissance de notre satellite mais aussi dans le développement de la technologie spatiale.

LES MISSIONS APOLLO

Voici quelques détails supplémentaires sur les missions Apollo – quelques curiosités, noms et données parmi la somme infinie d'informations historiques et scientifiques disponibles sur ce programme spatial qui reste unique dans les annales de la NASA mais aussi dans le cœur et l'imagination des hommes.

APOLLO 1
Roger Chaffe, Virgil Grissom, Edward White
Un tragique incendie qui provoque la mort des astronautes au décollage manque d'arrêter le programme. C'est pourquoi ce vol sera suivi de 5 vols tests, sans équipage : *Apollo 2, 3, 4, 5* et *6*.

APOLLO 7
Walter Cunningham, Donn Eisele, Walter Shirr
Première expérience de mise en orbite terrestre d'une capsule Apollo avec équipage. Essai d'arrimage dans l'espace de deux capsules. La durée totale de la mission est de 264 h.

APOLLO 8
William Anders, Frank Borman, James Lovell
L'équipage orbite autour de la Lune. C'est la première fois que des hommes voient en direct la face cachée de la Lune. La mission dure 147 h.

APOLLO 9
J.R. McDivitt, R.L. Schweickart, D.R. Scott
Durant ce vol expérimental autour de la Terre, le module lunaire (LEM) et le module de commande se détachent et s'arriment. La mission dure 240 h.

APOLLO 10
Eugene Cernan, John Young, Thomas Stafford
Young reste en orbite dans le vaisseau *Charlie Brown*, tandis que Stafford et Cernan descendent dans le module lunaire (LEM) *Snoopy* jusqu'à 8 km de la surface du satellite. Ils ne se posent pas mais retournent au vaisseau, larguent le LEM et rentrent sur Terre. Durée totale de la mission : 192 h 3 min.

APOLLO 11
Edwin Aldrin, Neil Armstrong, Michael Collins
Collins reste en orbite lunaire à bord du *Columbia* à 110 km d'altitude. Armstrong et Aldrin se posent avec le LEM *Eagle* dans la mer de la Tranquillité. Ils s'éloignent à 60 m du LEM, installent un télésismomètre et un réflecteur laser,

***SPIDER* EN ORBITE**
Le module lunaire de la mission Apollo 9 orbite autour de la Terre en configuration d'alunissage.

PRÉPARATIFS DE LANCEMENT
Les premiers étages du lanceur *Saturn I-B* dans le hall d'assemblage avant le lancement.

APOLLO 8
L'équipage de la mission Apollo 8 : de gauche à droite, James A. Lovell Jr, William A. Anders et Frank Borman.

Apollo 11
Moments historiques de la mission Apollo 11 qui emporta le premier équipage sur la Lune : le décollage de la fusée *Saturn V* et la séparation des réservoirs de carburant.

recueillent 21 kg de pierres, des images télévisées et des photographies. Après 21 h 36 min, ils redécollent en laissant une plaque commémorative et la bannière des États-Unis. Après avoir largué le LEM qui s'écrase sur la Lune, tous trois reviennent sur Terre. La mission a duré 195 h 17 min.

APOLLO 12
Alan Bean, Charles Conrad, Richard Gordon
Gordon reste en orbite à bord du *Yankee Clipper*. Bean et Conrad alunissent dans l'océan des Tempêtes avec l'*Intrepid* ; ils s'éloignent à 400 m du LEM, retrouvent la sonde *Surveyor 3* et en récupèrent des parties, et récoltent 35 kg de roches jusqu'à 70 cm de profondeur. Durant cette sortie de 31 h 31 min, ils installent de nombreux instruments, dont un sismomètre qui enregistre l'impact du LEM largué au moment du départ. Durée de la mission : 284 h 30 min.

APOLLO 13
Fred Haise, James Lovell, John Swigert
Une explosion endommage les réservoirs d'oxygène et, en mettant la vie des astronautes en danger, empêche le déroulement complet de la mission. Le vaisseau *Odyssey* et le LEM *Acquarius* tournent autour de la Lune puis ce dernier est largué avant le retour sur Terre. La mission dure 134 h 36 min.

Apollo 13
EN MÉDAILLON : après presque cent heures d'angoisse et d'efforts frénétiques pour sauver l'équipage, la capsule renfermant les trois astronautes est enfin récupérée après l'amerrissage dans l'océan.

APOLLO 14
Edgar Mitchell, Stuart Roosa, Alan Shepard
Roosa reste en orbite sur l'*Antarès*. Shepard et Mitchell à bord du *Kitty Hawk* alunissent dans le cirque Fra Mauro où ils restent 33 h 31 min. Ils s'aventurent à plus de 2 km du LEM et escaladent 120 m du cratère Conon. Ils installent un réflecteur laser, un dispositif radio, un magnétomètre qui met en évidence le champ magnétique lunaire (50 fois plus intense que prévu), un détecteur de vent solaire, une petite centrale électrique au plutonium et un sismographe avec lequel ils font des mesures en faisant exploser 13 charges. Ils rapportent 43,5 kg de roches récoltées jusqu'à 80 cm de profondeur. Lors du retour, l'équipage effectue de nombreuses expériences en apesanteur. Durée de la mission : 216 h 42 min.

APOLLO 15
James Irwin, David Scott, Alfred Worden
Worden reste en orbite sur l'*Endeavour*. Irwin et Scott alunissent avec le LEM *Falcon* au pied des monts Apennins. À bord du tout-terrain *Moon Rover*, ils partent à 8 km du LEM et, durant 66 h 55 min, installent de nombreux instruments (sismographe, spectromètre, réflecteur laser, détecteur de poussières, centrale électrique). Ils effectuent diverses expériences et excursions et recueillent plus de 100 kg d'échantillons de roches jusqu'à plus de 2 m de profondeur ; parmi ceux-ci, la « pierre de la Genèse », la plus

BALLADE LUNAIRE
PAGE CI-CONTRE : Buzz Aldrin, pilote du module lunaire *Eagle*, marche sur la surface de la Lune lors de l'activité extravéhiculaire prévue par la mission Apollo 11.

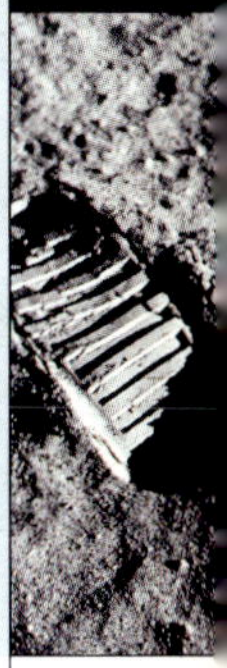

CULTURES
MÉDAILLON DU HAUT : Le sol lunaire est fertile, comme le prouvent les nombreuses tentatives pour cultiver des plantes dans des échantillons de sol rapportés par les missions Apollo. Il manque seulement l'eau.

PLAQUE COMMÉMORATIVE
Elle fut laissée sur la Lune par la mission Apollo 11.

INSTANTS CRUCIAUX
Le LEM de la mission Apollo 11 s'éloigne du vaisseau – Aldrin descend sur la surface de la Lune – Amerrissage de la capsule de survie d'*Apollo 16* – Parade à l'occasion du retour des astronautes d'*Apollo 11*.

LE ROVER LUNAIRE
EN BAS : Le véhicule tout-terrain de la mission Apollo 15.

ancienne roche alors jamais trouvée. C'est la plus longue mission du programme Apollo : 775 h 26 min.

APOLLO 16
Charles Duke, Thomas Mattingly, John Young
Mattingly reste en orbite sur le *Casper* d'où est largué un petit satellite lunaire qui retransmet des informations pendant 1 an. Duke et Young se posent avec l'*Orion* sur le continent près du cratère Cayley ; une avarie grave raccourcit leur mission originale de 25 h. Néanmoins, durant 71 h 2 min, ils s'aventurent jusqu'à 6 km du LEM à bord du *Lunar Rover*, montent un télescope pour l'ultraviolet, effectuent des expériences de biologie, de sismologie et récoltent 96 kg de roches parmi lesquelles ils trouvent les plus anciennes roches jamais examinées jusqu'à aujourd'hui. Durée totale de la mission : 268 h 16 min.

APOLLO 17
Eugene Cernan, Ronald Evans, Harrison Schmitt
C'est la dernière et la plus cohérente des missions du programme Apollo. Evans reste en orbite sur l'*America*. Cernan et Harrison alunissent avec le *Challenger* dans la mer de la Sérénité, non loin du cratère Littrow et du mont Taurus. En 87 h de sorties, ils partent à 6,5 km du LEM, recueillent 110 kg de matériaux (dont les rares sables vitreux de « sol orange » qui proviennent sans doute de plus de 300 km de profondeur), et font des mesures gravimétriques, sismiques, thermiques, électriques, sur la micro-atmosphère lunaire, les poussières spatiales et l'émission de neutrons par les roches. Ils effectuent des carottages et des expériences, y compris en orbite, avec une sonde radar, un altimètre laser, un radiomètre et un spectromètre. Le LEM, largué pour s'écraser sur la Lune après le départ de Cernan et Harrison, engendre un séisme d'une intensité jamais enregistrée sur la Lune, équivalente à l'explosion de 700 kg de tolite ; son enregistrement par le sismographe est immédiatement transmis à la Terre. La mission complète dure 301 h.

Nous le voyons toutes les nuits, dans son incessant mouvement autour du pôle, et nous nous rendons à peine compte qu'il existe, ainsi noyé dans les lumières urbaines… C'est le ciel, piqueté de milliards d'étoiles… Ce même ciel qui a inspiré tant de poèmes et de religions, de peurs et de révolutions. Le ciel où se lève et se couche le Soleil, où la Lune change de visage, que les étoiles parcourent lentement et qui effeuille les signes du zodiaque.

Si nous continuons à discuter des saisons « qui ne sont plus les mêmes », notre vie n'est toutefois plus dictée par leurs rythmes. Et nous sommes certainement une minorité à savoir pourquoi le Soleil change de position dans le ciel au fil de l'année, pourquoi la Lune se lève chaque jour un peu plus tard, et comment retrouver une constellation donnée parmi les mille étincelles d'une nuit tout compte fait pas si noire.

Cependant, la fascination exercée par la voûte céleste persiste en nous, et nous avons tous, dans le fond, besoin de regarder en l'air et de comprendre quelque chose – parce qu'il est possible, aujourd'hui, d'y comprendre quelque chose. La Lune est encore magique, mais c'est aussi l'unique corps céleste autre que la Terre où l'homme a posé le pied. Mars est encore un petit point rosé presque introuvable mais nous y arriverons bientôt. Vénus, Jupiter et Saturne, visitées par nos sondes, sont à la portée de simples jumelles, tandis que les « étoiles fixes », les nébuleuses et les galaxies sont à portée de télescope. Il nous suffit de savoir comment et où regarder. Il suffit de connaître le « fonctionnement » de la machinerie céleste pour avoir à notre disposition bien plus que n'en eut jamais Galilée.

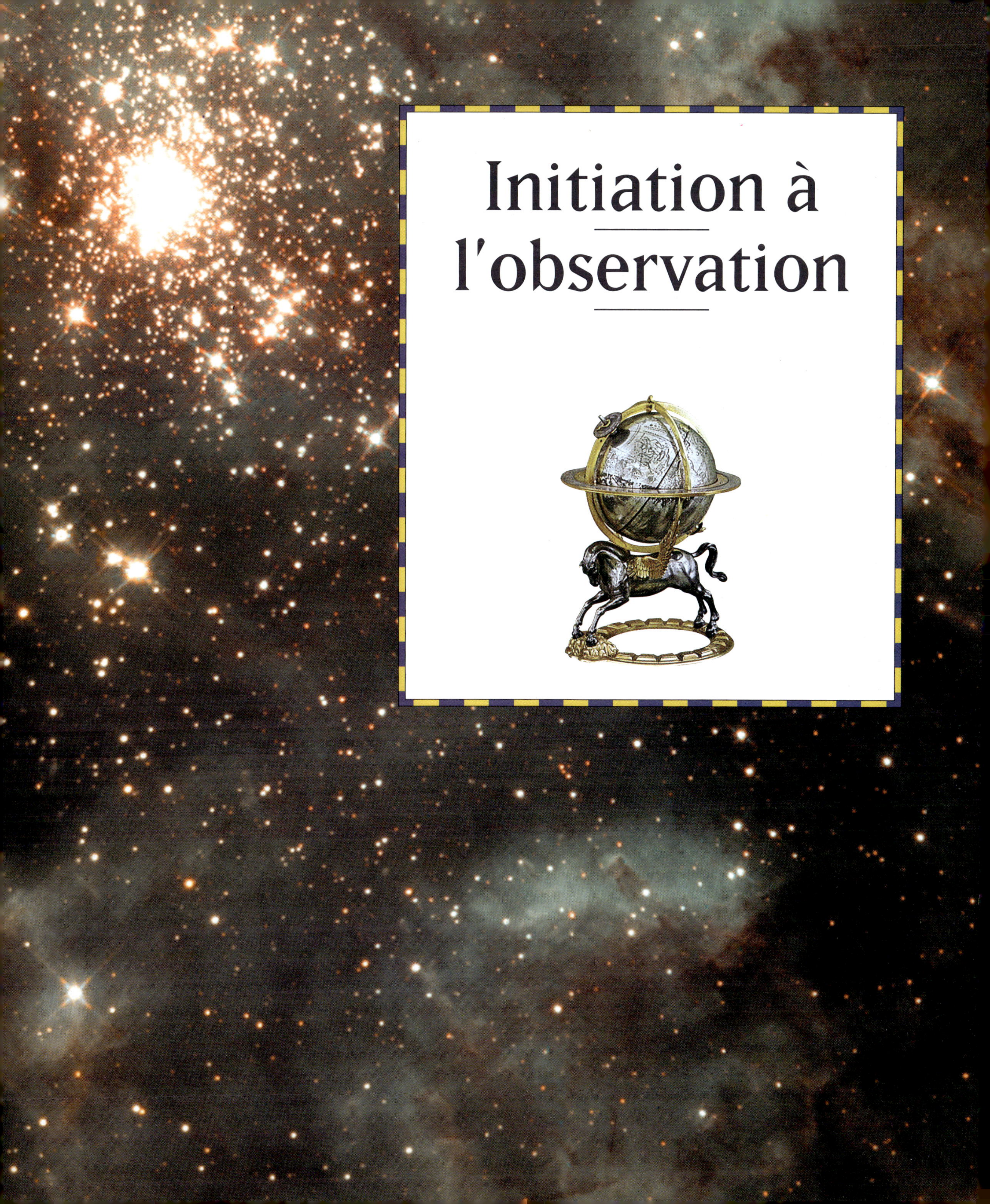

Initiation à l'observation

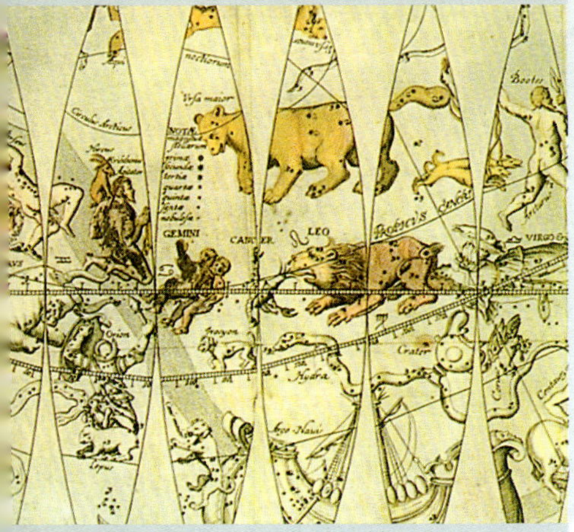

S'ORIENTER DANS L'ESPACE

« Tu vois cette étoile qui brille ? Et celle encore plus à droite ? Joins-les par un trait et prolonge celui-ci vers le haut jusqu'à ce que tu rencontres une petite étoile… Elle n'est pas très lumineuse… la vois-tu ? C'est l'Étoile polaire, et avec les autres, elle forme comme une espèce de cuillère : c'est la Petite Ourse. Et légèrement à droite… tu vois Cassiopée, cet énorme W d'étoiles ? Celle-là est vraiment facile ! Et entre la Grande Ourse et la Petite Ourse, cette série de petites étoiles est la constellation du Dragon… » Beaucoup d'entre nous éprouvent encore la fascination de découvrir ces figures magiques qui, à l'instant où nous les voyons, sautent à nos yeux sur le poudroiement chaotique des autres étoiles. Une fois les constellations vues et reconnues, nous ne pouvons plus regarder le ciel comme avant : il nous est désormais impossible de ne pas essayer de les retrouver chaque fois.

Les distances qui nous séparent des étoiles sont si élevées (la plus « proche » est à environ 40 000 milliards de kilomètres) qu'il nous est impossible de les apprécier, même à la lunette. Les étoiles nous semblent toutes à la même distance, comme disposées à la surface d'une sphère dont le centre serait la Terre : c'est la ***sphère céleste*** qui, du fait de la rotation de la Terre, semble effectuer un tour sur elle-même en 24 heures. Dès qu'on observe un phénomène naturel et que l'on veut partager ou recommencer ses observations, il est nécessaire de se référer à un système de coordonnées. Celles-ci permettent d'indiquer exactement la position du phénomène, qu'il ait lieu à la surface de la Terre ou dans l'immensité de l'espace.

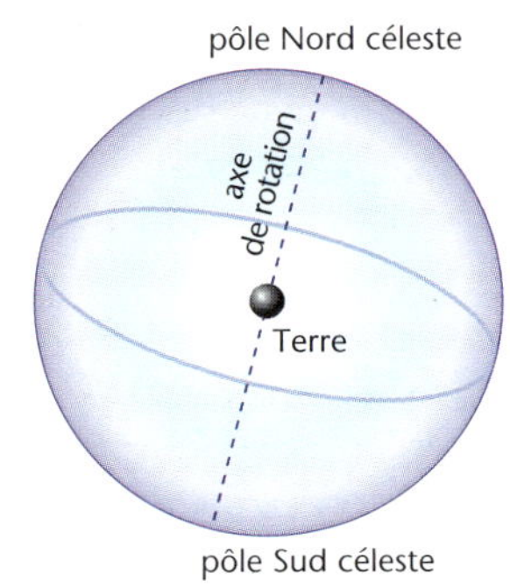

La sphère céleste
Les étoiles sont si lointaines qu'elles nous semblent être toutes à la même distance sur une sphère céleste. Celle-ci tourne autour de nous à cause de la rotation de la Terre.

LES COORDONNÉES GÉOGRAPHIQUES

Sur Terre, le système de coordonnées est celui des *coordonnées géographiques* : les *parallèles* et les *méridiens*, qui se coupent à angle droit. Parallèles et méridiens sont identifiés par des angles. Le parallèle le plus long est l'*équateur* – c'est le parallèle de référence, correspondant à un angle de 0°. Il divise la Terre en deux hémisphères : l'*hémisphère nord* ou *boréal*, qui s'étend de 0 à 90° Nord, et l'*hémisphère sud* ou *austral*, qui s'étend de 0 à 90° Sud. Par convention, la coordonnée correspondante dans l'hémisphère sud est précédée du signe « moins ».

Le ciel tourne
En tournant, la Terre nous permet de voir tous les secteurs du ciel étoilé. Cette image prise par *Hubble* montre l'amas des Arches, près du centre de notre Galaxie. Si nous avions la vision de *Hubble*, nous le verrions se lever et se coucher.

Les coordonnées horizontales
Page ci-contre Azimut et hauteur d'une étoile de l'hémisphère nord.

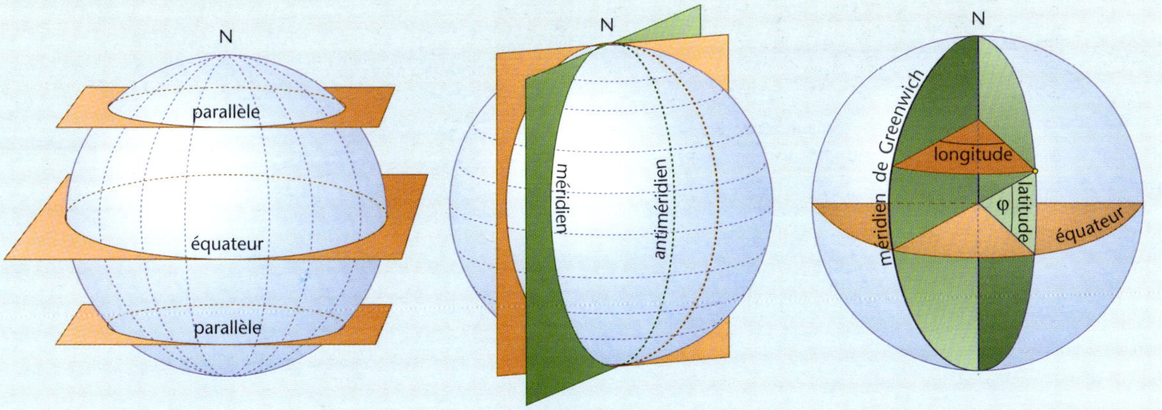

Les coordonnées géographiques
C'est Galilée qui signala l'importance d'un système de référence pour examiner des phénomènes naturels. Sur Terre, les *coordonnées géographiques* donnent la distance de chaque point de la surface terrestre par rapport à deux grands cercles de référence :
- la *longitude* se mesure sur les parallèles,
- la *latitude* se mesure sur les méridiens.

Les méridiens sont tous de longueur égale. Par convention, le méridien de référence est celui qui passe par l'observatoire astronomique de Greenwich, près de Londres ; il correspond à un angle de 0°.
La position de n'importe quel point à la surface de la Terre est repérée par la distance angulaire (en degrés d'arc) du parallèle et du méridien passant par ce point par rapport au parallèle et au méridien de référence. La première distance angulaire est la ***latitude***, habituellement notée φ, la seconde la ***longitude***.

LES COORDONNÉES CÉLESTES

Comme à la surface de la Terre, tout point de la sphère céleste est déterminé par deux cercles maximaux. En astronomie, toutefois, il existe plusieurs sortes de systèmes de coordonnées qui utilisent des cercles de référence différents.

LE SYSTÈME HORIZONTAL

Les cercles de référence sont l'*horizon céleste* et le *méridien du lieu*. Le premier est la projection sur la sphère céleste de l'horizon de l'observateur, le second est le méridien qui passe par le Nord, le *zénith* (c'est-à-dire le point de la sphère céleste à la verticale de l'observateur), le Sud et le *nadir* de l'observateur (c'est-à-dire le point diamétralement opposé au zénith).
Les coordonnées d'une étoile sont alors données par :
- l'***azimut (a)***, qui se mesure en degrés sur l'horizon (de 0 à 360°) à partir du Sud dans le sens est-ouest (celui du mouvement apparent des étoiles) ;
- la ***hauteur (h)***, qui se mesure en degrés à partir de l'horizon sur le *cercle zénithal* qui passe par le zénith, le nadir et l'étoile observée. La hauteur est comprise entre –90° et +90° ; elle est positive si l'étoile se trouve au-dessus de l'horizon, négative sinon.

Ce système permet d'identifier une étoile dès lors qu'on connaît la direction du point cardinal Sud. Cependant, il est lié à l'horizon de l'observateur, qui varie selon la position de ce dernier sur la Terre et avec le temps (du fait de la rotation de la Terre). Les seules valeurs restant inchangées sont la hauteur du pôle Nord dans l'hémisphère nord, et du pôle Sud dans l'hémisphère sud ; elles sont égales à la latitude du lieu.

LES SYSTÈMES ÉQUATORIAUX

Il existe deux systèmes de coordonnées équatoriales : le système des ***coordonnées horaires*** (dit de la *sphère locale*), lié à l'observateur, et le système des ***coordonnées équatoriales célestes*** (dit de la *sphère fixe*), indépendant du lieu d'observation. Tous deux prennent l'*équateur céleste* comme premier cercle de référence, mais tandis que le premier système prend le méridien du lieu comme second cercle de référence, le second système utilise le *cercle horaire* qui passe par les pôles célestes et le ***point vernal*** ou ***point*** γ (du Bélier). Ce point, encore

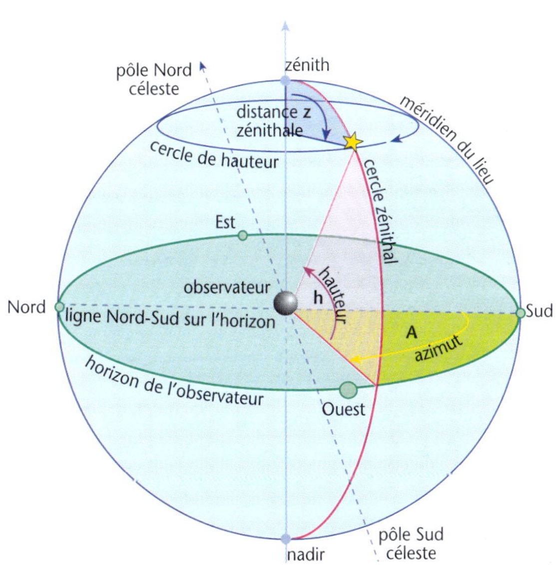

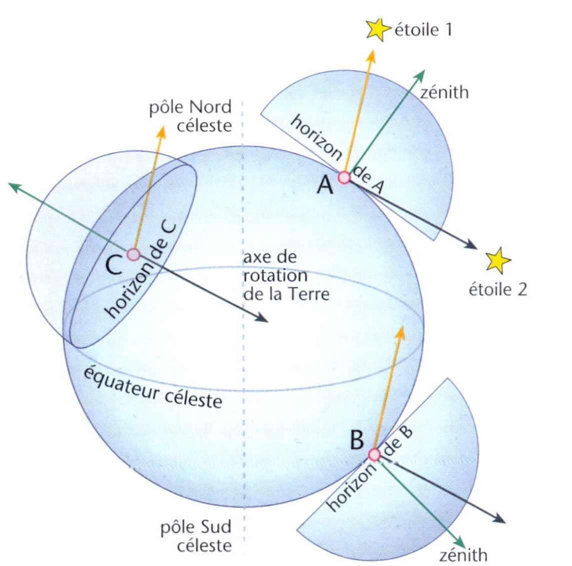

Les variations des coordonnées horizontales
L'azimut et la hauteur varient d'un lieu à l'autre, mais aussi au fil du temps en un même lieu. Le schéma ci-contre montre trois observateurs regardant les deux mêmes étoiles en trois points différents (A, B et C) de la surface terrestre. Les étoiles étant « à l'infini », les directions d'observation en chaque point restent parallèles. Chaque observateur a sa propre sphère céleste et ses propres coordonnées : la hauteur des étoiles change donc au-dessus de l'horizon.

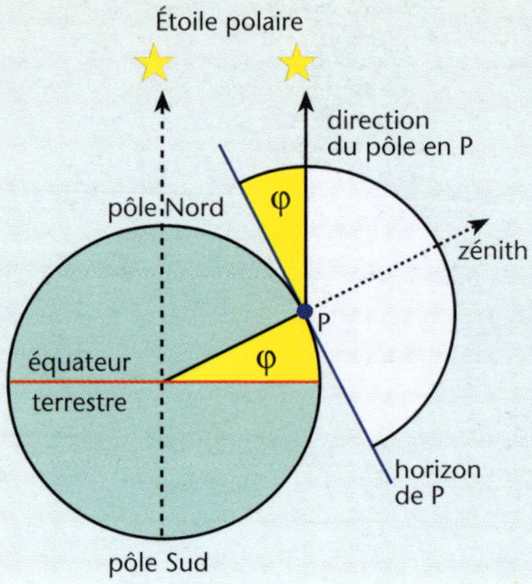

Trouver le pôle céleste Il est toujours utile de trouver les pôles célestes, c'est-à-dire les points où l'axe de rotation de la Terre rencontre la sphère céleste. Pour qui se trouve dans l'hémisphère boréal, la hauteur du pôle Nord céleste sur l'horizon local coïncide avec la latitude φ du lieu.

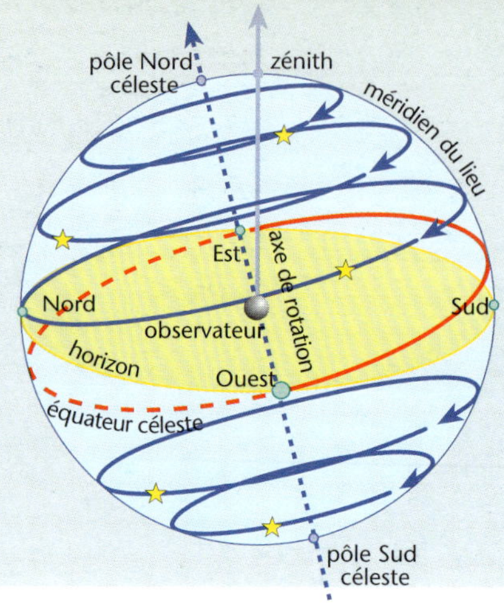

Trajectoire des étoiles Chaque étoile parcourt en un jour son propre cercle parallèle à l'équateur céleste. Si l'on néglige les infimes déplacements sur la sphère céleste prenant place sur des temps très longs, l'étoile décrit toujours le même parallèle.

appelé équinoxe de printemps, est l'un des deux points où l'écliptique (c'est-à-dire le plan de l'orbite terrestre) coupe l'équateur céleste.

LES COORDONNÉES HORAIRES

Ce sont :

- l'***angle horaire* (H)**, mesuré sur l'équateur à partir du *Milieu du ciel* (le point où l'équateur céleste coupe le méridien du lieu) dans le sens est-ouest (celui du déplacement des étoiles). L'angle horaire est habituellement donné en heures, minutes et secondes (de 0 à 24 h). Comme la sphère terrestre accomplit un tour complet (360°) en 24 h, on a les correspondances suivantes : 24 h = 360°, 1 h = 15°, 1 min = 15′, 1 s = 15″ et ainsi de suite ;
- la ***déclinaison*** (δ), mesurée sur le cercle horaire passant par l'étoile observée à partir du point où le cercle horaire coupe l'équateur. La déclinaison est exprimée en degrés, minutes et secondes d'arc (de –90 à +90°) ; elle est positive si l'étoile se trouve dans l'hémisphère nord, négative sinon, et vaut 0° si l'étoile est sur l'équateur céleste.

LES COORDONNÉES ÉQUATORIALES

Ce sont :

- l'***ascension droite*** (α), mesurée sur l'équateur à partir du point γ en sens opposé au mouvement apparent des étoiles (vers l'Est). Elle est donnée en heures, minutes et secondes (de 0 à 24 h) ;
- la ***déclinaison*** (δ), mesurée sur le cercle horaire passant par l'étoile observée à partir de l'équateur. Elle est exprimée en degrés, minutes et secondes d'arc (de –90 à +90°).

En première approximation, les valeurs de α et δ sont constantes dans le temps et indépendantes de l'observateur. Le point vernal, en effet, tourne autour de l'axe polaire à la même vitesse que l'étoile.

L'arc d'équateur céleste compris entre le méridien du lieu et le méridien du point γ est appelé ***temps sidéral*** (noté T) : il indique depuis combien de temps le point γ est passé par le méridien local. C'est aussi l'ascension droite du zénith ; il vaut H + α.

L'ÉCLIPTIQUE ET LE SYSTÈME ÉCLIPTIQUE

Le plan de l'orbite terrestre, dans lequel tournent la plupart des planètes du Système solaire, est appelé

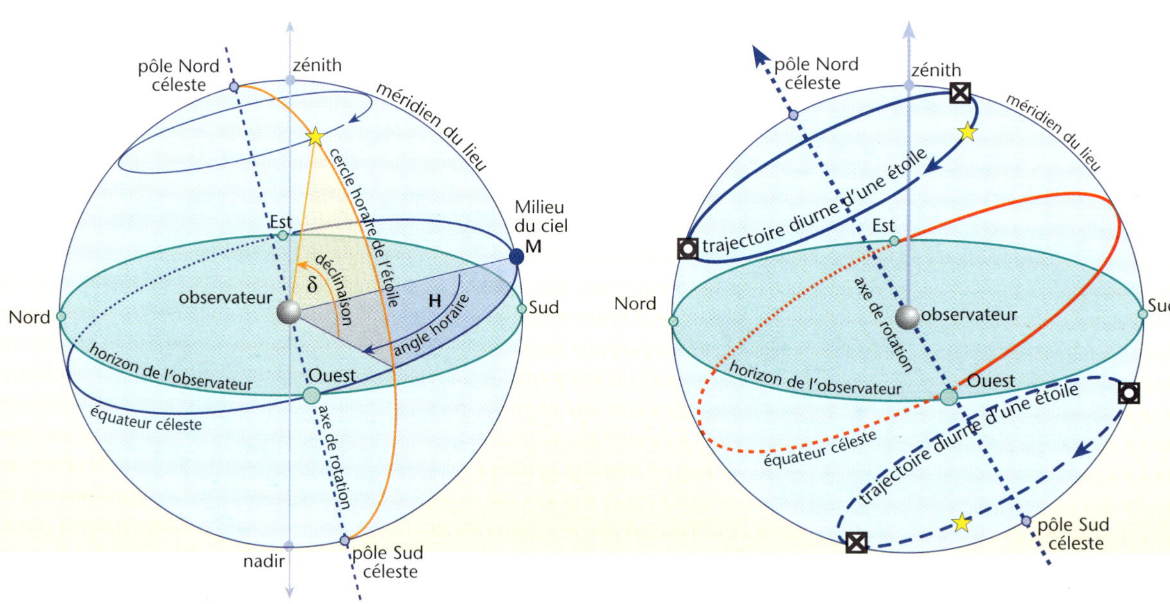

Systèmes équatoriaux
SCHÉMA DE GAUCHE Le système des coordonnées horaires (angle horaire et déclinaison).
SCHÉMA DE DROITE ◘ *culmination supérieure* et ⊠ *culmination inférieure* de deux étoiles dans des hémisphères opposés.

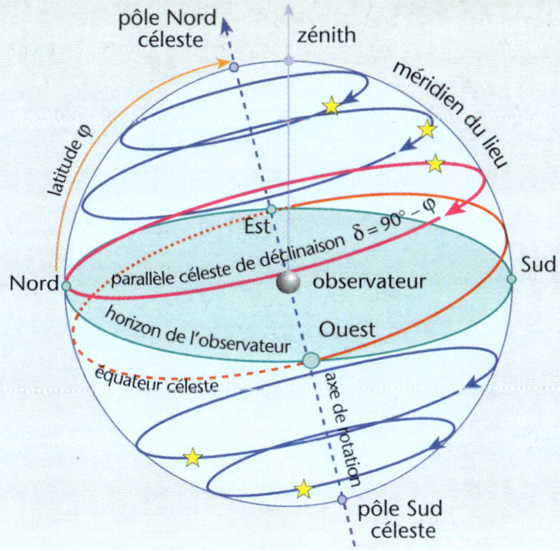

Latitude et déclinaison
Une étoile circumpolaire a une déclinaison $\delta \geq 90° - \varphi$, où φ est la latitude du lieu. Une étoile de déclinaison $\delta < \varphi - 90°$ n'apparaît jamais au-dessus de l'horizon.

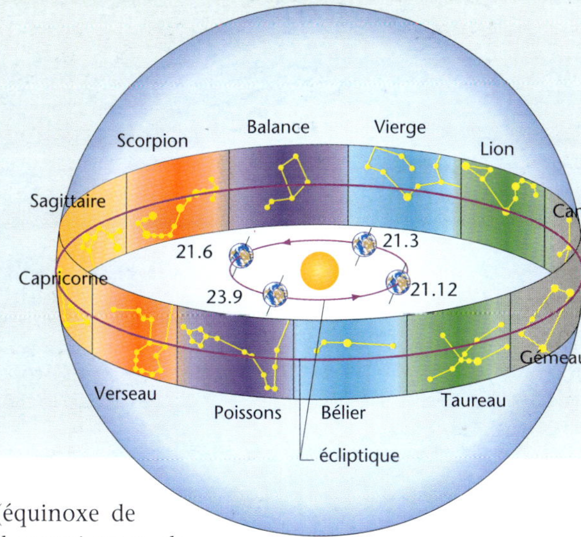

l'***écliptique***. Avec ce terme on désigne aussi le trajet apparent du Soleil au cours d'un an sur la voûte céleste.
Si nous considérons le Soleil comme un corps céleste comme les autres, en effet, nous pouvons imaginer qu'il occupe un endroit spécifique du ciel : c'est en ce sens qu'on dit que le Soleil se « projette » dans un secteur précis de la sphère céleste. Comme la Terre se déplace chaque jour, l'angle sous lequel nous voyons le Soleil change aussi et, par suite, le Soleil se projette sur une zone légèrement différente jour après jour. En l'espace d'un an, le point projeté revient à sa place initiale. Ce « trajet » du Soleil correspond à l'intersection du plan de l'écliptique avec la sphère céleste.
Par rapport à l'écliptique, l'axe de rotation terrestre est incliné de 66°33' ; vice versa, vu de la Terre, l'écliptique est incliné de 66°33' par rapport à l'axe terrestre et de 23°27' par rapport à l'équateur (aussi bien terrestre que céleste).
Les deux points où l'écliptique coupe l'équateur céleste sont les *nœuds équinoxiaux*. Quand le Soleil se projette sur l'un d'eux, on dit qu'il est « à l'***équinoxe*** » ; ainsi, le 21 mars (équinoxe de printemps), le Soleil se projette sur le point vernal. Quand le Soleil se « trouve » à mi-chemin de deux nœuds équinoxiaux, il est au ***solstice***.
Du fait du mouvement de la Terre, le fond étoilé sur lequel se projette le Soleil change lentement : le Soleil semble se déplacer de près de 1° par jour (360° en 365 jours) le long de l'écliptique, et le ciel hivernal est nettement différent du ciel estival. Les constellations (p. 86) visibles changent donc selon la saison.
En outre, comme l'écliptique est incliné par rapport à l'équateur, la déclinaison du Soleil varie au cours de l'année, de même que son trajet diurne. C'est pour cela que les durées du jour et de la nuit sont toujours différentes, sauf à l'équateur et le jour des équinoxes, quand le Soleil est au point vernal. Durant les semaines qui précèdent et succèdent immédiatement un équinoxe, la variation de la hauteur maximale du Soleil sur l'horizon d'un jour à l'autre est la plus forte – de plusieurs minutes, en plus ou en moins, par jour.
Lorsqu'ils sont projetés sur la sphère céleste, les *solstices*, c'est-à-dire les points de l'écliptique situés à mi-chemin des points équinoxiaux, se trouvent à la

Écliptique et constellations
Ci-dessus Du fait de la révolution de la Terre, le Soleil se projette dans des régions différentes du ciel selon le moment de l'année. Les constellations visibles à ce même moment se trouvent du côté opposé à la région où se projette le Soleil.

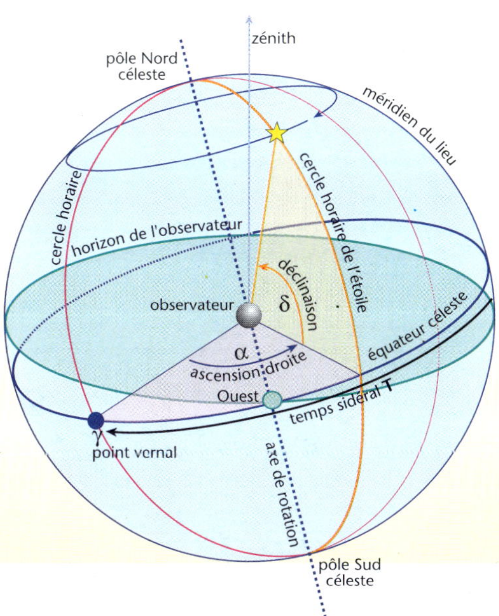

Systèmes équatoriaux
À gauche Le système des coordonnées équatoriales (ascension droite et déclinaison).

Page précédente à droite
Quand la latitude φ d'un lieu diffère de 0° et de 90°, la sphère céleste est dite oblique ; c'est, bien sûr, le cas le plus fréquent.

À droite en bas Quand φ = 90° (aux pôles), la sphère est dite parallèle : toutes les étoiles à déclinaison positive sont visibles, toutes les autres restent sous l'horizon.

À droite en haut Quand φ = 0° (sur l'équateur), la sphère est dite droite : toutes les étoiles sont visibles, et toutes se lèvent et se couchent.

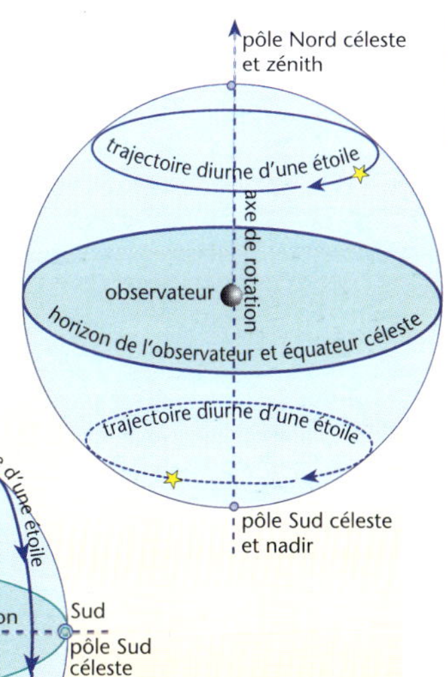

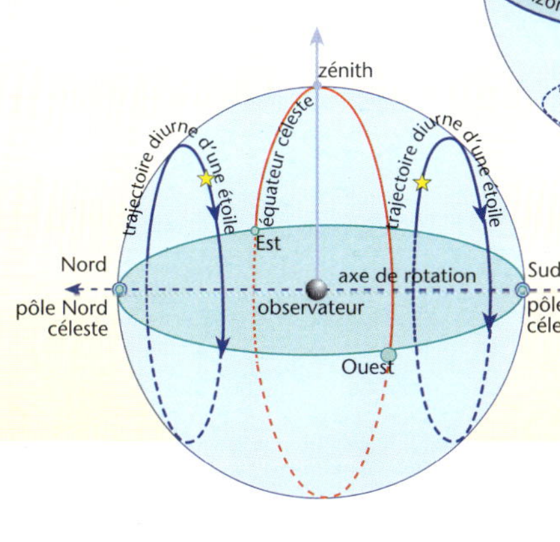

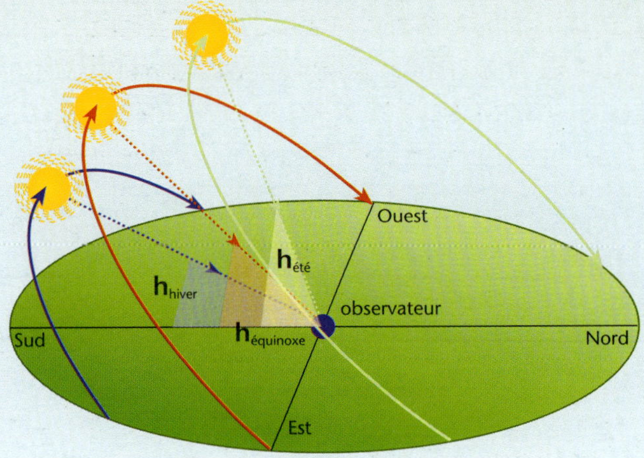

Le mouvement apparent du Soleil Trajets journaliers du Soleil par rapport à l'horizon à la latitude φ = 40° durant les deux solstices (hiver et été) et les deux équinoxes (les trajets coïncident). La hauteur (**h**) du Soleil varie continûment durant l'année.

distance maximale (Nord et Sud) de l'équateur céleste ; en ces points, le Soleil a une déclinaison δ de ±23°27′. Dans les semaines précédant et suivant un solstice, la variation de la hauteur maximale du Soleil sur l'horizon d'un jour sur l'autre est minimale : le jour s'allonge seulement de quelques secondes en plus ou en moins.

Dans les régions terrestres de latitude supérieure à 66°33′, le Soleil peut devenir une étoile circumpolaire pendant des périodes de temps plus ou moins longues selon la saison (c'est-à-dire selon sa déclinaison) : au lieu de se lever et de se coucher quotidiennement, il est encore visible au milieu de la nuit (c'est le « Soleil de minuit »).

C'est uniquement aux pôles que le Soleil se lève et se couche une seule fois par an, sous l'effet de la seule révolution terrestre : le pôle Nord comme le pôle Sud connaissent un seul jour de 6 mois, et une seule nuit de 6 mois.

Les coordonnées écliptiques

Elles sont utilisées avant tout pour décrire le mouvement des planètes et calculer les éclipses. Les cercles de références sont l'écliptique et le cercle de longitude passant par les pôles de l'écliptique et le point vernal. Ce sont :

- la *longitude céleste* (λ), mesurée sur l'écliptique depuis le point γ, en sens inverse au mouvement stellaire apparent, jusqu'au point d'intersection de l'écliptique avec le cercle de longitude passant par l'étoile observée. Elle est donnée en degrés, minutes et secondes d'arc (de 0 à 360°) ;
- la *latitude céleste* (β), mesurée sur le cercle de longitude passant par l'étoile observée et compris entre l'étoile et l'écliptique. Elle est aussi donnée en degrés, minutes et secondes d'arc (de –90 à +90°) ; elle est positive si l'étoile est dans la demi-sphère nord au-dessus de l'écliptique, négative sinon.

LES COORDONNÉES GALACTIQUES

Utilisées en statistique stellaire et pour décrire les mouvements et positions des objets galactiques, ce sont la longitude et la latitude galactique. Les cercles de référence sont l'intersection du plan équatorial galactique avec la sphère céleste et le grand cercle passant par les pôles de la Voie lactée et l'*apex* du Soleil (le point de la sphère céleste vers lequel se dirige le Soleil).

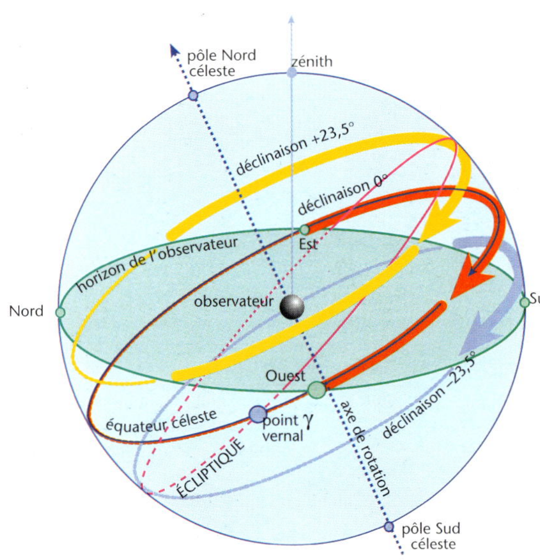

Le Soleil et l'écliptique Comme toute étoile, le Soleil parcourt chaque jour son propre cercle parallèle à l'équateur céleste. Mais à la différence des étoiles, trop éloignées pour que les variations angulaires liées à la révolution de la Terre soient sensibles, le Soleil se décale de près de 1° chaque jour ; ce trajet apparent décrit tout l'écliptique en un an.

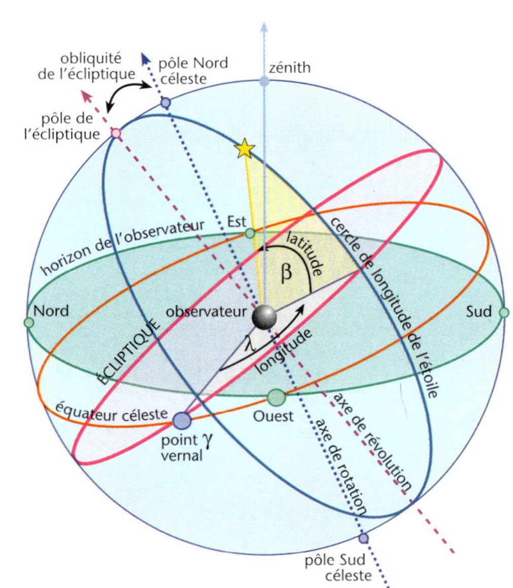

Le système écliptique À GAUCHE Ce système, indépendant de l'observateur, a pour coordonnées la latitude et la longitude célestes.

Il y a encore peu, pour observer le ciel avec un télescope, il fallait se rendre à un observatoire astronomique et se laisser guider par un astronome. Aujourd'hui, grâce aux progrès de l'optique, chaque passionné peut acheter un bon instrument et effectuer de bonnes observations. Remercions-en le télescope à réflexion !

LES BASES DE L'OBSERVATION

Dans un premier temps, il faut observer le ciel à l'œil nu. Ceci exige de maîtriser au préalable quelques opérations comme s'orienter et reconnaître constellations, étoiles et planètes.

Avant tout, donc, repérons le Nord à l'aide d'une boussole. Certes, la pointe de l'aiguille indique le Nord magnétique, qui ne coïncide pas exactement avec le Nord géographique ; mais l'angle entre ces deux directions (appelée la *déclinaison magnétique*) est faible et reste tout à fait négligeable pour ce qui nous intéresse. Aux latitudes Nord moyennes, si nous prolongeons sur la voûte céleste la direction indiquée par la boussole, nous trouvons une étoile peu brillante mais assez isolée : c'est l'Étoile polaire. Elle se situe à peu près à mi-parcours entre l'horizon et la verticale au-dessus de notre tête (le ***zénith***). C'est la dernière étoile de la Petite Ourse qui se trouve facilement à l'aide de l'alignement de deux étoiles brillantes de la Grande Ourse. À nos latitudes, ces étoiles sont toujours visibles (elles sont *circumpolaires*).

Les principales constellations se trouvent facilement. Il suffit de suivre une succession d'alignements d'étoiles brillantes faciles à repérer dans les cartes stellaires (p. 77).

Pour commencer à s'orienter dans le ciel, choisissez un lieu pas trop sombre de façon que seules les étoiles les plus brillantes soient bien visibles. Pour lire vos cartes, utilisez une lampe électrique à pinceau lumineux très faible et étroit. Habituez-vous à trouver et à reconnaître les étoiles les plus importantes et les constellations les plus remarquables.

Quand vous passerez à des objets moins lumineux, sachez qu'il est préférable de ne pas fixer directement l'endroit où se trouve l'objet mais un peu à côté – la sensibilité de l'œil est meilleure dans la vision périphérique.

Une fois que vous saurez reconnaître les constellations sans difficulté à l'œil nu, vous pourrez essayer d'en voir davantage à l'aide d'une paire de jumelles ou d'une petite lunette.

QUE PEUT-ON OBSERVER ?

Les choses à observer dans le ciel nocturne sont innombrables. Il y a déjà toutes les étoiles ! Pour les observer et les identifier, il suffit d'un peu de pratique, mais pour la recherche systématique des étoiles, l'identification des constellations mineures et la reconnaissance et l'observation des amas stellaires et des nébuleuses, il vous faudra acquérir un peu d'expérience.

Vous observerez peut-être quelques étoiles dont la luminosité varie dans le temps : il s'agit généralement d'étoiles doubles ou de variables (p. 206), de novae ou même, avec de la chance, de supernovae (p. 204). Ce sont d'ailleurs souvent les astronomes amateurs qui découvrent les premiers ces objets grâce à leurs observations systématiques, attentives et passionnées, et qui en informent les astronomes professionnels. Il leur est, en revanche, difficile de découvrir de nouvelles galaxies

Observer les étoiles
Ne sous-évaluez pas le froid qu'il peut faire quand on observe les étoiles ! Même lors d'une chaude nuit d'été, gardez à portée de main une veste coupe-vent pour vous protéger de l'humidité nocturne et d'une brise fraîche dont votre immobilité prolongée amplifiera les effets.

Les objets célestes

À DROITE La Grande galaxie d'Andromède (M31). Proche de la Voie lactée, c'est une galaxie spirale géante comme la nôtre, avec un diamètre d'environ 200 000 années-lumière. On peut la voir même à l'œil nu comme une petite tache floue.

CI-DESSOUS, DE HAUT EN BAS Cratères lunaires. La face visible de la Lune. Mars.

(p. 222) : bien que ces objets soient extrêmement lumineux, ils se trouvent à des distances si énormes de la Terre que parmi les 100 milliards de galaxies répertoriées, seules trois sont visibles à l'œil nu – et avec une certaine difficulté. Seul un œil averti réussit en effet à trouver le Grand et le Petit Nuage de Magellan et la Grande galaxie d'Andromède (M31). En outre, les Nuages de Magellan, signalés pour la première fois en 1519 par le célèbre explorateur portugais, ne sont visibles que de l'hémisphère austral. Le Grand Nuage se trouve entre les constellations de la Dorade et de la Table, le Petit Nuage, dans la constellation du Toucan. La Grande galaxie d'Andromède est visible dans la constellation d'Andromède comme une tache floue située au sud du W caractéristique de Cassiopée et à côté du « carré » de Pégase, également facile à repérer.

Toutefois, l'observation des objets du Système solaire est bien plus satisfaisante : tout d'abord la Lune, bien sûr, à l'aspect changeant, et puis les planètes telluriques (avant tout Vénus et Mars, car Mercure, du fait de sa proximité du Soleil, est difficilement observable), mais aussi les planètes gazeuses – avant tout Jupiter et Saturne, énormes, brillantes et colorées, et riches de satellites ou d'anneaux. Si vous avez de la chance, vous pourrez aussi voir un astéroïde ou admirer une comète.

Les planètes se distinguent facilement des étoiles. Tout d'abord, la lumière des planètes ne vacille pas : elle reste stable car ces objets sont assez gros pour que les turbulences de l'atmosphère ne la perturbent pas. En outre, les planètes se déplacent par rapport au fond du ciel (aux « étoiles fixes ») et ce, de façon assez notable en l'espace de quelques jours ; mais vous apprendrez vite à prévoir leur mouvement. Une comète est plus difficile à observer : il faut beaucoup de patience et un bon œil pour arriver à la distinguer des autres corps célestes quand elle n'est pas encore assez près du Soleil pour développer une queue.

Les étoiles filantes – des fragments de comète qui reviennent à dates fixes par essaims ou des météorites isolées – sont un spectacle que tout le monde peut admirer à l'œil nu. Elles sont, par contre, impossibles à observer avec un instrument, du fait de leur brièveté, mais vous pouvez les photographier avec une longue pause.

À la différence des autres objets célestes, le Soleil ne doit pas être observé directement. Il est si lumineux que si vous le regardez à l'œil nu, vous endommagerez vos yeux de façon permanente ; et si vous le faites à travers des jumelles ou une lunette, c'est la cécité assurée. Ne vous fiez pas davantage aux plaques de verre fumées ou aux lentilles teintées, car vous devrez viser directement le Soleil, ce qu'il faut impérativement éviter.

La meilleure façon d'observer le Soleil est celle qu'utilisait Galilée il y a bien longtemps : projetez l'image de celui-ci sur un écran. Mais attention ! Assurez-vous alors qu'il vous est impossible d'observer le Soleil de façon directe, même accidentellement, et faites attention à ne pas vous brûler : l'instrument qui projette l'image du Soleil sur l'écran concentre ses rayons sur

Images du ciel
À droite La comète Hyakutake.

Ci-dessous, de haut en bas Saturne. Les Pléiades. Image du Soleil dans la raie Hα.

ce dernier et la température peut augmenter jusqu'à y mettre le feu. Le meilleur moment pour observer le Soleil est au crépuscule ou à l'aube ; la luminosité n'est pas trop élevée, ce qui permet de mieux distinguer les détails de sa photosphère.

L'ÉQUIPEMENT

Vous n'en avez pas besoin absolument, mais voici néanmoins quelques suggestions. Avant tout, installez-vous commodément : attention au torticolis et au mal de dos, surtout en hiver ! Une chaise longue ou une couverture (ou un matelas pneumatique si vous êtes au bord de la mer) suffit à être bien calé. Il faudra aussi bien vous couvrir : la nuit, l'humidité peut jouer un mauvais tour, même en été. Une boussole et une lampe torche sont également utiles.

Quant aux instruments, de nombreuses observations ne nécessitent pas d'équipement spécial : on peut découvrir beaucoup de choses à l'œil nu ou à l'aide de jumelles agrandissant 6 à 8 fois, comme celles utilisées pour observer les oiseaux. Avec de telles jumelles on peut voir, par exemple, les satellites galiléens de Jupiter, quelques nébuleuses et les détails de la surface de la Lune.

Même photographier les objets célestes n'est pas difficile ; il suffit d'avoir un appareil photo à objectif fixe et de l'appuyer sur un support stable. Cependant, si la luminosité de l'objet à photographier est faible, il vous faudra avoir un boîtier qui s'adapte par une bague spéciale à votre lunette ou télescope, et votre instrument devra être équipé d'un moteur pour compenser la rotation de la Terre ; les passionnés s'équiperont d'une lunette ou d'un télescope qui permet d'agrandir les planètes et les objets du Système solaire.

LES INSTRUMENTS

Les jumelles destinées à l'observation astronomique doivent posséder certaines caractéristiques fondamentales. Sachez interpréter leurs caractéristiques optiques : les chiffres inscrits (par exemple 8 × 30) représentent respectivement l'agrandissement × le diamètre de la lentille antérieure (en millimètres). Il faut savoir que plus l'agrandissement augmente, plus le champ visuel et la luminosité diminuent ; ainsi, pour observer une petite étoile pâle, inutile d'utiliser des jumelles à fort agrandissement : vous ne la verrez pas mieux qu'à l'œil nu. En outre, dès que l'agrandissement est supérieur à 10 fois, il faut utiliser un trépied car l'image bouge trop. Enfin, l'agrandissement ne s'applique pas seulement à l'objet mais aussi aux turbulences atmosphériques ; à partir d'un certain moment, les distorsions deviennent manifestes et compromettent l'observation.

En fait, agrandir ne sert que lorsqu'on observe des objets non ponctuels – la Lune, les planètes, les comètes ou les nébuleuses. Pour les étoiles, étant donné leur distance, elles apparaîtront toujours comme des points lumineux et flous quel que soit l'agrandissement. Dans leur cas, l'important est la luminosité : si les jumelles ne recueillent pas assez de lumière, elles ne peuvent servir à l'observation nocturne. Le facteur principal est alors l'*ouverture*, c'est-à-dire le diamètre de la lentille.

Compte tenu de tous ces facteurs, les jumelles les mieux adaptées font 7 × 50 : leur champ visuel est suffisamment grand pour ne pas perdre ses repères, et leur résolution (la capacité à voir les détails) est telle qu'elles permettent d'observer des détails de près de 15″ d'arc et des magnitudes (p. 190) d'environ 10 (c'est-à-dire des objets environ 40 fois plus pâles que la limite de la visibilité).

ASTRONOMES AMATEURS Les nombreuses associations d'astronomes amateurs trouvent un réel soutien auprès des observatoires pour leurs activités. Elles effectuent en effet un précieux travail de surveillance et de catalogage des phénomènes et objets célestes.

CI-DESSOUS Pour commencer à observer le ciel nocturne, une bonne paire de jumelles est plus que suffisante.

Attention aussi au poids de vos jumelles. Si elles pèsent plus de 1 kg, elles deviendront difficiles à tenir fermement et vous devrez les monter sur un trépied, qui coûte cher et limite les mouvements. Enfin, s'il existe des jumelles agrandissant 4, 7, 10, 20 et même 30 fois, il n'y a aucun avantage à employer les plus puissantes car, pour le même prix, vous pouvez avoir un petit télescope agrandissant 100 ou 200 fois.

Pesez alors la nécessité d'acquérir ou non UN TÉLESCOPE ou UNE LUNETTE. Ces instruments ont leur « pour » et leur « contre ». Par exemple, même les plus petits restent encombrants et lourds. On trouve toutefois dans le commerce de bons instruments de dimensions et de prix raisonnables. Le meilleur choix est sans doute un télescope de type Schmidt-Cassegrain avec un miroir de 20 cm de diamètre. Pesant une dizaine de kilos, il permet de discerner, avec l'agrandissement approprié, des détails de 2″ d'arc et dans de très bonnes conditions d'observation, des objets de magnitude 13 (p. 190), c'est-à-dire 6000 fois plus pâles que la limite de visibilité. Il est inutile de dépasser 20 cm de diamètre car ensuite, la turbulence de l'air fait obstacle à la meilleure résolution.

Les caractéristiques d'un instrument – télescope ou lunette – sont sa luminosité, son agrandissement et son pouvoir résolutif (ou résolution).

La ***luminosité*** est un nombre proportionnel à la racine carré de la quantité d'énergie lumineuse par seconde et par unité de surface que peut concentrer l'optique de l'instrument sur le plan focal. Pour une longueur d'onde donnée et dans le cas des étoiles (objets ponc-

LES DIFFÉRENTS TÉLESCOPES

Un télescope optique est constitué d'un tube doté à une extrémité d'un *oculaire* et à l'autre, d'un *objectif* – une lentille ou un ensemble de lentilles (télescope *réfracteur*, communément appelé ***lunette***) ou un *miroir* ou un ensemble de miroirs (télescope *réflecteur*, appelé simplement ***télescope***). L'objectif collecte la lumière de l'objet observé et fournit une image qui peut être vue, photographiée ou analysée par des instruments adaptés à travers l'oculaire.

A. La lunette de Galilée : cette lunette se compose d'une lentille convergente qui collecte la lumière de l'objet observé et d'une lentille convergente ; elle fournit une image redressée.

B. La lunette de Kepler : analogue à la précédente, mais où la lentille convergente de l'oculaire est remplacée par une lentille divergente ; elle fournit une image inversée.

C. Le télescope de Newton : conçu par Newton, son miroir parabolique concave fait converger le faisceau lumineux provenant de l'objet observé sur un miroir plan, incliné de 45° sur l'axe de l'instrument afin de former son image sur le côté du tube, ce qui facilite beaucoup l'observation. Dans les télescopes les plus grands, le miroir plan est remplacé par une cabine où est logé l'observateur ou l'instrumentation.

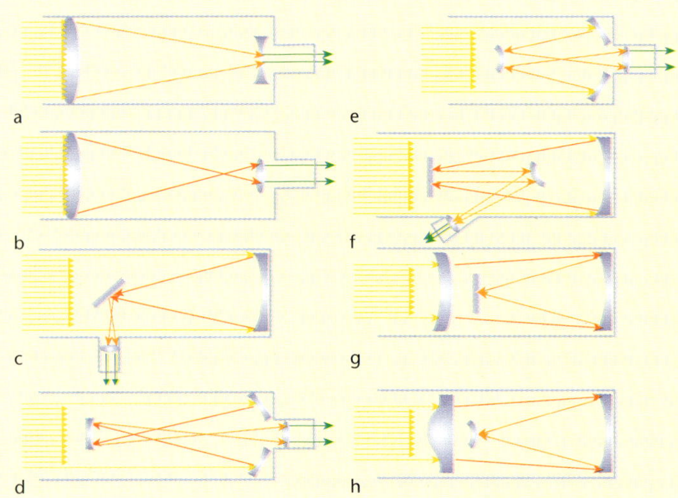

D. Le télescope grégorien : inventé par James Gregory, il exploite le même principe que le télescope newtonien mais sa structure est différente – elle permet de positionner l'oculaire au fond du tube.

E. Le télescope de Cassegrain : conçu par Nicolas Cassegrain, sa structure est similaire aux précédents. Toutefois, à la place du miroir plan se trouve un petit miroir hyperbolique convexe qui renvoie l'image vers le miroir principal ; ainsi, le tube est plus court à performances égales, ce qui présente de gros avantages du point de vue de la robustesse et de la stabilité.

F. Le télescope coudé : il a la structure d'un Cassegrain mais possède en plus un petit miroir plan qui dévie le faisceau en le faisant sortir toujours dans la même direction, quelle que soit la position du télescope.

Observer le Soleil
Comme au temps de Galilée, la plus sûre façon d'observer le Soleil est de projeter son image à travers un petit trou sur une surface claire dans une pièce sombre.

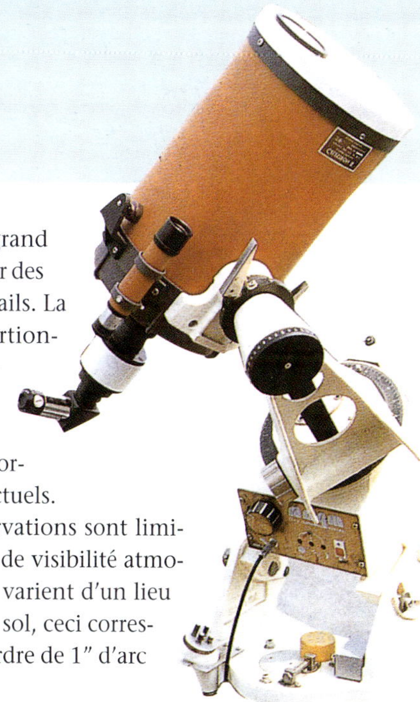

Pour les experts
Un télescope de ce type, l'un des plus utilisés par les astronomes amateurs, peut être équipé de filtres spéciaux afin d'observer les protubérances solaires.

tuels à l'infini), elle est égale au rapport du carré du diamètre de l'objectif ou du miroir à la distance focale (*ouverture absolue*) ; pour des objets célestes non ponctuels, c'est le rapport du diamètre de l'objectif à la distance focale (*ouverture relative*). La possibilité de voir des étoiles très pâles dépend de la luminosité, non de l'agrandissement.

L'***agrandissement*** (toujours sous-entendu « angulaire ») est le rapport de la distance focale de l'objectif ou du miroir à la distance focale de l'oculaire ; plus cette dernière est petite, plus fort est l'agrandissement. Cette grandeur n'a d'influence que si l'objet observé n'est pas ponctuel.

Le ***pouvoir de résolution*** (ou résolution) est l'angle minimal sous lequel les images de deux points se voient encore séparées et distinctes. Un grand pouvoir de résolution permet de voir des images nettes et de minuscules détails. La résolution est directement proportionnelle à la longueur d'onde du rayonnement observé et inversement proportionnelle à l'ouverture absolue. Cette grandeur aussi n'a d'importance que pour les objets non ponctuels. Cependant, les possibilités d'observations sont limitées par l'ensemble des conditions de visibilité atmosphérique, instrumentale, etc., qui varient d'un lieu à l'autre et d'instant en instant. Au sol, ceci correspond à une résolution limite de l'ordre de 1" d'arc au mieux.

Les télescopes catadioptriques
Ils combinent lentilles et miroirs.

G. Le télescope Maksutov : du nom de son inventeur. Grâce à une lentille convexe-concave très épaisse, il confère à l'image une aberration sphérique qui est ensuite corrigée par le miroir primaire, sphéroïdal.

H. Le télescope de Schmidt : du nom de son inventeur. Une lame correctrice de forme complexe est placée près du centre de courbure du miroir principal, sphéroïdal. Ce type de télescope est surtout destiné à la prise de photographies.

La monture
La monture d'un télescope, c'est-à-dire l'articulation qui permet au tube d'être bougé et orienté, est très importante. La plus utilisée est la *monture équatoriale*, qui permet d'utiliser les coordonnées équatoriales : le télescope peut pivoter autour d'un axe soit parallèle à l'axe de rotation terrestre, soit perpendiculaire à celui-ci (et donc parallèle au plan de l'équateur céleste). La *déclinaison* se lit sur le cercle associé au premier axe, divisé en 360° et fractions de degré, l'*angle horaire* sur le cercle associé au second axe, divisé en heures et fractions d'heure. Une fois le point fait, un mécanisme horloger fait pivoter le télescope de façon à suivre l'objet observé malgré la rotation de la Terre.

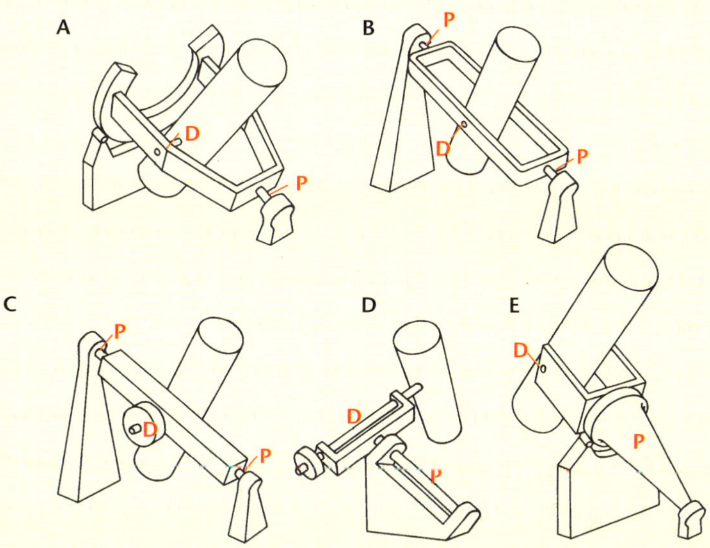

Les différentes montures équatoriales
A. en fer à cheval
B. anglaise
C. à axes croisés
D. allemande
E. à fourche

P = axe polaire
D = axe de déclinaison

Observer le ciel est le métier de nombreux scientifiques et la passion des astronomes amateurs. La recherche progresse surtout à travers l'analyse des données recueillies par les observatoires spatiaux ou terrestres hauts perchés à l'aide d'instruments toujours plus puissants. Délaissés, les vieux observatoires en zones urbaines sont investis par les astronomes amateurs regroupés en associations.

LES SITES D'OBSERVATION

Les observatoires astronomiques les plus anciens se trouvaient dans les grandes villes. Cependant, il est désormais presque impossible d'observer un ciel nocturne illuminé par les lumières artificielles; c'est pourquoi les puissants télescopes ont été installés dans des sites toujours plus éloignés des zones habitées, mais aussi d'altitude élevée afin d'éliminer au maximum les perturbations dues à l'atmosphère.

Outre les observatoires d'importance historique comme celui de Greenwich, rappelons quelques-uns des observatoires abritant les plus grands instruments: celui de Zelenchukskaya dans le Caucase, du Mont Palomar en Californie, du Kitt Peak (p. 125) en Arizona et sa très célèbre tour solaire, de Cerro Tololo (p. 123) dans les Andes chiliennes, et celui du Mauna Kea à Hawaii. Là, les énormes télescopes et instruments à longue focale sont logés dans d'immenses salles presque toujours circulaires et surmontées de coupoles hémisphériques pivotantes qui s'ouvrent sur le ciel afin de pointer directement l'instrument vers un point quelconque du ciel.

Il y a encore quelque temps, les instruments installés dans les observatoires étaient réalisés par des organismes nationaux et ne dépassaient pas 6 m de diamètre. Aujourd'hui, dans ces mêmes observatoires ou dans de nouveaux sites encore plus isolés, sont construits des instruments toujours plus grands dont la réalisation est rendue possible par les innovations technologiques et par le financement conséquent de consortiums internationaux.

C'est ainsi qu'a été créé l'ESO (*European Southern Observatory*), l'observatoire européen austral situé à Cerro La Silla, au nord du Chili. Perché à environ 2 500 m au-dessus du niveau de la mer, il est le fruit d'une collaboration entre plusieurs nations dont l'Allemagne, la Belgique, le Danemark, la France, l'Italie, les Pays-Bas, la Suède et la Suisse.

Les ***grands radiotélescopes*** (p. 124), qui captent et analysent les ondes radio émises par les objets célestes et les sondes et satellites artificiels, sont également implantés dans des sites qui desservent l'entière communauté internationale des chercheurs. Les principaux centres radioastronomiques sont ceux de Jodrell Bank près de Manchester, au grand radiotélescope à miroir métallique de 76 m de diamètre; d'Arecibo, doté d'un réflecteur de 305 m de diamètre qui fait converger les signaux recueillis vers une antenne aérienne suspendue par trois tours; de Zelenchukskaya, avec son *RATAN* (*Radio Astronomical Telescope of the Academy of Sciences*) composé de 900 panneaux d'aluminium disposés sur un cercle de 570 m de diamètre; et le *VLA* (p. 124) (*Very Large Telescope*), situé à Socorro au Nouveau-Mexique

Paraboles
Les radiotélescopes traditionnels se caractérisent par une grande parabole qui collecte les signaux électromagnétiques et les concentrent sur l'antenne. Aujourd'hui, on utilise souvent, comme ici, des dizaines de ces paraboles travaillant en réseau afin d'augmenter la surface collectrice ainsi que la résolution.

ARECIBO
Cet énorme radiotélescope a été construit en exploitant une dépression naturelle entre des collines au nord de Porto Rico (Amérique centrale). Avec ce radiotélescope, on peut observer des objets de déclinaison comprise entre 43° et –6°. Il sert aussi à rechercher des signes de vie intelligente dans l'espace.

et constitué de 27 paraboles mobiles de 25 m de diamètre chacune.
Outre les grands instruments optiques et radio terrestres, l'astronomie dispose d'instruments en orbite (p. 125) qui peuvent donc recueillir et étudier les rayonnements autrement absorbés par l'atmosphère de notre planète (infrarouges, ultraviolets, rayons X et γ et rayons cosmiques). Presque plus personne n'observe directement le ciel : les astronomes travaillent avant tout sur des données analysées sur ordinateur ou sur des photographies. La traditionnelle « surveillance » du ciel revient aux astronomes amateurs qui ont d'ailleurs identifié de nouveaux corps dans le Système solaire.

L'UNION FAIT LA FORCE

Les lieux et les opportunités permettant aux passionnés d'accroître leurs connaissances, d'améliorer leur technique d'observation et de discuter de leurs résultats sont nombreux.
Les associations d'astronomes amateurs disposent même d'instruments de haut niveau, et de plus en plus de groupes d'astrophiles collaborent avec des astronomes professionnels et peuvent utiliser les instruments qui, dans les observatoires publics, ne sont plus employés par le personnel scientifique à cause des diverses pollutions.

CARTE DE VISITE
Après avoir exploré les planètes externes du Système solaire, la sonde Voyager 1 s'éloigne vers l'espace galactique. Fixée à l'extérieur de la sonde, cette plaque gravée (CI-DESSOUS) est destinée à avertir de l'existence de notre civilisation tout organisme intelligent qui vivrait dans un autre système solaire.

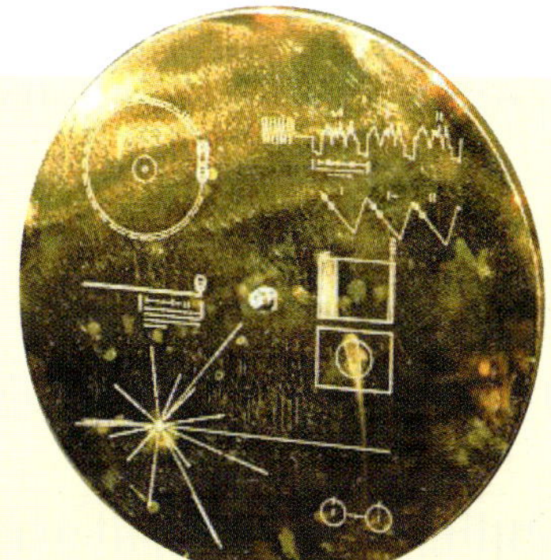

IL Y A QUELQU'UN, LÀ-HAUT ?

Il ne fait aucun doute que le fort engagement (y compris économique) dans la recherche spatiale soit d'une façon quelconque corrélé à la recherche de la vie dans l'univers. Les sondes spatiales ont, par exemple, exploré avec une attention particulière les planètes du Système solaire qui, à tort ou à raison, étaient considérées comme les meilleures candidates pour abriter une forme de vie – primitive, certes, mais quand même de la vie, ce qui signifierait que la Terre n'est pas une singularité dans l'univers.
La recherche de formes de vie extraterrestres, qui occupe de nombreux chercheurs dans tout le monde, suit deux directions principales :
1. La présence de formes de vie supérieures étant exclue sur les autres planètes du Système solaire, et a fortiori de vie intelligente, on y recherche des formes de vie primitive (comme des bactéries) par une vérification directe effectuée par des sondes interplanétaires automatiques.
2. On présuppose qu'il est plus facile de rechercher une forme de vie supérieure (une civilisation comme la nôtre fait beaucoup de « vacarme » et se fait « remarquer » à distance planétaire avec ses émissions électromagnétiques d'origine clairement artificielle), et que la vie a des besoins analogues partout dans l'univers – en particulier, qu'elle est contrainte par des conditions de température similaires à celles de la Terre. Les astronomes cherchent donc des systèmes planétaires similaires au nôtre, vers lesquels sera dirigée la recherche d'émissions électromagnétiques artificielles. De grands instruments sont impliqués dans cette activité, notamment le radiotélescope d'Arecibo.
Nous n'avons encore obtenu aucun résultat dans ces différentes directions de recherche. Cependant, selon des calculs probabilistes, une forme de vie quelconque devrait être trouvée : rien que dans notre Galaxie, il existerait 600 millions de planètes de type terrestre !

DES DESSINS DANS LE CIEL

Certes, tous ces angles, ces mesures pour retrouver les objets sur la sphère céleste avec un télescope, sont utiles. Cependant, comme l'enfant qui fait ses premiers pas, quiconque commence à observer le ciel devrait d'abord l'explorer des yeux, au petit bonheur, pour « s'imprégner » de ce nouveau milieu. Les constellations, ces délicates illusions d'optique qui mettent de l'ordre dans la nuit, sont pour cela bien commodes. Elles apportent cette touche de magie venue d'histoires d'âges révolus : les Ourses, le Dragon, Cassiopée, Orion le chasseur, Pégase le cheval ailé, et tous les personnages, monstres, animaux, objets et instruments deviennent acteurs de la nuit. Même en des cieux familiers, nous les cherchons encore pour qu'elles nous servent de guide : la nuit restera pour toujours pleine de figures fantastiques, de songes évanescents d'un passé mythologique.

À première vue – et les hommes l'ont fait dès les premiers temps –, il est facile d'associer la disposition des étoiles sur la sphère céleste à des figures particulières : qui, en regardant vers le Nord, n'a jamais remarqué une espèce de grande louche ? C'est la constellation de la Grande Ourse. À partir de celle-ci, en prolongeant les alignements et les courbes, on retrouve peu à peu d'innombrables autres constellations.

Nous savons bien, à présent, que la forme des constellations est une pure illusion de perspective et que ces figures ne correspondent à aucune réalité physique. Néanmoins, ces *groupes conventionnels d'étoiles* sont toujours utiles : les constellations restent un moyen très simple de s'orienter dans le ciel.

FIGURES ET LÉGENDES

Les astronomes de l'Antiquité qui ont défini les principales constellations de l'hémisphère nord recherchaient des relations entre les étoiles afin de les aider à s'orienter mais aussi à découvrir comment le ciel influençait la vie des hommes. Ces configurations d'étoiles représentaient donc des personnages mythologiques, des animaux ou des objets communs issus des mythes et légendes associés aux croyances religieuses de chaque lieu et époque. L'habitude de rechercher des figures parmi les étoiles s'est perpétuée jusqu'à récemment. Les constellations modernes, qui évoquent des objets communs et des instruments scientifiques, se trouvent presque toutes dans l'hémisphère sud,

Un effet de perspective

ci-dessous à gauche
La constellation de la Grande Ourse est formée d'étoiles situées à des distances diverses de la Terre mais qui, par effet de perspective, semblent alignées sur la voûte céleste. En exploitant cet alignement apparent, on trouve facilement l'Étoile polaire, dans la constellation de la Petite Ourse, toute proche.

ci-dessous à droite
La même chose se passe pour la constellation de Cassiopée. Les inserts en bas montrent l'aspect qu'avait cette constellation il y a 50000 ans et celui qu'elle aura dans 50000 ans.

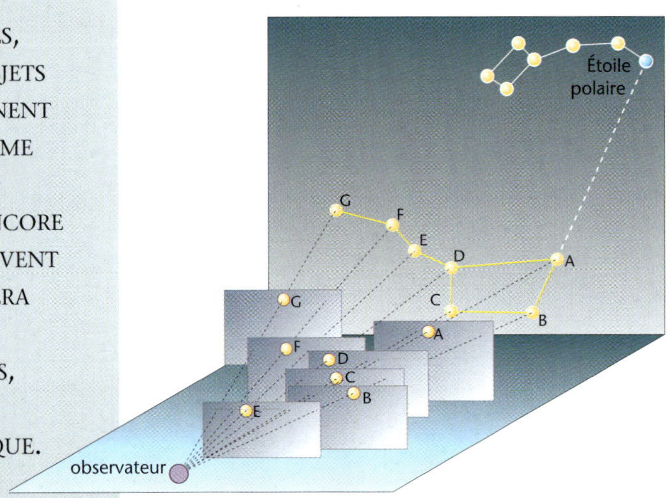

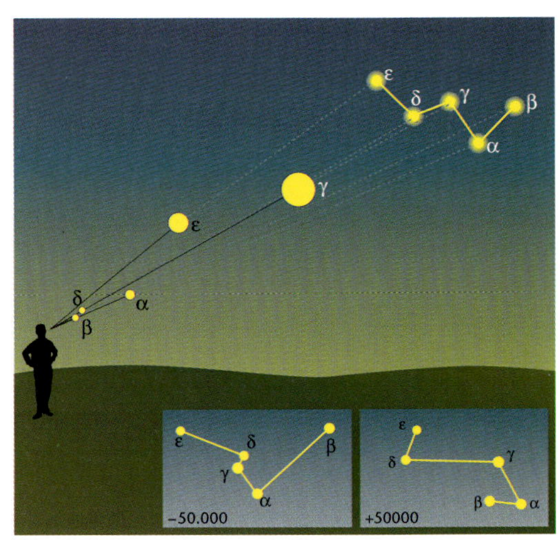

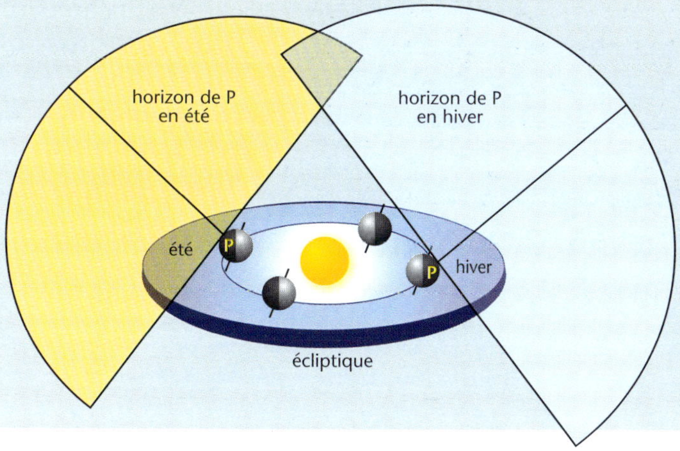

presque totalement inconnu jusqu'au début du XVe siècle.
Car toutes les constellations ne sont pas visibles d'un lieu donné, et celles que nous pouvons voir ne seront pas visibles toute l'année. Tout dépend des coordonnées (pp.62-65) des étoiles qui les forment ; ainsi, depuis une latitude φ, les étoiles de déclinaison supérieure à φ–90° ne se lèvent jamais.
C'est pourquoi, aux latitudes moyennes, certaines constellations se lèvent et se couchent toujours tandis que d'autres restent toujours visibles (elles sont dites circumpolaires) ou toujours invisibles.
En outre, du fait des mouvements de rotation et de révolution de la Terre, même les constellations visibles changent de position selon l'heure des observations et au fil des saisons.
La visibilité des constellations dépend aussi de la durée du jour : par exemple, au-delà du cercle polaire arctique (ou antarctique), quand le jour dure plus de douze heures, il est forcément moins facile de voir les étoiles.

CONSTELLATIONS CONNUES ET MOINS CONNUES

Les constellations répertoriées officiellement aujourd'hui sont au nombre de 88 : 12 forment le zodiaque (p. 84), 27 se trouvent dans l'hémisphère nord, et 49 dans l'hémisphère sud. Les constellations les plus connues sont sans doute celles qui figurent dans les douze symboles zodiacaux ; elles se succèdent dans le ciel nocturne mois après mois (ou à peu près) du fait de la révolution de la Terre.

Sous nos latitudes moyennes, les constellations de la Grande Ourse, très brillante, et de la Petite Ourse, toutes deux circumpolaires, sont également très connues. Comme l'Étoile polaire, très proche du pôle Nord sur la sphère céleste, fait partie de la Petite Ourse, ces constellations permettent depuis la nuit des temps de retrouver le Nord avec une extrême facilité.

Mouvements apparents
CI-DESSUS Les traînées lumineuses laissées par les étoiles sur cette photographie nocturne révèlent la rotation de la Terre.
EN HAUT À GAUCHE Le ciel visible la nuit change selon la position de la Terre sur son orbite héliocentrique.
CI-CONTRE Tandis que l'étoile **A** se lève et se couche, l'étoile **B** est circumpolaire pour le lieu représenté – comme l'Étoile polaire pour nous, elle ne se couche jamais.

DES MILLÉNAIRES DURANT, LA POSITION DES ÉTOILES A SIGNALÉ L'ÉCOULEMENT DU TEMPS, LA BONNE DIRECTION, L'ENDROIT DE LA TERRE OÙ L'ON SE TROUVAIT, ET DONNÉ UN INDICE DES ÉVÉNEMENTS FUTURS. AUJOURD'HUI, L'OBSERVATION DE LA VOÛTE CÉLESTE EST UNE SOURCE DE JOIE ET UN STIMULUS POUR D'AUTRES RECHERCHES.

L'OBSERVATION DU CIEL

CARTE STELLAIRE CYLINDRIQUE
Exemple de carte céleste cylindrique.

- ☆ 1re grandeur
- ○ 2e grandeur
- ● 3e grandeur
- ○ 4e grandeur
- • 5e grandeur

Échelle des grandeurs ou magnitude apparente (p. 190), qui mesure l'éclat des étoiles.

Les étoiles peuvent être admirées partout : les plus brillantes se voient même depuis les rues citadines. Cependant, si l'on reconnaît facilement les principales constellations, les planètes et les étoiles les plus lumineuses malgré les lumières diffuses de la ville, de la pleine Lune ou du coucher du Soleil, celles-ci gênent la perception des étoiles plus pâles et limitent la reconnaissance des constellations.

Pour bien voir tous les corps célestes, trouvez un endroit où les lumières parasites et le brouillard, naturel ou dû à la pollution, sont minimaux – en pleine campagne, et en un lieu surélevé, par exemple, sur une colline ou sur un toit.

Les étoiles se distinguent facilement des planètes : elles tremblotent parce que ce sont des sources lumineuses ponctuelles, alors que les planètes, bien que petites, sont des sources lumineuses étendues (en forme de disque) ; or les poussières en suspension, la vapeur d'eau et les turbulences de l'atmosphère interfèrent davantage avec les rayons lumineux issus des premières.

CONSTELLATIONS ET CARTES CÉLESTES

Du fait de la rotation terrestre, beaucoup d'étoiles et de constellations se lèvent à l'est et se couchent à l'ouest. L'aspect de la voûte céleste change donc lentement au fil des heures, avec la latitude et avec les saisons. Ainsi, au même endroit à la même heure, nous voyons au fil des mois des constellations qui n'apparaissaient d'abord que tard dans la nuit ou pas du tout. Certaines constellations ne sont visibles qu'à certaines époques de l'année, c'est pourquoi on parle de ciel printanier, estival, automnal et hivernal. Pour reproduire le ciel d'un lieu donné, on ne peut donc recourir à une carte qui soit valable à tout moment de la nuit toute l'année. En outre, à l'instar des cartes géographiques, le ciel peut être représenté selon différents modes de représentation : cylindrique ou zénithal.

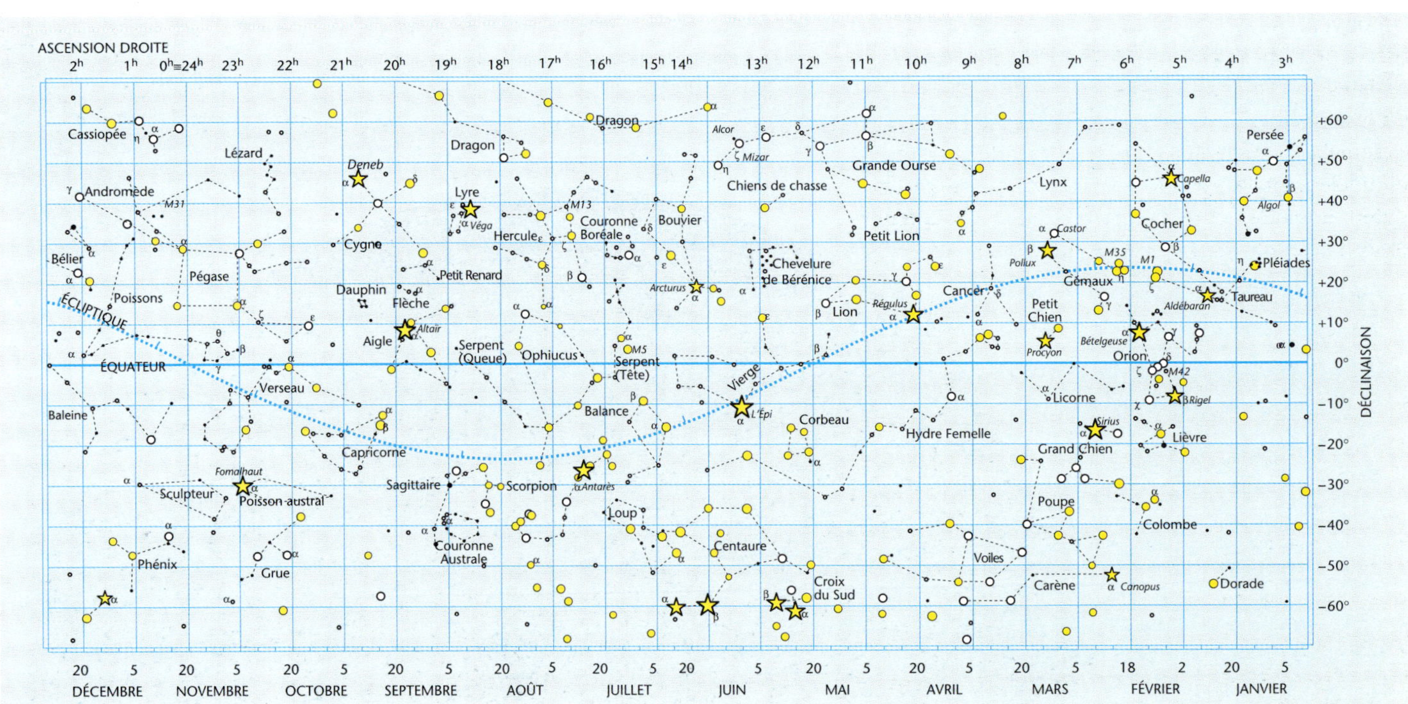

Principales constellations de l'hémisphère nord

Nom *(latin)*	Déclinaison		Ascension droite	
	Limite de la constellation			
	vers le Nord	vers le Sud	vers l'Ouest	vers l'Est
L'Aigle *(Aquila)*	+19°	–12	20 h 40 min	18 h 40 min
Le Bouvier *(Bootes)*	+55°	+7°	15 h 45 min	13 h 35 min
Cassiopée *(Cassiopeia)*	+78°	+46°	3 h 40 min	22 h 55 min
Céphée *(Cepheus)*	+88°	+53°	8 h 05 min	20 h
Le Cocher *(Auriga)*	+56°	+28°	7 h 30 min	4 h 35 min
Le Cygne *(Cygnus)*	+61°	+28°	22 h 05 min	19 h 10 min
Les Gémeaux *(Gemini)*	+35°	+10°	8 h 10 min	6 h
La Grande Ourse *(Ursa Major)*	+73°	+28°	14 h 30 min	8 h 05 min
La Lyre *(Lyra)*	+47,5°	+26°	19 h 30 min	18 h 15 min
La Petite Ourse *(Ursa Minor)*	+90°	+65,5°	circumpolaire	
Orion *(Orion)*	+23°	–11°	6 h 25 min	4 h 45 min

Principales constellations de l'hémisphère sud

Nom *(latin)*	Déclinaison		Ascension droite	
	Limite de la constellation			
	vers le Nord	vers le Sud	vers l'Ouest	vers l'Est
La Carène *(Carina)*	–51°	–76°	11 h 20 min	6 h 05 min
Le Centaure *(Centaurus)*	–30°	–65°	15 h 05 min	11 h 05 min
La Croix du Sud *(Crux)*	–56°	–65°	12 h 55 min	11 h 55 min
La Daurade *(Dorado)*	–49°	–85°	7 h 40 min	3 h 30 min
L'Éridan *(Eridanus)*	0°	–58°	5 h 10 min	11 h 25 min
Le Grand Chien *(Canis Major)*	–11°	–33°	7 h 30 min	6 h 10 min
L'Hydre mâle *(Hydrus)*	–56°	–82°	4 h 35 min	22 h 10 min
L'Octant *(Octans)*	–75°	–90°	circumpolaire	
La Poupe *(Puppis)*	–11°	–51°	8 h 25 min	6 h 05 min
Le Scorpion *(Scorpio)*	–8°	–45°	18 h	15 h 45 min
Les Voiles *(Vela)*	–37°	–57°	11 h 05 min	8 h 05 min

LES CARTES CYLINDRIQUES

Elles sont construites en projetant l'entière voûte céleste sur un plan : on « approche » la sphère céleste par une série de plans tangents à l'équateur sur lesquels sont projetées les positions des corps célestes individuels. Une carte cylindrique reproduit l'entier firmament, mais les figures des constellations sont d'autant plus déformées que leur latitude est grande ; aux pôles, elles deviennent des lignes. Chaque nuit, selon l'heure, on ne peut observer qu'une portion de la carte. Ce type de carte est utile à ceux qui utilisent un télescope, car elle permet de trouver immédiatement les coordonnées équatoriales d'un astre.

LES CARTES ZENITHALES

Ce sont les plus répandues. Elles représentent la voûte céleste comme si on observait une coupole par en dessous – telle que la verrait un observateur à une certaine date, un certain lieu et une certaine heure. Cependant, comme le mouvement de révolution est plus lent que le mouvement de rotation, en un lieu donné on observe pratiquement le même ciel pour des heures et des dates assez proches : la même carte peut donc servir plusieurs fois. Si vous observez le ciel à l'œil nu ou aux jumelles, vous préférerez ce type de carte qui reproduit fidèlement l'aspect du ciel. En outre, sur ces cartes figurent aussi les quatre points cardinaux, l'équateur céleste, l'écliptique et parfois le zénith, dont les positions sont nécessaires pour bien s'orienter.

LA NOMENCLATURE

Selon leur position apparente dans le ciel, les étoiles sont regroupées en constellations qu'il est utile de connaître pour retrouver rapidement un astre dans le ciel.
Les noms des constellations sont souvent tirés de la mythologie gréco-romaine car les Grecs furent les premiers à voir des dessins d'étoiles dans le ciel. D'autres noms sont d'origine arabe, notamment ceux des étoiles les plus brillantes telles Bételgeuse, Aldébaran, Rigel, Altaïr… Ils témoignent de l'importante contribution arabe à l'astronomie. D'autres noms se réfèrent à la tradition paysanne (la Vierge, le Bouvier), tandis que de nombreuses constellations de l'hémisphère austral portent le nom d'instruments scientifiques ou d'animaux exotiques – témoignages de la « nouveauté » des voyages d'exploration ayant amené leur découverte. Par commodité, on adjoint au nom vernaculaire de la constellation son nom en latin, identique dans tous les pays. Dans chaque constellation, les étoiles les plus brillantes sont signalées par une lettre grecque indiquant leur éclat ; l'étoile α est la plus lumineuse de la constellation, l'ordre alphabétique reflétant l'ordre de visibilité. Toutefois cet ordre, attribué il y a longtemps, n'est pas toujours exact.

L'alphabet grec

	se prononce
α	alpha
β	bêta
γ	gamma
δ	delta
ε	epsilon
ζ	dzéta
η	êta
θ	thêta
ι	iota
κ	kappa
λ	lambda
μ	mu
ν	nu
ξ	ksi
ο	omicron
π	pi
ρ	rhô
σ	sigma
τ	tau
υ	upsilon
φ	phi
χ	khi
ψ	psi
ω	oméga

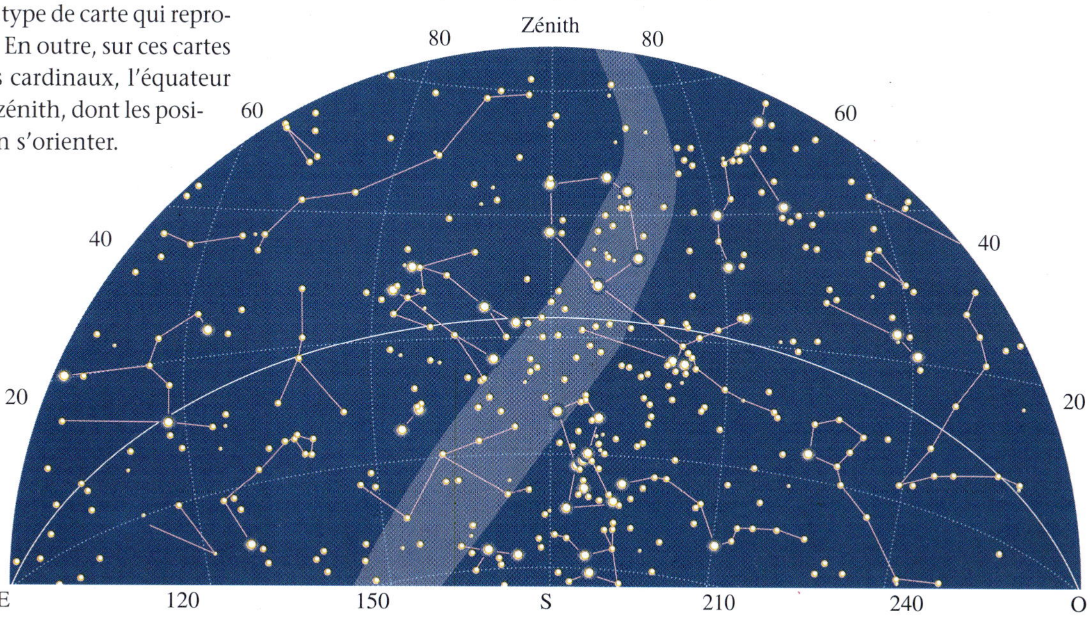

Carte stellaire zénithale
Exemple de moitié sud d'une carte céleste zénithale. Ces cartes sont souvent divisées en deux moitiés (nord et sud) pour en faciliter la lecture.

L'HÉMISPHÈRE NORD DE LA SPHÈRE CÉLESTE PEUT ÊTRE VU EN TOTALITÉ ET EN UNE SEULE FOIS SEULEMENT DEPUIS LE PÔLE NORD OÙ LE ZÉNITH COÏNCIDE AVEC LE PÔLE CÉLESTE ; IL EN EST DE MÊME DE L'HÉMISPHÈRE CÉLESTE SUD VU DEPUIS LE PÔLE SUD. AUX PÔLES, TOUTES LES ÉTOILES VISIBLES SONT CIRCUMPOLAIRES, ET LES CONSTELLATIONS SUIVENT DONC UNE TRAJECTOIRE PARALLÈLE À L'ÉQUATEUR CÉLESTE.

LES CONSTELLATIONS LES PLUS CONNUES

SAGITTAIRE
Cette constellation du Zodiaque évoque le mythologique Chiron, le très sage centaure qui instruisit l'illustre Achille.

DRAGON
Cette constellation était très importante pour les Chinois.

Dans les régions de la Terre de latitude supérieure à 66°33′ (c'est-à-dire au-delà du cercle polaire), le Soleil devient une étoile circumpolaire pendant une période plus ou moins longue suivant la période de l'année (c'est-à-dire suivant sa déclinaison). Il ne se lève ni ne se couche plus quotidiennement mais seulement aux changements de saison. En particulier, au pôle Nord, il se lève à l'équinoxe de printemps, le 21 mars, et ne se couche qu'à l'équinoxe d'automne, le 23 septembre ; pendant ce temps, c'est l'inverse au pôle Sud. Du fait du très long crépuscule, la nuit polaire ne dure pas 6 mois mais beaucoup moins. À cette période, toutes les constellations restent bien visibles au-dessus (ou au-dessous) de l'équateur céleste.

DANS L'HÉMISPHÈRE NORD

Aigle (*Aquila*) Dans le prolongement de la Polaire et d'α du Cygne se trouve Altaïr, une étoile bleutée très brillante de magnitude 0,9. La constellation de l'Aigle, qui s'étire vers le Sagittaire, évoque Jupiter enlevant Ganymède pour qu'il serve les dieux.

Andromède (*Andromeda*) L'étoile α de cette constellation est aussi l'étoile δ du carré de Pégase. De là, la constellation s'étire vers l'est, en direction de Cassiopée. On y trouve la galaxie géante M31 ou Grande galaxie d'Andromède, discernable à l'œil nu ; aux jumelles, elle apparaît comme une tache blanchâtre.

Bouvier (*Bootes*) Elle évoque le gardien des sept bœufs du Grand Chariot (dans la Grande Ourse) (en latin *septem triones*, d'où le terme « septentrion » qui désigne le nord). On y trouve Arcturus, une géante rouge (p. 202) ayant près de 30 fois le diamètre du Soleil ; vous la trouverez en prolongeant l'alignement δ-α de la Grande Ourse ou l'arc de sa queue (*arctos aura*, d'où le nom de l'étoile). À proximité du Bouvier se trouve la petite constellation des **Chiens de Chasse** – un couple d'étoiles pâles entre Arcturus et la Grande Ourse.

Cassiopée (*Cassiopeia*) Joignez Megrez (δ de la Grande Ourse) à l'Étoile polaire et prolongez cette droite jusqu'à Calph (β de Cassiopée). Cette constellation se compose de cinq étoiles brillantes formant un W. Près de Schedar (α) se trouve Achird, une étoile double (une étoile jaune et une rouge). Le nom donné à cette constellation est celui de la femme de Céphée, mère d'Andromède, qui rivalisa par sa beauté avec les Néréides.

Céphée (*Cepheus*) Dans l'alignement α-β de Cassiopée se trouve l'étoile δ de Céphée qui a donné son nom à une classe d'étoiles variables régulières, les céphéides (p. 207) ; sa magnitude varie de 3,6 à 4,3 sur 5 jours. En l'an 8000, l'étoile α remplacera l'Étoile polaire car elle se trouvera alors la plus près du pôle Nord du fait de la précession des équinoxes. Le mythe de Céphée se rattache à la légende des Argonautes.

Cocher (*Auriga*) Aux moyennes latitudes, elle apparaît vers la fin de l'automne et annonce l'hiver. Elle évoque Phaéton, fils d'Apollon, le dieu-soleil grec, qui voulut conduire le char de feu paternel et s'approcha trop de la Terre, manquant la brûler et s'attirant ainsi les foudres de Zeus. On retrouve la constellation juste à l'est de Persée, grâce à l'alignement α-δ de la Grande Ourse ou au prolongement de la queue de la Petite Ourse. La partie principale du Cocher forme un pentagone d'étoile d'où ressort la très brillante Capella (la Petite Chèvre), une étoile jaune de magnitude 0,016 (p. 191).

Cygne ou Croix du Nord (*Cygnus*) Sa forme en croix la rend facilement repérable. Immédiatement à l'est de la Lyre se trouve Albiréo, la « tête » du Cygne, une étoile de 3e grandeur proche de Véga, l'étoile la plus brillante de la Lyre. La queue du Cygne est signalée par Deneb (α du Cygne), une brillante étoile de magnitude 1,26 à proximité de laquelle est visible la nébuleuse Nord America. Le Cygne contient aussi la première étoile dont on a pu estimer la distance.

Dragon (*Draco*) Sa queue se trouve à environ 10° des deux étoiles postérieures de la Grande Ourse, il se recourbe entre les deux Ourses et s'achève par un groupe

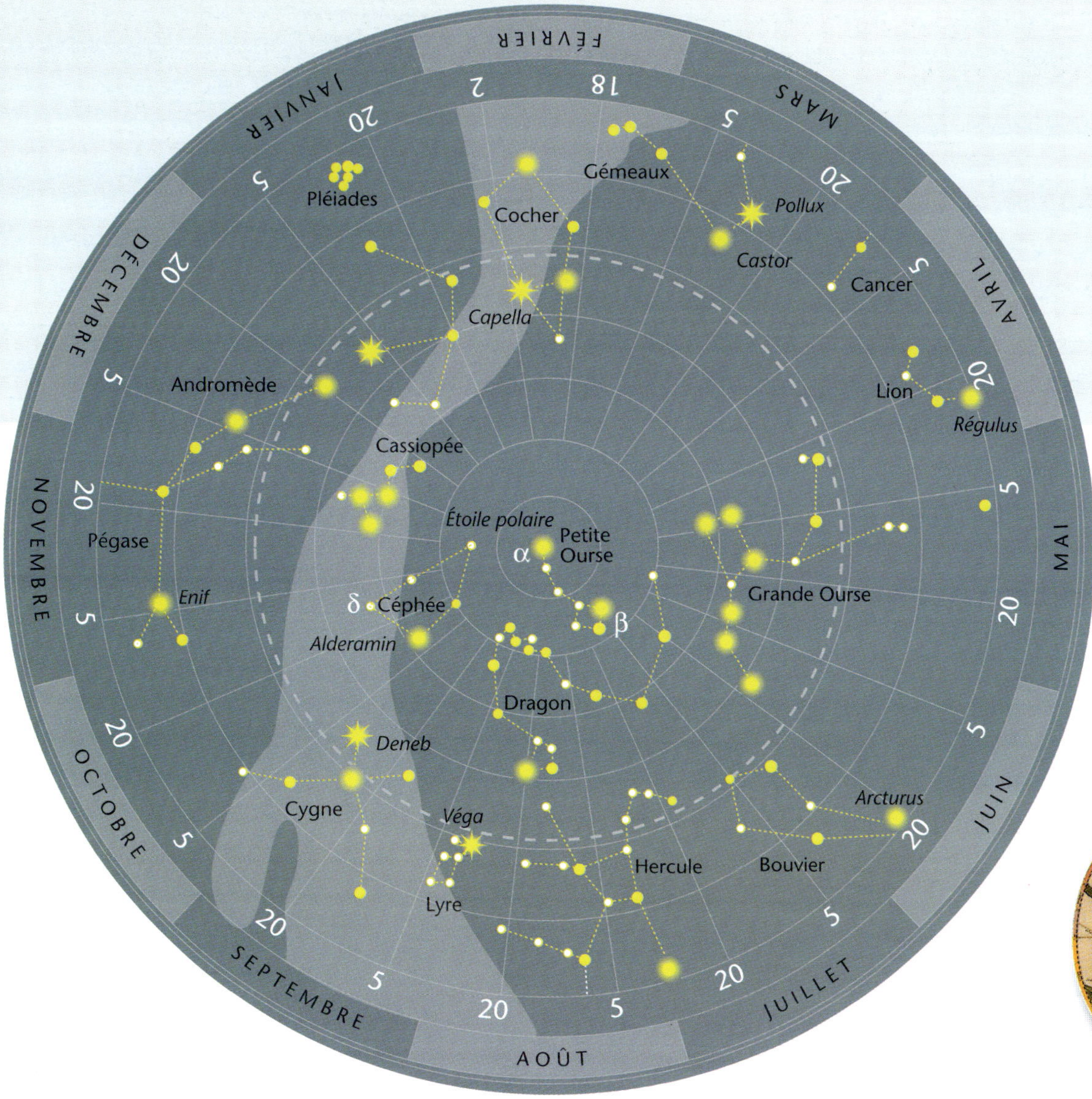

L'hémisphère céleste nord
Seules les principales constellations sont reportées (les noms d'étoiles sont en italiques). La lettre α indique l'étoile la plus lumineuse d'une constellation, la luminosité décroissant suivant l'ordre de l'alphabet grec.

CI-DESSOUS Le même hémisphère céleste d'après une gravure ancienne.

de quatre étoiles (la tête) à environ 15° de Véga. Thurban, dernière étoile de la queue du dragon, était autrefois l'étoile polaire vers laquelle les Égyptiens ont orienté leurs pyramides. Bien que le Dragon soit circumpolaire, la constellation se voit mieux à la fin du printemps et au début de l'été aux latitudes moyennes, quand elle est plus haute sur l'horizon. Avec un télescope, vous pouvez voir une nébuleuse planétaire (p. 202). Dans la mythologie, le Dragon était le gardien du jardin des Hespérides et fut tué par Hercule ; il ne fait pas partie de la légende liant Cassiopée, Andromède et la Baleine. Cette constellation était très importante pour les Chinois au point de devenir leur emblème national.

Flèche (*Sagitta*) et **le Dauphin** (*Delphinus*) La Flèche est une constellation très évidente entre l'Aigle et le Cygne. Plus loin vers l'est, le Dauphin, formé d'un petit losange d'étoiles de 4e grandeur, forme un triangle avec l'Aigle et la Flèche.

Grande Ourse (*Ursa Major*) et **la Petite Ourse** (*Ursa Minor*) Les sept étoiles principales qui forment le Chariot de la Grande Ourse en font la constellation la plus facile à trouver dans l'hémisphère nord. Mizar (ζ UMa) et Alcor (80 UMa), un double visuel, font partie de l'amas mobile de la Grande Ourse avec 5 autres étoiles du Chariot. En prolongeant l'alignement β-α de la Grande Ourse vous trouvez l'Étoile polaire dans la Petite Ourse, assez pâle ; c'est une étoile triple dont l'étoile secondaire, visible aux jumelles, est une variable céphéide (p. 207). La Polaire est distante de 350 a.l. de la Terre.

Hercule (*Hercules*) L'élément principal de la constellation est un groupe de quatre étoiles de 3e et 4e magnitude situées sous la tête du Dragon. Sur le côté ouest se trouve l'amas M13, formé de plus de 500 000 étoiles et situé à 25 000 années-lumière, visible au télescope.

Lyre (*Lyra*) C'était l'instrument d'Orphée. Véga, une étoile blanc bleu vers laquelle semble se diriger le Soleil (*apex*), se trouve sans difficulté en suivant

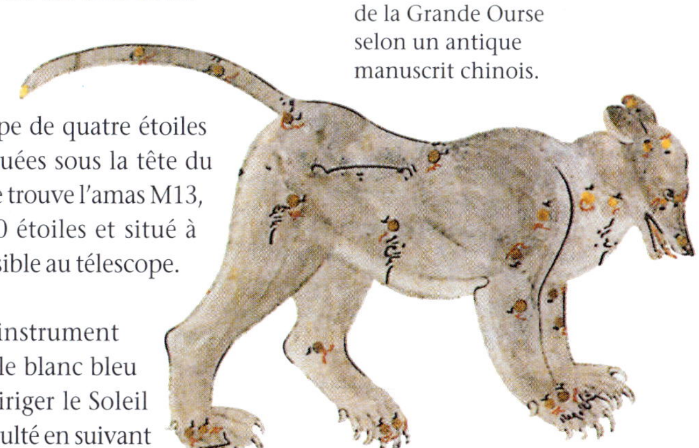

La Grande Ourse
La constellation de la Grande Ourse selon un antique manuscrit chinois.

La nébuleuse d'Orion
Détail d'une photographie prise par le télescope spatial *Hubble* de la NASA montrant les grosses étoiles formant l'amas du Trapèze, au cœur de la Grande Nébuleuse d'Orion (M42), située entre les deux « jambes » du chasseur, à environ 16 000 années-lumière de la Terre.

l'alignement γ-δ de la Grande Ourse ; des observations récentes suggèrent la présence d'un disque protoplanétaire autour d'elle. ε de la Lyre est un « double double » (p. 206) dont le couple principal est séparable aux jumelles.

Pégase (*Pegasus*) Prolongez la ligne joignant la Grande Ourse à la Polaire ; au-delà de Cassiopée vous trouvez le grand carré de Pégase. Le cheval ailé s'étend vers le Cygne et le Dauphin, à l'envers, la tête près de l'équateur. Pégase n'apparaît pas seulement dans la légende de Persée et d'Andromède, mais aussi dans celle de Bellérophon, le héros qui s'élança dans le ciel et, fondant sur la Chimère, la tua.

Persée (*Perseus*) Dans le prolongement de γ-δ de Cassiopée, la constellation a une forme rappelant un K qui s'allonge vers le Cocher. Le bras supérieur s'achève avec Algol, la Tête de la Méduse, une étoile variable à éclipses (p. 207) dont la magnitude varie de 2,3 à 3,4. La très brillante Mirfak (α de Persée), autrefois appelée Algénib comme γ de Pégase, est une géante jaune.

Petit Chien (*Canis Minor*) Le plus petit des deux chiens qui accompagnent Orion. La seule étoile visible est Procyon, très brillante étoile jaune de magnitude 0,5.

La Lyre, le Cygne, le Verseau et les Poissons
Ces quatre constellations figurent sur une miniature du manuscrit *Città di Vitta* de Matteo Palmieri (XVe siècle).

ENTRE L'HÉMISPHÈRE NORD ET L'HÉMISPHÈRE SUD

Ophiucus ou le Serpentaire (*Ophiuchus*) C'est une grande constellation assez pâle au-dessous d'Hercule, qui s'entrelace avec le Serpent ; pour la trouver, prolongez l'alignement ε-δ d'Hercule. Le Serpentaire est lié au culte d'Esculape, dieu de la médecine ; il tient d'une main la tête du serpent et sa queue de l'autre.

Orion (*Orion*) Orion était un chasseur géant qui lutta avec le Taureau ; tué par le Scorpion, il fut ramené à la vie par Esculape. Proche de l'horizon, cette constellation est très repérable à sa forme de sablier (le corps d'Orion) ; sur son épaule brille Bételgeuse, une supergéante rouge variable de magnitude moyenne 0,8, et au bas de sa toge, Rigel, supergéante bleue de magnitude 0,2. Trois étoiles brillantes alignées forment la ceinture d'Orion. À celle-ci pend son « épée » près de laquelle vous trouverez deux nébuleuses, la grande M42 (16 années-lumière de diamètre, distante de 1 600 a.l.) et M43, plus petite.

Serpent (*Serpens*) La Tête de cette très longue constellation aujourd'hui scindée en deux se trouve au sud de la Couronne boréale et sa Queue, près de l'Aigle. Au sud de la Tête, l'amas globulaire (p. 218) M5 se distingue à l'œil nu.

DANS L'HÉMISPHÈRE SUD

Baleine (*Cetus*) Composée d'étoiles plutôt pâles et clairsemées (la plus brillante est de 2e grandeur), elle contient Mira, la première étoile variable (p. 207) jamais découverte ; cette étoile de classe M (p. 196) passe d'une magnitude 8-10 (environ 2 000 K) à 2-5 (2 600 K environ) sur une période de 331 jours. La tête de la Baleine – six étoiles disposées en cercle – est située au sud-ouest des Pléiades et au sud d'Andromède. La constellation, qui s'étire d'est en ouest, évoque le monstre auquel Andromède fut sacrifiée pour apaiser Poséidon.

Centaure (*Centaurus*) et **la Croix du Sud** (*Crux*) Déjà remarquée du temps de Ptolémée, la constellation du

L'hémisphère céleste sud
Seules les principales constellations y figurent.

CI-DESSOUS ET EN BAS
Le même hémisphère céleste et une illustration du Centaure tirés d'une gravure ancienne.

Centaure englobait autrefois la Croix du Sud, dissociée depuis peu. L'étoile la plus brillante de cette figure mythologique, mi-homme, mi-cheval, est aussi la 3e étoile plus brillante du ciel : Rigil Kentaurus est une étoile triple, dont la composante naine rouge, Proxima, est l'étoile la plus proche de nous (à 4,249 a.l.). Le Centaure contient aussi le plus gros et lumineux amas globulaire (p. 218) du ciel (NGC5139), visible à l'œil nu, et la belle galaxie Centaurus A, visible aux jumelles, l'un des objets les plus énergétiques du ciel.

Grand Chien (*Canis Major*) Prolongez l'alignement de la ceinture d'Orion jusqu'à l'œil du Grand Chien, formé par Sirius, l'étoile la plus brillante du ciel. Cette étoile double très proche de nous se compose d'une étoile bleue de magnitude –1,45 et d'une naine blanche (p. 202). Le Grand Chien contient aussi deux amas stellaires.

Lièvre (*Lepus*) et **la Colombe** (*Columba*) Ce sont deux petites constellations au sud d'Orion. La partie principale du Lièvre est un quadrilatère d'étoiles de 3e et 4e grandeur. La Colombe, qui évoque celle de l'Arche de Noé, est encore plus petite : quatre étoiles au sud du Lièvre.

Poupe (*Puppis*), **les Voiles** (*Vela*) et **la Carène** (*Carena*) Ces trois constellations très brillantes au sud du Grand Chien formaient autrefois une seule constellation, le Navire Argo du mythe des Argonautes ; c'est pourquoi elles ont plusieurs étoiles en commun.
L'étincelante Carène comprend une étoile variable irrégulière (η Carina) nichée dans une nébuleuse visible à l'œil nu et deux gros amas ouverts ; son étoile la plus brillante, Canopus, est aussi la plus lumineuse du ciel austral. La Poupe a 12 étoiles de magnitude inférieure à 4 dont Naos (ζ), de magnitude 2,3 ; dans cette région du ciel se trouvent de nombreux amas ouverts et nébuleuses (p. 212) bien visibles aux jumelles. Dans les Voiles, signalons l'amas ouvert (p. 218) o Velorum (I.2391), de magnitude 2,5, contenant une trentaine d'étoiles, et la nébuleuse Gum, reste d'une supernova ayant explosé il y a 12 000 ans et extension de la nébuleuse des Voiles.

Il y a quelque chose de magique dans l'apparition et la disparition rythmique de certaines constellations du ciel nocturne. Les Anciens avaient rattaché ce phénomène à l'astrologie et à la divination, et encore aujourd'hui certains ont besoin du Zodiaque pour se rassurer.

LE ZODIAQUE

Les Léonides
Cet essaim d'étoiles filantes qui revient au début de novembre semble provenir d'un point du ciel dans la constellation du Lion.

Le Zodiaque est une bande de la voûte céleste large de 18° située à cheval sur l'écliptique. Les Anciens l'ont divisée en 12 secteurs de 30° chacun à partir du point vernal γ : les signes zodiacaux, auxquels ils ont donné le nom de la constellation la plus représentative de l'époque. Selon la position de la Terre et des autres corps célestes, le Soleil, les planètes et la Lune se projettent sur le Zodiaque. Au cours de l'année, le Soleil traverse tous ces signes en se déplaçant sur l'écliptique. La Lune et les planètes traversent aussi les signes zodiacaux, mais à des rythmes différents.

Les constellations du Zodiaque sont visibles, chacune, à des périodes différentes de l'année. Toutes se lèvent et se couchent en suivant le mouvement de la voûte céleste. Remarquons qu'il y a deux mille ans, au temps d'Hipparque, le point vernal se trouvait dans la constellation du Bélier ; du fait de la précession de l'axe de rotation terrestre, il s'est déplacé depuis de près de 30° et se trouve aujourd'hui dans les Poissons. Par suite, et contrairement à ce qu'affirment tous les horoscopes, le Soleil n'est plus aujourd'hui dans le signe des Gémeaux entre le 21 mai et le 21 juin (par exemple), mais dans le Taureau.

le Bélier (*Aries*) La constellation, modeste, se trouve un peu à l'est sous Andromède. Elle est importante parce qu'elle hébergeait autrefois le point γ.

le Taureau (*Taurus*) Dans l'axe de l'Étoile polaire et Capella, on trouve El Nath, étoile commune au Cocher et au Taureau (β Tauri). C'est une géante bleue beaucoup moins brillante, cependant, qu'Aldébaran, la géante rouge à mi-chemin entre El Nath et l'amas des Pléiades. Près de ζ se trouve la célèbre Nébuleuse du Crabe, reste d'une supernova observée en 1054. Près d'Aldébaran se trouve l'amas ouvert (p. 218) des Hyades dont on distingue seulement cinq ou six étoiles. Le Taureau représente Zeus ainsi transformé pour enlever Europe et l'emmener dans l'île de Crète.

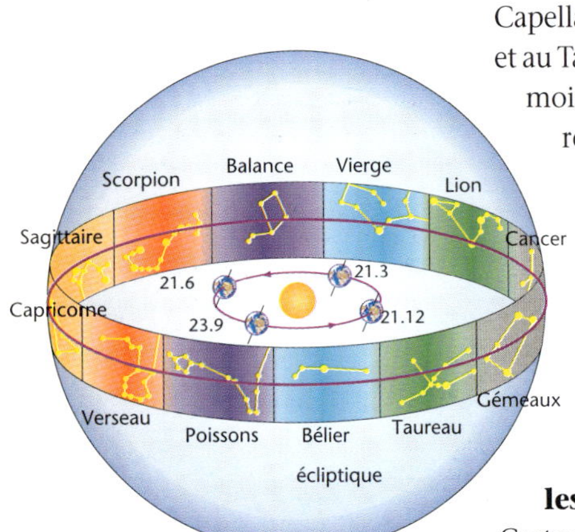

les Gémeaux (*Gemini*) Cette constellation évoque Castor et Pollux, les fils jumeaux de Zeus et de Leda qui participèrent à l'expédition des Argonautes. En suivant l'alignement δ-β de la Grande Ourse vous trouvez Pollux, une géante rouge un peu plus brillante que Castor, une étoile multiple à 6 composantes. Un des plus beaux amas ouverts, M35, se trouve près de Tejat Prior. Le point du solstice d'été (Nord) se trouve dans ce signe.

le Cancer (*Cancer*) Hercule écrasa le « crabe » en combattant l'Hydre de Lerne. Au centre de cette constellation très peu distincte se trouve l'amas ouvert de la Crèche (*Praesepe* ou M44), l'un des plus proches de la Terre ; l'un des deux « ânes » de la Crèche, l'étoile Asellus Australis, est sur l'écliptique.

le Lion (*Leo*) C'est la plus grande constellation du Zodiaque. Les étoiles filantes appelées les Léonides semblent tomber de ce secteur du ciel. Retrouvez-la en prolongeant l'alignement entre l'Étoile Polaire, et α et β de la Grande Ourse. L'étoile la plus brillante est Régulus, blanc-bleu, située juste sur l'écliptique, puis vient Denebola, blanche, et Algieba, une étoile double jaune. Le Lion évoque Némée, le fauve abattu par Hercule.

la Vierge (*Virgo*) La constellation est associée à la déesse des Moissons. Prolongez l'arc formé par les étoiles δ, ε, ζ et η de la Grande Ourse et Arcturus, l'étoile la plus brillante du Bouvier, pour trouver l'Épi (α de la Vierge), une binaire blanc-bleu. Des étoiles de 3e et 4e grandeur forment un Y qui, depuis l'Épi, s'étend vers Denebola, la « queue du Lion » : la Vierge est facile à reconnaître car le ciel de cette région est pauvre en étoiles brillantes. On y trouve aussi un amas de centaines de galaxies distant d'environ 7 millions d'années-lumière.

la Balance (*Libra*) Partant de l'Étoile polaire, vous passez par β du Bouvier et arrivez à Zuben-el-Genubi, l'étoile la plus brillante de la Balance, une dizaine de degrés sous l'équateur céleste et un peu à l'ouest de Zuben-el-Schemali (β Librae).

le Scorpion (*Scorpius*) Facile à reconnaître avec sa forme en hameçon. Prolongez la droite passant de la Polaire à β d'Hercule pour trouver Antarès, l'étoile la plus brillante du Scorpion – une supergéante rouge qui possède une pâle

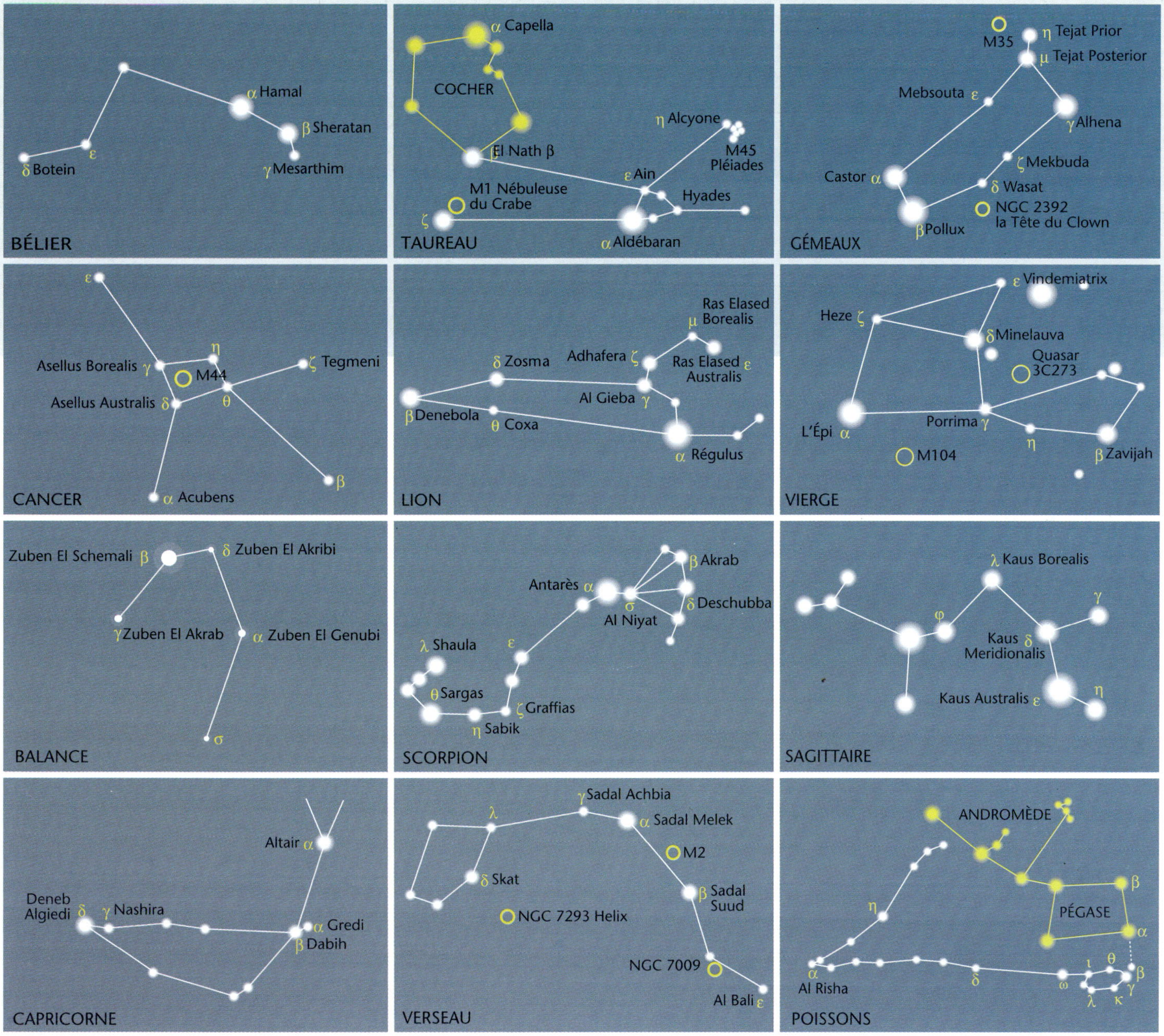

compagne verdâtre. Près de Shaula se trouve un bel amas ouvert où on discerne plus de 50 étoiles aux jumelles. Le Scorpion tua Orion le Chasseur pour le compte d'Artémis qui, en récompense, l'immortalisa dans le ciel.

le Sagittaire (*Sagittarius*) Partant d'Altaïr vers la tête de l'Aigle vous trouvez le Sagittaire, environ 30° sous l'équateur céleste; sa partie centrale rappelle la forme d'une théière. On y trouve le plus grand nombre d'objets Messier observables aux jumelles, dont les nébuleuses de la Lagune (M8), Trifide (M20) et Oméga (M17) et des amas ouverts et globulaires.

le Capricorne (*Capricornus*) En suivant la direction Véga-Altaïr vous trouvez Gredi (ou Giedi) et Dabih. La première est un «double double» jaune tout juste séparable à l'œil nu; toutes les autres étoiles sont peu brillantes. Le Capricorne est un animal mythique à torse de chèvre et queue de poisson.

le Verseau (*Aquarius*) L'alignement β-α de Pégase et β des Poissons vous amène à λ du Verseau. La constellation longue et peu lumineuse s'étend de part et d'autre de l'équateur céleste. Elle contient Helix (NGC7293), la plus grosse et proche nébuleuse planétaire, observable à la lunette. Le Verseau représente Deucalion, fils de Prométhée, versant de l'eau d'une amphore.

les Poissons (*Pisces*) Prolongez la ligne β-α de Pégase pour tomber sur β des Poissons. La constellation, en V, part vers le Bélier depuis l'anneau d'étoiles sous Pégase, puis bifurque vers Andromède au niveau de Al Rischa («le Nœud»), une étoile double blanc-bleu. Le point vernal se situe au sud-ouest de l'étoile λ.

Les 12 constellations zodiacales
Les constellations du Zodiaque sont indiquées par des traits et des étoiles blanches, tandis que les constellations très proches sont en jaune. Les cercles jaunes signalent la position des objets célestes les plus intéressants à observer.

HÉMISPHÈRE NORD

RÉGIONS POLAIRES (63°30′), 24 H 00
SOLSTICE D'HIVER (21 DÉCEMBRE)

C'EST LA PÉRIODE DES LONGUES NUITS. AU PÔLE, LE SOLEIL NE RÉAPPARAÎTRA QU'EN ÉTÉ, TANDIS QU'À CETTE LATITUDE, LES JOURNÉES SONT TRÈS COURTES. PROFITEZ DES NUITS PÉTRIES DE GEL POUR ADMIRER LES ÉTOILES RESPLENDISSANT DANS UN CIEL REDEVENU TRÈS PUR.

AU NORD

Dans l'alignement des étoiles β-α de la Grande Ourse, vous trouvez l'Étoile polaire dans la Petite Ourse. Une fois cette dernière retrouvée, prolongez-en l'alignement ζ-η pour trouver Etamin, l'étoile la plus lumineuse du Dragon. En extrapolant l'alignement Etamin-Rastaban (β Draconis) vous repérez Sadr, au centre de la grande croix du Cygne. Prolongez l'alignement Sadr-Deneb (la « queue du Cygne ») pour trouver Calph, l'étoile β de la constellation de Cassiopée à la forme en W bien reconnaissable. L'alignement α-β de Cassiopée vous amène à α de Céphée, tandis que celui de γ-α vous mène à Sirrah, étoile commune à Pégase et Andromède.

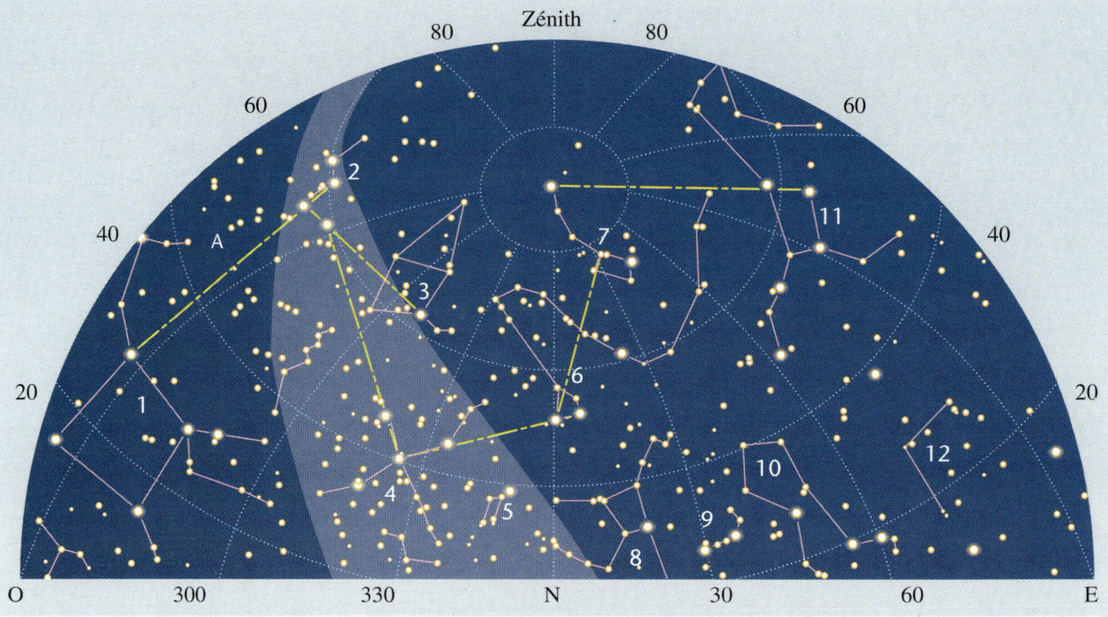

AU SUD

Bas de l'horizon, la constellation d'Orion se repère dans l'immédiat avec les trois étoiles de sa ceinture alignées sur l'équateur céleste. Dans leur alignement vers l'ouest (à droite) se trouve Aldébaran, l'étoile la plus lumineuse du Taureau, et vers l'est (à gauche), très bas sur l'horizon, étincelle Sirius, dans le Grand Chien, l'étoile la plus brillante du ciel. Dans l'alignement Rigel-Alnilam-Bételgeuse d'Orion se trouve Castor (α des Gémeaux) et juste à côté, Pollux (β) ; dans leur alignement se trouve β du Cocher, non loin de Capella.

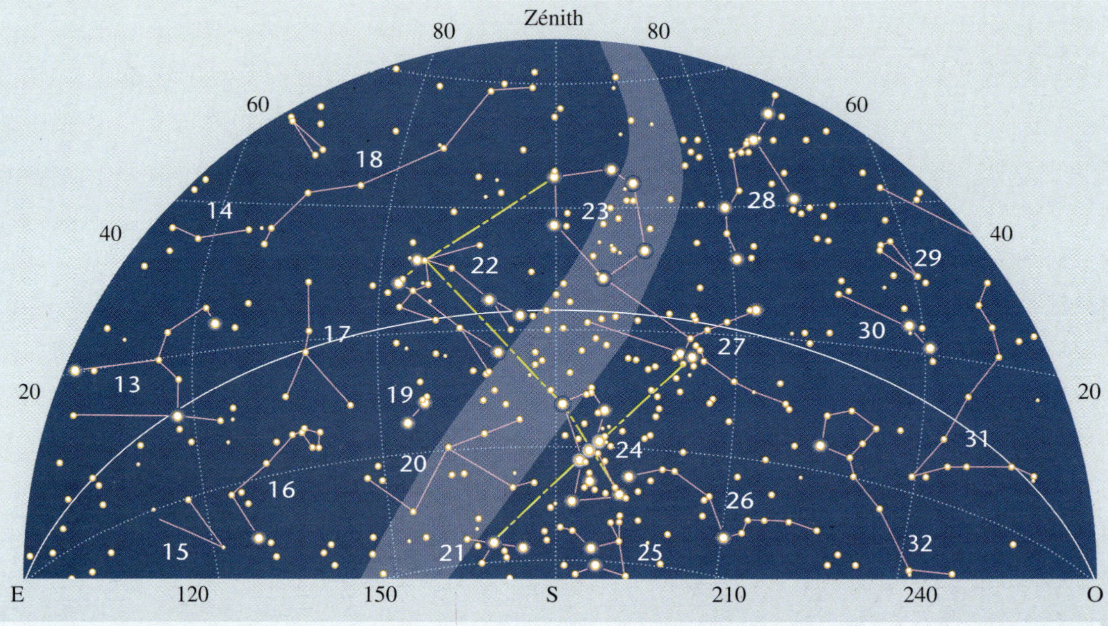

1. Pégase
2. Cassiopée
3. Céphée
4. Cygne
5. Lyre
6. Dragon
7. Petite Ourse
8. Hercule
9. Couronne Boréale
10. Bouvier
11. Grande Ourse
12. Chevelure de Bérénice
13. Lion
14. Petit Lion
15. Sextant
16. Hydre femelle
17. Cancer
18. Lynx
19. Petit Chien
20. Licorne
21. Grand Chien
22. Gémeaux
23. Cocher
24. Orion
25. Lièvre
26. Éridan
27. Taureau
28. Persée
29. Triangle
30. Bélier
31. Poissons
32. Baleine

A. Galaxie M31

HÉMISPHÈRE NORD
RÉGIONS POLAIRES (63°30'), 24 H 00
ÉQUINOXE DE PRINTEMPS (21 MARS)

Les nuits raccourcissent rapidement. Autour de cette date, les variations de la durée du jour (ou de la nuit) sont maximales. Regardez en direction du Sud, sous la constellation du Lion : vous y découvrirez de nombreuses galaxies.

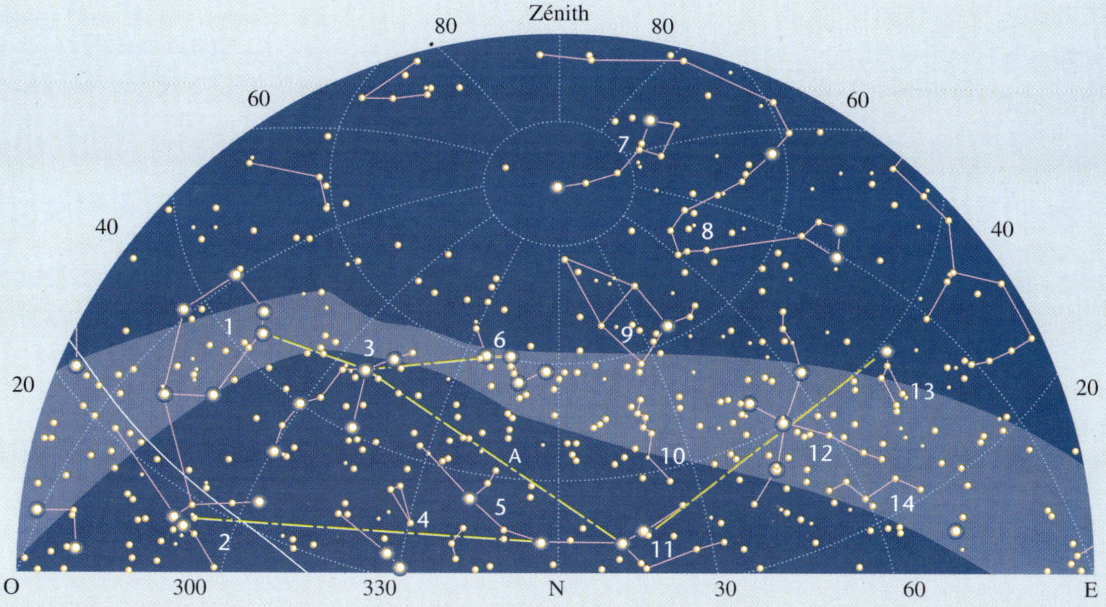

Au nord
Les constellations les plus reconnaissables sont la grande croix du Cygne, basse sur l'horizon, et le W de Cassiopée, plus haute. En suivant à rebours les alignements indiqués à la page précédente vous trouvez le Dragon, la Petite Ourse et Pégase. Véga, dans la Lyre, se déduit de l'alignement de Scheat et Sadr, et Aldébaran, dans le Taureau, de l'alignement Scheat-Sirrah. Dans le prolongement de γ-δ de Cassiopée se trouve l'α de Persée qui, alignée avec Scheat, amène à Capella (α du Cocher).

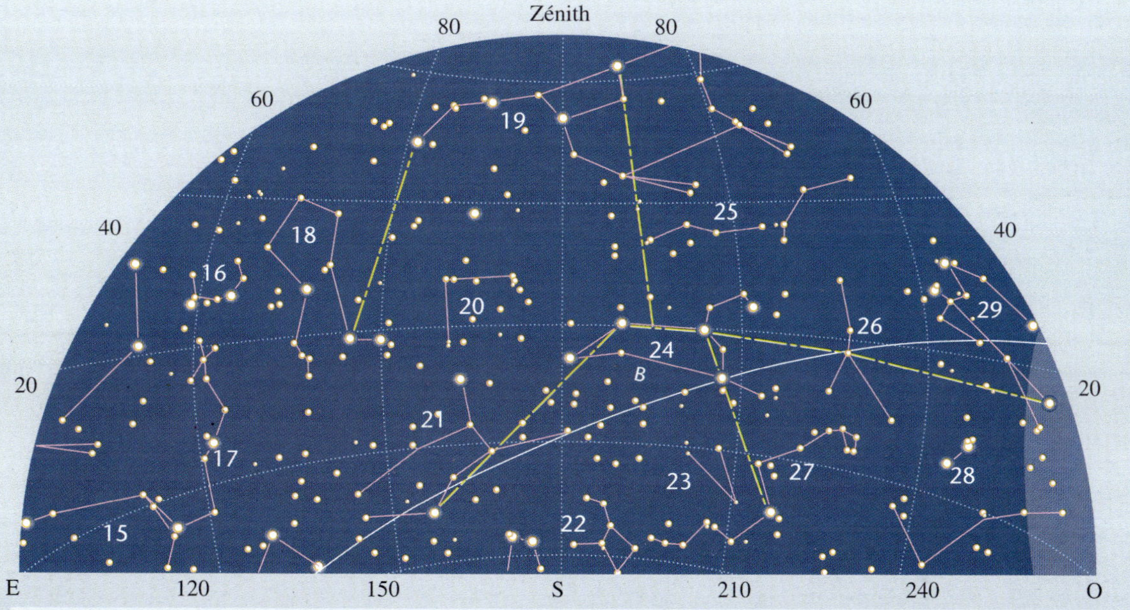

Au sud
La Grande Ourse, presqu'au zénith, permet de retrouver Arcturus, dans le Bouvier, l'étoile la plus brillante de l'hémisphère nord, et la constellation du Lion, à mi-chemin entre l'horizon et le zénith. Des alignements γ-α, Zosma-β et Zosma-γ dans le Lion se déduisent respectivement les étoiles α de l'Hydre, α de la Vierge et γ des Gémeaux. À l'ouest (sur la droite), Sirius est visible bas sur l'horizon.

1. Cocher
2. Taureau
3. Persée
4. Triangle
5. Andromède
6. Cassiopée
7. Petite Ourse
8. Dragon
9. Céphée
10. Lézard
11. Pégase
12. Cygne
13. Lyre
14. Petit Renard
15. Serpent (Queue)
16. Couronne Boréale
17. Serpent (Tête)
18. Bouvier
19. Grande Ourse
20. Chevelure de Bérénice
21. Vierge
22. Coupe
23. Sextant
24. Lion
25. Petit Lion
26. Cancer
27. Hydre Femelle
28. Grand Chien
29. Gémeaux

A. Galaxie M31
B. Zone riche en galaxies

HÉMISPHÈRE NORD

RÉGIONS POLAIRES (63°30'), 24 H 00
SOLSTICE D'ÉTÉ (21 JUIN)

C'EST LA PÉRIODE DES JOURNÉES INTERMINABLES. AU PÔLE, LE SOLEIL NE SE COUCHERA QU'UNE FOIS L'HIVER DE RETOUR. À CETTE LATITUDE, LES NUITS, TRÈS BRÈVES, RESTENT ÉCLAIRÉES PAR UN CRÉPUSCULE PERMANENT : DISTINGUER LES CONSTELLATIONS EST PRATIQUEMENT IMPOSSIBLE.

Si le ciel était assez obscur, vous verriez ces constellations :

1. Lion
2. Petit Lion
3. Grande Ourse
4. Petite Ourse
5. Lynx
6. Gémeaux
7. Cocher
8. Persée
9. Cassiopée
10. Céphée
11. Lézard
12. Andromède
13. Triangle
14. Bélier
15. Pégase
16. Poissons
17. Verseau
18. Cygne
19. Petit Renard
20. Aigle
21. Écu de Sobieski
22. Lyre
23. Dragon
24. Hercule
25. Ophiucus
26. Balance
27. Serpent
28. Couronne Boréale
29. Bouvier
30. Vierge

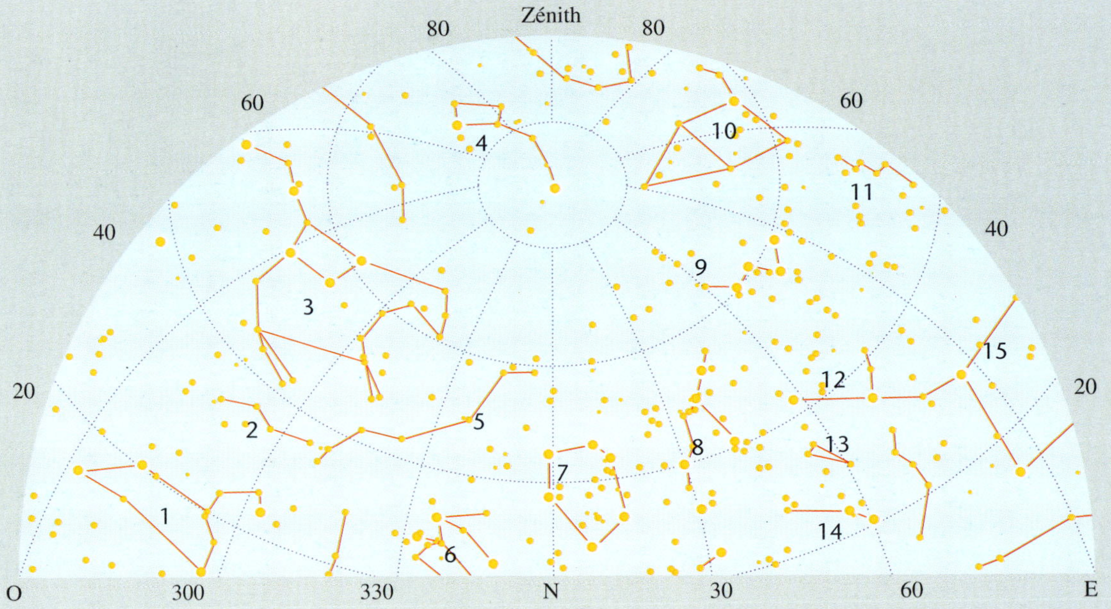

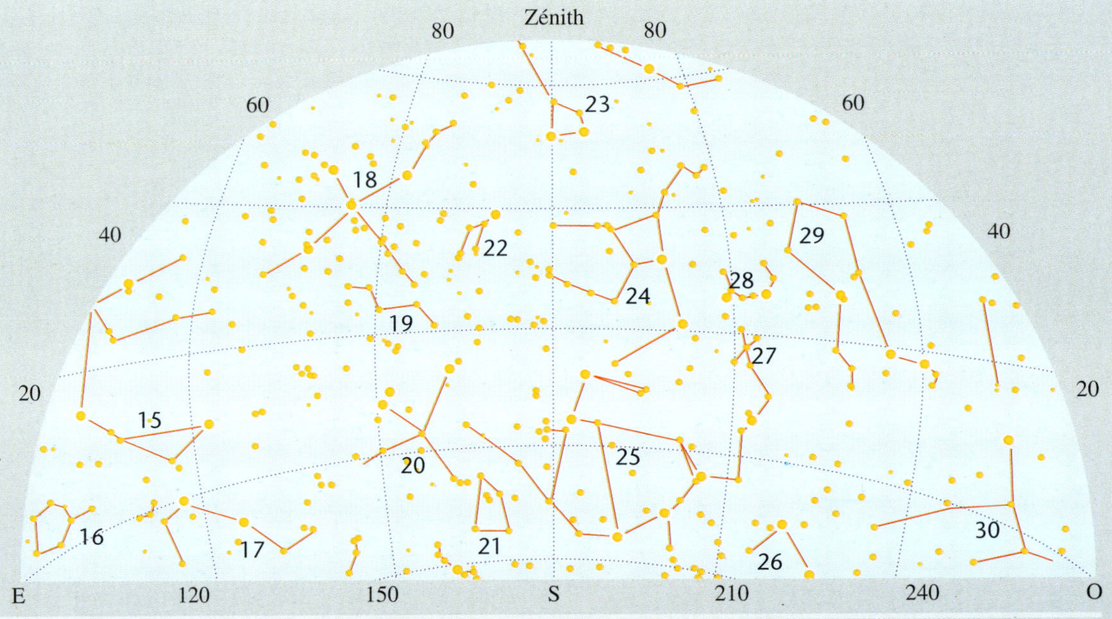

HÉMISPHÈRE NORD
RÉGIONS POLAIRES (63°30′), 24 H 00
ÉQUINOXE D'AUTOMNE (23 SEPTEMBRE)

APRÈS CETTE DATE, ON SE PRÉCIPITE VERS L'HIVER ET SES NUITS ÉTOILÉES. POUR LE MOMENT, CONTENTONS-NOUS D'ADMIRER UNE PARTIE DU CIEL QUI, SOUS PEU, DISPARAÎTRA SOUS L'HORIZON.

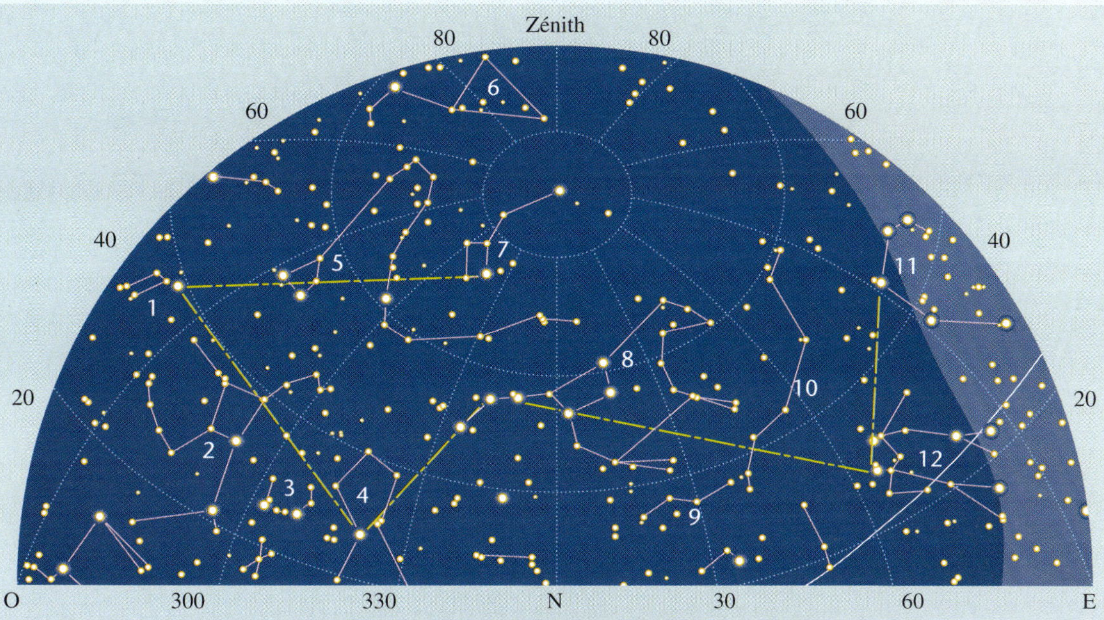

AU NORD
Isolez la Grande Ourse, puis repérez la Petite Ourse et le Dragon comme précédemment. Grâce au prolongement de la queue de la Grande Ourse vous retrouvez le Bouvier. Sur la gauche, presque à l'ouest, alignée avec β-γ de la Petite Ourse, resplendit Véga ; diamétralement opposée, à droite, presqu'à l'est, brille Capella, repérable grâce à l'alignement β-α des Gémeaux. Vous trouvez Pollux (β des Gémeaux) dans l'alignement d'Alioth-Phecda(ε-γ) de la Grande Ourse.

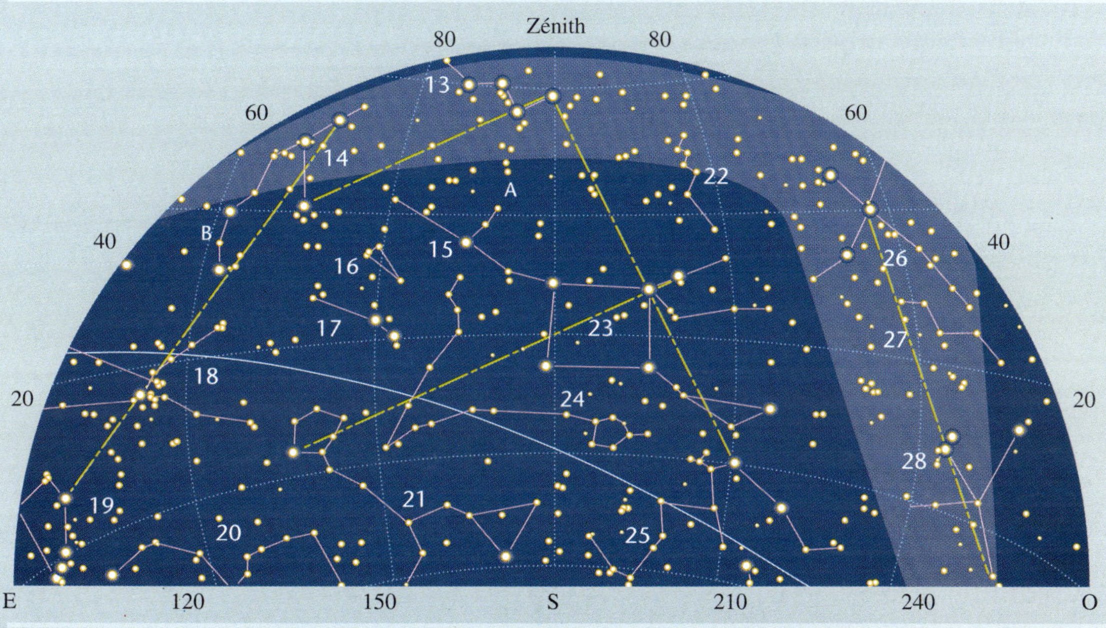

AU SUD
Pégase est au centre de la voûte céleste, à égale distance du zénith et de l'horizon. À l'ouest (à droite) resplendissent le Cygne, plus haut, et l'Aigle, plus bas. À l'est (à gauche), en suivant la direction de β-α de Cassiopée vous trouvez d'abord Algol (β de Persée) puis la nébuleuse Californie, et enfin, en poursuivant vers Aldébaran dans le Taureau, l'amas des Pléiades. En descendant de β de Cassiopée à l'étoile β dans le carré de Pégase, vous trouvez α du Verseau ; l'alignement de η-β de Pégase vous amène à α de la Baleine. À l'est, Orion est très bas sur l'horizon.

1. LYRE
2. HERCULE
3. COURONNE BORÉALE
4. BOUVIER
5. DRAGON
6. CÉPHÉE
7. PETITE OURSE
8. GRANDE OURSE
9. PETIT LION
10. LYNX
11. COCHER
12. GÉMEAUX
13. CASSIOPÉE
14. PERSÉE
15. ANDROMÈDE
16. TRIANGLE
17. BÉLIER
18. TAUREAU
19. ORION
20. ÉRIDAN
21. BALEINE
22. LÉZARD
23. PÉGASE
24. POISSONS
25. VERSEAU
26. CYGNE
27. PETIT RENARD
28. AIGLE

A. GALAXIE M31
B. NÉBULEUSE CALIFORNIE

HÉMISPHÈRE NORD

LATITUDES MOYENNES (45°), 24 H 00
SOLSTICE D'HIVER (21 DÉCEMBRE)

À NOS LATITUDES, LES NUITS D'HIVER SONT LONGUES. PRESQUE TOUTES LES CONSTELLATIONS SE LÈVENT ET SE COUCHENT. LE MEILLEUR MOMENT POUR LES OBSERVER, C'EST LORSQUE LEUR HAUTEUR EST MAXIMALE AU-DESSUS DE L'HORIZON.

AU NORD
Prolongez l'alignement β-α de la Grande Ourse pour trouver l'Étoile polaire, et par suite, la Petite Ourse ; prolongez-en l'alignement ζ-η pour trouver Etamin, l'étoile la plus lumineuse du Dragon. Repérez ensuite le W caractéristique de Cassiopée : dans les alignements de α-β, γ-α et γ-δ de Cassiopée vous trouverez respectivement α de Céphée, Sirrah, l'étoile commune à Andromède et Pégase, et α de Persée.

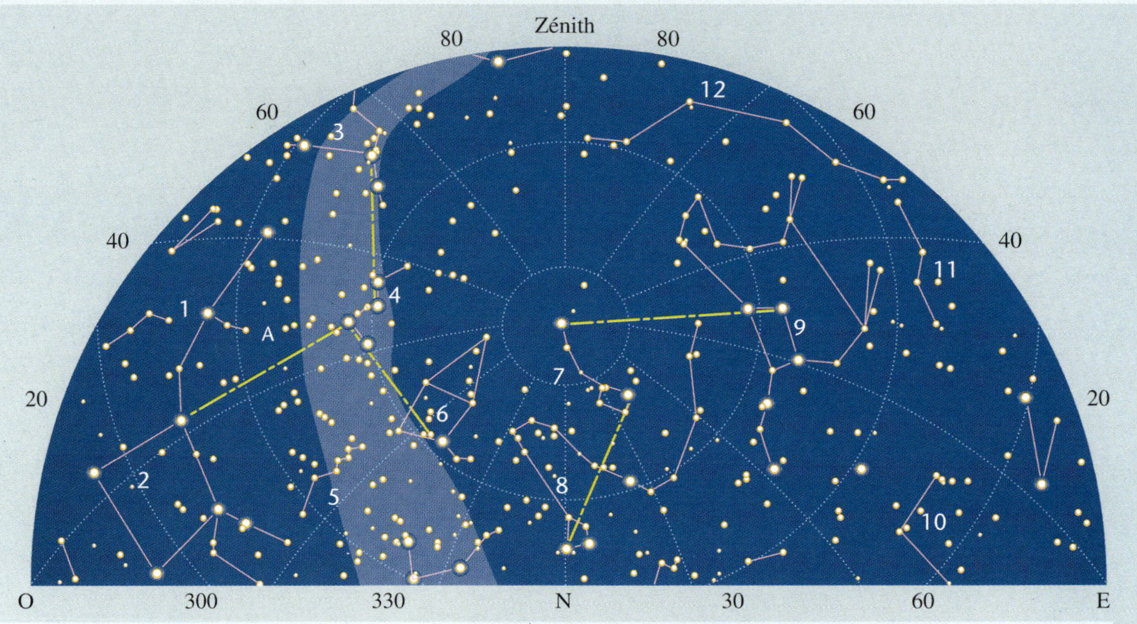

AU SUD
Orion domine en position centrale. Dans l'axe de sa ceinture vous trouverez : vers l'ouest (à droite), Aldébaran (α du Taureau), et à vers l'est (à gauche) l'étincelante Sirius (α du Grand Chien). Prolongez l'alignement Rigel-Bételgeuse pour repérer Alhema (ν des Gémeaux). Dans les Gémeaux, l'alignement β-α amène à β du Cocher (dans la partie nord), non loin de Capella ; en sens opposé, il amène à l'étoile δ du Cancer, puis à Régulus (α du Lion).

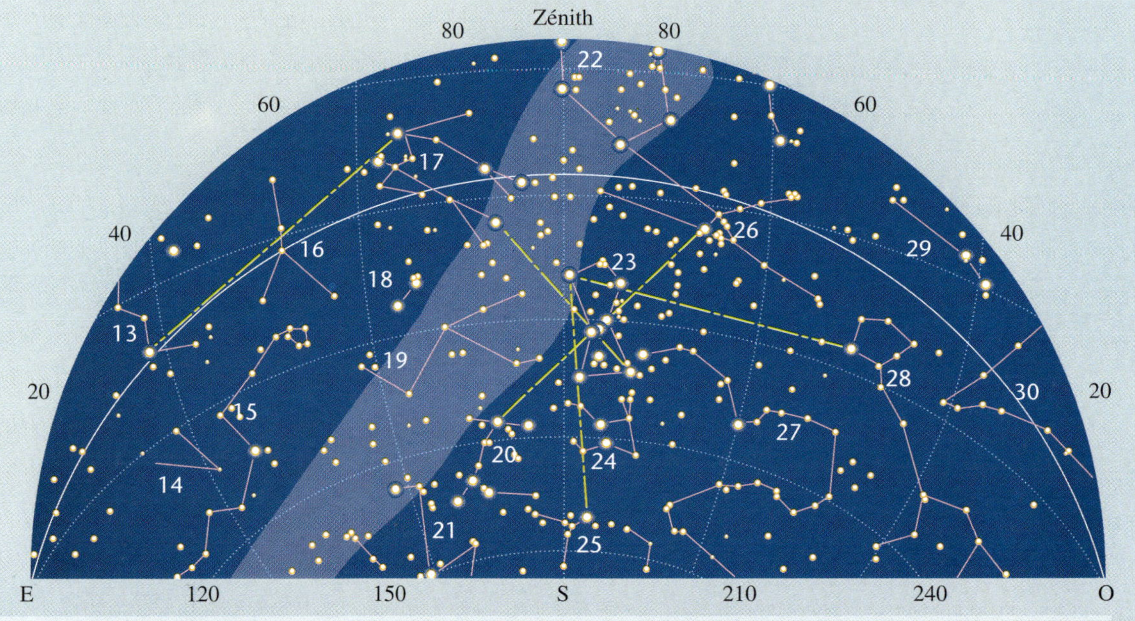

1. ANDROMÈDE
2. PÉGASE
3. PERSÉE
4. CASSIOPÉE
5. LÉZARD
6. CÉPHÉE
7. PETITE OURSE
8. DRAGON
9. GRANDE OURSE
10. CHEVELURE DE BÉRÉNICE
11. PETIT LION
12. LYNX
13. LION
14. SEXTANT
15. HYDRE FEMELLE
16. CANCER
17. GÉMEAUX
18. PETIT CHIEN
19. LICORNE
20. GRAND CHIEN
21. POUPE
22. COCHER
23. ORION
24. LIÈVRE
25. COLOMBE
26. TAUREAU
27. ÉRIDAN
28. BALEINE
29. BÉLIER
30. POISSONS

A. GALAXIE M31

HÉMISPHÈRE NORD

LATITUDES MOYENNES (45°), 24 H 00
ÉQUINOXE DE PRINTEMPS (21 MARS)

LE CIEL PRINTANIER EST CARACTÉRISÉ PAR LES HABITUELLES CONSTELLATIONS CIRCUMPOLAIRES EN DIRECTION DU NORD, TANDIS QU'AU SUD DOMINENT QUATRE DES CONSTELLATIONS ZODIACALES.

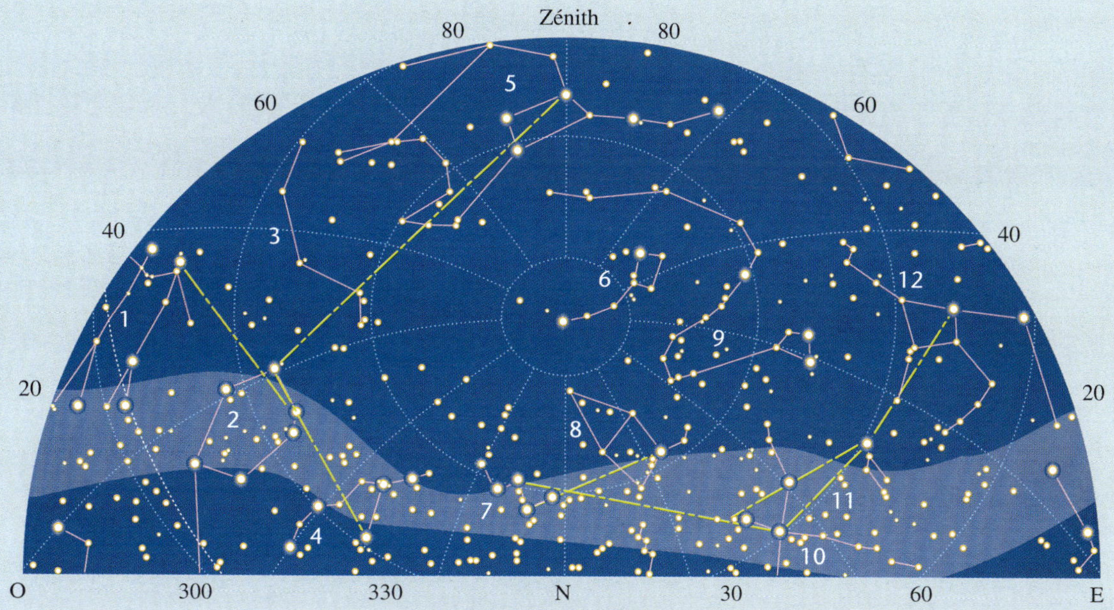

AU NORD
Suivez la direction Phecda-Dubhe (γ-α de la Grande Ourse) pour atteindre β du Cocher, proche de laquelle brille Capella. Dans l'alignement β-Capella on repère Algol dans Persée, et dans le sens opposé (vers l'ouest), Castor et Pollux (α et β des Gémeaux). Prolongez les alignements α-β et γ-β de Cassiopée pour trouver respectivement Alderamin (α de Céphée) et Deneb (α du Cygne). Un peu plus loin étincelle Véga ; Hercule se repère en suivant cette direction.

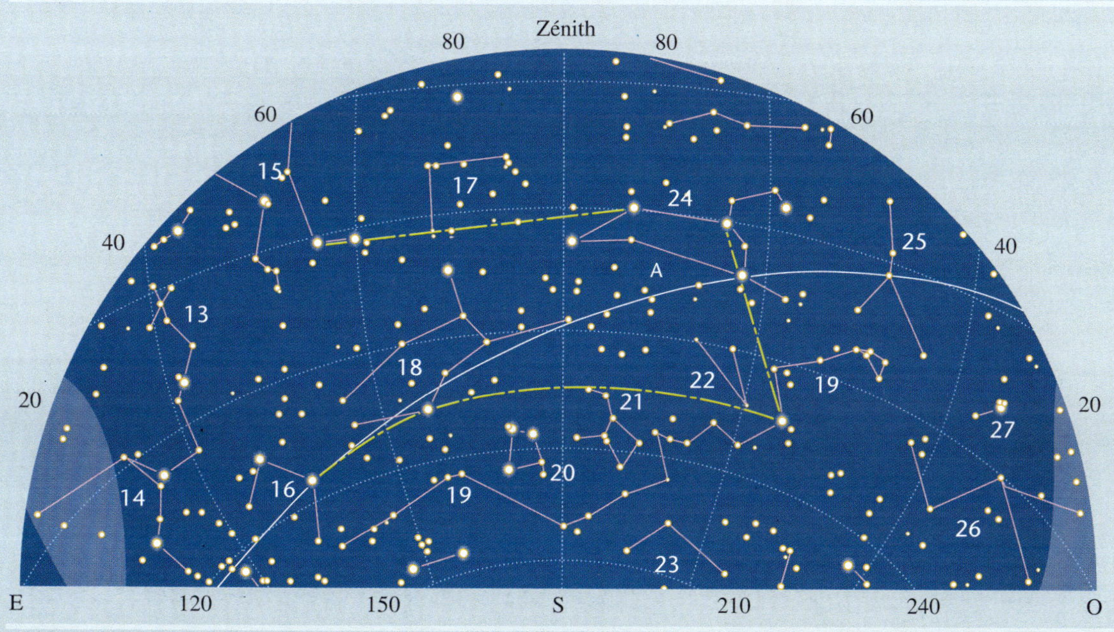

AU SUD
De ce côté du ciel, peu d'étoiles brillantes : il est assez compliqué de retrouver les constellations. Prolongez vers le sud ζ-η de la queue de la Grande Ourse (un peu au nord du zénith) jusqu'à Arcturus, l'étoile la plus brillante du Bouvier. En l'alignant avec η du Bouvier, vous arrivez à la constellation du Lion. Dans l'alignement γ-α du Lion se trouve Alphard (α de l'Hydre Femelle) ; de là, en allant vers l'est le long d'un parallèle, vous parvenez successivement à Spica (l'Épi de la Vierge) puis à Zuben-El-Genubi (α de la Balance), alignées sur l'écliptique.

1. Gémeaux
2. Cocher
3. Lynx
4. Persée
5. Grande Ourse
6. Petite Ourse
7. Cassiopée
8. Céphée
9. Dragon
10. Cygne
11. Lyre
12. Hercule
13. Serpent (Tête)
14. Ophiucus
15. Bouvier
16. Balance
17. Chevelure de Bérénice
18. Vierge
19. Hydre Femelle
20. Corbeau
21. Coupe
22. Sextant
23. Machine Pneumatique
24. Lion
25. Cancer
26. Licorne
27. Petit Chien
A. Région riche en galaxies

HÉMISPHÈRE NORD

LATITUDES MOYENNES (45°), 24 H 00
SOLSTICE D'ÉTÉ (21 JUIN)

NUITS D'ÉTÉ : SIX CONSTELLATIONS ZODIACALES SONT ALIGNÉES SUR L'ÉCLIPTIQUE, BAS SUR L'HORIZON. TOURNÉ VERS LE SUD, EN BALAYANT LE CIEL D'EST EN OUEST, VOUS DEVINEREZ – SUCCESSIVEMENT MAIS NON SANS MAL – LES PÂLES ÉTOILES DU VERSEAU, DU CAPRICORNE, DU SAGITTAIRE, DU SCORPION, DE LA BALANCE ET DE LA VIERGE.

AU NORD

Rien de particulier par rapport au ciel de printemps : les habituelles constellations circumpolaires sont bien reconnaissables. Passez de l'alignement β-α de la Grande Ourse à l'Étoile polaire, de l'alignement ζ-η dans la Petite Ourse à Etamin (γ du Dragon). Depuis Cassiopée, passez de l'alignement α-β à α de Céphée et au-delà, jusqu'à Véga (α de la Lyre) ; ou, en sens opposé (γ-δ), parvenez à Mirfak (α de Persée). En prolongeant la direction γ-α, trouvez Sirrah, l'étoile commune à Andromède et Pégase.

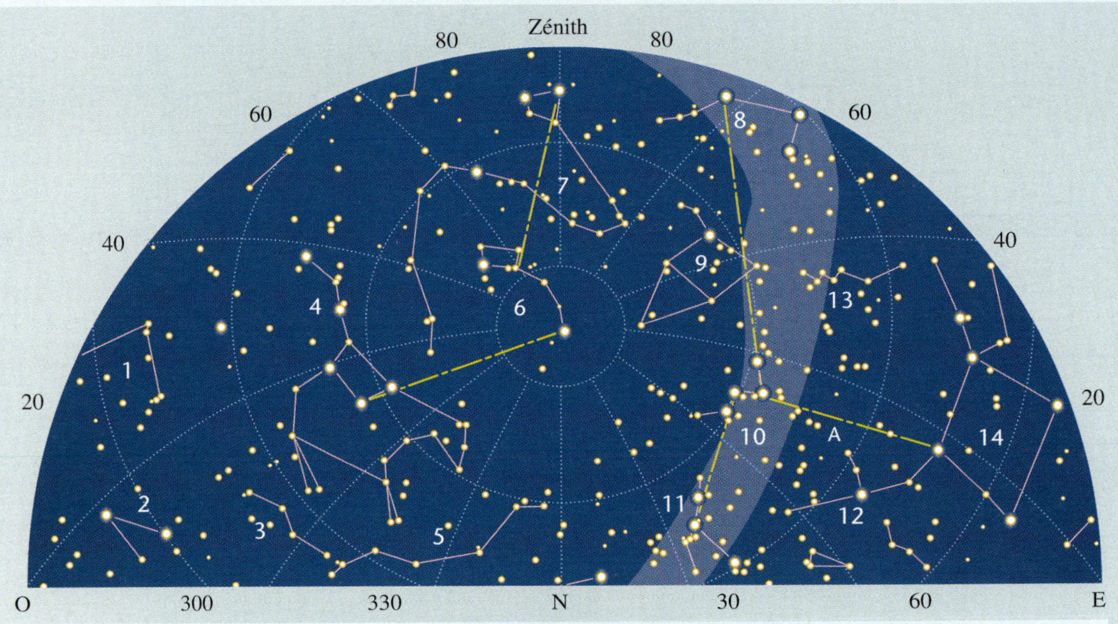

AU SUD

Dispersées autour de la ligne médiane passant par le sud, brillent trois étoiles éclatantes : Véga (α de la Lyre), presqu'au zénith, Altaïr (α de l'Aigle), à mi-chemin du zénith et de l'horizon et un peu sur la gauche (vers l'est), et Antarès (α du Scorpion), juste au-dessus de l'horizon et un peu sur la droite (vers l'ouest). À l'ouest resplendissent Arcturus (dans le Bouvier), à peu près à la même hauteur qu'Altaïr, et Spica (l'Épi de la Vierge), juste au-dessus de l'horizon.

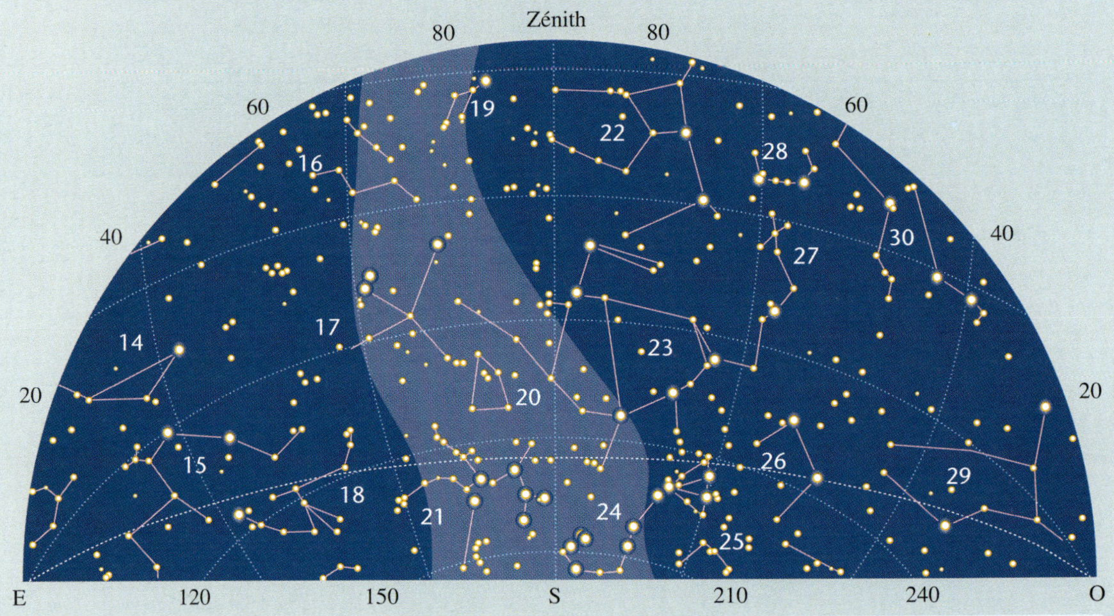

1. CHEVELURE DE BÉRÉNICE
2. LION
3. PETIT LION
4. GRANDE OURSE
5. LYNX
6. PETITE OURSE
7. DRAGON
8. CYGNE
9. CÉPHÉE
10. CASSIOPÉE
11. PERSÉE
12. ANDROMÈDE
13. LÉZARD
14. PÉGASE
15. VERSEAU
16. PETIT RENARD
17. AIGLE
18. CAPRICORNE
19. LYRE
20. ÉCU DE SOBIESKI
21. SAGITTAIRE
22. HERCULE
23. OPHIUCUS
24. SCORPION
25. LOUP
26. BALANCE
27. SERPENT
28. COURONNE BORÉALE
29. VIERGE
30. BOUVIER

A. GALAXIE M31

HÉMISPHÈRE NORD

LATITUDES MOYENNES (45°), 24 H 00
ÉQUINOXE D'AUTOMNE (23 SEPTEMBRE)

La nuit de l'équinoxe d'automne, au sud, cinq constellations zodiacales sont particulièrement hautes dans le ciel, distribuées le long de l'écliptique, et Andromède est presque au zénith. Au nord, la Grande Ourse est, en revanche, très bas sur l'horizon.

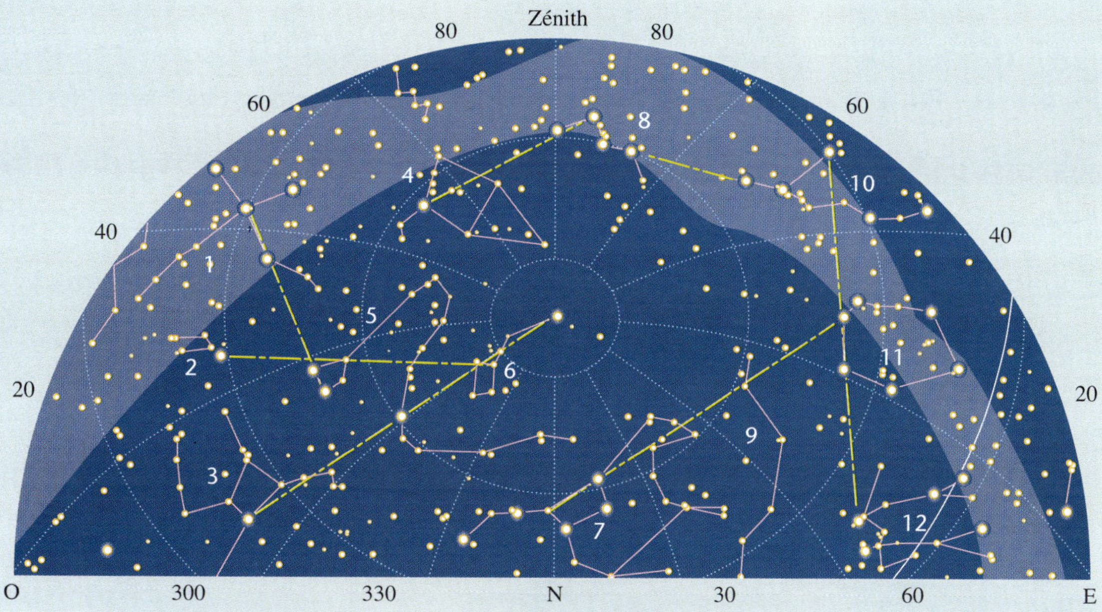

Au nord

Les constellations circumpolaires – les deux Ourses, le Dragon, Céphée, Cassiopée et le Lynx – sont toujours bien visibles. Et, comme en hiver, vous trouvez Etamin, l'étoile la plus brillante du Dragon, dans l'alignement de ζ-η de la Petite Ourse ; mais vous pouvez maintenant prolonger cette droite jusqu'à Véga dans la Lyre. L'alignement β-γ du Dragon vous amène au Cygne, α-η de la Petite Ourse, à Hercule en passant par α de l'Hydre Femelle. En partant de Cassiopée vers l'est (à droite), vous arrivez à Persée, et vers l'ouest (à gauche), à Céphée. Capella, dans le Cocher, se trouve dans l'alignement δ-α de la Grande Ourse ; de là, en descendant presque jusqu'à l'horizon, vous découvrez Castor et Pollux dans les Gémeaux.

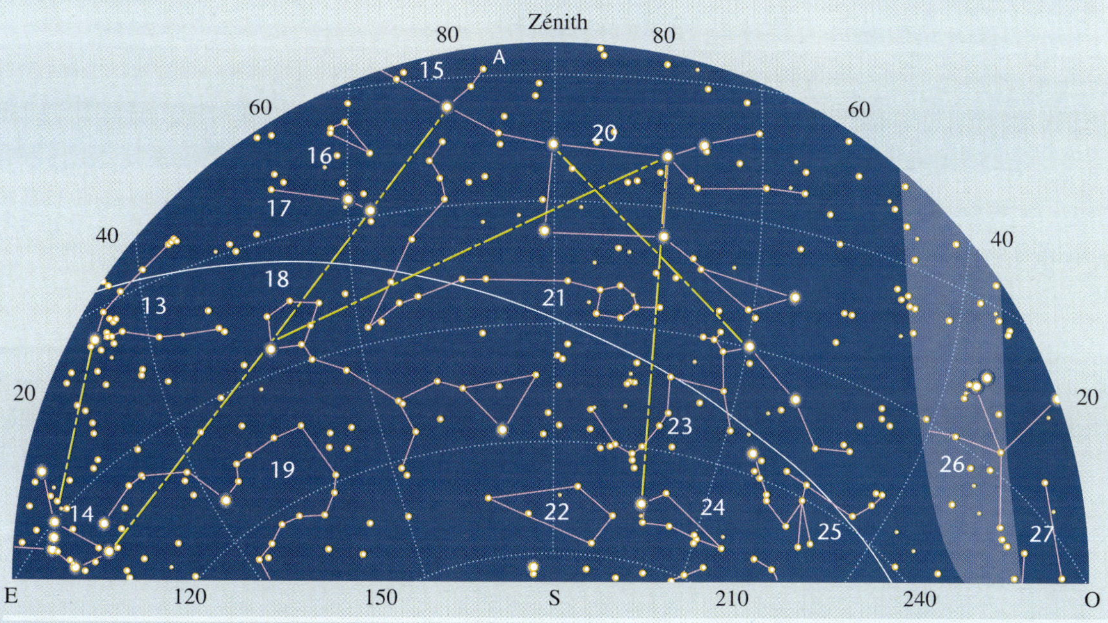

Au sud

La constellation de Pégase, centrale, est très haute, tandis qu'Andromède est presque au zénith – une position idéale pour bien observer la Grande Galaxie d'Andromède (M31), une galaxie spirale géante comme la nôtre. À l'ouest brille Altaïr (α de l'aigle) ; à l'est et très bas se trouve Orion. L'alignement α d'Orion - β d'Andromède passe par l'étoile α de la Baleine, sur la diagonale du carré de Pégase ; le long de l'autre diagonale, vous arrivez à α et β du Verseau, et dans leur alignement β-α se trouve α du Poisson Austral.

1. Cygne
2. Lyre
3. Hercule
4. Céphée
5. Dragon
6. Petite Ourse
7. Grande Ourse
8. Cassiopée
9. Lynx
10. Persée
11. Cocher
12. Gémeaux
13. Taureau
14. Orion
15. Andromède
16. Triangle
17. Bélier
18. Baleine
19. Éridan
20. Pégase
21. Poissons
22. Sculpteur
23. Verseau
24. Poisson Austral
25. Capricorne
26. Aigle
27. Serpent (queue)

A. Galaxie M31

HÉMISPHÈRE NORD
RÉGIONS TROPICALES (23°30'), 24 H 00
SOLSTICE D'HIVER (21 DÉCEMBRE)

BIEN QUE CE SOIT L'HIVER, LA DURÉE DE LA NUIT NE DIFFÈRE PAS BEAUCOUP DE CELLE DU JOUR : NOUS SOMMES SOUS LES TROPIQUES, ET L'INCLINAISON DE L'AXE TERRESTRE SE FAIT PEU SENTIR, MÊME S'IL EST ÉVIDENT. EN REGARDANT AU NORD, EN EFFET, NOUS VOYONS LE PÔLE CÉLESTE TRÈS BAS SUR L'HORIZON, ET MÊME LA GRANDE OURSE SE LÈVE ET SE COUCHE.

AU NORD
Le Cocher est presque au zénith ; en suivant vers l'est (à droite) l'alignement α-β vous trouvez Castor et Pollux, α et β des Gémeaux ; le prolonger vers l'ouest vous amène à Algol, β de Persée. Depuis Cassiopée, les alignements β-α et γ-α vous conduisent respectivement à Alamak (γ d'Andromède) et Sirrah, commune à Andromède et Pégase. L'alignement β-η de la Petite Ourse amène à Alderamir (α de Céphée) et l'alignement β de la Petite Ourse - ε de la Grande Ourse, à Denebola, l'étoile β du Lion ; pour Algieba (γ du Lion), prolongez l'alignement δ-γ de la Grande Ourse.

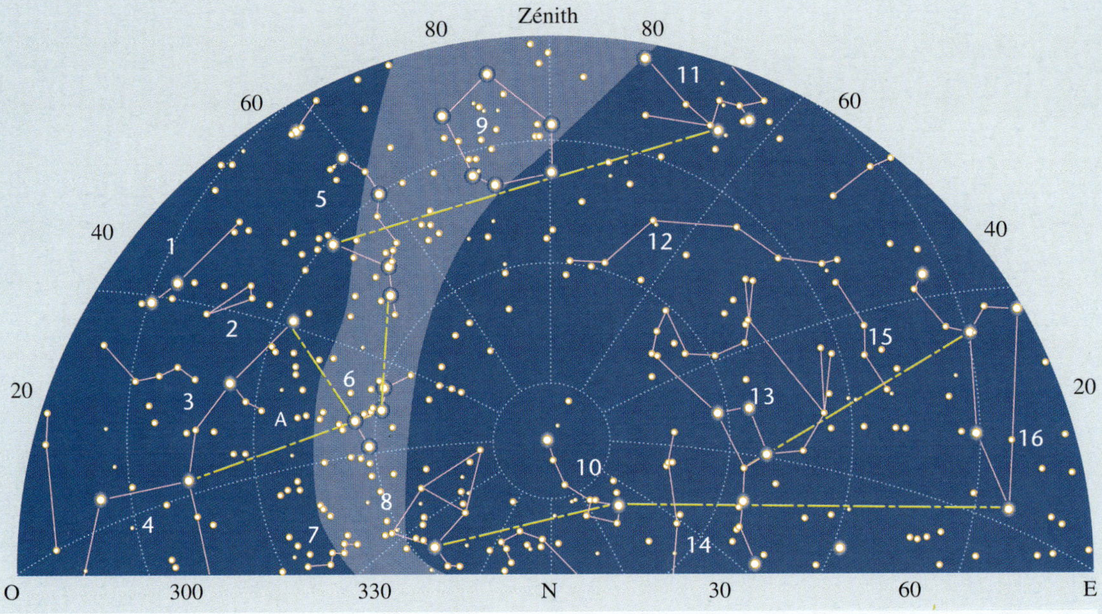

AU SUD
Le ciel fourmille d'étoiles ! Orion domine, haut et au centre. Dans le prolongement de sa ceinture vers l'ouest (à droite) vous trouvez Aldébaran (α du Taureau) et peu après les Pléiades. Vers l'est resplendit Sirius (α du Grand Chien). Toujours dans Orion, les alignements β-ν, β-δ, λ-ζ-κ et α-κ amènent respectivement à Menkar (α de la Baleine), à β de l'Éridan, à γ de l'Éridan et plus loin à β de la Baleine, et enfin à Canopus (α de la Carène) et Alphard (α de l'Hydre Femelle). Dans l'axe α d'Orion - Sirius se trouve χ de l'Hydre Femelle qui, alignée au point Sud sur l'horizon, amène à Alsuhail (γ des Voiles).

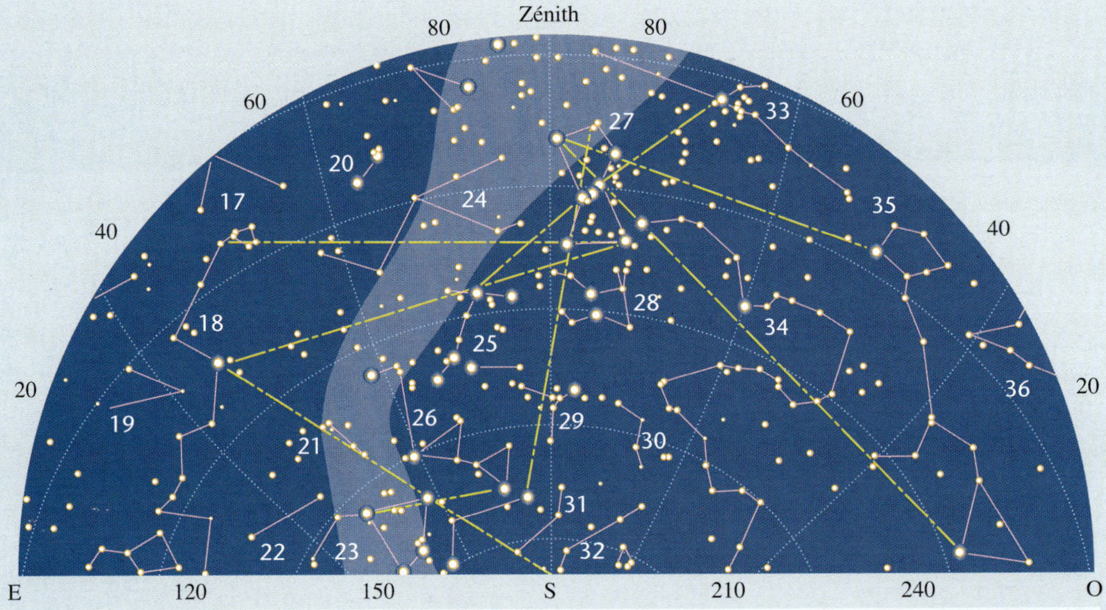

1. Bélier
2. Triangle
3. Andromède
4. Pégase
5. Persée
6. Cassiopée
7. Lézard
8. Céphée
9. Cocher
10. Petite Ourse
11. Gémeaux
12. Lynx
13. Grande Ourse
14. Dragon
15. Petit Lion
16. Lion
17. Cancer
18. Hydre
19. Sextant
20. Petit Chien
21. Boussole
22. Machine Pneumatique
23. Voiles
24. Licorne
25. Grand Chien
26. Poupe
27. Orion
28. Lièvre
29. Colombe
30. Burin
31. Chevalet du Peintre
32. Dorade
33. Taureau
34. Éridan
35. Baleine
36. Poissons

A. Galaxie M31

HÉMISPHÈRE NORD
RÉGIONS TROPICALES (23°30'), 24 H 00
ÉQUINOXE DE PRINTEMPS (21 MARS)

AU SUD, ON PEUT VOIR QUATRE CONSTELLATIONS ZODIACALES, LA PLUS HAUTE ÉTANT PRESQUE AU ZÉNITH, TANDIS QUE LA CROIX DU SUD, ENCORE TRÈS BASSE SUR L'HORIZON, FAIT SON APPARITION. AU NORD, L'ÉTOILE POLAIRE EST ENCORE VISIBLE.

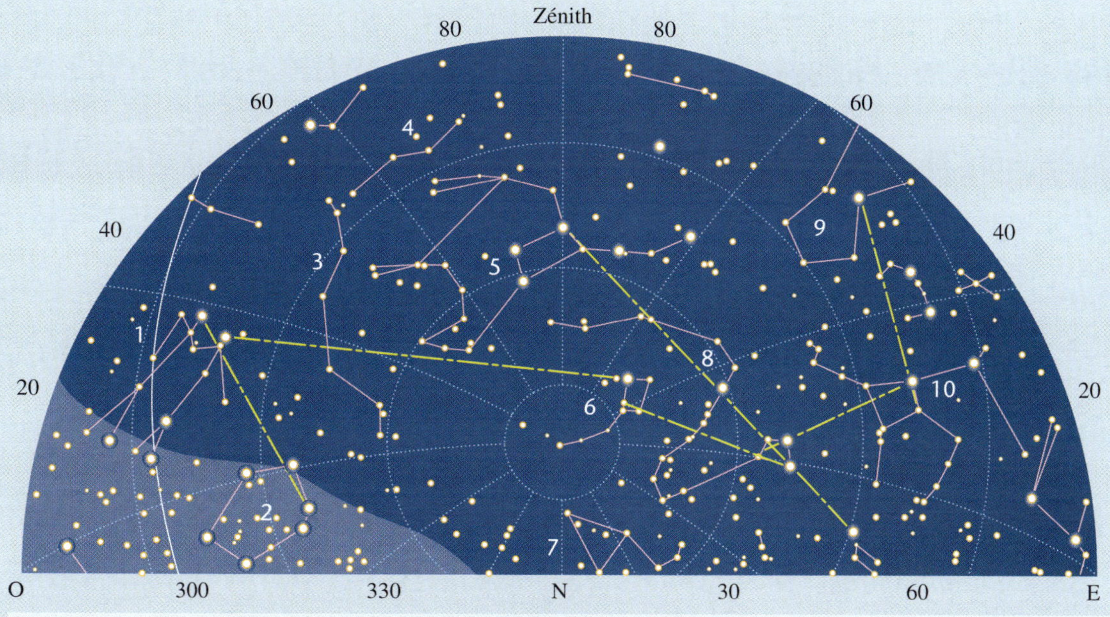

AU NORD
La Grande Ourse est sur l'axe nord, à mi-chemin entre l'horizon et le zénith. Dans son alignement γ-δ vous trouvez Véga en passant par Etamin, dans le Dragon, à laquelle on arrive aussi par l'alignement ζ-η de la Petite Ourse. Dans l'alignement ξ-β du Dragon se trouve ζ d'Hercule qui, alignée avec son ε mène à Izar (ε du Bouvier). À l'opposé du ciel, vers l'ouest, l'alignement γ-β de la Petite Ourse vous conduit à Castor (Gémeaux) qui, alignée avec Pollux, donne la direction de Menkalinan et Capella (β et α du Cocher).

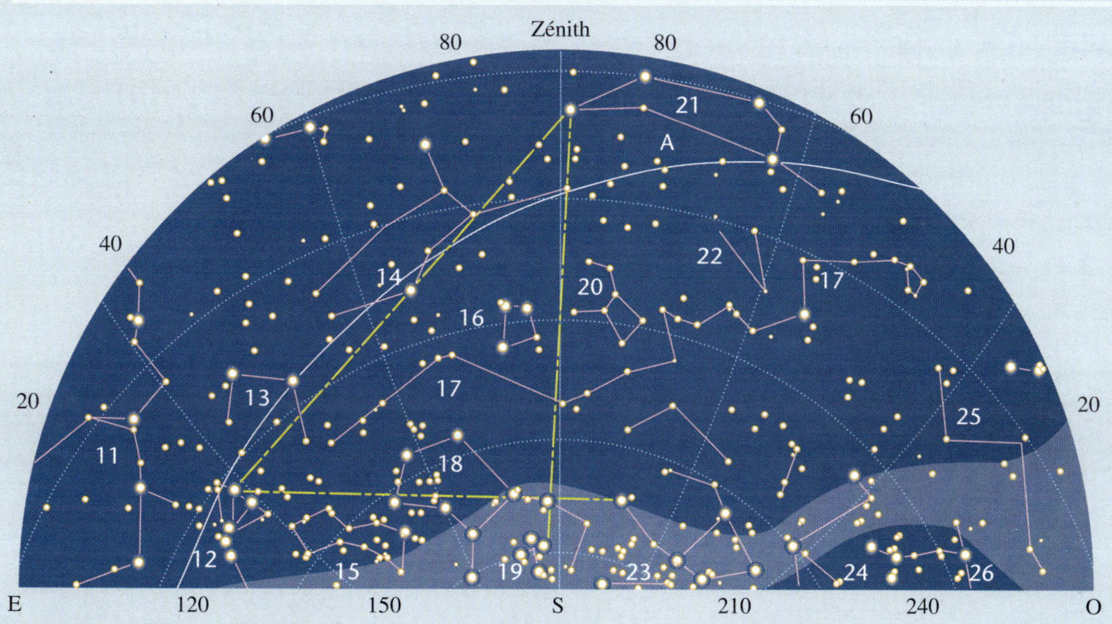

AU SUD
Le Lion est presque au zénith et Denebola (β) presque sur l'axe sud. En descendant verticalement vers l'horizon vous trouvez, très bas, les quatre étoiles de la Croix du Sud. Joignez Denebola et l'Épi (α de la Vierge), qui resplendit sur la gauche. En prolongeant cet axe vers l'est vous passez près de l'étoile α de la Balance et arrivez à δ du Scorpion ; Antarès est encore plus bas, presque sur l'horizon. À cette même hauteur se trouvent de nombreuses étoiles brillantes appartenant à diverses constellations ; la plus éclatante est Sirius, à l'ouest.

1. GÉMEAUX
2. COCHER
3. LYNX
4. PETIT LION
5. GRANDE OURSE
6. PETITE OURSE
7. CÉPHÉE
8. DRAGON
9. BOUVIER
10. HERCULE
11. OPHIUCUS
12. SCORPION
13. BALANCE
14. VIERGE
15. LOUP
16. CORBEAU
17. HYDRE FEMELLE
18. CENTAURE
19. CROIX DU SUD
20. COUPE
21. LION
22. SEXTANT
23. VOILES
24. POUPE
25. LICORNE
26. GRAND CHIEN
A. RÉGION RICHE EN GALAXIES

HÉMISPHÈRE NORD

RÉGIONS TROPICALES (23°30′), 24 H 00
SOLSTICE D'ÉTÉ (21 JUIN)

LE VERSANT NORD N'EST PAS TRÈS DIFFÉRENT DES PRÉCÉDENTS MAIS ON Y ADMIRE DÉSORMAIS LA BELLE CONSTELLATION DU CYGNE. AU SUD, EN REVANCHE, SIX CONSTELLATIONS ZODIACALES SE BOUSCULENT SUR L'ÉCLIPTIQUE, ASSEZ BAS.

AU NORD
Vous passez successivement de la Petite Ourse à Hercule, puis à la Couronne Boréale et de celle-ci au Bouvier en suivant les alignements β-γ de la Petite Ourse, ε-ζ d'Hercule et δ-γ-α de la Couronne Boréale. Vous arrivez en outre à Arcturus dans le Bouvier en prolongeant la queue de la Grande Ourse. À l'opposé du ciel, l'alignement γ-α de Cassiopée vous amène à Sirrah, étoile commune à Andromède et Pégase dont on retrouve facilement le « carré ». Haut dans le ciel et un peu à l'est resplendit la grande croix du Cygne, bien reconnaissable.

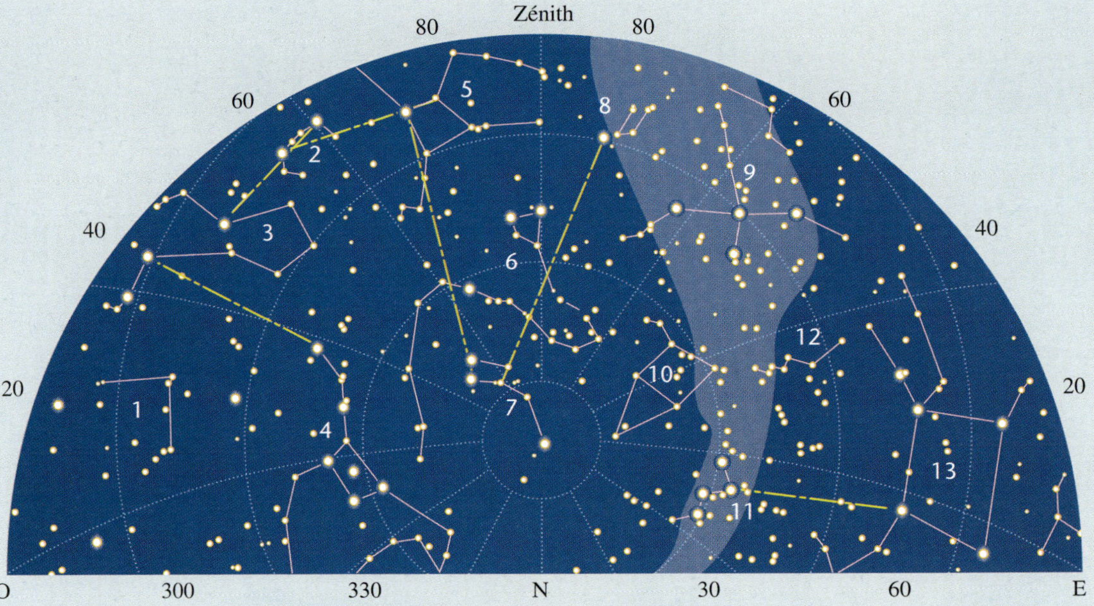

AU SUD
Les constellations de cette partie de ciel sont nombreuses, plutôt petites et formées d'étoiles pas particulièrement brillantes à l'exception, à l'ouest, de Spica (l'Épi de la Vierge) et d'Antarès, dans le Scorpion. En prolongeant cet arc (c'est-à-dire en suivant l'écliptique), vous trouvez les autres constellations zodiacales et, notamment, le Sagittaire dans une région riche en galaxies et nébuleuses.

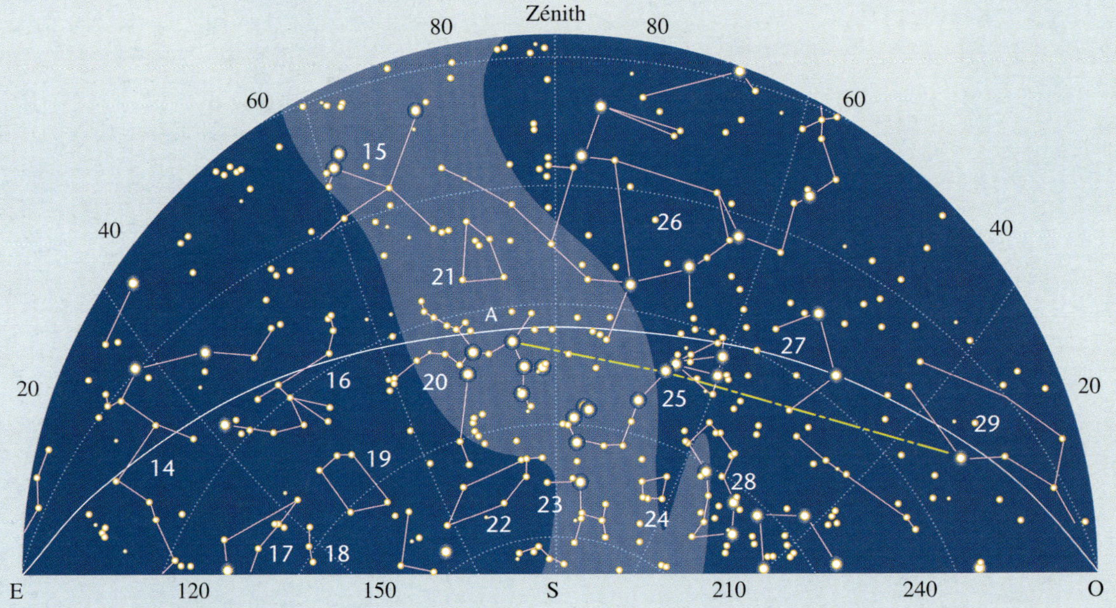

1. Chevelure de Bérénice
2. Couronne Boréale
3. Bouvier
4. Grande Ourse
5. Hercule
6. Dragon
7. Petite Ourse
8. Lyre
9. Cygne
10. Grande Ourse
11. Cassiopée
12. Lézard
13. Pégase
14. Verseau
15. Aigle
16. Capricorne
17. Poisson Austral
18. Grue
19. Microscope
20. Sagittaire
21. Écu de Sobieski
22. Télescope
23. Autel
24. Règle
25. Scorpion
26. Ophiucus
27. Balance
28. Loup
29. Vierge

A. Galaxies M28, M21, M8, M20; nébuleuses Trifide et de la Lagune

HÉMISPHÈRE NORD
RÉGIONS TROPICALES (23°30'), 24 H 00
ÉQUINOXE D'AUTOMNE (23 SEPTEMBRE)

AU NORD, LA PETITE OURSE EST TRÈS BASSE ET LA GRANDE OURSE A DISPARU SOUS L'HORIZON ; ON Y VOIT LE SEUL PÔLE CÉLESTE VISIBLE, ET AUCUNE CONSTELLATION N'EST CIRCUMPOLAIRE HORMIS LA PETITE OURSE. AU SUD, CINQ CONSTELLATIONS ZODIACALES SONT VISIBLES LE LONG D'UN ÉCLIPTIQUE QUASI VERTICAL.

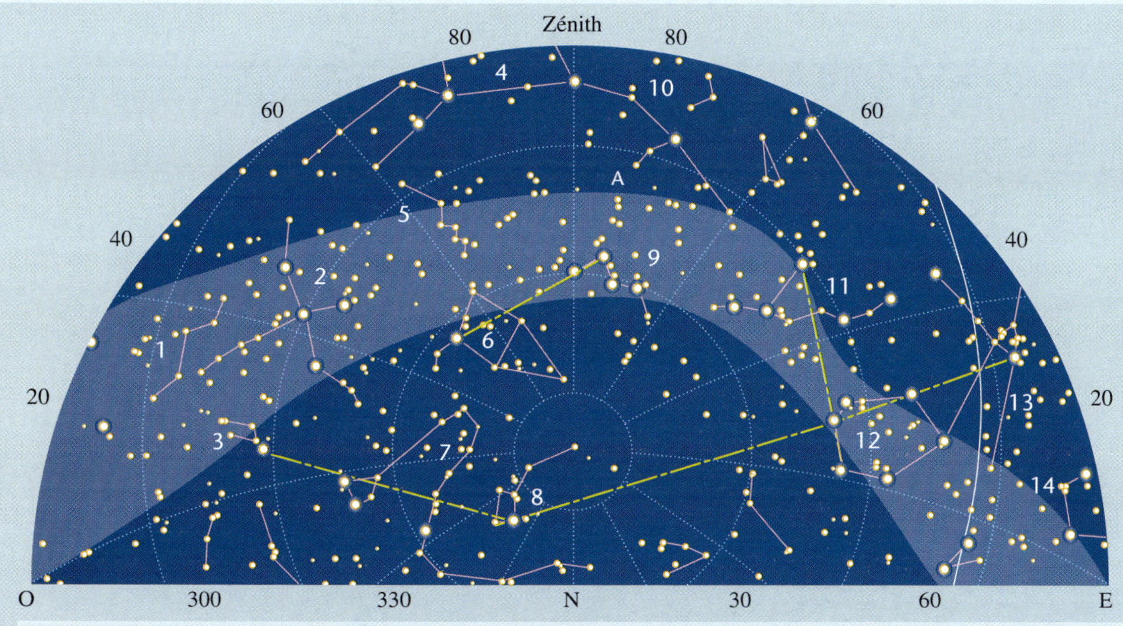

AU NORD

Pégase et Andromède sont au zénith, tandis que la Grande Ourse est sous l'horizon. Dans l'alignement γ-β de la Petite Ourse vous trouvez le Cocher, et dans celui de β de la Petite Ourse avec γ du Dragon (sous le Cocher) se trouve Véga, dans la Lyre. Au-dessus de celle-ci, très visible, trône le Cygne. Dans l'axe α-β de Cassiopée se trouve Alderamin (α de Céphée) ; en bas à droite du Cocher (vers l'est) repérez Aldébaran (dans le Taureau) en suivant l'alignement α-ι du Cocher, tandis que dans le prolongement β-α se trouve Algol, dans Persée.

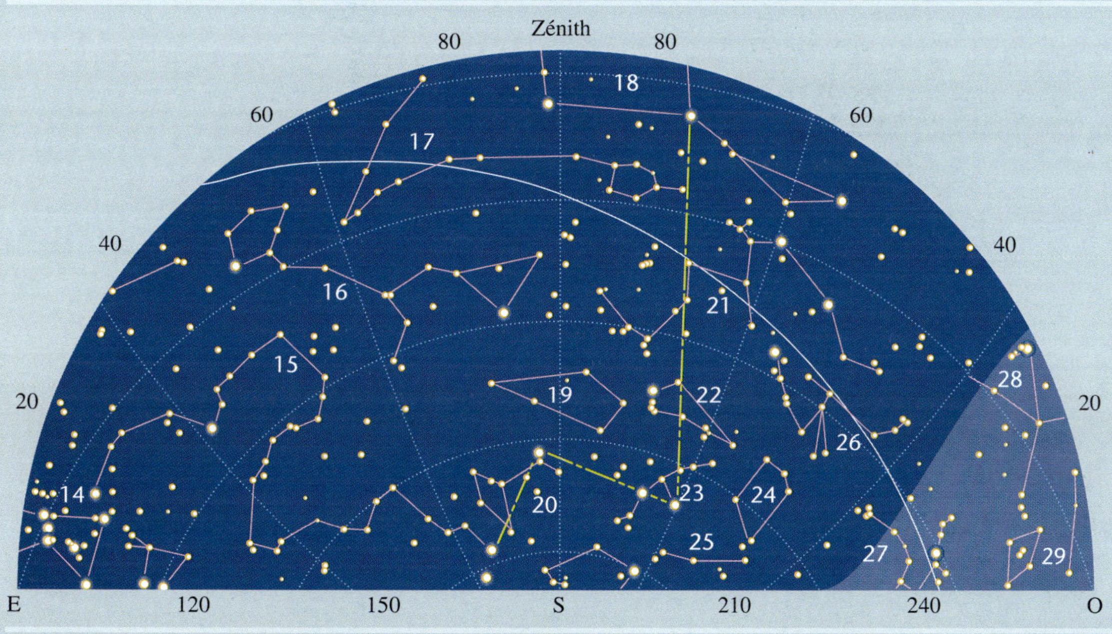

AU SUD

Prolongez vers le bas l'axe β-α du carré de Pégase, qui se trouve au zénith, pour trouver Alnaïr (α de la Grue), proche de l'horizon. Sur sa gauche (vers l'est) se trouve α du Phénix qui, alignée à ζ, conduit à Achernar, une étoile brillante commune à l'Éridan et à l'Hydre Mâle (sous l'horizon). Tout à fait à l'est vous découvrez les étoiles les plus brillantes d'Orion, très bas sur l'horizon, tandis qu'à l'extrémité diamétralement opposée se trouve l'Aigle.

1. PETIT RENARD
2. CYGNE
3. LYRE
4. PÉGASE
5. LÉZARD
6. CÉPHÉE
7. DRAGON
8. PETITE OURSE
9. CASSIOPÉE
10. ANDROMÈDE
11. PERSÉE
12. COCHER
13. TAUREAU
14. ORION
15. ÉRIDAN
16. BALEINE
17. POISSONS
18. PÉGASE
19. SCULPTEUR
20. PHÉNIX
21. VERSEAU
22. POISSON AUSTRAL
23. GRUE
24. MICROSCOPE
25. INDIEN
26. CAPRICORNE
27. SAGITTAIRE
28. AIGLE
29. ÉCU DE SOBIESKI

A. GALAXIE M31

HÉMISPHÈRE SUD

RÉGIONS TROPICALES (-23°30'), 24 H 00 SOLSTICE D'ÉTÉ (21 DÉCEMBRE)

« SOUS » L'ÉQUATEUR, LE SEUL PÔLE VISIBLE EST LE PÔLE SUD, SIGNALÉ PAR DE PETITES CONSTELLATIONS COMME LE CAMÉLÉON ET L'OCTANT. DANS LES PAYS TROPICAUX, L'ÉCLIPTIQUE EST PLUTÔT BAS AU NORD TANDIS QU'AU ZÉNITH RESPLENDIT SIRIUS DANS LE GRAND CHIEN.

AU NORD

Les grosses étoiles du Grand Chien et d'Orion étincellent haut dans le ciel. Dans l'axe de la ceinture d'Orion vous trouverez Sirius, à l'est (à droite) et à l'ouest (à gauche), Aldébaran dans le Taureau. L'alignement δ-ε de la ceinture amène à α de la Baleine. De là, descendez à la verticale vers l'horizon afin de croiser Hamal (α du Bélier). Dans le Taureau, El Nath (β) est proche de la Nébuleuse du Crabe ; l'alignement α-β vous amène au Cocher. L'axe α-β de celui-ci conduit à α et β des Gémeaux, et l'axe μ-β des Gémeaux pointe vers Algieba (γ du Lion).

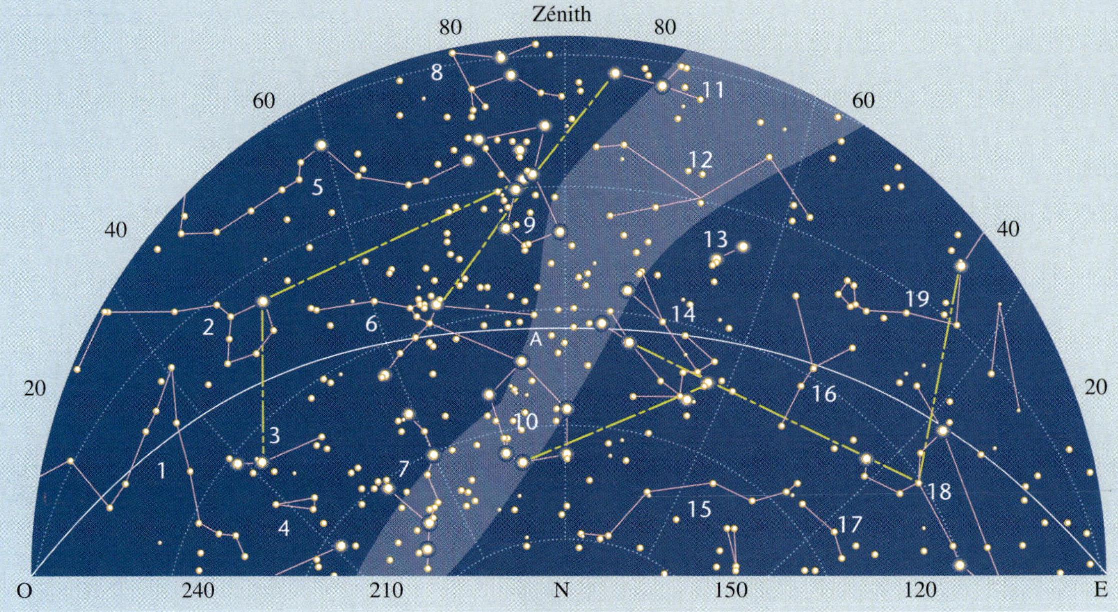

AU SUD

Au centre du versant sud flamboie Canopus (α de la Carène), juste « sous » Sirius et pas très loin du Grand Nuage de Magellan. À l'ouest (sur la droite) brille Achernar, étoile commune à l'Éridan et à l'Hydre Mâle, la constellation où se trouve le Petit Nuage de Magellan. En bas, presque sur l'horizon en direction du sud, l'alignement α-γ du Triangle Austral amène aux brillantes étoiles du Centaure et de la Croix du Sud dont le bras le plus long pointe vers le pôle céleste.

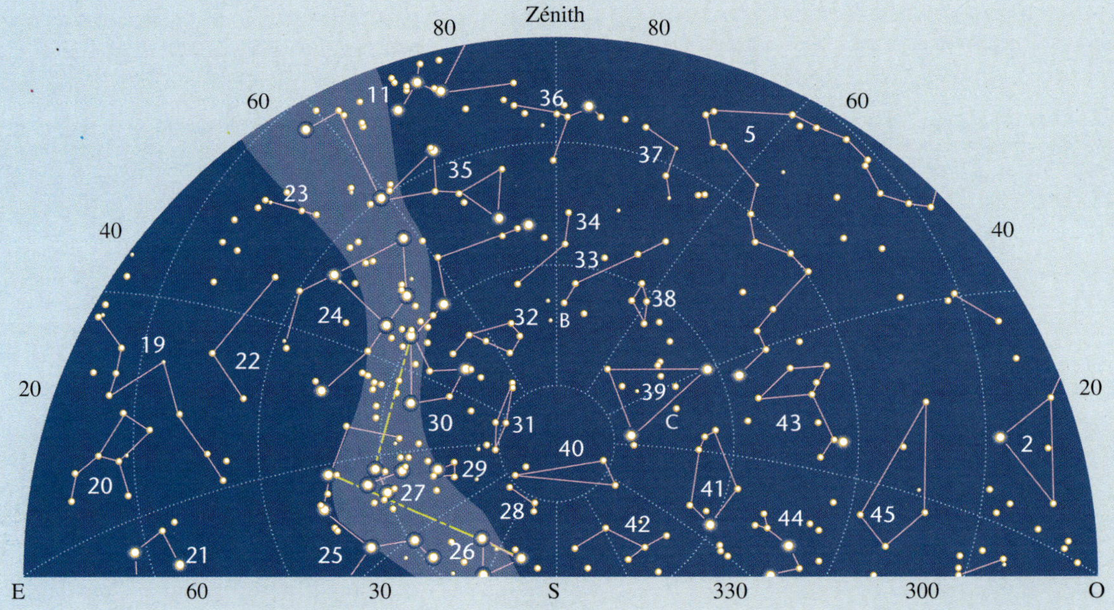

1. Poissons
2. Baleine
3. Bélier
4. Triangle
5. Éridan
6. Taureau
7. Persée
8. Lièvre
9. Orion
10. Cocher
11. Grand Chien
12. Licorne
13. Petit Chien
14. Gémeaux
15. Lynx
16. Cancer
17. Petit Lion
18. Lion
19. Hydre Femelle
20. Coupe
21. Corbeau
22. Machine Pneumatique
23. Boussole
24. Voiles
25. Centaure
26. Triangle Austral
27. Croix du Sud
28. Oiseau de Paradis
29. Mouche
30. Carène
31. Caméléon
32. Poisson Volant
33. Dorade
34. Chevalet du Peintre
35. Poupe
36. Colombe
37. Burin
38. Réticule
39. Hydre Mâle
40. Octant
41. Toucan
42. Paon
43. Phénix
44. Grue
45. Sculpteur

A. Nébuleuse du Crabe
B. Grand Nuage de Magellan
C. Petit Nuage de Magellan

HÉMISPHÈRE SUD

RÉGIONS TROPICALES (-23°30′), 24 H 00
ÉQUINOXE D'AUTOMNE (21 MARS)

TANDIS QU'AU NORD, LES CONSTELLATIONS SONT ENCORE FACILEMENT RECONNAISSABLES, LE SUD REGORGE D'ÉTOILES : LA CROIX DU SUD ÉTINCELLE À MI-CHEMIN DU ZÉNITH ET DE L'HORIZON DROIT AU SUD ; AUX EXTRÉMITÉS EST ET OUEST, DEUX BRILLANTES ÉTOILES : ANTARÈS DANS LE SCORPION, ET SIRIUS DANS LE GRAND CHIEN.

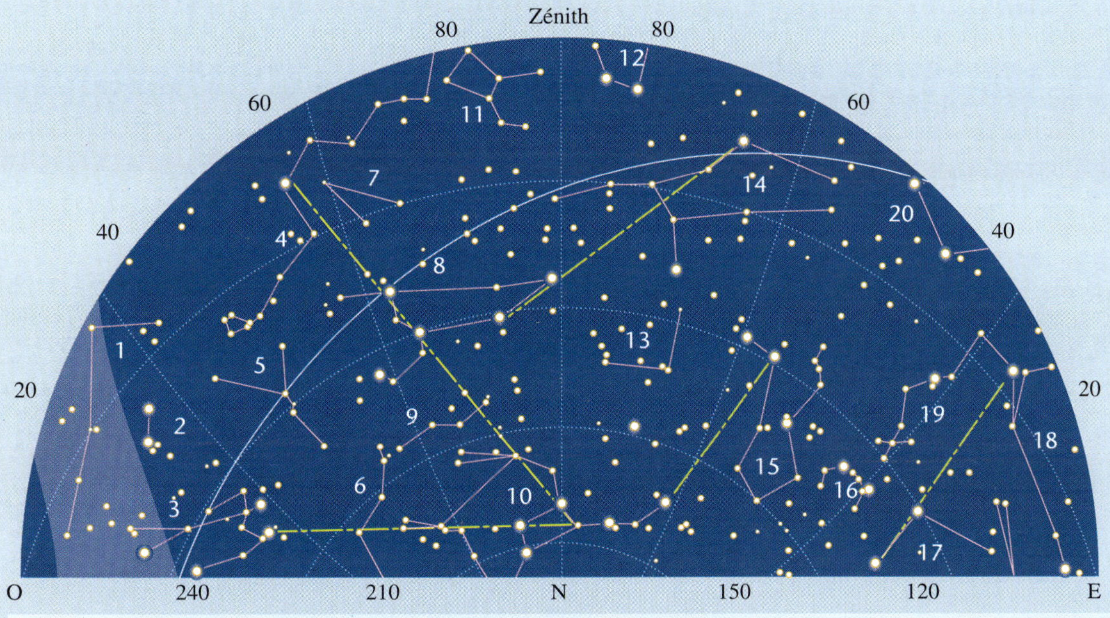

AU NORD
Le pôle Nord céleste est sous l'horizon et la Grande Ourse est à peine visible, au-dessus. Dans l'alignement δ-β de celle-ci se trouve Castor des Gémeaux ; l'axe δ-γ de la Grande Ourse vous conduit à Algieba et Régulus du Lion et, plus loin, à Alphard dans l'Hydre Femelle ; enfin, en prolongeant la queue de la Grande Ourse vous trouvez Arcturus (α du Bouvier). Dans l'alignement α-β du Lion se trouve Spica (l'Épi ou α de la Vierge). L'alignement η-ζ d'Hercule, juste au-dessus de l'horizon, vous amène à l'étoile α du Serpent.

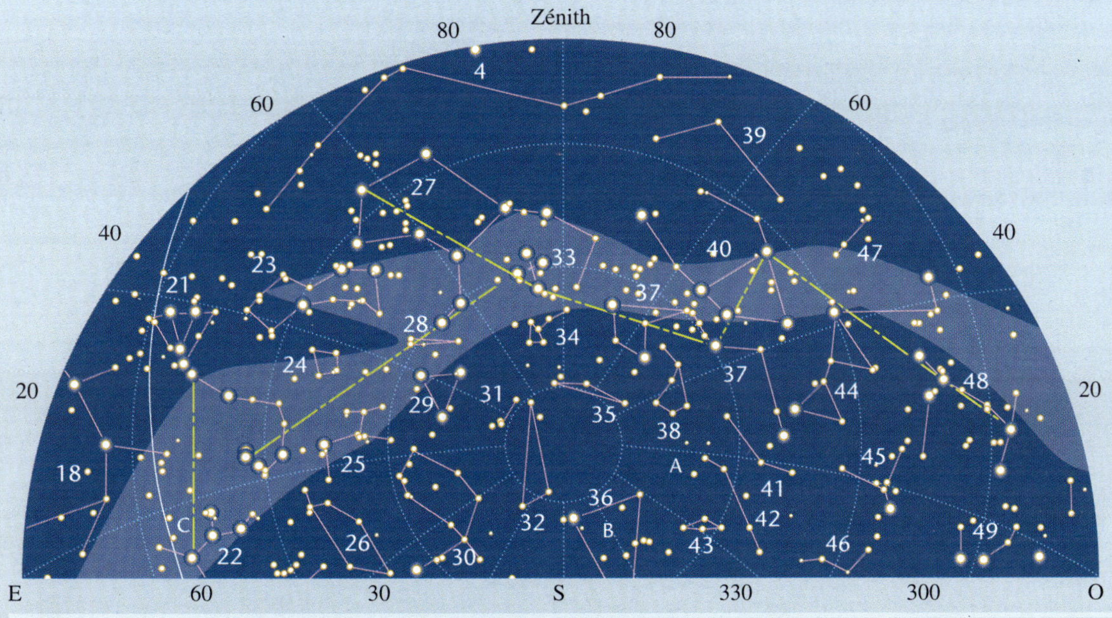

AU SUD
L'Hydre Femelle, au zénith, serpente d'un versant à l'autre du ciel. En descendant à la verticale depuis Antarès (dans le Scorpion) jusqu'à l'horizon vous trouvez γ du Sagittaire, entourée de nébuleuses. En joignant la queue du Scorpion à β de la Croix du Sud vous passez par α et β du Centaure, tandis que la brillante Canopus, dans la Carène, est à peu près dans le prolongement β-α de la Croix. En prolongeant le dos du Grand Chien (l'axe α-ω) vous retrouvez successivement les étoiles les plus brillantes des Voiles et de la Poupe.

1. Licorne
2. Petit Chien
3. Gémeaux
4. Hydre Femelle
5. Cancer
6. Lynx
7. Sextant
8. Lion
9. Petit Lion
10. Grande Ourse
11. Coupe
12. Corbeau
13. Chevelure de Bérénice
14. Vierge
15. Bouvier
16. Couronne Boréale
17. Hercule
18. Ophiucus
19. Serpent (Tête)
20. Balance
21. Scorpion
22. Sagittaire
23. Loup
24. Règle
25. Autel
26. Télescope
27. Centaure
28. Compas
29. Triangle Austral
30. Paon
31. Oiseau de Paradis
32. Octant
33. Croix du Sud
34. Mouche
35. Caméléon
36. Hydre Mâle
37. Carène
38. Poisson Volant
39. Machine Pneumatique
40. Voiles
41. Chevalet du Peintre
42. Dorade
43. Réticule
44. Poupe
45. Colombe
46. Burin
47. Boussole
48. Grand Chien
49. Lièvre

A. Grand Nuage de Magellan
B. Petit Nuage de Magellan
C. Région de nébuleuses

HÉMISPHÈRE SUD

RÉGIONS TROPICALES (-23°30'), 24 H 00
SOLSTICE D'HIVER (21 JUIN)

DURANT L'HIVER TROPICAL, L'ÉCLIPTIQUE EST PRESQUE À LA VERTICALE : AU SUD, LES CONSTELLATIONS ZODIACALES DU SCORPION ET DU SAGITTAIRE SONT PRESQUE AU ZÉNITH, TANDIS QU'AU NORD, LA CONSTELLATION LA PLUS HAUTE SUR L'HORIZON EST OPHIUCUS.

AU NORD
Etamin (γ du Dragon) est désormais exactement au nord. À sa droite (vers l'est) brille la croix du Cygne. En regardant dans le prolongement du bras le plus court (encore plus à l'est), vous trouvez Enif (ε de Persée) et Sadal Melek (α du Verseau). Au-dessus du Cygne, la croix de l'Aigle se distingue bien avec Altaïr, très lumineuse ; joignez celle-ci à Arcturus du Bouvier (située à l'ouest) : vous traverserez ainsi les constellations moins brillantes d'Hercule et de la Couronne Boréale. De la Vierge aux Poissons, les constellations zodiacales s'alignent sur le parallèle de l'observateur (l'arc ouest-zénith-est).

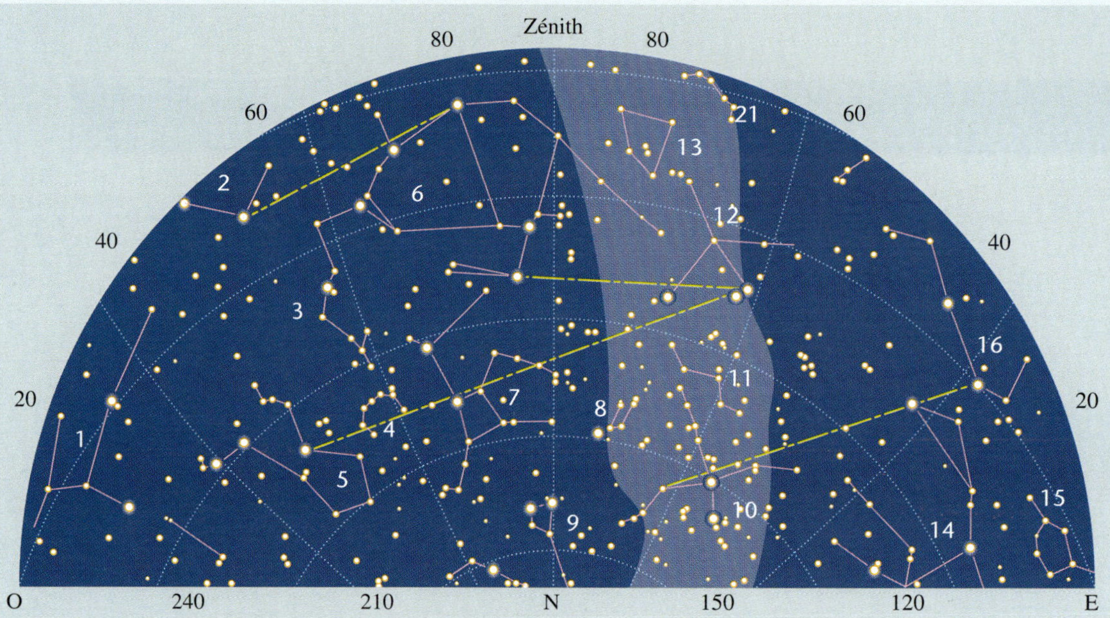

AU SUD
Presque au zénith, le Scorpion et le Sagittaire dominent la voûte céleste fourmillante d'étoiles et de petites constellations. Prolongez l'arc de la queue du Scorpion pour trouver, bas sur l'horizon, Achernar, étoile lumineuse commune à l'Éridan (sous l'horizon) et à l'Hydre Mâle. Joignez maintenant la pointe de la queue du Scorpion et α de la Croix du Sud : dans leur axe, vous trouvez α et β du Centaure. L'étoile Tureis (ι de la Carène), quasiment à la verticale d'Antarès du Scorpion, sera sans doute trop basse pour être bien vue.

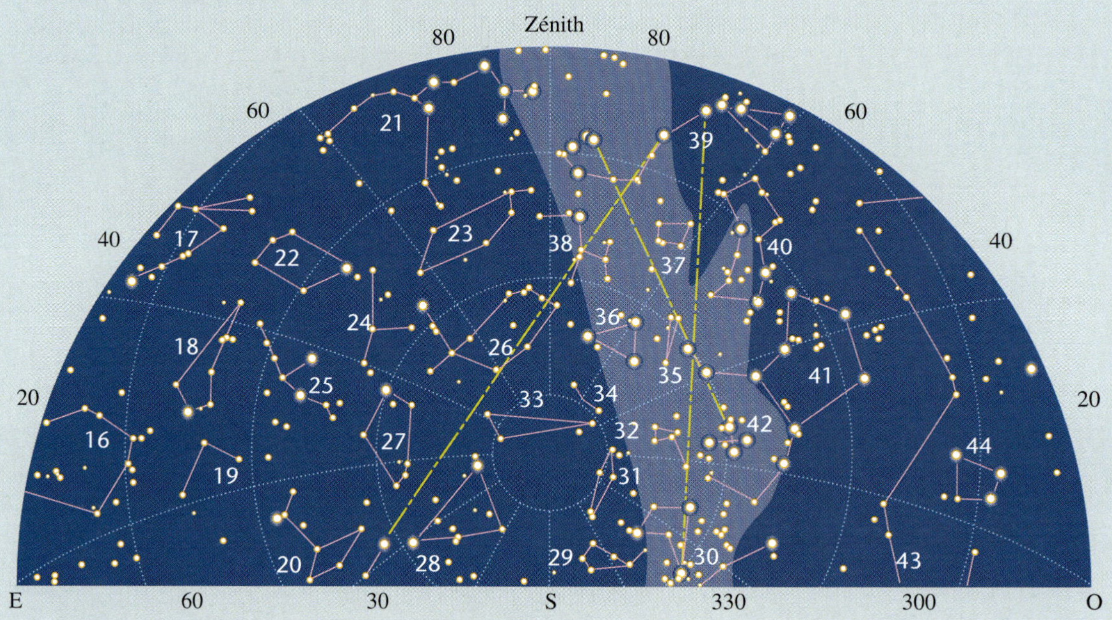

1. VIERGE
2. BALANCE
3. SERPENT
4. COURONNE BORÉALE
5. BOUVIER
6. OPHIUCUS
7. HERCULE
8. LYRE
9. DRAGON
10. CYGNE
11. PETIT RENARD
12. AIGLE
13. ÉCU DE SOBIESKI
14. PÉGASE
15. POISSONS
16. VERSEAU
17. CAPRICORNE
18. POISSON AUSTRAL
19. SCULPTEUR
20. PHÉNIX
21. SAGITTAIRE
22. MICROSCOPE
23. TÉLESCOPE
24. INDIEN
25. GRUE
26. PAON
27. TOUCAN
28. HYDRE MÂLE
29. POISSON VOLANT
30. CARÈNE
31. CAMÉLÉON
32. MOUCHE
33. OCTANT
34. OISEAU DE PARADIS
35. COMPAS
36. TRIANGLE AUSTRAL
37. RÈGLE
38. AUTEL
39. SCORPION
40. LOUP
41. CENTAURE
42. CROIX DU SUD
43. HYDRE FEMELLE
44. CORBEAU

HÉMISPHÈRE SUD
RÉGIONS TROPICALES (-23°30'), 24 H 00
ÉQUINOXE DE PRINTEMPS (23 SEPTEMBRE)

AU NORD, PÉGASE OCCUPE UNE POSITION CENTRALE DANS LE CIEL TANDIS QUE SUR L'ÉCLIPTIQUE, PRESQUE VERTICAL, SIX DES CONSTELLATIONS ZODIACALES S'ÉGRÈNENT D'UN BOUT À L'AUTRE DE L'HORIZON. AU SUD, ACHERNAR, QUE SE DISPUTENT L'ÉRIDAN ET L'HYDRE MÂLE, RESPLENDIT PRESQUE AU MILIEU DU CIEL.

AU NORD
Le carré de Pégase est central. Au-dessus, Algenib et Sirrah sont alignées sur l'axe nord. À l'aide des diagonales du carré, retrouvez sur la droite (à l'est) Mirach d'Andromède et Algol dans Persée, et sur la gauche (à l'ouest), Sadir (dans le Cygne), dans une région où sont situées les nébuleuses du Pélican et Nord-America. Encore plus à l'ouest brille Altaïr, dans l'Aigle. En prolongeant la courbe de Persée, vous passez par les Pléiades dans le Taureau puis par Menkar (α de la Baleine) ; couper l'hexagone d'étoiles de la Baleine vous conduit à α du Verseau. À l'est, bas sur l'horizon, étincelle Orion.

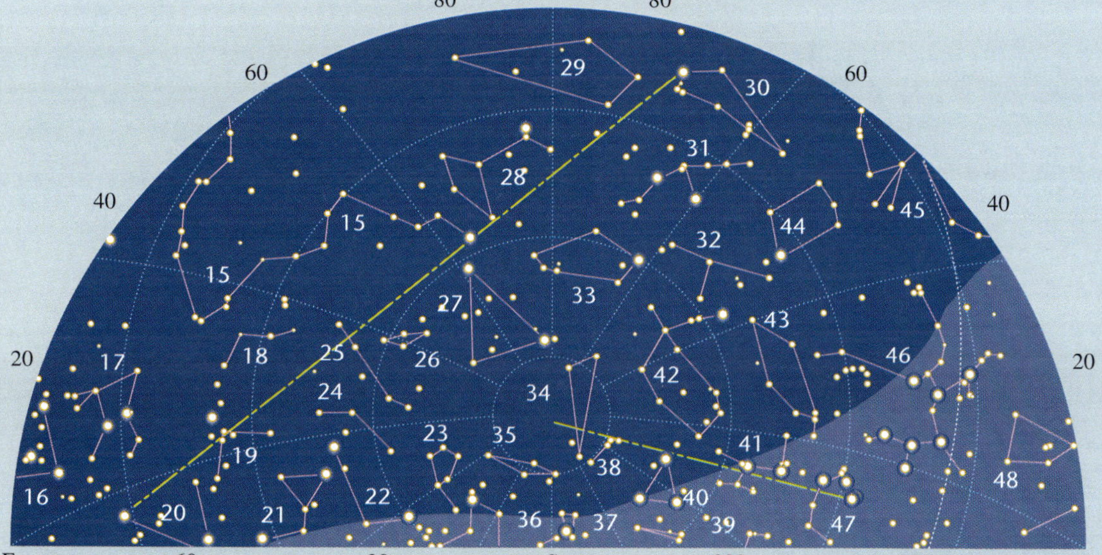

AU SUD
Le Sculpteur, presque au zénith, est accompagné du Poisson Austral dont l'étoile α est alignée avec Achernar (α de l'Éridan) et Sirius (α du Grand Chien, en allant vers l'est), très basse sur l'horizon. L'alignement entre la queue du Scorpion (bas sur l'horizon ouest) et Atria (α du Triangle Austral) donne la direction du pôle Sud.

1. AIGLE
2. VERSEAU
3. PETIT RENARD
4. CYGNE
5. PÉGASE
6. LÉZARD
7. POISSONS
8. ANDROMÈDE
9. CASSIOPÉE
10. BALEINE
11. BÉLIER
12. TRIANGLE
13. PERSÉE
14. TAUREAU
15. ÉRIDAN
16. ORION
17. LIÈVRE
18. BURIN
19. COLOMBE
20. GRAND CHIEN
21. POUPE
22. CARÈNE
23. POISSON VOLANT
24. CHEVALET DU PEINTRE
25. DORADE
26. RÉTICULE
27. HYDRE MÂLE
28. PHÉNIX
29. SCULPTEUR
30. POISSON AUSTRAL
31. GRUE
32. INDIEN
33. TOUCAN
34. OCTANT
35. CAMÉLÉON
36. MOUCHE
37. COMPAS
38. OISEAU DE PARADIS
39. RÈGLE
40. TRIANGLE AUSTRAL
41. AUTEL
42. PAON
43. TÉLESCOPE
44. MICROSCOPE
45. CAPRICORNE
46. SAGITTAIRE
47. SCORPION
48. ÉCU DE SOBIESKI

A. GALAXIE M31

HÉMISPHÈRE SUD

LATITUDES MOYENNES (-45°), 24 H 00
SOLSTICE D'ÉTÉ (21 DÉCEMBRE)

HAUT DANS LE CIEL DU NORD BRILLE SIRIUS ALORS QU'ORION EST CENTRALE. AU SUD, LES CONSTELLATIONS DES VOILES ET DE LA CARÈNE, AUX ÉTOILES TRÈS LUMINEUSES, SE DÉTACHENT SUR LE CIEL ORIENTAL. PLUS BAS, VOUS POUVEZ ADMIRER LE CENTAURE CEPENDANT QU'À L'OUEST RESPLENDIT ARCHENAR.

AU NORD

L'écliptique, assez bas, se signale par la présence de quelques constellations zodiacales faciles à identifier à partir d'Orion : dans l'axe Sirius-γ d'Orion vous avez Aldébaran (Taureau), et dans l'axe Rigel-Bételgeuse (β-α) vous obtenez Castor (Gémeaux). Le Cocher se trouve exactement au nord ; l'alignement θ-ι vous conduit à Menkar (α de la Baleine) en passant non loin des Pléiades. En haut, l'alignement χ-β d'Orion permet de trouver Zaurak (γ de l'Éridan).

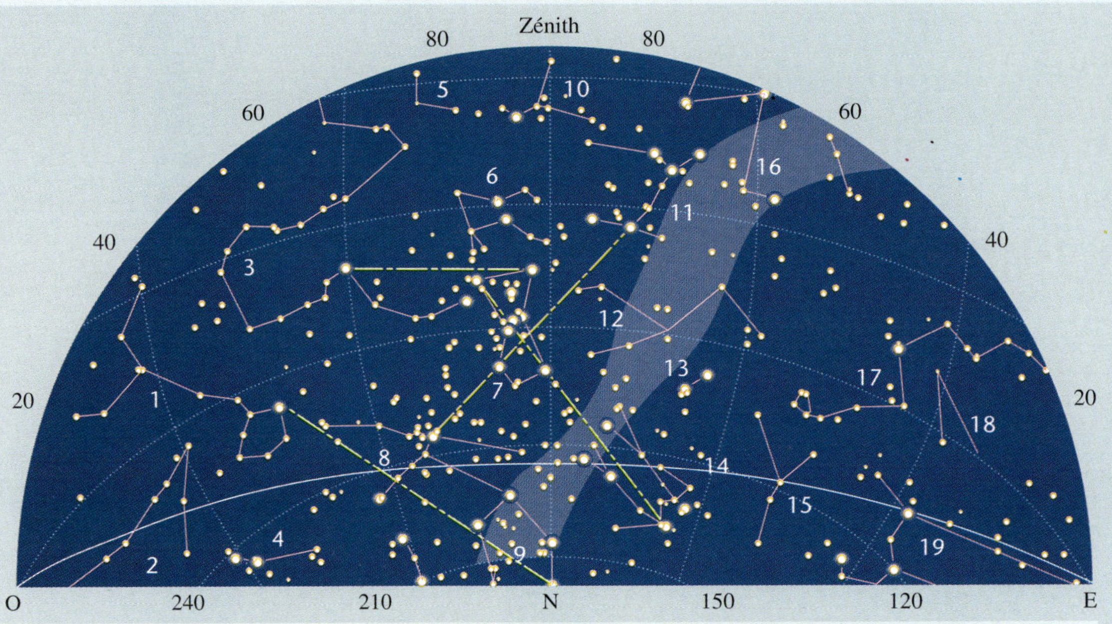

AU SUD

À partir de la Croix du Sud, trouvez quelques-unes des constellations les plus brillantes du ciel austral : son grand axe, qui pointe vers le pôle Sud céleste, vous amène à la constellation de l'Hydre Mâle, et l'alignement γ-β, au Triangle Austral et à α du Paon. L'alignement γ-δ conduit à la Carène, tandis que le petit axe pointe, en haut, vers les Voiles et en bas, vers les deux étoiles les plus brillantes du Centaure, α (Toliman, encore appelée Rigil Kentaurus) et β (Agena, parfois appelée Hadar).

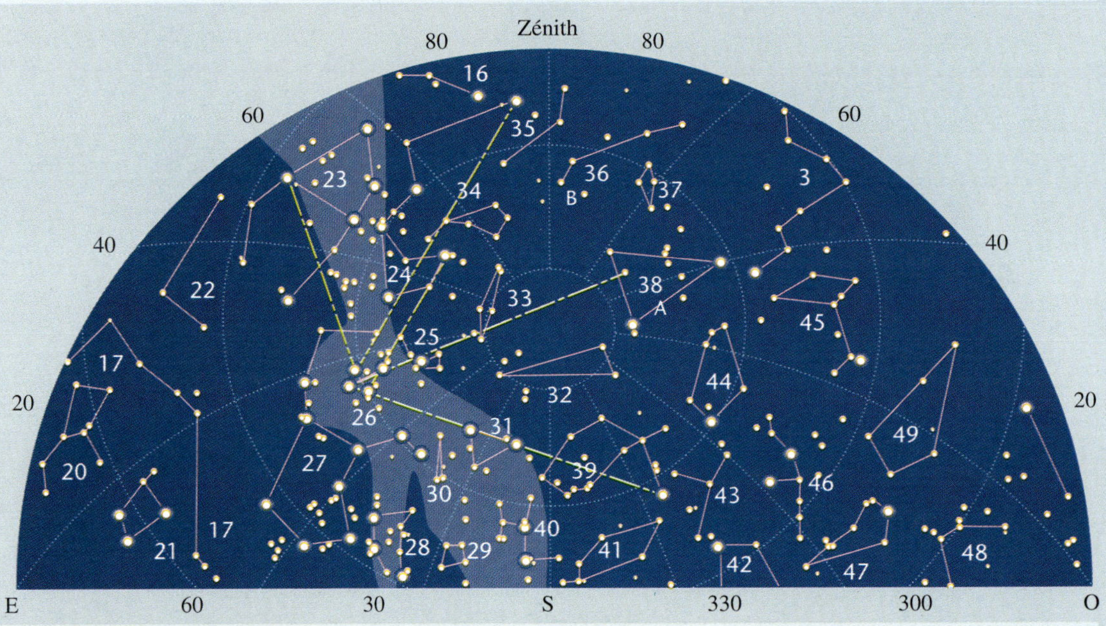

1. Baleine
2. Poissons
3. Éridan
4. Bélier
5. Burin
6. Lièvre
7. Orion
8. Taureau
9. Cocher
10. Colombe
11. Grand Chien
12. Licorne
13. Petit Chien
14. Gémeaux
15. Cancer
16. Poupe
17. Hydre Femelle
18. Sextant
19. Lion
20. Coupe
21. Corbeau
22. Machine Pneumatique
23. Voiles
24. Carène
25. Mouche
26. Croix du Sud
27. Centaure
28. Loup
29. Règle
30. Compas
31. Triangle Austral
32. Octant
33. Caméléon
34. Poisson Volant
35. Chevalet du Peintre
36. Dorade
37. Réticule
38. Hydre Mâle
39. Paon
40. Autel
41. Télescpoe
42. Microscope
43. Indian
44. Toucan
45. Phénix
46. Grue
47. Poisson Austral
48. Verseau
49. Sculpteur

A. Petit Nuage de Magellan
B. Grand Nuage de Magellan

INITIATION À L'OBSERVATION

HÉMISPHÈRE SUD

LATITUDES MOYENNES (-45°), 24 H 00 ÉQUINOXE D'AUTOMNE (21 MARS)

AU NORD L'HYDRE FEMELLE, QUI SINUE D'OUEST EN EST, EST PRESQUE PARALLÈLE À L'ÉCLIPTIQUE, SOULIGNÉE DE SIX CONSTELLATIONS. DE L'AUTRE CÔTÉ DU CIEL, LA CROIX DU SUD RESPLENDIT, QUASI AU ZÉNITH AVEC, JUSTE AU-DESSUS, LES LUEURS DU CENTAURE. À L'OUEST, LES ÉTOILES DES VOILES ET DE LA CARÈNE FLAMBOIENT, DE MÊME QUE SIRIUS, PLUS LOIN.

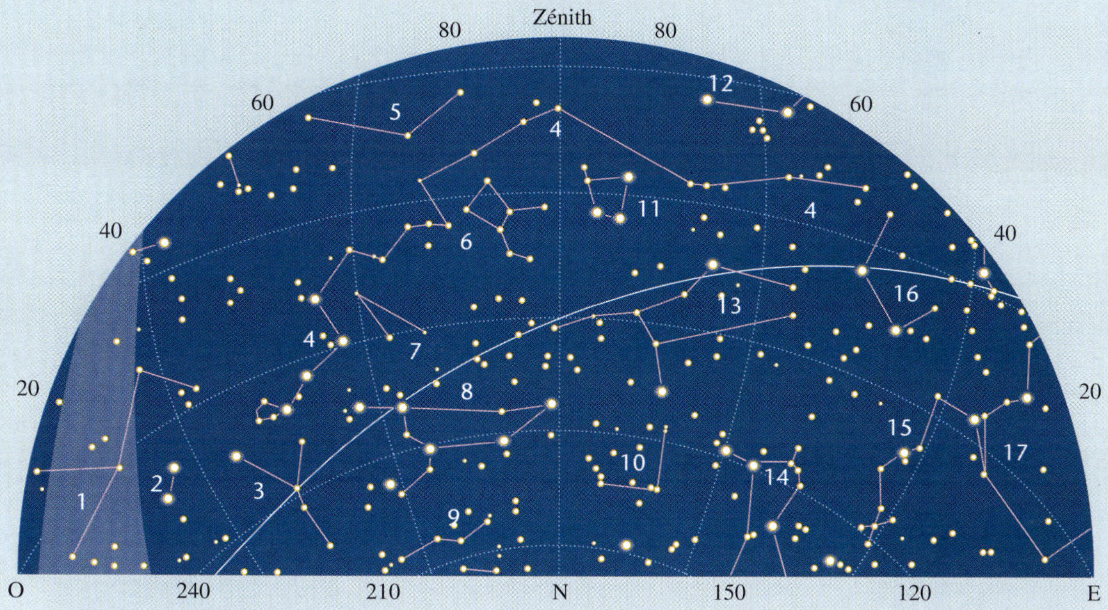

AU NORD
Les étoiles les plus brillantes se distribuent le long de l'écliptique ou à proximité ; de gauche à droite (d'ouest en est) vous reconnaissez Régulus, Algieba et Denebola (α, γ et β du Lion), l'Épi (α de la Vierge) et Zuben-El-Genubi (α de la Balance). Prolongez cet arc vers le sud pour trouver Antarès (α du Scorpion) et les plus brillantes étoiles du Sagittaire.

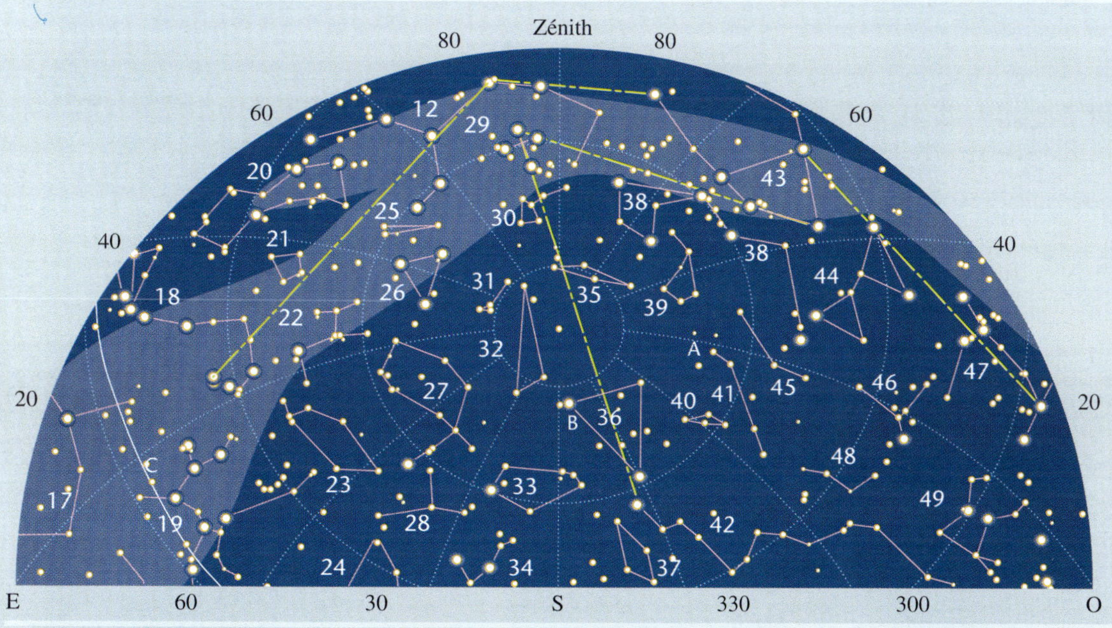

AU SUD
Le Centaure et la Croix du Sud, au zénith, permettent de retrouver, à l'est, le Scorpion, le Sagittaire, accompagné des nébuleuses Trifide, de la Lagune et Oméga, l'Hydre Mâle, avec le Petit Nuage de Magellan, et la Dorade, avec le Grand Nuage de Magellan. À l'ouest étincelle Sirius. L'alignement Sirius - δ du Grand Chien vous amène à la Poupe puis aux Voiles à laquelle vous amène également l'alignement β-δ de la Croix du Sud. Au bout du « bras » ouest des Voiles, repérez aux jumelles NGC3132, l'une des plus brillantes nébuleuses planétaires.

1. LICORNE
2. PETIT CHIEN
3. CANCER
4. HYDRE FEMELLE
5. MACHINE PNEUMATIQUE
6. COUPE
7. SEXTANT
8. LION
9. PETIT LION
10. CHEVELURE DE BÉRÉNICE
11. CORBEAU
12. CENTAURE
13. VIERGE
14. BOUVIER
15. SERPENT (TÊTE)
16. BALANCE
17. OPHIUCUS
18. SCORPION
19. SAGITTAIRE
20. LOUP
21. RÈGLE
22. AUTEL
23. TÉLESCOPE
24. MICROSCOPE
25. COMPAS
26. TRIANGLE AUSTRAL
27. PAON
28. INDIEN
29. CROIX DU SUD
30. MOUCHE
31. OISEAU DE PARADIS
32. OCTANT
33. TOUCAN
34. GRUE
35. CAMÉLÉON
36. HYDRE MÂLE
37. PHÉNIX
38. CARÈNE
39. POISSON VOLANT
40. RÉTICULE
41. DORADE
42. ÉRIDAN
43. VOILES
44. POUPE
45. CHEVALET DU PEINTRE
46. COLOMBE
47. GRAND CHIEN
48. BURIN
49. LIÈVRE

A. GRAND NUAGE DE MAGELLAN
B. PETIT NUAGE DE MAGELLAN
C. RÉGION RICHE EN NÉBULEUSES

HÉMISPHÈRE SUD

LATITUDES MOYENNES (-45°), 24 H 00
SOLSTICE D'HIVER (21 JUIN)

L'ÉCLIPTIQUE, PRESQU'À LA VERTICALE, MONTRE SEPT CONSTELLATIONS ZODIACALES OÙ LE SCORPION DOMINE PAR SA POSITION QUASI ZÉNITHALE DU CÔTÉ NORD. AU SUD-OUEST, LES ÉTOILES LUMINEUSES SE BOUSCULENT AUTOUR DE LA CROIX DU SUD, LAISSANT À ACHERNAR LA PRIMAUTÉ AU SUD-EST.

AU NORD

Le Scorpion se trouve presque au zénith. En descendant vers l'ouest (à gauche) dans l'axe de Deschubba (δ du Scorpion) et de l'Épi (α de la Vierge ou Spica, l'étoile la plus brillante dans cette direction) vous trouvez α de la Balance. En bas, près de l'horizon et tout à fait à votre gauche, brille Arcturus dans le Bouvier, et à votre droite (à l'est), Véga dans la Lyre ; Altaïr (α de l'Aigle) est un peu plus haute et à droite de la Lyre. Entre Véga et Antarès on trouve α d'Hercule.

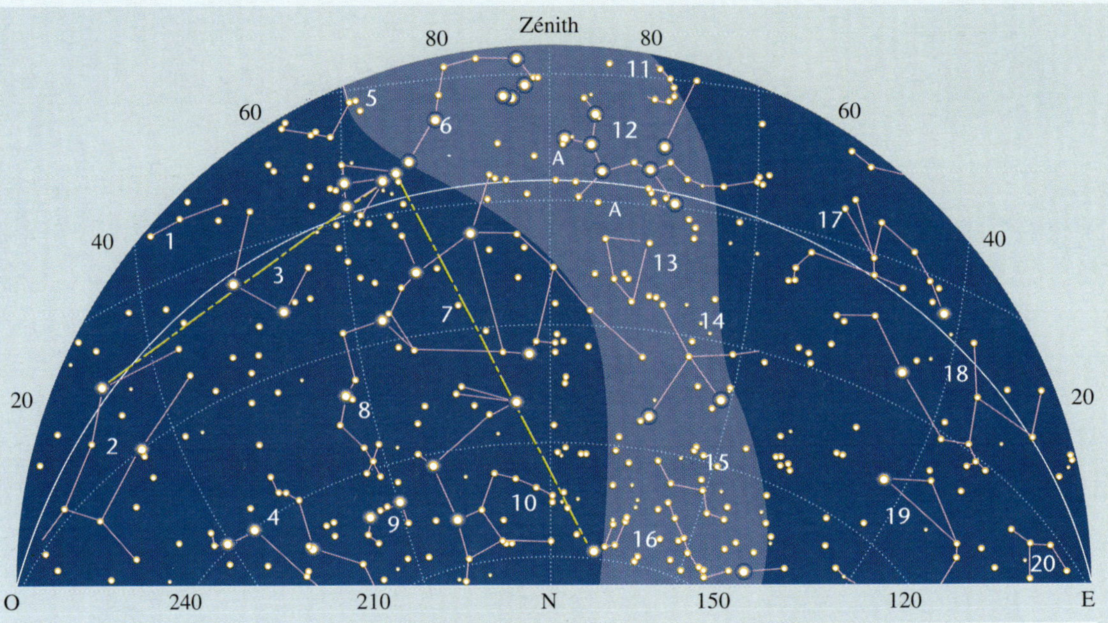

AU SUD

Les étoiles les plus brillantes s'accumulent à l'ouest : celles du Centaure et de la Croix du Sud, facilement reconnaissables, sont les plus hautes. Plus bas sur l'horizon et plus près de l'axe sud, les étoiles des Voiles et de la Carène resplendissent – Canopus étincelle presque au sud, juste au-dessus de l'horizon. À l'est, Achernar brille entre l'Éridan et l'Hydre Mâle, et un peu plus haut, Fomalhaut (α du Poisson Austral). À cette même hauteur mais plus central se trouve le Petit Nuage de Magellan.

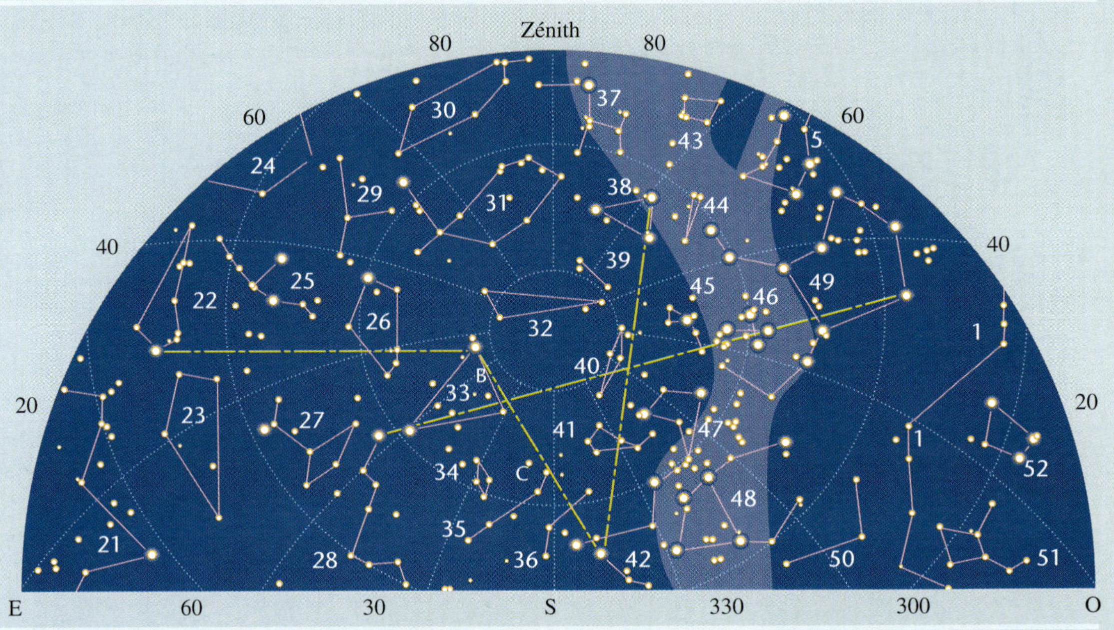

1. Hydre Femelle
2. Vierge
3. Balance
4. Bouvier
5. Loup
6. Scorpion
7. Ophiucus
8. Serpent
9. Couronne Boréale
10. Hercule
11. Couronne Australe
12. Sagittaire
13. Écu de Sobieski
14. Aigle
15. Petit Renard
16. Cygne
17. Capricorne
18. Verseau
19. Pégase
20. Poissons
21. Baleine
22. Poisson Austral
23. Sculpteur
24. Microscope
25. Grue
26. Toucan
27. Phénix
28. Éridan
29. Indien
30. Télescope
31. Paon
32. Octant
33. Hydre Mâle
34. Réticule
35. Dorade
36. Chevalet du Peintre
37. Autel
38. Triangle Austral
39. Oiseau de Paradis
40. Caméléon
41. Poisson Volant
42. Poupe
43. Règle
44. Compas
45. Mouche
46. Croix du Sud
47. Carène
48. Voiles
49. Centaure
50. Machine Pneumatique
51. Coupe
52. Corbeau

A. Nébuleuses et galaxies
B. Petit Nuage de Magellan
C. Grand Nuage de Magellan

HÉMISPHÈRE SUD

LATITUDES MOYENNES (-45°), 24 H 00
ÉQUINOXE DE PRINTEMPS (23 SEPTEMBRE)

Au nord, Pégase, au centre du ciel, semble affronter le Centaure et la Croix du Sud, situés presque à la même hauteur mais du côté sud. Bas sur l'horizon sud, Sirius et Antarès étincellent.

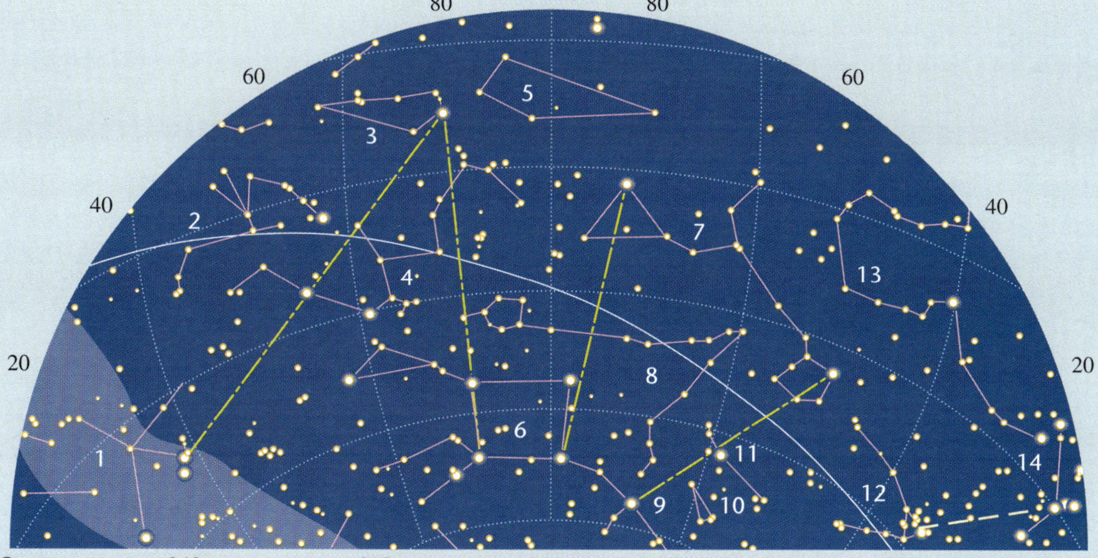

Au nord
Cinq constellations zodiacales peu lumineuses signalent l'écliptique. Presque au zénith brille α du Phénix. Plus bas on reconnaît les étoiles du carré de Pégase dont les côtés permettent de retrouver, d'ouest en est, Altaïr (dans l'Aigle), Fomalhaut (α du Poisson Austral) ainsi que son étoile β (plus haut). Plus bas, l'axe passant par α de la Baleine et Mirach d'Andromède vous amène à Hamal (α du Bélier). Aldébaran (α du Taureau) et les étoiles les plus lumineuses d'Orion se trouvent très bas sur l'horizon est.

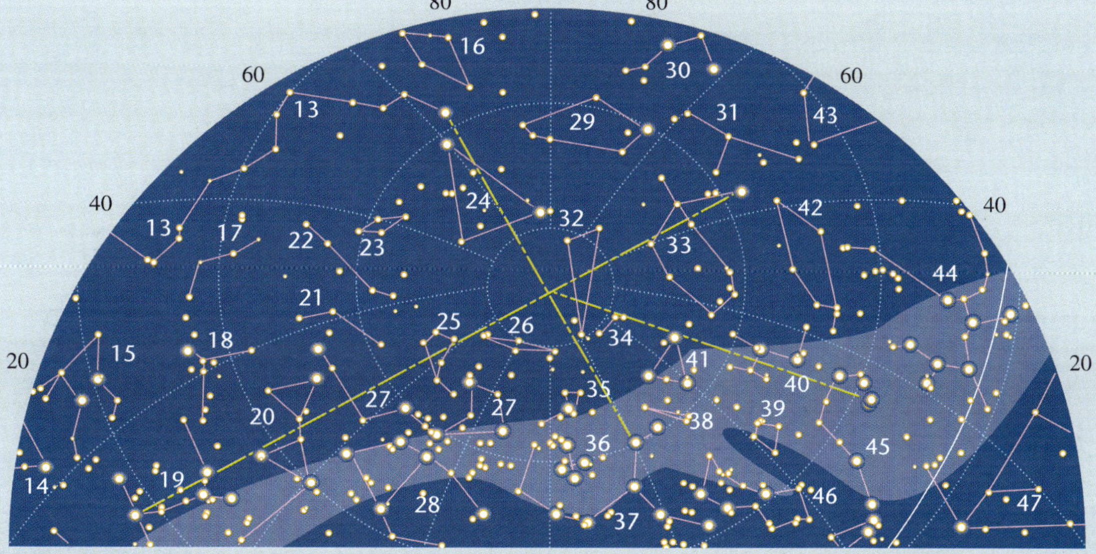

Au sud
Toutes les étoiles lumineuses se trouvent bas sur l'horizon : d'est en ouest étincellent Sirius, Adhara et Wezen du Grand Chien, Naos de la Poupe, Al Suhail et Markeb des Voiles, Tureis de la Carène, Acrux de la Croix du Sud, Toliman du Centaure, et finalement Antarès (α du Scorpion). Le pôle Sud céleste se repère dans l'axe de la queue du Scorpion et de l'étoile α du Triangle Austral ; de là, vous passez aux alignements Peacock (dans le Paon) - Sirius et Achernar (dans l'Éridan) - Agena du Centaure.

1. Aigle
2. Capricorne
3. Poisson Austral
4. Verseau
5. Sculpteur
6. Pégase
7. Baleine
8. Poissons
9. Andromède
10. Triangle
11. Bélier
12. Taureau
13. Éridan
14. Orion
15. Lièvre
16. Phénix
17. Burin
18. Colombe
19. Grand Chien
20. Poupe
21. Chevalet du Peintre
22. Dorade
23. Réticule
24. Hydre Mâle
25. Poisson Volant
26. Caméléon
27. Carène
28. Voiles
29. Toucan
30. Grue
31. Indien
32. Octant
33. Paon
34. Oiseau de Paradis
35. Mouche
36. Croix du Sud
37. Centaure
38. Compas
39. Règle
40. Autel
41. Triangle Austral
42. Télescope
43. Microscope
44. Sagittaire
45. Scorpion
46. Loup
47. Ophiucus

HÉMISPHÈRE SUD

RÉGIONS POLAIRES (-63°30'), 24 H 00
SOLSTICE D'ÉTÉ (21 DÉCEMBRE)

L'ÉTÉ ANTARCTIQUE : C'EST LA PÉRIODE OÙ LE JOUR EST LE PLUS LONG, ET CE D'AUTANT PLUS QU'ON EST PROCHE DU PÔLE SUD. LES NUITS, EXTRÊMEMENT BRÈVES, SONT ÉCLAIRÉES PAR UN CRÉPUSCULE PERMANENT QUI REND L'OBSERVATION DES CONSTELLATIONS PRESQUE IMPOSSIBLE.

Si le ciel était plus sombre, vous verriez les constellations suivantes :

1. Baleine
2. Poissons
3. Éridan
4. Réticule
5. Dorade
6. Burin
7. Lièvre
8. Orion
9. Taureau
10. Gémeaux
11. Cancer
12. Petit Chien
13. Licorne
14. Grand Chien
15. Colombe
16. Poupe
17. Chevalet du Peintre
18. Carène
19. Voiles
20. Boussole
21. Hydre Femelle
22. Coupe
23. Sextant
24. Corbeau
25. Carène
26. Mouche
27. Croix du Sud
28. Centaure
29. Loup
30. Balance
31. Scorpion
32. Règle
33. Autel
34. Triangle Austral
35. Compas
36. Oiseau de Paradis
37. Octant
38. Caméléon
39. Poisson Volant
40. Hydre Mâle
41. Toucan
42. Paon
43. Indien
44. Télescope
45. Microscope
46. Sagittaire
47. Capricorne
48. Poisson Austral
49. Grue
50. Sculpteur
51. Phénix
52. Verseau

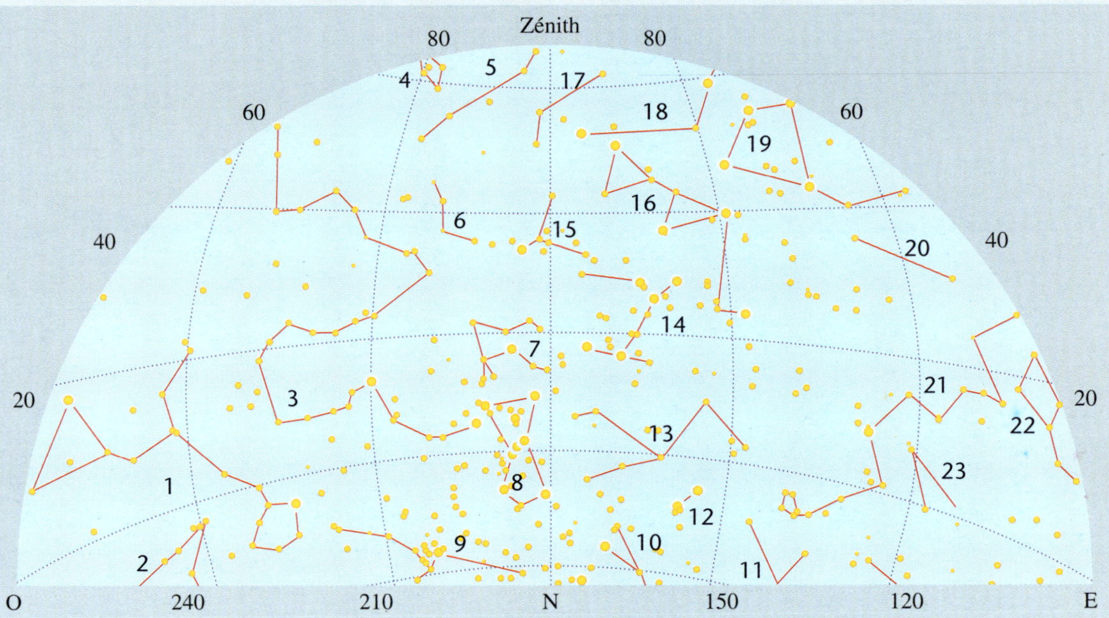

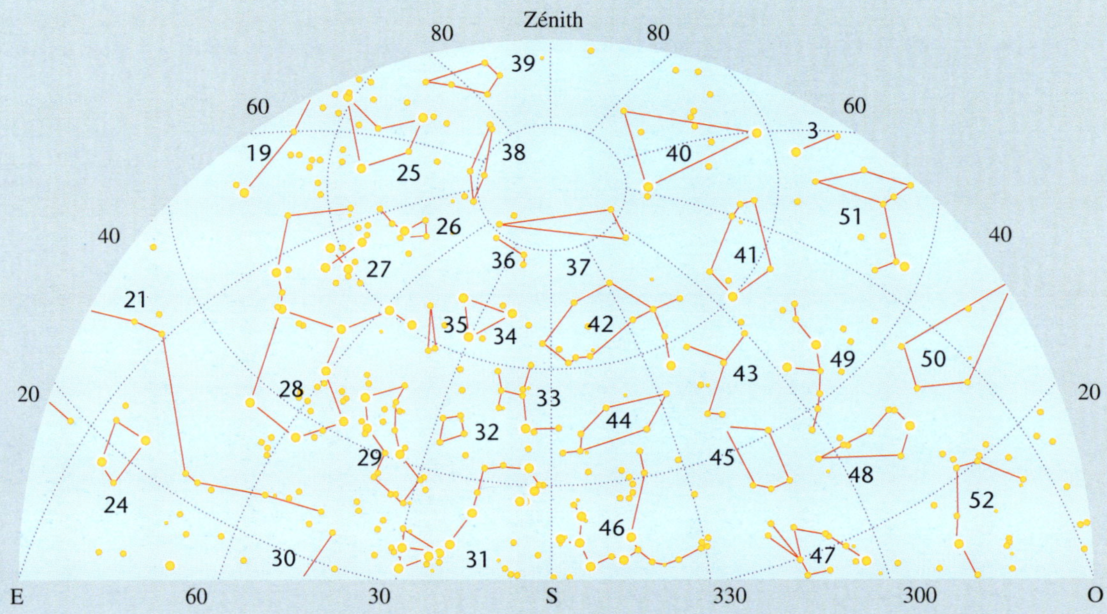

HÉMISPHÈRE SUD

RÉGIONS POLAIRES (-63°30'), 24 H 00
ÉQUINOXE D'AUTOMNE (21 MARS)

Du côté nord, le zénith est occupé par la Croix du Sud, et de l'autre, par la Mouche. L'écliptique, assez bas, est accompagné, au nord, par toute la longueur de l'Hydre Femelle. Les étoiles brillantes sont presque toutes en haut de la voûte céleste.

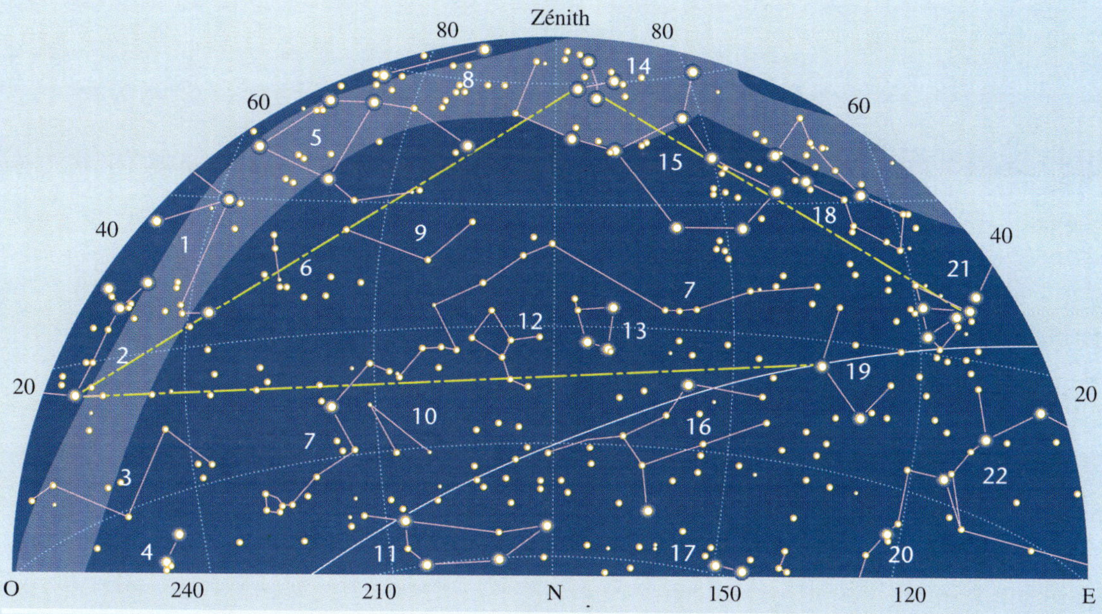

Au nord

L'étoile la plus brillante est Sirius, à l'ouest (sur la gauche) et juste après, Antarès, à l'est. Presqu'à la même hauteur que Sirius brillent Alphard (α de l'Hydre Femelle), l'Épi (α de la Vierge), α de la Balance et α d'Ophiucus. Joignez Sirius à l'étoile δ de la Croix du Sud pour trouver Naos (dans la Poupe), et Al Suhail, Aspidiske et Markeb des Voiles. Joignez Antarès à γ de la Croix du Sud pour traverser la brillante constellation du Centaure.

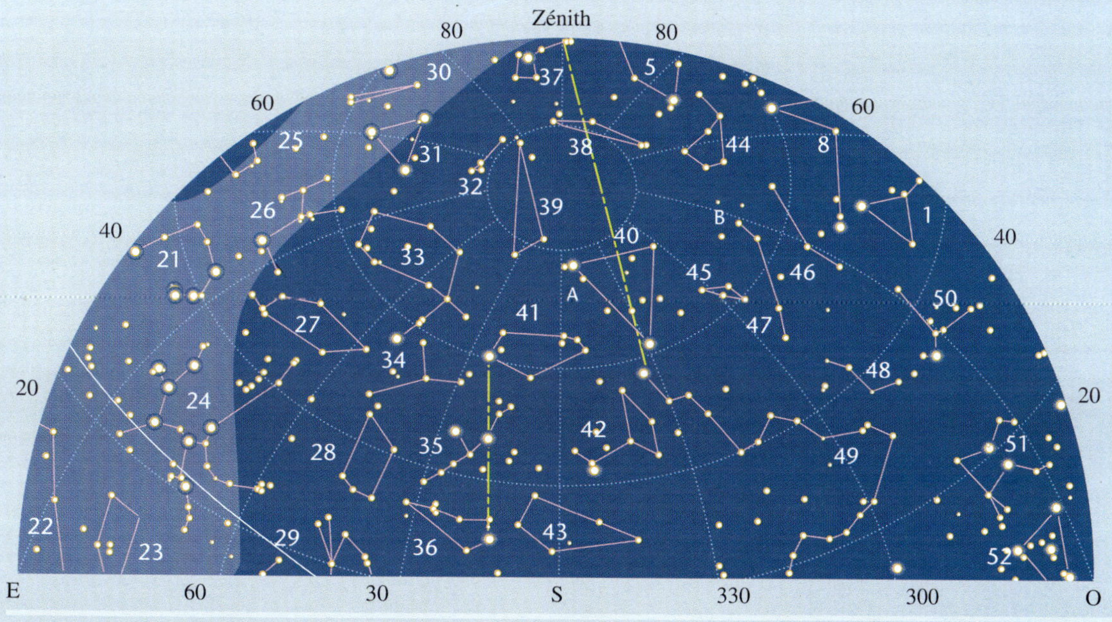

Au sud

Au-dessus d'Achernar (α de l'Éridan), légèrement sur la gauche de l'Hydre Mâle, vous trouverez le Petit Nuage de Magellan. Le Grand Nuage de Magellan se trouve quant à lui près de l'étoile de la constellation de la Dorade la plus haute sur l'horizon. Les deux galaxies, satellites de la nôtre, sont faciles à voir. Bas sur l'horizon à l'est se trouvent les constellations zodiacales du Sagittaire et du Capricorne (celui-ci partiellement sous l'horizon).

1. Poupe
2. Grand Chien
3. Licorne
4. Petit Chien
5. Voiles
6. Boussole
7. Hydre Femelle
8. Carène
9. Machine Pneumatique
10. Sextant
11. Lion
12. Coupe
13. Corbeau
14. Croix du Sud
15. Centaure
16. Vierge
17. Bouvier
18. Loup
19. Balance
20. Serpent
21. Scorpion
22. Ophiucus
23. Écu de Sobieski
24. Sagittaire
25. Règle
26. Autel
27. Télescope
28. Microscope
29. Capricorne
30. Compas
31. Triangle Austral
32. Oiseau de Paradis
33. Paon
34. Indien
35. Grue
36. Poisson Austral
37. Mouche
38. Caméléon
39. Octant
40. Hydre Mâle
41. Toucan
42. Phénix
43. Sculpteur
44. Poisson Volant
45. Réticule
46. Chevalet du Peintre
47. Dorade
48. Burin
49. Éridan
50. Colombe
51. Lièvre
52. Orion

A. Petit Nuage de Magellan
B. Grand Nuage de Magellan

HÉMISPHÈRE SUD
RÉGIONS POLAIRES (-63°30′), 24 H 00
SOLSTICE D'HIVER (21 JUIN)

C'EST EN HIVER QUE LE PÔLE CÉLESTE ATTEINT SA HAUTEUR MAXIMALE SUR L'HORIZON. AU PÔLE SUD, IL EST EXACTEMENT AU ZÉNITH MAIS À CES LATITUDES, IL EST À 65°. AU NORD, LE SCORPION ET LE SAGITTAIRE ÉTINCELLENT EN POSITION CENTRALE. AU SUD, LA POUPE, LES VOILES, LA CARÈNE, LE CENTAURE ET LA CROIX DU SUD FORMENT UNE TRAÎNÉE LUMINEUSE ALLANT DU SUD À L'OUEST.

AU NORD

Les principales étoiles du Sagittaire brillent un peu à l'est et à la même hauteur qu'Antarès (α du Scorpion) ; au-dessus, voici le Poisson Austral dont l'étoile α se trouve dans l'autre moitié de ciel. Dans l'alignement Antarès – l'Épi (α de la Vierge) se trouve α de la Balance. L'écliptique ainsi délimité, vous repérerez plus aisément entre celui-ci et l'horizon les constellations d'Ophiucus, du Serpent et de l'Aigle, avec la brillante Altaïr. Le Centaure étincelle haut à l'ouest.

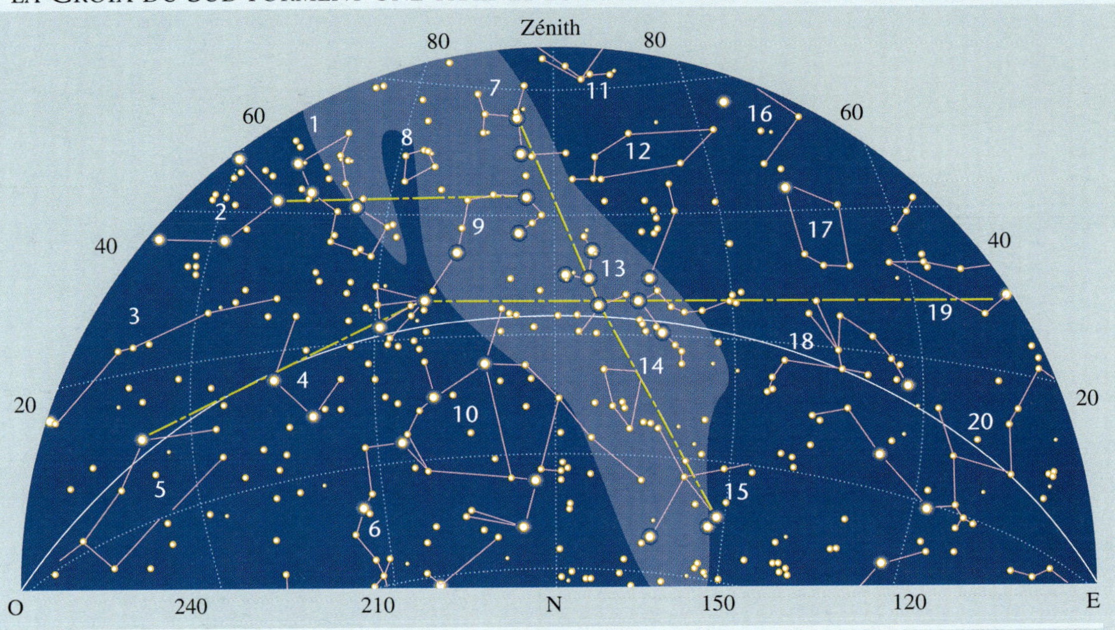

AU SUD

La Voie lactée se déroule presque à la verticale, accompagnée des plus brillantes étoiles de cette portion du ciel : au Grand Chien, presque au point Sud, succèdent la Poupe avec Naos (ζ) et Asmidiske (ξ), la Carène avec Canopus (α), Tureis (ι) et Miaplacidus (β), et les Voiles avec Markeb (κ) et Al Suhail (λ), et la Croix du Sud avec Acrux (α) et Mimosa (β), et enfin le Centaure avec Toliman (α) et Agena (β). Le Triangle Austral et le Paon sont presque au zénith, l'un un peu décalé à l'ouest, l'autre, à l'est. En bas, au sud-est la longue constellation de l'Éridan sinue quasi verticalement tandis qu'à l'ouest, c'est celle de l'Hydre Femelle.

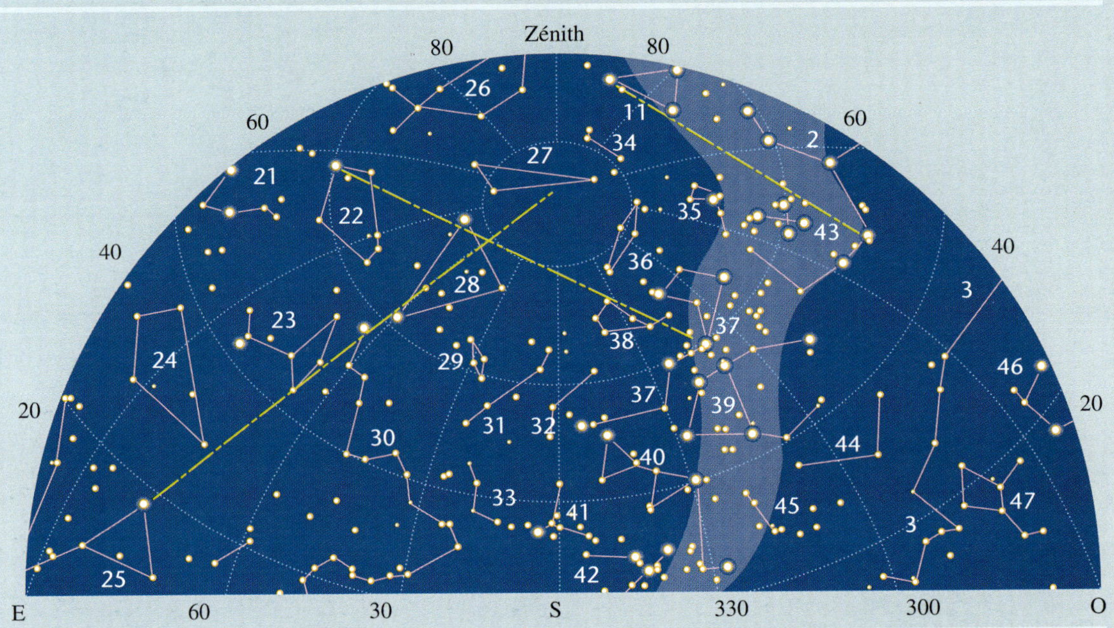

1. Loup
2. Centaure
3. Hydre Femelle
4. Balance
5. Lion
6. Serpent
7. Autel
8. Règle
9. Scorpion
10. Ophiucus
11. Triangle Austral
12. Télescope
13. Sagittaire
14. Écu de Sobieski
15. Aigle
16. Indien
17. Microscope
18. Capricorne
19. Poisson Austral
20. Verseau
21. Grue
22. Toucan
23. Phénix
24. Sculpteur
25. Baleine
26. Paon
27. Octant
28. Hydre Mâle
29. Réticule
30. Éridan
31. Dorade
32. Chevalet du Peintre
33. Burin
34. Oiseau de Paradis
35. Mouche
36. Caméléon
37. Carène
38. Poisson Volant
39. Voiles
40. Poupe
41. Colombe
42. Grand Chien
43. Croix du Sud
44. Machine Pneumatique
45. Boussole
46. Corbeau
47. Coupe

HÉMISPHÈRE SUD

RÉGIONS POLAIRES (-63°30′), 24 H 00
ÉQUINOXE DE PRINTEMPS (23 SEPTEMBRE)

AU NORD, LE TOUCAN EST AU ZÉNITH ET L'ERIDAN, D'ACHERNAR À CURSA, S'ALLONGE ENTRE 80° ET 10°. AU SUD S'ALLONGE UNE THÉORIE DE CONSTELLATIONS TRÈS LUMINEUSES : LE GRAND CHIEN, LA POUPE, LES VOILES, LA CARÈNE, LA CROIX DU SUD, LE CENTAURE ET LE SCORPION EMPLISSENT LE BAS DU CIEL D'EST EN OUEST.

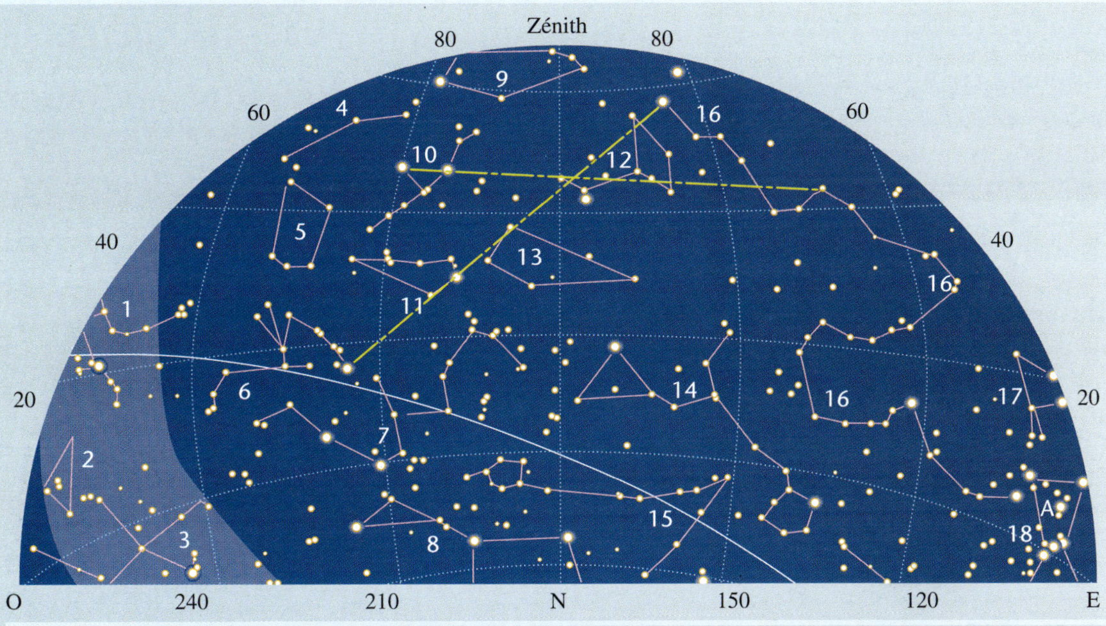

AU NORD

À l'est, l'Éridan, complètement déroulé, est rejoint par Orion dont seules Rigel, Saiph et les étoiles du baudrier sont visibles ainsi que les nébuleuses M42 et M43, visibles à l'œil nu. L'axe Achernar - Fomalhaut (α du Poisson Austral) vous conduit à Deneb Algiedi, l'étoile δ du Capricorne ; en suivant les contours de la constellation, vous trouvez Dabih (β) puis Giedi (α), un système multiple de deux étoiles elles-mêmes doubles. L'alignement des plus brillantes étoiles de la Grue vous ramène à ε de l'Éridan, soupçonnée d'avoir un système planétaire.

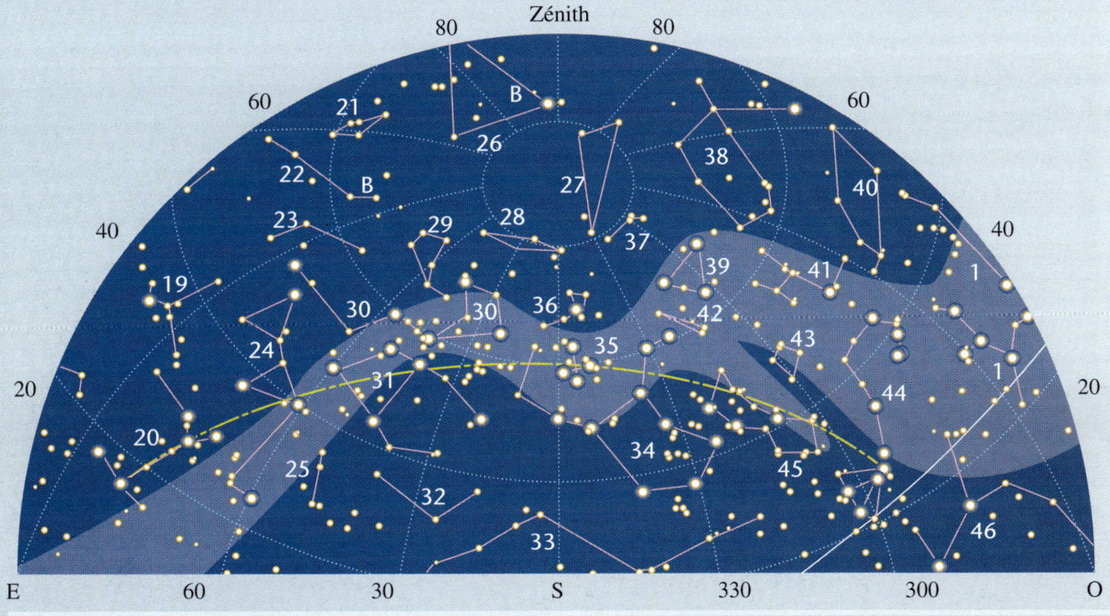

AU SUD

La constellation au zénith est ici l'Hydre Mâle : le Petit Nuage de Magellan, proche, est bien observable, de même que le Grand Nuage situé près de la Dorade. Les étoiles les plus lumineuses de l'hémisphère sud s'égrènent sur un arc orienté est-ouest dont le milieu est occupé par la Croix du Sud : d'abord Sirius, Wezen et Aludra du Grand Chien, puis Naos de la Poupe, δ des Voiles (entourée de nombreuses étoiles très brillantes), δ et β de la Croix du Sud qui surmontent l'arc des étoiles lumineuses du Centaure, puis γ du Loup et pour finir Antarès du Scorpion.

1. Sagittaire
2. Écu de Sobieski
3. Aigle
4. Indien
5. Microscope
6. Capricorne
7. Verseau
8. Pégase
9. Toucan
10. Grue
11. Poisson Austral
12. Phénix
13. Sculpteur
14. Baleine
15. Poissons
16. Éridan
17. Burin
18. Orion
19. Colombe
20. Grand Chien
21. Réticule
22. Dorade
23. Chevalet du Peintre
24. Poupe
25. Boussole
26. Hydre Mâle
27. Octant
28. Caméléon
29. Poisson Volant
30. Carène
31. Voiles
32. Machine Pneumatique
33. Hydre Femelle
34. Centaure
35. Croix du Sud
36. Mouche
37. Oiseau de Paradis
38. Paon
39. Triangle Austral
40. Télescope
41. Autel
42. Compas
43. Règle
44. Scorpion
45. Loup
46. Ophiucus

A. Nébuleuses M42 et M43
B. Nuages de Magellan

Observer la Lune est facile – c'est à la portée de tous, il suffit d'une paire de jumelles. L'objet est très gros et lumineux, et pour observer quelque chose, nul besoin de savoir s'orienter dans le ciel, ni d'avoir un télescope de grande ouverture ou de fort grossissement : il suffit de lever la tête pour découvrir de nouveaux et fascinants panoramas parmi les mille paysages silencieux et magiques de notre satellite.

L'OBSERVATION DE LA LUNE

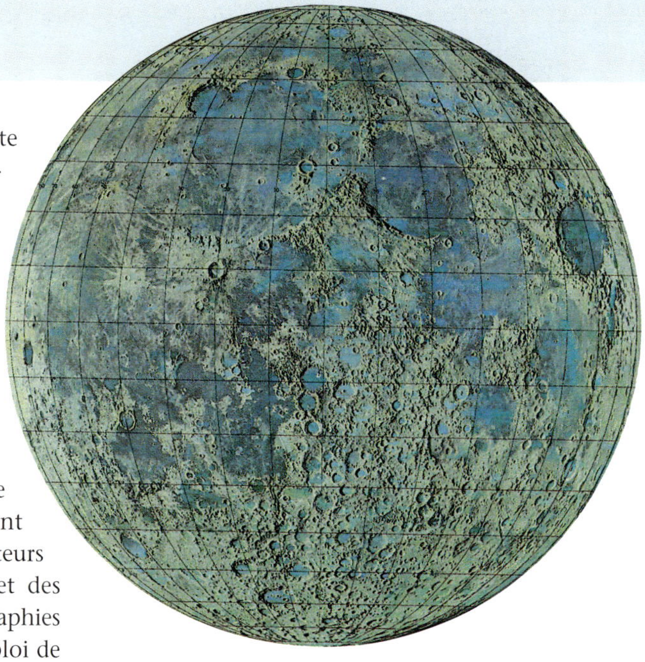

Face visible de la Lune
La cartographie lunaire n'a débuté qu'à partir du XVIIe siècle.

La Lune est belle à observer avec n'importe quel instrument, et elle nous émeut toujours autant : grande, lumineuse, foisonnant de détails changeant d'aspect à mesure que change son illumination, la Lune est un objet qui fascine. Pour observer les formations majeures, une éclipse lunaire ou l'occultation d'une étoile, de simples jumelles suffisent, mais pour examiner des régions plus circonscrites et des détails plus fins, un petit télescope ou une lunette de 60 mm est préférable. Les instruments de grande ouverture et longueur focale comme ceux que certains observatoires mettent à la disposition des groupes d'astronomes amateurs permettent de poursuivre des observations et des recherches plus avancées et à réaliser des photographies de haute résolution, notamment grâce à l'emploi de dispositifs particuliers (filtres, photométrie, etc.)

INSTRUMENTS POUR REGARDER, ÉTUDIER ET PHOTOGRAPHIER

Voici quelques conseils pour choisir vos instruments d'observation de la Lune (jumelles, télescopes, appareils photographiques) – sans trop entrer dans les détails, toutefois, car le choix d'un instrument dépend aussi beaucoup de vos moyens, de vos exigences personnelles telles que vos préférences pour un type de pellicule photographique, de votre maîtrise grandissante des techniques qui permettent, par exemple, de constamment améliorer les clichés, ainsi que de votre expérience passée dans le domaine de l'observation astronomique.

Vous obtiendrez de l'aide et des conseils en rejoignant un groupe d'astronomes amateurs confirmés ou même en vous adressant à des observatoires et instituts professionnels.

ÉCHELLE D'ALBÉDO LUNAIRE SELON ELGER

Albédo	Exemples	Albédo	Exemples
0	Ombre noire	5,5	Parois des cratères Picard et Timocharis, rayons du cratère Copernicus
1	Parties les plus sombres des cratères Grimaldi et Riccioli	6	Parois des cratères Macrobius, Kant, Bessel et Moesting
1,5	Intérieur des cratères Boscovich, Bailly et Zupus	6,5	Parois des cratères Langrenus, Theaetetus et La Hire
2	Arène des cratères Endymion, Le Monnier et Julius Caesar	7	Cratères Theon, Ariadaeus, Bode B, Wickmann et Kepler
2,5	Intérieur des cratères Azout, Vitruvius, Pitatus et Hippalus	7,5	Cratères Ukert, Hortensius et Euclides
3	Arène des cratères Taruntus, Plinius, Theophilus et Flamsteed	8	Parois des cratères Godin, Bode et Copernicus
3,5	Intérieur des cratères Archimedes et Mersenius	8,5	Parois des cratères Proclus, Bode A et Hipparcus C
4	Intérieur des cratères Manilius, Ptolemaeus et Guericke	9	Cratères Censorinus, Dionysius, Moesting A, Mersenius B et Mersenius C
4,5	Surface entourant le Golfe Central (*Sinus Medii*) et le cratère Aristillus	9,5	Intérieur des cratères Aristarchus et La Pérouse
5	Surface entourant les cratères Kepler et Aristarchus	10	Pic central du cratère Aristarchus

PREMIER CROISSANT

Cette vue indique les principales formations lunaires observables autour du quatrième jour après la Nouvelle Lune.

1. Strabo
2. Endymion
3. Mer de Humboldt
4. Hercules
5. Atlas
6. Geminus
7. Cleomedes
8. Proclus
9. Mer des Crises
10. Picard
11. Mer Marginale
12. Firmicus
13. Mer des Ondes
14. Taruntius
15. Apollonius
16. Mer de la Fécondité
17. Mer Écumante
18. Mer de Smyth
19. Gutemberg
20. Goclenius
21. Langevin
22. Colombus
23. Vendelinus
24. Cook
25. Petavus
26. Snellius
27. Stevinus
28. Rheita
29. Furnerius
30. Metius
31. Vallée Rheita
32. Fraunhofer
33. Fabricius
34. Steinheil et Watt
35. Vlacq
36. Mutus

Les noms seuls désignent des cratères.

LES JUMELLES

Les plus répandues sont celles à lentilles, mais elles sont encombrantes et pesantes; les meilleures sont les jumelles à prismes, plus compactes et maniables mais aussi plus chères. Les jumelles sont idéales pour avoir une vue d'ensemble des bassins, des chaînes montagneuses et des principaux cratères, ainsi que pour suivre une éclipse de Lune.

Leurs caractéristiques essentielles sont le grossissement et le diamètre de la lentille de l'objectif. Plus ce diamètre est grand et le grossissement faible, meilleure est la luminosité. Pour les exploiter au mieux, le rapport du diamètre de l'objectif sur le grossissement ne doit pas dépasser 7-8; ainsi, des jumelles grossissant 10 fois dotées d'un objectif de 50 mm (dite 10 × 50) ont un rapport 50 : 10 = 5, optimum pour observer les oiseaux, tandis que des jumelles 7 × 50, avec un rapport de 50 : 7 = 7,1 conviennent à tout et en particulier à l'observation nocturne des objets peu lumineux.

En réalité, avec la Lune la lumière ne manque pas. Pour bien voir les grands cratères, les montagnes les plus hautes et les plus grandes vallées et failles, il faut donc avoir un bon agrandissement – des jumelles de 8 × 30 ou de 10 × 40 sont alors excellentes. Inutile d'en faire plus : au-delà d'un grossissement de 10, en effet, on ne peut se passer d'un trépied. Des jumelles de 12 × 60, 16 × 70 ou 20 × 80 vous permettront d'obtenir des images de plus en plus détaillées.

PREMIER QUARTIER

LA LUNE ET SES PRINCIPALES FORMATIONS, TELLE QU'ELLE SE PRÉSENTE LE 8e JOUR APRÈS LA NOUVELLE LUNE. C'EST SANS DOUTE LA VUE LA PLUS SPECTACULAIRE DE TOUT LE CYCLE LUNAIRE.

1. Goldschmidt et Barrow
2. Bond
3. Mer du Froid
4. Vallée des Alpes
5. Aristoteles et Mitchell
6. Cassini
7. Eudoxus
8. Lac de la Mort
9. Bürg
10. Hercules et Atlas
11. Lac des Songes
12. Monts Caucase
13. Aristillus
14. Golfe Luna
15. Archimedes
16. Mer de la Sérénité
17. Posidonius
18. Marais de la Putréfaction
19. Monts Apennins
20. Monts Hémus
21. Mer des Vapeurs
22. Manilius
23. Menelaus
24. Plinius
25. Mont Argaeus
26. Marais du Sommeil
27. Julius Caesar
28. Rainure Hyginus
29. Triesnecker
30. Rainure Ariadaeus
31. Mer de la Tranquillité
32. Taruntius
33. Gutemberg
34. Gloclenius
35. Mer du Nectar
36. Theophilus
37. Cyrillus
38. Catharina
39. Beaumont
40. Abulfeda
41. Albateginus et Klein
42. Ptolemaeus
43. Alphonsus
44. Arzachel
45. Thebit
46. Purbach
47. Regiomontanus
48. Deslanders
49. Aliacensis
50. Werner
51. Sacrobosco
52. Escarpement Altaï
53. Piccolomini
54. Rheita
55. Stevinus et Snellius
56. Vallée Rheita
57. Maurolycus
58. Stöfler et Faraday
59. Pitiscus
60. Maginus
61. Curtis

LUNETTES ET TÉLESCOPES

Si vous êtes passionné de géologie lunaire et voulez découvrir des détails encore plus petits, vous aurez besoin d'un télescope (réflecteur) ou d'une lunette (réfracteur). Le premier donne une image moins affectée par les turbulences atmosphériques, la seconde rend mieux les couleurs.

Les passionnés non professionnels utilisent surtout un télescope « hybride » (à mi-chemin entre les télescopes réflecteur et réfracteur) doté d'une lame correctrice antérieure. Ce type d'instrument est petit, léger et facile à transporter tout en ayant une bonne puissance – des points importants pour ceux qui habitent dans des zones où l'éclairage et le smog sont élevés et qui doivent par conséquent chercher un ciel plus pur.

Un télescope de 12 cm d'ouverture ou une lunette de 50-60 mm sont déjà très satisfaisants, sachant qu'un instrument de 15-20 cm est déjà à la limite des possibilités normales d'observation. Les lunettes apochromatiques donnent les images les plus fines mais sont très coûteuses.

Un autre critère est la focale de l'instrument : pour une lunette, elle doit être 15-20 fois plus grande que le diamètre de l'objectif, pour un télescope newtonien, au moins 8-10 fois plus grande (c'est pourquoi un Cassegrain est préférable).

Le grossissement est donné par le rapport de la focale de l'objectif sur la focale de l'oculaire : un télescope

LUNE GIBBEUSE CROISSANTE

CETTE VUE MONTRE LA LUNE ET SES PRINCIPALES FORMATIONS VERS LE 12e JOUR APRÈS LA NOUVELLE LUNE.

1. BOND
2. MER DU FROID
3. CONDAMINE
4. PLATON
5. PICO
6. ARISTOTELES
7. EUDOXUS
8. BAILY
9. MER DES PLUIES
10. ARISTILLUS
11. AUTOLYCUS
12. ARCHIMEDES
13. TIMOCHARIS
14. MER DE LA SÉRÉNITÉ
15. LE MONNIER
16. MONTS CARPATES
17. ERATOSTHENES
18. MONTS APENNINS
19. COPERNICUS
20. GOLFE TORRIDE
21. MER DES VAPEURS
22. MANILUS
23. MER DE LA TRANQUILLITÉ
24. GOLFE CENTRAL
25. HERSCHEL ET PTOLEMAEUS
26. ALBATEGINUS
27. ALPHONSUS
28. ALPETRAGIUS
29. ARZACHEL
30. BULLIALDUS
31. MER DES NUÉES
32. THEBIT
33. PITATUS
34. DESLANDER
35. CAPUANUS
36. WILHELM
37. TYCHO
38. LONGOMONTANUS
39. MAGINUS
40. CLAVIUS
41. SCHEINER
42. BLANCANUS
43. RUTHERFORD
44. CURTIUS

doté d'un objectif de 1 m de focale et d'un oculaire de 10 mm de focale grossit 100 fois, et avec un oculaire de 20 mm, 50 fois. Un objectif à grande focale permet d'utiliser un oculaire pas trop grand, donne des images de haute qualité et fatigue moins la vue.

Pour observer la Lune, le mieux est d'utiliser des oculaires de focale supérieure à 7 mm, car comme pour l'objectif, la qualité de l'oculaire est importante. Le plus indiqué est l'oculaire orthoscopique qui ne produit pas de distorsions, s'adapte bien à de forts grossissements et permet d'observer sans avoir à appuyer l'œil sur la lentille.

La monture doit être d'autant plus stable que le grossissement est important. Les montures équatoriales sont les plus pratiques : elles permettent de suivre les objets célestes d'un seul mouvement.

Ce suivi peut être effectué par un moteur électrique. Certaines montures motorisées tiennent aussi compte du retard de la Lune par rapport à la rotation apparente de la voûte céleste : un instrument à suivi sidéral accomplit un tour complet en 23 h 56 min 4 s, un à suivi lunaire met 24 h 50 min – une différence négligeable lorsqu'on se contente d'observer mais importante si l'on prend des photographies à longue pause.

PLEINE LUNE

La Lune se lève pendant que se couche le Soleil. Cette phase révèle d'un coup toutes les formations visibles.

1. Gioja
2. Mer du Froid
3. Platon
4. Golfe de la Rosée
5. Golfe des Iris
6. Monts Jura
7. Mer des Pluies
8. Monts des Alpes
9. Archimedes
10. Golfe Luna
11. Marais de la Putréfaction
12. Monts Apennins
13. Golfe Torride
14. Copernicus
15. Lambert
16. Vallée de Schröter
17. Aristarchus
18. Kepler
19. Océan des Tempêtes
20. Grimaldi
21. Letronne
22. Mer de la Connaissance
23. Fra Mauro
24. Golfe Central
25. Gassendi
26. Mer des Humeurs
27. Campanus
28. Mer des Nuées
29. Pitatus
30. Capuanus
31. Schikard
32. Schiller
33. Tycho

LA PHOTOGRAPHIE

Observer la Lune procure plus de satisfactions que la photographier : on voit mieux les détails et ils sont plus fins parce que l'œil peut aller à la limite de la résolution de l'instrument, alors que la photographie dépend de la durée de l'exposition (pause), des éventuels mouvements de la monture, du grain de la pellicule et des modifications de la visibilité.

La taille de l'image de la Lune sur le plan focal est d'environ 1 cm par mètre de distance focale. Ainsi, un instrument de 15 cm de focale forme une image de la Lune de 15 mm, et avec une focale de 35 cm, une image de 35 mm. L'image de la Lune au foyer direct est petite mais très lumineuse et peut être photographiée avec une vitesse élevée ; photographiez ainsi les éclipses, les comparaisons d'albédo et les occultations.

Pour avoir une image plus grande, vous devez utiliser un oculaire spécial qui projette l'image sur la pellicule. Selon l'oculaire et la distance de projection, les dimensions de l'image seront augmentées – au détriment, toutefois, de sa luminosité ; il faudra donc des pauses plus longues, et la photographie sera moins nette. Pour un télescope de 20 cm d'ouverture et 2 m de focale, un bon compromis est d'opter pour un oculaire de 6 mm placé à 7,5 cm de la pellicule ; cela permet d'utiliser une pellicule pas trop sensible, donc à grain fin, donnant des images de haute qualité.

LUNE GIBBEUSE DÉCROISSANTE

LA LUNE SE LÈVE PLUS DE 2 HEURES APRÈS LE COUCHER DU SOLEIL. SUR LE FOND SOMBRE DES BASSINS COMBLÉS DE LAVE, LES LUMINEUX CRATÈRES ARISTARCHUS, KEPLER, COPERNICUS ET TYCHO SE DÉTACHENT BIEN.

1. Philolaus
2. Faille de Philolaus
3. Epigenes
4. Pythagoras
5. Golfe de la Rosée
6. Harpalus
7. Sharp
8. Monts Jura
9. Golfe des Iris
10. Mer du Froid
11. Platon
12. Aristoteles
13. Pico
14. Vallées des Alpes
15. Monts Caucase
16. Golfe Luna
17. Mer des Pluies
18. Archimedes
19. Marais de la Putréfaction
20. Timocharis
21. Lambert
22. Vallée de Schröter
23. Schiaparelli
24. Aristarchus
25. Océan des Tempêtes
26. Reiner
27. Kepler
28. Copernicus
29. Eratosthenes
30. Monts Apennins
31. Mer des Vapeurs
32. Manilius
33. Golfe Central
34. Fra Mauro
35. Mer de la Connaissance
36. Letronne
37. Grimaldi
38. Gassendi
39. Byrgius
40. Fourier
41. Mer des Humeurs
42. Bullialdus
43. Mer des Nuées
44. Ptolemaeus
45. Alphonsus
46. Arzachel
47. Thebit
48. Purbach
49. Regiomontanus
50. Theophilus
51. Cyrillus
52. Catharina
53. Lacroix
54. Schickard
55. Pitatus
56. Longomontanus
57. Tycho
58. Clavius
59. Maginus
60. Maurolycus

D'UNE NOUVELLE LUNE À L'AUTRE

Comme la Lune se déplace par rapport à la Terre et que la portion de la superficie que nous voyons illuminée par le Soleil augmente, les ombres qui se détachent extrêmement nettement deviennent toujours plus courtes et de nouveaux paysages spectaculaires s'offrent constamment au regard curieux de l'observateur. Sachant qu'une lunaison dure 29 jours, 12 heures, 44 minutes et 2,8 secondes, nous voyons tous les soirs un secteur de 12° de longitude de plus – un croissant de Lune qui, chaque jour, s'élargit de près de 350 km au niveau de l'équateur. Près du *terminateur* (à la limite de l'ombre et de la lumière), les détails se voient mieux.

LA NOUVELLE LUNE

Elle survient quand la Lune se trouve entre le Soleil et la Terre. L'hémisphère tourné vers nous est généralement complètement sombre. Parfois, pourtant, le contour de son disque est visible ; c'est l'occasion idéale pour observer le profil des reliefs lunaires. Le vallonnement le plus remarquable est la Mer Australe.

PREMIER CROISSANT

Dans des conditions particulières de visibilité, celui-ci est visible seulement 20 heures après l'alignement avec

DERNIER QUARTIER

La Lune se lève vers minuit mais il faut attendre au moins 3 h du matin pour pouvoir bien l'observer.

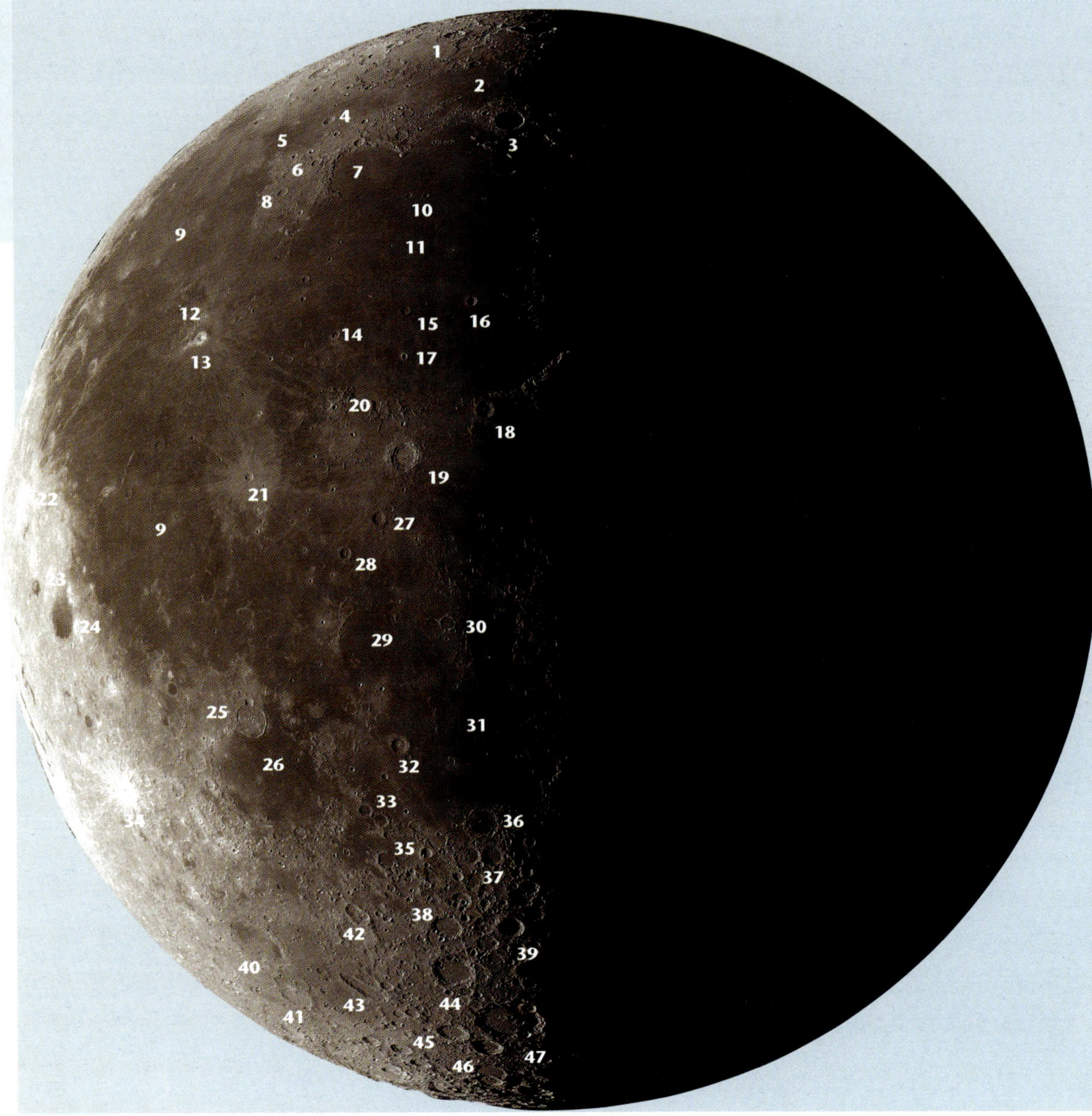

1. Philolaus
2. Mer du Froid
3. Platon
4. Harpalus
5. Golfe de la Rosée
6. Foucault
7. Golfe des Iris
8. Sharp
9. Océan des Tempêtes
10. Helicon et Le Verrier
11. Mer des Pluies
12. Vallée de Schröter
13. Aristachus et Herodotus
14. Euler
15. Lambert
16. Timocharus
17. Pytheas
18. Eratosthenes
19. Copernicus
20. Monts Carpates
21. Kepler
22. Olbers
23. Riccioli
24. Grimaldi
25. Gassendi
26. Mer des Humeurs
27. Reinhold
28. Lansberg
29. Mer de la Connaissance
30. Fra Mauro
31. Mer des Nuées
32. Bullialdus
33. Campanus et Mercatori
34. Fourier
35. Capuanus
36. Pitatus
37. Wurselbauer et Glauricus
38. Wilhelm
39. Tycho
40. Schickard
41. Phocyclides
42. Hainzel
43. Schiller
44. Longomontanus
45. Scheiner
46. Blancanus
47. Clavius

le Soleil, mais d'habitude, il faut attendre 36 heures. Le croissant est, en effet, extrêmement mince et le Soleil n'est alors écarté que de 12° : quand la Lune se lève, il y a encore trop de lumière pour bien l'observer. Distinguer une quelconque formation est encore plus difficile ; en revanche, les conditions d'observations sont idéales pour observer la lumière cendrée.

PREMIER QUARTIER

La Lune se lève désormais plus de 2 heures après que le Soleil a disparu sous l'horizon et, même à l'œil nu, de nombreuses formations illuminées sont bien visibles. Presqu'une semaine après la Nouvelle Lune, la Lune s'offre déjà très bien à l'observation.

LUNE GIBBEUSE CROISSANTE

La Lune se lève de plus en plus tard et chaque nuit, de nouvelles formations sont visibles. Les principaux détails des formations déjà vues se rapprochent du terminateur. Les conditions d'observations sont idéales pour étudier les formations lunaires les plus connues et évidentes de la face visible : les cratères Copernicus et Tycho, avec leurs immenses rayons, apparaissent de façon de plus en plus détaillée, encerclés par les grandes taches sombres des Mers des Pluies, de la Sérénité, de la Tranquillité et de la Fécondité.

DERNIER CROISSANT

OBSERVER LA LUNE DEVIENT VRAIMENT DIFFICILE : ELLE SE LÈVE TARD ET N'ATTEINT QU'À L'IMMINENCE DE L'AUBE UNE HAUTEUR SUFFISANTE POUR FAIRE DE BONNES OBSERVATIONS. MAIS QUELS RELIEFS !

1. PYTHAGORAS
2. BABBAGE
3. OCÉAN DES TEMPÊTES
4. ARISTARCHUS
5. OLBERS
6. CAVALERIUS
7. HEVELIUS
8. RICCIOLI
9. GRIMALDI
10. FOURIER
11. SCHICKARD
12. WARGENTIN

PLEINE LUNE

La Lune monte quand le Soleil se couche. Elle est parfois déformée par la réfraction terrestre qui se fait d'autant moins sentir que la Lune est plus haute dans le ciel. Selon la pureté du ciel, sa couleur va du blanc nacré au rouge sombre. Par rapport aux objets se trouvant sur l'horizon, elle paraît plus grosse qu'elle ne l'est en réalité : dans ces conditions, en effet, son diamètre apparent est 2 % plus grand que lorsqu'elle se trouve à la perpendiculaire, au-dessus de notre tête. Toutes les formations importantes sont maintenant visibles mais elles ne sont pas aussi belles que lorsqu'elles se trouvaient proches du terminateur : presque dépourvues d'ombres pour souligner leur relief, elles semblent aplaties.

LUNE GIBBEUSE DÉCROISSANTE À DERNIER CROISSANT

La Lune se lève toujours plus tard, dévoilant, sur le fond sombre des mers, les grands cratères Aristarchus, Kepler, Copernicus et Tycho. L'observation est plus difficile parce que les meilleures conditions arrivent plus tardivement et que les bassins occupent désormais une grande partie de la surface ; comme leur albédo est moins élevé, la Lune est moins lumineuse.

SI LES ÉCLIPSES DE LUNE SONT DES PHÉNOMÈNES TRÈS SÉDUISANTS, LES ÉCLIPSES DE SOLEIL, SURTOUT LORSQU'ELLES SONT TOTALES, SONT VÉRITABLEMENT IMPRESSIONNANTES. QUICONQUE A EU LA CHANCE D'ASSISTER À UNE ÉCLIPSE TOTALE S'EN SOUVIENT TOUTE LA VIE.

L'OBSERVATION DES ÉCLIPSES

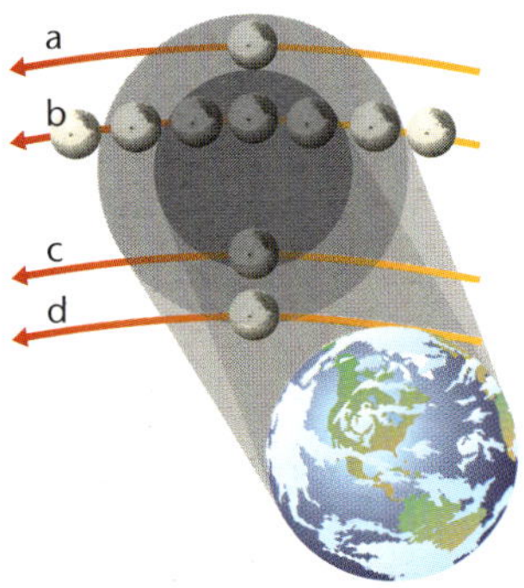

ECLIPSES DE LUNE Selon la trajectoire de la Lune, c'est-à-dire de la distance de l'orbite lunaire par rapport à l'écliptique, il survient :
a. une éclipse totale de pénombre ;
b. totale d'ombre ;
c. partielle d'ombre ;
d. partielle de pénombre.

UNE ÉCLIPSE DE LUNE AU CENTRE La Lune en train d'entrer dans l'ombre de la Terre.

DÉROULEMENT D'UNE ÉCLIPSE TOTALE DE SOLEIL Cette série de clichés montre l'avancée du disque lunaire devant le Soleil durant une éclipse totale.

Les alignements Soleil-Terre-Lune et Soleil-Lune-Terre (pp.52-53) qui sont à l'origine des éclipses lunaire et solaire respectivement ne sont pas si rares que cela. En un an, toutes éclipses confondues, vous pouvez en voir au minimum 4 et jusqu'à 7 (des éclipses de Soleil ne survenant, au plus, que 2 fois).

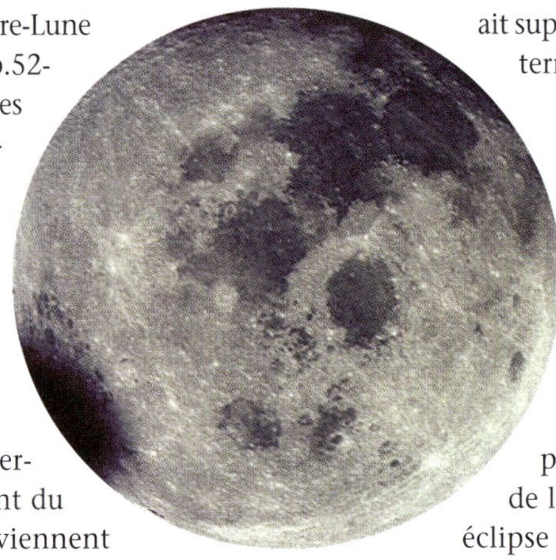

Les éclipses de Lune sont observables de n'importe quel point du globe, dès lors qu'elles surviennent de nuit, et durent en moyenne quatre heures.
En revanche, les éclipses de Soleil ne sont visibles que depuis la « bande » d'ombre projetée sur la surface terrestre par la Lune durant le bref temps de l'alignement (en général une vingtaine de minutes). Comme la surface de la Terre est très étendue, il est rare qu'une éclipse de Soleil traverse précisément des régions habitées ; en outre, l'écart thermique dû à l'interruption brutale de l'insolation provoque souvent la formation de nuages, comme en font souvent l'amère expérience les « chasseurs d'éclipses ».
Les éclipses de Soleil s'observent donc beaucoup plus rarement – à moins d'aller les chercher. C'est ce que font les passionnés, qui en profitent pour voler à la poursuite de l'ombre de la Lune ou pour étudier les couches externes de l'atmosphère solaire, bien que l'usage de coronographes installés à bord de satellites ait supplanté presque toutes les observations terrestres.

LES ÉCLIPSES DE LUNE

À l'œil nu, l'ombre que la Terre projette sur la surface lunaire est bien reconnaissable, mais au télescope, elle se confond un peu avec les taches sombres des bassins – un peu seulement : l'avancée progressive de l'ombre se voit toujours. Durant une éclipse totale d'ombre, la luminosité de la Lune est ramenée à un dix-millième de la normale. La phase d'occultation totale peut durer jusqu'à deux heures et demie et est précédée et suivie par près de deux heures d'éclipse de pénombre. Cependant, même au moment le plus sombre, la Lune reste toujours visible : elle est illuminée par la lumière solaire diffusée par l'atmosphère terrestre. Sa couleur varie selon les conditions atmosphériques de notre planète.

LES ÉCLIPSES DE SOLEIL

Attention à vos yeux ! Regarder directement le Soleil est vraiment très dangereux pour la vue, même si vous utilisez un filtre très sombre. Ne pointez jamais vers le Soleil partiellement éclipsé un instrument mal équipé ou équipé d'un filtre monté sur l'oculaire : la chaleur des rayons solaires, concentrés par les lentilles, peut

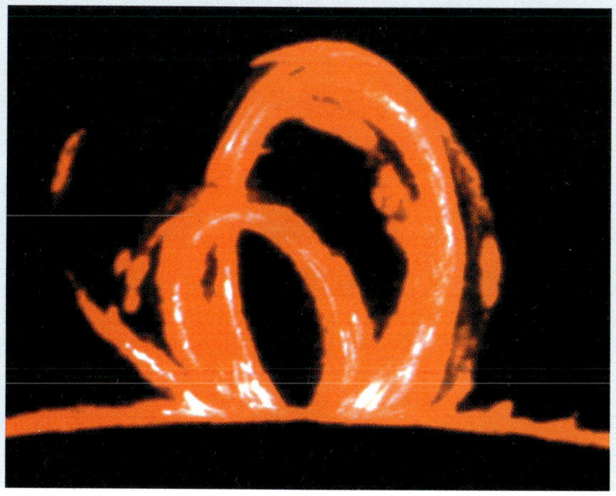

fissurer ce dernier, vous aveuglant instantanément. Ne regardez jamais le Soleil sans un écran ; même s'il est totalement éclipsé, les premiers rayons émergeant de derrière la Lune peuvent vous brûler la rétine.

Si vous utilisez un télescope, n'oubliez jamais d'obturer le chercheur d'étoiles : si vous le regardiez par mégarde, vous deviendriez aveugle. Pour protéger vos yeux, les filtres neutres de densité 5 ou plus et les écrans de soudeur de grade 14-16 sont acceptables. Évitez absolument les « bricolages » – pellicules photographiques ou radios noircies et verres fumés.

La meilleure façon d'observer une éclipse solaire est de projeter l'image du Soleil à travers un petit trou dans un carton sur une feuille blanche ; c'est aussi comme cela qu'on observe le Soleil quand il est complètement visible. Durant l'éclipse, la luminosité du Soleil varie énormément au fil du temps. Il en est de même dans les instants de la totalité, la luminosité du bord de la Lune vers l'extérieur passant d'une luminosité égale à celle de la Pleine Lune à une valeur 100 000 fois plus faible.

Si vous voulez photographier quelque chose, il est indispensable de choisir à l'avance *quoi* photographier. Une pellicule à grain fin, peu sensible, convient pour photographier les abords immédiats du Soleil (la couronne interne) ; une pellicule plus sensible est préférable pour la couronne externe. Dans ce cas, il vous faut un instrument à grand champ (au moins 3°) avec une focale d'au moins 1 m. Le temps de pose dépendra de la pellicule choisie et de ce que vous photographiez ; pour un instrument de rapport focal autour de 1/10 et avec une pellicule ordinaire pour diapositives (400 ASA), il sera de 1 seconde à 1/30 de seconde. Les filtres à densité variable et les coronographes réduisent la lumière interne et sont bien utiles pour photographier la couronne solaire externe ; pour une utilisation correcte, il faut s'entraîner à les retirer et les mettre rapidement afin de ne pas gaspiller les précieuses secondes pendant lesquelles sont visibles la chromosphère et la couronne.

Il faut toutefois rappeler une chose fondamentale : photographier une éclipse est certes captivant et utile pour un astrophile, mais c'est inconciliable avec l'observation « spectatrice » – et perdre l'occasion de tout simplement admirer un événement si inoubliable est vraiment dommage.

Protubérance
Les phénomènes les plus imposants des couches les plus externes du Soleil s'observent particulièrement bien quand la luminosité du Soleil est occultée par le disque lunaire. Ici, une belle protubérance annulaire semble jaillir du bord de la Lune lors d'une éclipse totale.

Trop rares éclipses
Les éclipses totales de Soleil bien observables sont rares.

INSTRUMENTS
ET EXPÉDITIONS SPATIALES

L'IMAGINATION HUMAINE N'A VÉRITABLEMENT PAS DE LIMITES. AVEC INVENTIVITÉ ET INTELLIGENCE, NOUS AVONS RÉUSSI À OBSERVER LE SOLEIL « EN PROFONDEUR » ET LES AUTRES PLANÈTES, DE PRÈS, À DÉBARQUER SUR LA LUNE ET À DÉDUIRE D'UN RAYON DE LUMIÈRE DES MILLIERS D'INFORMATIONS SUR LA MASSE, LA TEMPÉRATURE, LA DISTANCE E T LA VITESSE DES CORPS CÉLESTES LES PLUS LOINTAINS.

LES EXPÉDITIONS SPATIALES ONT RÉSOLU NOMBRE DE QUESTIONS, NOTAMMENT SUR LA GÉOLOGIE DES PLANÈTES ET LEUR CAPACITÉ À ABRITER LA VIE, ET NOTRE CONNAISSANCE DE L'UNIVERS A FAIT DES PAS DE GÉANT GRÂCE À L'AVÈNEMENT DE LA TECHNOLOGIE SPATIALE, MAIS IL N'EST PLUS NÉCESSAIRE DÉSORMAIS DE SORTIR DE L'ATMOSPHÈRE POUR OBTENIR DES DONNÉES D'UNE FINESSE SURPRENANTE : LE DÉVELOPPEMENT DES COÛTEUX ÉQUIPEMENTS SPATIAUX A PERMIS LA RÉALISATION D'INSTRUMENTS TERRESTRES MEILLEUR MARCHÉ ET AUSSI PRÉCIS.

Il est possible de connaître l'Univers sans instruments particulièrement raffinés, comme l'ont démontré les grands esprits du passé – Ératosthène, Hipparque et Aristarque (p. 12) ou même Galilée. Toutefois, sans le développement d'instruments élaborés permettant des mesures toujours plus précises, notre connaissance des objets célestes serait restée circonscrite, au plus, à notre Système solaire.

Nul doute que la révolution copernicienne a eu besoin des instruments raffinés conçus par Brahe, de la lunette de Galilée et du télescope de Newton pour s'affirmer de façon définitive et irréversible. Et notre savoir actuel sur les étoiles et les phénomènes célestes serait impensable si nous n'avions pas appliqué les connaissances de l'optique, de la chimie et de l'astronomie, ni inventé de nouveaux instruments d'analyse pour étudier la « structure » des radiations stellaires.

Depuis que Galilée a pointé sa lunette vers Jupiter, les instruments sont devenus une extension des capacités sensorielles de l'homme, lui permettant de voir jusqu'à des distances inimaginables (un élément essentiel pour élaborer et valider les nouvelles hypothèses), et nous ne cessons d'en imaginer de plus sophistiqués, en une escalade vers la connaissance scientifique totale du monde qui nous entoure.

LES INSTRUMENTS DE BASE

Les instruments utilisés pour recueillir les radiations émises par des sources extraterrestres sont les *télescopes*. Selon le type de radiations qu'ils mesurent, ils sont dits *optiques*, *infrarouges*, *à rayons X*, *rayons* γ ou *cosmiques*, ou *à neutrinos*. Ils possèdent tous une structure de base commune qui dérive des télescopes réfracteurs et réflecteurs conçus respectivement par Galilée et Newton.

UN TÉLESCOPE OPTIQUE
Doté d'un miroir primaire de 1,62 m de diamètre, cet instrument convient pour étudier les objets peu lumineux. Après son installation à l'Observatoire européen austral (ESO) de La Silla au Chili, il a notamment permis d'identifier plus de 12 000 nouvelles galaxies, dont certaines de magnitude 21 – et ce n'est pas l'un des plus puissants !

Un spectrophotomètre
CI-DESSOUS Spectre solaire réalisé par un spectrophotomètre (schéma de droite). La lumière passe par une *fente*, est focalisée par un *collimateur*, dispersée par un *prisme* (ou par un *réseau de diffraction*) en une série de rayons monochromatiques (c'est-à-dire d'une seule couleur). Ceux-ci sont focalisés par l'*objectif* sur la plaque photographique. Comme la lumière passe par une fente allongée, chaque composante (sombre ou lumineuse) du spectre a la forme d'une raie.

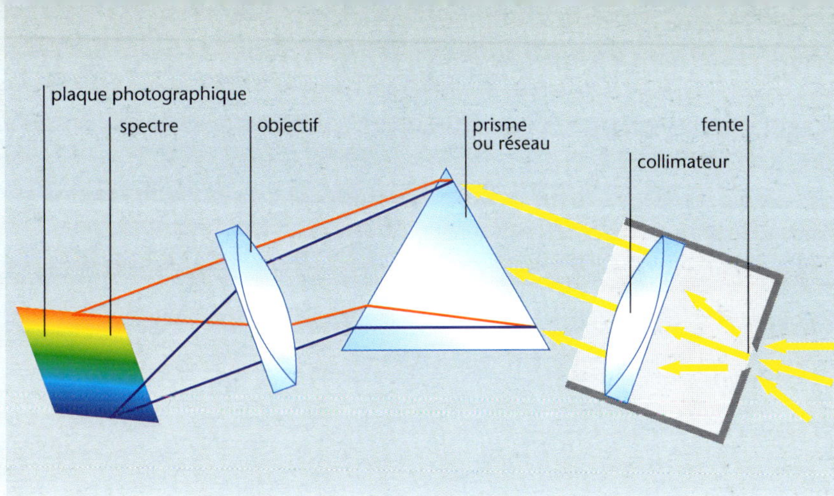

Un télescope optique collecte et concentre la lumière provenant d'une source faiblement lumineuse afin de la rendre visible ou suffisamment lumineuse pour être photographiée, enregistrée par un détecteur électronique et analysée par divers types d'instruments.
Certains télescopes peuvent aussi agrandir l'image de l'objet observé. Cette propriété n'est toutefois utile que si l'objet est proche (dans notre Système solaire) ou étendu (par exemple, une galaxie), car un objet ponctuel reste ponctuel même s'il est grossi. L'observation des objets lointains non ponctuels comme les galaxies dépend non seulement de la capacité de grossissement du télescope mais aussi de sa ***résolution***, c'est-à-dire sa capacité à séparer deux objets très proches l'un de l'autre et à discerner des détails fins très distants.
Les autres instruments de base de l'astronomie sont ceux qui permettent d'analyser les rayonnements lumineux :
- le *spectroscope*, qui décompose la lumière en ses différentes composantes pour établir son spectre ;
- le *spectrographe*, qui projette le spectre sur une plaque photographique afin de l'enregistrer ;
- le *spectrophotomètre*, qui compare l'intensité lumineuse de sources de couleurs spectrales différentes en comparant directement leurs spectres respectifs.

Ces instruments peuvent analyser tout type de rayonnements. Ceux dédiés spécifiquement à l'analyse de l'infrarouge ou de l'ultraviolet (au-delà du visible, donc) sont constitués de lentilles et de prismes en verres spéciaux, transparents à ces longueurs d'onde particulières ; les instruments d'enregistrement des spectres ainsi réalisés sont des piles thermoélectriques et des bolomètres pour l'infrarouge, des plaques photographiques ou des photomultiplicateurs pour l'ultraviolet.
Certains instruments sont conçus pour étudier spécifiquement le Soleil : par exemple, le *spectrohéliographe* analyse une région du Soleil dans une longueur d'onde particulière, et le *coronographe* étudie le rayonnement émis par les couches les plus externes de notre étoile en masquant son disque lumineux (il reproduit donc artificiellement les conditions d'une éclipse totale de Soleil, p. 52).

LE TÉLESCOPE RÉFRACTEUR OU LUNETTE

Il collecte la lumière émise par un objet et en agrandit l'image à travers un système optique de lentilles qui réfractent la lumière (d'où son nom), logées dans un tube pouvant s'allonger. La lentille d'entrée qui pointe sur l'objet est appelée l'*objectif*, celle qui amène l'image sur l'œil, l'*oculaire*. Utilisée pour la première fois par Galilée, la lunette fut limitée par le fait qu'elle concentrait les rayonnements de différentes couleurs (longueurs d'onde) en des points séparés, produisant une distorsion colorée de l'image dite *aberration chromatique*. Ce problème fut résolu par l'invention de l'objectif achromatique, et les lunettes furent largement employées dans la recherche astronomique jusqu'au XIXe siècle. Elles restent cependant limitées par la taille de la lentille de l'objectif : au-delà d'un certain diamètre, celle-ci devient en effet trop fragile du fait de sa faible épaisseur et de son poids élevé. La plus grande lunette encore en usage se trouve à Yerkes (États-Unis) ; fabriquée en 1897, sa lentille fait 1,02 m de diamètre.

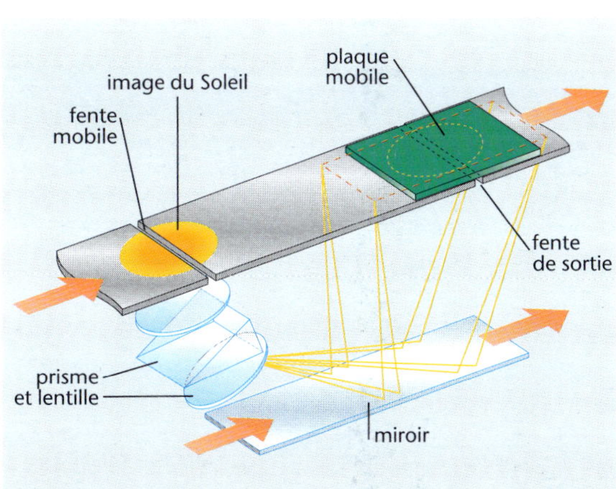

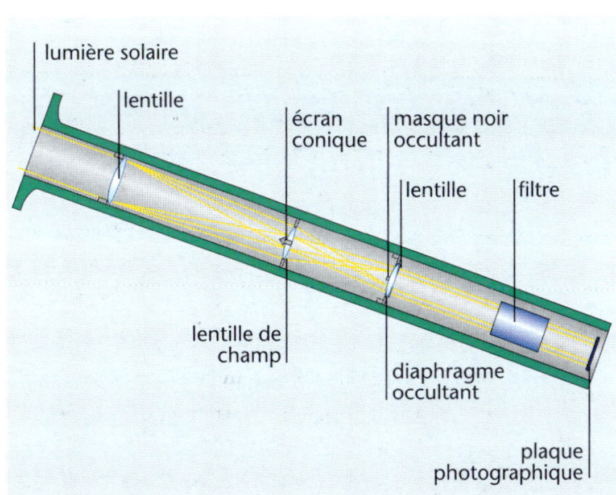

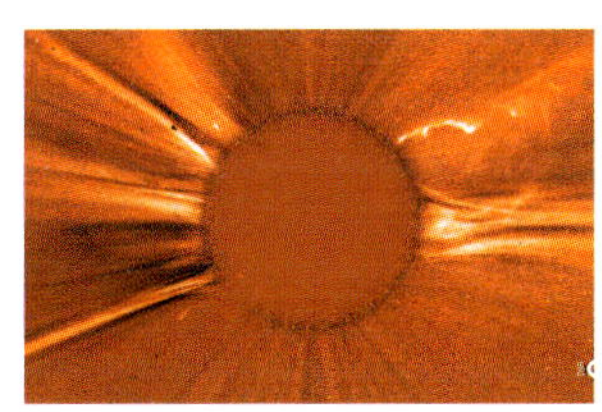

Le spectohéliographe
À L'EXTRÊME GAUCHE Structure de l'instrument.

Le coronographe
À GAUCHE Structure.
CI-DESSUS Photographie du Soleil réalisée par un coronographe de *SoHO*.

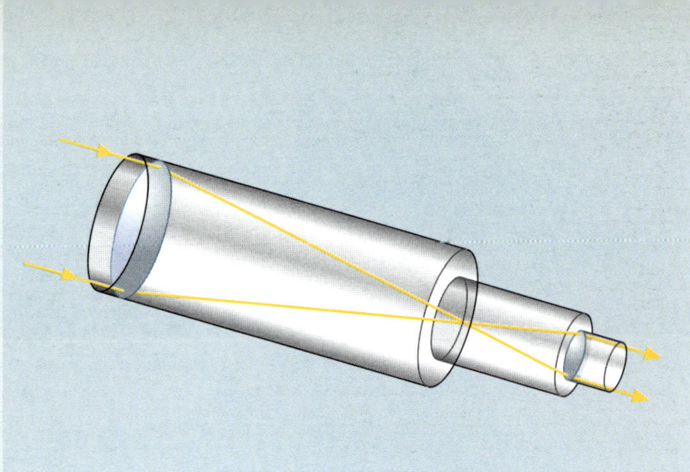

a

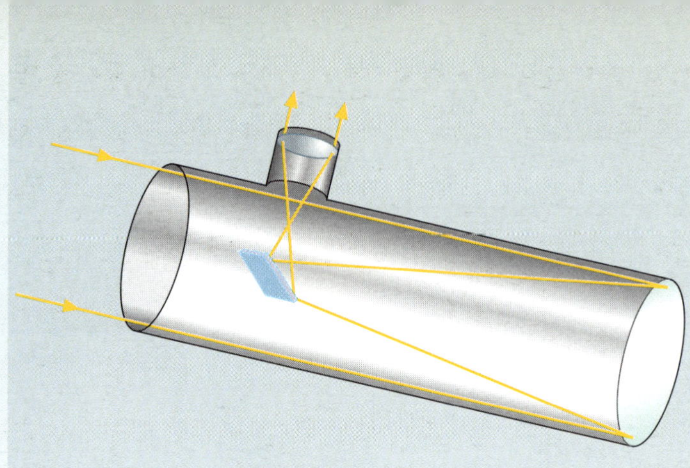

b

Les télescopes optiques
Schéma structurel
a. d'un télescope à réfraction (lunette),
b. d'un télescope à réflexion.

Les télescopes à miroir
Un des quatre télescopes du *VLT* (*Very Large Telescope*) de l'ESO en cours de montage et, à droite, l'infrastructure qui soutient le miroir secondaire d'un de ces instruments.

LE TÉLESCOPE RÉFLECTEUR OU À MIROIRS

Ce télescope recueille aussi la lumière et agrandit l'image, mais le rôle principal est dévolu à des miroirs au lieu de lentilles. Un tube abrite le *miroir* principal dit *primaire*, concave, qui réfléchit la lumière en la faisant converger vers un point, le foyer primaire. L'image est ensuite déviée et éventuellement agrandie à travers un système de *miroirs secondaires* et éventuellement de lentilles; cependant, chaque réflexion sur un miroir et chaque passage de la lumière à travers une lentille diminue la luminosité de celle-ci.

Il existe plusieurs configurations de télescopes réflecteurs qui portent le nom de leur concepteur (p. 72). Cependant, ce n'est pas tant celle-ci que la taille de l'instrument qui joue un rôle important. En effet, la quantité de lumière que peut collecter un télescope est proportionnelle au carré du diamètre de son miroir principal : plus celui-ci est grand, plus il intercepte de lumière; plus il y a de lumière, plus le nombre d'objets vus est grand (on découvre ainsi des objets auparavant invisibles) et plus les spectres obtenus de sources même très faibles sont précis.

En outre, le pouvoir de résolution d'un télescope est proportionnel au diamètre du miroir primaire. Or la capacité à séparer des détails très proches est essentielle pour l'étude d'objets étendus comme les planètes du Système solaire, les nébuleuses galactiques ou les galaxies en dehors de la Voie lactée.

La construction de grands télescopes au XIXe siècle a permis de découvrir l'existence d'un monde extragalactique insoupçonné. Toutefois, leurs dimensions ont, elles aussi, une limite naturelle : pour ne pas se déformer sous son propre poids, l'épaisseur du miroir doit être d'au moins 1/5 de son diamètre. Le plus grand miroir primaire, d'origine soviétique, fait 6 m de diamètre pour un poids de 42 tonnes; faire refroi-

Télescopes à miroir
Détail du système de pistons actionnant le miroir de 8 m de diamètre de chacun des quatre télescopes jumeaux du *Very Large Telescope* de l'ESO (*European Southern Observatory*). Quand les quatre télescopes auront fusionné, cela reviendra à disposer d'un télescope ayant un miroir primaire de 16 m de diamètre.

dir la masse de verre sans qu'elle se déforme a pris deux ans !
Heureusement, de nouvelles technologies, le développement de nouveaux matériaux et l'élaboration de programmes informatiques toujours plus complexes ont permis de dépasser ces limites. On réalise aujourd'hui des télescopes dont le miroir primaire est ultra-souple car constitué de plusieurs miroirs ou d'une multitude de miroirs-tessels formant une mosaïque, actionnés en continu par une série de pistons ; ceux-ci, pilotés numériquement, confèrent à tout moment à la surface réflective la courbure nécessaire pour compenser les perturbations que produisent les turbulences de l'atmosphère sur le trajet des rayons lumineux.
Tout cela est possible grâce aux ordinateurs qui contrôlent continuellement les conditions atmosphériques et combinent les informations recueillies par différents détecteurs. De plus en plus de ces miroirs « composés » sont désormais utilisés – et même des « instruments composés » : une série de télescopes sont pointés vers un même objet et reliés entre eux de façon à pouvoir ajouter leurs signaux, créant ainsi un instrument virtuel de taille énorme comme, par exemple, celui réalisé à l'ESO.

Les observatoires
EN MÉDAILLON Le paysage dénudé de l'Observatoire européen austral (ESO) à La Silla, dans le désert chilien d'Atacama, aux premiers temps de son activité (1987).

EN BAS La coupole du télescope de 2,1 m de diamètre de Kitt Peak, à l'aube. Tous les centres modernes d'observation spatiale sont construits à haute altitude, où les turbulences atmosphériques sont minimes.

Les plus grands télescopes optiques du monde

Observatoire	Instrument	Ouverture (m)	Caractéristiques
Mauna Kea, Hawaii	Keck	10,0	Miroir en 36 segments
Mauna Kea, Hawaii	Keck II	10,0	Interférométrie optique
Mont Fowlkes, Texas	Hobby-Eberly	9,2	Miroir sphérique segmenté
Mauna Kea, Hawaii	Subaru	8,3	
Cerro Paranal, Chili	VLT	8,2	4 instruments de même diamètre, jumeaux de Gemini Sud
Mauna Kea, Hawaii	Gemini Nord	8,0	
Cerro Pachon, Chili	Gemini Sud	8,0	
La Serena, Chili	Walter Baade	6,5	Jumeau du MMT
Mont Hopkins, Arizona	MMT	6,5	
Nizhny Arkhyz, Russie	Bolshoï Teleskop [Azimutalnyi]	6,0	
Mont Palomar, California	Hale	5,0	
La Palma, Îles Canaries	William Herschel	4,2	
Cerro Tololo, Chili	Victor Blanco	4,0	
Coonabarabran, Australie	Anglo-australien	3,9	
Kitt Peak, Arizona	Mayall	3,8	
Mauna Kea, Hawaii	UKIRT	3,8	Infrarouge seulement
Maui, Hawaii	AEOS	3,7	Principalement militaire

Les radiotélescopes
Le *VLA* (*Very Large Array*) est le plus grand radiotélescope interférométrique du monde. Construit dans le désert de Socorro (Nouveau Mexique), il est constitué de 27 paraboles mobiles de 25 m de diamètre chacune, distribuées sur un rail long de presque 21 km. Les signaux recueillis par chaque antenne sont combinés à ceux collectés par les autres.

LES RADIOTÉLESCOPES

Ces instruments collectent et analysent les ondes radio émises par les corps célestes. Les plus communs sont constitués d'un disque métallique de forme parabolique appelé *réflecteur*, *récepteur* ou, simplement, *parabole* qui, comme le miroir d'un télescope, recueille les ondes radio et les fait converger sur l'antenne, au centre. Le signal passe ensuite au travers d'une série d'instruments qui l'amplifient, l'enregistrent et le décomposent afin d'en extraire différentes informations.

Là aussi, le diamètre de la parabole est crucial pour la quantité de signal recueilli, mais dans ce cas, les limites à ses dimensions sont de nature technique. La parabole doit toujours être dirigée vers l'objet étudié en modifiant l'ascension droite et la déclinaison de son orientation. Jusqu'à il y a peu, le plus grand radiotélescope était celui d'Effelberg, en Allemagne, avec une parabole monobloc de 100 m de diamètre. Cependant, comme pour les télescopes optiques, les nouvelles technologies permettent de réaliser de plus grandes paraboles sous forme de mosaïques : le réflecteur de 305 m de diamètre du radiotélescope d'Arecibo est ainsi formé d'un puzzle de panneaux qui tapissent une vallée entière entre les collines de Porto Rico (p. 75) ; comme le réflecteur est fixe, le pointage s'effectue en déplaçant l'antenne qui est suspendue au-dessus de la parabole entre trois tours construites sur ses bords.

Par la nature même des ondes radio, un radiotélescope a un pouvoir de résolution bien plus faible qu'un télescope optique. Par exemple, avec une parabole de 30 m de diamètre, la résolution obtenue est de 2° d'arc pour une longueur d'onde autour du mètre ; cela signifie qu'il ne peut déterminer la position d'une radiosource céleste avec une précision meilleure que 2° – lorsqu'on pense que le diamètre apparent du Soleil est d'environ 0,5°, il est évident qu'une telle « précision » est un peu trop approximative.

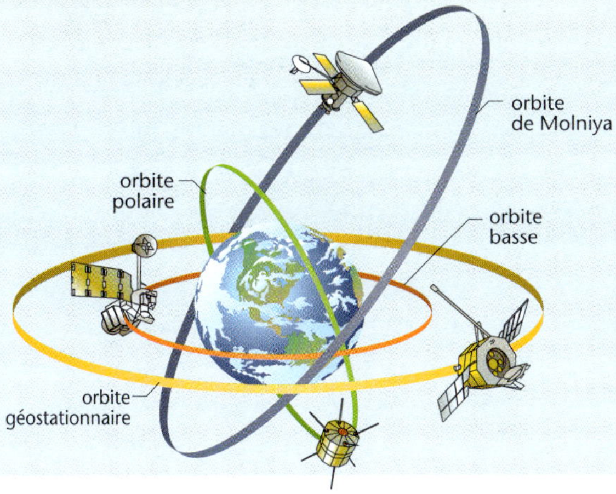

Ce problème est résolu grâce à l'*interférométrie intercontinentale*: plusieurs radiotélescopes sont construits à milliers de kilomètres de distance les uns des autres et leurs antennes sont couplées; en augmentant le nombre des antennes, on augmente le pouvoir de résolution de l'instrument « virtuel » bien plus qu'en augmentant la superficie d'une parabole isolée. Ces radiotélescopes « composés », appelés des *radio-interféromètres*, obtiennent un pouvoir de résolution supérieur à celui des plus grands télescopes optiques.

LES TÉLESCOPES INFRAROUGES

Le rayonnement infrarouge (de longueurs d'onde entre 1 et 1 000 µm) provenant de l'espace est en grande partie absorbé par l'atmosphère. C'est pourquoi les plus grands télescopes infrarouges sont construits au sommet de hautes montagnes ou installés à bord d'avions spéciaux de haute altitude, de ballons-sondes ou, mieux, de satellites en orbite terrestre.

L'analyse de ce type de rayonnements depuis le sol n'est pas seulement gênée par l'absorption atmosphérique: le problème principal, qui demeure même dans le vide, est de distinguer le signal du « bruit de fond » dû à l'énorme quantité d'infrarouges produits par la Terre ou les instruments eux-mêmes. En fait, tout objet qui n'est pas strictement à 0 K (–273,15 °C) émet des infrarouges. Tout ce qui entoure les instruments produit donc un rayonnement parasite: les télescopes eux-mêmes irradient dans l'infrarouge! Réaliser une « thermographie » d'un corps céleste sans mesurer la chaleur dans laquelle baigne le détecteur s'avère donc très difficile. Cela nécessite l'emploi de pellicules photographiques spécifiques et le refroidissement continuel des instruments, immergés dans l'hélium ou l'azote liquide.

LES TÉLESCOPES ORBITAUX

Les satellites nous ont donné accès aux longueurs d'onde plus courtes (UV, X et γ) et plus longues (infrarouges, micro-ondes) que le visible, qui sont presque totalement absorbées par l'atmosphère terrestre (p. 38). Les satellites scientifiques équipés de télescopes sensibles à diverses longueurs d'onde peuvent rester autour de la Terre ou s'en éloigner: le télescope spatial *Hubble* (p. 128), par exemple, est en orbite géostationnaire, tandis que l'observatoire spatial *SoHO* (p. 135), dédié à l'étude du Soleil, circule sur une orbite héliostationnaire. Grâce aux satellites, des observations impossibles depuis la Terre ont été réalisées: on a ainsi découvert, par exemple, que le rayonnement infrarouge traverse plus facilement les grands nuages de matière interstellaire (p. 212) que la lumière visible et qu'il constitue donc un outil privilégié pour l'étude des objets célestes « froids ».

Les orbites
Forme et distance moyenne à la Terre des différentes orbites géocentriques.

Arecibo
Un employé contrôle l'immense réflecteur du radiotélescope d'Arecibo.

Kitt Peak
La tour solaire de Kitt Peak et, à gauche, son schéma. Équipée d'écrans refroidis et d'instruments sous vide, la tour est aussi adaptée à l'étude du Soleil dans l'infrarouge. Le cœlostat, présent dans tous les télescopes fixes, est un miroir mobile et plan qui suit le Soleil dans sa course et en projette la lumière sur l'instrument.

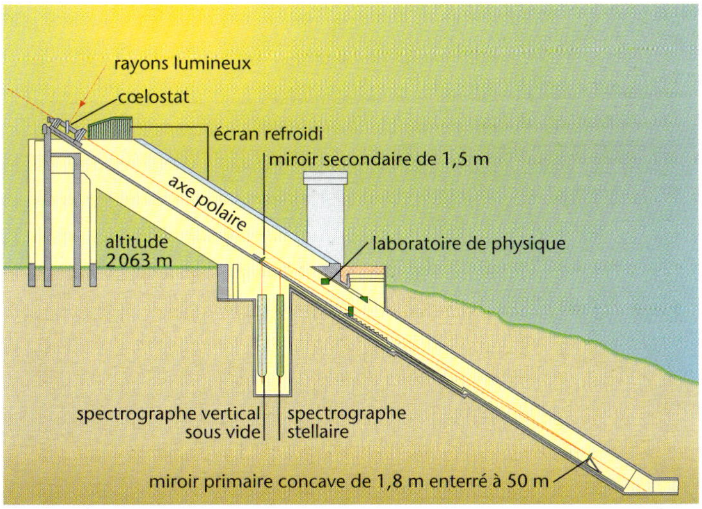

L'EXPLORATION DU SYSTÈME SOLAIRE

Lunar Orbiter
Une des sondes du projet Lunar Orbiter. Notez les quatre pétales des panneaux solaires, l'objectif photographique et l'antenne des transmissions.

L'espace proche de la Terre n'a jamais été aussi encombré de sondes, de satellites et d'instruments destinés à étudier des milieux divers. 25 sondes au moins sont déjà parties ou sur le départ pour recueillir des informations sur les corps célestes les plus proches de nous. La majeure partie d'entre elles ont été réalisées par la NASA (*National Aeronautics and Space Administration*), l'agence spatiale américaine. Celle-ci a programmé de nombreuses missions à coût réduit (enfin, tout est relatif: il s'agit tout de même de centaines de millions de dollars!) qui élargiront nos connaissances sur la Lune (p. 42), Mercure (p. 158), Vénus (p. 160), Mars (p. 164), Jupiter (p. 170), Saturne (p. 174), Uranus (p. 177), Neptune (p. 179), les comètes (p. 182) en approche (notamment Tempel-1, dont le retour est proche), certains astéroïdes (p. 168) et les particules du vent solaire (p. 154).
Les Russes ont aussi contribué, de façon décisive mais surtout dans le passé, à la conquête intellectuelle du Système solaire en envoyant des sondes sur plusieurs planètes; celles-ci ont recueilli des informations et des échantillons en y atterrissant au moyen de dispositifs téléguidés. Depuis une trentaine d'années, les Européens lancent aussi leurs propres satellites, et les Japonais, depuis environ 10 ans. Néanmoins, les grands projets de recherche voient de plus en plus souvent le jour au sein de vastes collaborations internationales.

Le télescope spatial *Hubble*
Vue du *Hubble Space Telescope* lors de sa mise en orbite autour de la Terre.

LES SONDES LUNAIRES

La Lune a été le «camp d'entraînement» pour toutes les expéditions spatiales, et les missions Apollo restent, en la matière, une référence jusqu'ici inégalée. Les sondes envoyées sur notre satellite ou en orbite lunaire sont très nombreuses.
Les Soviétiques ont été les premiers avec les projets *Luna* (1956-1976) et *Zond* (1965-1970) – en tout, 29 missions, dont 20 se distinguent par des «premières»: première sonde à atteindre le sol lunaire, première sonde à survoler la face cachée et à en prendre des clichés, premier atterrissage en douceur, premier engin mobile débarqué sur la Lune, première collecte d'échantillons lunaires, premier vaisseau à se mettre en orbite autour de la Lune et à revenir sur Terre, etc.
Durant ce temps, les États-Unis ne restèrent pas inactifs: après le programme *Ranger* (1964-1965) dont les sondes, qui s'écrasèrent sur la Lune, envoyèrent néanmoins des informations, et parallèlement au programme *Mercury-Gemini-Apollo* (p. 56), ils organisèrent les missions *Lunar Orbiter* (1966-1967) qui cartographièrent avec précision la surface lunaire, en particulier les régions où devaient atterrir les sondes *Apollo*, et *Surveyor* (1966-1968), qui testèrent l'atterrissage en douceur, la photographièrent à quelques centaines de mètres d'altitude, recueillirent des échantillons du sol et en firent l'analyse magnétique et chimique. En 1994, bien après le débarquement sur la Lune, la NASA envoya la sonde *Clementine* qui améliora la cartographie lunaire, en particulier celle de la face cachée, et découvrit la présence de glace d'eau aux pôles.
Ce fut ensuite au tour des Japonais: le satellite *Hiten* (1990) de l'Agence spatiale japonaise (ISAS) a tourné autour de la Terre sur une orbite très elliptique puis, après 10 passages à proximité de la Lune, s'est écrasé volontairement sur celle-ci après avoir mis sur orbite

Luna 3
Lancée le 4 octobre 1959, cette sonde russe a accompli un survol rapproché de la Lune en prenant des clichés.

Skylab
À GAUCHE Le laboratoire spatial en orbite autour de la Terre est photographié depuis un module en approche. Les panneaux solaires fournissent l'énergie nécessaire au fonctionnement de tous les instruments de recherche et des installations de survie de l'équipage.

lunaire un petit satellite, *Hagoromo* ; malheureusement, un problème de transmission, apparu avant sa satellisation autour de la Lune, a empêché toute communication avec sa base.

Sans doute en vue d'une colonisation de la Lune, la NASA poursuit ses missions avec *Lunar Prospector* (1998), une sonde qui se met en orbite polaire basse pour détecter des dépôts souterrains de glace. La sonde mesure aussi les champs magnétiques et gravitationnels de la Lune, étudie le dégazage du sol lunaire et cartographie celui-ci de façon à déterminer sa composition géologique superficielle. Elle emporte aussi à bord des instruments de recherche astronomique, notamment des spectromètres pour rayons γ, neutrons et particules α.

De nouvelles missions sont prévues : *SMART-1* (*Small Missions for Advanced Research in Technology*) réalisée par l'ESA, l'Agence spatiale européenne, qui orbitera autour de la Lune à partir de 2003 en testant de nouvelles technologies ; *Lunar-A* de l'ISAS, prévue pour 2004, composée d'un orbiteur et d'une sonde perforante pour des recherches géologiques ; et *Selene* (*Selenological and Engineering Explorer*), également de l'ISAS, bourrée d'instruments et chargée avant tout de mesurer le champ gravitationnel lunaire et d'alunir.

L'époque où une sonde était destinée à l'exploration exclusive d'un unique corps céleste ou à l'étude d'un seul groupe de phénomènes est, toutefois, en train de s'achever. Nous entrons désormais dans l'ère des laboratoires et observatoires spatiaux tels *Skylab* et *Hubble* et des sondes plurifonctionnelles comme *Galileo*, qui reprend le flambeau des projets *Pioneer* et *Viking*.

LABORATOIRES ET INSTRUMENTS SPATIAUX

En fait, les plus récentes sondes spatiales envoyées à la découverte des corps du Système solaire sont un point commun : elles sont un concentré de technologie, un condensé de nouveautés en matière de nouveaux matériaux, de miniaturisation et d'automatisation ; ce sont de mini laboratoires bourrés d'instruments capables d'effectuer simultanément des milliers d'opérations et d'envoyer les résultats obtenus à la Terre où quelqu'un est toujours à l'écoute (ou mieux, dont les instruments sont enregistrés en permanence). Les plus connus de ces laboratoires et observatoires spatiaux sont ceux qui restent en orbite autour de la Terre et représentent un « avant-poste » humain dans l'espace : *Skylab* (1973), le *Hubble Space Telescope* (1990), que les experts appellent le *HST* et les profanes, tout simplement *Hubble*, et le satellite *Beppo SAX*.

LE LABORATOIRE SKYLAB

C'était un véritable laboratoire de l'espace, habité par des équipages de scientifiques qui se sont succédé au fil de missions de la NASA jusqu'en février 1974. Aujourd'hui détruit, il se composait de 5 parties fonctionnelles. Ce laboratoire avant tout solaire était équipé de tout ce qui était nécessaire à la survie d'un équipage durant 84 jours, à ses déplacements dans l'espace, et aux activités de recherche ; chaque partie instrumentale pouvait aussi fonctionner de façon automatique et être réactivée et télécommandée.

Le *HST*
Deux étapes de la réalisation du télescope spatial Hubble : À GAUCHE, ultimes réglages lors de la mise en orbite ; À DROITE, en phase d'assemblage dans l'immense hangar de la NASA.

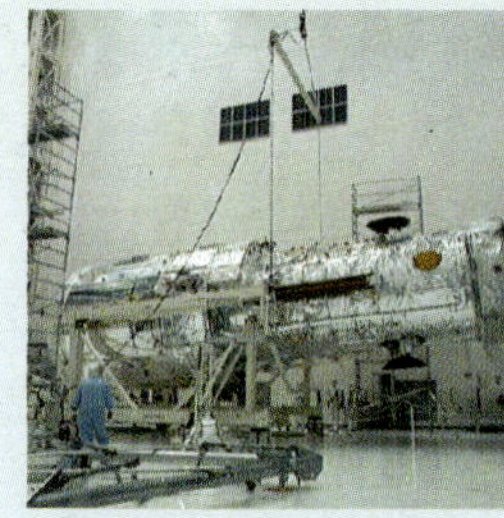

***Hubble* en activité**
En orbite autour de la Terre, le télescope spatial poursuit un intense programme de recherche.

LE TÉLESCOPE SPATIAL HUBBLE

Première mission du programme « Grands Observatoires » de la NASA, il a été conçu pour développer une aire de recherche complémentaire de celles des autres éléments prévus au programme qui seront ultérieurement réalisés et mis en orbite.

Hubble est, en substance, un télescope de type Ritchey-Chrétien de 2,4 m d'ouverture capable d'effectuer de façon entièrement automatique des observations dans le visible, l'ultraviolet proche et le proche infrarouge – dans une gamme de longueurs d'onde comprises entre 1 150 Å et 1 mm.

Mis en orbite par la navette spatiale américaine, il a été conçu sous forme de modules pouvant être rapidement réparés, changés ou associés à de nouveaux éléments. Cette caractéristique s'est avérée utile : peu après son lancement, en effet, on s'aperçut que le miroir primaire était affecté d'une aberration sphérique qui a été corrigée en remplaçant la caméra planétaire grand angle par une version de seconde génération dotée d'une optique corrective et en remplaçant le photomètre haute vitesse par le COSTAR (*Corrective Optics Space Telescope Axial Replacement*), qui corrige l'aberration pour les autres instruments. Les panneaux solaires, qui occasionnaient une instabilité lors du passage de l'ombre de la terre à l'illumination solaire, ont aussi été remplacés.

Malgré les difficultés, *Hubble* fonctionne à plein régime et les images qu'il a recueillies à cette heure sont véritablement spectaculaires, que ce soit sur les objets du Système solaire déjà bien connus ou sur les galaxies plus lointaines, aux confins de l'univers. Avant la mise au point de la nouvelle génération d'instruments terrestres comme ceux de l'ESO, des images d'une telle précision étaient impensables depuis la Terre. En cela, *Hubble* a fait des merveilles et, en nous montrant les détails de phénomènes encore inconnus, a soulevé de nouvelles questions et stimulé de nouvelles hypothèses.

LE SATELLITE BEPPO SAX

Conçu et réalisé en Italie en collaboration avec l'ESA et la NIVR (l'Agence spatiale hollandaise), *SAX* (*Satellite per Astronomia a raggi X*) cartographie le ciel en rayons X ; c'est le premier satellite en mesure de détecter les sources galactiques dans tout le domaine des rayons X. Parmi ses excellents résultats, citons la découverte d'un « replay » du Big bang à l'intérieur d'une

La navette spatiale
Spectaculaire décollage de la navette spatiale américaine. Celle-ci facilite le remplacement des équipages à bord des stations et laboratoires spatiaux et la mise en orbite directe et la réparation en orbite d'instruments comme le télescope spatial *Hubble* et de divers satellites.

galaxie (p. 210) distante de plus de 12 milliards d'années-lumière – un phénomène qui, en une poignée de seconde, a libéré tant d'énergie qu'il brille plus que la somme de toutes les étoiles de l'univers visible. Un tel phénomène aurait lieu tous les millions d'années dans toutes les galaxies et serait à l'origine de la formation des trous noirs galactiques (p. 206). *SAX* et *Hubble* sont toujours en activité.

L'EXPLORATION PLANÉTAIRE

À l'instar de la Lune, les planètes et certaines lunes, astéroïdes et comètes ont été l'objectif d'une série de missions spatiales spécifiques. L'intérêt suscité par les corps les plus petits du Système solaire, en particulier, s'est récemment accru. En ligne de mire, les géocroiseurs : ces astéroïdes (p. 168) orbitent dans l'espace sur des trajectoires comprises en moyenne entre l'orbite de Mars et celle de Jupiter mais la forte excentricité de leur orbite leur fait croiser l'orbite de la Terre et, parfois, s'en rapprocher beaucoup à la suite de perturbations gravitationnelles dues au passage de planètes et de comètes. Passons en revue les principales missions arrivées à terme ou en projet.

VERS MERCURE

La mission *Mariner 10* (1973) a fourni toutes les informations actuellement disponibles sur la planète la plus proche du Soleil (p. 136), et elle reste l'une des plus réussies de l'histoire spatiale. La sonde est passée à 6 000 km de Vénus afin que le champ gravitationnel de la planète modifie sa trajectoire pour l'amener sur une orbite héliocentrique. Tournant autour du Soleil, *Mariner 10* s'est ensuite approchée 3 fois de Mercure avant de cesser de fonctionner. Les télécaméras de bord ont enregistré une mosaïque d'images ayant permis de reconstruire l'aspect de 40 % de la surface de la planète ; un spectromètre a vérifié la quasi absence de gaz atmosphériques, un détecteur infrarouge a mesuré les variations thermiques journalières, tandis qu'un magnétomètre quantifiait la présence d'un champ magnétique assez conséquent qui justifie l'hypothèse de l'existence d'un noyau planétaire métallique de grandes dimensions.

Une sonde *Mariner*
Le projet Mariner de la NASA comprenait des sondes dirigées vers Mercure qui ont aussi étudié Vénus au passage, et des sondes dirigées vers Mars.

Magellan
Trois jours avant le lancement : la sonde vient d'être logée dans l'étage supérieur du lanceur qui l'emportera hors de l'orbite terrestre.

Mars Pathfinder
PAGE CI-CONTRE Une étape de la préparation de l'armature fixe du module d'atterrissage de l'expédition. Elle se reconnaît à sa structure tétraédrique destinée à s'ouvrir afin de libérer le *rover* et de prendre des données photographiques et instrumentales.

Depuis, aucune autre expédition : les données recueillies par *Mariner 10* ont alimenté 30 années de recherche. Aujourd'hui, toutefois, les connaissances sur les autres planètes ayant progressé, on pense qu'il faut revenir observer Mercure avec une technologie plus moderne. Dans les prochaines années seront donc lancées les missions *Messenger* (NASA, 2004), *Mercury Orbiter* (ISA, 2009) et *Bepi-Colombo* (ESA, 2009) – trois sondes qui seront mises en orbite autour de Mercure. En particulier, la sonde *Bepi-Colombo*, qui porte le nom du scientifique italien qui planifia à la perfection la durée du voyage de *Mariner 10* et le complexe « effet de fronde » fourni par la gravité vénusienne, recueillera des données gravimétriques sur Mercure et larguera un module d'atterrissage pour effectuer l'analyse physique, optique, chimique et minéralogique de son sol.

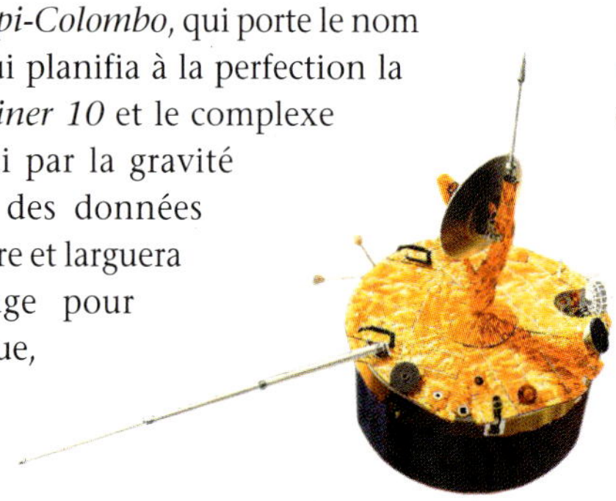

Pioneer-Venus
Comprenant deux éléments lancés indépendamment, la mission américaine prévoyait la mise en orbite autour de Vénus de cette sonde (*Pioneer-Venus 1*) ainsi que d'une « multisonde » devant larguer sur la planète quatre modules destinés à recueillir des données spécifiques.

VERS VÉNUS

Comme pour la Lune, les premiers à s'y intéresser ont été les Russes. Les missions *Venera* (de 1967 à 1983) ont recueilli des informations sur son atmosphère et largué des modules d'atterrissage télécommandés qui ont réussi à transmettre des images et des données précieuses sur les conditions ambiantes existant sous l'épaisse couverture de nuages. Les dernières sondes de la série *Venera* (14 et 15, lancées en 1984), rebaptisées *Vega 1* et *2*, devaient accomplir un survol rapproché de la planète puis poursuivre vers la comète de Halley ; au passage, elles ont largué deux modules et deux ballons pour sonder l'atmosphère vénusienne jusqu'à 50 km d'altitude.

Les missions américaines ont suivi un programme analogue : les sondes *Mariner 2*, *5* et *10* (1962-1973) sont passées près de Vénus pour collecter des informations, mais c'est la sonde *Pioneer-Venus* (1978) qui en effectua les premières études approfondies en se mettant en orbite et en larguant de petits modules pour sonder la surface de Vénus. En 1989 lui succédait *Magellan*, équipée d'un système radar ayant permis de cartographier le relief de la planète avec une précision encore inégalée. Pour le moment, aucune nouvelle expédition n'est prévue.

VERS MARS

C'est la planète la plus harcelée par nos sondes. Que ce soit à cause de la curiosité qu'elle suscite du fait des innombrables histoires de science-fiction, de sa relative proximité, ou parce qu'elle est la planète la plus susceptible d'abriter (ou d'avoir abrité un jour) la vie, le fait est que les missions vers Mars (p. 164) ont été très nombreuses ; et cette attention devrait encore s'accroître si les projets de colonisation prennent corps.

Les premiers à arriver sur Mars ont été les Américains : les sondes *Mariner 4*, *6*, *7* et *9* (1969-1971) l'ont atteinte les premières en passant très près. Après les premiers échecs de 1969, les Russes ont suivi avec les sondes *Mars*, de 1971

Des airbags sur Mars
La résistance des airbags, destinés à amortir l'atterrissage du module de l'expédition *Mars Pathfinder*, est testée sur un sol martien artificiel.

à 1973, qui se sont mises en orbite et ont atterri sur la planète en transmettant d'importantes données.
Mais c'est le programme américain Viking (1975-1982) qui a fait faire un saut qualitatif à nos connaissances sur la Planète rouge. Il comprenait deux véhicules spatiaux, *Viking 1* et *2*, chacun composé d'un module restant en orbite (orbiteur) et d'un module d'atterrissage. L'expédition a recueilli des images haute définition de toute la superficie martienne, en a précisé la structure et la composition chimique, et a recherché la présence de formes de vie et d'atmosphère. Outre les 1 400 photographies détaillées, les contributions principales du programme ont été une quantité consistante d'examens minéralogiques précis et une série de preuves constituant des indices clairs de la présence ancienne d'eau à l'état liquide sur la planète.
Les Russes ont suivi de près avec le projet Phobos (1988) comprenant deux véhicules (*Phobos 1* et *2*) qui ont utilisé les acquis techniques de la mission *Venera-Vega*. *Phobos 1* perdit rapidement le contact avec la Terre, mais *Phobos 2* put collecter des données sur le milieu interplanétaire puis, après sa mise en orbite martienne, sur Mars et son satellite Phobos (p. 167). Cependant, peu après le début de la phase devant amener un module d'atterrissage sur Mars, *Phobos 2* perdit à son tour le contact avec la Terre.
Dix ans après le projet Viking, la NASA renoua avec la Planète rouge en lançant successivement les sondes *Mars Observer* (1992), *Mars Global Surveyor* (1996) et *Mars Pathfinder* (1996) qui ont recueilli une multitude de nouvelles données. En particulier, les deux robots de la mission *Mars Pathfinder* qui se sont posés sur Mars (une base automatique fixe et un petit engin mobile) ont collecté des informations non seulement scientifiques mais aussi « logistiques » en vue de futurs débarquements. Au même moment, les Russes entreprenaient une nouvelle expédition, *Mars 96* (1996), composée d'un orbiteur et d'un module d'atterrissage, qui ne réussit toutefois pas à s'insérer sur sa trajectoire vers Mars et s'écrasa sur la Terre une heure après son lancement.
Deux nouvelles missions américaines, *Mars Climate Observer* et *Mars Polar Lander*, étaient destinées comme *Deep Space 2* (NASA, 1999) à étudier le climat martien, la disponibilité de l'eau et du gaz carbonique et les caractéristiques du sol

Paysage martien
La caméra installée sur le module d'atterrissage de *Mars Pathfinder* a pris cette vue panoramique de *Ares Vallis* montrant au centre, au loin, les Pics jumeaux.
Sur la droite, on découvre le robot mobile *Sojourner* qui, débarqué du module, a déjà parcouru plusieurs mètres pour rejoindre une grosse roche.

CI-CONTRE *Sojourner* lors d'un test de téléguidage. La mission *Mars Pathfinder* a coûté un total de 265 millions de dollars.

Chasse à la comète
Dans cette vue d'artiste, la sonde *Stardust* de la NASA recueille des échantillons de matière dans la chevelure de la comète Wild-2 qui seront rapportés sur Terre en 2006.

ci-dessous La sonde européenne *Giotto* a observé à moins de 600 km de distance le noyau de la comète de Halley puis a survolé la comète Grigg-Skjellerup.

grâce à un dispositif devant pénétrer dans le sol de la planète. Mais ces deux missions échouèrent : le contact fut perdu à cause d'une erreur de calcul d'orbite, à peine atteinte la haute atmosphère terrestre pour l'une et le voisinage de Mars pour l'autre.

La sonde japonaise *Nozomi* (1998), actuellement sur orbite héliocentrique, attend de rencontrer Mars à la fin de 2003 ; elle en étudiera la haute atmosphère et ses interactions avec le vent solaire. Enfin, *2001 Mars Odyssey* (NASA, 2001) doit rester en orbite au moins 3 ans autour de la planète pour la cartographier en entier, effectuer une analyse minéralogique et étudier sa radioactivité et ses conditions ambiantes. Ce satellite servira de relais de télécommunications pour les futures expéditions humaines.

Dans la perspective d'un débarquement qui devrait survenir durant ce siècle, de nouvelles missions sont programmées : *Mars Express* (ESA, 2003) qui larguera *Beagle-2*, un mini-laboratoire développé par des chercheurs britanniques, *Mars Exploration Rover* (NASA, 2003) et *Mars Sample Return* (NASA, 2015), toutes constituées de modules orbiteur et atterrisseur destinés à mener des recherches géologiques et minéralogiques afin de savoir s'il y a ou s'il y a eu un jour de la vie sur Mars et déterminer la météorologie de la planète et les conditions logistiques des zones d'installation des futurs explorateurs.

Astéroïdes et comètes

Doit-on le porter au mérite des films-catastrophe ou des recherches sur l'extension des dinosaures ? Toujours est-il que, ces derniers temps, les investissements dans des sondes dédiées à l'exploration et à l'étude des corps mineurs du Système solaire ont beaucoup augmenté. Jusque récemment, l'intérêt des scientifiques se portait principalement sur les planètes et, au mieux, à leurs satellites naturels. La première mission d'exploration directe de géocroiseurs (p. 168) a été *NEAR* (*Near Earth Asteroid Rendez-vous*) lancée par la NASA en 1996, alors qu'on en savait déjà beaucoup sur tous les autres composants du Système solaire.

Bien que non conçue pour l'atterrissage sur un tel objet, la sonde a supporté l'impact avec Éros, l'un des plus gros géocroiseurs, et, grâce à sa caméra et à son spectromètre à rayons g dirigés vers le sol, et à ses panneaux solaires, ses antennes et ses autres instruments scientifiques dirigés vers le Soleil et la Terre, elle a continué à transmettre des images, des données sur le champ magnétique du planétoïde et du milieu spatial environnant et des spectres dans le proche infrarouge. Il est prévu que la sonde continue d'orbiter avec Éros afin de transmettre des informations importantes sur le milieu spatial traversé par l'astéroïde au cours de son long voyage autour du Soleil.

Deux ans après *NEAR* partait la première des missions *Deep Space* – une sonde capable de mesurer les rayonnements électromagnétiques dans différentes longueurs d'onde, la composition chimique, la géomorphologie, les dimensions et les caractéristiques du mouvement de rotation et de l'atmosphère de l'astéroïde Braille, puis de la comète Borelly.

Les comètes (p. 182) ont toujours davantage intéressé que les astéroïdes, et de nombreuses sondes ont été envoyées à la rencontre de leur noyau ou pour analyser le matériau de leur chevelure : *ICE* (NASA, 1978) fut dirigée vers la comète Giacobini-Zinner, *Giotto* (ESA, 1985) a atteint les comètes de Halley et Grigg-Skjellerup ; les sondes *Sakigake* et *Suisei* (ISAS, 1985) ont été dirigées vers la comète de Halley et enfin *Stardust* (NASA, 1999) prélèvera en 2004 des échantillons de la chevelure de la comète Wild-2. Dans les prochaines années, une nouvelle expédition de recherche est prévue à destination d'un astéroïde et trois vers des comètes : *NEAP* (*Near Earth Asteroid Prospector*, NASA 2003-2005) sera dirigé vers Nereus, un autre géocroiseur, tandis qu'après

Voyager
Modèle de la sonde *Voyager 2* qui a dépassé les limites connues du Système solaire.

le départ de *Contour* (NASA, 2002) qui s'approchera de trois noyaux cométaires, sont prévues les missions *Rosetta* (ESA, mi-2003) qui ira à la rencontre de la comète Wirtanen, et enfin *Deep Impact* (NASA, 2004), prévue pour envoyer des données sur la comète Tempel-1 jusqu'au moment de son impact sur son noyau pour en échantillonner la surface.

LES PLANÈTES EXTERNES

Les premières missions dirigées vers les planètes externes du Système solaire sont les ondes *Pioneer 10* (NASA, 1972) et *11* (1973). Premières à traverser la périlleuse ceinture d'astéroïdes, elles ont atteint et photographié Jupiter (p. 170) puis ont continué leur vol vers l'extérieur du Système solaire en recueillant des données sur le milieu interstellaire et les particules de haute énergie de l'héliosphère externe afin de préciser la distance où le vent solaire cesse d'être perceptible.
Dans son voyage vers les confins du Système solaire, *Pioneer 11* est passée près de Saturne (p. 174) dont elle a transmis données et images.
Actuellement, les deux sondes voyagent dans l'espace respectivement en direction de la constellation du Taureau (dont *Pioneer 10*, qui se trouve à plus de 12 milliards de km de la Terre, atteindra la première étoile dans 2 millions d'années) et de l'Aigle (dont *Pioneer 11* atteindra la première étoile dans 4 millions d'années environ).
Le premier lancement du projet américain Voyager, rebaptisé *Voyager Interstellar Mission*, a suivi en 1977, comprenant deux sondes, *Voyager 1* et *2*, destinées à s'approcher des planètes externes puis à dépasser les limites du Système solaire. Programmées notamment pour étudier Jupiter et Saturne, leurs lunes et leur magnétosphère ainsi que le milieu interplanétaire, elles ont subi en cours d'opération quelques modifications de destination : alors que, après avoir survolé Jupiter et Saturne, la première sonde poursuivait vers les confins du Système solaire, *Voyager 2* fut redirigée afin d'observer les autres planètes géantes et leurs satellites : Uranus (p. 177, atteinte en 1986) et Neptune (p. 179, en 1989).
C'est grâce aux données récoltées par ces sondes que nous connaissons mieux ces planètes : on n'en avait jamais autant appris sur leur température, les vents de surface, leur magnétosphère… *Voyager 2* n'est pas passé assez près de Pluton (p. 181) et Charon pour améliorer nos connaissances sur les deux derniers corps du Système solaire ; la sonde progresse désormais dans l'espace externe en poursuivant l'analyse du vent solaire afin de situer l'héliopause.
Il faudra attendre 12 ans avant que la navette spatiale lance une nouvelle sonde vers Jupiter. La mission *Galileo* (NASA, 1987) se compose d'un module orbiteur et d'une capsule destinée à échantillonner l'atmosphère jovienne. Avant d'arriver à Jupiter, *Galileo* est passé près de Vénus et a tourné autour de la Terre afin d'utiliser

Au-delà du Système solaire
Les sondes *Pioneer* et *Voyager*, qui voyagent actuellement vers l'extérieur du Système solaire, ont désormais pour mission d'en préciser les limites. Le schéma ci-dessous résume nos actuelles connaissances sur le milieu galactique à proximité de l'héliosphère que les scientifiques européens ont déduit des données recueillies par ces missions et de celles, décisives, de *Hubble*.

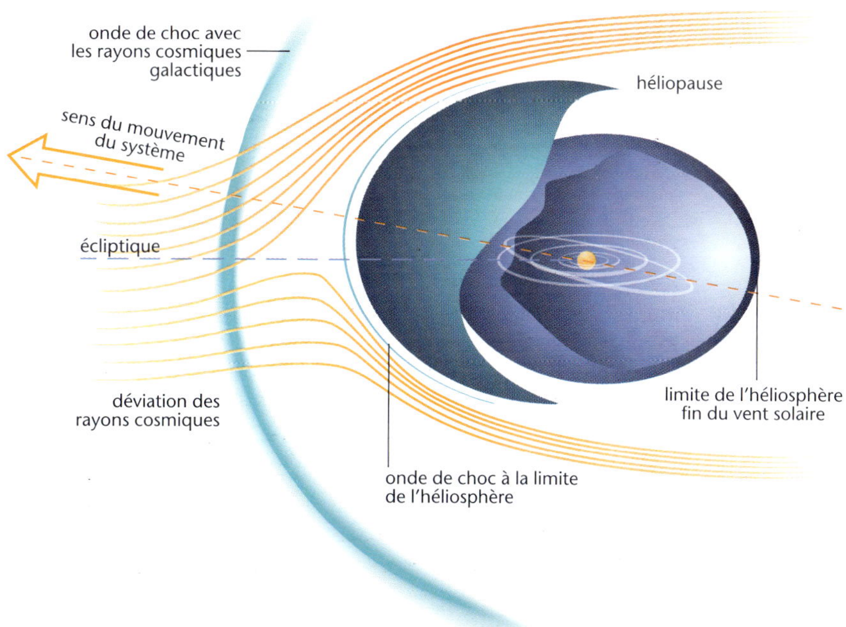

Galileo
Vue d'artiste de la sonde *Galileo* approchant de Jupiter.

Cassini-Huygens
Cette mission spatiale de l'ESA atteindra Saturne en juillet 2004.

Une sonde *ISEE*
Les trois sondes de la mission américano-européenne *ISEE* (1977-1978) ont principalement étudié les interrelations entre le Soleil et la Terre.

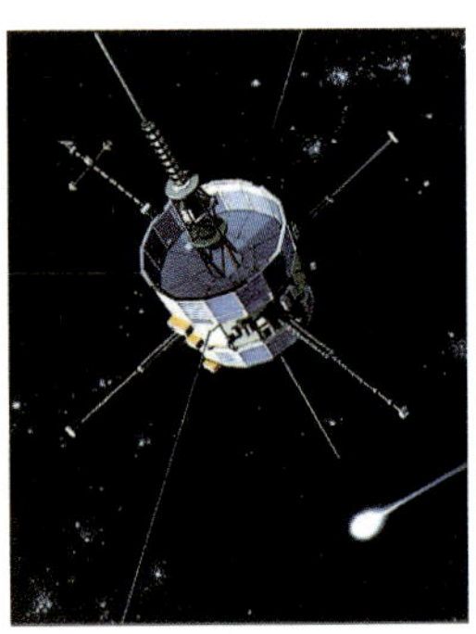

l'effet de fronde de leurs gravités pour augmenter sa vitesse. La sonde a pris à cette occasion des images totalement inédites de Vénus et de la Lune, puis des astéroïdes Gaspra et Ida qu'elle a approchés en traversant la ceinture principale d'astéroïdes. Elle a aussi enregistré les impacts spectaculaires des fragments de la comète Shoemaker-Levy 9 sur Jupiter. Dès sa mise en orbite autour de Jupiter en 1995, elle a largué le module atmosphérique qui a déterminé pendant son plongeon de deux heures la composition, la structure et les caractéristiques de la haute atmosphère jovienne sur 150 km de profondeur ; *Galileo* en a aussi étudié les formations nuageuses, l'équilibre radiatif, les flux de particules chargées et le développement des éclairs. La sonde, qui a étudié les quatre lunes galiléennes de Jupiter, achèvera sa mission en plongeant dans l'atmosphère jovienne en septembre 2003.

L'ESA a lancé en 1997 une expédition similaire vers Saturne et Titan (p. 176) : la mission *Cassini-Huygens*, des noms de l'orbiteur et du module atterrisseur. Le premier se mettra en orbite autour de Saturne en juillet 2004 pour étudier la structure et la dynamique des anneaux, l'atmosphère et la magnétosphère de Saturne ; *Huygens* descendra sur Titan afin d'analyser les caractéristiques de son épaisse atmosphère et sa géologie.

2006 verra le lancement de la mission *New Horizons Pluto-Kuiper Belt*. La petite sonde abordera Pluton à l'été 2015 ainsi que son satellite Charon et la ceinture de Kuiper, vaste réservoir d'astéroïdes et de noyaux cométaires.

LES SONDES SOLAIRES

De nombreuses missions dédiées à l'étude exclusive du Soleil (p. 136) ont été lancées ces dernières années. En voici les principales caractéristiques.

ISEE-3

Ce satellite, lancé en 1978, faisait partie de la mission *International Sun-Earth Explorer* de la NASA comportant trois éléments distincts en orbite héliocentrique et destinés à étudier les interactions Soleil-Terre, les limites de la magnétosphère terrestre, la structure du vent solaire à proximité de notre planète et la circulation et les mécanismes de son plasma, les rayons cosmiques et les émissions produites par les éruptions solaires. Rebaptisé *ICE* (*International Cometary Explorer*), il fut finalement dirigé à travers la queue de la comète Giacobini-Zinner.

SMM

Le satellite *Solar Maximum Mission*, lancé en 1981, fut le premier satellite à être réparé en orbite par l'équipage du *Skylab*. Après 10 ans d'activité durant lesquelles il a collecté une énorme quantité de données sur le cycle solaire et enregistré des centaines de phénomènes dans plusieurs longueurs d'onde (notamment en rayons X et γ), il s'est finalement désintégré au-dessus de l'océan Indien à la suite d'une violente tempête solaire qui a abaissé son orbite. Les informations recueillies ont permis de prouver, entre autres, la très légère variation de la constante solaire durant son cycle de 11 ans.

ULYSSES

Réalisée par l'ESA (1990), cette sonde était destinée à mesurer les propriétés du vent solaire, du champ magnétique interplanétaire, des rayons cosmiques galactiques et des gaz interstellaires neutres ainsi que la composition et l'accélération des particules énergétiques aux différentes latitudes solaires. Profitant de l'effet de fronde conféré par Jupiter, elle s'est placée sur une orbite héliocentrique polaire très inclinée qui lui

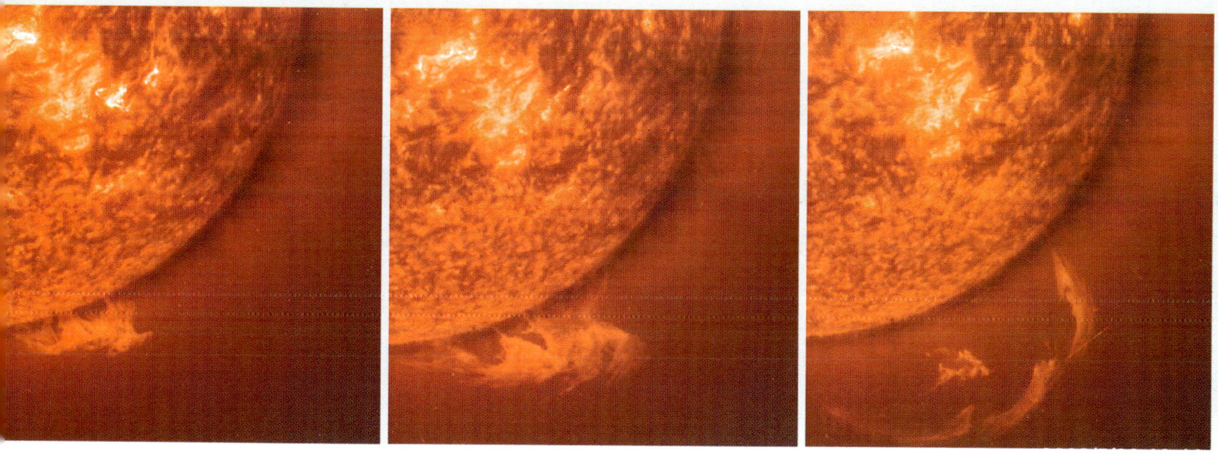

SoHO
Cette séquence exceptionnelle d'images recueillies par l'observatoire spatial héliosphérique à 6 heures d'intervalle montre le développement d'une protubérance solaire.

a permis de survoler pour la première fois le pôle Sud (1994, 2000) et le pôle Nord (1995, 2001) du Soleil à environ 2 UA de distance. Équipée de 2 magnétomètres, 2 instruments d'analyse du plasma du vent solaire, 3 analyseurs de particules chargées, un détecteur de gaz neutre et un détecteur de poussières, *Ulysses* a notamment approfondi notre connaissance de la couronne solaire et la recherche d'ondes gravitationnelles.

YOHKOH
Issue d'une collaboration ISAS-NASA, cette sonde, lancée en 1991, était dotée de deux spectromètres et deux télescopes chargés d'analyser les radiations de haute énergie produites par les éruptions solaires, ainsi que les conditions de calme de la surface solaire précédant une éruption.

SoHO
Projet commun de l'ESA et de la NASA, l'observatoire solaire et héliosphérique a été lancé en 1995. Il est équipé de 12 instruments destinés à étudier les processus physiques qui produisent et échauffent la couronne solaire, amplifient le vent solaire, et caractérisent l'intérieur du Soleil. Ayant déjà recueilli une énorme quantité de données, *SoHO* a permis de réaliser des films incroyables montrant de véritables séismes solaires engendrés par les éruptions, de découvrir des « fleuves » de plasma sous la surface solaire et un « tapis » magnétique à la surface du Soleil qui fournit suffisamment d'énergie pour chauffer la couronne. Il a aussi découvert de nombreuses comètes invisibles de la Terre. Après quelques problèmes de vol et la perte de contact durant quelques mois, *SoHO* est toujours en pleine activité.

GENESIS
L'objectif premier de cette sonde, qui constitue le cinquième volet du programme Discovery de la NASA (2001), est la collecte de particules de vent solaire qui seront rapportées sur Terre pour leur analyse isotopique et chimique. L'étude de ces échantillons devrait apporter de nouvelles informations pour valider les théories actuelles sur l'origine du Système solaire, son évolution et la composition de la nébuleuse primitive. Recueillir ces quelque 10 à 20 mg de matière aura coûté environ 200 millions de dollars.

Ulysses
Cette sonde dédiée à l'étude du Soleil a déjà survolé deux fois chacun des pôles Nord et Sud de notre étoile et recueilli des données inédites et essentielles sur son champ magnétique.

Depuis toujours l'humanité est convaincue que le Soleil est à l'origine de la vie terrestre. Les peuples antiques, qui dépendaient de l'agriculture, de la pêche et de la chasse et donc du climat et du cycle des saisons, en ont fait l'une des divinités les plus célébrées. Les planètes aussi ont été divinisées : chacune avait des liens secrets avec les diverses activités et fonctions humaines, et leurs mouvements ordonnaient le destin de tous. L'observation astronomique est ainsi longtemps restée circonscrite à l'étude des mouvements apparents des corps célestes. Ce n'est qu'au XVIIe siècle que le Soleil et les planètes furent observés d'un œil savant. C'est le fait de Galilée : il n'est pas le premier à faire des observations, mais le premier à les effectuer méthodiquement. Les taches et autres phénomènes solaires apparents qu'il dépeint font grand bruit, de même que ses vivantes descriptions des plaines et montagnes lunaires ou sa découverte des satellites de Jupiter. En l'espace de quelques siècles nous en avons appris beaucoup sur notre Système solaire grâce au perfectionnement des techniques d'observation et à l'invention de nouveaux types d'instruments. Mais ce sont les sondes spatiales qui ont véritablement révolutionné nos connaissances sur les corps proches de la Terre : Vénus, contrairement à ce qu'on imaginait, est une planète torride, Jupiter et Saturne irradient plus d'énergie qu'elles n'en reçoivent du Soleil, toutes les planètes externes ont des anneaux et d'innombrables satellites, Pluton est, avec Charon, une planète double ou plutôt un corps cométaire… et les limites du Système solaire, balayé par le vent solaire, s'étirent jusqu'à la ceinture de Kuiper et au-delà.

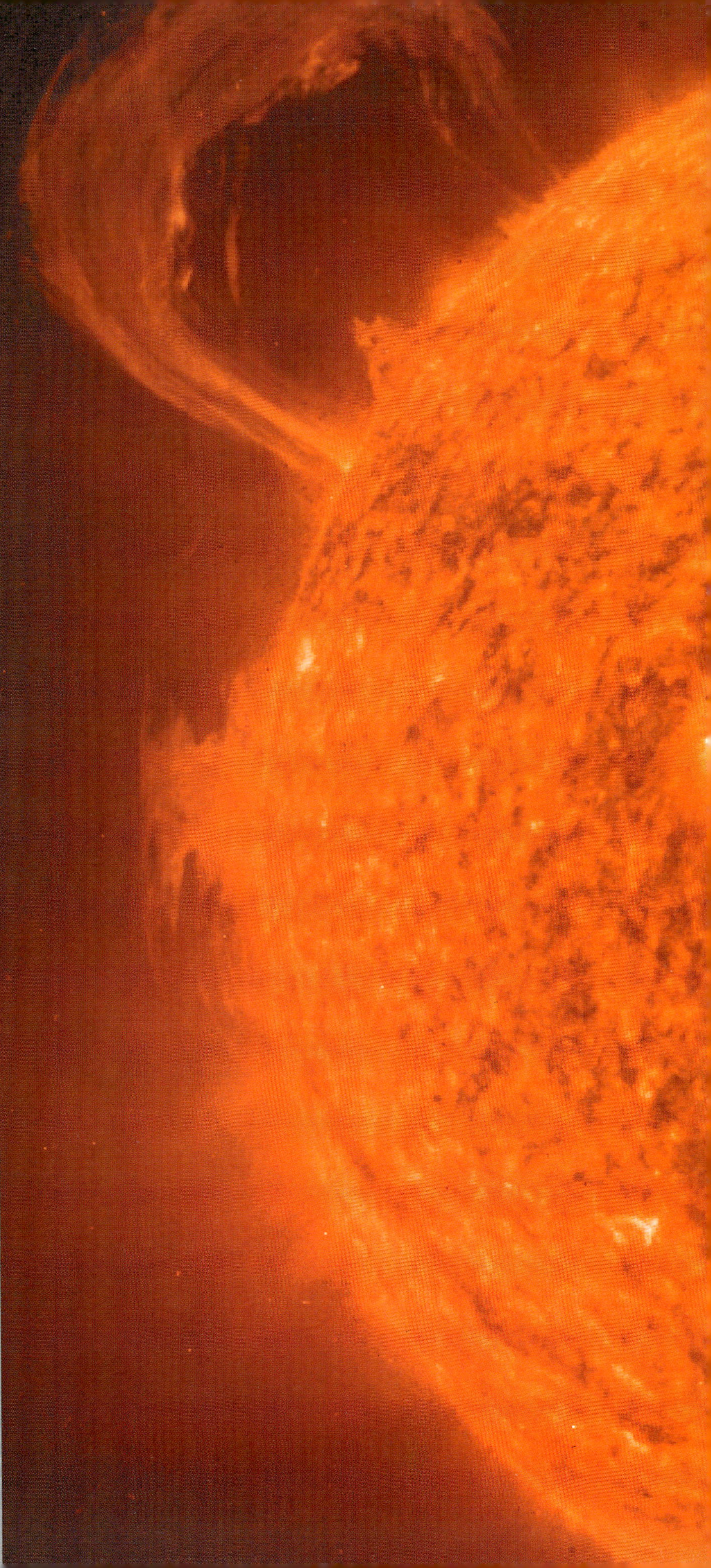

Le Soleil et ses planètes

NOTRE ÉTOILE

DEPUIS QUE GALILÉE S'EST BRÛLÉ LES YEUX EN OBSERVANT LE SOLEIL, NOTRE ÉTOILE A CESSÉ D'ÊTRE PARFAITE. ELLE PRÉSENTE DES TACHES SOMBRES CYCLIQUES, TOURNE SUR ELLE-MÊME ET, À BIEN Y REGARDER, PRODUIT DES « FLAMMES » IMMENSES ET DES FLASHS DE LUMIÈRE... L'ACTIVITÉ DU SOLEIL PEUT ÊTRE ÉTUDIÉE DE FAÇON QUANTITATIVE ET LES OBSERVATIONS, EXPLIQUÉES PAR UNE THÉORIE, MAIS ON DOIT ATTENDRE LE XIXe SIÈCLE AVEC LA DÉCOUVERTE DE L'ATOME ET DE LA RELATION D'EINSTEIN LIANT MATIÈRE ET ÉNERGIE POUR PERCER LE SECRET DE SON FEU INTERNE. AUJOURD'HUI NOUS CONNAISSONS ASSEZ BIEN LA DYNAMIQUE DU SOLEIL, ET MÊME S'IL RESTE ENCORE BEAUCOUP À DÉCOUVRIR, CE QUE NOUS SAVONS NOUS SERT À COMPRENDRE TOUTES LES AUTRES ÉTOILES. LE SOLEIL, EN EFFET, N'A RIEN DE SPÉCIAL : IL N'EST PAS AUSSI GRAND QU'UNE GÉANTE, NI AUSSI PETIT QU'UNE NAINE BRUNE, NI INSTABLE COMME UNE NOVA... IL POURSUIVRA ENCORE LONGTEMPS SA PLACIDE EXISTENCE.

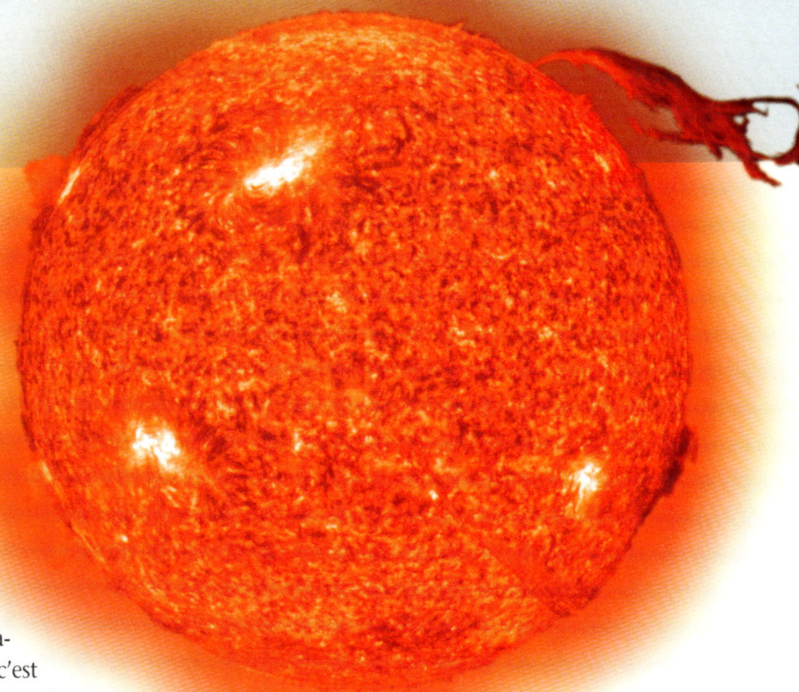

Le Soleil est très grand : sa surface visible ou *photosphère* est une sphère d'environ un million et demi de kilomètres de diamètre dont la masse atteint 2000 milliards de milliards de milliards de kilogrammes ! Il nous apparaît petit (il a presque le même diamètre apparent que la Lune, et c'est pour cela qu'il y a des éclipses) seulement parce qu'il est très éloigné de nous – d'environ 150 millions de kilomètres. Pour cette même raison, les détails les plus fins observables depuis la Terre sont de l'ordre de 150 km. Il s'agit de phénomènes superficiels (taches, éruptions, filaments, granulation, protubérances, facules) déjà observés par le passé et dont les origines semblent aujourd'hui bien comprises. Nous ne connaissons de façon directe que les radiations du Soleil – celles qui atteignent la Terre jusqu'à nos instruments puissants et modernes, ou celles que détectent depuis l'espace les observatoires astronomiques tournant sur des orbites plus ou moins proches de notre étoile. Grâce aux satellites tels que *SMM* (*Solar Maximum Mission*) ou *SoHO* (*Solar and Heliospheric Observatory*), les émissions solaires sont analysées par des techniques autrefois impensables, ce qui permet de confirmer nos théories sur la structure interne, l'activité et la dynamique superficielle du Soleil ou d'en élaborer de nouvelles.

MASSE ET DENSITÉ MOYENNE DU SOLEIL

La masse du Soleil a été calculée à partir des lois de la gravitation universelle de Newton. On en obtient une valeur approchée en négligeant la masse de la Terre par rapport à celle du Soleil : connaissant la distance moyenne entre les deux corps (149,6 millions de km) et le temps mis par la Terre à accomplir son orbite (une année sidérale, soit 31,6 millions de secondes), on obtient une masse de $1{,}99 \cdot 10^{30}$ kg. Les interpolations à partir des trajectoires des satellites en orbite ne conduisent à aucun ajustement notable. Une fois sa masse déterminée et connaissant le rayon moyen du Soleil (environ 700 000 km), on en déduit sa densité moyenne : environ 1,4 fois celle de l'eau.

LE SOLEIL
CI-DESSUS Cette image du Soleil prise par l'observatoire spatial héliosphérique *SoHO* montre une immense protubérance.

SoHO
CI-CONTRE La réalisation de satellites d'observation placés en orbite rapprochée autour du Soleil a permis de recueillir des données essentielles pour l'étude des conditions aux pôles, sur sa structure interne et ses émissions, bloquées par l'atmosphère terrestre. Le satellite *SoHO* est en activité depuis 1996.

LE BOUCLIER ATMOSPHÉRIQUE
CI-CONTRE À DROITE Schéma montrant comment l'atmosphère terrestre absorbe les rayonnements solaires selon leur longueur d'onde.

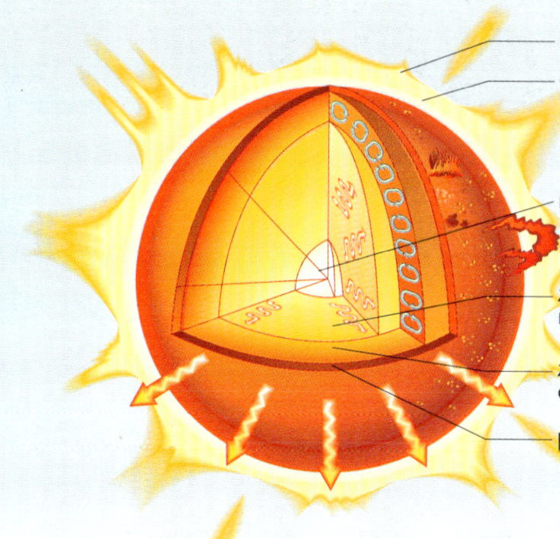

Le Soleil en chiffres

Âge (milliards d'années)	4,5 à 5
Rayon équatorial (km)	700 000
Diamètre apparent depuis la Terre	31′
Masse (en milliards de milliards de milliards de tonnes)	1,99
• en masses terrestres	333 432
Densité moyenne ou estimée (g/cm^3)	1,409
• de la photosphère	0,00000008
• de la zone convective	0,006
• de la zone radiative	2
• du noyau	160
• par rapport à la Terre	0,26
Température moyenne ou estimée (°C)	
• de la photosphère	5 500
• de la zone convective	600 000
• de la zone radiative	4 millions
• du noyau	15 millions
Catégorie stellaire	G2 (2e génération)
Pression moyenne ou estimée (hPa)	
• de la photosphère	0,01
• de la zone convective	100
• de la zone radiative	300 milliards
• du noyau	3 000 milliards
Accélération gravit. en surface (m/s^2)	273,98
• par rapport à la Terre	28
Distance moyenne à la Terre (à la conjonction inférieure) (millions de km)	149,6
Vitesse de libération à la surface (km/s)	617,7
Vitesse angulaire par 17° de latitude (microradians/s)	2,87
Période de rotation équatoriale (jours)	env. 25
Inclinaison de l'équateur sur l'écliptique	7°15′
Luminosité (en milliards de milliards de milliards de watts)	0,383

LES ÉMISSIONS SOLAIRES

L'énergie produite par les réactions nucléaires internes se propage sous diverses formes à travers le Soleil puis dans l'espace qui l'entoure :
• sous forme de ***chaleur***, qui est transmise aux gaz solaires soit via l'augmentation du mouvement des particules qui composent le plasma, soit via l'entretien d'immenses *courants convectifs* au sein de sa masse ;
• sous forme de ***sons***, comme ceux qui éclatent derrière un avion supersonique, dus au déplacement rapide de grandes masses de gaz ;
• et principalement sous forme de ***rayonnements électromagnétiques*** – des suites d'oscillations des champs électrique et magnétique qui se propagent depuis le Soleil jusque dans l'espace comme les rides sur un plan d'eau s'éloignent du point d'impact d'un caillou.
Les rayonnements électromagnétiques produits par le Soleil se propagent dans l'espace vide en voyageant en ligne droite, puis atteignent et dépassent la Terre en se dispersant dans l'espace. Dans ces rayonnements, on distingue différents domaines de longueurs d'onde, aux caractéristiques énergétiques distinctes :
• les ***rayons*** γ (prononcez « gamma ») et les ***rayons X*** sont les plus énergétiques ; la longueur d'onde des rayons γ est inférieure à un milliardième de millimètre (10^{-12} m), celle des rayons X est comprise entre un milliardième de millimètre et 50 milliardièmes de mètre ($5 \cdot 10^{-8}$ m) ;
• les ***rayons ultraviolets*** ont des longueurs d'onde comprises entre 50 milliardièmes de mètre ($5 \cdot 10^{-8}$ m) et 0,4 millionième de mètre ($4 \cdot 10^{-7}$ m, ou 0,4 micron) ;
• la ***lumière visible*** consiste en rayonnements de longueurs d'onde comprises entre 0,4 et 0,8 micron (4 à $8 \cdot 10^{-7}$ m) ; on y distingue le violet-bleu (0,4 micron), le vert-jaune (0,5-0,7 micron) et le rouge (0,8 micron) ;
• les ***rayons infrarouges*** ont une longueur d'onde comprise entre 0,8 micron et 1 millimètre ($8 \cdot 10^{-7}$ m à 10^{-3} m) ;
• les ***micro-ondes*** ont une longueur d'onde comprise entre 1 millimètre (10^{-3} m) et 100 mètres ;
• enfin les ***ondes radio*** ont une longueur d'onde supérieure à 100 m.
Les rayonnements les plus énergétiques (γ, X et UV) et les moins énergétiques (infrarouges, micro-ondes et radio) sont en grande partie absorbés ou réfléchis par l'atmosphère. Seules la lumière visible et une petite partie des ultraviolets, des infrarouges (chaleur) et des ondes radio atteignent le sol.

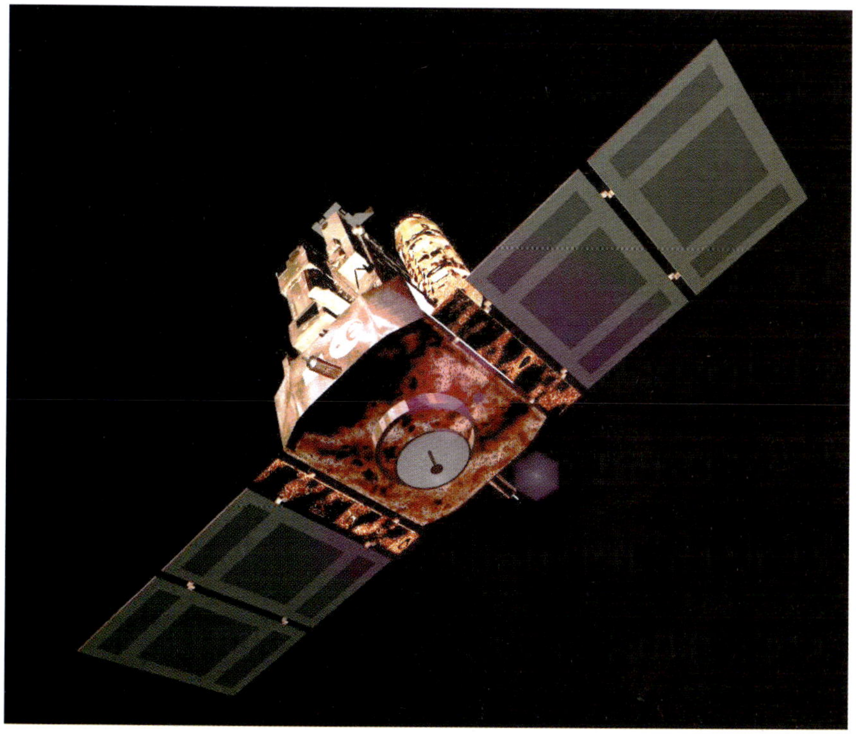

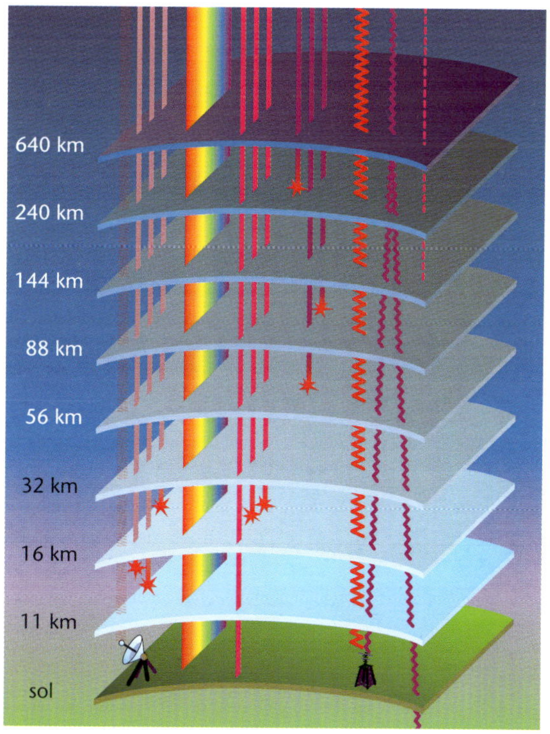

L'UNIQUE PARTIE BIEN CONNUE DU SOLEIL EST LONGTEMPS RESTÉE LA PLUS EXTERNE, QUI EST AUSSI LA PLUS VARIÉE, AGITÉE D'ÉRUPTIONS ET DE FLAMMES, PARSEMÉE D'ÉNORMES GROUPES DE TACHES, SOULEVÉE PAR D'IMMENSES PROTUBÉRANCES... AUJOURD'HUI, GRÂCE AUX EXTRAORDINAIRES PROGRÈS TECHNIQUES, ON SCRUTE LE SOLEIL JUSQU'EN PROFONDEUR ET LES HYPOTHÈSES SUR SA STRUCTURE INTERNE PEUVENT ÊTRE MISES À L'ÉPREUVE.

STRUCTURE ET PHÉNOMÈNES

À partir des observations passées, des études spectrales et des théories les plus confirmées de la physique atomique et de l'astrophysique, les astronomes et les physiciens solaires ont élaboré des modèles théoriques en mesure d'expliquer correctement tous les phénomènes et les caractéristiques solaires. Selon le modèle actuellement le plus largement accepté, plusieurs « couches » concentriques aux caractéristiques assez homogènes peuvent être définies à l'intérieur de la boule lumineuse que nous appelons le Soleil. À partir du centre de notre étoile on distingue donc :

- le cœur ou ***noyau***, d'un rayon d'environ 150000 km. Cette zone concentre près de 40 % de la masse solaire totale, et la densité y est maximale (en moyenne 160 g/cm^3). Avec une pression qui atteint 3 milliards de fois la pression terrestre et une température de 15 millions de degrés, les conditions sont réunies pour que les réactions thermonucléaires de fusion de l'hydrogène en hélium s'entretiennent spontanément. Dans cette chaudière nucléaire, 40 % de l'hydrogène originel (qui constituait 75 % de la masse du noyau) s'est déjà « consumé » ;
- la ***zone radiative***, épaisse de 300000 km environ et qui s'étend donc jusqu'à 450000 km du centre du Soleil. Elle se caractérise par des valeurs (théoriques) de densité et de pression respectivement 100 et 10 fois inférieures à celles estimées pour le noyau. C'est pourquoi la température y « descend » (si l'on peut dire !) à

LE SPECTRE SOLAIRE

Les émissions du Soleil sont notre seul moyen d'obtenir des informations sur notre étoile. Le rayonnement électromagnétique solaire couvre une vaste plage continue de longueurs d'onde – le *spectre continu d'émission* (p.195) – mais devient beaucoup moins intense à certaines longueurs d'ondes – ce sont les *raies d'absorption* (p.195). Le schéma du haut montre le spectre émis originellement par le Soleil (trait gris), et juste au-dessous, celui que l'on mesure sur Terre au niveau du sol, après l'absorption de certaines longueurs d'onde par l'atmosphère. On voit ainsi que les rayonnements les plus énergétiques émis par le Soleil sont absorbés par l'ozone (O_3) dans la haute atmosphère, et qu'une grande partie des infrarouges l'est par la vapeur d'eau.

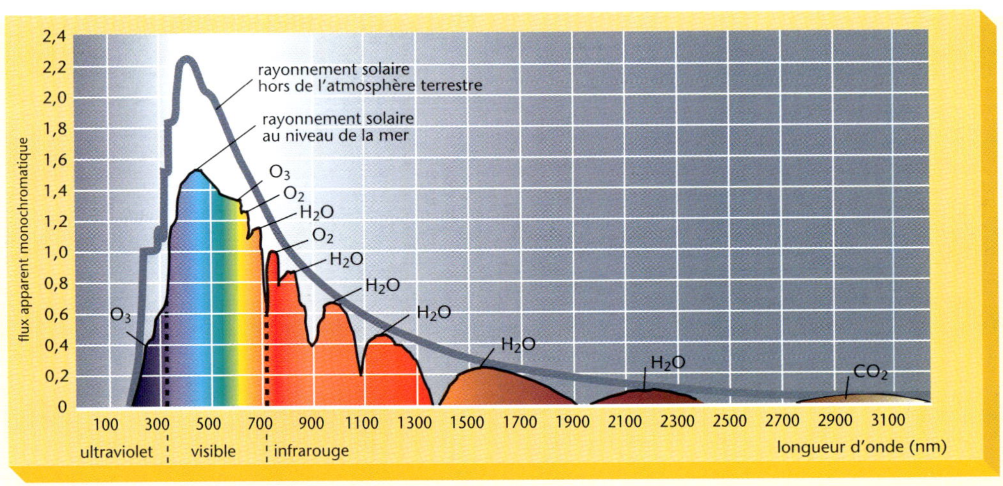

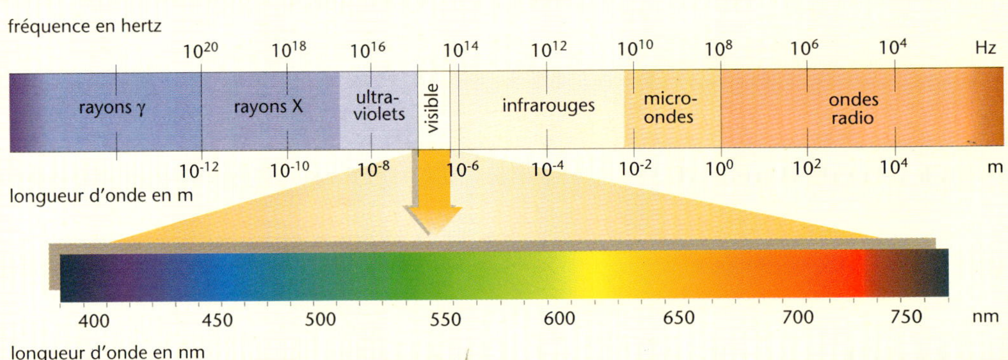

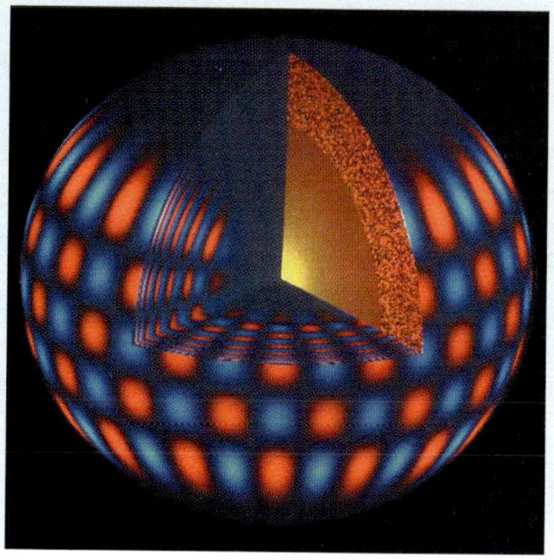

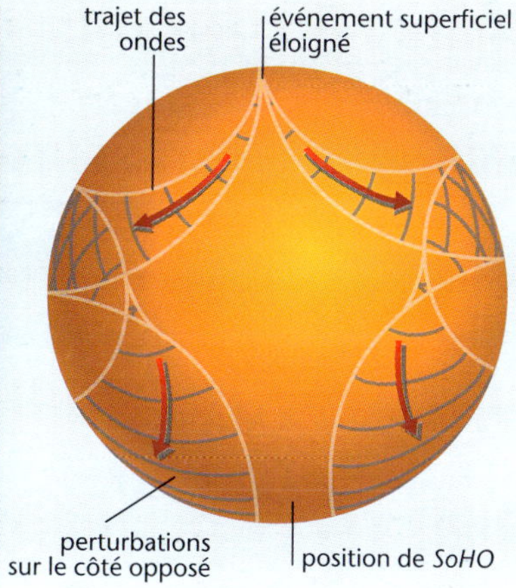

La rumeur des explosions
L'observatoire solaire *SoHO* a mesuré les ondes sonores qui traversent la boule de plasma qu'est notre Soleil. Le Soleil se comporte comme une cavité résonante dans laquelle les ondes de pression (mais aussi gravitationnelles) se propagent à très grande vitesse.
L'image de gauche représente un modèle numérique montrant comment vibre l'intérieur du Soleil sous l'effet des ondes acoustiques ; les couleurs différentes correspondent à des déplacements opposés du plasma.
Le schéma de droite montre le trajet des ondes sonores.

4 millions de degrés. L'énergie est transportée dans le plasma solaire par rayonnement (d'où son nom) : les photons (ou rayons) γ émis par les réactions nucléaires sont absorbés et réémis des milliards de fois par les atomes du plasma avant de ressortir dans les couches supérieures, transformés en rayons γ, X, ultraviolets, visibles et infrarouges (chaleur) ;

• la ***région convective***, qui s'étend sur 250 000 km environ. Ici, les paramètres physiques du plasma chutent pour arriver à une densité de 0,006 g/cm^3 (environ 100 fois plus faible que celle de l'eau), une pression de dix fois plus faible que la pression atmosphérique terrestre et une température de 600 000 degrés. Dans cette région, l'énergie est transportée dans le plasma par des *courants de convection* très rapides – des mouvements circulaires de remontée et de descente de la matière solaire qui la brassent en continu. Les courants convectifs géants qui se développent au plus profond de cette couche donnent naissance à des courants convectifs de plus en plus petits à mesure qu'on s'approche de la surface et qui sont à l'origine de nombreux phénomènes observés à la surface du Soleil ;

• la ***photosphère*** (littéralement la « sphère de lumière »), seule région du Soleil que nous pouvons voir. C'est la « surface » du Soleil de référence quand on parle de diamètre solaire ou d'altitude. Son épaisseur est d'à peine 400 km, sa densité moyenne est plus de 10 millions de fois inférieure à l'eau et sa pression moyenne,

CI-DESSOUS Modélisation de l'intérieur du Soleil fondée sur des données Doppler.

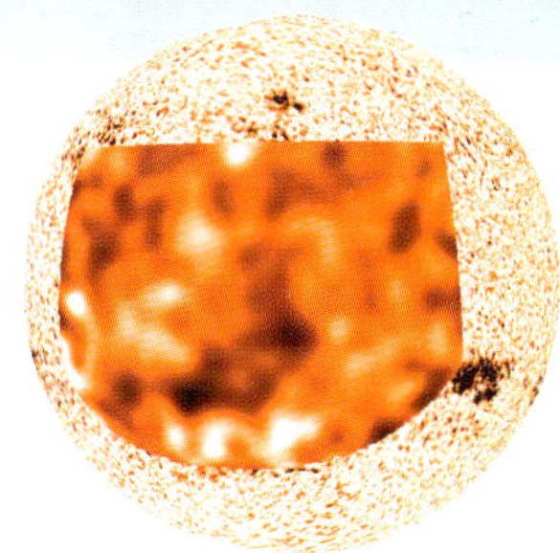

L'intérieur du Soleil
Schéma résumant la structure du Soleil et les principaux phénomènes observables.

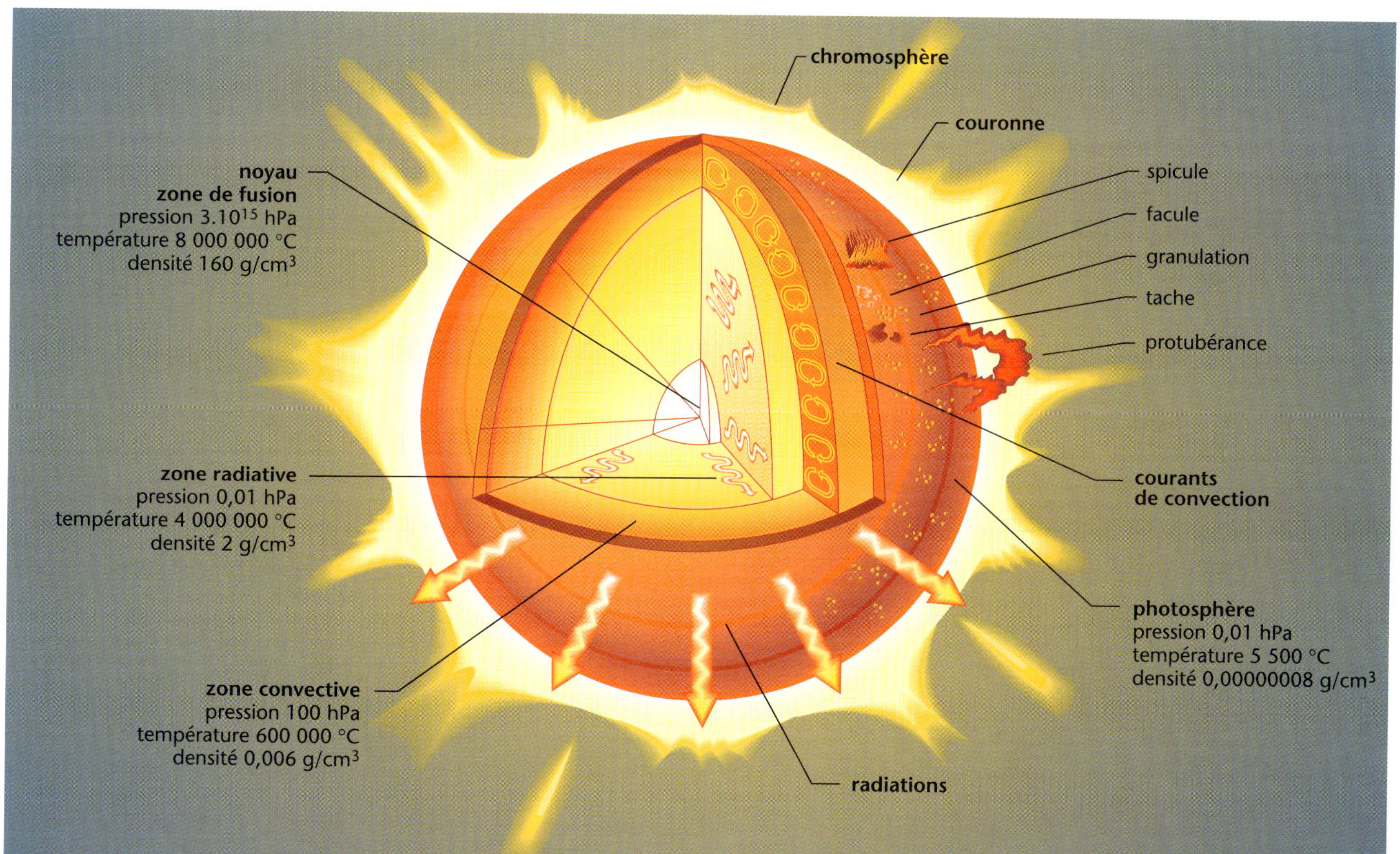

Vitesse du plasma
La vitesse des gaz en rotation autour du Soleil a été évaluée à partir des données de *SoHO*. De ce point de vue, le Soleil comporte de très nombreuses couches où les gaz sont plus rapides (en rouge et orange) ou plus lents (en vert et bleu) par rapport à la vitesse moyenne (jaune).

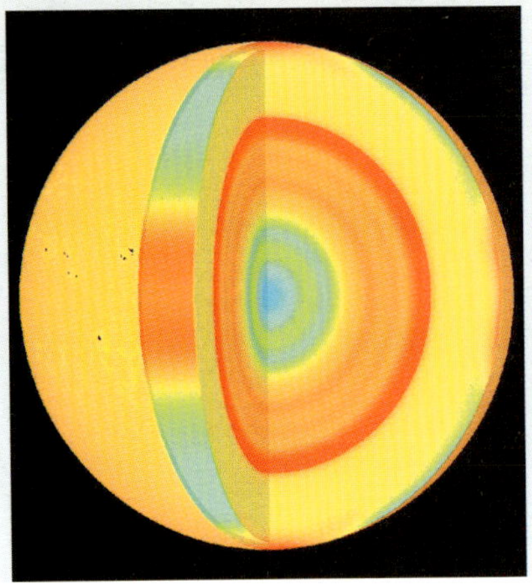

Vitesse des gaz dans une tache
L'analyse Doppler d'une tache solaire montre où la vitesse du plasma est la plus grande (en rouge et jaune) et où elle est la plus faible (en dégradés de vert et bleu) ; les gaz s'éloignent du centre de la tache à 2 km/s. Le plan horizontal supérieur est à celui de la photosphère, le plan inférieur, à une profondeur de 22 000 km sous celle-ci.

Gravité et lumière
Le Soleil est une boule de gaz en équilibre délicat : la chaleur des réactions nucléaires dans son noyau tend à la dilater, tandis que la gravité tend à la contracter autour de son centre de masse. À chaque variation de l'activité endogène correspond donc une contraction ou une dilatation du Soleil.

100 000 fois plus faible que la pression atmosphérique pour une température qui décroît avec l'altitude de 6 600 à 4 500 °C. Après un temps de l'ordre de 10 millions d'années depuis l'instant où ils ont été produits au cœur du Soleil, les rayonnements solaires sortent enfin ici, profondément modifiés par leur long trajet. La photosphère est aussi le lieu où se manifestent les phénomènes solaires les plus connus et étudiés : les taches, les filaments et la granulation ;

• la ***chromosphère*** ou « sphère de couleur » (elle apparaît rose lors d'une éclipse). C'est une couche de plasma d'environ 10 000 km d'épaisseur au-dessus de la photosphère. Elle est assimilée à la basse atmosphère du Soleil. Sa densité moyenne est mille milliards de fois plus faible que l'eau ; sa température augmente avec l'altitude pour atteindre 500 000 degrés. C'est là que prennent place les phénomènes solaires appelés spicules, facules et éruptions ;

• la ***couronne***, qui s'étire depuis la chromosphère pour se disperser dans l'espace sous la forme du ***vent solaire***. Considérée comme la haute atmosphère solaire, elle est caractérisée par une température qui augmente très vite : en quelques milliers de kilomètres, celle-ci atteint 5 millions de degrés. La couronne est observable depuis la Terre à l'œil nu lors d'une éclipse totale de Soleil et se détache du fond du ciel jusqu'à 2 millions de km d'altitude. Elle est formée d'arches de gaz là où les lignes de champ magnétique se referment ; là où ces lignes

***SoHO* près du Soleil**
Les instruments à bord de *SoHO* ont permis de « sonder » le Soleil à des profondeurs auparavant impensables et de recueillir des données et des images vraiment révolutionnaires.

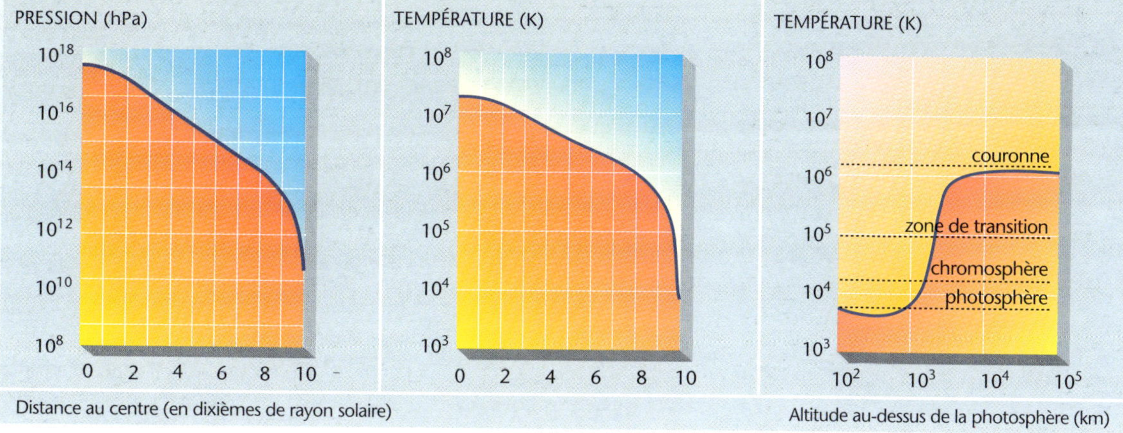

Paramètres solaires
Les deux diagrammes de gauche montrent les variations de la pression et de la température interne du Soleil en fonction de la distance au centre.
Celui de droite montre les brusques changements de la température au passage de la photosphère et de la couronne solaire.

s'ouvrent sur l'espace (notamment aux pôles), se trouvent les ***trous coronaux***, moins denses et plus froids (800 000 degrés) que les gaz coronaux environnants. La couronne est le siège des phénomènes solaires les plus énergétiques, les protubérances, dont les dimensions sont parfois comparables à celles du Soleil lui-même.

LES PHÉNOMÈNES SOLAIRES

Si l'on considère qu'une étoile est formée d'une masse de gaz qui se dispersent continuellement dans l'espace, on se rend compte que parler de « surface » pour le Soleil n'a pas vraiment de sens physique. Cependant, nous avons vu que le Soleil comporte des couches caractérisées par des conditions relativement homogènes de température, de densité, de pression et d'opacité aux rayonnements. La photosphère est la première couche « visible » ; elle s'achève là où survient un changement drastique et brutal des caractéristiques du plasma solaire tel qu'il rend toutes les couches supérieures (chromosphère et couronne) totalement transparentes à la lumière visible. Ce n'est donc pas étonnant que les phénomènes étudiés se manifestent dans ces trois couches les plus externes du Soleil.

LES TACHES

Observées il y a déjà des centaines d'années par les astronomes chinois, les taches solaires sont citées dans de très nombreux écrits de savants de tous pays, depuis la Grèce antique à la Russie du XIVe siècle. Pour qu'une tache soit visible à l'œil nu, il suffit que son diamètre fasse 40 000 à 45 000 km, ce qui arrive en moyenne quelques fois tous les onze ans.
Les taches sont des phénomènes photosphériques. Elles apparaissent très sombres sur le disque solaire, très lumineux, parce que leur température est inférieure à celle des gaz environnants (environ 4 000 °C contre 5 500 °C autour) ; mais en réalité, si elle était isolée dans le ciel nocturne, l'*ombre* de la tache (la partie centrale et la plus sombre de celle-ci) brillerait davantage que la pleine Lune !
On a longtemps pensé que les taches avaient la forme d'un entonnoir à cause de l'*effet Wilson* : quand une tache circulaire, avec sa *pénombre* concentrique à l'ombre, s'approche du bord du disque solaire, la partie de l'ombre plus proche du centre du disque semble s'amincir beaucoup plus vite que la partie opposée. Cependant, les analyses spectroscopiques et les images satellite ont montré qu'il s'agit d'un effet optique : les taches ont une structure essentiellement bidimensionnelle.
Les taches sont les sites de champs magnétiques intenses localement déformés en forme de boucles. Toutefois, si nous connaissons la direction, l'intensité et la structure des champs magnétiques liés aux taches, leur origine n'est pas parfaitement comprise. La rotation différentielle du Soleil (p. 153) finit par les dissiper.

L'activité solaire
Pendant une période d'activité particulièrement intense, une énorme protubérance solaire s'est développée, modelée par les lignes du champ magnétique solaire.
D'autres phénomènes sont visibles : des taches et des filaments (rouge sombre), la granulation, des facules (petites taches claires) et des éruptions (blanches).

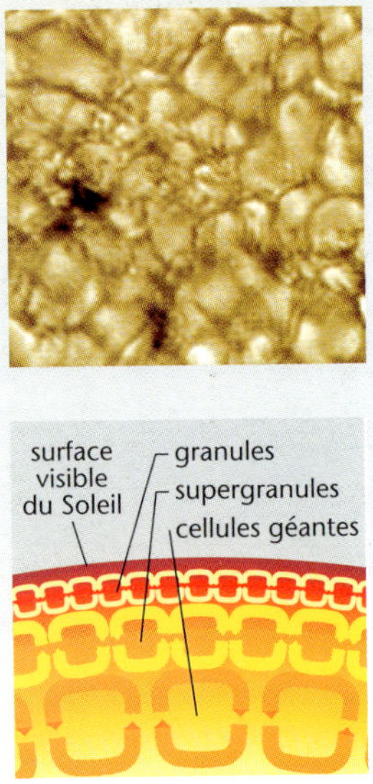

La granulation
EN HAUT Gros plan des granules visibles à la surface du Soleil.
CI-DESSUS Schéma des cellules convectives qui les génèrent.

Phénomènes superficiels
À GAUCHE Photographie du Soleil dans le visible. On reconnaît des filaments, des taches et des facules. Le phénomène d'obscurcissement du limbe, dû à la baisse de la température de la photosphère avec l'altitude, est nettement perceptible.
À DROITE Une belle protubérance annulaire observée par SoHO.

Les hypothèses les plus acceptées sur la formation de régions si « froides » à la surface du Soleil attribuent leur faible température au blocage de la convection provoqué par des perturbations du champ magnétique, ou à son intensification; les mouvements convectifs dans les taches seraient alors assez efficaces pour disperser davantage d'énergie que n'en fournissent les couches sous-jacentes.

Les analyses Doppler (p. 219) montrent que les gaz, qui suivent les lignes du champ magnétique local, s'éloignent du centre de la tache à 2 km/s; cette vitesse diminue jusqu'à inverser sa direction à la limite de la chromosphère.

Les taches sont de tailles variables mais en général très grandes: une tache « moyenne » a un diamètre égal à celui de la Terre (environ 13 000 km). Les taches de plus de 90 000 km de diamètre sont rares. Les taches isolées sont également rares; elles se développent généralement par paires et en groupes, par agrégation de pores autour d'une boucle de champ magnétique. Les taches se forment essentiellement dans une bande de latitudes comprises entre 30°N et 30°S. Les taches se formant entre 30 et 40° sont assez rares et celles qui se forment au-delà de 40°, petites et de vie brève, sont rarissimes.

GRANULATION, PORES ET SUPERGRANULATION

Ces phénomènes sont la partie supérieure visible des courants convectifs. La *granulation* est le morcellement de la photosphère en taches plus claires, les ***granules*** (correspondant à des courants ascendants plus chauds) entourées de zones plus foncées (correspondant aux courants descendants, plus froids). Changeant continuellement de forme et de taille, chaque granule – en forme de polygone irrégulier – a un diamètre moyen d'environ 300 à 1 000 km et ne reste pas visible plus de 5 minutes.

Les granules ont un aspect plus régulier au centre du disque solaire et sont d'autant plus déformés par la perspective qu'ils se trouvent près du bord. En revanche, les granules situés à proximité de taches solaires sont allongés parce qu'ils sont distordus par les forts champs magnétiques de ces dernières.

La différence de température entre granules (clairs) et inter-granules (zones sombres) est de 100 à 300 degrés, ce qui correspond à une différence de luminosité de 15 à 20 %. L'analyse Doppler a montré que la vitesse des gaz montant dans les zones claires atteint 300 m/s – une vitesse trois fois plus élevée que les vents les plus forts des tempêtes terrestres.

Parfois, les zones obscures séparant les granules prennent l'aspect de points isolés appelés ***pores***, bien évidents en lumière visible sur le fond clair. Ils se dissolvent souvent rapidement mais, parfois, croissent très vite pour se transformer en taches.

Les granules clairs peuvent s'associer, donnant naissance à des taches lumineuses plus grandes – c'est la

Séisme solaire
À partir d'une éruption, l'onde sismique se propage superficiellement sur un rayon de 100 000 km à la vitesse de 48 km/s. Les images (*de gauche à droite*) ont été prises respectivement 12 min, 21 min et 35 min après la première.

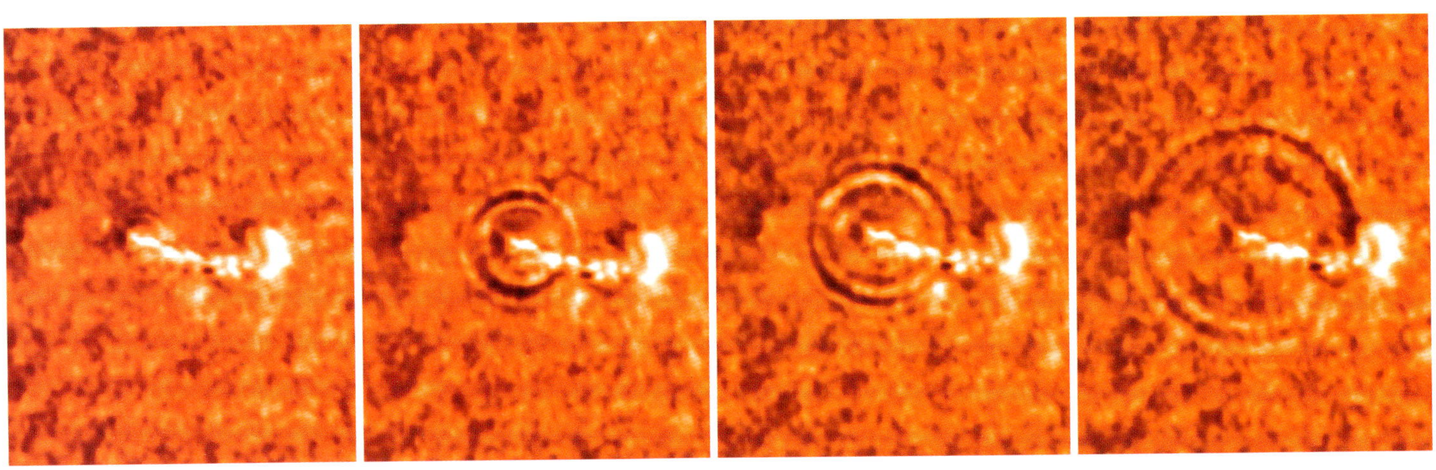

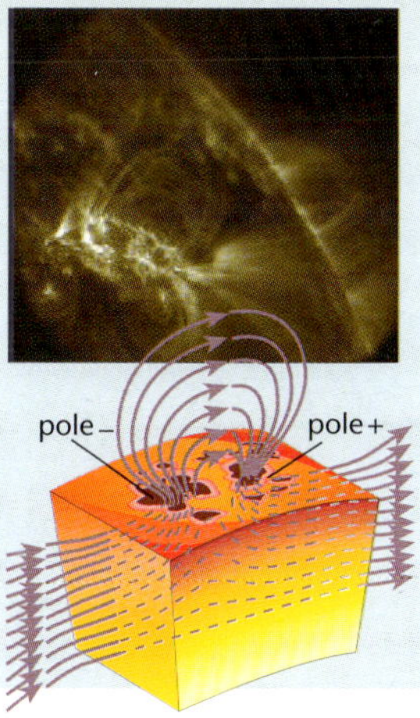

Les taches solaires
Cette vue est une composition d'images prises dans différentes longueurs d'onde. Les lignes de champ magnétique à proximité d'un groupe de taches sont mises en évidence par la matière ionisée. Le schéma montre les déformations du champ magnétique dans un groupe de taches bipolaires.

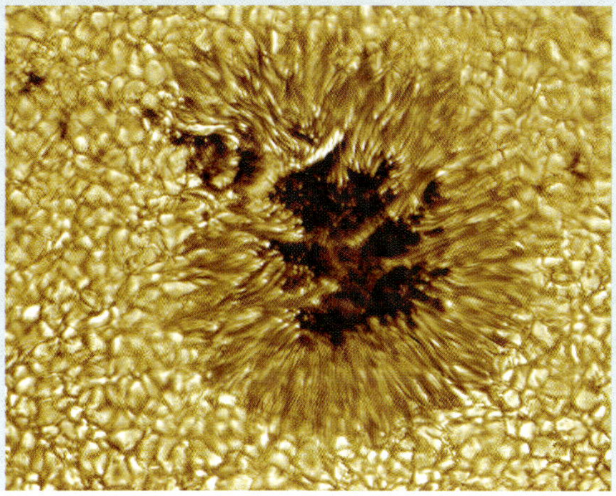

Une tache solaire
On distingue bien, au milieu de la granulation, l'*ombre* de la tache (au centre, très sombre) et sa *pénombre* (sur les bords, orangée), ainsi que quelques petits *pores* (en haut).

supergranulation, un phénomène lié aux grands courants convectifs profonds qui implique aussi les couches basses de la chromosphère. Les ***supergranules*** ont un diamètre moyen d'environ 30000 km et une durée de vie moyenne de plusieurs heures. Ils concernent de très grandes masses gazeuses où le plasma monte du centre du supergranule pour redescendre sur les bords à des vitesses de quelques km/s.

LES FACULES

Ces « petites lumières » (littéralement) sont des phénomènes de la haute photosphère et de la chromosphère associés aux régions actives. Bien qu'elles apparaissent aussi dans les régions proches des pôles solaires (jusqu'à 80° de latitude), elles se forment toujours en correspondance avec les lieux où se développent les taches et persistent après la disparition de celles-ci. Le cycle d'activité à l'origine des facules est analogue au cycle à l'origine des taches. Les facules sont des masses de gaz plus chauds que les gaz environnants, donc plus brillantes; comme leur luminosité est presque égale à celle du centre du disque solaire, elles s'observent mieux, dans le visible, quand elles atteignent les bords du disque où la photosphère est plus sombre (*phénomène de l'assombrissement du limbe*). Toutefois, si l'on observe le Soleil dans la longueur d'onde d'une raie spectrale intense comme la raie Hα de l'hydrogène ou celles du fer ionisé, les facules sont bien visibles même au centre du disque; elles apparaissent plus étendues et occupent jusqu'à 20 % de sa surface.

LES ÉRUPTIONS

Ces phénomènes, associés aux taches, sont donc beaucoup plus fréquents en période de forte activité solaire; leur nombre est proportionnel au nombre relatif de Wolf (p. 153). Les fortes éruptions qui perturbent la magnétosphère terrestre sont prévisibles à l'apparition d'une polarité magnétique inversée aux abords des taches.
Les observations par satellite ont montré que le plasma mis en jeu dans une éruption s'échauffe le long d'une structure en arc de 3000 à 4000 km de diamètre. En peu de temps et pour une durée très brève, de petites régions de la chromosphère deviennent extrêmement lumineuses, et des milliards de tonnes de plasma sont projetées à 500 km/s jusqu'à la couronne où elles provoquent des ***transitoires coronaux*** – des modifications rapides de la structure coronale où de puissants jets de gaz sont éjectés. Ceux-ci s'accompagnent de fortes émissions de rayonnements et de particules atomiques de haute énergie qui alimentent le vent solaire (p. 147) et emportent une énergie comprise entre 50000 et 500 milliards de fois l'énergie produite par la bombe atomique de Hiroshima.
Les éruptions, liées au « lissage » des lignes du champ magnétique local jusqu'alors déformées, se développent selon une succession précise de phases:

L'effet Wilson
Les différents aspects d'une tache à mesure de sa rotation sur la photosphère.

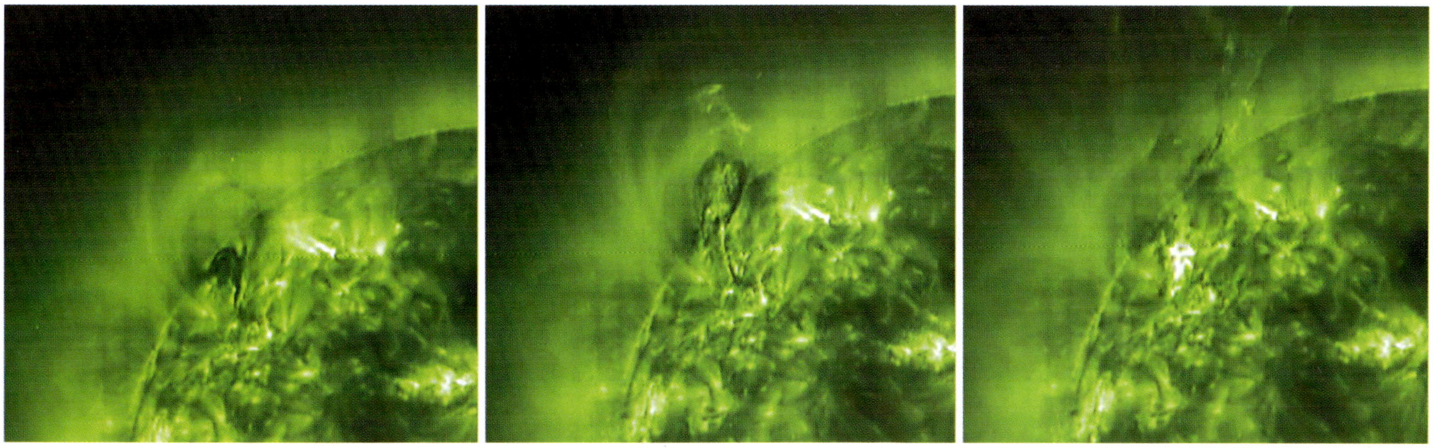

Activité superficielle
DE GAUCHE À DROITE
Ces images d'un groupe de taches observées dans la raie du fer XII ionisé ont été prises respectivement 12 min et 36 min après la première.

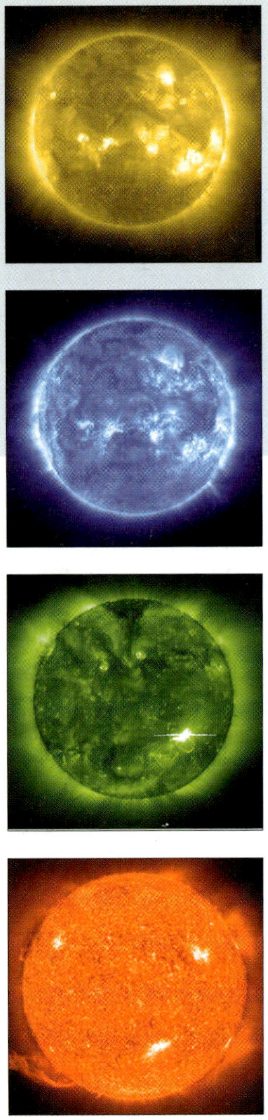

Le Soleil dans l'ultraviolet
Ces images du Soleil ont été prises par *SoHO* dans l'ultraviolet. Chacune montre les émissions de notre étoile dans différentes longueurs d'onde afin de mettre en évidence différents aspects des mêmes phénomènes superficiels. De haut en bas, photographie prise dans la raie :
- du fer XV (284 Å) ;
- du fer IX/X (171 Å) ;
- du fer XII (195 Å) ;
- de l'hélium (304 Å).

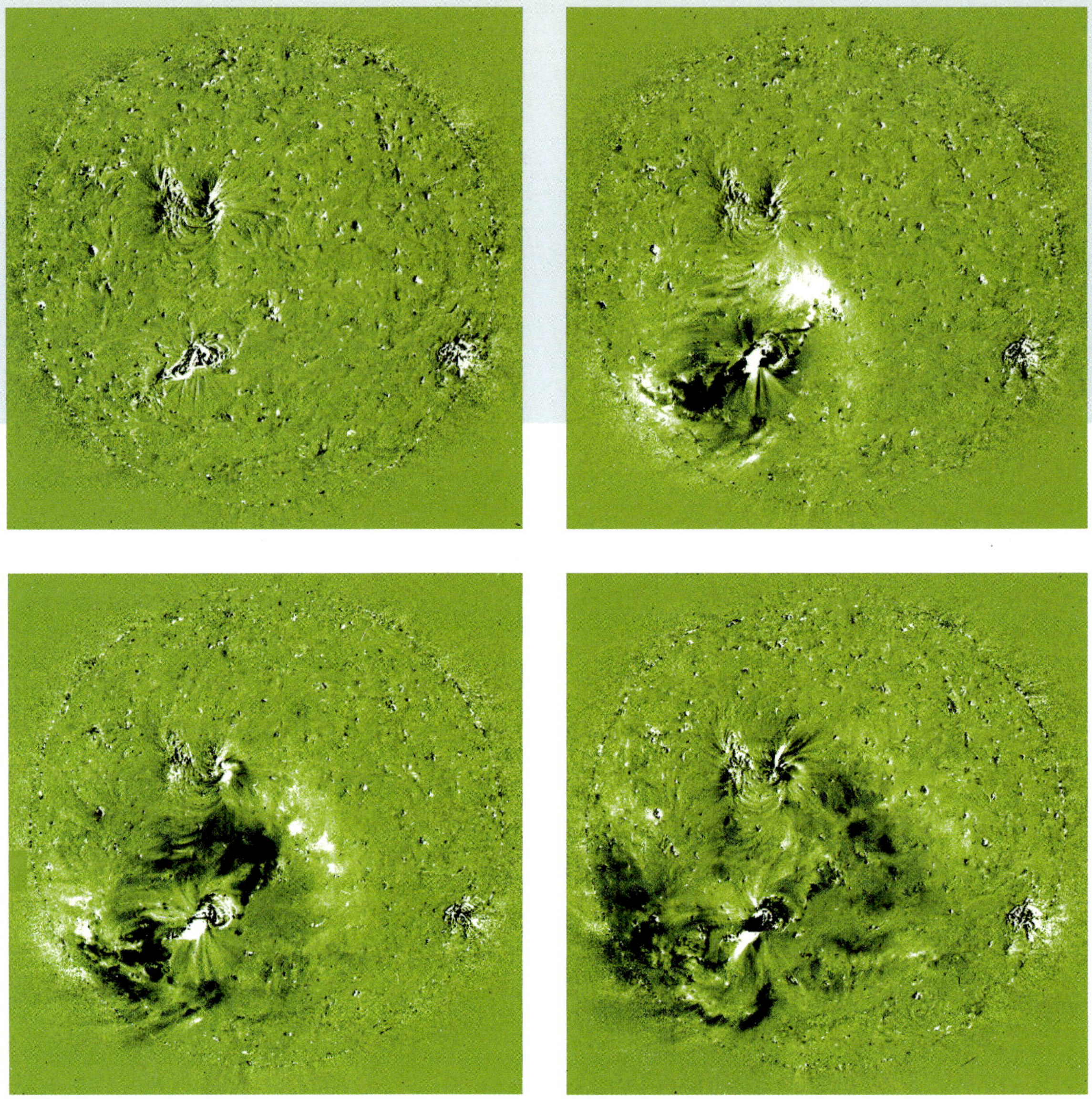

• ***phase préparatoire*** : elle peut durer de quelques heures à un jour ; l'énergie (surtout magnétique) s'accumule tandis que le flux de rayons X, ultraviolets et visibles augmente lentement ;
• ***phase du flash*** : elle dure quelques minutes ; la moitié de l'énergie se libère à ce moment sous forme de radiations (radio, infrarouge, visible, ultraviolet mais sirtout X et, pour les événements les plus violents, γ) et d'énergie cinétique communiquée aux électrons et ions du plasma qui quittent le Soleil avec une vitesse de 1 000 à 1 500 km/s (*vent solaire*) ;
• ***phase de décroissance*** : elle dure de 20 minutes à quelques heures ; durant cette période, le reste de l'énergie se libère principalement sous forme de rayonnements.
Des éruptions accompagnent aussi parfois la déstabilisation de protubérances.

LES SPICULES
Ces structures verticales se forment dans la chromosphère sur les bords des supergranules (p. 144) où le champ magnétique devient plus intense et la température plus élevée. Ces jets de gaz d'une épaisseur moyenne de 800 km s'élèvent sur 6 000 km environ vers l'extérieur du soleil à une vistesse d'environ 30 km/s avant de disparaître en quelques minutes. Les spicules les plus hautes atteignent près de 50 000 km de long, jaillissant hors de la chromosphère.

PROTUBÉRANCES ET FILAMENTS
Observables dans la longueur d'onde de la raie Hα, les protubérances sont des phénomènes très spectaculaires dont l'origine et la dynamique sont encore discutées, surtout à cause de leur « étrange » caractéristique : dans la majeure partie des cas, en effet, elles sont constituées de gaz dont la température est plus basse que celle du milieu ambiant. Cette matière est aussi 100 fois plus dense que la couronne où les protubérances se développent et elle tend donc à s'enfoncer dans les niveaux inférieurs ; elle serait donc d'origine chromosphérique. Les protubérances restent néanmoins des objets extrêmement raréfiés : si leur volume moyen est de l'ordre

Onde de Moreton
Cette onde est produite par l'expulsion de matière coronale, souvent corrélée à l'activité des éruptions et des taches solaires. Le front d'onde se propage à la surface du Soleil à 300 km/s. Prises dans la raie du fer XII ionisé qui se forme à 1,5 million de degrés, les images suivent respectivement à 12 min, 21 min et 35 min de la première.

Les taches d'un groupe sont habituellement disposées le long d'un parallèle solaire. La tache qui précède les autres (dans le sens de la rotation du Soleil) est souvent aussi la plus compacte et la plus rapide en direction de l'est. Les taches aux deux extrémités d'un groupe ont des polarités magnétiques opposées.

Tempête magnétique
Cette image, réalisée en superposant trois images du Soleil prises aux longueurs d'onde de 171 Å, 195 Å et 284 Å, a été traitée en fausses couleurs pour montrer l'activité éruptive à proximité d'un groupe de taches.

de 1 000 fois celui de la Terre, leur masse est un peu inférieure à celle de 20 km^3 d'eau. Lorsqu'elles sont observées « du dessus » dans le visible et qu'elles se projettent donc sur le disque solaire, elles ont l'aspect de longs ***filaments*** sombres qui persistent au maximum quelques mois. Ces filaments changent rapidement de forme et échangent de la matière avec des protubérances voisines.

Ces phénomènes sont incroyablement étendus, atteignant jusqu'à 150 000 km de haut, 300 000 km de long et 40 000 km de large. Pour une raison encore inconnue, les protubérances peuvent « exploser », projetant dans l'espace de l'ordre de 10 à 1 000 milliards de tonnes de matière solaire à une vitesse pouvant atteindre les 400 000 km/h. On en distingue plusieurs types :

- les ***protubérances actives*** : subordonnées aux distorsions locales du champ magnétique et habituellement liées à un groupe de taches, elles évoluent relativement rapidement ;
- les ***protubérances quiescentes*** : leur évolution est très lente, comme si elles étaient « figées » dans le champ magnétique, conservant leur aspect des jours durant, parfois pendant plus d'une rotation solaire ; elles sont prévalantes aux hautes latitudes ;
- les ***protubérances éruptives*** : leur évolution est très rapide. Elles se développent presque à la perpendiculaire de la photosphère et retombent vers la chromosphère en quelques heures. Directement corrélées aux éruptions, elles laissent des « restes » de gaz à 10 000 degrés qui peuvent rester un temps confinés dans la couronne (100 fois moins dense et à une température de 1 à 2 millions de degrés). Elles prévalent aux faibles latitudes ;
- les ***protubérances annulaires*** (*loop*) : elles ont une forme caractéristique en anneau, en arc, en jet, en fontaine ou en éventail car la matière y suit les lignes de champ magnétique connectant les taches de polarités opposées ;
- les ***protubérances à vortex*** : elles ont une forme spiralée ou torsadée caractéristique ;
- les ***protubérances à jets*** : ces manifestations importantes de l'activité solaire (p. 150) dont elles suivent le cycle sont directement liées soit aux taches, soit aux éruptions les plus énergétiques. Surmontées par des jets de matière coronale, elles dépassent les 50 000 km d'altitude et leur vitesse, des centaines de km/s.

LE VENT SOLAIRE

Comme beaucoup de corps célestes, le Soleil possède un fort champ magnétique qui « contrôle » les phénomènes superficiels et s'étend dans l'espace interplanétaire. Ce champ est bien plus élevé que celui de la Terre (qui oscille entre 0,2 et 0,7 gauss) : il est de 1 G aux pôles, de 25 à 200 G dans la chromosphère, varie de 10 à 100 G dans les protubérances tandis qu'au voisinage d'une tache, il peut atteindre 3 000 G et osciller jusqu'à 5 000 G. L'axe du champ magnétique solaire est incliné d'environ 6° par rapport à l'axe de rotation, et les pôles magnétiques ne se trouvent pas sur le même

Une protubérance
Cet immense nuage de plasma relativement dense et « froid » reste suspendu dans le milieu coronal. Les zones les plus chaudes sont claires, les plus froides, rouge sombre. Les protubérances atteignent des dimensions exceptionnelles, de l'ordre de celles du Soleil. Les données recueillies par *SoHO* attribuent une température de 60 000 degrés à la haute chromosphère.

L'influence du Soleil
Variations de la structure de l'ionosphère terrestre selon l'exposition au vent et aux rayonnements solaires.

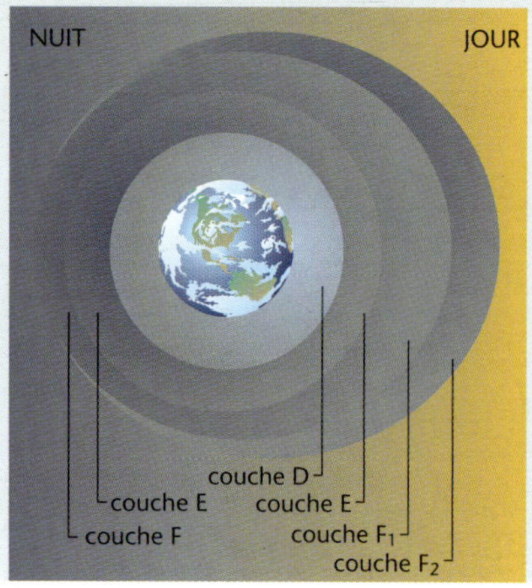

Le champ magnétique
Les lignes de champ, enracinées dans la couronne, tournent avec le Soleil. La courbe visualise la position du plasma solaire émis 1, 2, 3, 4, 5 jours plus tôt par le même point de la couronne qui a bougé entre temps de la position –5 à la position 0.

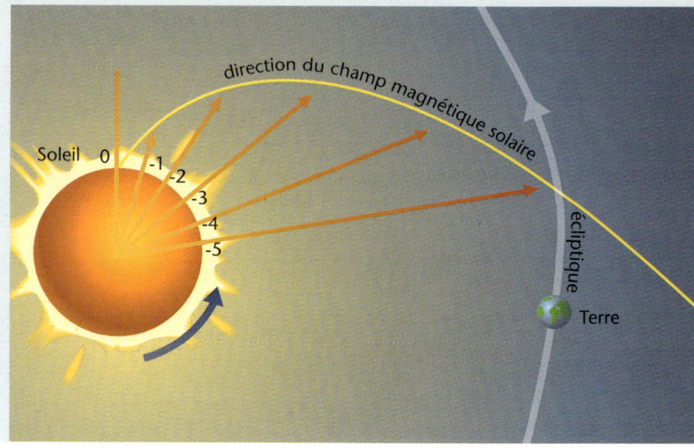

Le vent solaire
Les radiations et les courants de plasma d'origine solaire envahissent et influencent tout le Système solaire. Le tableau du bas indique la variation de la concentration en particules (nombre de protons/cm^3) à différentes distances du Soleil.

diamètre solaire. Ce champ, engendré par l'effet dynamo dû à la rotation des particules chargées du plasma solaire, est modelé par les courants convectifs et déformé périodiquement par la rotation différentielle des couches externes du Soleil ; déformations et réajustements successifs sont à l'origine de l'activité solaire.

Les gaz qui s'éloignent de la surface solaire n'atteignent une densité comparable à celle de l'espace interplanétaire qu'à une très grande distance du Soleil : au voisinage de la Terre, leur densité, d'environ 5 protons par cm^3, est encore 100 fois supérieure. (On peut dire, en fait, que la couronne solaire s'étend jusqu'à 7,5 à 15 milliards de km du Soleil, bien au-delà de l'orbite de Pluton.) Très chauds, ils échappent à l'attraction gravitationnelle du Soleil en voyageant le long des lignes du champ magnétique solaire à environ 450 km/s et forment le ***vent solaire***. Le Soleil perd ainsi en moyenne 100 milliards de tonnes de matière chaque jour.

La densité du vent solaire varie périodiquement, engendrant des perturbations de la magnétosphère terrestre : cela est dû aux *trous coronaux*, des régions de la couronne où les lignes de champ sont radiales (ouvertes vers l'espace) et où les particules coronales sont accélérées et projetées dans l'espace. Ailleurs, les lignes de champ se recourbent vers l'équateur magnétique pour former l'*anneau coronal* (schéma p. 149).

Le champ magnétique solaire s'annule dans le plan équatorial magnétique. À cause de la rotation du Soleil, cette surface neutre s'étend dans l'espace interplané-

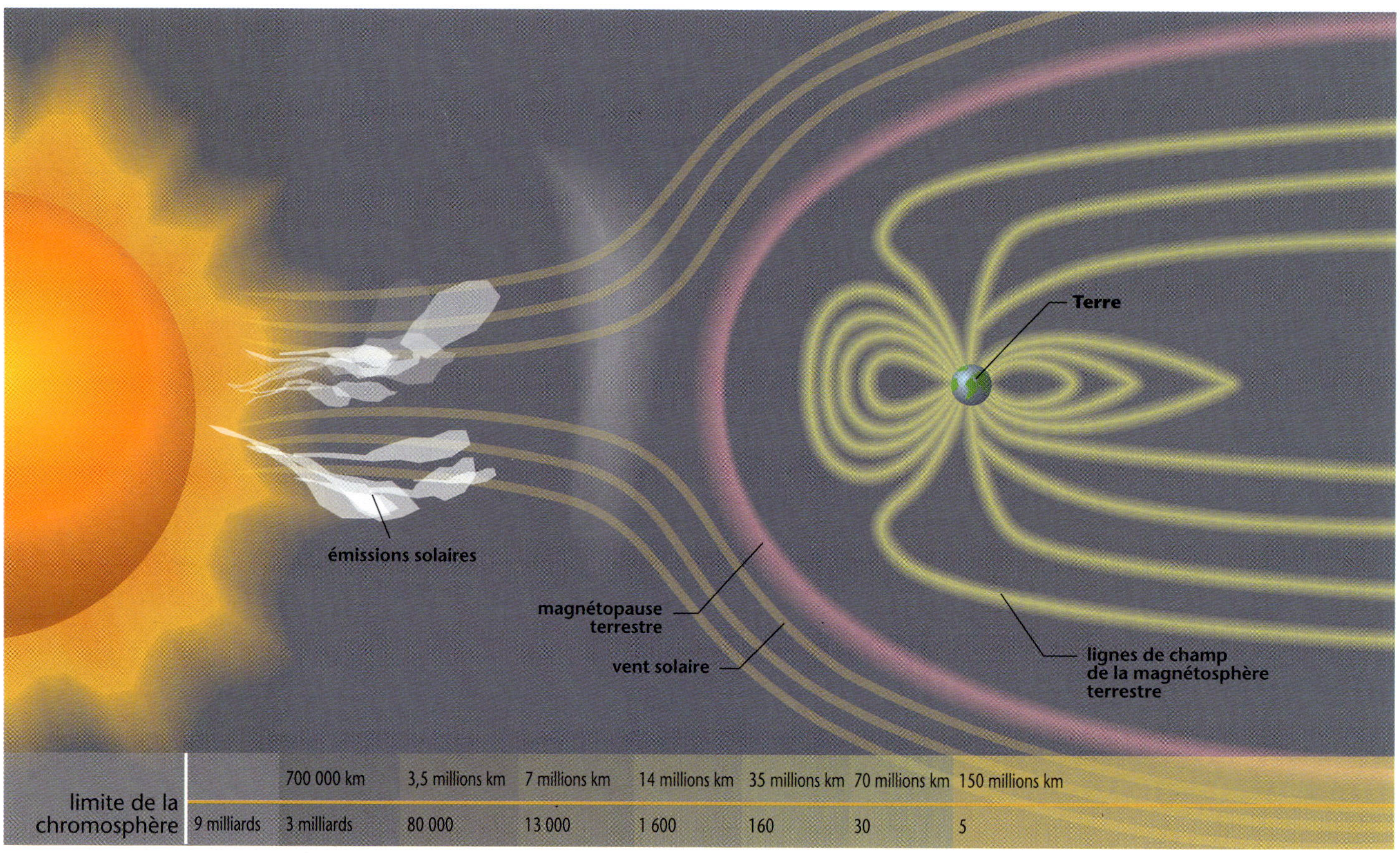

limite de la chromosphère		700 000 km	3,5 millions km	7 millions km	14 millions km	35 millions km	70 millions km	150 millions km
	9 milliards	3 milliards	80 000	13 000	1 600	160	30	5

Couronne et champ magnétique
La forme du champ magnétique solaire varie continuellement – il suffit d'observer la forme de la couronne lors d'un maximum puis d'un minimum de l'activité solaire. La matière coronale, en effet, adopte la forme de l'anneau coronal lors des minima alors qu'elle se répartit uniformément pendant les maxima, comme le montrent (*ci-dessous*) les deux clichés d'éclipse totale (à gauche, lors d'un maximum, à droite, lors d'un minimum solaire).

taire en ondoyant comme la jupe d'une danseuse, un peu au-dessus et un peu au-dessous du plan équatorial géographique à cause de l'inclinaison du champ magnétique par rapport à l'axe de rotation du Soleil. Les observations réalisées par les sondes ont montré que, du fait de la rotation du Soleil, les lignes de champ s'enroulent en spirale autour du Soleil en délimitant des secteurs de polarités magnétiques différentes (négatives ou positives). L'angle que font ces lignes avec la direction radiale s'accroît progressivement : il est de 45° environ à 150 millions de km du Soleil (à hauteur de la Terre), et proche de 90° à hauteur de Jupiter.

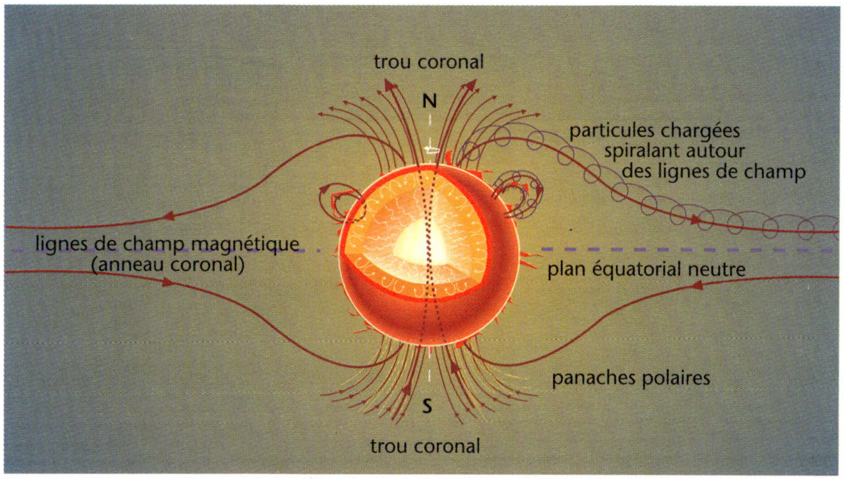

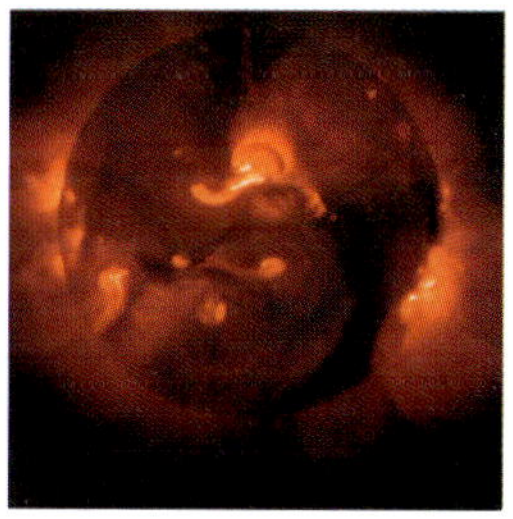

Trous coronaux
Cette image du Soleil en rayons X montre des régions relativement sombres – les trous coronaux. Les lignes de champ magnétique y sont pratiquement radiales et l'émission du vent solaire, maximale.

RIEN DE CE QUE NOUS CONNAISSONS NE PEUT DONNER UNE IDÉE DE CE QU'IL ADVIENT À L'INTÉRIEUR DU SOLEIL : AUCUNE EXPLOSION ATOMIQUE, AUCUN PHÉNOMÈNE NATUREL TERRESTRE N'EST COMPARABLE À LA FOURNAISE NUCLÉAIRE TAPIE AU CŒUR DE NOTRE ÉTOILE. CEPENDANT, NOUS CONNAISSONS L'ATOME ET SES LOIS, CE QUI NOUS PERMET DE DÉCRIRE LES PROCESSUS QUI SONT À L'ORIGINE DE CETTE IMMENSE ÉNERGIE ET DE DÉDUIRE LES CAUSES DU CYCLE SOLAIRE.

L'ACTIVITÉ DU SOLEIL

L'ÉNERGIE DE LIAISON DES NOYAUX

L'énergie qui lie les particules subatomiques (protons et neutrons) au sein du noyau est appelée l'*énergie de liaison*. Plus elle est élevée, plus le noyau est stable. Elle dépend du nombre de particules dans le noyau mais, comme le montre le diagramme ci-dessous, elle n'augmente pas de façon proportionnelle à ce nombre. Le diagramme indique quels noyaux libèrent cette énergie par fusion ou par fission.

Des données géologiques fiables indiquent qu'il y a plusieurs millions d'années, la Terre connaissait une température moyenne similaire à celle actuelle. Le Soleil fournissait donc alors une quantité d'énergie comparable à la présente : environ 1,4 kW/m^2. Chaque jour, depuis des milliards d'années, la Terre reçoit donc près de 200 000 milliards de kilowatts. Comme le Soleil irradie cette quantité d'énergie dans toutes les directions de l'espace, chaque unité de surface équivalente à celle de la Terre, située sur une sphère ayant le Soleil pour centre et dont le rayon est la distance Soleil-Terre, reçoit cette même quantité d'énergie. On en déduit par un calcul simple la quantité totale d'énergie irradiée par le Soleil dans l'espace chaque jour, soit 2 milliards de fois l'énergie qui arrive sur Terre. C'est une valeur inouïe : environ 400 000 milliards de milliards de kilowatts ! Et le Soleil la dispense jour après jour, depuis des milliards d'années !

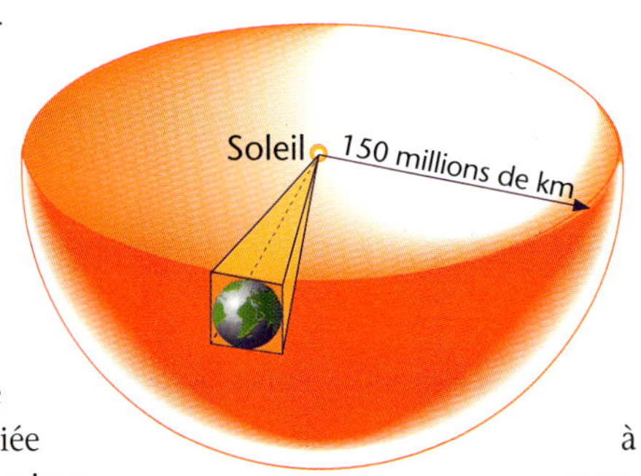

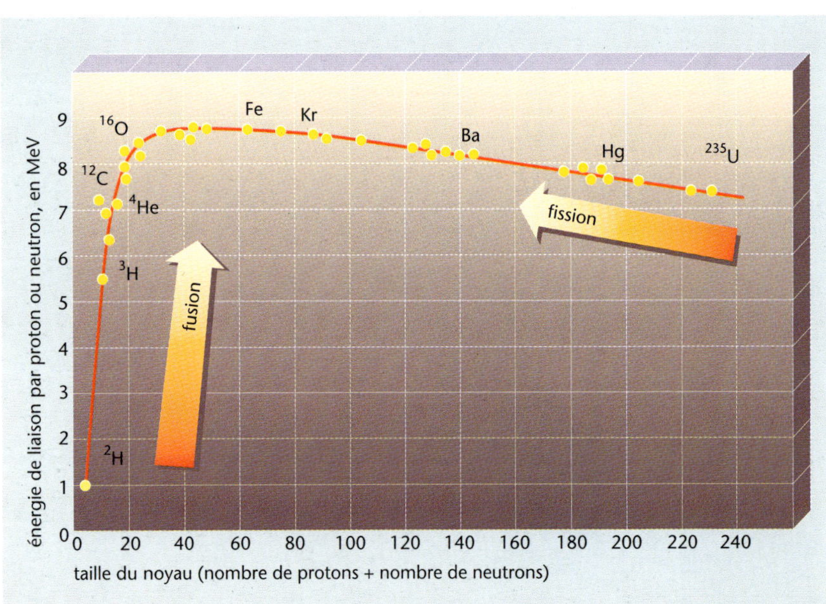

DES RÉACTIONS NUCLÉAIRES

Cette énorme quantité d'énergie est produite par les réactions nucléaires prenant place au cœur du Soleil. Dans les conditions de température et de pression qui caractérisent le noyau, la fusion des protons (les noyaux d'hydrogène, dont la concentration dans le noyau est d'environ $5 \cdot 10^{25}$/cm^3, soit un total de $1{,}5 \cdot 10^{58}$ protons) est spontanée. Le processus qui transforme quatre noyaux d'hydrogène (4 protons) en un noyau d'hélium (2 protons et 2 neutrons) est extrêmement lent et s'effectue en plusieurs étapes qu'a décrites le physicien allemand Hans Albrecht Bethe (p. 151).

Quand deux noyaux fusionnent, la masse du noyau final n'est pas égale à la somme des masses des noyaux « parents » ; si elle est inférieure (*défaut de masse*), la fusion libère de l'énergie, sinon, elle en consomme. Dans le cas de la transformation de l'hydrogène en hélium et de l'hélium en carbone et oxygène, la fusion libère globalement de l'énergie qui entretient la température – mais certaines réactions nucléaires intermédiaires (p. 151) en consomment. Dans le cas de la formation d'hélium, pour chaque gramme d'hydrogène utilisé, 7mg sont convertis en une énergie de 6 500 milliards de joules. Actuellemnt, à chaque seconde, 570 millions de tonnes d'hydrogène se transforment en 560 millions de tonnes d'hélium en libérant de l'énergie qui, pour 97 %, est sous forme de rayons γ.

La quantité d'hydrogène encore présente dans le cœur du Soleil est suffisante pour poursuivre la fusion de l'hélium pendant 4 à 5 milliards d'années. Puis débutera en parallèle la fusion de l'hélium en carbone et oxygène, et le Soleil deviendra une géante rouge. Si toute la masse du Soleil pouvait se transformer en énergie, il brillerait encore 15 000 milliards d'années – 1 000 fois plus longtemps que l'âge actuellement estimé de l'univers. Toutefois, les réactions nucléaires dans une étoile se poursuivent tant que la pression et la température dans son noyau restent élevées. Dans le cas du Soleil,

LA FORMATION DE L'HÉLIUM DANS LE SOLEIL

LE CYCLE DU CARBONE OU CYCLE CNO

Le carbone (^{12}C) catalyse une longue chaîne de réactions (schéma ci-dessous) qui aboutit à la formation d'hélium à partir d'un proton et libère 25,03 MeV (0,000004 joule). Ce cycle est plus fréquent dans les étoiles de masse plus élevée que le Soleil.

- Un noyau de ^{12}C absorbe un proton (^{1}H) et se transforme en azote 13 (^{13}N) en libérant un photon γ;
- le ^{13}N se désintègre vite en ^{13}C en émettant un positron et un neutrino ν;
- le ^{13}C absorbe un proton puis émet un nouveau rayon γ en se transformant en azote 14 (^{14}N) stable;
- un proton est absorbé par un ^{14}N qui se transforme en oxygène 15 (^{15}O) instable;
- le ^{15}O se désintègre en azote 15 (^{15}N) en émettant un positron et un photon γ;
- le ^{15}N absorbe un proton et se casse en deux: un noyau d'hélium (^{4}He) et un noyau de carbone.

Une fois sur 2000, la formation d'hélium passe par la production intermédiaire de fluor 17 et d'oxygène 16 et 17; dans ce cas, l'énergie totale libérée est de 24,74 MeV (0,0000039 joule).

LA CHAÎNE PROTON-PROTON (P-P)

C'est la principale source d'énergie des étoiles ayant la masse du Soleil. Après une suite de réactions communes, trois voies sont possibles.

Chaîne commune:

- 2 protons fusionnent en donnant naissance à un deuton (un noyau de deutérium ou hydrogène lourd, formé d'un proton et un neutron), un positron et un neutrino et en libérant 0,42 MeV d'énergie. Dans 0,4 % des cas (chaîne p-e-p), les 2 protons absorbent en outre un électron, produisant un deuton et un neutrino et libérant 1,44 MeV d'énergie;
- le deuton fusionne avec un proton pour former de l'hélium 3 (^{3}He), instable.

1re voie (85 % des cas):

- 2 noyaux de ^{3}He fusionnent pour donner de l'hélium (^{4}He) et deux protons (ainsi « régénérés ») en libérant 5,49 MeV.

2e voie (15 % des cas):

- 1 noyau de ^{3}He et un noyau de ^{4}He fusionnent en un noyau de béryllium 7 (^{7}Be) et un photon γ;
- le ^{7}Be absorbe un électron et se transforme en lithium 7 (^{7}Li) en libérant 1 neutrino; ce processus peut survenir de deux façons différentes qui libèrent respectivement 0,86 MeV (90 % des cas) ou 0,38 MeV si le lithium produit est excité (10 % des cas);
- le ^{7}Li absorbe 1 proton et se scinde en deux noyaux d'hélium (^{4}He).

3e voie (0,1 % des cas):

- un ^{3}He fusionne avec un ^{4}He en donnant du ^{7}Be et un photon γ;
- le ^{7}Be absorbe un proton et donne du bore (^{8}B) et un photon γ;
- le ^{8}B, instable, se désintègre en béryllium 8 (^{8}Be) accompagné d'un positron et d'un neutrino en libérant 14,06 MeV;
- le ^{8}Be se scinde en deux noyaux d'hélium.

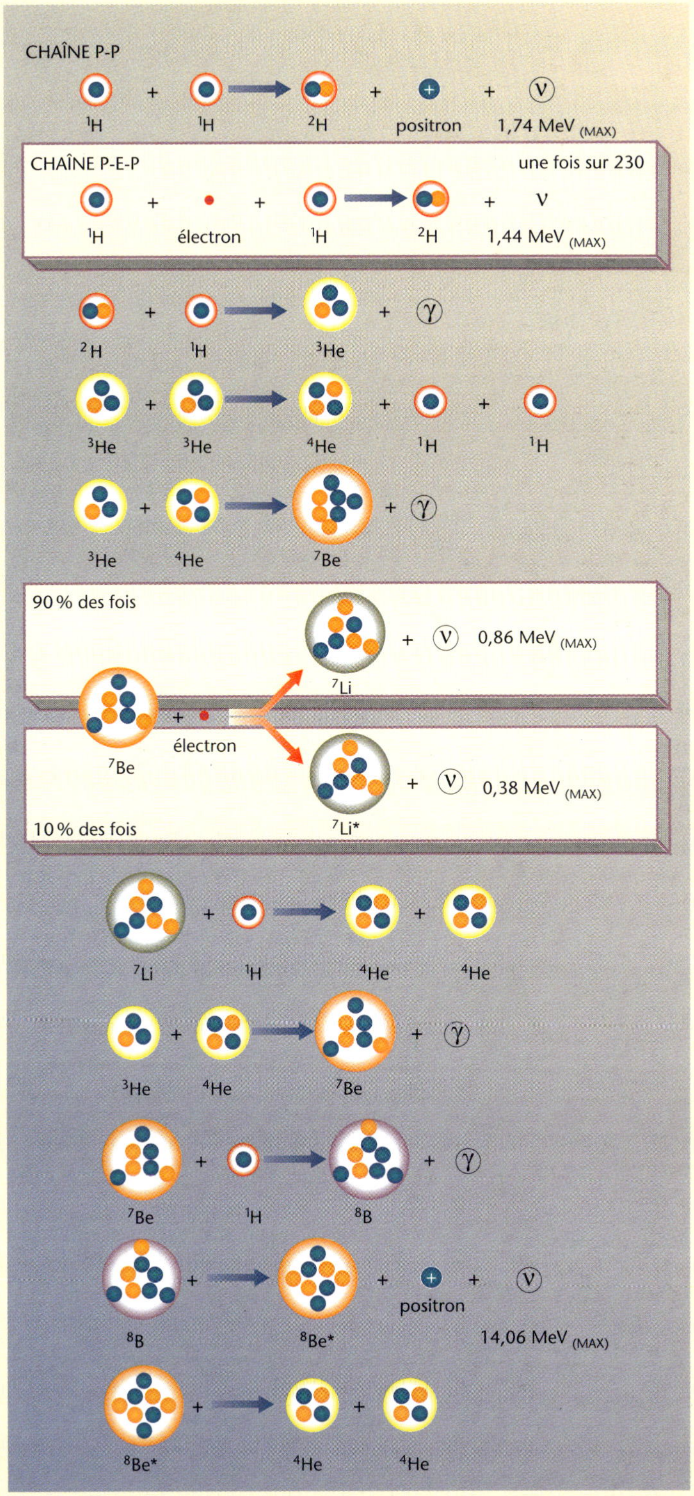

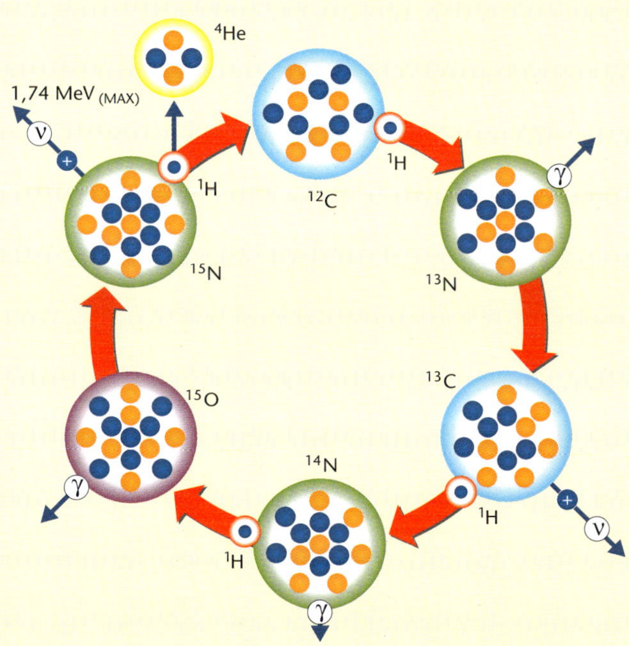

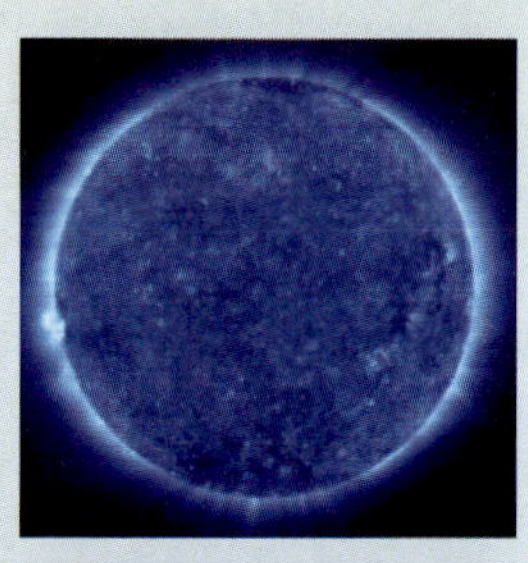

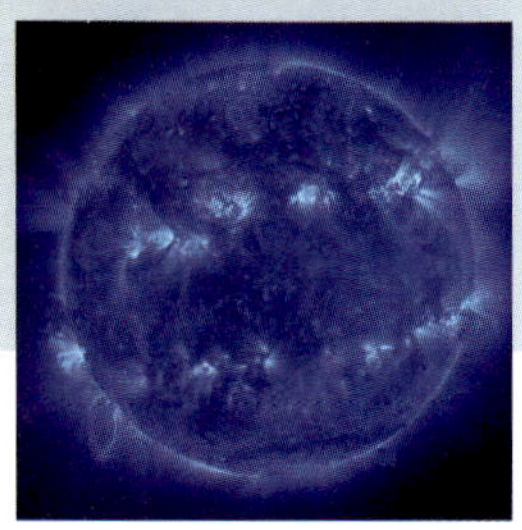

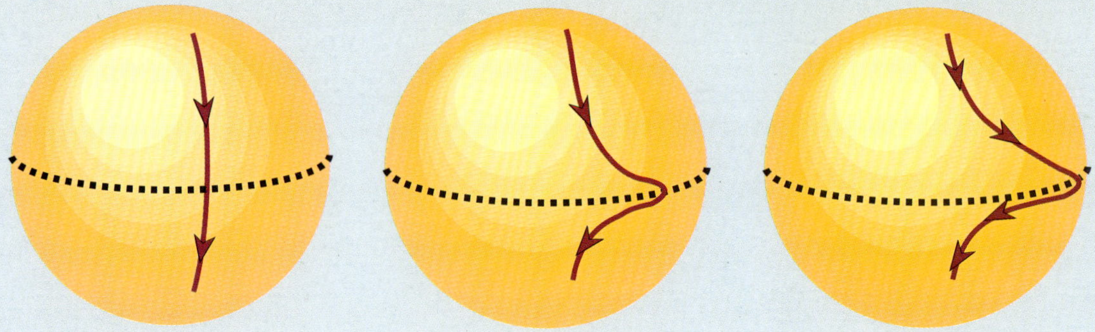

Champ magnétique et cycle solaire
Les schémas résument comment, d'un minimum solaire, on passe à un maximum : à cause de la rotation différentielle du Soleil, les lignes de champ magnétique se déformeraient jusqu'à s'enrouler, engendrant une période de forte instabilité (maximum solaire). Cette phase serait suivie par un retour aux conditions d'un minimum.

CI-DESSUS Il s'est écoulé presque 2 ans entre ces deux images du Soleil prises dans l'ultraviolet durant un minimum (en haut) et une augmentation progressive de l'activité (en bas).

le processus stoppera vraisemblablement peu après que le cœur d'hélium se sera entièrement transformé en carbone.
La fusion dans le noyau solaire s'autorégule : le Soleil est en équilibre constant entre la pression gravitationnelle, qui tend à contracter les gaz vers le centre, et la pression interne engendrée par la température, qui tend à les dilater. Si la production d'énergie augmente, la température monte et la pression interne fait se dilater le Soleil. Mais l'expansion provoque une diminution de la pression et donc de la température, et les réactions nucléaires, très sensibles à la température, ralentissent. Il s'ensuit une contraction des gaz, et tout redevient comme avant.
Inversement, si la production d'énergie diminue, la pression interne s'abaisse et la pression gravitationnelle prend le dessus : la concentration des gaz vers le centre augmente alors la pression interne, et donc la température, et donc la vitesse de réaction, et tout redevient comme avant.

LE CYCLE SOLAIRE

Si on exprime le nombre des principaux phénomènes superficiels observés sur le Soleil en fonction du temps, on voit que ceux-ci sont des manifestations différentes d'une même activité globale dont l'évolution est cyclique. On constate des périodes d'activité maximale où les phénomènes sont très nombreux, et d'activité minimale où ils sont quasi absents. Les ***maxima*** et ***minima solaires*** se succèdent à intervalles réguliers d'une durée moyenne de 11 ans (mais qui varie entre 7 et 15 ans).
Depuis le premier cycle bien documenté (en 1755), on a noté que l'évolution d'un minimum à un maximum est plus rapide que durant la phase opposée, et que plus brève est la montée de l'activité, plus sa phase culminante sera active. Cela n'est cependant pas toujours évident, car le cycle qui se termine se superpose toujours au cycle suivant. Il est toutefois facile de distinguer un cycle du suivant ou du précédent grâce aux caractéristiques magnétiques des taches : à chaque nouveau cycle, en effet, leur polarité s'inverse. Lorsqu'on observe le Soleil à partir d'une période de minimum, on constate :
• très peu de taches près de l'équateur (qui appartiennent au cycle précédent) et quelques taches vers 40° de latitude (nouveau cycle) ;
• puis le nombre total de taches augmente peu à peu, les nouvelles taches apparaissant à une latitude de plus en plus faible ;
• quand les groupes de taches apparaissent vers 15° de latitude, le nombre total de taches commence à diminuer tandis que celles-ci migrent vers l'équateur ;
• le cycle s'achève quand les dernières et très rares taches

Inversion de polarité magnétique
De même que les cycles solaires se superposent, il advient de même au niveau magnétique.
a. lignes de champ au minimum solaire ;
b. lignes de champ au maximum solaire ;
c. lignes de champ au début d'un nouveau cycle : en profondeur, celles du cycle précédent, et en surface, celles du nouveau cycle, de polarité inverse.

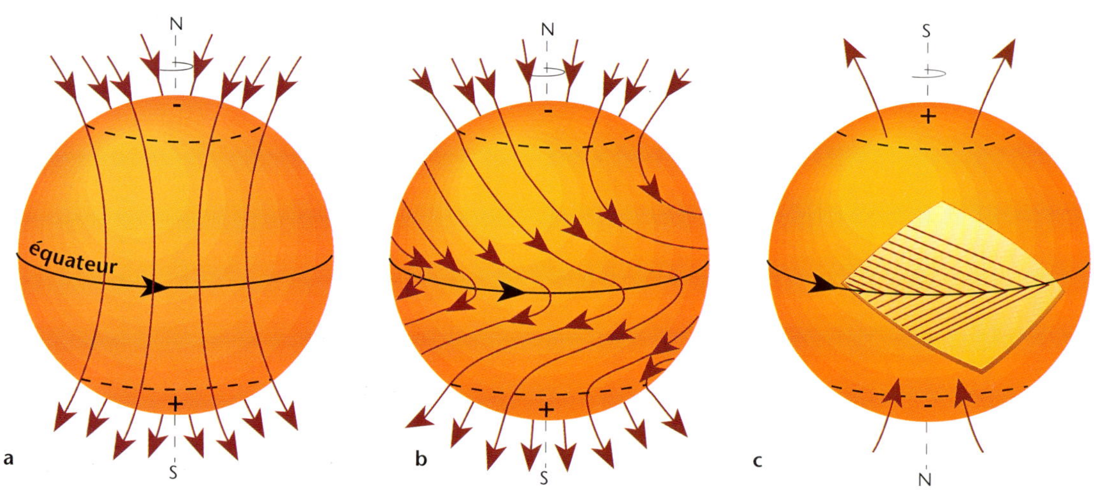

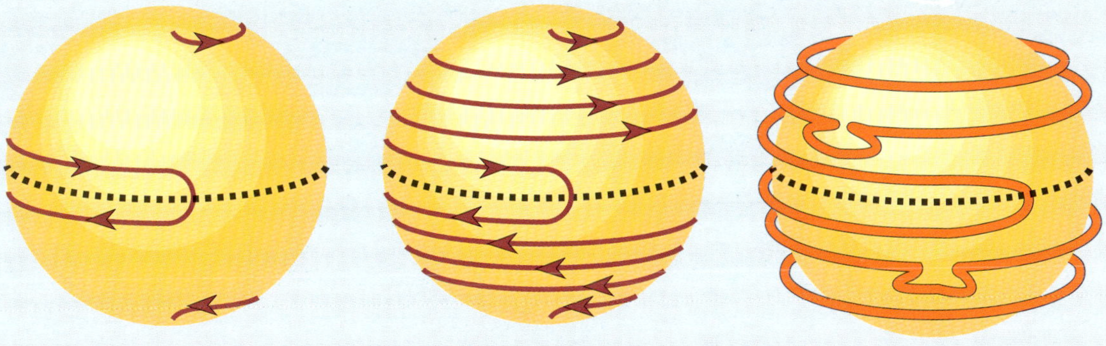

se forment entre 5 et 10° de latitude et que les premières taches du cycle suivant commencent à se former vers 40°, dotées une polarité magnétique opposée.

Durant chaque cycle d'activité, tous les groupes de taches de l'hémisphère Nord ont la même polarité à leur extrémité ouest, tandis que tous les groupes de l'hémisphère austral ont cette même extrémité ouest de polarité opposée.

Pour évaluer le niveau d'activité du Soleil à partir du développement des taches, on a recours à un indicateur appelé le ***numéro relatif de Wolf***, noté ***R***, mis au point en 1848 par l'astronome suisse Rudolf Wolf et qu'exprime la formule $R = k \times (10\,g + t)$ où k est une constante instrumentale, g, le nombre de groupes de taches et t, le nombre de taches individuelles.

Le cycle des taches solaires prouve l'existence d'un cycle magnétique d'environ 22 ans dont l'interprétation est encore très complexe. Schématiquement, les lignes de champ magnétique près des pôles suivent encore une direction nord-sud, mais en s'approchant de l'équateur, la vitesse de rotation différentielle des gaz (qui augmente à mesure que la latitude diminue) les déforme : sur 3 ans, en effet, il s'effectue 5 rotations complètes de plus à la latitude 0° (équateur) qu'à la latitude de 50°. Durant un minimum solaire, toutes les lignes de champ suivent les méridiens d'un pôle à l'autre. Au fil du temps, les lignes se déforment toujours plus jusqu'à suivre les parallèles. Au-delà d'une certaine limite, elles s'enchevêtrent, forment des boucles et s'entrelacent ; prisonnier du champ magnétique, le plasma donne lieu aux phénomènes que nous pouvons observer à la surface du Soleil. Dans la réalité, toutefois, le mécanisme est bien plus complexe.

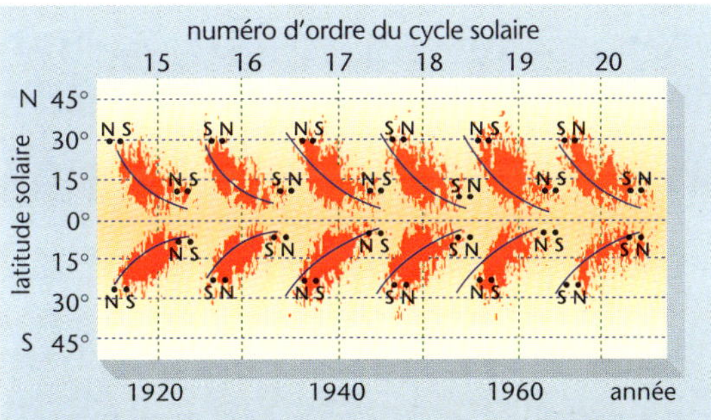

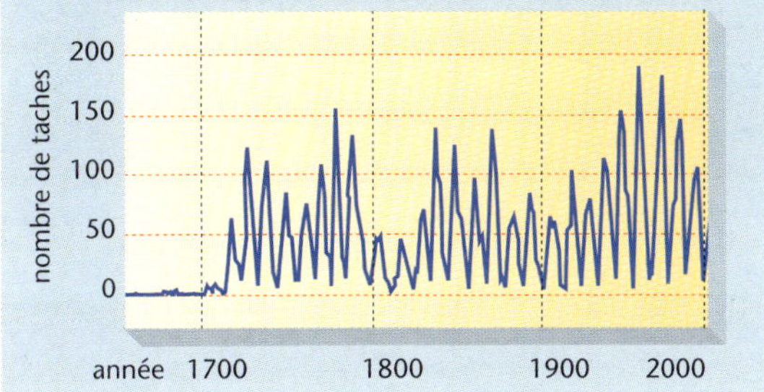

Cycle solaire
Ce diagramme montre la bande équatoriale du Soleil et indique les régions où, au fil du temps, se forment les taches durant chaque cycle. Il met en évidence la dérive de leur lieu d'apparition vers les faibles latitudes et l'inversion de leur polarité.

Le nombre des taches
Chaque pic de ce graphique correspond à un nombre élevé de taches, c'est-à-dire à un maximum solaire.

Activité croissante
Ces trois images du Soleil prises dans la raie du fer XII (195 Å) à environ 3 ans d'intervalle montrent une augmentation spectaculaire de l'activité au niveau de la haute chromosphère.
Les taches, les éruptions et les protubérances se distribuent avant tout dans la zone de forte instabilité magnétique.

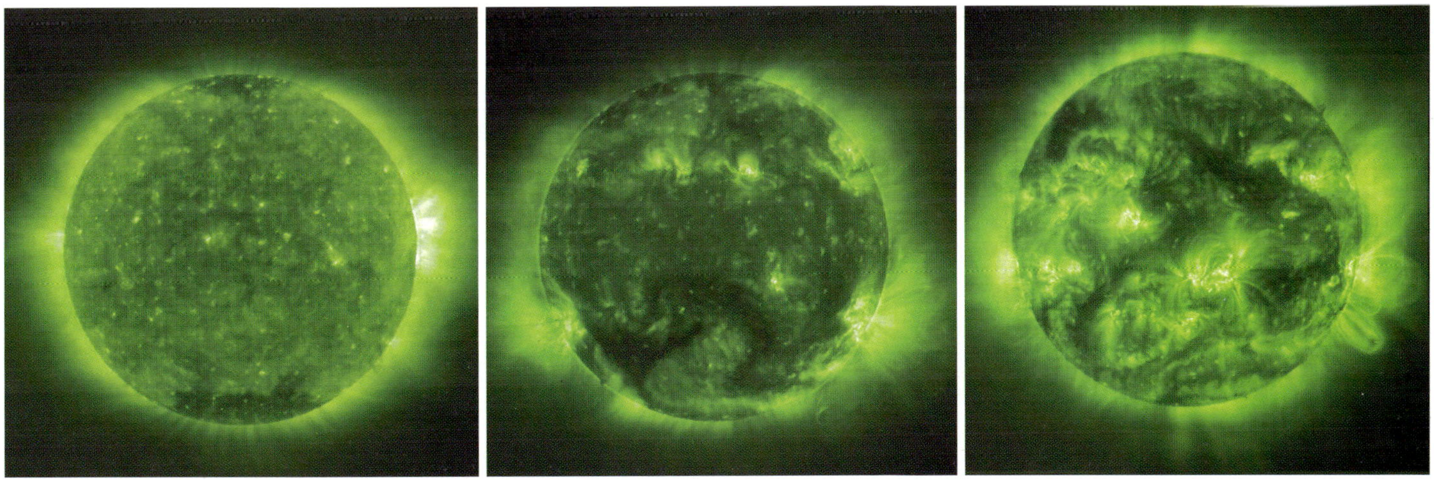

DE MERCURE À PLUTON

Lumières errantes, vagabondes du ciel, les planètes sont les objets les plus visibles du Système solaire. Cependant, des millions de corps plus ou moins petits gravitent autour du Soleil – satellites des planètes, astéroïdes et comètes, mais aussi des poussières, des ions moléculaires, des atomes et des photons qui emplissent ce « vide » de matière imperceptible et de courants magnétiques. Le passage des comètes en témoigne : tels des drapeaux, elles mettent en évidence le vent solaire qui déforme aussi les champs magnétiques planétaires. Grâce aux sondes spatiales et aux grands télescopes terrestres, nous connaissons bien notre Système solaire. Toutes les planètes excepté Pluton, et quelques comètes et astéroïdes ont été observés de près et analysés. Ces observations ont répondu à bien des questions et ouvert de nouveaux champs de recherche.

Autour du Soleil se déplace une multitude de corps bien plus petits et plus froids que notre étoile : les planètes et leurs satellites, mais aussi les astéroïdes, les comètes, les météorites, les poussières et les ions du milieu interplanétaire piégés par la gravité solaire.

Une planète est un corps céleste plus ou moins sphérique, en orbite autour d'une étoile, visible parce qu'il réfléchit la lumière de celle-ci. Les planètes en orbite autour d'autres étoiles que le Soleil nous restent néanmoins invisibles : d'une telle distance, la lumière qu'elles reflètent est trop faible pour être distinguée de celle de leur étoile. Pour les détecter, nous mesurons soit les occultations de la lumière de leur étoile qu'elles provoquent en passant devant, soit les perturbations gravitationnelles qu'elles produisent sur le mouvement de leur étoile. Cette dernière méthode permet seulement de détecter, très difficilement, les plus grosses planètes – au minimum de la taille de Jupiter ou Saturne.

Le Système solaire se compose de 9 planètes (8 selon les puristes qui n'y incluent pas Pluton) de caractéristiques structurelles et astronomiques diverses. Comme la Terre, elles tournent toutes autour du Soleil et autour de leur propre axe de rotation, plus ou moins incliné sur l'écliptique et par rapport à leur plan de révolution. En s'éloignant du Soleil, on trouve, dans l'ordre : Mercure, Vénus, la Terre, Mars, Jupiter, Saturne, Uranus, Neptune et Pluton.

LES PLANÈTES TELLURIQUES OU INTERNES

Ce sont Mercure, Vénus, la Terre et Mars. Proches du Soleil (d'où le terme *internes*), de type terrestre, elles sont relativement petites et de composition

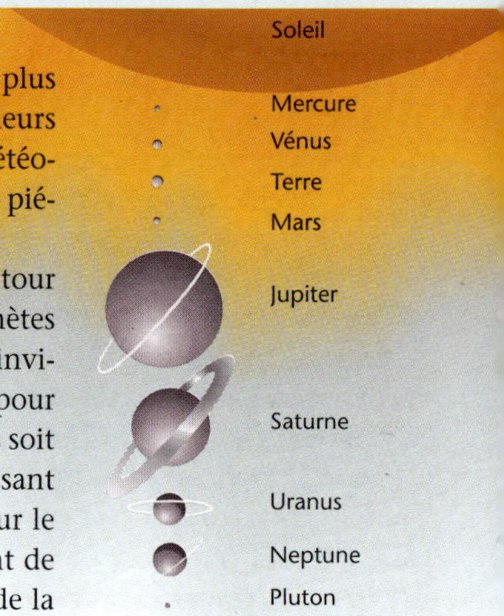

Le Système solaire
La figure montre les différences essentielles entre les planètes externes et internes.

Une planète rocheuse
Le sol martien pris par *Pathfinder* qui leva tout doute sur les caractéristiques physico-chimiques de la planète.

Les planètes telluriques en chiffres

	Mercure	Vénus	Terre	Mars
Rayon équatorial (milliers de km)	2,439	6,052	6,378	3,393
Masse par rapport à la Terre	0,06	0,82	1	0,1
Volume par rapport à la Terre	0,06	0,85	1	0,15
Densité moyenne (g/cm^3)	5,4	5,2	5,5	3,9
Aplatissement polaire	0	0	0,003	0,005
Distance moyenne au Soleil (millions de km)	57,9	108,2	149,6	227,9
Nombre de satellites connus	0	0	1	2
Présence d'anneaux	non	non	non	non
Principaux composants atmosphériques	–	CO_2	N_2, O_2	CO_2

Les planètes joviennes en chiffres

	Jupiter	Saturne	Uranus	Neptune
Rayon équatorial (milliers de km)	71,5	60,3	25,6	24,8
Aplatissement polaire	0,061	0,108	0,03	0,03
Masse par rapport à la Terre	318	95	14,5	17
Volume par rapport à la Terre	1316	755	63	57
Densité moyenne (g/cm^3)	1,3	0,7	1,3	1,6
Distance moyenne au Soleil (millions de km)	778,3	1427	2871	4497
Nombre de satellites connus	60	≥ 30	≥ 21	11
Présence d'anneaux	oui	oui	oui	oui
Principaux composants atmosphériques	H_2, He	H_2, He	H_2, He, CH_4	H_2, He, CH_4

principalement rocheuse (d'où le terme *tellurique*). Elles sont dépourvues d'atmosphère ou possèdent une enveloppe gazeuse peu épaisse formée d'éléments chimiques relativement lourds. Elles n'ont pas d'anneaux et pas ou peu de satellites.

LES PLANÈTES JOVIENNES, OU GÉANTES, OU EXTERNES

Ce sont les quatre planètes situées au-delà de la ceinture principale d'astéroïdes (*externes*), au-delà des corps telluriques : Jupiter, Saturne, Uranus et Neptune. De type *jovien* (semblables à Jupiter), ces planètes autrefois dites *gazeuses* ont sans doute un petit noyau rocheux entouré d'une épaisse enveloppe d'éléments chimiques légers (hydrogène, hélium, méthane, ammoniac) qui, du fait des températures basses et des fortes pressions auxquelles sont soumises les régions internes, existent à l'état solide, liquide et gazeux. De nombreux anneaux de matériaux non cohérents gravitent autour de chacune d'elles ainsi qu'un vaste cortège de satellites plus ou moins gros.

LES AUTRES CORPS

Les corps *mineurs* du Système solaire sont nombreux mais leur masse globale est faible. Ils comprennent :

- les *satellites naturels* ou ***lunes*** : petits, sphériques pour les plus gros, ils réfléchissent seulement la lumière et tournent autour d'une planète ;
- les ***astéroïdes*** et ***planétoïdes*** : d'un diamètre variant de quelques kilomètres à un millier de kilomètres pour les planétoïdes (en moyenne 50 km), de forme irrégulière, ils gravitent autour du Soleil, principalement entre l'orbite de Mars et celle de Jupiter ;
- les ***comètes*** : ces objets riches en glace d'eau de quelques dizaines de kilomètres de diamètre ont une orbite très allongée et deviennent visibles en s'approchant du Soleil ;
- les ***météorites*** : de petites tailles, elles vagabondent dans l'espace et, quand elles entrent dans l'atmosphère terrestre, deviennent incandescentes avec le frottement de l'air. Quand elles produisent ce phénomène lumineux, on les appelle des *météores* ou *étoiles filantes*.

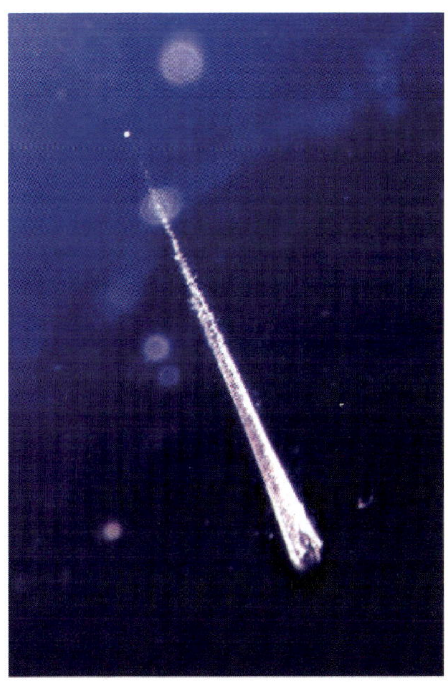

Planètes et satellites
Photomontage de Jupiter et de quelques-unes de ses plus grosses lunes.

Un météore
Les météorites atteignent la Terre à une vitesse comprise entre 40 000 et 250 000 km/h.

OBSERVÉ DEPUIS LA TERRE, LE MOUVEMENT DES PLANÈTES N'EST PAS RÉGULIER : CELLES-CI SEMBLENT ZIGZAGUER SUR LA VOÛTE CÉLESTE, VOIRE REBROUSSER CHEMIN AVANT DE REPRENDRE LEUR ROUTE. C'EST PARCE QUE LA TERRE ELLE-MÊME BOUGE, ET COMME TOUTES LES AUTRES PLANÈTES, ELLE SUIT LES LOIS DE KEPLER.

MOUVEMENTS PLANÉTAIRES

LES LOIS DE KEPLER
Les schémas de droite illustrent les trois lois de Kepler qui décrivent les mouvements planétaires.
a. Première loi : *les orbites des planètes sont elliptiques, et le Soleil en occupe un des deux foyers*. La plupart des orbites planétaires sont peu excentriques, mais la distance au Soleil varie toujours entre un minimum (le **périhélie**) et un maximum (l'**aphélie**).
b. Deuxième loi : *les aires décrites par le vecteur Soleil-planète sont proportionnelles au temps mis à les décrire.* La vitesse varie tout au long de l'orbite : elle est maximale au périhélie et minimale à l'aphélie.
c. Troisième loi : *les carrés des périodes de révolution des planètes sont directement proportionnels aux cubes des demis grands axes de leur orbite respective.*

Les planètes du Système solaire, de même que leurs satellites et anneaux, les astéroïdes et les comètes, sont caractérisées par des mouvements très complexes. Comme cela a été fait pour la Terre, nous pouvons décomposer ceux-ci en mouvements simples qui, une fois recomposés, décrivent de façon très proche la réalité du mouvement observé. Ainsi,
- tous les corps du Système solaire, y compris le Soleil, tournent sur eux-mêmes autour d'un *axe de* ***rotation*** ;
- tous les corps du Système solaire tournent autour du Soleil (***révolution***) le long d'une *orbite* ;
- tous suivent une trajectoire à peu près *elliptique* ;
- tous les satellites tournent autour des planètes selon une trajectoire à peu près elliptique ;
- l'axe de rotation des planètes est incliné sur le plan de leur orbite.

Les lois physiques qui décrivent ces mouvements célestes sont les trois lois de Kepler, qui trouvent leur « justification » dans la loi de la gravitation universelle de Newton. Ces lois sont valables aussi bien pour les planètes en orbite autour du Soleil que pour les satellites qui tournent autour des planètes, pour les

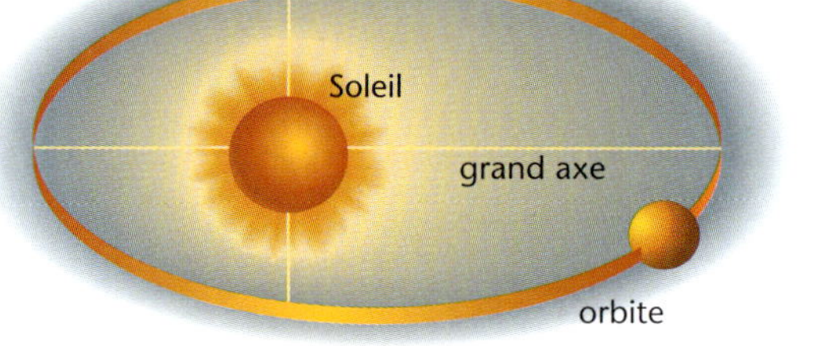

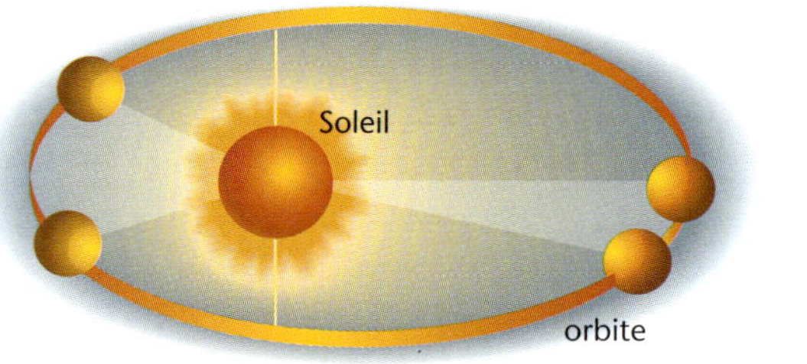

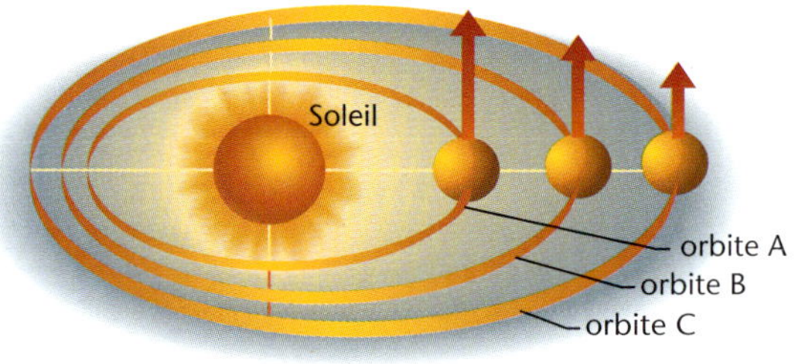

LE SYSTÈME SOLAIRE
Dans ce schéma, les proportions entre les corps et les distances n'ont pas été respectées mais l'ordre des principaux corps du Système solaire l'est, de même que l'inclinaison de leurs orbites par rapport à l'écliptique. Le nuage ovoïde extérieur figure l'ensemble des objets les plus externes non encore catalogués – les astéroïdes de la ceinture de Kuiper et les noyaux cométaires formant le nuage d'Oort.

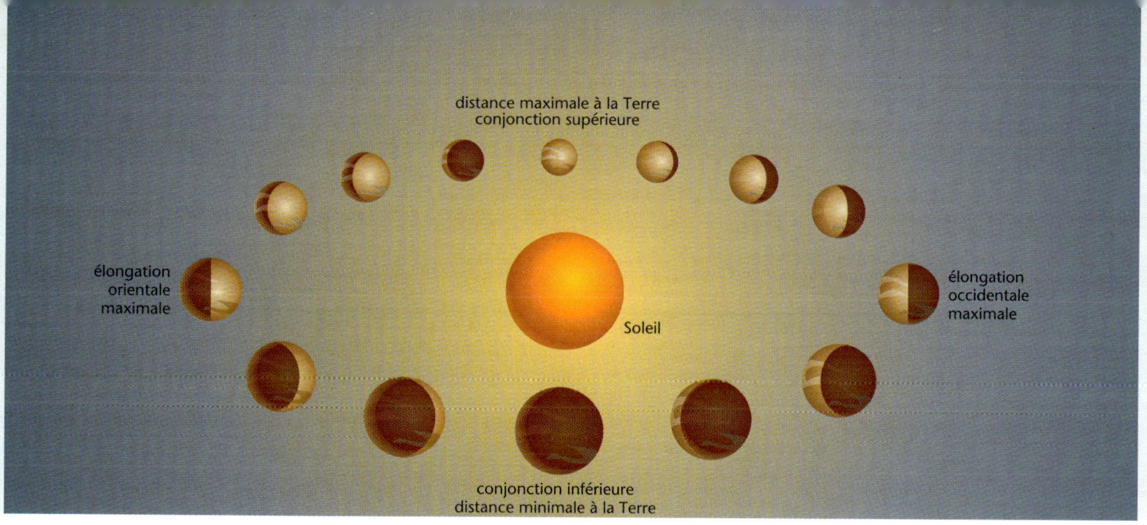

Phases changeantes Ce schéma illustre la différence d'aspect d'une planète interne selon sa position par rapport au Soleil. Il s'agit ici de Vénus, qui présente des phases comme la Lune.

comètes périodiques et pour les essaims de météorites issus de la désintégration d'une vieille comète comme pour les astéroïdes occupant l'espace entre Mars et Jupiter.

LE SENS DES MOUVEMENTS

Le sens dans lequel tournent toutes les planètes autour du Soleil est appelé le sens *direct*, c'est-à-dire le sens anti-horaire pour un observateur posté sur le Soleil, la tête vers le pôle Nord de l'écliptique. Ce sens anti-horaire est aussi le sens de la rotation autour de leur axe de presque toutes les planètes, et le sens de rotation de la plupart des lunes autour de leur planète.

ORBITES ET MOUVEMENTS APPARENTS

Contrairement à ce qu'on attendrait, les orbites des planètes ne se trouvent pas toutes dans le même plan ; de même que la Terre a l'écliptique, chaque planète a son propre *plan orbital*, défini par son orbite.
Il est vrai que ces plans sont peu inclinés les uns par rapport aux autres : par rapport au plan de l'orbite terrestre, l'inclinaison des différentes orbites ne dépasse pas 5°, sauf pour Mercure et Pluton. C'est pour cela que nous pouvons observer quelques planètes dans le ciel nocturne qui, alignées avec la Lune, « visualisent » l'écliptique sur la sphère céleste.
Les irrégularités observées depuis la Terre dans le mouvement apparent des planètes ont trois causes principales : les planètes se déplacent le long de leur orbite avec une vitesse moyenne différente, d'autant plus faible que la planète se trouve loin du Soleil, cette vitesse varie tout au long de l'orbite en suivant la seconde loi de Kepler (p. 18 et ci-contre) et enfin, les orbites des planètes ne s'effectuent pas toutes dans un même plan.

LES ALIGNEMENTS

La distance angulaire d'une planète par rapport à l'axe Soleil-Terre est l'*élongation*. Si la planète est extérieure à l'orbite de la Terre, une élongation de 0° est appelée *conjonction*, de 90°, une *quadrature*, de 180°, une *conjonction supérieure* ou *opposition* ; si la planète est interne, elle ne se met jamais en quadrature et une élongation de 0° est appelée *conjonction supérieure*, et de 180°, *conjonction inférieure*. Pour ces dernières planètes, l'élongation maximale (est ou ouest, selon que la planète suit ou précède le Soleil) est de 28° pour Mercure et de 48° pour Vénus.

Zigzags planétaires Ce schéma montre pourquoi nous voyons une planète zigzaguer dans le ciel. Pour simplifier, nous avons supposé que la planète est fixe – ce qui reste valable si elle se déplace lentement par rapport à la Terre, comme c'est le cas des planètes externes.

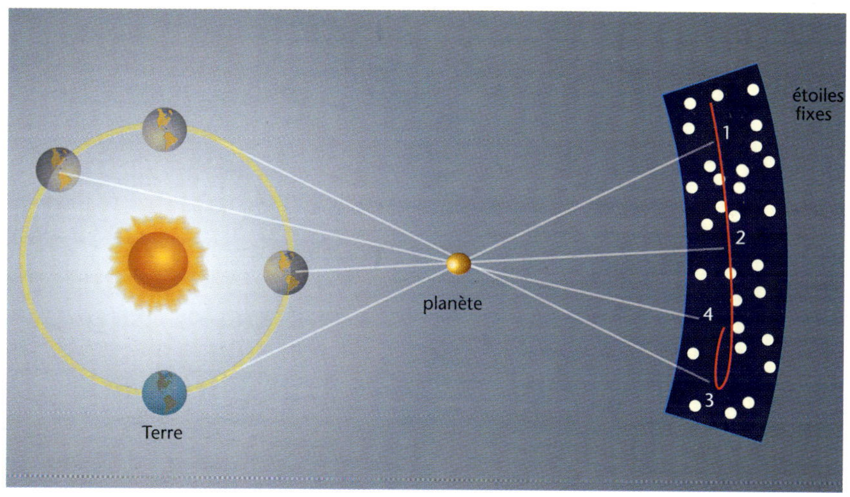

Distances et mouvements

Planète	Distance maximale au Soleil (millions de km)	Révolution en jours (j) ou années solaires moy. (a)	Rotation (h) R = rétrograde (km/s)	Vitesse orbitale
Mercure	69,8	88 j	1407	47,9
Vénus	108,9	224,7 j	5832,2 R	35,0
Terre	152,1	365,26 j	23,93	29,8
Mars	249,1	687 j	24,62	24,1
Jupiter	815,9	11,86 a	9,84	13,1
Saturne	1507	29,45 a	10,23	9,7
Uranus	3004	84,01 a	17,9 R	6,8
Neptune	4537	164,8 a	16,11	5,4
Pluton	7383	247,7 a	153 R	4,7

C'est la planète la plus proche du Soleil et la plus dense après la Terre. C'est aussi la plus petite (sans compter Pluton) et celle où l'écart thermique entre le jour de feu et la nuit glaciale est le plus important : 550 °C en moyenne.

MERCURE

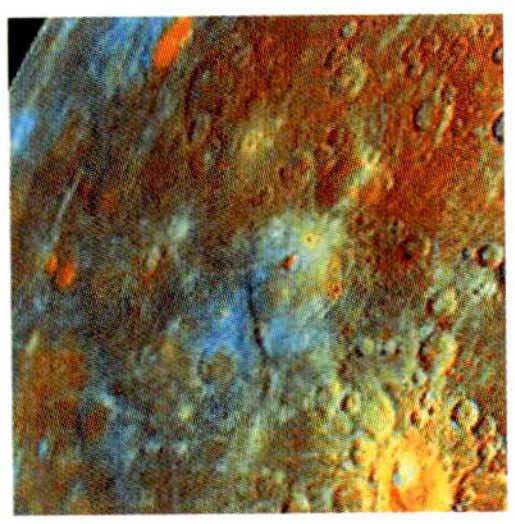

Mercure par *Mariner 10*
Les vues de Mercure de ces pages ont été obtenues par montage de photographies prises par la sonde *Mariner 10*. Depuis, les connaissances sur cette planète n'ont pas beaucoup avancé – seules les sondes solaires ont recueilli de nouvelles données. De récentes études menées par des radioastronomes d'Arecibo ont toutefois montré que les régions polaires étaient très réfléchissantes en ondes radio, ce qui suggère l'existence d'une couche de glace de quelques mètres d'épaisseur. De nouvelles expéditions européennes, japonaises et américaines sont prévues en 2004 et 2009.

EN HAUT Le traitement en fausses couleurs révèle la composition chimique variée du sol de Mercure.

Mercure est une planète vraiment spéciale qui, par bien des aspects, reste encore à découvrir. Elle n'est distante « que » de 43 millions de kilomètres en moyenne de la surface visible du Soleil et s'écarte de 28° au plus du bord de son disque. Elle est donc très difficile à observer de la Terre et n'est visible qu'à l'aube ou au crépuscule. En outre, son mouvement de révolution, accompli en seulement 88 jours, est très rapide – autrement, Mercure aurait déjà plongé dans le Soleil ; on ne peut donc l'observer que quelques jours consécutifs, après quoi elle disparaît. Comme Vénus et la Lune, Mercure vue de la Terre présente des *phases*. Mais sa proximité du Soleil rend son observation aux jumelles ou à la lunette dangereuse pour la vue. Veillez à ne pas pointer l'instrument directement vers le Soleil.

Mercure a été remarquée dès la fin de l'Antiquité. Outre les informations grappillées avec énormément de patience par les astronomes du passé, nous avons obtenu une quantité appréciable de données grâce aux sondes spatiales. La planète fut notamment explorée en 1974 par la sonde américaine *Mariner 10* qui s'est approchée à quelques centaines de kilomètres de sa surface et a retransmis près de 6 000 photographies couvrant environ 40 % de sa superficie. Nous avons ainsi pu voir pour la première fois « de près » les paysages

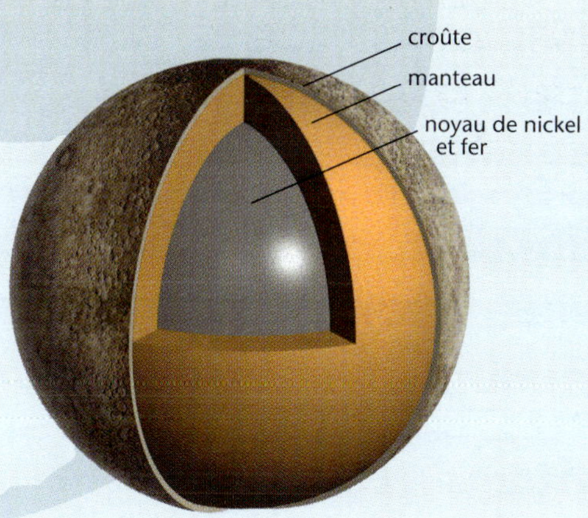

Mercure en chiffres

Rayon équatorial (km)	2 439	Périhélie (millions de km)	46,0
Aplatissement polaire	0	Aphélie (millions de km)	69,8
Masse (10^{24} kg)	0,33	Période	
• par rapport à la Terre	0,055	• de rotation sidérale (h solaires moy.)	1 407
Volume (milliards de km^3)	60,8	• de révolution (j solaires moy.)	87,969
• par rapport à la Terre	0,056	Excentricité de l'orbite	0,2056
Densité moyenne (g/cm^3)	5,43	Vitesse orbitale moy. (km/s)	47,9
Température moyenne (K/°C)		Inclinaison	
• diurne	700/427	• de l'orbite sur l'écliptique	7°
• nocturne	100/–185	• de l'équateur sur l'orbite	0°
Accél. moy. de la gravité en surface (m/s^2)	3,78	Satellites	aucun
Distance moyenne (millions de km)		Diamètre apparent du Soleil	1° 22,7′
• au Soleil	57,9	Albédo	0,10
• à la Terre (à la conjonction inférieure)	91,7	Pression atmosphérique (hPa)	0,000000001
		Principaux composants atmosphériques	He (42 %), Na (42 %), O (15 %)

brûlés de Mercure qui est soumise à l'intense rayonnement solaire.

Mercure tourne sur elle-même en 58,65 jours terrestres (jour sidéral) mais comme elle orbite pendant ce temps autour du Soleil, le même point de sa surface reste illuminé 176 jours terrestres ; durant cette période, la planète tourne 2 fois sur elle-même. Cette lente rotation expose au Soleil le même hémisphère pendant très longtemps : après avoir monté à plus de 400 °C, Mercure se refroidit durant la longue nuit jusqu'à près de 180 °C sous zéro.

Cette amplitude thermique (500 degrés en moyenne entre la nuit et le jour) est la plus forte du Système solaire. Elle est due aussi à l'absence presque totale d'atmosphère : cinglée par le vent solaire et dotée d'une faible gravité (car, même si elle est dense, elle est très petite), Mercure ne réussit à conserver qu'un voile gazeux, constitué principalement d'hélium. Sans doute la planète capture-t-elle et perd-elle aussitôt en permanence des particules α (des noyaux d'hélium) formant la partie la plus massive du vent solaire.

Mercure ressemble beaucoup à la Lune : de part sa position, elle a été martelée par les météorites capturées par le Soleil et est littéralement criblée de cratères. Les zones planes sont très similaires aux *bassins* lunaires et ont été probablement aussi formées par des émissions de lave. La formation la plus notable de Mercure est *Mare Caloris*, un cratère large de presque 1 400 km, de 9 km de profondeur, entouré de remparts d'environ 2 km de haut ; d'origine sans doute météoritique, il aurait été formé 3,54 milliards d'années auparavant. La collision colossale a failli briser la planète : aux antipodes de *Mare Caloris* on observe un réseau de failles certainement dû au contrecoup de l'impact.

Nous ne pouvons que faire des hypothèses sur sa structure interne. Étant donné son faible champ magnétique et sa densité élevée (la plus forte après celle de la Terre), on pense que Mercure possède un noyau riche en fer d'environ 3 600 km de diamètre – soit près de 80 % du diamètre de la planète.

PAR SES DIMENSIONS, VÉNUS EST UNE PLANÈTE TRÈS SIMILAIRE À LA TERRE ; COMME LA TERRE, ELLE POSSÈDE QUELQUES VOLCANS ÉTEINTS DEPUIS PEU. MAIS LES SIMILITUDES S'ARRÊTENT LÀ : COUVERTES DE PLAINES SUR 65 % DE SA SURFACE, VÉNUS EST ENVELOPPÉE D'UNE ÉPAISSE ATMOSPHÈRE DE DIOXYDE DE CARBONE, BALAYÉE PAR DES OURAGANS ET CHAUFFÉE EN MOYENNE À PRESQUE 500 °C PAR L'EFFET DE SERRE.

VÉNUS

À l'instar de Mercure, Vénus est une planète interne (elle orbite entre le Soleil et la Terre) et, de ce fait, on l'observe mieux à l'aube ou au crépuscule. Quand elle est visible au crépuscule, c'est le premier astre à apparaître – c'est pourquoi elle est aussi appelée l'étoile du Soir. À l'aube, elle précède de peu l'apparition du Soleil, d'où son autre titre d'étoile du Matin ou encore étoile du Berger.

L'observation de Vénus à l'œil nu, aux jumelles ou avec un télescope est vraiment facile : elle se couche (ou se lève) jusqu'à 3 heures après (ou avant) le Soleil. De ce fait, son mouvement et ses ***phases*** étaient bien connus dès l'Antiquité. Étant plus proche du Soleil par rapport à la Terre, Vénus nous apparaît, en effet, illuminée sous des incidences différentes, comme la Lune. Toutefois, à la différence de celle-ci, son diamètre apparent change notablement selon les phases : au moment de la phase pleine, elle se trouve à 260 millions de km de la Terre et son diamètre apparent est de 10" d'arc, tandis que lorsqu'elle nous apparaît sous la forme d'un croissant, elle est « seulement » à 40 millions de km et son diamètre apparent atteint alors 66" d'arc. L'observation de ce phénomène a d'ailleurs permis à Galilée d'apporter l'une des plus concrètes preuves de la validité de la théorie copernicienne.

À la différence de Mercure, à l'orbite très inclinée sur l'écliptique, l'orbite de Vénus n'est inclinée que de 3,4°. C'est pourquoi la planète est, à certains moments, com-

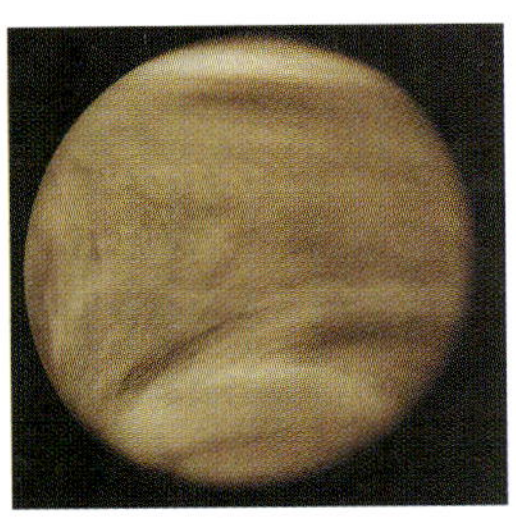

VÉNUS DÉVOILÉE
CI-DESSUS L'atmosphère de Vénus observée par la sonde *Galileo* en lumière visible (en haut) et dans l'ultraviolet.
CI-CONTRE Image composite du relief du globe d'après les relevés radar de *Magellan* (1990-1994).

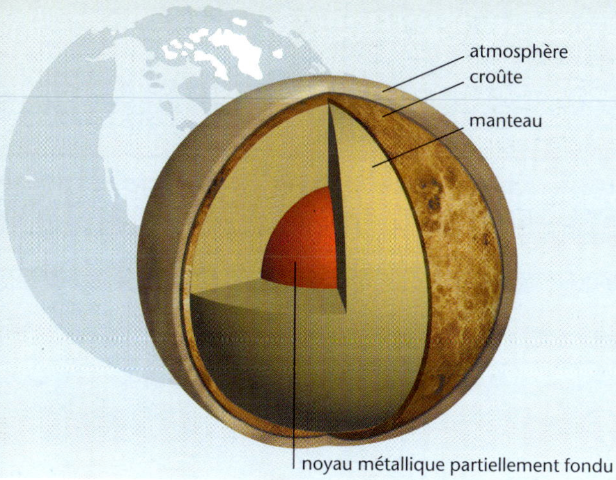

Vénus en chiffres

Rayon équatorial (km)	6 052	Périhélie (millions de km)	107,5
Aplatissement polaire	0	Aphélie (millions de km)	108,9
Masse (10^{24} kg)	4,87	Période	
• par rapport à la Terre	0,82	• de rotation sidérale, ***rétrograde***	
Volume (milliards de km^3)	928,5	(h solaires moy.)	5 832,23 (R)
• par rapport à la Terre	0,85	• de révolution (j solaires moy.)	224,7
Densité moyenne (g/cm^3)	5,25	Excentricité de l'orbite	0,0068
Température moyenne (K/°C)		Vitesse orbitale moy. (km/s)	35,03
• des nuages	243/–30	Inclinaison	
• au sol	753/480	• de l'orbite sur l'écliptique	3,394°
Accél. moy. de la gravité		• de l'équateur sur l'orbite	177°3'
en surface (m/s^2)	8,87	Satellites	aucun
Distance moyenne		Diamètre apparent du Soleil	44,2'
(millions de km)		Albédo	0,65
• au Soleil	108,2	Pression atmosphérique (hPa)	92 000
• à la Terre		Principaux composants	
(à la conjonction inférieure)	41,4	atmosphériques	CO_2 (96 %), N (3 %)

plètement masquée par le Soleil (***occultation***) tandis qu'à d'autres, elle traverse le disque solaire d'un bord à l'autre (***transit***) ; dans ce dernier cas, elle apparaît comme un petit disque noir projeté sur le fond lumineux du Soleil. Contrairement à la majorité des autres planètes du Système solaire, Vénus tourne sur elle-même en sens rétrograde : si vous viviez sur la planète, vous verriez le Soleil se lever à l'ouest et se coucher à l'est.

SI SEMBLABLE ET SI DIFFÉRENTE

À première vue, Vénus ressemble donc à la Terre : ses dimensions, sa masse, sa densité, sa gravité, et la présence d'une épaisse atmosphère gazeuse dont le grand pouvoir réfléchissant (albédo) est responsable de son éclat, sont autant de caractéristiques qui la rapprochent de notre planète. On a, par conséquent, longtemps crû que Vénus abritait des formes de vie similaires à la vie terrestre.

De nombreuses expéditions spatiales ont donc été envoyées par les États-Unis et l'Union Soviétique à la recherche de ces formes de vie. Mais les sondes ayant réussi à explorer l'atmosphère de la planète et sa surface ont fait s'écrouler tout espoir de trouver le moindre être vivant. Vénus ressemble à la Terre… mais une Terre infernale.

Les données recueillies sur la constitution de son atmosphère, les caractéristiques de sa surface et la composition de son sol ont en effet permis de connaître assez bien les conditions moyennes régnant sur cette planète inhospitalière.

UNE ATMOSPHÈRE « PESANTE » ET UNE PLANÈTE « INFERNALE »

L'épaisse enveloppe atmosphérique de Vénus d'environ 85 km d'épaisseur est constituée à 96 % de dioxyde de carbone (gaz carbonique) et exerce une pression au sol

Venera 1
Ce fut la première sonde envoyée vers Vénus. Elle devait flotter sur l'hypothétique océan vénusien après son amerrissage, mais le contact fut perdu 7 jours après le lancement. En 1961, elle est passée à 100 000 km de Vénus et s'est satellisée autour du Soleil.

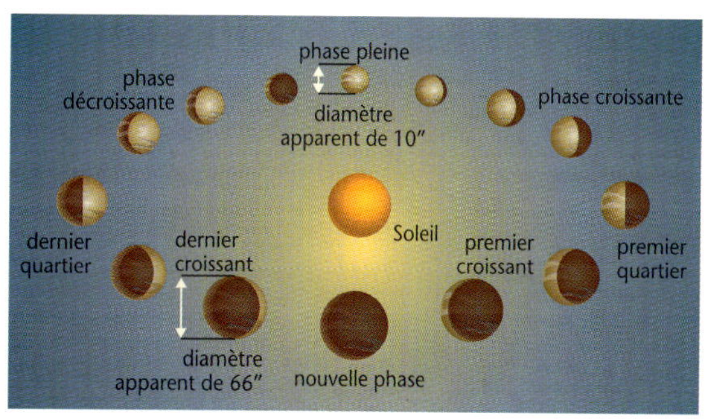

Les phases de Vénus
Phases et diamètres apparents de l'étoile du Berger.

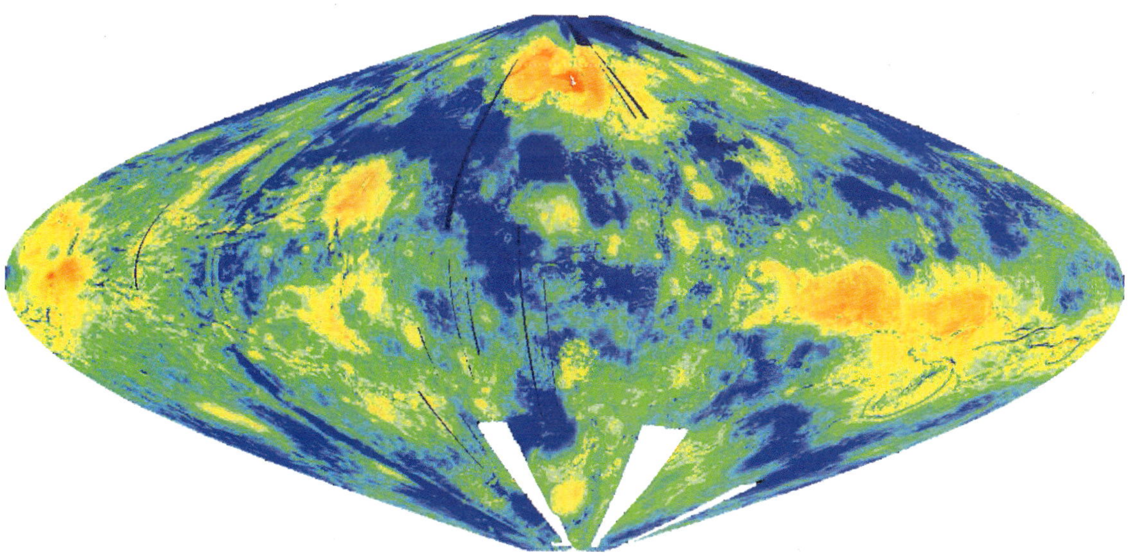

La topographie vénusienne
Cette carte topologique de Vénus en projection sinusoïdale a été réalisée d'après les données de la sonde américaine *Magellan*. Les fausses couleurs indiquent l'altitude des reliefs : le bleu, les dépressions, et le jaune et orange, les zones de collines.

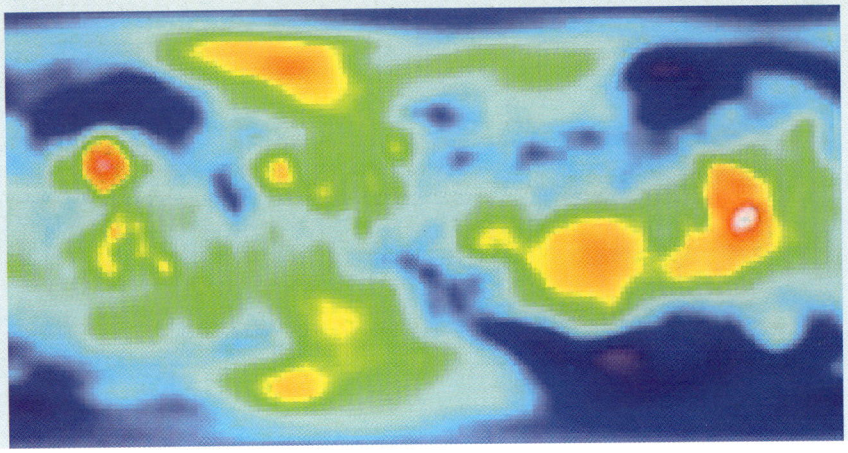

Mesures gravimétriques
Ce planisphère montre la distribution des variations du champ gravitationnel de Vénus relevées par *Magellan*.

Calendrier des explorations

1961 *Spoutnik 7* et *Venera 1* : tentatives d'approche.
1962 *Mariner 1* et *2* et *Spoutnik 19, 20* et *21* tentent de survoler la planète ; seule *Mariner 2* réussit (à 35 000 km).
1963 *Cosmos 21* : tentative ratée.
1964 *Venera 64A* et *64B*, *Cosmos 27* et *Zond 1* : tentatives ratées.
1965 *Venera 2* et *3*, *Venera 65A* : échecs.
1967 *Venera 4* : données atmosphériques ; *Mariner 5* : données ; *Cosmos 167* : échec.
1969 *Venera 5* et *6* : données atmosphériques.
1970 *Venera 7* atterrit ; *Cosmos 359* : échoue.
1972 *Venera 8* atterrit ; *Cosmos 482* échoue.
1973 *Mariner 10* survole Vénus et Mercure.
1975 *Venera 9* et *10* : le vaisseau en orbite largue des sondes qui atterrissent.
1978 *Pioneer-Venus 1* et *2* et *Venera 11* et *12* orbitent et recueillent des échantillons.
1981 *Venera 13* et *14* orbitent et recueillent des échantillons.
1983 *Venera 15* et *16* orbitent.
1984 *Vega 1* et *2* orbitent et larguent des ballons-sondes.
1990 *Magellan* se met en orbite.

Missions soviétiques : *Cosmos, Spoutnik, Vegas, Venera, Zond.*

Missions américaines : *Mariner, Magellan, Pioneer-Venus.*

92 fois plus élevée que la pression atmosphérique terrestre au niveau de la mer. L'eau y est présente, comme dans le reste de la planète, en très faible quantité. Les nuages, qui circulent à 50 km d'altitude en moyenne, sont principalement constitués d'acide sulfurique. Pour se faire une idée des dimensions de l'atmosphère vénusienne, rappelons que sur Terre, l'air s'accumule essentiellement dans les 5,6 premiers kilomètres au-dessus du sol et que tous les phénomènes météorologiques prennent place dans les 10 premiers kilomètres ; c'est pour cela que le sol terrestre est visible depuis l'espace, alors que celui de Vénus reste invisible aux instruments les plus puissants : la réfraction est bien trop forte.

Ce que l'on observe au télescope n'est, en effet, pas la surface de Vénus mais le sommet de son atmosphère, car le dioxyde de carbone est un gaz qui réfléchit très efficacement les rayonnements visibles et infrarouges. C'est pour cette même raison que la température moyenne de la planète est extrêmement élevée (proche de 500 °C, plus chaude même que celle de Mercure). Cette valeur, bien trop haute pour n'être due qu'à l'irradiation solaire, est le résultat de millénaires d'un étouffant effet de serre dû au fort pourcentage de gaz carbonique.

Dans la haute atmosphère vénusienne, des vents violents soufflent à plus de 400 km/h. La vitesse de rotation de la couche nuageuse externe est très différente de celle de la planète elle-même. La première accomplit un tour complet en un peu plus de 4 jours, alors que le sol met environ 243 jours. L'extrême lenteur de cette rotation fait qu'au sol, les vents ne dépassent

Le mont Maat
Cette image tridimensionnelle a été générée sur ordinateur à partir des relevés topographiques radar de *Magellan*.

Les montagnes de Vénus
Image en fausses couleurs fondée sur les données altimétriques recueillies par la sonde *Magellan*.

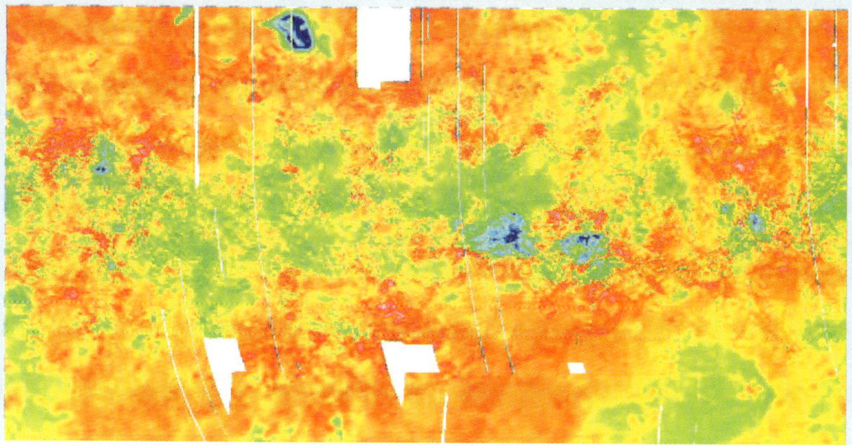

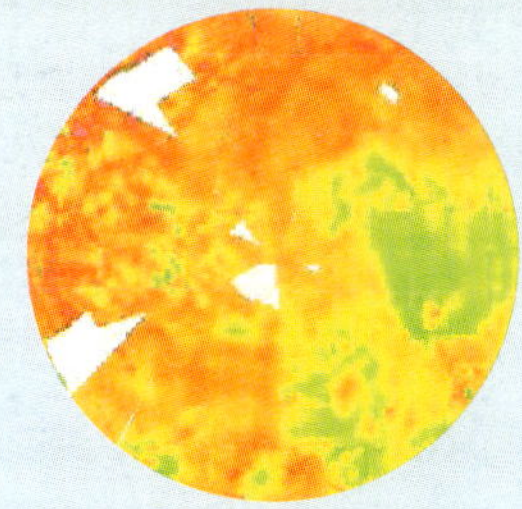

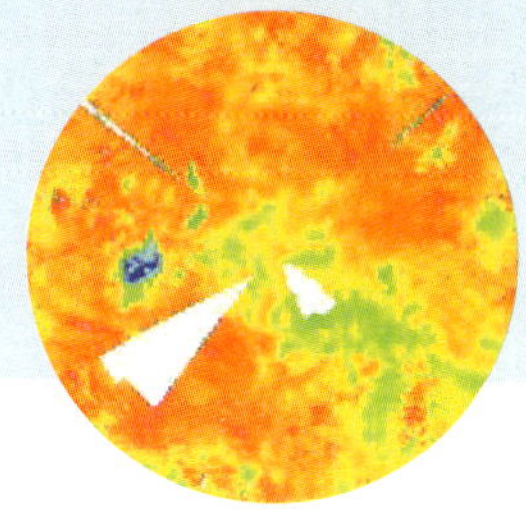

Vénus en micro-ondes
Les émissions micro-ondes de la planète (régions polaires Nord et Sud à droite). Les fausses couleurs indiquent l'intensité plus (*orange*) ou moins (*bleu*) forte des émissions, les zones blanches, les régions où elles n'ont pas été mesurées.

jamais quelques kilomètres à l'heure, juste assez pour déplacer des grains de sable.

Entre-temps, la planète tourne autour du Soleil en 224 jours. Par suite, le jour vénusien (le temps mis par le Soleil pour reprendre la même place dans le ciel pour un observateur sur Vénus) dure 116,74 jours et une année vénusienne compte moins de deux jours vénusiens. Les instruments largués par *Venera 10* qui ont réussi à atterrir indemnes ont cessé de fonctionner quelques heures après, principalement à cause de la forte pression. Néanmoins, durant ces quelques heures, ils ont envoyé des données sans équivoques : la lumière du Soleil peine à traverser l'énorme chape de gaz (seul 2 % de celle-ci atteint le sol) et la luminosité du ciel vénusien est celle d'un jour terrestre chargé de neige. Dans cette pénombre brûlante, il pleut fréquemment de l'acide sulfurique mêlé d'eau !

Grâce aux sondes, en particulier *Magellan*, le relief vénusien est bien connu. Couverte principalement de vastes plaines, la planète présente quelques profondes dépressions comme la *Rift Valley* vénusienne, longue de 1 400 km pour une profondeur de 4 km, et des reliefs dépassant les 1 000 m. On soupçonne en outre Vénus d'avoir connu une intense activité volcanique soutenue par une tectonique des plaques (p. 33) similaire à celle de la Terre ; aucune éruption volcanique en cours n'a cependant été notée.

Vénus n'a pas de lunes, ni de champ magnétique. Cette dernière caractéristique est probablement due à l'extrême lenteur de sa rotation.

Magellan
La sonde a été placée en 1989 en orbite terrestre par la navette spatiale avant de partir pour Vénus.

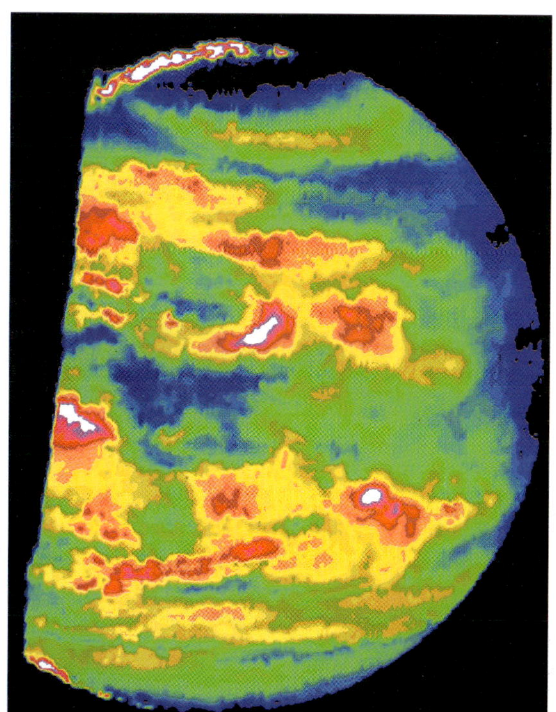

Vénus en infrarouges
La nuit vénusienne a été scrutée au passage par la sonde *Galileo* (1990) en route vers Jupiter. D'une distance d'environ 100 000 km, le *NIMS* (spectromètre pour cartographie dans le proche infrarouge) a analysé les émissions de la planète à la longueur d'onde de 2,3 µm. Les fausses couleurs mettent en évidence les régions où la chaleur irradiée par le sol vénusien perce la couche nuageuse, 10 fois moins émettrice : le rouge et le blanc (émissions intenses) signalent donc les nuages les plus légers, le bleu sombre (émissions faibles), les plus épais.

MARS

La Planète rouge, ainsi nommée pour la couleur de son sol et de son éclat dans le ciel, est la première des planètes externes à l'orbite terrestre. Petite, très froide, elle rappelle par bien des traits la Terre : ses calottes polaires changent d'aspect au fil des saisons et son sol porte les traces de fleuves et d'un volcanisme ancien. On la suspecte depuis l'Antiquité d'abriter une forme de vie.

Vue à la lunette ou avec de bonnes jumelles, Mars apparaît comme un petit disque rosâtre : c'est pourquoi elle est appelée la « planète rouge » depuis l'Antiquité et qu'elle a été dédiée au dieu de la guerre. Avec un diamètre à peu près moitié moins grand que celui de la Terre, elle n'est pas très facile à observer malgré sa proximité (au périgée, elle est distante d'un peu plus de 56 millions de kilomètres) ; il est impossible de distinguer les particularités de sa surface, même dans les meilleures conditions de visibilité. On peut au mieux deviner un fin réseau de structures sombres et régulières que Schiaparelli a décrit en 1877. Il ne s'agit pas de canaux construits par des êtres vivants comme l'interpréta ce dernier, mais d'illusions d'optiques produites par les turbulences atmosphériques. On n'a, en fait, trouvé encore aucune trace de vie sur Mars.

La planète a toujours été considérée comme très semblable à la Terre : la durée de son jour est presque égale au nôtre car la période de rotation martienne est à peine plus longue que celle de la Terre (environ 24 h 30). En outre, comme le plan équatorial de la planète est incliné de presque 25° sur le plan de son orbite, des différences saisonnières sont observables au fil de l'année martienne, comme sur Terre.

Mais les similitudes s'arrêtent là : à l'instar de Vénus, toutes les données recueillies par les sondes ont souligné les énormes différences entre Mars et notre planète. Sa masse, par exemple, est 10 fois plus faible, et sa gravité est donc aussi bien moindre. Les températures diurnes sont très froides (quelques degrés à plusieurs dizaines de degrés sous le zéro) et les écarts thermiques avec la nuit atteignent 50 degrés. L'atmosphère extrêmement raréfiée contribue à causer ces différences de température ; 100 fois moins dense que l'atmosphère terrestre, elle n'est pas en mesure de

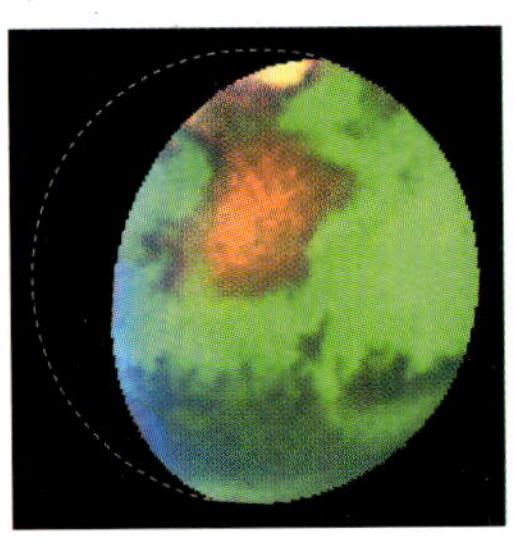

Vues de Mars

Au centre Mars dans le visible ; on distingue Valles Marineris.

Ci-dessus Mars dans l'infrarouge ; les zones rouges pourraient être des gisements d'eau.

En bas Vue de Mars composée à partir de trois images prises par *Hubble* avec des filtres différents (bleu : 410 nm, vert : 502 nm, et rouge : 673 nm).

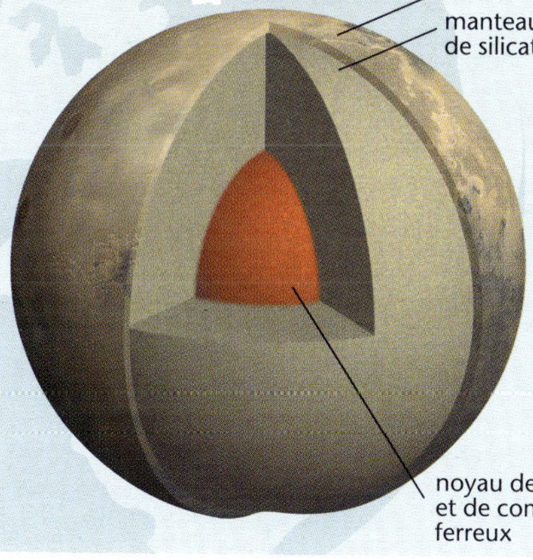

MARS EN CHIFFRES

Rayon équatorial (km)	3 393
Aplatissement polaire	0,005
Masse (10^{24} kg)	0,642
• par rapport à la Terre	0,107
Volume (milliards de km^3)	164,1
• par rapport à la Terre	0,15
Densité moyenne (g/cm^3)	3,94
Température moyenne (K/°C)	
• diurne	293/20
• nocturne	133/–140
Accél. moy. de la gravité en surface (m/s^2)	3,72
Distance moyenne (millions de km)	
• au Soleil	227,94
• à la Terre (à l'opposition)	78,4
Périhélie (millions de km)	206,65
Aphélie (millions de km)	249,22
Période	
• de rotation sidérale (h solaires moy.)	24,62
• de révolution (j solaires moy.)	687
Excentricité de l'orbite	0,0934
Vitesse orbitale moy. (km/s)	24,1
Inclinaison	
• de l'orbite sur l'écliptique	1,85°
• de l'équateur sur l'orbite	23,98°
Satellites	2
Diamètre apparent du Soleil	21′
Albédo	0,16
Pression atmosphérique (hPa)	7
Principaux composants atmosphériques	CO_2 (95 %), N_2 (2,7 %), Ar (1,6 %)

produire un effet de serre sensible bien qu'elle soit principalement constituée de gaz carbonique.
À des températures si basses, notamment aux pôles, les gaz se solidifient durant l'hiver et s'évaporent en été. L'été polaire n'est pas torride – la température moyenne oscille autour de –68 °C – mais cela suffit pour amenuiser de façon visible les calottes glaciaires.
Les écarts thermiques engendrent aussi de véritables « marées atmosphériques » – des courants bien plus amples que ceux que génère la Terre. Malgré sa raréfaction, les mouvements de l'atmosphère martienne provoquent de gigantesques tempêtes de sable qui balaient périodiquement toute la planète et obscurcissent le ciel durant des mois, rendant toute observation impossible. Car la surface de Mars est désertique ; la poussière d'oxyde de fer qui la recouvre lui donne cette couleur rouille. Soulevé par le vent, ce sable fin donne une coloration rosâtre à toute l'atmosphère martienne, comme on le voit très bien sur les clichés envoyés à la Terre par les sondes américaines qui ont réussi à atterrir sur la planète.

GÉOLOGIE

Il est très probable que Mars a eu autrefois un aspect bien différent. De larges canyons et des plaines de type

MGS en orbite martienne
Mars Global Surveyor est actuellement en orbite autour de Mars et recueille des données fondamentales pour les prochaines missions. Le dessin représente la sonde alors qu'elle photographie le mont Olympe.

Sol martien
Le site d'atterrissage du module *Viking 1*.

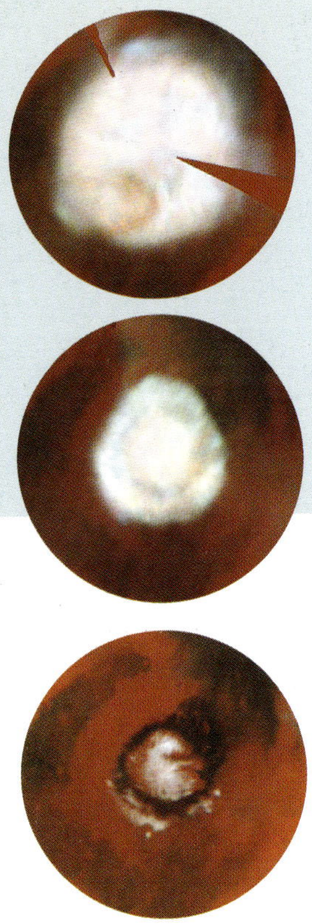

La calotte polaire Nord
DE HAUT EN BAS En hiver, en automne (ou au printemps) et en été.

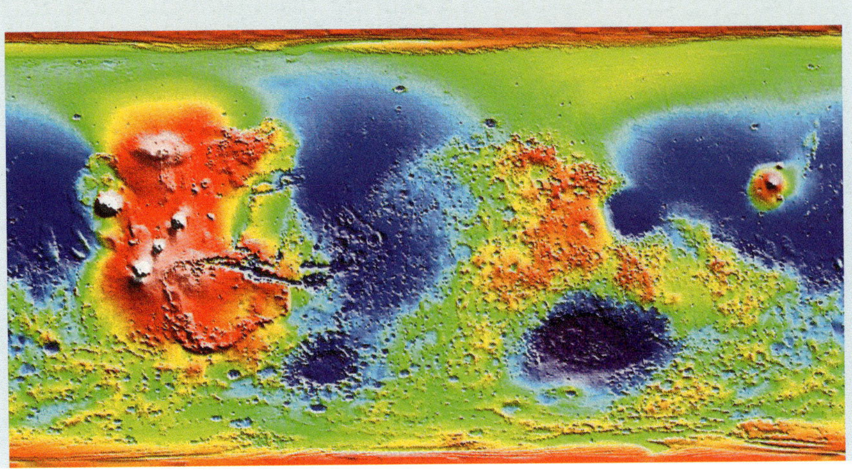

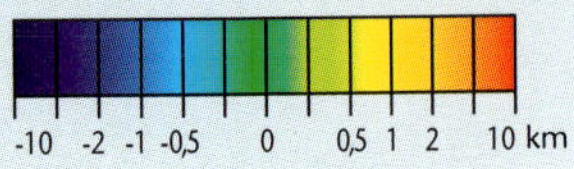

Le relief de Mars
Projection de Mercator de la topographie martienne. L'altitude relative des reliefs est indiquée par une échelle de couleurs en km ; le vert figure l'altitude moyenne (altitude zéro).

alluvionnaire démontrent que le sol a été modelé par un fluide en mouvement.

Il s'agit bien d'eau comme l'ont montré les mesures de Mars Express au début de l'année 2004. Quelques millions d'années plus tôt, Mars avait sans doute des fleuves de type torrentiel qui ont laissé la trace de leur parcours sur la surface rocheuse de la planète.

De cette eau, il ne reste presque aucune trace dans l'atmosphère dont elle constitue moins de 1 % ; l'eau représente, en revanche, une forte proportion des brumes et d'une partie des nuages, et se dépose en surface sous forme de givre. Les calottes polaires sont presque entièrement constituées de glace d'eau en été, à laquelle s'ajoute de la glace carbonique en hiver. L'eau pourrait aussi être présente dans le sous-sol sous forme de glace.

Les preuves d'une intense activité volcanique sont nombreuses et indubitables. Dans la bande équatoriale, les deux vastes régions de Tharsis et d'Elysium comportent de nombreux volcans éteints de dimensions notables.

Le plus grand, le mont Olympe (*Olympus Mons*), trois fois plus élevé que l'Everest, dépasse 26 km de haut ! Les immenses coulées de lave qui l'entourent (à elle seule, la base du mont Olympe couvrirait tout l'état d'Arizona) montrent que, dans le passé, l'activité endogène de la planète a été considérable. Certes, la faible gravité a favorisé l'élargissement des coulées, mais il ne fait aucun doute que de grandes quantités de matériau volcanique ont été émises car elles ont effacé toute trace d'impacts météoritiques dans plusieurs régions.

LES VOLCANS DU SYSTÈME SOLAIRE

Les volcans sont des ouvertures dans la croûte solide d'une planète ou d'un satellite, qui émettent des matériaux fondus et des gaz.

La présence de volcans est directement liée à la dynamique interne du corps céleste : une source d'énergie interne est en effet nécessaire pour fondre les matériaux ou les réchauffer assez pour les rendre gazeux. Sur la Terre, cette énergie est principalement d'origine radioactive (des éléments lourds (uranium, etc.) se désintègrent en libérant de la chaleur) ; en outre, le globe est soumis à des variations de pression liée à la tectonique des plaques.

Des traces d'un volcanisme similaire au volcanisme terrestre, qui prouverait la diffusion des mécanismes tectoniques aux autres planètes telluriques, ont été retrouvées sur Mercure, Vénus, la Lune et Mars : vastes plaines de lave solidifiée, reliefs en forme d'entonnoir, cratères, cônes stratifiés, coulées de lave et caldeiras (des bouches volcaniques effondrées) témoignent d'une activité géologique ayant cessé sur chacun de ces corps célestes.

Sur Mars, notamment, s'élève le plus haut volcan du Système solaire : le mont Olympe, un volcan de type hawaiien. Comme de nombreux autres volcans martiens, il doit probablement son origine à l'existence d'un *point chaud*, une zone où s'effectue la remontée ininterrompue de magma depuis les profondeurs planétaires, comme c'est le cas des volcans d'Hawaii ; la faible gravité martienne et la quasi-absence de mouvements tectoniques superficiels expliqueraient la grande hauteur de son cône.

Le volcanisme de Io, l'un des satellites de Jupiter, est tout autre. Si la Terre est la planète géologiquement la plus active du Système solaire, Io est le corps céleste ayant le plus de volcans actifs (de l'ordre de la centaine), comme en témoignaient les photographies prises par les sondes *Voyager*. Cependant, la température des régions

Les types de volcans
DE HAUT EN BAS Volcan hawaiien. Reconstitution numérique du mont Maat, un volcan vénusien. Coulées de lave sur la Lune.

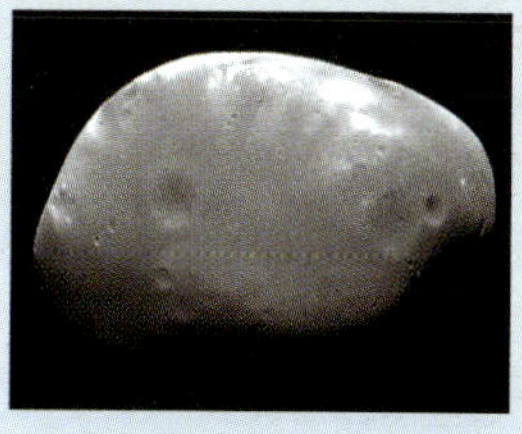

Phobos
À GAUCHE Sa trajectoire orbitale s'abaisse d'environ 2 m par siècle sous l'effet des forces de marée : celles-ci finiront par précipiter la lune sur Mars ou, plus probablement, provoqueront sa rupture, la transformant en anneau dans 50 millions d'année.

EN BAS La surface de Deimos prise par *Viking 2* depuis 30 km d'altitude.

Le cratère Stickney
CI-DESSUS Ce vaste cratère météoritique (11 km de diamètre) a failli détruire Phobos.

Les lunes de Mars en chiffres

	Phobos
Dimensions (km)	6,8 × 22,4 × 18,4
Densité (g/cm³)	1,9
Dist. de Mars (km)	9 378
Période orbitale (j)	0,32

	Deimos
Dimensions (km)	15 × 12,2 × 10,4
Densité (g/cm³)	2,1
Dist. de Mars (km)	23 459
Période orbitale (j)	1,26

LE PAYSAGE MARTIEN

Le paysage de Mars est plus varié que ce qu'en montrent les images envoyées par les sondes. Si dans l'hémisphère Nord, les plaines et les déserts couverts de roches rougeâtres prédominent, dans l'hémisphère Sud, en revanche, le territoire est profondément accidenté, continuellement interrompu par de nombreux cratères d'origine météoritique – Hellas, l'un des plus grands, est profond de 3 km pour un diamètre de 1 800 km ; la région Tharsis est traversée par une énorme faille qui s'étend sur près de 5 000 km, soit presque 1/6 de la circonférence de la planète ; et l'immense réseau de canyons baptisé Valles Marineris s'élargit parfois jusqu'à atteindre 100 km. Les pôles, avec leurs calottes étincelantes de glace et de dioxyde de carbone gelé, sont les formations géologiques les plus changeantes de la surface martienne ; leur extension varie notablement avec les saisons.

Cailloux martiens
EN MÉDAILLON Détail du sol martien dans la région d'atterrissage de la sonde *Pathfinder*.

PHOBOS ET DEIMOS

Les noms des deux satellites de Mars – Phobos (la Peur) et Deimos (la Terreur) – évoquent respectivement le fils et le compagnon du dieu romain de la guerre. Avec leur vingtaine de kilomètres de diamètre, ils sont indiscernables avec un instrument amateur mais ont été photographiés de près par la sonde *Viking 2*. Leur aspect allongé et sombre et leur faible densité suggèrent que ce sont des météorites capturées par la gravité martienne.

« chaudes » s'élève à 17 °C à peine (à comparer, toutefois, avec la température ambiante de –176 °C), et les bouches volcaniques atteignent 500 °C seulement localement (sur Terre, même les geysers atteignent des températures plus élevées). À de telles températures, seuls les matériaux soufrés se fluidifient, mais des silicates sont probablement entraînés aussi par les éruptions. L'origine de l'échauffement interne de Io est due à la dissipation de l'énergie des forces de marées auquel la lune est soumise, prise en « sandwich » entre le champ gravitationnel de Jupiter et celui des autres lunes galiléennes.

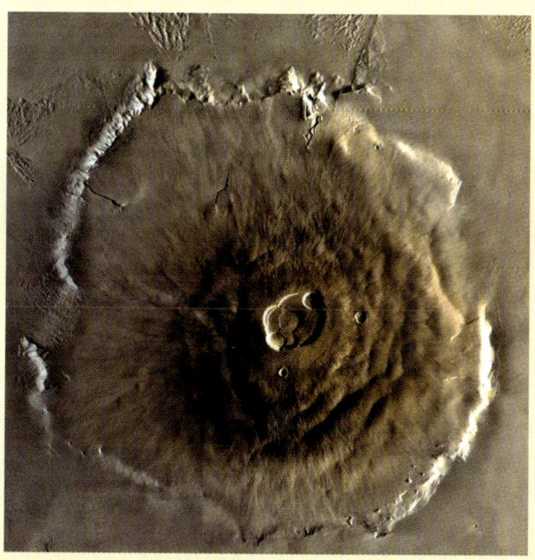

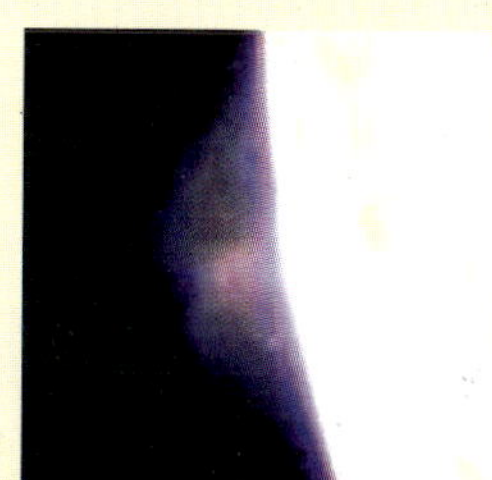

Les types de volcans
DE GAUCHE À DROITE
Le volcan martien *Olympus Mons*.
Éruptions sur Io.
Détail du panache projeté à 280 km d'altitude.

Des blocs de roches qui se déplacent dans le vaste espace compris entre l'orbite de Mars et celle de Jupiter – tels sont les astéroïdes. Les plus gros (ou planétoïdes) ont un diamètre atteignant le millier de kilomètres, les plus petits sont de simples cailloux. Les plus grands sont des centaines de milliers, les plus petits doivent être des milliards. Ils sont sujets à des collisions destructrices et leurs fragments peuvent être précipités sur les planètes internes.

LA CEINTURE PRINCIPALE D'ASTÉROÏDES

Dans une région près de trois fois plus étendue que la distance Terre-Soleil (en moyenne 2,8 unités astronomiques) comprise entre l'orbite de Mars et celle de Jupiter, se trouvent des milliards d'objets célestes principalement rocheux appelés ***astéroïdes***. Généralement de taille réduite et de forme irrégulière, leur grand diamètre est, en moyenne, de l'ordre de 2-3 km et dépasse rarement les 50 km.

Les astéroïdes de taille supérieure sont appelés ***planétoïdes***. Le plus gros fait 934 km de diamètre ; il a été découvert en 1801 par Giuseppe Prazzi, de l'observatoire de Palerme, qui l'appela Cérès. Jusqu'au XXe siècle, seulement quelques centaines d'astéroïdes étaient répertoriés et désignés par des noms tirés de la mythologie grecque : après Cérès, déesse des moissons, ont suivi Pallas, Junon, Vesta... Puis les noms sont venus à manquer : il y a plus de 35 000 astéroïdes répertoriés aujourd'hui. Les plus gros portent des noms d'objets, de reines, de fiancées et de femmes d'astronomes, ou de personnages célèbres – des Beatles à Hemingway, et de Rembrandt à Clapton –, mais plus de la moitié ne portent qu'un numéro.

L'origine de la ceinture principale d'astéroïdes reste mystérieuse. La seconde loi de Titius-Bode prévoyant la présence d'une planète dans cette zone, les spécialistes pensent que les astéroïdes sont les restes d'une planète rocheuse ayant mystérieusement explosé ou, plus probablement, que ce sont les fragments élémentaires (ou *planétésimaux*) formés dans la nébuleuse primitive, au début de la formation du Système solaire, qui n'ont pas réussi à s'agglutiner pour constituer une planète – sans doute à cause des forces de marée opposées exercées par Jupiter et le Soleil. Quoi qu'il en soit, les astronomes s'accordent à dire que les astéroïdes ont la même origine que les planètes.

La surface des astéroïdes rappelle celle de la Lune : elle présente des cratères, des failles et des crêtes qui la « tourmentent ». Leur nature majoritairement rocheuse et métallique les distingue des météorites et autres objets célestes.

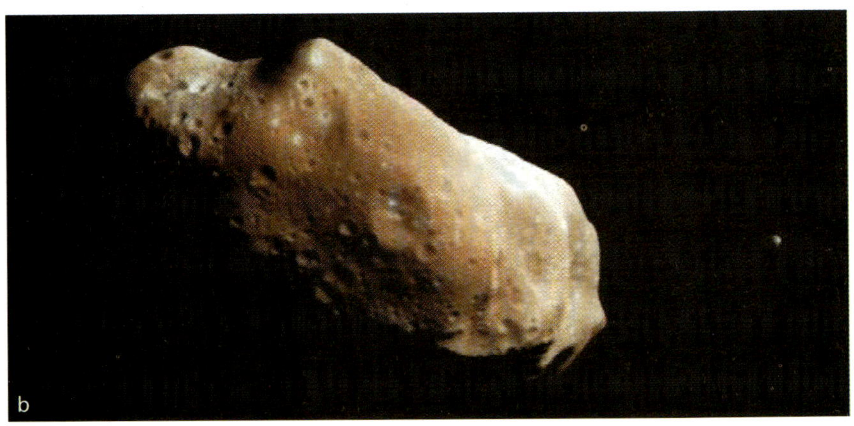

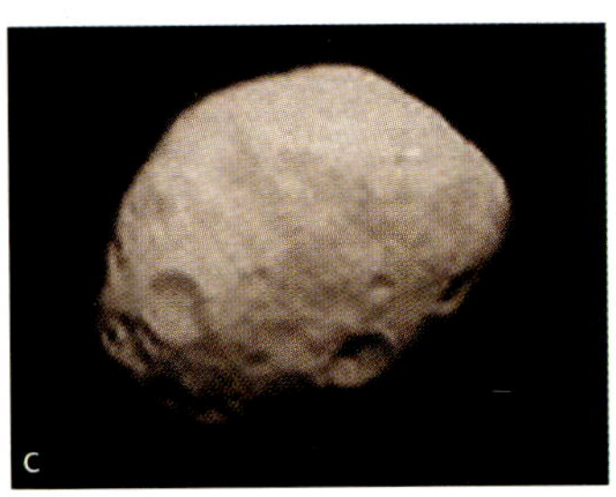

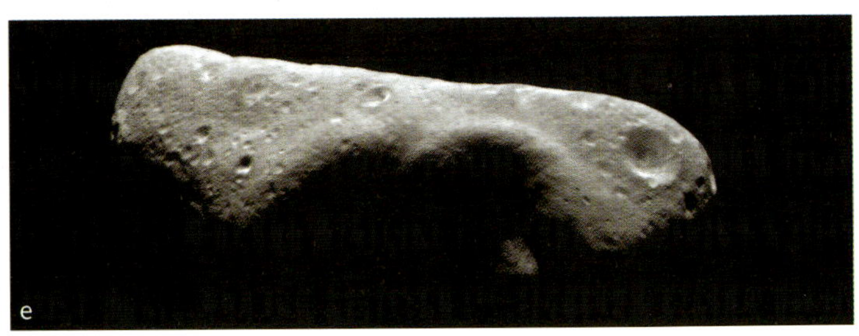

Quelques astéroïdes
Récemment, plusieurs astéroïdes ont été survolés par des sondes spatiales qui ont recueilli des données très originales et en ont pris de superbes clichés. *NEAR* s'est même posé sur Éros le 12 février 2001.
a. Gaspra (*Galileo*, 1991) ;
b. Ida et son minuscule satellite, Dactyl (*Galileo*, 1991) ;
c. Janus ;
d. Mathilde (*NEAR*, 1997) ;
e. Éros (*NEAR*, 2000).

Les principaux astéroïdes en chiffres

Nom	Distance moy. au Soleil (millions de km)	Dimensions ou Diamètre (km)	Albédo
Gaspra	205,0	17 × 10	0,20
Ida	270,0	58 × 23	?
Vesta	353,4	525	0,38
Eunomia	395,5	305	0,19
Cérès	413,9	934	0,10
Pallas	414,5	522	0,14
Psyché	437,1	254	0,10
Interamnia	458,1	334	0,06
Europe	463,3	312	0,06
Hygiea	470,3	408	0,08
Davida	475,4	328	0,05
Sylvia	521,5	260	0,04

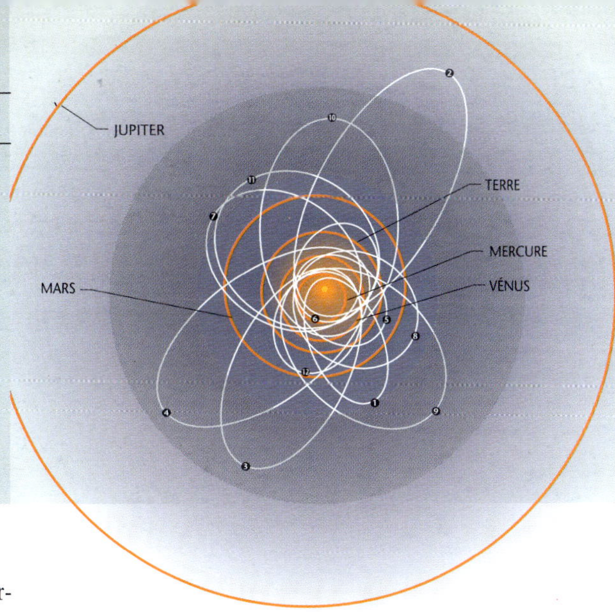

Orbites
Les orbites de quelques astéroïdes géocroiseurs sont comparées aux orbites de Jupiter et des planètes internes. L'anneau coloré visualise la région où se déplacent la majorité des autres astéroïdes de la ceinture principale. Les orbites ont été numérotées suivant leur proximité du Soleil au périhélie.

DANGER D'IMPACT

Beaucoup d'astéroïdes voyagent « en couple » : ils tournent autour de leur centre de gravité commun. Ils ont aussi une orbite très allongée et certains, tels Éros, Icare et Apollo, croisent l'orbite de la Terre, de Vénus ou de Mercure durant leur mouvement de révolution autour du Soleil ; ceux dont l'orbite coupe celle de la Terre sont appelés des ***géocroiseurs***. La masse des astéroïdes étant très petite, leur mouvement est particulièrement sensible aux perturbations gravitationnelles des corps plus gros. Aussi, suite à une collision ou à une configuration particulière de planètes, leur trajectoire peut changer à l'improviste.

La surveillance de leurs mouvements est très importante car il est certain qu'une partie des météorites qui atteignent la Terre provient de cette partie du cosmos. L'impact avec un astéroïde, bien que peu probable, ne peut pas être totalement exclu. L'ensemble des géocroiseurs (en anglais *EGA* pour *Earth Grazing Asteroids*) et des objets proches (*NEO* pour *Near Earth Objects*) dont les caractéristiques orbitales les amènent à quelques centaines de milliers de kilomètres de la Terre sont dangereux pour nous. Ils sont donc sous surveillance continuelle de façon à prévoir leur éventuel impact avec la Terre avec une certaine marge et à les détourner si possible. C'est un travail très difficile car ces objets sont extrêmement nombreux et leurs orbites, très complexes. Ils sont plus de 150 millions avec un diamètre supérieur à 10 m, plus de 300 000 faisant 100 m, environ 1 000 de 500 m, plus de 2 000 de 1 km, environ 400 de 2 km et une dizaine de 10 km de diamètre. La fréquence de la chute sur Terre d'un corps de cette dernière taille n'est que de l'ordre de 1 fois tous les 100 millions d'années, mais ses effets seraient dévastateurs.

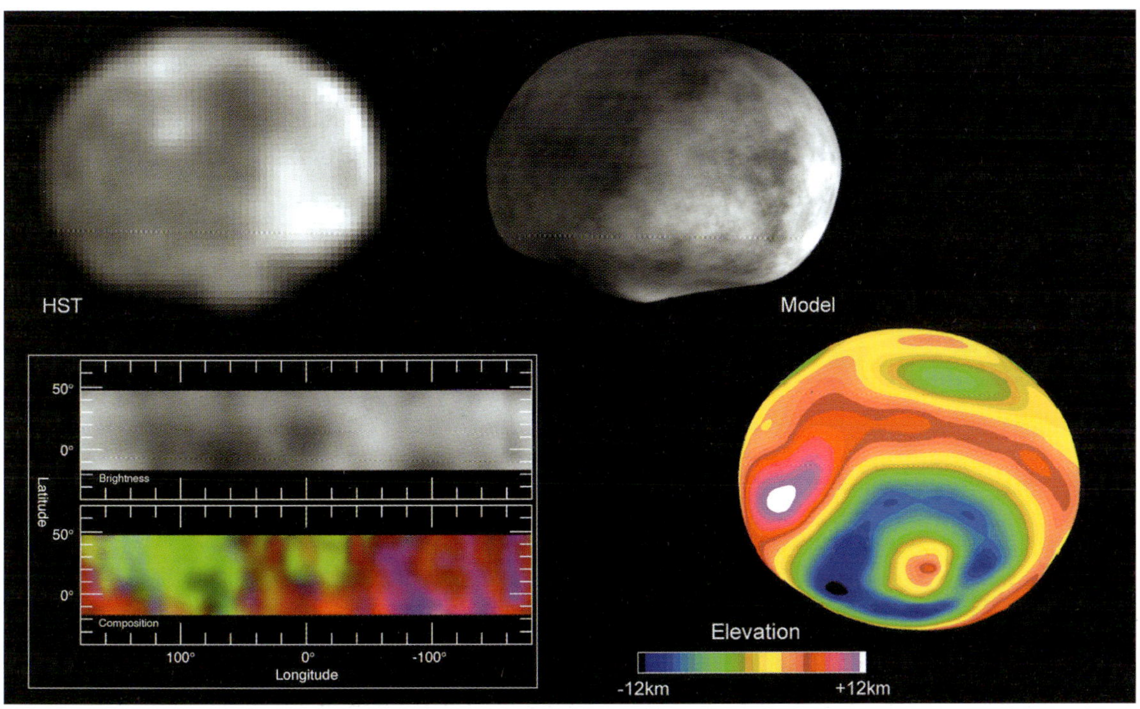

Vesta
C'est l'un des astéroïdes les plus étudiés.
DE GAUCHE À DROITE, DE HAUT EN BAS
Image prise par *Hubble* ; sa reconstruction informatique ; son planisphère ; et une vue tridimensionnelle numérisée intégrant les données d'altitude relative.

HST = Hubble
Model = Modèle
Elevation = Élévation

C'est la planète la plus grande du Système solaire et la première des planètes externes. Son épaisse atmosphère lui confère une luminosité qui égale parfois celle de Vénus. Elle ressemble par bien des aspects au Soleil : sa rotation différentielle est manifeste, elle présente des phénomènes superficiels similaires, brefs et de grandes dimensions et, surtout, elle émet davantage d'énergie qu'elle n'en reçoit du Soleil.

JUPITER

Images de Jupiter
ci-dessous Jupiter prise dans le visible par *Hubble*.
en bas à droite La même image prise dans l'infrarouge met en évidence la température des formations cycloniques (taches ovales) et des bandes nuageuses. La plus chaude est la bande équatoriale ; le point sombre est une lune.

en haut à droite Reconstruction numérique des anneaux de Jupiter.

Quand elle est en opposition, Jupiter est la planète la plus brillante avec Vénus. La planète géante se prête très bien à l'observation et juste aux jumelles, vous pouvez la voir entourée de ses quatre lunes principales. Avec une bonne lunette, on distingue un disque aplati aux pôles et strié de bandes claires et sombres parallèles à l'équateur. Pour distinguer des détails de la surface nuageuse, un télescope est indispensable : vous pourrez alors observer l'apparition de formations atmosphériques changeantes qui, en l'espace de quelques jours, voire quelques heures, se forment puis disparaissent, mais surtout admirer la célèbre « tache rouge » – un immense ouragan qui agite l'atmosphère jovienne depuis au moins trois siècles. Observée pour la première fois en 1665 par Jean-Dominique Cassini, la Grande Tache Rouge mesure 39 000 km par 14 000 km dans ses plus grandes dimensions. Les planétologues pensent qu'il s'agit d'un phénomène superficiel de longue durée mais instable.

Les bandes colorées horizontales visibles à la surface de Jupiter sont produites par des vents violents et des mouvements convectifs qui agitent les gaz de l'atmosphère : dans les zones claires, les gaz chauds montent rapidement jusqu'à une altitude élevée où ils cristallisent ; ils redescendent alors au niveau des bandes sombres, plus froides. Les couleurs dominantes – jaune, orange et ocre – sont dues à la présence d'ammoniac et d'hydrosulfure d'ammonium qui se condensent en épais nuages, les couleurs plus intenses, à des composés fluorés.

NI PLANÈTE NI ÉTOILE

Jupiter est le plus grand corps du Système solaire après le Soleil : 10 fois plus petite que lui et 1 000 fois moins massive, elle a presque la même densité pour un volume égale à 1 300 fois celui de la Terre. Sa masse est telle qu'elle perturbe sensiblement les orbites des astéroïdes et des comètes.

Le mouvement de rotation de Jupiter autour de son axe est très rapide – à peine 9 h 50 min – avec, pour conséquence, une vitesse linéaire à l'équateur atteignant 12,6 km/s. Cela provoque l'aplatissement conséquent des pôles et l'évidente rotation différentielle,

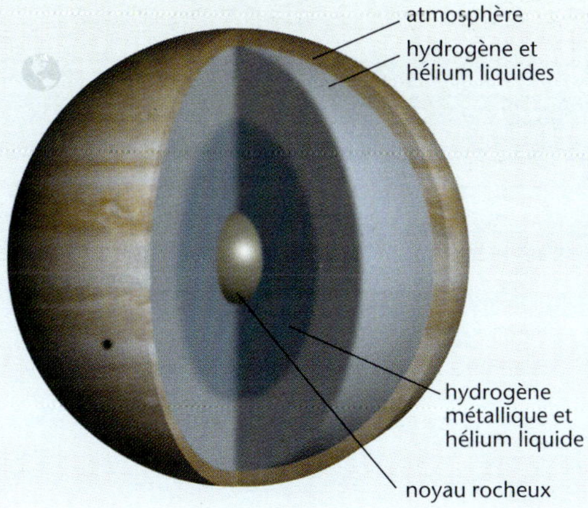

JUPITER EN CHIFFRES

RAYON ÉQUATORIAL (km)	71 492	PÉRIHÉLIE (MILLIONS DE km)	740,9
APLATISSEMENT POLAIRE	0,061	APHÉLIE (MILLIONS DE km)	815,7
MASSE (10^{24} kg)	1 900	PÉRIODE	
• PAR RAPPORT À LA TERRE	318	• DE ROTATION SIDÉRALE (h SOLAIRES MOY.)	9,84
VOLUME (MILLIARDS DE km^3)	1 425 230	• DE RÉVOLUTION (ANNÉES TERRESTRES)	11,86
• PAR RAPPORT À LA TERRE	1 316	EXCENTRICITÉ DE L'ORBITE	0,0483
DENSITÉ MOYENNE (g/cm^3)	1,33	VITESSE ORBITALE MOY. (km/s)	13,1
TEMPÉRATURE MOYENNE (K/°C)		INCLINAISON	
• DES NUAGES	152/-121	• DE L'ORBITE SUR L'ÉCLIPTIQUE	1,308°
ACCÉL. MOY. DE LA GRAVITÉ EN SURFACE (m/s^2)	23,12	• DE L'ÉQUATEUR SUR L'ORBITE	3,12°
DISTANCE MOYENNE (MILLIONS DE km)		SATELLITES	60
• AU SOLEIL	778,33	DIAMÈTRE APPARENT DU SOLEIL	6,2'
• À LA TERRE (À L'OPPOSITION)	628,8	ALBÉDO	0,52
		PRINCIPAUX COMPOSANTS ATMOSPHÉRIQUES	H_2 (90 %), HE (9 %)

similaire à celle observée à la surface du Soleil : la planète ne pivote pas comme un corps rigide mais tourne plus vite à l'équateur qu'aux pôles.

Jupiter a aussi une composition similaire au Soleil : son atmosphère est constituée à 90 % d'hydrogène, 9 % d'hélium et dans une moindre mesure de méthane et d'ammoniac. Les données recueillies par les sondes *Pioneer*, *Voyager* et *Galileo* ont montré que la planète est en train de se contracter : son diamètre diminue d'environ 1 mm par an. Cela et bien d'autres données confirment que Jupiter est un corps principalement gazeux et que le surplus d'énergie qu'émet la planète par rapport à ce qu'elle reçoit du Soleil (70 % en plus) est produit par cette « concentration gravitationnelle ». Si Jupiter avait été plus grosse, ce processus aurait pu déclencher des réactions nucléaires de fusion comme il est advenu dans le Soleil, avec lequel Jupiter aurait formé une étoile double. Cependant la masse de Jupiter est insuffisante pour cela (c'est pourquoi on dit parfois qu'elle est une « étoile ratée »), et sa température reste très basse.

La rotation rapide de Jupiter a plusieurs conséquences. Tout d'abord, l'équilibre géotrophique entre la pression atmosphérique et les forces de Coriolis fait obstacle à l'instauration de courants atmosphériques nord-sud. En outre, elle serait à l'origine de l'intense champ magnétique de la planète (environ 13 fois celui de la Terre en surface) : la magnétosphère de Jupiter s'étend sur des millions de kilomètres dans l'espace et engendre de magnifiques aurores polaires similaires à celles observées sur Terre.

D'après les données recueillies par les sondes, Jupiter posséderait un petit noyau rocheux de silicates de fer entouré d'un manteau d'hydrogène métallique et d'hélium liquide surmonté d'un océan d'hydrogène et d'hélium liquides (41 500 km d'épaisseur au total) ; le noyau tournerait plus vite, en 9,92 heures. Cette structure explique l'existence et les caractéristiques du champ magnétique mais reste une hypothèse de travail. Au-dessus s'étend l'atmosphère d'environ 1 500 km d'épaisseur.

ANNEAUX ET SATELLITES

Jupiter possède de très nombreux satellites : on en connaît actuellement 60, mais les instruments spatiaux

LA CHALEUR DE JUPITER
La quantité globale d'énergie émise par Jupiter est 1,7 fois celle reçue par le Soleil. Le surplus d'énergie se dissipe principalement au niveau de l'équateur (bandes jaunes).

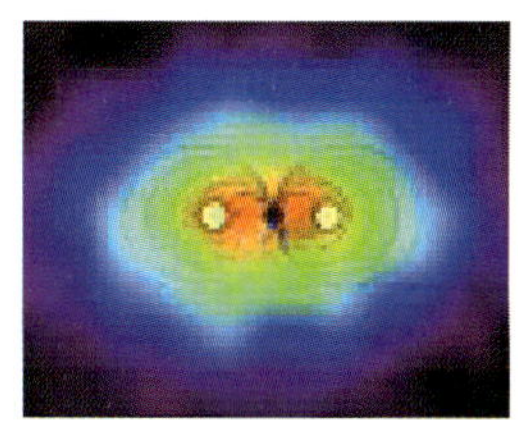

LE MAGNÉTISME JOVIEN
CI-DESSUS Modèle de la magnétosphère de Jupiter.
EN BAS Une aurore polaire produite par l'interaction de celle-ci avec le vent solaire.

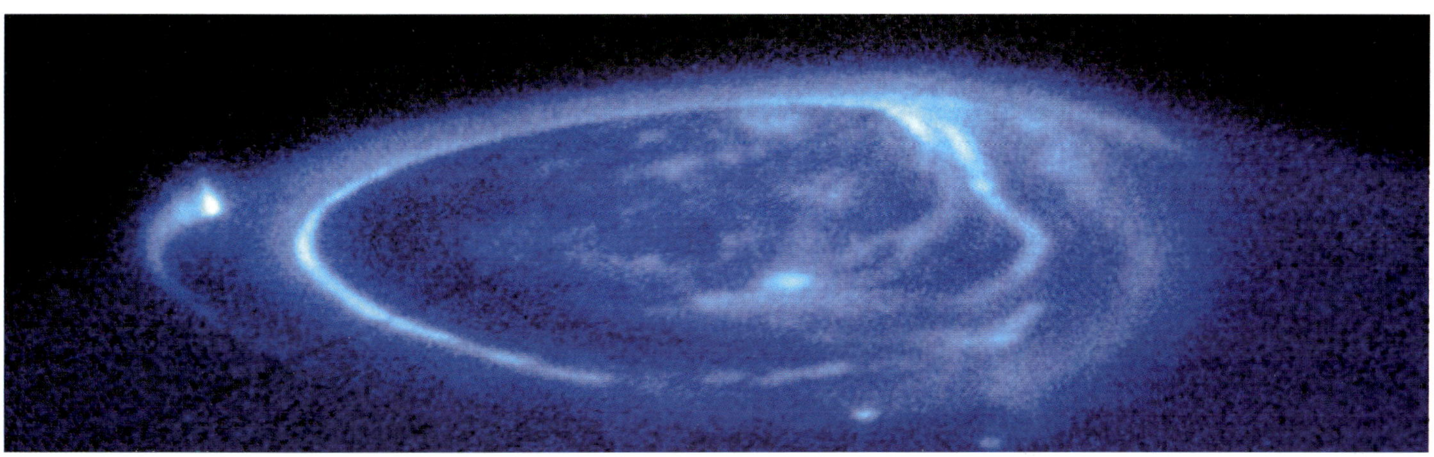

JUPITER ET SA COUR
CI-CONTRE Vue de Io sur fond de nuages, prise par *Hubble* alors que la lune transite devant Jupiter.

EN BAS À DROITE Io prise en infrarouge. Les couleurs claires mettent en évidence les zones plus chaudes des éruptions.

et terrestres toujours plus puissants en découvrent de nouveaux tous les ans. Comme Saturne, la planète est entourée d'anneaux de poussières, mais bien moins étendus et plus ténus. Invisibles aux télescopes, ils ont été découverts par la sonde *Voyager 2*. Épais d'environ 30 km seulement, deux anneaux orbitent autour de Jupiter à environ 60 000 km au-dessus du sommet des nuages ; le plus externe et le plus brillant fait 800 km de large, le second ou anneau principal, env. 6 000 km ; un troisième anneau, extrêmement fin et ténu, s'étend jusqu'aux nuages.

Parmi les satellites de Jupiter, les plus grandes lunes – Io, Europe, Ganymède et Callisto, découvertes par Galilée en 1610 et appelées de ce fait les « lunes galiléennes » – sont aussi les plus intéressantes. Elles sont facilement repérables aux jumelles comme de tout petits points, mais comme le plan de leurs orbites est peu incliné par rapport à celui de Jupiter, elles sont très souvent éclipsées. C'est en étudiant leurs mouvements que Ole Rømer a réussi à mesurer pour la première fois la vitesse de la lumière, en 1675.

Les sondes américaines *Pioneer 10* et *11*, *Voyager 1* et *2* et *Galileo* ont recueilli beaucoup d'informations sur les lunes joviennes. Les plus petites sont semblables aux satellites des autres planètes, et beaucoup sont manifestement des astéroïdes capturés par la gravité

ANNEAUX ET PRINCIPAUX SATELLITES

NOM	DISTANCE AU CENTRE DE JUPITER (km)	LARGEUR × ÉPAISSEUR (ANNEAU), DEMI-AXES OU RAYON (LUNES) (km)	MASSE (kg)
ANNEAU DE GOSSAMER	131 500	800	?
ANNEAU PRINCIPAL	130 700	6 400	~10^{13}
MÉTIS	127 970	20	9,6 . 10^{16}
ADRASTÉE	128 980	13 × 10 × 8	1,9 . 10^{16}
AMALTHÉE	181 300	131 × 73 × 67	7,2 . 10^{18}
THÉBÉ	221 900	55 × 50 × 45	8 . 10^{17}
IO	421 600	1 830 × 1 819 × 1 815	8,94 . 10^{22}
EUROPE	670 900	1 565	4,80 . 10^{22}
GANYMÈDE	1 070 000	2 634	1,48 . 10^{23}
CALLISTO	1 883 000	2 403	1,08 . 10^{23}
LÉDA	11 094 000	5	5,7 . 10^{15}
HIMALIA	11 480 000	85	9,6 . 10^{18}
LYSITHÉE	11 720 000	12	8 . 10^{16}
ÉLARA	11 737 000	40	8 . 10^{17}
ANANKÉ	21 200 000	10	3,8 . 10^{16}
CARME	22 600 000	15	9,6 . 10^{16}
PASIPHAÉ	23 500 000	18	1,9 . 10^{17}
SINOPE	23 700 000	14	8 . 10^{16}

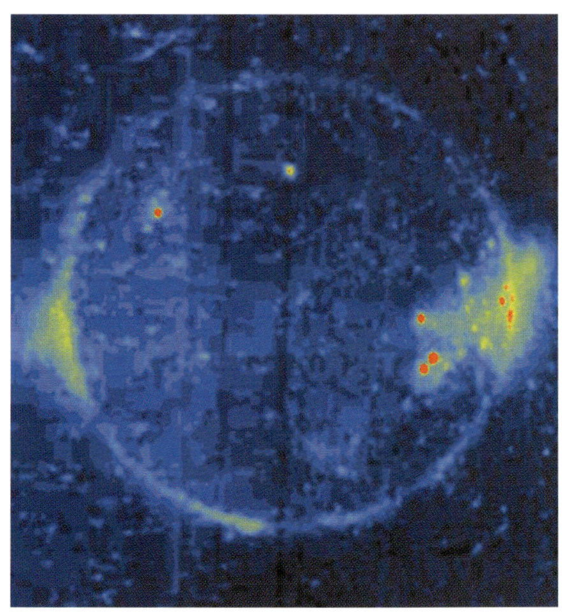

de Jupiter. Les lunes galiléennes, en revanche, sont sphériques et très différentes les unes des autres.

Io : relativement chaude (en moyenne 130 K/–143 °C mais les bouches des volcans atteignent 1 400 °C), elle est constellée de volcans actifs et dépourvue de cratères d'impact : sa surface est donc récente. C'est le seul corps du Système solaire où des éruptions ont été photographiées. Les laves et les gaz émis par celles-ci sont très riches en soufre, d'où sa couleur orangée. Les données récentes envoyées par *Galileo* suggèrent qu'elle possède un noyau de fer et nickel, un manteau de silicates se prolongeant jusqu'à la croûte et un champ magnétique propre. L'énergie de Io serait engendrée par les interactions des forces de marée exercées par Europe, Ganymède et Jupiter. Pendant que Io tourne toujours la même face vers Jupiter (comme la Lune vers la Terre), la gravité des autres lunes déforme sa croûte, générant des dénivelés de 100 m. Ces déformations continues produisent de l'énergie thermique – comme lorsqu'on plie de façon répétée un fil de fer.

Europe : juste un peu plus petite que la Lune, elle est complètement recouverte de glace sous laquelle Galileo a découvert un vaste océan salé maintenu liquide par la chaleur engendrée par les forces de marée. Europe est le corps le plus lisse du Système solaire : les plissements les plus élevés ne dépassent pas quelques centaines de mètres. Comme Io, Ganymède, Titan et Triton, elle possède une atmosphère ; celle de Io est constituée de vapeurs sulfureuses, mais celle d'Europe est une fine couche d'oxygène. Elle est aussi dotée d'un faible champ magnétique qui, du fait de sa rotation autour de Jupiter, varie périodiquement sous l'influence de l'intense champ jovien.

Ganymède : c'est la plus grande lune du Système solaire (plus grande, même, que Mercure et Pluton). Sous une croûte de glace de 100 à 200 km se cache une nappe d'eau liquide. D'aspect lunaire, elle montre des étendues plates, des crevasses et des cratères peu profonds de toutes dimensions. Elle a un faible champ magnétique.

Callisto : criblée d'impacts de météorites capturées dans le champ gravitationnel de Jupiter, elle porte la trace d'un gigantesque impact passé. Sous sa croûte de glace et de roches, elle posséderait aussi un manteau de glace en partie fondue.

LES SATELLITES GALILÉENS
DE GAUCHE À DROITE
Images à l'échelle de Io, Europe, Ganymède et Callisto prises dans le visible.

DÉTAILS
Les surfaces de ces quatre mêmes lunes photographiées par *Voyager 2* (en couleurs) et les relevés radar de *Galileo* (noir et blanc, en bas).
DE GAUCHE À DROITE
La surface volcanique de Io, la surface crevassée et glacée d'Europe sous laquelle existerait un océan d'eau, la surface balafrée de Ganymède et celle, constellée de cratères météoritiques, de Callisto.

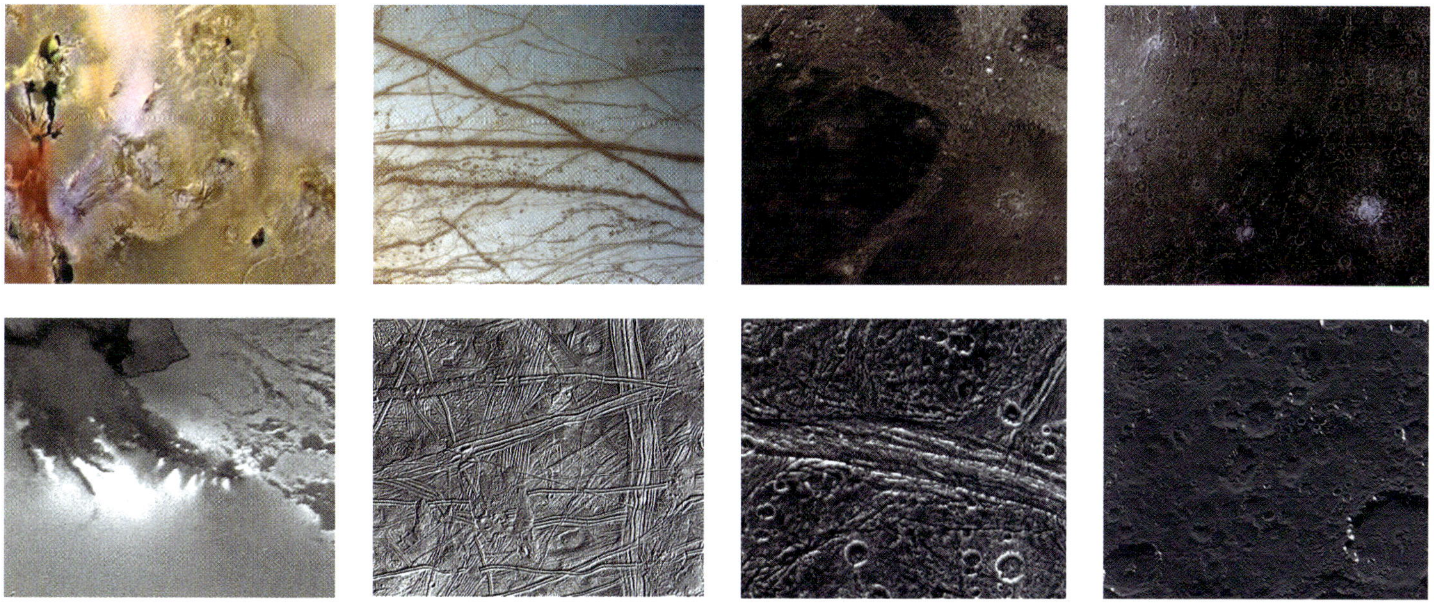

♄

SATURNE OCCUPE LA SIXIÈME POSITION À PARTIR DU SOLEIL, À PRESQUE UN MILLIARD ET DEMI DE KILOMÈTRES DE CELUI-CI. UN PEU MOINS GRANDE QUE JUPITER, C'EST SANS DOUTE LA PLANÈTE LA PLUS CÉLÈBRE GRÂCE À SES ANNEAUX BRILLANTS CONNUS ET ÉTUDIÉS DEPUIS L'ÉPOQUE DE GALILÉE.

SATURNE

SATURNE
CI-DESSOUS Le champ magnétique de Saturne engendre d'immenses aurores polaires.

EN BAS Image en fausses couleurs de la planète prise par *Hubble*.

Malgré sa plus petite taille et son plus grand éloignement, Saturne peut être encore bien observée aux jumelles. D'un blanc perle, elle a un beau système d'anneaux qui n'est toutefois pas toujours visible.

Saturne ressemble beaucoup à Jupiter mais est beaucoup moins dense – sa densité moyenne est la plus faible du Système solaire. Son atmosphère, composée d'environ 96,3 % d'hydrogène moléculaire, 3,3 % d'hélium moléculaire et 0,4 % de méthane, se fond graduellement sous la pression en un océan d'hydrogène et d'hélium moléculaires. La planète possède sans doute un petit noyau rocheux de la taille de la Terre recouvert d'un épais manteau liquide d'hydrogène métallique et d'hélium d'environ 20 000 km d'épaisseur.

Saturne a aussi une rotation différentielle très rapide (10 h 14 min à l'équateur, contre 9 h 50 min pour Jupiter) qui conditionne sa forme et la stratification de son atmosphère : l'aplatissement des pôles et la coloration en bandes claires et plus sombres parallèles à l'équateur en sont les conséquences directes, comme sur Jupiter. Cependant Saturne est encore plus aplatie, et ses bandes nuageuses parallèles, au profil moins net, sont plus étroites aux latitudes élevées et plus larges près de l'équateur.

Saturne présente aussi des formations atmosphériques de longue durée similaires à la Grande Tache Rouge de Jupiter. Les différences de tonalité entre les bandes sont dues à de légères variations de proportion dans les composés de soufre et de phosphore et d'épaisseur des nuages.

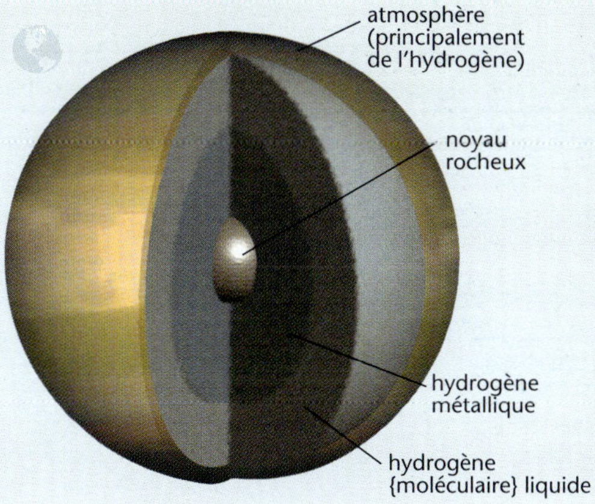

Saturne en chiffres

Rayon équatorial (km)	60 268	Périhélie (millions de km)	1 347
Aplatissement polaire	0,108	Aphélie (millions de km)	1 507
Masse (10^{24} kg)	568,8	Période	
• par rapport à la Terre	95	• de rotation sidérale (h solaires moy.)	10,233
Volume (milliards de km^3)	817 670	• de révolution (années terrestres)	29,45
• par rapport à la Terre	755	Excentricité de l'orbite	0,056
Densité moyenne (g/cm^3)	0,69	Vitesse orbitale moy. (km/s)	9,7
Température moyenne (K/°C)		Inclinaison	
• des nuages	148/–125	• de l'orbite sur l'écliptique	2,49°
Accél. moy. de la gravité en surface (m/s^2)	9,05	• de l'équateur sur l'orbite	26,7°
Distance moyenne (millions de km)		Satellites	≥ 30
• au Soleil	1 427,0	Diamètre apparent du Soleil	3,4′
• à la Terre (à l'opposition)	1 277,4	Albédo	0,47
		Principaux composants atmosphériques	H_2 (97 %), He (3 %)

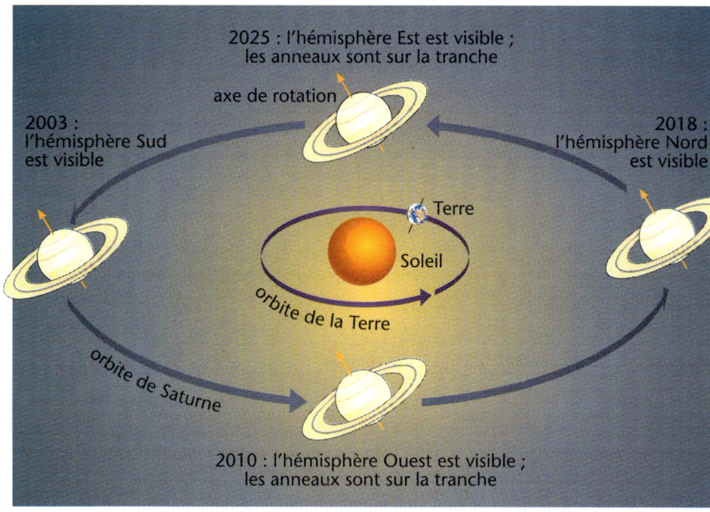

Les aspects de Saturne
Selon sa position par rapport à la Terre, les anneaux de Saturne ont une inclinaison variable comme le montrent le photomontage de gauche et le schéma de droite.

Saturne possède un champ magnétique interne qui est 500 fois plus puissant que le champ magnétique terrestre, sans doute généré par la rotation de la couche d'hydrogène métallique en 10,9 h. Comme Jupiter, elle irradie davantage d'énergie (1,76 fois) qu'elle n'en reçoit du Soleil. Sa température interne atteint 12 000 degrés probablement par le même mécanisme de contraction observé sur Jupiter.

Cependant, Saturne fascine avant tout par la splendeur de ses anneaux. Observés pour la première fois par Galilée qui ne réussit pas, toutefois, à comprendre leur nature, les anneaux de Saturne sont formés d'une succession d'anneaux concentriques de diamètres légèrement différents. Ceux-ci sont constitués de poussières, d'agrégats de glace d'eau et de glace sèche (gaz carbonique gelé) et de roches recouvertes de glace, de masses, de formes et de dimensions (1 cm à quelques mètres) très variées en orbite autour de la planète.

Ce système a une structure très complexe. Avec un petit télescope, on distingue deux ou trois séparations sombres apparemment vides, mais en réalité, les anneaux s'étendent sans discontinuité sur 65 000 km. Le plus interne orbite à la limite de l'atmosphère, le plus externe est à 250 000 km du bord visible de la planète.

Les anneaux
de droite à gauche
a. Vus sur la tranche, les anneaux de Saturne disparaissent. Quelques satellites sont visibles.
b. La division de Encke (plage sombre la plus fine) et celle de Cassini.
c. Une image composée (ultraviolet, visible et filtre vert) de l'anneau C pris à 3 millions de km de distance.
d. Image prise à 9 millions de km par *Voyager 2* ; les fausses couleurs révèlent les différences de composition chimique.

Satellites et anneaux
À droite De gauche à droite, dimensions relatives des principales lunes de Saturne (de la plus interne à la plus externe) et de la planète.

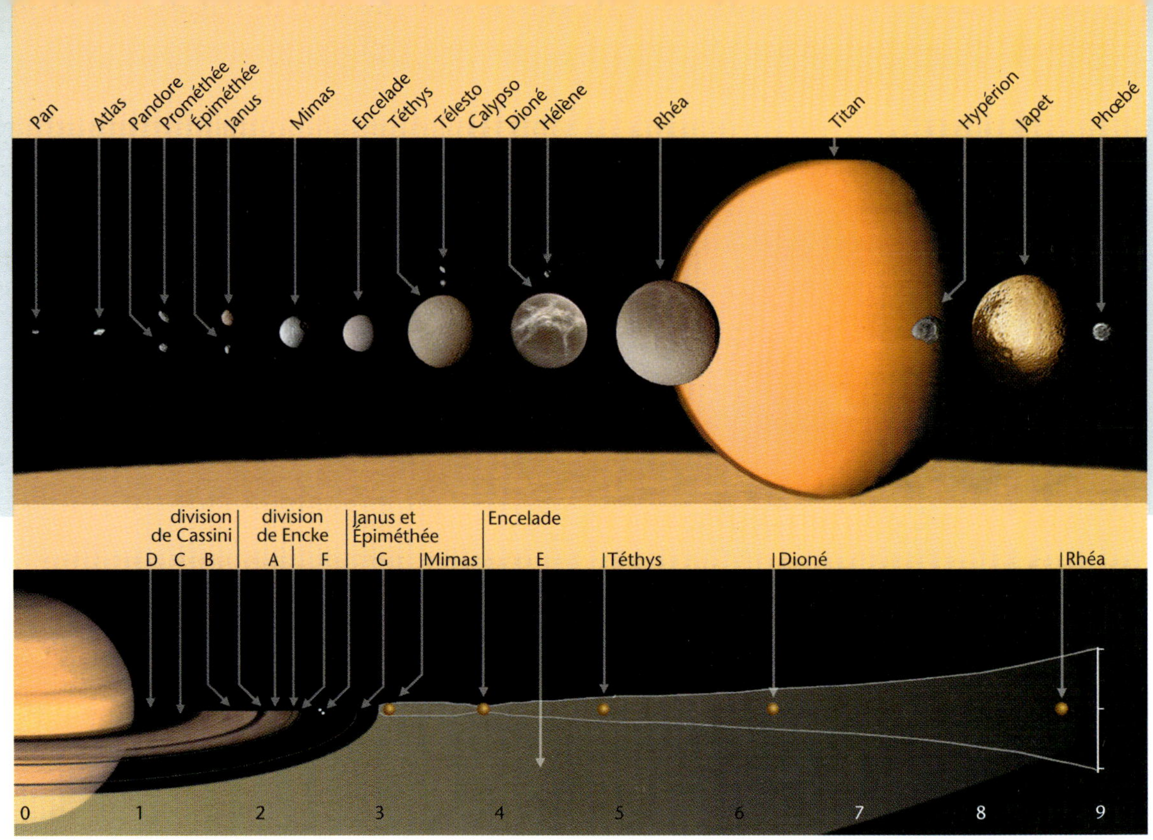

L'épaisseur des anneaux est faible et variable – de l'ordre de quelques kilomètres. Tous les anneaux se trouvent dans le plan équatorial de la planète, et comme l'axe de rotation de Saturne est incliné par rapport à son plan orbital, vus depuis la Terre, ils changent d'aspect au fil du temps : tous les 14,5 ans environ, ils « disparaissent » car nous les voyons alors sur la tranche.

Anneaux et principaux satellites

Nom	Distance au centre de Saturne (km)	Largeur × Épaisseur (anneau), Demi-axes ou Rayon (lunes) (km)	Masse (kg)
anneau D	67 000	750 × ?	?
anneau C	74 500	18 000 × ?	1,1 . 10^{18}
anneau B	92 000	26 000 × 0,1 à 1	2,8 . 10^{19}
anneau A	122 200	15 000 × 0,1 à 1	6,2 . 10^{18}
Pan	133 580	10	?
Atlas	137 640	19 × 15 × 13	?
Prométhée	139 350	70 × 50 × 37	2,7 . 10^{17}
anneau F	140 200	30 à 500 × ?	?
Pandore	141 700	57 × 42 × 31	2,2 . 10^{17}
Épiméthée	151,42	72 × 54 × 49	5,6 . 10^{17}
Janus	151 470	98 × 96 × 75	2,01 . 10^{18}
anneau G	165 800	8 000 × 100 à 1 000	6 à 23 . 10^{6}
anneau E	180 000	300 000 × 1 000	?
Mimas	185 520	196	3,80 . 10^{19}
Encelade	238 020	250	8,40 . 10^{19}
Téthys	294 660	530	7,55 . 10^{20}
Télesto	294 660	17 × 14 × 13	?
Calypso	294 660	17 × 11 × 11	?
Dioné	377 400	560	1,05 . 10^{21}
Hélène	377 400	18 × 16 × 15	?
Rhéa	527 040	756	2,49 . 10^{21}
Titan	1 221 850	2 575	1,35 . 10^{23}
Hypérion	1 481 000	205 × 130 × 110	1,77 . 10^{19}
Japet	3 561 300	730	1,88 . 10^{21}
Phœbé	12 952 000	110	4,0 . 10^{18}

L'origine des anneaux de Saturne (comme ceux des autres planètes externes) est encore incertaine. Ils pourraient résulter de la désagrégation d'un ou plusieurs satellites par les forces de marée exercées par la planète géante, mais sont plus probablement les résidus de la matière primitive qui, pour les mêmes raisons, n'a pas pu s'agréger pour former des lunes. En outre, aucune planète du Système solaire n'a capturé autant de débris spatiaux que Saturne. *Voyager 1* a trouvé des astéroïdes, des rochers cosmiques, des amas de poussières, des petites lunes et des blocs de glace en quantités énormes. Avec sa trentaine de satellites dont 9 majeurs, Saturne fait figure de mini-système solaire. Seul Titan, connu avant l'envoi de sondes, est grand ; de la taille de Ganymède, il est particulièrement intéressant parce qu'il possède une épaisse atmosphère opaque constituée de 90 % d'azote, de 1 à 10 % de méthane et de divers hydrocarbures. Comme on pense que c'était la composition de l'atmosphère primitive de la Terre, Titan est peut-être le corps extraterrestre le plus adapté à la vie.

En effet, sa densité suggère que la lune est formée d'un noyau rocheux enveloppé de glace d'eau, peut-être recouvert d'océans de méthane car les conditions de température (–178 °C en surface) et de pression permettent au méthane d'exister sous forme gazeuse, liquide et solide, comme l'eau sur Terre. Titan est dépourvu de champ magnétique mais orbite une partie du temps hors de la magnétosphère de Saturne ; la lune se trouve alors exposée au vent solaire, ce qui peut déclencher la chimie de la vie. Son exploration en 2004 par la sonde *Huygens* de la mission *Cassini* dévoilera ses mystères.

Même par une nuit sans Lune, Uranus est pratiquement impossible à distinguer sans l'aide d'un instrument puissant. Découverte par W. Herschel en 1781, cette planète « moderne » n'a reçu son nom définitif qu'en 1850. Elle a révélé sa beauté et quelques-unes de ses plus importantes caractéristiques à la sonde *Voyager 2* qui s'en est approchée en 1986 à 81 500 km et l'a photographiée.

URANUS

Aux jumelles, c'est juste un point lumineux ; un télescope révèle sa belle couleur bleu-vert mais son disque reste trop petit pour distinguer des détails significatifs.

La planète fut découverte par hasard par William Herschel qui scrutait le ciel de façon systématique avec son nouveau télescope de 120 cm et qui la prit d'abord pour une comète. Si elle a été vue par les anciens astronomes, ils ont du la prendre pour une étoile fixe, vu sa faible magnitude (p. 190) de 5,6.

Uranus est une planète unique dans le Système solaire. Sa rotation est rétrograde et son axe de rotation est incliné de 98° par rapport au plan de son orbite – en d'autres mots, avec son équateur presque perpendiculaire à son mouvement de révolution, elle « roule » plutôt qu'elle ne tourne le long de son orbite. On suppose qu'elle avait au départ une orientation similaire aux autres planètes mais qu'une violente collision avec un corps de la taille de la Terre l'a « culbutée » au tout début de son histoire, alors que ses anneaux et satellites étaient encore en formation ; un tel choc expliquerait aussi son mouvement rétrograde. Si la planète avait basculé dans l'autre sens, son pôle Nord se serait retrouvé sous le plan de l'orbite et elle aurait alors tourné dans le « bon » sens. Cette particularité a plusieurs conséquences. Contrairement aux autres planètes, les pôles d'Uranus sont observables depuis la Terre ; celui qui est exposé au Soleil a une température moyenne de –208 °C tandis que celui qui reste dans l'ombre est à –215 °C. De même, le

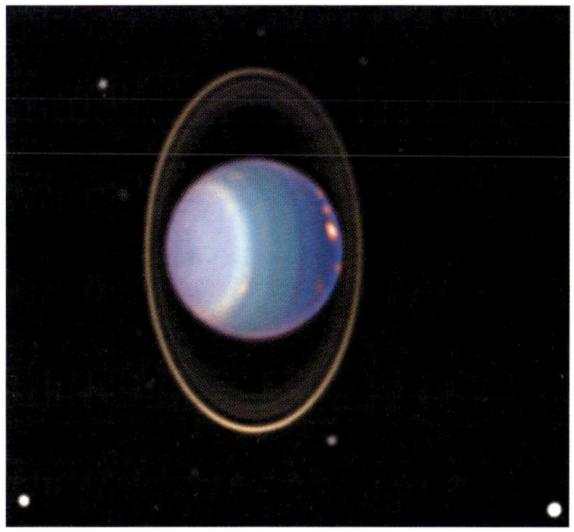

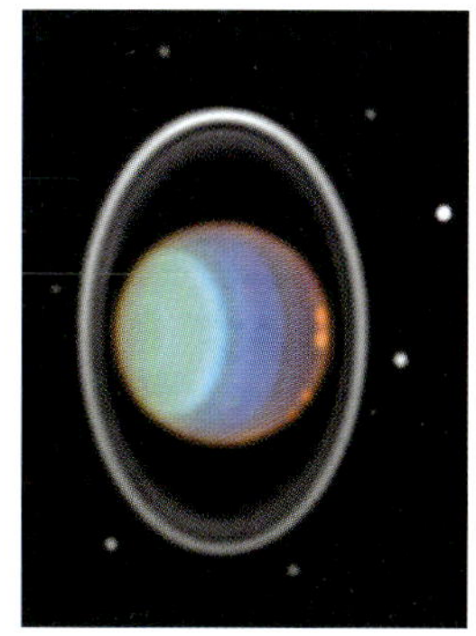

Uranus
Deux images d'Uranus et de quelques-unes de ses lunes prises par *Hubble*. Les principaux anneaux sont aussi visibles.

La visite de *Voyager*
Ces deux images du pôle géographique d'Uranus ont été prises par *Voyager 2* à 18 millions de km de distance. La couleur gris-vert de l'image prise dans le visible (à gauche) est due au méthane atmosphérique. Grâce au traitement d'images prises dans différentes longueurs d'onde, l'image en fausses couleurs (à droite) met en évidence une calotte polaire de brumes cerclée d'une série de bandes de convection de plus en plus claires. À l'équateur, le marron est sans doute dû à de l'acétylène atmosphérique.

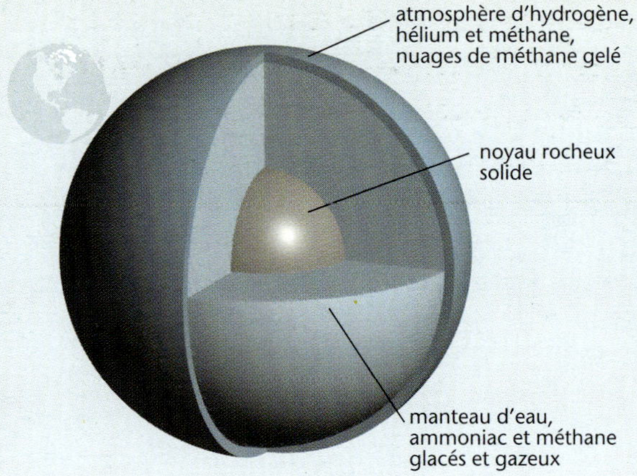

Uranus en chiffres

Rayon équatorial (km)	25 559	Périhélie (millions de km)	2 735
Aplatissement polaire	0,03	Aphélie (millions de km)	3 004
Masse (10^{24} kg)	86,8	Période	
• par rapport à la Terre	14,5	• de rotation sidérale ***rétrograde***	
Volume (milliards de km^3)	68 640	(h solaires moy.)	17,9 (R)
• par rapport à la Terre	63	• de révolution (années terrestres)	84,02
Densité moyenne (g/cm^3)	1,29	Excentricité de l'orbite	0,046
Température moyenne (K/°C)		Vitesse orbitale moy. (km/s)	6,8
• des nuages	80/-193	Inclinaison	
Accél. moy. de la gravité		• de l'orbite sur l'écliptique	0,774°
en surface (m/s^2)	7,77	• de l'équateur sur l'orbite	97,9°
Distance moyenne		Satellites	21
(millions de km)		Diamètre apparent du Soleil	1,7'
• au Soleil	2 871	Albédo	0,51
• à la Terre		Principaux composants atmosphériques	
(à l'opposition)	2 719,7	H_2 (85 %), He (15,2 %), CH_4 (2,4 %)	

Les 11 anneaux d'Uranus
Leur composition est similaire aux anneaux de Jupiter et Saturne. La principale différence vient de la structure du système : les anneaux d'Uranus sont plus sombres, plus fins, plus réguliers et davantage séparés que ceux des deux autres planètes.

système de 11 anneaux principaux, formés de poussières et de minuscules fragments solides, reste presque toujours entièrement visible.

Le champ magnétique d'Uranus, mesuré par *Voyager 2*, a une intensité d'environ le tiers du champ terrestre (2,5 gauss) et son axe a la particularité d'être très incliné sur l'axe de rotation de la planète (de 59°). Uranus a une atmosphère très épaisse (peut-être 30 % de son rayon) composée d'hydrogène et d'hélium, mais aussi de méthane qui lui donne cette couleur bleu turquoise. La sonde *Voyager 2* a étudié les nuages de la haute atmosphère dont la température oscille autour de –200 °C.

La planète possède aussi une kyrielle de satellites dont cinq seulement étaient connus avant la venue de *Voyager 2* : Miranda, Ariel, Umbriel, Titania et Obéron ; la sonde en a découvert 11 autres et 5 autres ont été depuis découverts par des télescopes terrestres ; hormis les satellites majeurs (plus de 60 km de diamètre), la plupart sont de simples roches cosmiques capturées par la planète. Nommés d'après des personnages de Shakespeare, les satellites d'Uranus gravitent dans le plan équatorial avec un mouvement rétrograde. Comme les autres lunes des planètes géantes, leur évolution est « gelée » depuis des milliards d'années.

Lunes uraniennes
De haut en bas : Obéron, Titania et Umbriel.

Anneaux et principaux satellites

Nom	Distance au centre d'Uranus (km)	Largeur × Épaisseur (anneau), Demi-axes ou Rayon (lunes) (km)	Masse (kg)
anneau 1986U2R	38 080	2 500 × 0,1	?
anneau 6	41 820	1 à 3 × 0,1	?
anneau 5	42 200	2 à 3 × 0,1	?
anneau 4	42 530	2 à 3 × 0,1	?
anneau alpha	44 718	7 à 12 × 0,1	?
anneau bêta	45 661	7 à 12 × 0,1	?
anneau êta	47 176	0 à 2 × 0,1	?
anneau gamma	47 627	1 à 4 × 0,1	?
anneau delta	48 300	3 à 9 × 0,1	?
Cordelia	49 750	13	?
anneau lambda	50 024	1 à 2 × 0,1	?
anneau epsilon	51 149	20 à 100 × < 0,15	?
Ophélia	53 760	15	?
Bianca	59 160	21	?
Cressida	61 770	33	?
Desdémone	62 660	27	?
Juliette	64 360	42	?
Portia	66 100	54	?
Rosalinde	69 930	27	?
lune 1986U10	75 000	20	?
Belinda	75 260	33	?
Puck	86 010	77	?
Miranda	129 390	235	$6{,}33 . 10^{19}$
Ariel	191 020	578	$1{,}35 . 10^{21}$
Umbriel	266 300	584	$1{,}17 . 10^{21}$
Titania	435 910	788	$3{,}49 . 10^{21}$
Obéron	583 520	761	$3{,}03 . 10^{21}$
Caliban	7 164 650	30	?
Stephano	7 979 000	env. 20	?
Sycorax	12 174 690	60	?
Prospero (1999)	16 665 000	env. 20	?
Setebos	17 879 000	env. 20	?

De nombreux spécialistes « relèguent » Pluton au rang d'astéroïde de la ceinture de Kuiper et considèrent donc Neptune comme la dernière planète du Système solaire. Invisible à l'œil nu, elle ressemble à Uranus et se pare à son tour de somptueuses nuances azur dues à la présence de méthane dans son atmosphère nuageuse.

NEPTUNE

C'est la huitième planète par ordre d'éloignement du Soleil et la dernière planète jovienne – car Pluton a des caractéristiques totalement différentes des autres planètes externes. En outre, de par la géométrie des orbites de Neptune et Pluton, il arrive que Neptune soit plus éloignée du Soleil que Pluton ; c'était ainsi le cas entre 1979 et 1999. Toutefois, c'est Pluton qui s'écarte habituellement le plus du Soleil ; son éloignement maximal atteint près de 1,5 fois l'éloignement maximal de Neptune.

La présence d'une huitième planète fut suspectée par Adams et Le Verrier qui avaient détecté des irrégularités dans l'orbite d'Uranus que seule expliquait l'action gravitationnelle d'un corps de grandes dimensions. Cependant Neptune était à la limite des possibilités instrumentales de l'époque, et la planète ne fut découverte que le 23 décembre 1846 par un astronome de l'Observatoire de Berlin, après de longues et patientes recherches.

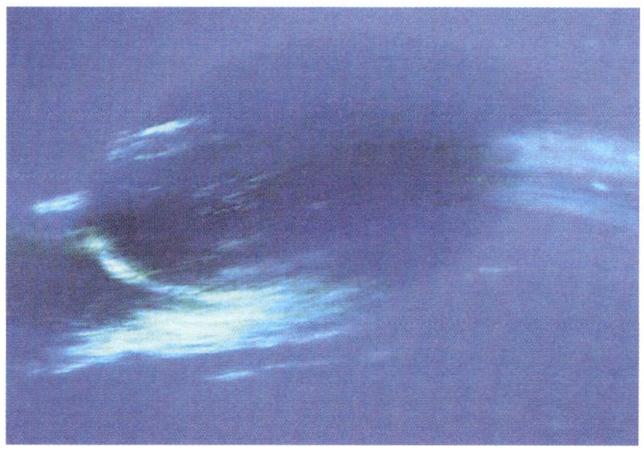

À l'époque, elle apparut comme un petit disque bleu-vert, mais en réalité elle est loin d'être petite ! À peine moins grande qu'Uranus, elle appartient comme Jupiter, Saturne et Uranus, à la famille des géantes. Longtemps, on n'en sut guère plus jusqu'à ce que la sonde *Voyager 2* la survole en 1989, ce qui changea complètement notre image d'elle. Sur les photographies, Neptune apparaît comme une magnifique planète bleue, mouchetée de brumes et striée de nuages blancs. Elle présentait alors une tache sombre grande comme la Terre : comme la Grande Tache Rouge de Jupiter, c'était une perturbation cyclonique qui, depuis, a disparu comme le montrent les vues récentes du télescope spatial *Hubble*. *Voyager 2* est toutefois passée à très grande vitesse, donc très brièvement, près de la planète ; les autres informations ont été obtenues par les plus puissants télescopes terrestres et par *Hubble*.

Images de Neptune
La Grande Tache Sombre, un nuage tourbillonnaire de sulfure d'hydrogène, a été photographiée par la sonde *Voyager 2* (ci-dessus à gauche) mais a disparu des images prises par *Hubble*.

ci-dessus Dans cette image prise par *Hubble* sont visibles les nuages de méthane (en blanc), le puissant courant-jet équatorial (en bleu sombre) où les vents soufflent à près de 1 400 km/h, et une région près du pôle Sud (bandes vertes) où l'atmosphère absorbe particulièrement les rayons ultraviolets.

à gauche Photographie globale de la planète.

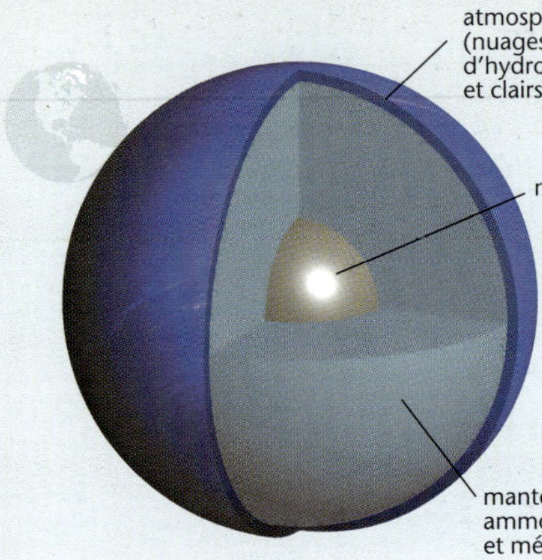

Neptune en chiffres

Rayon équatorial (km)	24 764
Aplatissement polaire	0,026
Masse (10^{24} kg)	102,4
• par rapport à la Terre	17
Volume (milliards de km^3)	61 700
• par rapport à la Terre	57
Densité moyenne (g/cm^3)	1,64
Température moyenne des nuages (K/°C)	
• maximales	150/-123
• minimales	53/-220
Accél. moy. de la gravité en surface (m/s^2)	11,0
Distance moyenne (millions de km)	
• au Soleil	4 497,1
• à la Terre (à l'opposition)	4 347,4
Périhélie (millions de km)	4 456
Aphélie (millions de km)	4 537
Période	
• de rotation sidérale (h solaires moy.)	16,11
• de révolution (années terrestres)	164,8
Excentricité de l'orbite	0,0097
Vitesse orbitale moy. (km/s)	5,45
Inclinaison	
• de l'orbite sur l'écliptique	1,774°
• de l'équateur sur l'orbite	29,6°
Satellites	11
Diamètre apparent du Soleil	1,1'
Albédo	0,35
Principaux composants atmosphériques	H_2 (85 %/80), He (13 %), CH_4 (≥1 %)

Nuages
Neptune prise par la sonde *Voyager 2* à une distance de 5 000 km de la surface. L'image en fausses couleurs montre différents niveaux de nuages dans l'atmosphère.
ci-dessus Détail d'un système nuageux parallèle à l'équateur.

Triton
Montage de photographies prises par *Voyager 2*.

Si le nom de Neptune et sa couleur azur évoquent l'eau, la planète n'est pas pour autant recouverte d'océans. Comme pour Uranus, cette couleur est due à la présence d'un faible pourcentage de méthane dans son atmosphère, constituée principalement d'hydrogène et d'hélium. Tourmentée par des tourbillons et des tempêtes, celle-ci est traversée par des vents soufflant parallèlement à l'équateur et atteignant les 2 000 km/h – ce sont les plus forts du Système solaire. La température moyenne des nuages est de –200 °C, et comme Jupiter et Saturne, Neptune émet plus d'énergie qu'elle n'en reçoit.

La planète a un champ magnétique plus faible que le champ terrestre dont les variations indiquent que l'intérieur tourne plus vite (en 17,2 h) que la couche nuageuse externe. Elle possède aussi un système de 4 anneaux très sombres et très ténus, constitués principalement d'agrégats de glace d'eau d'un diamètre allant du millionième de millimètre à quelques mètres. Mais, à la différence des anneaux des autres planètes, ceux de Neptune ont une densité irrégulière – très élevée sur des portions d'arc, très faible ailleurs.

Nous connaissons actuellement 11 lunes à Neptune, toutes de taille très inférieure à celle de la Lune à l'exception de Triton, la lune la plus massive et la plus grande. Les deux autres grandes lunes sont Protée, le corps le plus sombre du Système solaire – il ne reflète que 6 % de la lumière solaire – et Néréide, à la trajectoire très excentrique. Triton, qui tourne en sens rétrograde sur une orbite très inclinée, suscite l'intérêt des planétologues. Probablement capturée par Neptune, la lune a une surface très jeune et active, avec des geysers d'azote gazeux photographiés par *Voyager 2* qui jaillissent jusqu'à 8 km de haut ; de température extrêmement basse comme celle de Pluton (–238,5 °C), cette surface est sans doute recouverte de méthane, de gaz carbonique et d'azote gelés. Triton a en outre une atmosphère azotée et contiendrait plus de 25 % d'eau et un noyau rocheux.

Anneaux et principaux satellites

Nom	Distance au centre de Neptune (km)	Largeur × Épaisseur (anneau), Demi-axes ou Rayon (lunes) (km)	Masse (kg)
anneau 1989N3R	41 850	15 × ?	?
Naïade	48 230	29	?
Thalassa	50 070	40	?
Despina	52 530	74	?
anneau 1989N2R	53 240	15 × ?	?
anneau 1989N4R	53 240 à 59 430	5,8	?
Galatée	61 950	79	?
anneau 1989N1R	62 650	< 50	?
Larissa	73 550	104 × 89	?
Protée	117 650	209	?
Triton	354 760	1 350	$2,14 . 10^{22}$
Néréide	5 513 400	170	?

Le système Pluton-Charon est-il une planète double ? Un couple de satellites perdus ? Des comètes prisonnières du champ gravitationnel solaire ? Les hypothèses avancées ces dernières décennies doivent encore trouver confirmation, mais un nombre croissant de spécialistes pense que ces deux corps célestes sont des « intrus ». Puis vient Sedna…

PLUTON, CHARON, SEDNA…

Si Sedna, découverte en 2004, est reconnue comme étant la dixième planète du Système solaire, Pluton perdra ses records de petitesse et d'éloignement. De Pluton, découverte en 1930, on sait toujours peu de chose : elle accomplit son orbite en 248 ans et son périhélie est un peu à l'intérieur de l'orbite de Neptune. Charon, dont le rayon fait environ la moitié de celui de Pluton (soit à peine supérieur à celui de Sedna), se trouve à environ 19 600 km de Pluton avec qui il forme un véritable système double : Charon et Pluton gravitent autour de leur centre gravitationnel commun en se présentant toujours le même hémisphère.

L'origine de ces corps est encore controversée. Selon des hypothèses récentes, Pluton et les autres corps lointains du Système solaire seraient de grosses comètes, des corps de la ceinture de Kuiper gravitant à des distances relativement petites du Soleil, ou des éléments « internes » du nuage d'Oort qui entoure le Système solaire à grande distance. Leurs caractéristiques sont en effet si différentes de celles des planètes qui les précèdent qu'il est difficile de croire qu'ils ont une même origine. Prenons Pluton, des trois corps le mieux connu. Son orbite est très excentrique alors que celle des autres planètes est presque circulaire. Pluton évolue dans un plan très incliné par rapport à l'écliptique alors que l'orbite des autres planètes est pratiquement dans ce plan, et son axe de rotation est si incliné (122°) qu'il « roule » sur son orbite. Presque dépourvu d'atmosphère, Pluton, aurait une composition similaire à Triton : 70 % de roches et 30 % de glace. Cette forte proportion d'eau pourrait le faire assimiler à une comète. On peut aussi penser que Pluton et Charon étaient autrefois des satellites de Neptune qu'un choc ou une perturbation gravitationnelle aura délogé de leur orbite. Cette dernière hypothèse ne s'applique pas à Sedna, trop éloigné, dont la couleur très rouge suggère la présence d'oxyde de fer.

Pluton, Charon et Sedna en chiffres

Rayon équatorial (km)	
• Pluton	1142
• Charon	593
• Sedna	~500
Masse (10^{24} kg)	
• Pluton	0,0129
• par rapport à la Terre	0,002
• Charon	0,0011
Volume de Pluton (milliards de km^3)	6,2
• par rapport à la Terre	0,006
Densité moyenne (g/cm^3)	
• Pluton	2,07
• Charon	~ 2
Température moyenne (K/°C)	
• maximales de Pluton	63/-210
• minimales de Pluton	38/-235
• Sedna	37/-240
Distance moyenne entre Pluton et Charon (km)	19 640
Distance moyenne de Pluton (millions de km)	
• au Soleil	5 909,6
• à la Terre (à l'opposition)	5 665,6
Périhélie (millions de km)	
• Pluton	4 436
• Sedna	11 370
Aphélie (millions de km)	
• Pluton	7 383
• Sedna	147 805
Diamètre apparent du Soleil depuis Pluton	0,8'
Période	
• de rot. sid. : Pluton (h solaires moy.)	153 R
• de révolution de Pluton (années)	247,7
• de révolution de Sedna (années)	~10 500
Excentricité de l'orbite	
• Pluton-Charon	0,25
• Sedna	0,86
Vitesse orbitale moy. (en km/s)	
De Pluton-Charon	4,7
Inclinaison de l'orbite sur l'écliptique	
• de Pluton-Charon	17,1°
• Sedna	11,9°
Albédo de Pluton	0,49 à 0,66

Origines
Après la découverte de Sedna, la communauté scientifique s'interroge sur la définition d'une « planète » et sur la nature des corps les plus lointains du Système solaire. Les petites dimensions et l'orbite très elliptique sont les critères les plus débattus.

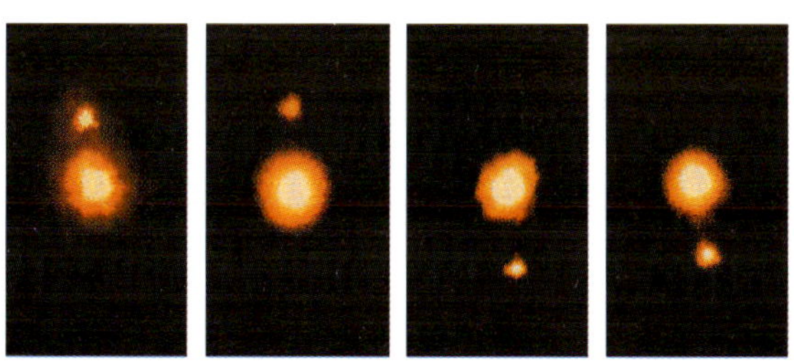

Couple de planètes, de satellites, de comètes ? Pluton et Charon vus par les puissants instruments de Hubble. Pluton a été cherché pendant 24 ans pour expliquer les irrégularités de l'orbite d'Uranus que la découverte de Neptune n'expliquait pas. Ci-contre L'excentricité de l'orbite de Pluton.

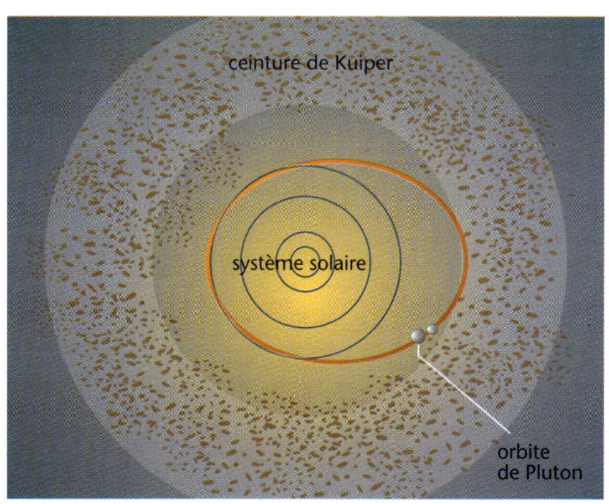

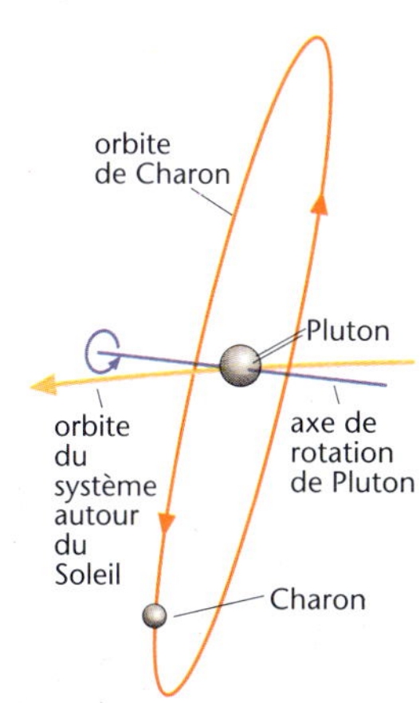

Les comètes, ces « boules de neige sale », décrivent de très longues orbites ; tout d'abord invisibles, elles deviennent les objets les plus beaux et spectaculaires de tout le Système solaire en s'approchant du Soleil. Les météorites, quant à elles, s'enflamment au contact de l'atmosphère. Et l'espace interplanétaire, apparemment vide, contient en fait des milliards de tonnes de poussières, de molécules et de particules.

COMÈTES, MÉTÉORITES ET MILIEU INTERPLANÉTAIRE

COMÈTES ET VENT SOLAIRE
La chaleur du Soleil fait sublimer la surface du noyau cométaire, et la pression de radiations exercée par les photons solaires associés au vent solaire (ions et champ magnétique) « soufflent » cette matière à l'opposé du Soleil. Une comète a au moins deux queues : une ***queue de plasma***, rectiligne, composée de molécules et d'atomes ionisés et d'électrons, qui brille par fluorescence comme une aurore polaire – c'est la queue la plus large et la plus brillante ; et une ***queue*** arquée ***de poussières*** éjectées du noyau avec les gaz à environ 1 km/s dans le sillage de la comète et soumises à la pression de la lumière et à l'attraction gravitationnelle du Soleil.

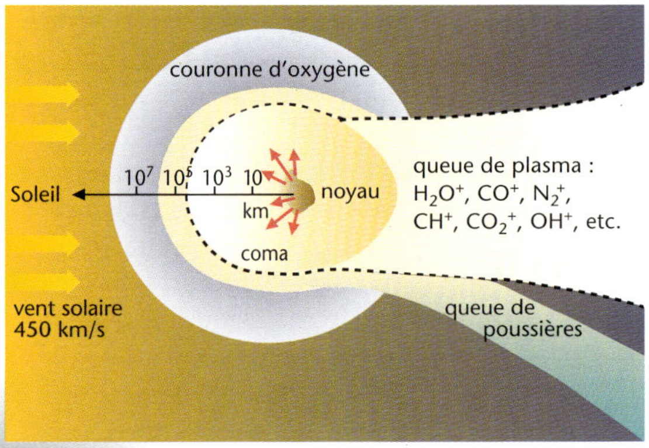

Les comètes sont des corps célestes de petite taille caractérisés par une orbite fortement allongée et excentrique. Certaines comètes gravitent autour du Soleil sur des trajectoires qui, bien que très elliptiques, les ramènent à proximité du Soleil après un temps assez bref (comètes dites à période courte). D'autres ont des périodes si longues qu'elles ne nous deviennent visibles qu'une seule fois.

Leur origine est encore incertaine, mais on sait qu'elles proviennent pour l'essentiel d'un « réservoir » situé entre 0,5 et 1 année-lumière, le nuage de Oort, qui contiendrait de 100 à 1 000 milliards de noyaux cométaires. Les perturbations gravitationnelles dues au passage d'autres étoiles et des planètes externes déstabilisent leur orbite et les font se précipiter vers le Soleil sur une orbite plus basse ou se perdre dans l'espace. Les comètes à courte période proviendraient plutôt des régions externes de la ***ceinture de Kuiper*** – un réservoir annulaire de petits corps gravitant principalement entre 4 500 et 150 000 millions de km du Soleil.

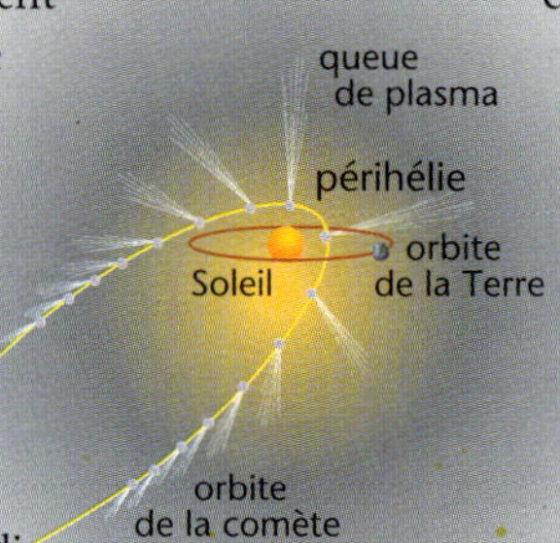

Dans l'espace, une comète est un corps ordinaire de la taille d'un petit astéroïde (60 km au maximum) formé de poussières, de beaucoup de glace d'eau et éventuellement d'un cœur rocheux. Mais quand elle s'approche à environ 300 millions de km du Soleil, la glace se sublime, c'est-à-dire qu'elle passe de l'état solide à l'état gazeux, donnant naissance à un immense nuage de gaz lumineux – la *chevelure* ou ***coma*** (l'atmosphère de la comète). Plus près du Soleil, le vent solaire balaie les gaz de la chevelure qui vont former une éclatante ***queue*** de plasma ; celle-ci pointe donc toujours à l'opposé du Soleil. Les poussières arrachées par l'éjection des gaz forment une seconde queue, sombre et

West (1976) **et Hale-Bopp** (1995)

COMÈTES ET PLUIES D'ÉTOILES FILANTES

NOM DE LA COMÈTE	MAXIMUM D'ÉTOILES LE :	DURÉE MOYENNE (JOURS)	NOMBRE MOYEN À L'HEURE	NOM* DE L'ESSAIM
THATCHER	21 AVRIL	± 3	12	LYRIDES
HALLEY	4 MAI	± 4	20	ACQUARIDES
SWIFT-TUTTLE	12 AOÛT	± 10	40	PERSÉIDES
GIACOBINI-ZINNER	9 OCTOBRE	± 1	VARIABLE	DRACONIDES
HALLEY	20 OCTOBRE	± 8	12	ORIONIDES
TEMPLE-TUTTLE	17 NOVEMBRE	± 3	VARIABLE (JUSQU'À 10 000)	LÉONIDES
BIELA	22 NOVEMBRE	± 10	1-5 000	ANDROMÉDIDES
ASTÉROÏDE PHAÉTON	13 DÉCEMBRE	± 3	50	GÉMINIDES

(*) Nommé d'après la constellation dont les étoiles semblent provenir.

MÉTÉORITES
Fragments de la météorite de Murchison dans laquelle ont été retrouvés des acides aminés d'origine extraterrestre.

donc peu visible, un peu décalée de la première. La *tête* de la comète (chevelure et noyau) peut atteindre 200 000 km de diamètre, et la queue, des centaines de millions de kilomètres de long.

MÉTÉORITES ET « ÉTOILES FILANTES »

D'innombrables corps minuscules sillonnent l'espace interplanétaire ; quand ils tombent sur la Terre, nous les appelons ***météorites*** (ou ***bolides*** s'ils sont très gros). Chaque année, la Terre en capture plusieurs millions de kilogrammes dans son champ gravitationnel. Les plus petits sont des poussières qui tombent lentement comme de la neige, les plus gros peuvent toucher le sol avec des effets dévastateurs, les autres se consument avant. Les météorites brûlent par friction avec les atomes de l'atmosphère qui, en s'échauffant eux-mêmes, s'ionisent et se recombinent en émettant de la lumière : ce sont les « étoiles filantes ». À certaines périodes de l'année, les étoiles filantes sont très nombreuses – on parle de *pluie* d'étoiles filantes issues d'un *essaim*. La Terre est alors en train de croiser l'orbite d'une comète où circulent de nombreux débris laissés par son dernier passage, voire les fragments d'une vieille comète dont le noyau, très amenuisé, a fini par exploser. En août, la Terre coupe l'orbite de la comète Swift-Tuttle, offrant le magnifique spectacle de l'essaim des Perséides.

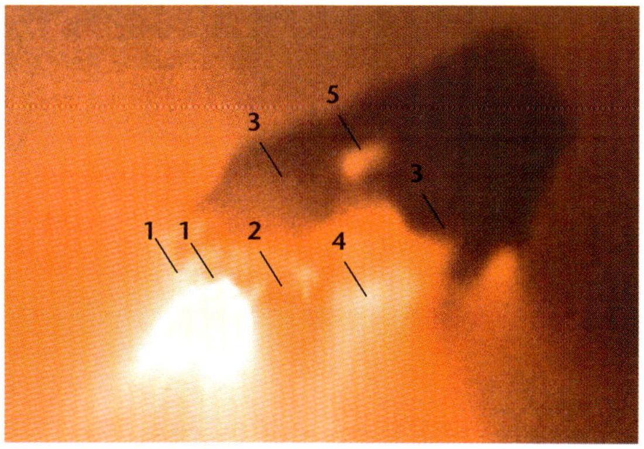

LE NOYAU DE LA COMÈTE DE HALLEY
La sonde européenne *Giotto* a photographié son noyau (d'environ 15 × 8 × 7 km) à 600 km de distance. De puissants jets de gaz semblables à des geysers sont expulsés de la face tournée vers le Soleil. Entraînant des poussières, ces gaz vont former la chevelure (ou coma) qui, « soufflée » par le vent solaire et la pression de radiation croissants, s'étirera en gigantesques queues.
1. et **4.** Zones d'émission de gaz et de poussières (origine des jets)
2. Cratère
3. Terminateur (frontière entre le jour et la nuit)
5. Relief

LA LUMIÈRE ZODIACALE

La grande quantité de gaz, de poussières et de particules qui « remplit » l'espace interplanétaire provient de tous les objets du Système solaire. Cette matière se concentre dans le plan de l'écliptique. Elle reflète et diffuse la lumière solaire et de ce fait, au crépuscule, dans les régions où l'air est pur, vous pouvez discerner un pâle cône lumineux le long de l'écliptique, la ***lumière zodiacale***.

BURGER ET LINEAR PRISES PAR *HUBBLE*
La seconde comète s'est brisée en de nombreux fragments dont un est visible ici.

PLUSIEURS THÉORIES ÉVOLUTIVES ONT ÉTÉ ÉLABORÉES SUR LA BASE DES DONNÉES RECUEILLIES PAR LES SONDES PLANÉTAIRES ET, SURTOUT, SUR L'ANALYSE DES MÉTÉORITES TOMBÉES SUR TERRE. TOUTES RENDENT COMPTE DES OBSERVATIONS ACTUELLES, MAIS AUCUNE N'APPORTE DE RÉPONSE ENTIÈREMENT SATISFAISANTE. CES MODÈLES THÉORIQUES SONT RÉÉVALUÉS ET MIS À JOUR EN PERMANENCE.

HYPOTHÈSES SUR L'ORIGINE DU SYSTÈME SOLAIRE

SUPERNOVA
À DROITE Schématisation de l'effet que l'onde de choc engendrée par l'explosion d'une supernova produit sur un nuage interstellaire. La concentration des gaz et des poussières en résultant crée une nébuleuse solaire.

NOUVELLE ÉTOILE
À L'EXTRÊME DROITE
Une série de très jeunes étoiles est observée à la limite du flux de rayonnements émis par la formation de la grosse étoile identifiée par IRS dans la nébuleuse du Cône (NGC2264).

Comme toutes les planètes gravitent autour du Soleil dans le même sens sur des orbites presque toutes contenues dans le même plan, Kant et Laplace pensaient déjà que tous les corps du Système solaire avaient une origine commune et provenaient du même nuage de gaz et de poussières qui avait donné naissance au Soleil. C'est ce que pensent encore aujourd'hui la majorité des astronomes, convaincus par une multitude de preuves et d'observations.
Nous savons que les étoiles naissent dans les régions où la densité de gaz et de poussières est suffisante pour amorcer une contraction gravitationnelle. Selon certaines hypothèses, l'onde de choc engendrée par l'explosion d'une supernova proche déclencherait ce processus ; en se densifiant, la matière constituerait une nébuleuse tournant autour de son axe propre tout en s'effondrant vers son centre.
Quand la pression et la température ont assez augmenté, des réactions nucléaires de fusion démarrent

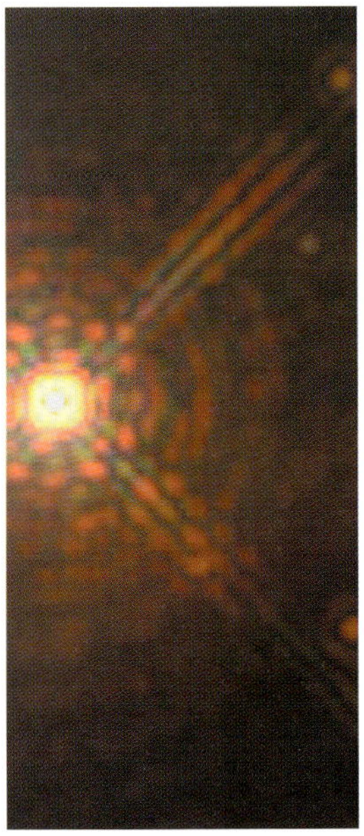

années	5000000000	4999950000	4999925000
	Début de la contraction du nuage : l'action combinée de la gravitation et de la rotation produit un disque aplati comme celui que Hubble a photographié autour de la nébuleuse d'Orion.	En seulement 50000 ans, le nuage se différencie : le Soleil est en train de se former au centre ; les éléments les plus lourds et les poussières se condensent en un disque aplati, tandis que les gaz, plus légers et turbulents, forment un halo.	25000 ans plus tard, l'intérieur de la région centrale atteint la température nécessaire pour initier les premières réactions nucléaires ; parallèlement, dans le disque de poussières toujours plus aplati, les planétésimaux commencent à se former.

au cœur de la nébuleuse : il naît un protosoleil qui, selon la masse disponible, évolue de façons diverses (pp. 198-203). Parallèlement, les restes de la nébuleuse se concentrent dans son plan équatorial, donnant naissance aux planètes et autres corps de notre Système solaire.

Bien que les modèles évolutifs du Système solaire soient sans cesse modifiés en fonction des nouvelles données recueillies, les astronomes s'accordent sur le modèle dit des ***planétésimaux*** : outre le Soleil, qui a concentré presque toute la masse de la nébuleuse primitive, une multitude d'objets de petite taille (de l'ordre du kilomètre) se seraient formés à partir du disque équatorial. À leur tour, ils auraient formé en l'espace de quelques milliers d'années les planètes et leurs satellites en s'agrégeant peu à peu les uns aux autres. Cela serait survenu il y a 4,6 milliards d'années environ – l'âge estimé des plus vieilles météorites et des plus anciens échantillons lunaires, datés d'après l'avancement de la désintégration radioactive des noyaux atomiques. Selon certains spécialistes, les astéroïdes et les noyaux cométaires sont ce qui reste des planétésimaux primordiaux.

Toutefois, la majeure partie de la matière résiduelle de la nébuleuse primitive a vraisemblablement été perdue : ses éléments les plus légers ont été balayés par le *vent* violent émis par le jeune Soleil – seule une petite partie a été capturée dans le champ de gravitation des planètes externes plus massives, déjà formées.

De fortes émissions du vent solaire expliquent aussi que le Soleil, qui concentre 99,9 % de la masse du système, ne conserve que 2 % de son moment angulaire : les particules du vent solaire ont « emporté » jusqu'aux confins du Système solaire la majeure partie de la masse résiduelle et de son moment angulaire.

La nébuleuse primitive
CI-DESSUS Valeurs indicatives de température (en kelvins) et de densité (en g/cm³) dans l'anneau équatorial de la nébuleuse solaire primitive aux distances des différentes planètes actuelles. (Ces données restent sujettes à discussion.)

Formation du Système solaire
CI-DESSOUS Les étapes de la formation du Système solaire. L'échelle de temps est seulement indicative.

4 999 900 000	4 975 000 000	4 920 000 000
Début de la fusion de l'hydrogène en hélium : le Soleil « s'allume » et l'intense rayonnement émis durant cette phase – dite T Tauri, du nom des jeunes étoiles où le phénomène a été observé pour la première fois – « nettoie » le nuage à proximité de l'étoile.	Le vent solaire chasse les éléments les plus légers loin du Soleil : au voisinage de celui-ci, les matériaux restants sont lourds tandis qu'à la périphérie, les gaz légers abondent.	Les planétésimaux qui se sont formés se déplacent sur toutes les orbites possibles compatibles avec la structure et la dynamique du nuage primordial – un système très aplati mais chaotique ; au fil des chocs, ils s'agrègent en corps toujours plus gros jusqu'à former des planètes aux orbites circulaires qui ne se coupent plus.

La réalisation de nouveaux instruments toujours plus sensibles ne cesse d'ouvrir de nouvelles frontières, étendant la sphère de l'univers connu et étudié par l'homme et suggérant de nouvelles idées, théories et interprétations de la nature.
Ainsi, le Système solaire qui, jusqu'à l'époque de Galilée et de Newton, semblait immense et contenait tout l'Univers, s'est réduit en l'espace d'un peu plus d'un siècle à un petit groupe d'objets célestes presque banals : une étoile « moyenne » comme il y en a des milliards, quelques corps froids qui gravitent autour et, surtout, beaucoup de « vide » que le vent solaire peuple de particules.
Puis, toujours plus loin, hors de l'influence du Soleil, des phénomènes et des objets incroyables sont découverts – des étoiles dont l'immensité défie l'imagination et d'autres, minuscules mais d'une extrême densité, des étoiles doubles ou triples tournant l'une autour de l'autre, des nuages de gaz et de poussières qui se contractent lentement… Tout cela tourne dans l'espace en formant cet énorme « vortex » céleste appelé la Voie lactée.
La technologie progresse encore, et les nouveaux instruments étendent encore la portée de notre vision.
Nous découvrons que même la Voie lactée n'est pas un univers en soi mais seulement une petite partie de celui-ci ; au-delà de ses confins, des millions de galaxies s'éloignent à une vitesse proche de celle de la lumière. Chacun de ces objets démesurés est formé de centaines de milliards d'étoiles et la lumière que nous observons est celle qu'ils ont émise il y a des milliards d'années. Regarder ces objets, c'est observer le passé. Et l'interprétation mathématique des faits prend toujours plus l'aspect d'une spéculation philosophique.

Étoiles et galaxies

UN UNIVERS DE SOLEILS

LE SOLEIL EST L'ÉTOILE QUE NOUS CONNAISSONS LE MIEUX. POURTANT, SI NOUS CONNAISSONS BIEN LES PROCESSUS NUCLÉAIRES QUI L'ALIMENTENT EN ÉNERGIE AINSI QUE SES PHÉNOMÈNES SUPERFICIELS, NOTRE SAVOIR RESTE LIMITÉ ET LA PHYSIQUE SOLAIRE EMPLOIE ENCORE DE TRÈS NOMBREUX CHERCHEURS. COMMENT PEUT-ON ALORS SAVOIR QUOI QUE CE SOIT SUR LES AUTRES ÉTOILES ? COMMENT PEUT-ON OBTENIR DES INFORMATIONS SUR CES POINTS LUMINEUX QUE MÊME LE PLUS PUISSANT TÉLESCOPE CONTINUE DE MONTRER COMME PONCTUELS TANT ILS SONT LOINTAINS ? L'INTELLIGENCE ET L'IMAGINATION DES SCIENTIFIQUES ONT TROUVÉ COMMENT ANALYSER LES SUBTILS RAYONNEMENTS QUI ARRIVENT JUSQU'À NOUS DEPUIS DES ANNÉES-LUMIÈRE DE DISTANCE DE FAÇON À EN TIRER DE MULTIPLES INFORMATIONS.

Si l'éviction de la Terre de sa place au centre de l'univers a provoqué une véritable révolution, le tapage a déjà été moins grand quand le Système solaire en fut à son tour « chassé ». Puis la perspective a changé radicalement avec la recherche astronomique : affirmer que les étoiles sont des corps substantiellement identiques au Soleil et qu'il en existe des milliards dans tout l'univers est un beau saut de l'imagination qui génère une cascade d'implications. Par exemple, on peut s'attendre à ce que les étoiles semblables au Soleil aient un système planétaire semblable et qu'il existe, de ce fait, des milliards de planètes compatibles avec la vie. Parlons donc des étoiles.

DISQUE PLANÉTAIRE
PAGE CI-CONTRE Le télescope spatial *Hubble* a pris cette image du disque de poussière autour de l'étoile β Pictoris, dans la constellation du Chevalet du Peintre. Dans la région centrale (claire), de la taille du Système solaire, se formeraient des planètes.

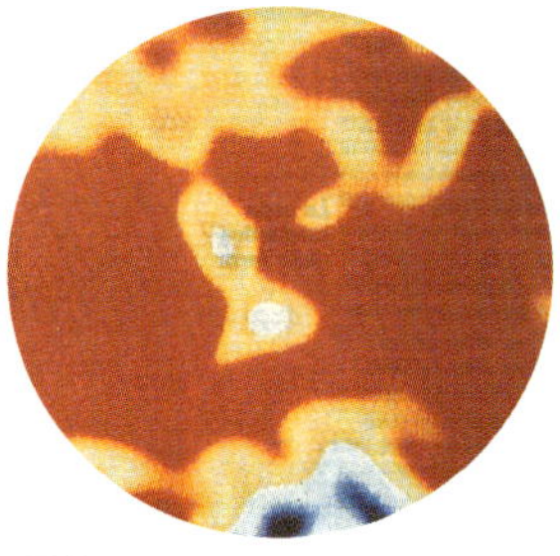

BÉTELGEUSE
À GAUCHE Cette immense étoile rouge (en haut à gauche dans cette photographie de la constellation d'Orion) est la première dont l'émission photosphérique ait été observée en détail. L'image ci-dessus montre un modèle numérique de l'émission enregistrée qui met en évidence ses différentes caractéristiques.

Les étoiles les plus proches

Soleil	8 minutes-lumière
Proxima	4,2 années-lumière
α du Centaure	4,3 années-lumière
Étoile de Barnard	5,9 années-lumière
Wolf 359	7,6 années-lumière
BD +36° 2147	8,1 années-lumière
Lalande 21185	8,3 années-lumière
Sirius	8,6 années-lumière
Luyten 726-8	8,9 années-lumière
Ross 154	9,4 années-lumière
Ross 248	10,3 années-lumière
ε de l'Éridan	10,7 années-lumière

Système de Yeerkes ou MKK

Classe de luminosité	Dénomination
Ia – 0	super-supergéante
Ia – Ib	supergéante
IIa – IIb	géante lumineuse
IIIa – IIIb	géante
IVa – IVb	sous-géante
Va – Vb	naine (séquence principale)
VI	sous-naine

Étoile, couleur et classe

Mintaka	violette, O
Rigel	bleue, B
Sirius	blanc-bleu, A
Procyon	verte, F
Capella	jaune, G
Aldébaran	orange, K
Bételgeuse	rouge, M

Les étoiles proches les plus grandes

	Couleur	Classe	Diamètres solaires
Bételgeuse		M2	750
Antarès		M1	640
Ras Algethi		M2	500
Mira Ceti		M6	420
Rigel		B8	70
Deneb		A2	110
Aldébaran		K5	45
Canopus		F0	45
Arcturus		K1	23

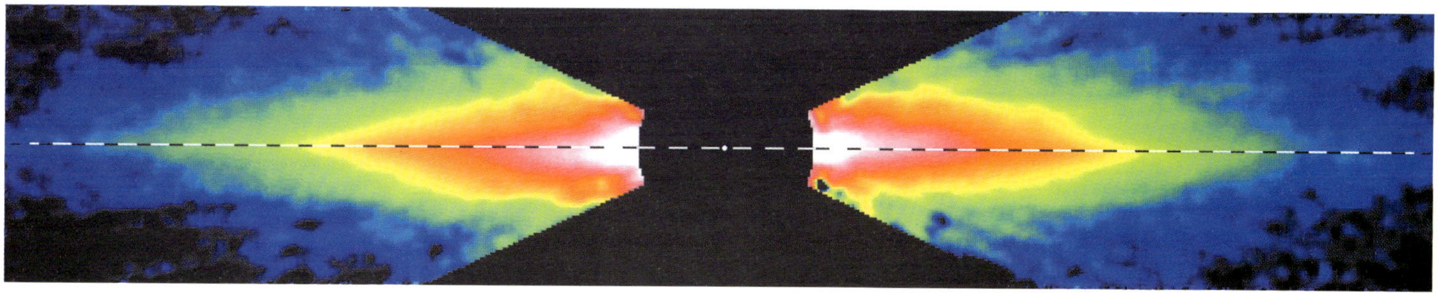

QU'EST-CE QU'UNE ÉTOILE ?

Comme le Soleil, les étoiles sont de grands corps gazeux constitués principalement d'hydrogène. Elles irradient de l'énergie dans toutes les longueurs d'onde à cause des réactions nucléaires qui ont lieu dans leur cœur, mais chacune possède sa signature spectrale propre (p. 192). Nées de la contraction gravitationnelle de grands nuages de matière interstellaire, les étoiles continuent de produire de l'énergie jusqu'à ce qu'un déséquilibre entre la pression des gaz et la contraction gravitationnelle mette un terme à leur évolution.

DISTANCES ET DIMENSIONS

C'est la première question qu'on se pose en observant le ciel : à quelle distance de nous se trouvent ces points lumineux ? La réponse s'affine avec le perfectionnement des instruments de mesure. L'étoile la plus proche (si l'on peut dire !) est Proxima Centauri, à 4,2 années-lumière, soit environ 40 000 milliards de km – un nombre véritablement « astronomique » : si le Soleil s'éteignait à l'instant, nous nous retrouverions dans le noir 8 minutes plus tard, mais si Proxima s'éteignait, il s'écoulerait 4,2 ans avant que le dernier rayon de lumière atteigne la Terre. Les distances des étoiles « voisines » se mesurent grâce à la *parallaxe* (l'angle sous-tendu par l'orbite terrestre et l'apogée de l'étoile). Cependant, comme pour les étoiles lointaines et les corps extragalactiques, on recourt de plus en plus souvent à des méthodes physiques indirectes.

La composition chimique et la masse des étoiles sont relativement uniformes ; en revanche, les températures, les dimensions et les distances varient beaucoup. Certaines étoiles, comme Antarès, ont un diamètre 640 fois plus grand que le Soleil (comme l'orbite de Mars) ; d'autres sont encore plus grandes, mais la majorité est similaire à notre Soleil, et beaucoup sont plus petites (de la taille d'une planète).

Dimensions
WR124, prise par *Hubble*. Cette immense étoile est enveloppée de plasma surchauffé éjecté dans l'espace à plus de 200 000 km/h. À masses égales, les dimensions d'une étoile sont liées à son activité interne : plus les processus nucléaires de fusion sont rapides, plus ils produisent de rayonnements et plus l'étoile se dilate.

Un objet grand mais très lointain semble plus petit qu'un objet petit mais proche. Comment fait-on alors pour savoir si une étoile ne semble plus grande et plus lumineuse que parce qu'elle est plus près de nous ? Une première classification des étoiles a cependant été faite à partir de leur seule luminosité apparente.

LUMINOSITÉ ET DISTANCE

Luminosité et distance
Les rayonnements produits par une source irradient dans toutes les directions de façon uniforme sur une surface sphérique de rayon croissant. Plus l'observateur est loin, plus la quantité de rayonnements qui l'atteint est faible, et donc plus la luminosité apparente de la source est faible.

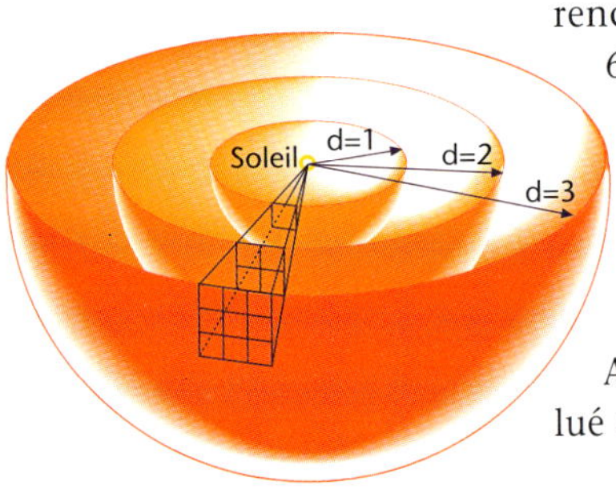

À l'évidence, les étoiles ne sont pas identiques : certaines sont plus brillantes que d'autres. La luminosité sous laquelle apparaît une étoile est appelée sa ***magnitude apparente***, notée *m*. Elle dépend de la *luminosité intrinsèque* de l'étoile, c'est-à-dire de la quantité de lumière que celle-ci émet à chaque seconde par unité de surface, et de sa *distance à la Terre*.
La magnitude apparente est le critère que choisit Hipparque (p. 12) pour classifier les quelques centaines d'étoiles qu'il observait à l'œil nu. Pour lui, toutes les étoiles se trouvaient sur la voûte céleste, donc à la même distance de la Terre, et toute différence de luminosité correspondait donc à une différence de taille. Hipparque classa les étoiles en 6 groupes : les plus brillantes étaient dites de « première grandeur », les plus pâles, à la limite de la visibilité, de « sixième grandeur ». Par suite, une étoile a une grandeur (ou magnitude apparente) d'autant plus petite qu'elle est plus lumineuse.
Au XIXe siècle, le système d'Hipparque fut réévalué sur une base numérique. Étant posé qu'une magnitude de plus correspond à une luminosité apparente environ 2 fois et demi plus faible si une étoile de m = 1 a une luminosité de 1, une étoile de m = 2 a une luminosité de 0,4, une de m = 3 a une luminosité de 0,16, une de m = 4, une luminosité de 0,064, une de m = 5, une luminosité de 0,026, une de m = 6, une luminosité de 0,01.
De ce fait, une différence de 5 magnitudes apparentes correspond à une différence de luminosité apparente de 100 fois, et une étoile de m = 3 est 10000 fois plus lumineuse qu'une étoile de m = 13. Le zéro est évidemment arbitraire.
Ultérieurement, pour maintenir autant que possible la subdivision traditionnelle des étoiles mais prendre en compte les nouvelles mesures de façon à pouvoir cataloguer tous les objets célestes observables, cette échelle fut légèrement modifiée en attribuant aux corps lumineux une valeur de magnitude négative ; Sirius, par exemple, a une magnitude apparente de –1,44, Vénus atteint au maximum m = –4 selon sa phase, et le Soleil a une magnitude m = –27. À l'œil nu, la limite de visibilité est encore aujourd'hui la 6e magnitude (dans des conditions d'observation exceptionnelles), tandis que

LA RECHERCHE DES SYSTÈMES PLANÉTAIRES

Bien que nous connaissions des milliards d'étoiles, nous n'avons observé directement que 9 planètes – celles de notre système solaire –, mais la chasse aux planètes extrasolaires est ouverte depuis longtemps. Il semble en effet très probable que le modèle de notre système solaire soit très courant dans l'univers. Cependant, il est très compliqué de réussir à voir un corps qui, par définition, n'est pas lumineux, qui, de plus, est généralement beaucoup plus petit qu'une étoile et qui, surtout, se trouve aussi à des années-lumière de distance.
Le télescope spatial *Hubble* a réussi à obtenir des images très détaillées du disque de poussières qui gravite autour de l'étoile AB du Cocher. Une vision d'ensemble du champ d'observation (9 fois plus étendu que le Système solaire) est montrée à droite, tandis qu'à gauche, on découvre des bandes, des structures spiralées et des agrégats plus sombres qui sont interprétés

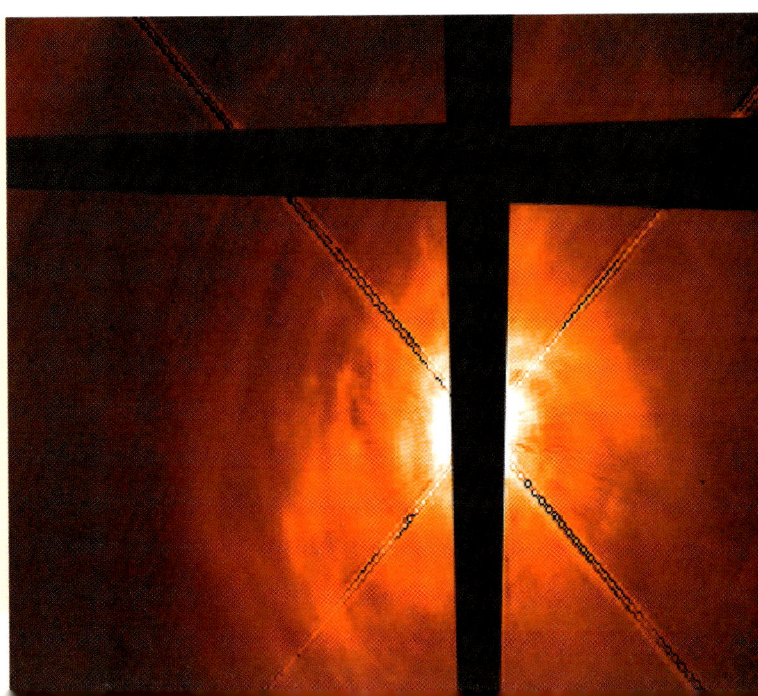

L'étoile la plus lumineuse
Récemment découverte par le télescope spatial *Hubble*, cette étoile (au centre) émet 10 millions de fois plus d'énergie que le Soleil et a une luminosité intrinsèque supérieure à toutes les autres étoiles de la Galaxie. Avant d'être prise par la puissante caméra dans le proche infrarouge et par le spectromètre NICMOS d'*Hubble*, elle était cachée derrière les nuages du centre galactique.

Rapports de taille
ci-dessous Différence de diamètre entre les cinq principaux types d'objets stellaires : une géante rouge, une naine comme le Soleil, une naine blanche, une étoile à neutrons et un trou noir stellaire. Leur densité croît et leur luminosité décroît de façon inversement proportionnelle à leur taille.

les plus grands télescopes distinguent des objets de 25e magnitude.

Cependant, comme la magnitude apparente d'une étoile dépend en fait de sa distance à la Terre, cette mesure n'a pas de signification physique et est peu utilisée par les astronomes qui préfèrent la ***magnitude absolue***, notée *M*. Les objets sont classifiés sur une échelle où la magnitude apparente est modifiée en fonction de la distance et où M indique la luminosité que l'étoile aurait si elle se trouvait à la distance conventionnelle de 10 parsecs (32,6 années-lumière). La magnitude absolue d'un objet peut être calculée si nous connaissons sa distance réelle ou sa magnitude apparente, car ces deux grandeurs sont liées par une formule simple :

$$M = m + 5 - 5 . \log d$$

où d est la distance de l'objet observé par rapport à la Terre.

La magnitude absolue d'une étoile est une grandeur physique qui permet la comparaison directe des luminosités stellaires. Dans cette échelle, en effet, l'étoile la plus lumineuse est aussi la source énergétique la plus puissante.

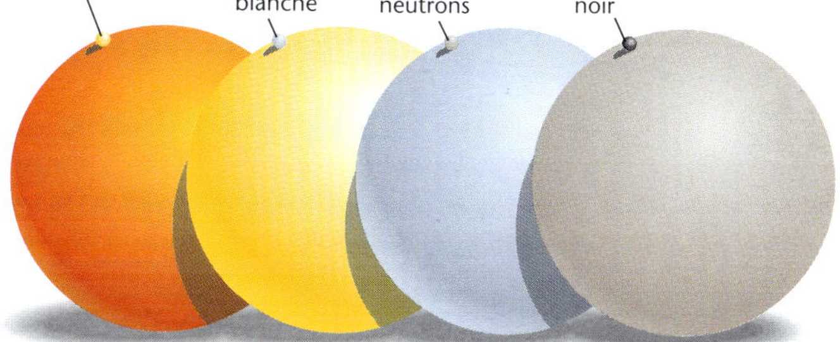

comme des planètes en cours de formation.

Une autre photographie de *Hubble* (médaillon à droite) montre un détail du disque de poussières présent autour de l'étoile β Pictoris ; les nodules seraient des disques concentriques de poussières produits par le passage rapproché d'une petite étoile, survenu environ 100 000 ans plus tôt, qui aurait engendré de profondes perturbations gravitationnelles. Ce modèle de formation d'un système planétaire à partir d'une nébuleuse primitive constituée de poussières et de gaz en orbite autour d'une étoile sous l'action de perturbations gravitationnelles avait déjà été proposé pour expliquer l'origine du Système solaire et la disposition particulière des planètes telluriques et joviennes.

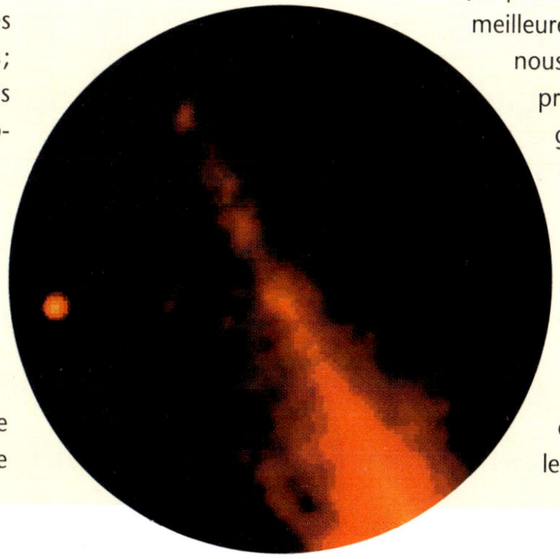

Jusqu'à aujourd'hui, ce sont les meilleures images directes que nous possédions. Les autres preuves de la présence de grosses planètes proches d'étoiles connues se limitent à l'observation d'oscillations régulières de la luminosité stellaire pouvant être expliquées par le passage, entre l'étoile et nous, d'une planète qui éclipse partiellement le disque stellaire.

Les connaissances que nous avons acquises sur les dimensions, la distance, la composition chimique, la température et la vitesse des étoiles et autres objets célestes sont directement liées à la connaissance de la dynamique atomique. Les portes de l'infiniment grand se sont ouvertes seulement après celles de l'infiniment petit.

LES SPECTRES STELLAIRES

Étoiles et couleurs
À droite Dans cette image d'un champ stellaire prise par *Hubble* dans le visible, on distingue clairement des étoiles de différentes couleurs allant du bleu au jaune.

Les étoiles nous apparaissent le plus souvent toutes blanches; quand la luminosité est faible, l'œil perd en effet sa capacité à distinguer les couleurs. Parfois, pourtant, en observant une étoile plus brillante (ou sa photographie), nous pouvons voir que certaines sont bleues, d'autres, jaunes ou encore, telle Bételgeuse dans la constellation d'Orion, rougeâtres.
Lorsqu'on étudie leur spectre, en revanche, bien d'autres différences sont visibles. C'est en s'appuyant sur la diversité des spectres stellaires et sur les raisons de celle-ci que les astrophysiciens ont réussi à tirer des milliers d'informations de la lumière émise par chaque corps céleste.

SPECTRES, ATOMES, ÉLÉMENTS CHIMIQUES

Le ***spectre*** d'une *source de radiations* est l'ensemble ordonné des rayonnements émis par cette source. Des instruments comme le spectroscope et le spectrographe (p. 121) exploitent le phénomène de la réfraction pour décomposer un rayon lumineux en chacune de ses longueurs d'onde; celles-ci sont ensuite projetées sur un support photosensible qu'elles impressionnent. Comme les rayons lumineux passent par une fente, le spectre apparaît comme une succession de raies alignées – une pour chaque longueur d'onde présente dans le rayonnement analysé.
Pour comprendre comment se forme un rayonnement et comment il est lié à la température et à la composition chimique d'une étoile, il est nécessaire de savoir comment la matière émet de l'énergie – bref, comment « fonctionne » un atome du point de vue énergétique: quels sont les processus atomiques qui produisent de l'énergie sous forme de rayonnement, et lesquels en absorbent. C'est devenu possible depuis les travaux de Röntgen, des Curie, de Maxwell, Einstein et Planck qui ont clarifié les liens entre les atomes, les éléments chimiques et les rayonnements, ainsi que l'origine de l'énergie et la composition chimique des étoiles.

Spectre lumineux
Un prisme sépare (diffracte) la lumière visible en ses couleurs. Sur le manuscrit où s'appuie ce cristal, Newton a décrit le phénomène en lui donnant une interprétation corpusculaire opposée à la théorie ondulatoire proposée par Huygens et Hooke.

RAYONNEMENTS ET PHOTONS

Les rayonnements électromagnétiques sont des ondes dont le passage se traduit par une variation simultanée des champs électrique et magnétique locaux. Émises de façon radiale par la source de rayonnements, ces ondes se propagent dans le vide en ligne droite à la vitesse de la lumière, soit 300 millions de mètres par seconde. On parle donc d'*ondes électromagnétiques* et de *longueurs d'onde* selon l'interprétation qu'en a donnée Maxwell en 1865.
Toutefois, un rayonnement est un phénomène plus complexe: selon la théorie élaborée par Einstein 50 ans après, la lumière est aussi un flux de particules sans masse appelés ***photons*** – des « paquets » ou *quanta* (au singulier *quantum*) d'énergie qui se déplacent à la vitesse de la lumière en emportant, chacun, une énergie inversement

LA STRUCTURE ET LES NIVEAUX D'ÉNERGIE ATOMIQUES

Le lien entre la structure de la matière et les rayonnements est très complexe et nous le résumerons ici en n'en donnant que les principaux éléments, c'est-à-dire une explication schématique et approchée. Il est néanmoins indispensable de clarifier certains concepts pour comprendre comment on peut utiliser le spectre d'une étoile pour en déduire sa composition chimique et sa température.

La matière est constituée d'***atomes***, eux-mêmes formés :

- de ***protons***, tous de masse donnée et de charge électrique unitaire positive ;
- de ***neutrons***, de masse légèrement supérieure à celle des protons et dépourvus de charge électrique ;
- d'***électrons***, de masse négligeable (2 000 fois plus petite que celle du proton) et de charge électrique unitaire négative.

Parmi les modèles atomiques proposés jusqu'ici, le plus simple et celui qui explique le mieux les spectres lumineux est le modèle de Bohr (ou modèle planétaire) : le centre de l'atome est occupé par le ***noyau***, formé de neutrons et de protons, autour duquel orbitent les électrons. Le nombre de protons dans le noyau est le ***nombre atomique*** ; il caractérise un élément chimique donné. Le nombre de protons ajouté au nombre de neutrons donne le *nombre de masse*. Le noyau contient donc presque toute la masse de l'atome et sa charge positive (somme des charges des protons).

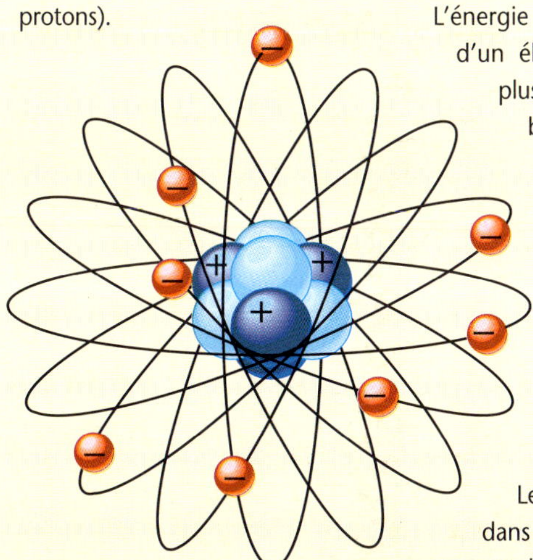

Dans des conditions normales, il y a autant d'électrons autour du noyau qu'il y a de protons : l'atome est donc électriquement neutre car les charges positives et négatives s'équilibrent.

Là s'arrête toutefois la ressemblance du modèle atomique avec le Système solaire : les planètes tournent autour du Soleil sur des orbites qui peuvent avoir n'importe quelle forme (circulaires, elliptiques ou paraboliques), en des temps presque constants ; les électrons, en revanche, changent continuellement de trajectoire en sautant d'une « orbite » à l'autre mais n'occupent que les orbites autorisées par la théorie quantique de Planck, qui se trouvent à des distances spécifiques du noyau.

En outre, du fait de l'attraction électrostatique entre charges électriques opposées, un électron est d'autant plus lié au noyau qu'il se trouve sur une orbite interne. Par conséquent, pour « sauter » d'une orbite interne à une orbite plus externe, il doit absorber l'énergie nécessaire pour vaincre l'attraction du noyau ; on dit que l'atome (ou l'électron) doit « s'exciter ». Cela survient quand l'atome absorbe de l'énergie à la suite d'un choc ou en recevant un rayonnement. Cet apport d'énergie permet à l'électron de sauter sur une orbite plus externe mais, peu après, il « redescendra » sur des orbites toujours plus internes en restituant à chaque fois une partie de cette énergie.

L'énergie libérée par chaque saut d'un électron vers une orbite plus interne se libère « en un bloc » ou ***quantum d'énergie*** – c'est-à-dire en ***photon***, dont l'énergie est *quantifiée* (elle vaut toujours un nombre entier de fois une énergie fondamentale) et est d'autant plus grande qu'était grand le saut de l'électron.

Le photon ainsi émis voyage dans l'espace ; c'est un rayonnement de longueur d'onde λ précise, reliée à l'énergie ε emportée par le photon par la formule :

$$\varepsilon = \frac{h\,c}{\lambda}$$

où *h* est la constante de Planck et *c*, la vitesse de la lumière. Selon cette formule, plus le saut de l'électron est grand (c'est-à-dire plus l'énergie initialement absorbée est grande), plus la longueur d'onde du rayonnement émis sera petite. Les photons de plus grande énergie sont les rayons γ (gamma) ; puis viennent les rayons X, les ultraviolets (tous invisibles à l'œil humain), puis le visible ; dans le domaine visible, les photons les plus énergétiques donnent la sensation de la couleur violette, puis, avec la diminution de leur énergie, ils passent par les différentes couleurs jusqu'au rouge. Les photons d'énergie encore plus basse sont à nouveau invisibles à nos yeux ; nous percevons les plus énergétiques (les infrarouges) comme de la chaleur, puis viennent les micro-ondes et les ondes radio, seulement détectées par des instruments.

Les atomes ne peuvent absorber que des quantités déterminées d'énergie – celle nécessaire et suffisante pour qu'un électron effectue un « saut » entre deux orbites permises. De ce fait, certains photons ne seront jamais absorbés par certains atomes. L'atome est un peu comme un distributeur d'essence automatique : si vous ne mettez pas la quantité d'argent (absorption) correspondant à la quantité voulue (émission) d'essence (énergie), le distributeur ne fonctionne pas.

Les différentes positions de l'électron par rapport au noyau correspondent à des énergies potentielles différentes de l'atome. Aussi, plutôt que de parler d'orbites, il est plus commode (et correct) de parler de ***niveaux d'énergie***.

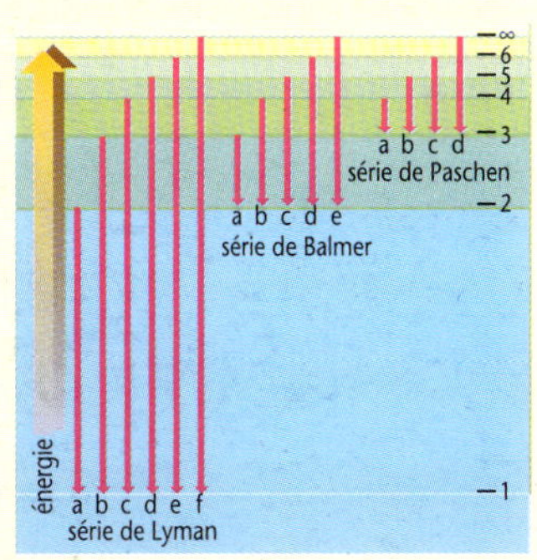

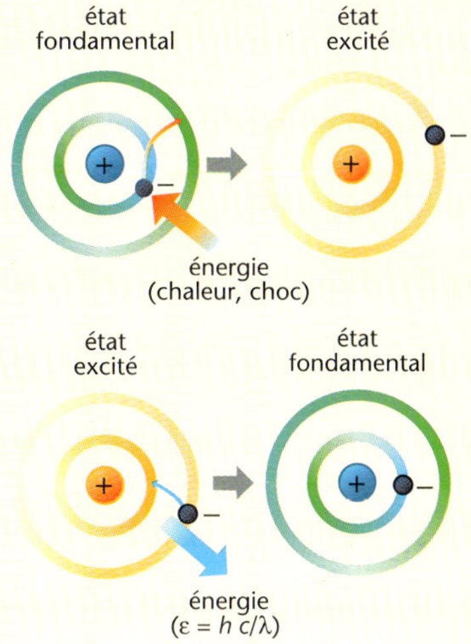

Pour l'atome d'hydrogène (avec 1 proton et 1 électron – c'est le cas le plus simple), un schéma appelé *diagramme des niveaux d'énergie* a été dressé ci-dessous Le trait horizontal du bas représente l'***état fondamental*** de l'atome au repos (niveau 1), les traits suivants, les premiers niveaux d'énergie, qui ont été espacés proportionnellement à la différence d'énergie entre deux niveaux. Le dernier trait en haut représente le niveau d'***énergie d'ionisation***. Chaque flèche représente l'énergie nécessaire pour amener un électron du niveau bas au niveau considéré – la valeur de l'énergie d'excitation, spécifique à chaque atome, et nécessaire pour libérer l'électron de l'attraction du noyau ; quand celui-ci est dépouillé d'au moins un électron, il devient électriquement chargé et est appelé un ***ion***.

L'atome ionisé appartient toujours au même élément chimique ; un atome de carbone qui a perdu un électron est un atome de carbone ionisé 1 fois, s'il en a perdu deux, c'est un atome ionisé 2 fois, etc. Toutefois, des atomes d'un même élément ionisés différemment ont des configurations de niveaux d'énergie différentes et ont donc des spectres différents.

Quand un ion capture un électron libre, ce dernier va occuper un des niveaux d'énergie libres de l'ion en émettant un ou plusieurs quanta d'énergie.

Raies d'émission
Les raies qui composent ces spectres de différents éléments chimiques sont liées aux différentes possibilités de « saut » offertes aux électrons suivant la structure de chaque atome. Un spectre d'émission produit par un mélange de gaz équivaut à la somme des raies produites par chaque élément chimique.

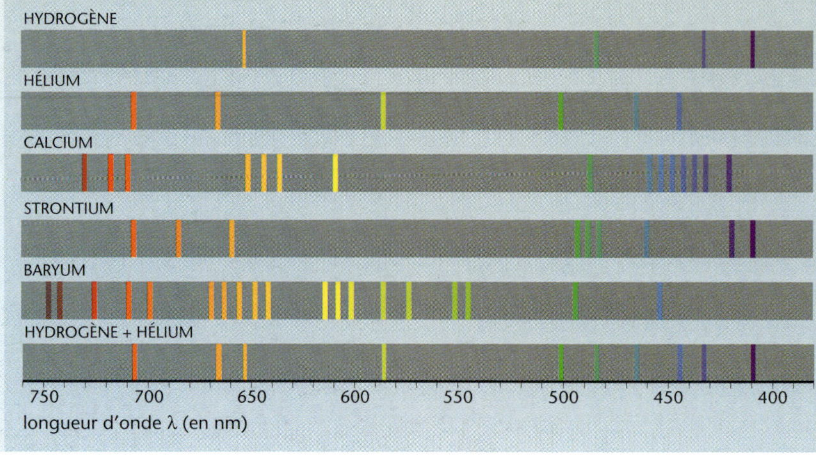

Prismes et spectres
Production de différents types de spectre.
a. ***Spectre continu*** : les rayonnements qui atteignent le prisme sont produits par un corps solide, liquide ou gazeux à pression élevée (ou par un corps noir).
b. ***Spectre d'émission*** : les rayonnements émis par un gaz chauffé atteignent le prisme, inaltérés.
c. ***Spectre d'absorption*** : les rayonnements produits par la source arrivent au prisme après avoir été absorbés à certaines longueurs d'onde par d'autres corps chimiques (raies noires).

proportionnelle à leur longueur d'onde ; plus cette longueur d'onde est grande, plus l'énergie transportée est faible. Autrement dit, les photons « rouges » transportent moins d'énergie que les photons « violets ».
Les photons de lumière se comportent donc à la fois comme des corpuscules et comme des ondes. Par exemple, ils interagissent avec la matière comme des particules : ils sont absorbés par les atomes et les molécules, sont déviés de leur chemin, rebondissent ou traversent la matière ; mais ils peuvent aussi se comporter comme un « paquet d'ondes » et produire, par exemple, des phénomènes d'interférence. Les rayonnements émis par les corps célestes se comportent donc aussi parfois comme une onde électromagnétique, parfois comme un flux de photons. De ce fait, lorsqu'on produit un spectre, on peut dire qu'on sépare les longueurs d'onde ou qu'on trie les photons suivant leur énergie.

LE SPECTRE D'ÉMISSION

Observons le spectre des rayonnements émis par les atomes d'un seul élément chimique lorsqu'on chauffe celui-ci dans une ampoule. On voit une succession de raies brillantes, lumineuses et colorées : les *raies d'émission*, spécifiques à l'élément chimique et qui l'identifient. Chaque raie correspond en fait à un « saut en énergie » que les électrons de chaque atome – que la chaleur a excité – doivent effectuer pour retourner à l'état fondamental (celui de l'atome non chauffé). La longueur d'onde des rayonnements émis est spécifique à chaque type de « saut » : elle est liée à la différence d'énergie entre le niveau d'énergie initial et le niveau excité final et à la structure même de l'atome. C'est pourquoi les raies d'émission de notre élément ont des « couleurs » précises : les « sauts » ne produisent que des photons de longueurs d'onde précises.
L'ensemble des raies d'émission d'une source est son ***spectre d'émission***. Généralement, la majeure partie des raies n'est pas perceptible par nos yeux car leur longueur d'onde n'appartient pas au domaine visible.
Si une source n'est formée que d'un seul type d'élément chimique, le nombre et le type de « sauts » que les électrons peuvent faire sont toujours les mêmes, et les longueurs d'onde des rayonnements émis par la source sont, qualitativement, les mêmes que celles émises par un seul atome. En revanche, si la source est composée de plusieurs éléments chimiques, le nombre et le type de « sauts » que les électrons peuvent effectuer sont variés, et les longueurs d'onde émises par la source sont, qualitativement, la somme des longueurs émises par chaque type d'atomes : dans le spectre de cette source on retrouvera toutes les raies d'émission spécifiques de chacun des éléments mélangés, ordonnées par longueurs d'onde croissantes.

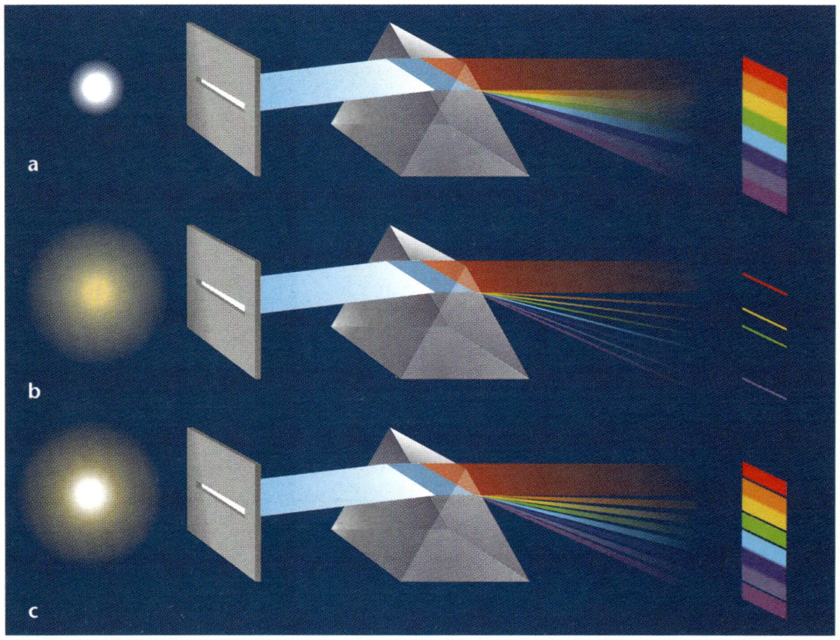

LE SPECTRE CONTINU

Dans des conditions particulières de pression et de température, certaines sources de rayonnements sont aussi composées d'ions (p. 233) qui peuvent capturer des électrons libres. Ces électrons libres ont des énergies variées (selon leur vitesse) et « s'insèrent » dans les ions sur des niveaux d'énergie variés (mais néanmoins permis par cette énergie et par la structure de l'ion). De ce fait, lorsqu'ils se recombinent aux différents ions d'une source, les électrons libres émettent toutes les sortes de rayonnement possibles. Les raies sont si serrées qu'elles

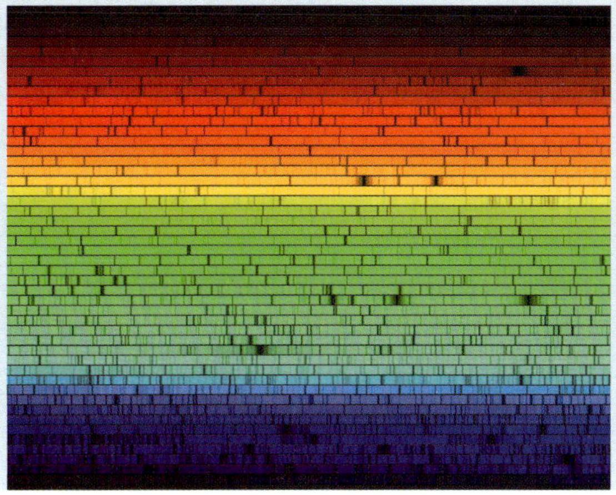

Spectre solaire visible
On remarque la multitude des raies d'absorption : certaines sont dues aux gaz de l'atmosphère terrestre (*spectre tellurique*), en particulier à la vapeur d'eau, à l'ozone et à l'oxygène dont l'épaisseur augmente au coucher du Soleil ; d'autres sont dues à l'atmosphère solaire, en particulier les raies de la série de Balmer de l'hydrogène, les raies H et K du calcium, le doublet du sodium (dans le jaune) et la raie du magnésium (dans le vert).

forment un ***spectre continu***. La capacité d'émettre un tel spectre dépend seulement de l'état physique de la source.

LE CORPS NOIR

Le spectre continu de référence est celui du ***corps noir***, c'est-à-dire un corps capable d'absorber tous les rayonnements qu'il reçoit. Un tel corps n'existe pas dans la réalité, mais cette abstraction est très utile pour étudier les relations entre température et rayonnement. Comme n'importe quel autre corps, en effet, un corps noir chauffé rayonne, mais à la différence des corps réels, la quantité de rayonnement absorbé par chaque centimètre carré de sa surface à la température donnée est proportionnelle à la quantité de rayonnement émis par cette même surface : leur rapport dépend seulement de la longueur d'onde du rayonnement et de la température du corps noir.
L'artifice du corps noir permet de trouver la règle mathématique reliant le rayonnement émis par un corps lumineux (son énergie) et sa température : comme le montre le graphique ci-contre, plus le corps est chaud, plus la quantité de rayonnement émis est grande et plus le pic de rayonnement se déplace vers les longueurs d'onde plus courtes. C'est pourquoi un corps noir, comme n'importe quel corps, change de couleur à mesure que sa température augmente. La majorité des photons qu'il émet ayant une longueur d'onde de plus en plus courte, à environ 3 000 degrés il devient rouge, vers 6 000 degrés, jaune et éclatant comme le Soleil, et à 10 000 degrés, bleu.
Qu'en est-il des étoiles ? Si celles-ci semblent rouges, jaunes ou bleues, c'est que les rayonnements qu'elles émettent sont majoritairement dans ces domaines de longueurs d'onde. C'est-à-dire que même à énergie émise et distance égales, chaque étoile a un pic d'émission dans une région spectrale différente, que nous savons aujourd'hui correspondre à une température de surface différente – en l'occurrence, celle-ci sera respectivement de 3 000, 6 000 et 10 000 degrés. Si la température superficielle était encore plus haute, le pic d'émission serait dans l'ultraviolet, et si elle était plus basse, il serait dans l'infrarouge. Même dans ces plages d'émissions, nous pouvons réaliser des spectres avec les instruments adaptés.

LE SPECTRE DU SOLEIL ET DES ÉTOILES

Comme toutes les autres sources naturelles de lumière, le Soleil a aussi un spectre continu mais qui présente des raies sombres nombreuses et typiques, dites ***raies d'absorption***. En quoi consistent-elles ?
Le rayonnement émis par le Soleil est constitué de photons de toutes les longueurs d'onde initialement produits par les réactions nucléaires en son cœur dans le domaine des rayons γ, puis transformés pendant leur cheminement jusqu'à la surface. Tous les photons, même de longueurs d'onde différentes, voyagent ensuite ensemble dans l'espace à la vitesse de la lumière et arrivent en même temps sur les détecteurs. Mais avant, ils doivent traverser l'atmosphère solaire (chromosphère et couronne) et celle de la Terre. Au passage, les photons solaires interagissent avec les différents atomes atmosphériques : ceux-ci peuvent absorber les photons de longueurs d'onde correspondant à leur énergie d'excitation. De ce fait, le rayonnement originel est privé des

Courbe d'émission du corps noir
Les rayonnements émis par un corps noir à trois températures différentes sont comparés à la partie du spectre solaire (courbe noire) qui se rapproche le plus de celui d'un corps noir. Le pic de l'émission solaire se situe dans le visible.

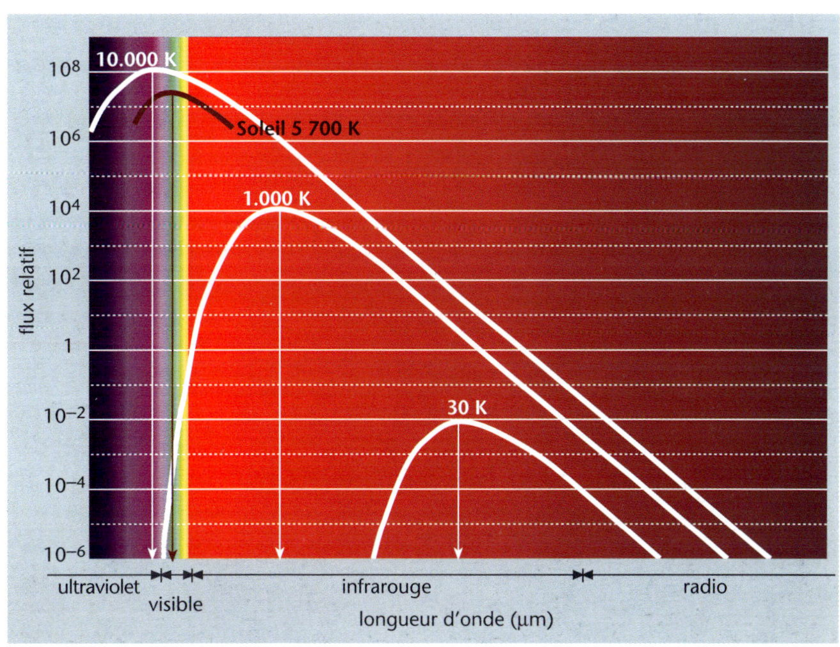

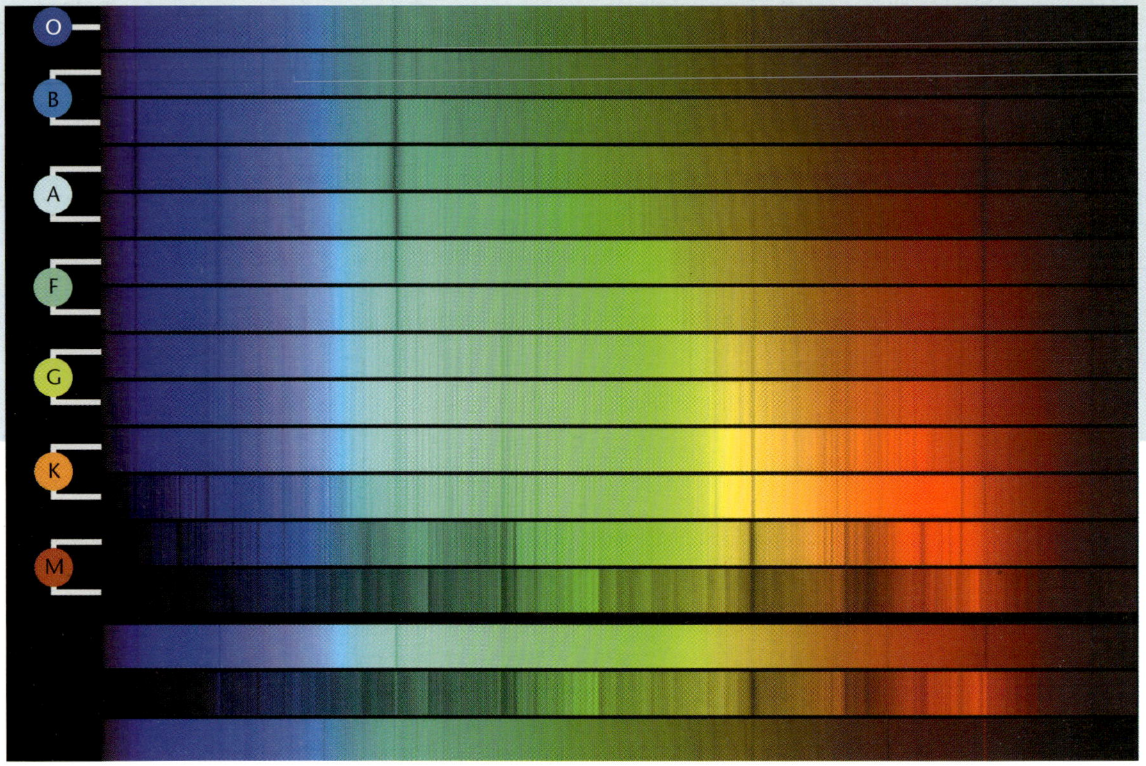

Spectres stellaires
De haut en bas,
les spectres dans le visible d'étoiles de différents types stellaires :
- HD12993, type O6,5 ;
- HD158659, type B0 ;
- HD30584, type B6 ;
- HD116608, type A1 ;
- HD9547, type A5 ;
- HD10032, type F0 ;
- BD61 0367, type F5 ;
- HD28099, type G0 ;
- HD70178, type G5 ;
- HD23524, type K0 ;
- SAO76803, type K5 ;
- HD260655, type M0 ;
- YALE 1755, type M5.

Les trois derniers spectres sont ceux d'étoiles aux caractéristiques particulières :
- HD94028, de type F4, est pauvre en métaux ;
- SAO81292, de type M4,5, a quelques brillantes raies d'émission ;
- HD13256, de type B1, aux brillantes raies d'émission.

photons ayant les longueurs d'onde propres aux éléments chimiques présents dans les atmosphères traversées. Sur le détecteur, il arrive relativement moins de photons à ces longueurs d'onde spécifiques. Cela se traduit par la présence de raies sombres d'absorption dans le spectre (appelées aussi *raies de Fraunhofer*) aux longueurs d'onde où les photons « manquent ».

LES INFORMATIONS TIRÉES DU SPECTRE

Nous savons donc qu'un élément chimique donné émet un certain type de radiations. Si nous trouvons ces rayonnements dans la lumière émise par une étoile, nous pouvons affirmer que l'étoile contient cet élément. Autrement dit, nous pouvons déterminer la composition chimique d'une étoile en analysant sa lumière.
Cela semble simple, mais ça ne l'est pas : les rayonnements émis par une étoile, en effet, sont innombrables. Dans un gaz de température, de pression et de densité typiques d'une étoile, les atomes ont des vitesses très grandes et les chocs se succèdent les uns aux autres. Chaque choc provoque un transfert d'énergie d'un atome à l'autre, l'excitation des atomes et l'émission ultérieure de rayonnements. En outre, les atomes sont ceux d'innombrables éléments chimiques (bien que nombre d'entre eux ne soient présents qu'en très faibles pourcentages) et chaque atome a sa propre structure atomique, d'autant plus compliquée que son numéro atomique est élevé ; leurs émissions possibles sont d'autant plus complexes. Enfin, chaque atome peut être ionisé plusieurs fois, et cela altère encore les caractéristiques atomiques qui déterminent les émissions.

Les caractéristiques des rayonnements d'une étoile varieraient même si celle-ci n'était constituée que d'un seul type d'élément chimique, du fait des conditions diverses de température (qui limitent la possibilité que certains « sauts » surviennent et déterminent la formation ou non de certains types d'ions), et du fait des conditions différentes de densité (qui influencent le nombre de chocs). Cependant, en comparant les mesures des longueurs d'onde correspondant à chaque raie avec des spectres « échantillons » réalisés en laboratoire avec des gaz composés d'un seul type d'élément chimique et en tenant compte de l'intensité relative de chaque raie d'émission, les astrophysiciens ont identifié tous les éléments présents dans l'atmosphère de très nombreuses étoiles. Grâce à des évaluations ultérieures, l'analyse chimique devient ensuite quantitative de façon à extrapoler les proportions des éléments composant ces sources. Finalement, on arrive à dire précisément « de quoi » est faite telle étoile et en « quelle proportion ».

LES TYPES SPECTRAUX

Selon leur couleur (c'est-à-dire leur température de surface) et les caractéristiques de leur spectre, les étoiles sont classées en 7 classes spectrales (ou ***types spectraux***), elles-mêmes divisées en 10 sous-classes. En commençant par la température la plus haute, nous trouvons :
- **le type O :** étoiles bleues, très lumineuses et massives, avec une température superficielle de 40 000 ou plus à 20 000 degrés. Les raies de l'hélium et d'autres éléments chimiques plusieurs fois ionisés sont évidentes, celles de l'hydrogène presque complètement ionisé, faibles. Exemple : θ Orionis (O6) ;

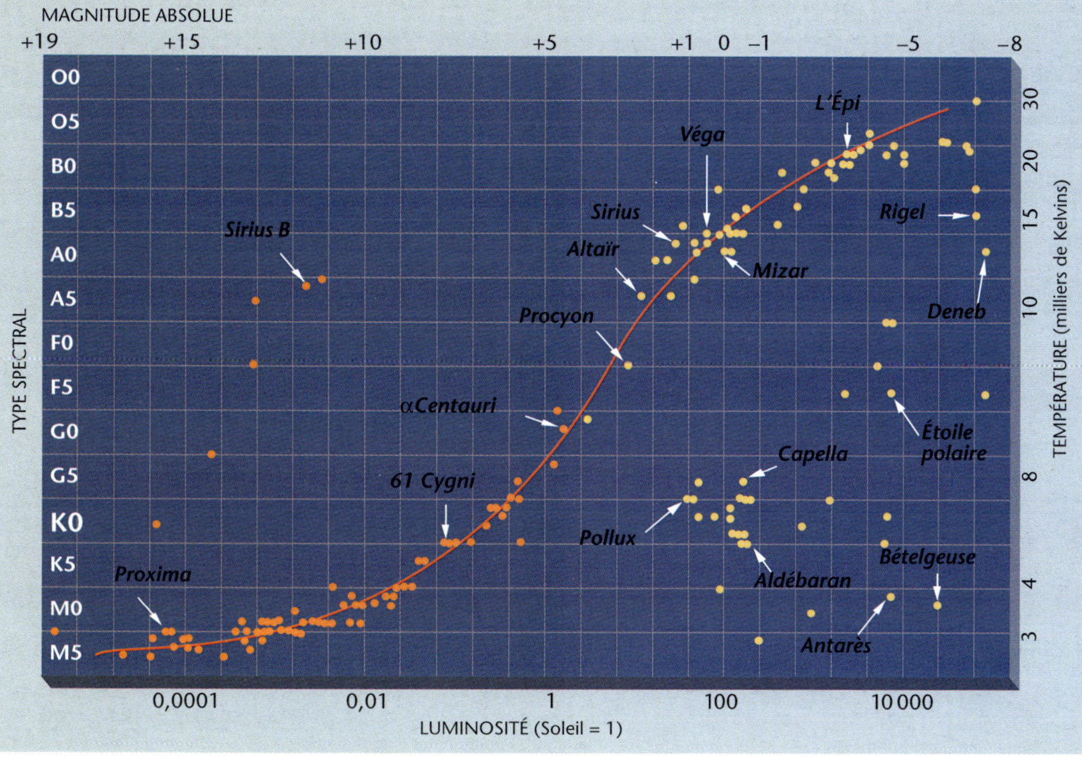

Diagramme de Hertzsprung-Russell
Le long de la diagonale se trouvent les étoiles naines comme le Soleil; au-dessous, le groupe des étoiles géantes et des supergéantes (les plus lumineuses de ce groupe); au-dessus de la diagonale, les naines blanches. Construit à partir des données d'étoiles proches de la Terre dont la distance est connue par des mesures de parallaxe, le diagramme permet de trouver la distance ou de définir la magnitude absolue des étoiles dont on peut déterminer d'une manière ou d'une autre le type spectral. On réussit de cette façon à évaluer les distances d'étoiles qu'on est à peine en mesure de photographier. Les régions du diagramme où s'accumule la majorité des étoiles indiquent les conditions physiques de stabilité des étoiles.

• **le type B :** blanc-bleu, avec une température superficielle entre 20000 et 10000 degrés. Les raies des atomes métalliques très ionisés sont nombreuses, les raies de l'hélium diminuent, celles de l'hydrogène augmentent. Font parties de ce groupe : β Crucis (B0), l'Épi et β Centauri (B1), γ Orionis (B2), Al Kahid (B3), Achernar (B5), Régulus et Alcyon (B7), Rigel (B8), Sirrah (B9) ;

• **le type A :** blanc-vert, de température superficielle comprise entre 10000 et 7000 degrés kelvins. Les raies de la série de Balmer de l'hydrogène ont une intensité maximale ; on commence à voir les raies du calcium ionisé. Véga, α Coronae, Alioth (A0), Sirius, β Ursae Majoris (A1), Deneb, β Aurigae (A2), Fomalhaut (A3), Ras Alhague (α Ophiuchi) (A5), Altaïr (A7) et Bellatrix appartiennent à cette classe, et certaines d'entre elles ont un champ magnétique très intense ;

• **le type F :** vertes, de température superficielle comprise entre 7000 et 6000 K. Les raies de l'hydrogène sont intenses, et au-delà des raies du calcium ionisé, les raies du calcium neutre commencent à apparaître. Exemples : Canopus, γ Scorpionis, α Hydri (F0), β Cassiopeia (F2), Procyon, α Persei, Mirfak (F5), ρ Puppis (F6), l'Étoile polaire (F8) ;

• **le type G :** comme le Soleil, elles sont jaunes, avec une température superficielle entre 6000 degrés (naine G0) et 4800 degrés (géante G0). Les raies de Balmer de l'hydrogène diminuent mais celles des métaux émergent. Exemples : Capella, ζ Herculis, η Bootis (G0), β Hydri (G1), β Corvi (G5), Algol (G8) et la composante principale de α Centauri ;

• **le type K :** jaune-orangé, avec une température superficielle entre 4800 K (naine K0) et 3100 K (géante K0). La raie du calcium neutre a l'intensité maximale et les raies métalliques sont de plus en plus visibles. Celles de l'hydrogène disparaissent. Aldébaran, Pollux et Schedar sont de ce type ;

• **le type M :** d'un rouge plus ou moins profond, elles ont une température superficielle de 3400 (naines) à 2000 K (géantes). Les raies de l'oxyde de titane (composé moléculaire) sont très intenses. Exemples : Mirrach (M0), Antarès (M1), Bételgeuse, β Pegasi, Rasalgethi (M2), γ Crucis, μ Geminorum (M3), Mira Ceti (M6), Menkar.

Dans chaque classe subsistent toutefois d'énormes différences : certaines étoiles blanches sont super lumineuses et d'autres peu brillantes, les étoiles rouges sont aussi bien naines que gigantesques. Pour les classer, on recourt donc aussi à la magnitude absolue.

LE DIAGRAMME DE HERTZSPRUNG-RUSSELL

C'est un diagramme à deux entrées : d'un côté, la classe spectrale qui dépend de la température superficielle de l'étoile, de l'autre, la magnitude absolue qui dépend de la masse. Le *diagramme de Hertzsprung-Russell* (diagramme H-R pour les amis) est une pierre d'angle de l'astronomie moderne et montre de façon évidente que la distribution des étoiles n'est pas le fruit du hasard : la majorité des étoiles se rassemble dans une bande centrale – la ***séquence principale*** –, avec les étoiles bleues de types O et B regroupées en haut, les blanches et jaunes (types A, F et G) au centre et rouges (types K et M) en bas. En dehors de la séquence principale on trouve deux groupes : l'un, en bas à droite du diagramme, comprend uniquement des étoiles rouges très grandes et lumineuses, l'autre, au-dessus de la diagonale, des astres blancs et bleus peu lumineux. Mais ce diagramme en dit beaucoup plus.

LORSQUE NOUS OBSERVONS LE CIEL, NOUS VOYONS DES ÉTOILES QUI SE FORMENT, DES ÉTOILES EN PLEINE ACTIVITÉ, DES ÉTOILES QUI EXPLOSENT, DES ÉTOILES EN TRANSFORMATION… LE DIAGRAMME DE HERTZSPRUNG-RUSSELL DÉCRIT LE PARCOURS ÉVOLUTIF QUE SUIT CHAQUE ÉTOILE, DES ORIGINES À LA FIN – UNE ÉVOLUTION QUI NE DÉPEND QUE DE SA MASSE.

L'ÉVOLUTION D'UNE ÉTOILE

Lorsqu'on observe le diagramme H-R, il semble évident que la majorité des étoiles ont des caractéristiques communes. Et c'est effectivement le cas : tous ces corps célestes sont formés majoritairement d'hydrogène et ont des températures, densités et pressions internes très élevées. La position d'une étoile dans ce diagramme dépend de sa masse car plus l'étoile est massive, plus elle est lumineuse, et l'on compare les magnitudes absolues. Le diagramme H-R devient alors un outil pour établir l'âge d'une étoile et en décrire l'évolution une fois sa masse initiale établie.

UNE ÉTOILE SE FORME

Une étoile ne peut être éternelle : elle irradie de l'énergie au prorata de sa masse, et cette dernière n'étant pas infinie, l'étoile finira par s'éteindre tôt ou tard. Mais avant cela, elle doit se former par agrégation de matière éparse.

Des nuages de gaz et de poussières, il y en a à foison dans l'espace, et ils sont immenses. On s'attend donc à ce qu'il y ait des étoiles en formation un peu partout. Cependant, la matière interstellaire a une densité très faible ; pour former un protonoyau stellaire autour duquel s'agrégera assez de matière pour former une étoile, les atomes doivent être très proches les uns des autres afin de ne plus pouvoir échapper à leur attraction mutuelle. La perturbation gravitationnelle induite par le passage d'un autre objet céleste ou par certains phénomènes tels que l'explosion d'une supernova (p. 203) est capable de produire un tel rapprochement.

La protoétoile est un objet presque toujours impossible à observer : encore « froide », elle n'est visible qu'en

NUAGES INTERSTELLAIRES Deux images prises dans la constellation d'Orion par *Hubble*.
CI-DESSUS La formation de nouvelles étoiles à l'œuvre dans l'amas du Trapèze.
CI-CONTRE Ces étoiles de formation récente sont encore enveloppées par leur nébuleuse primitive.

Diagramme H-R
La relation entre la position d'une étoile dans ce diagramme, son type spectral, son diamètre et sa température de surface (qui lui donne sa couleur) est évidente.

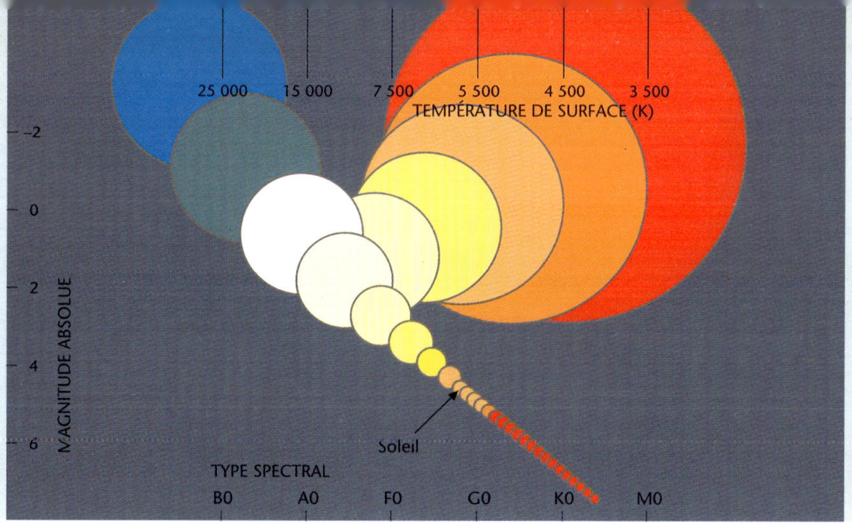

« négatif » (une tache sombre sur un fond lumineux) ou si elle est illuminée par une source proche. On observe effectivement des masses globulaires sombres, appelées *globules de Bok*, de grandes dimensions – de l'ordre de l'année-lumière.

LA NOUVELLE ÉTOILE

Rapidement les atomes se « précipitent » toujours plus vite vers le centre de masse du globule sous l'action de la gravité. Leur vitesse augmentant, la pression augmente et le gaz devient de plus en plus chaud. La protoétoile, désormais visible dans l'infrarouge, devient encore plus petite et plus dense. Sa température interne passe d'environ 100 K à 50 000 K, et elle devient observable dans le visible. Encore vaporeuse et pâle, elle trouve alors sa place dans le diagramme H-R et, dès lors, elle va s'y déplacer au fil de ses transformations. Les gaz vont continuer à se condenser, le diamètre de l'étoile à diminuer, et sa température à augmenter. Nous ne pouvons observer une telle évolution pour une même étoile car les temps sont trop longs, mais nous trouvons confirmation de ce modèle théorique en observant d'autres étoiles de masse comparable à différents stades de leur évolution.

UNE ÉTOILE COMME LE SOLEIL

Quand le diamètre de la protoétoile atteint 100 millions de kilomètres, la température de surface est de 3 500 K. Ses émissions de rayonnements sont encore faibles mais elle est énorme – plus de 4 000 fois la superficie du Soleil – et rouge : dans le diagramme H-R, elle se situe alors dans le groupe des *géantes rouges*. Elle y

Nébuleuse de la Lagune
Hubble permet de distinguer certains éléments dynamiques :
1. étoile centrale Herschel 36 ;
2. vortex ;
3. onde de choc ;
4. anneau et jet ;
5. globule de Bok.

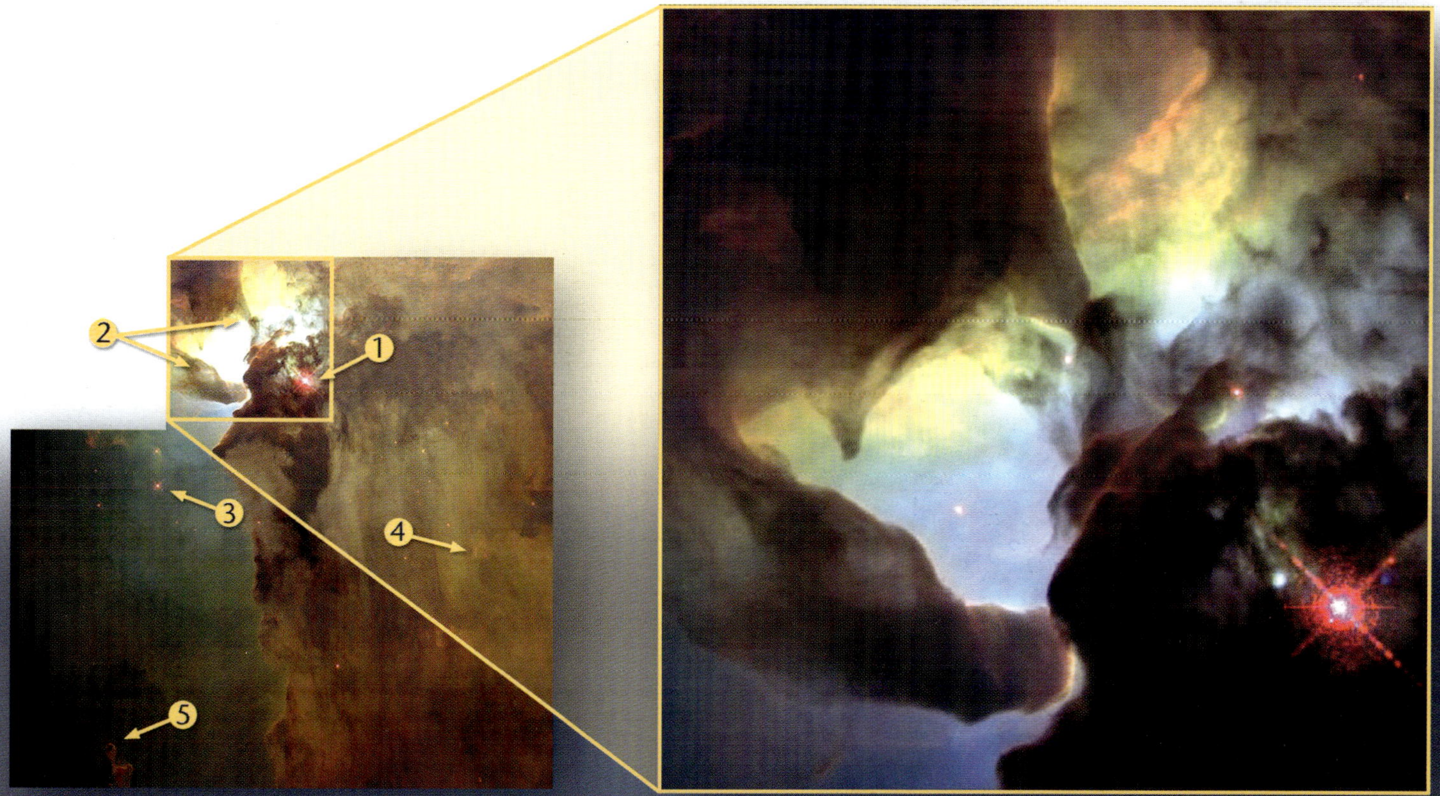

ÉTOILES EN FORMATION
Cette image prise par le *VLT* montre un nuage de gaz illuminé par un groupe d'étoiles nées dans la région RCW38.

restera peu de temps car son évolution est rapide.
Son rayon (donc la surface irradiante) diminue progressivement de même que sa luminosité, jusqu'à ce que sa température centrale atteigne de l'ordre de 10 millions de degrés. À cette température, les processus de fusion nucléaire démarrent et l'étoile « s'allume », irradiant de l'énergie. Après une période de transition, la température, le rayon et la luminosité se stabilisent : son diamètre est un peu inférieur à celui du Soleil et sa température de surface est d'environ 6 000 K.
27 millions d'années après sa formation, l'étoile a trouvé un point stable dans la séquence principale où elle restera 10 milliards d'années – tant qu'il restera de l'hydrogène. À mesure que le pourcentage d'hydrogène diminue, sa taille et sa luminosité augmentent ; après environ 4,5 milliards d'années d'activité, l'étoile ressemble à notre Soleil.
Même si la masse initiale de la protoétoile avait été beaucoup plus grande, les choses se seraient passées de la même façon mais sur une échelle de temps plus courte – ce n'est pas un hasard si la séquence principale est la région la plus peuplée du diagramme. Les choses changent quand l'hydrogène commence à s'épuiser au cœur de l'étoile.

LA FIN DU SOLEIL

L'interruption de la chaîne de réactions de fusion de l'hydrogène rompt l'équilibre hydrostatique qui maintenait les couches externes « suspendues », en quelque

NÉBULEUSE DE LA DORADE
Deux images prises par *Hubble* en lumière visible (EN HAUT) et dans l'infrarouge (EN BAS). La vue infrarouge révèle de nombreuses étoiles en cours de formation (flèches) – des régions de la nébuleuse où la température est notablement plus élevée – alors que dans le visible, on ne voit encore rien.

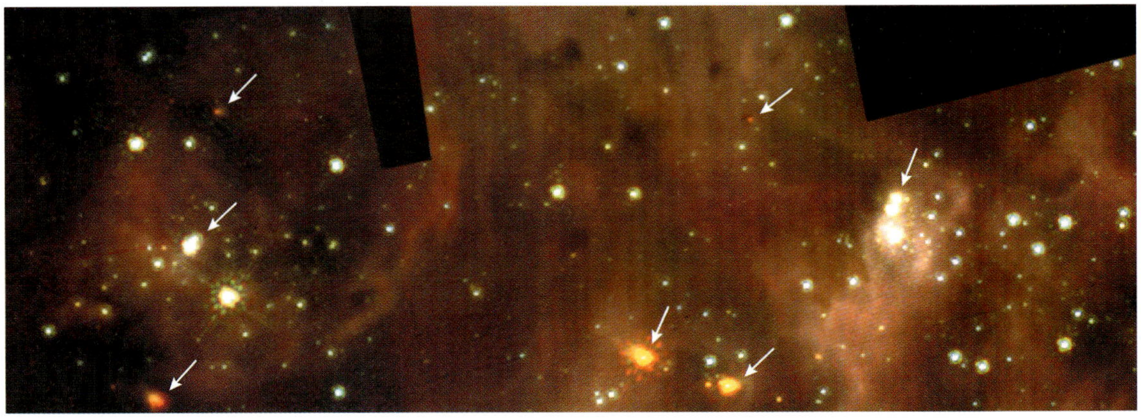

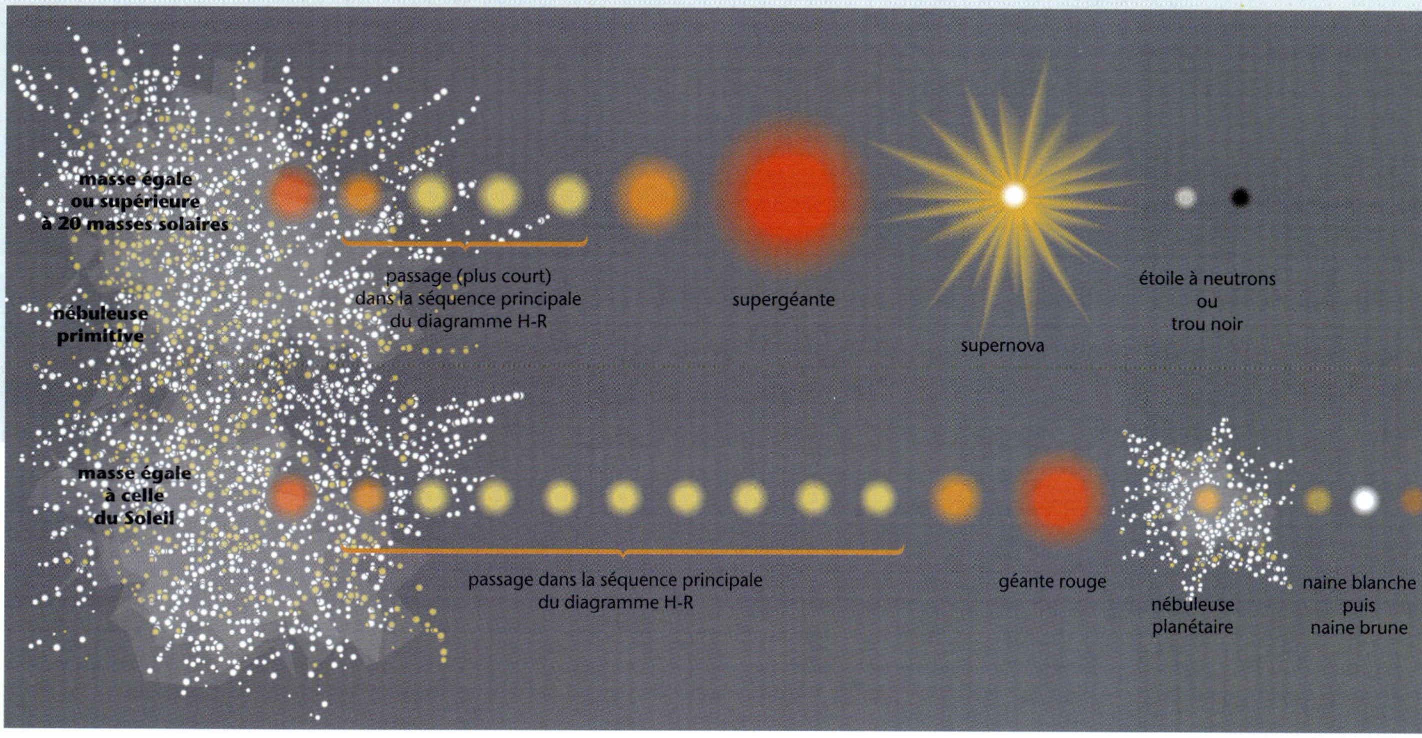

sorte, autour du noyau : l'énergie produite dans la région où a lieu la fusion (d'un diamètre égal au dixième environ du diamètre stellaire) ne génère plus une pression suffisante pour contrebalancer la gravité. Les gaz du noyau et des couches plus externes s'effondrent alors.

La période de stabilité de l'étoile cesse ici et l'étoile quitte la séquence principale. Sa luminosité est divisée par 1,5 et son diamètre se réduit à 2 millions de kilomètres. La rapide contraction fait grimper à nouveau la température interne. Cela chauffe l'enveloppe d'hydrogène qui entoure le noyau d'hélium, et les réactions de fusion de l'hydrogène reprennent dans cette couche superficielle ; la quantité d'énergie émise finit par devenir supérieure à celle qui était produite lors de la première phase.

L'étoile ne devient pas plus lumineuse pour autant mais plus grande : elle se dilate et, dans le diagramme H-R, elle se déplace vers le groupe des géantes rouges. La dilatation entraîne une baisse de la température superficielle qui, en un peu plus d'un milliard d'années, descend à 4 000 K : l'étoile devient toujours plus rouge jusqu'à atteindre une phase de luminosité constante.

Mais la production d'énergie s'accroît toujours jusqu'à devenir plusieurs centaines de fois supérieure à celle produite dans la séquence principale. La dilatation et le refroidissement superficiel ne peuvent la compenser : l'étoile augmente encore de taille et de luminosité et, en une centaine de millions d'années, devient une géante rouge. Son atmosphère d'hydrogène est très raréfiée (densité moyenne d'à peine 20 milliardièmes de g/cm^3, soit environ 10^{16} atomes/cm^3). Son petit noyau d'hélium contient 1/4 de la masse totale de l'étoile mais ne fait qu'un millième à un centième du diamètre de l'étoile ; autour de ce noyau, la première couche d'hydrogène où ont eu lieu les réactions de fusion a une épaisseur de quelques milliers de kilomètres seulement.

Quand la température centrale atteint 100 millions de degrés, la fusion de l'hélium en carbone débute. Du fait de son énorme densité, le noyau d'une étoile d'une masse solaire se dilate très peu malgré l'énergie libérée par la fusion et ne se refroidit pas assez vite. La fusion de l'hélium s'accélère donc, accroissant encore la température, ce qui accélère encore la fusion et ainsi de suite, jusqu'à ce que, en l'espace de quelques heures (soit presque instantanément), le noyau explose. C'est la phase appelée le ***flash de l'hélium***.

Le noyau se disperse à très grande vitesse et la structure de l'étoile change rapidement. La température

L'Évolution des étoiles
Selon la masse contenue dans la nébuleuse primitive, chaque étoile poursuit une évolution différente sur une échelle de temps différente. Plus cette masse est grande, plus l'évolution stellaire est rapide. Cependant, toutes les étoiles passent la majeure partie de leur vie dans une phase stationnaire correspondant à la séquence principale du diagramme H-R.

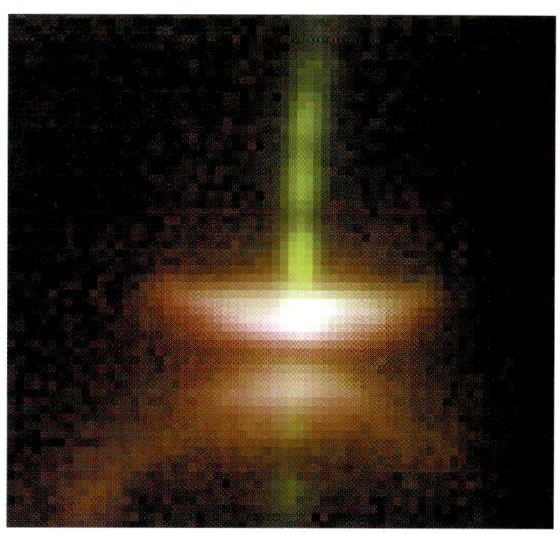

Herbig-Haro 30
Photographiée par *Hubble*, cette étoile néoformée illumine de l'intérieur la nébuleuse qui l'enveloppe encore, scindée en deux par un disque fin de matière sombre (le futur système planétaire ?). Deux puissants jets de gaz sont émis aux pôles.

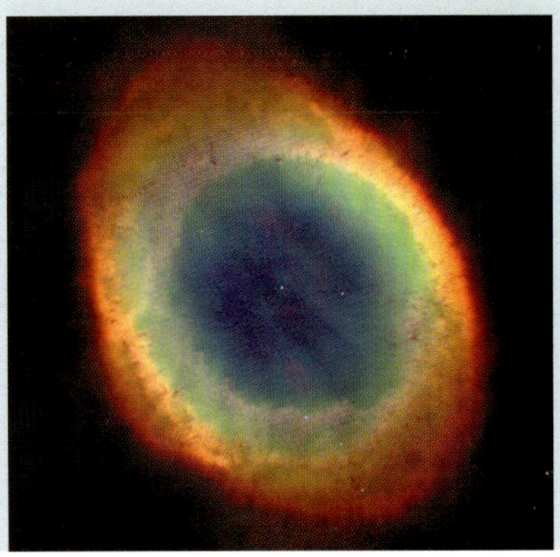

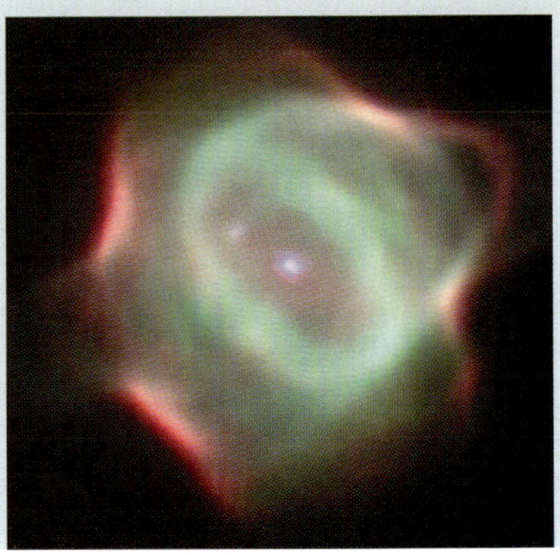

Nébuleuses planétaires ci-dessus, de gauche à droite Les images prises par *Hubble* de NGC6751 dans l'Aigle, de M57 ou Nébuleuse annulaire de la Lyre, située à 2000 a.l., et de Hen-1357, la plus « jeune » nébuleuse planétaire jamais observée.

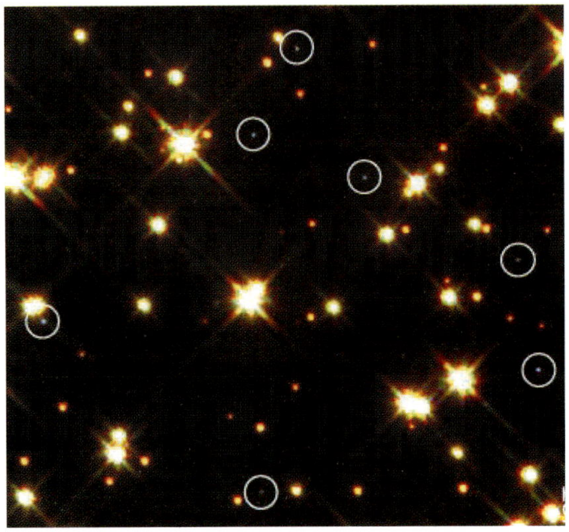

ci-contre Un champ stellaire comprenant de nombreuses naines blanches (cercles) prises par *Hubble* dans la galaxie M4.

interne s'effondre, la synthèse du carbone s'arrête et avec elle, la production d'énergie et la luminosité chutent.

N'étant plus « soutenues », les couches gazeuses externes s'effondrent vers le centre de gravité : le diamètre de l'étoile se met à diminuer, la température centrale remonte et à un certain point, la fusion de l'hélium reprend ; 10000 ans après le flash de l'hélium, la température au centre de l'étoile est de 200 millions de degrés.

Une nouvelle période de luminosité constante débute tandis qu'au centre du noyau d'hélium il se forme peu à peu un petit noyau de carbone, de la même façon qu'un petit noyau d'hélium se formait au centre du noyau d'hydrogène.

L'histoire se répète : à un certain stade, le noyau devenu entièrement en carbone commencera à se contracter, élevant la température de la couche périphérique d'hélium dont la fusion démarre ; dans les couches les plus externes de l'étoile, encore constituées d'hydrogène, les réactions nucléaires se déclenchent et une énorme enveloppe externe d'hydrogène commence à se dilater. La température superficielle diminue donc mais la luminosité augmente : l'étoile retourne dans le groupe des géantes rouges du diagramme H-R. Désormais l'évolution s'accélère : en quelques millions d'années, il est probable que l'étoile connaisse plusieurs flashs.

Après cette période d'instabilité, l'étoile entame la phase finale de son existence. Sa masse n'étant pas assez grande, l'augmentation de la température des régions centrales due à la contraction gravitationnelle ne suffit pas à initier la fusion du carbone, qui ne débute qu'au-delà de 600 millions de degrés. Le carbone est donc comprimé, et l'augmentation de la température dope la production d'énergie par fusion de l'hélium entourant le noyau. L'étoile devient à nouveau une géante rouge mais cette fois, lors de l'expansion, la température de ses couches supérieures diminue assez pour rendre possible la formation d'atomes neutres qui absorbent et réémettent des photons.

Il s'ensuit une cascade d'événements : réchauffement, expansion, refroidissement, nouveaux atomes neutres, réchauffement, expansion, refroidissement... L'enveloppe externe se dilate toujours plus vite et finit par se détacher de l'étoile, tandis qu'au centre reste le noyau – un petit objet blanc doté d'un corps central et d'une atmosphère gazeuse d'atomes neutres en expansion. Une ***nébuleuse planétaire*** est née.

La luminosité globale de l'astre n'a pas changé mais son diamètre a dramatiquement varié. La surface de l'étoile atteint rapidement la température de la partie externe du noyau (de l'ordre de 10000 degrés) et rayonne dans le blanc.

Quand le diamètre de l'étoile se réduit à environ 30000 km, la densité atteint 1 à 10 millions de g/cm^3 et la contraction du noyau s'arrête : l'étoile est devenue une naine blanche, 100 fois moins lumineuse que le Soleil. Les rayonnements émis par les parties centrales restent quasi inchangés, et la température superficielle est, au maximum, 10 fois plus élevée que celle du noyau : environ 10000 degrés.

C'est vraiment la fin : avec le temps, l'étoile irradie ses dernières énergies comme n'importe quel corps d'une certaine température laissé dans le vide. Sa couleur passe du blanc au jaune, puis au rouge et au rouge sombre puis elle s'éteint. Elle est devenue une ***naine brune***.

Nébuleuse planétaire
Abell 39 prise par les puissants télescopes de Kitt Peak.

La nébuleuse du « Papillon »
Hubble a photographié la nébuleuse M29 – un exemple de nébuleuse bipolaire ou « à jets jumeaux » où une étoile en phase d'extinction émet de la matière à vitesse supersonique.

UNE ÉTOILE PLUS MASSIVE QUE LE SOLEIL

Si, au moment où la fusion de l'hélium s'arrête, la masse de l'étoile vaut encore 8 fois la masse du Soleil (8 masses solaires), la contraction se poursuit jusqu'à « compacter » les atomes dans un diamètre de quelques dizaines de kilomètres. Il naît ainsi une ***étoile à neutrons*** ou ***pulsar***. Caractérisée par une densité extrêmement élevée (10 000 milliards de g/cm^3), elle tourne très vite sur elle-même – de l'ordre d'un tour toutes les 20 millisecondes – en émettant une cinquantaine d'impulsions radio par seconde, comme les signaux lumineux d'un phare, avec une régularité parfaite : l'arrivée d'un signal par un pulsar peut être prévue une semaine à l'avance avec une erreur n'excédant pas 10 millièmes de seconde. Parmi tous les pulsars identifiés par des radiotélescopes, seuls quelques-uns sont observables dans le visible. Si, au moment où elle se forme, une étoile a une masse égale ou un peu inférieure à 20 masses solaires, lorsque la fusion de l'hélium cessera, des réactions de fusion pourront néanmoins se poursuivre, transformant le carbone en un mélange de néon, de magnésium et d'oxygène. Quand le carbone est épuisé, la fusion d'éléments de plus en plus lourds se poursuit jusqu'à ce que, dans le noyau, le silicium se transforme en fer. La *nucléosynthèse* s'interrompt alors : la fusion du fer requiert plus d'énergie que ne peuvent en produire les processus même de la fusion.

En quelques secondes, l'étoile s'effondre et passe d'une taille comparable à celle de notre Soleil à quelques dizaines de kilomètres. L'énergie gravitationnelle libé-

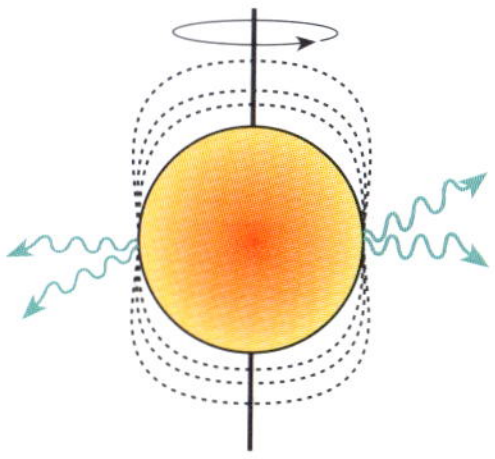

Pulsar
Modèle standard d'un pulsar. Les lignes de champ magnétique (tirets) concentrent les rayonnements à la sortie des pôles magnétiques.

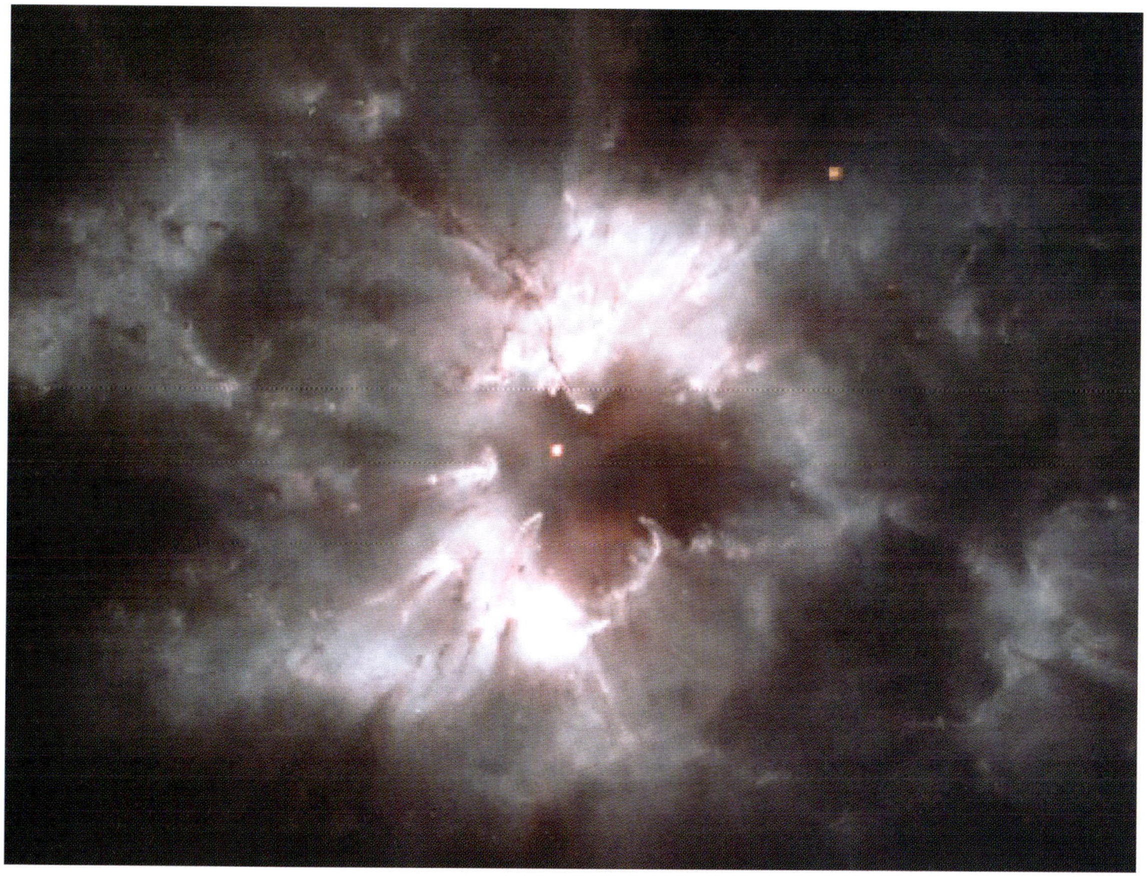

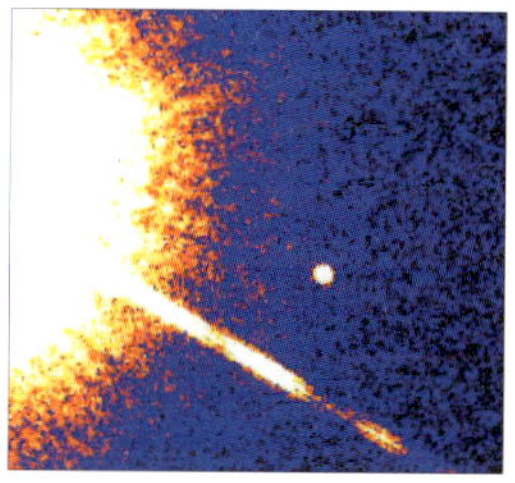

Encore *Hubble*
ci-contre La nébuleuse planétaire NGC2440, située à 4 000 a.l. en direction de la Poupe, a une structure très chaotique. La naine blanche centrale est l'une des plus chaudes étoiles connues avec une température de surface de 200 000 degrés. Des nuages sombres et d'autres rendus fluorescents par son rayonnement ultraviolet l'entourent.

ci-dessus La naine brune Gliese 229B à côté de sa compagne stellaire encore active.

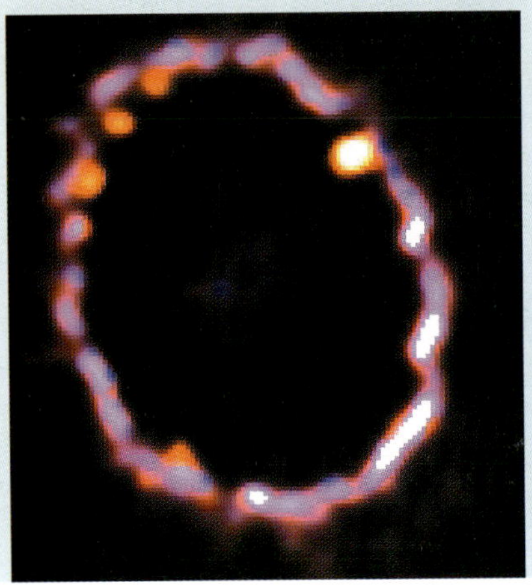

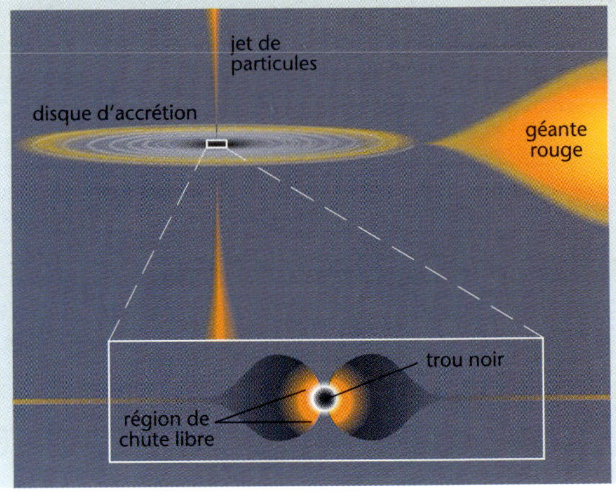

La supernova 1987A
Hubble met en évidence l'anneau de gaz entourant la région où se trouvait l'étoile qui a explosé en 1987. Certaines régions du gaz sont redevenues visibles, échauffées probablement par une onde de choc résiduelle.

La nébuleuse du Crabe
Hubble révèle ici les restes de cette fameuse supernova dans la constellation du Taureau vue dans le visible (ci-contre) et en rayons X (ci-dessous).

rée par ce processus produit un flux de photons assez énergétiques pour désintégrer les noyaux atomiques en leurs particules élémentaires. C'est comme si le noyau de l'étoile se transformait en une sorte d'immense noyau atomique de 200 km de diamètre contenant 1,5 fois la masse du Soleil. Cette compression engendre au centre une onde de choc en expansion rapide. L'onde se propage au reste de l'étoile – qui représente environ 15 masses solaires – qu'elle « précipite » vers le noyau. La compression induit de nouvelles réactions de fusion nucléaire qui synthétisent tous les éléments plus lourds que le fer, mais l'étoile se désagrège complètement. Dans le ciel on observe alors une ***supernova*** qui voit en moins d'un jour sa luminosité augmenter de 15 à 20 magnitudes pour disparaître en l'espace de quelques années.
Les restes de l'explosion, qui forment une nébuleuse aux contours irréguliers, se dispersent lentement dans l'espace en emportant dans l'univers les éléments lourds qui se retrouvent ensuite, sous forme de traces, dans le milieu interstellaire et dans les étoiles de seconde et troisième génération.
L'expansion de l'onde de choc d'une supernova entraîne toute la matière interstellaire sur son passage et provoque aussi la formation de concentrations gazeuses qui donnent naissance à des « familles » entières d'étoiles.

LES TROUS NOIRS STELLAIRES

Quand la masse de l'étoile est d'au moins 20 masses solaires, ce qui reste de l'étoile après son explosion suffit à déclencher d'autres processus. La force de gravitation prend la suprématie absolue et provoque l'effondrement irrépressible de toute la masse. Toutefois, pour toute masse sphérique, il existe un rayon limite (le *rayon de Schwarzschild* en souvenir

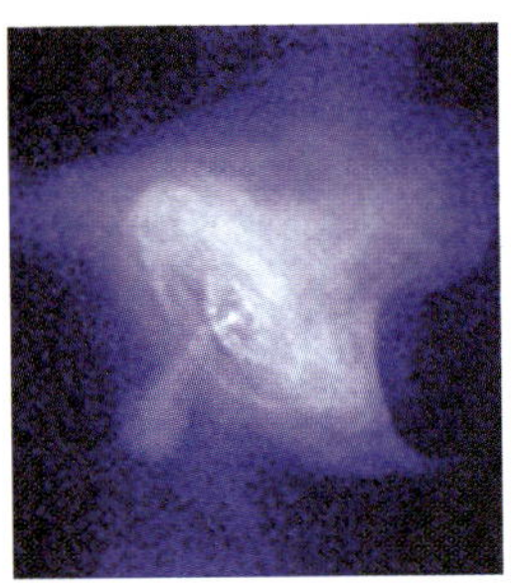

On pensait il y a encore peu que les pulsars étaient tous issus de l'explosion de supernovae, mais seuls les restes de supernovae du Crabe et des Voiles ont une source radio en leur centre. Le pulsar du Crabe a une période de rotation sur lui-même de 33 millisecondes – il effectue 30 tours par seconde !

Trous noirs

Page ci-contre, au centre Ce disque de poussières et de gaz, reste d'une supernova, fait 1 700 a.l. de diamètre et tourne probablement autour d'un trou noir de masse équivalente à environ 300 millions de soleils. L'existence des trous noirs a été envisagée déjà en 1783 par le révérend John Michell (sous un autre nom). À droite du cliché, le schéma illustre l'accrétion de matière autour d'un trou noir membre d'un système binaire.

Ci-dessous à droite Une image du centre de la galaxie M84 recueillie par *Hubble*. On soupçonne qu'il s'y trouve un trou noir galactique géant. Comme le montre le diagramme « en S » de la vitesse des gaz (au-dessous), il existerait un disque central où la matière tourne très vite, comme le prévoit la théorie décrivant un disque d'accrétion.

Candidats trous noirs stellaires

	Compagnon	Masse (Soleil = 1)	Magnitude	Distance (a.l.)
A0620-200	naine K	8 à 15	18	3 000
Cygnus X-1	supergéante O	10 à 15	9	8 000
GS2000+25	naine K	5,3 à 8,2	22	8 000
J0422+32	naine M	4,5	22	8 000
Nova Muscae 1991	naine K	4 à 6	20	10 000
V404 Cygni	naine K	4 à 6	18	11 000
LMC X-1	géante O	4 à 10	14	175 000
LMC X-3	naine B	4 à 11	17	175 000

du savant qui le calcula en 1916) en deçà duquel l'objet qui s'effondre provoque autour de lui une distorsion de l'espace-temps telle que rien, ni matière ni rayonnement, ne peut échapper à son attraction gravitationnelle.

Et l'étoile se transforme en ***trou noir***, devenant complètement invisible à moins de se trouver près d'une autre étoile de masse notable. Dans ce cas, la matière de ce compagnon peut être attirée par le trou noir : elle tourne autour de lui en formant un *disque d'accrétion*, avant de s'y précipiter, accroissant ainsi la masse et l'attraction gravitationnelle du trou noir.

Dans le disque d'accrétion, la matière devient très chaude du fait de son accélération par la gravité du trou noir : elle émet donc des rayonnements, principalement des rayons X. C'est de cette façon, indirecte, qu'est révélée la présence d'un trou noir. Bien sûr, comme tout ce qui précède, cette description est très simplifiée ; les modèles de trous noirs stellaires sont nombreux et, aujourd'hui encore, certains scientifiques doutent de l'existence de ces objets malgré les observations. La recherche de sources X, prévues par la théorie, a en effet permis de détecter de probables disques d'accrétion. C'est notamment le cas autour de l'étoile Cygnus X-1, une supergéante qui émet des impulsions intenses et irrégulières de rayons X avec une dynamique orbitale caractéristique d'un système binaire (p. 206) où le compagnon, invisible, aurait la taille de la Terre et une masse supérieure à la limite théorique prévue.

Après ce premier candidat trou noir, de nombreux autres ont été trouvés de cette façon parmi lesquels le meilleur candidat est le système V404 Cygni. Et des trous noirs encore plus gigantesques, dits *trous noirs galactiques*, se trouvent sans doute tapis au cœur des galaxies actives (p. 224), voire de chaque galaxie, y compris la nôtre.

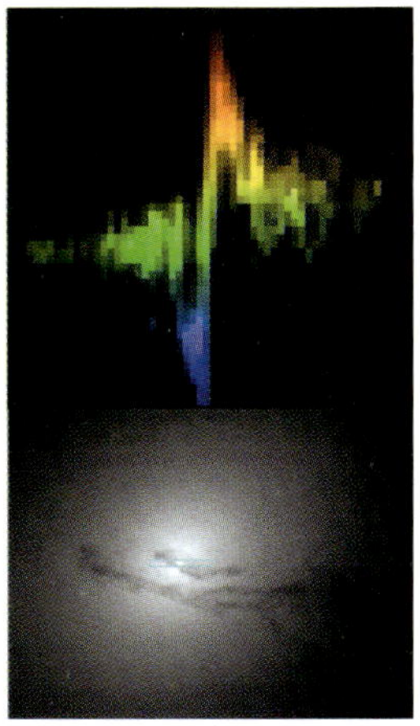

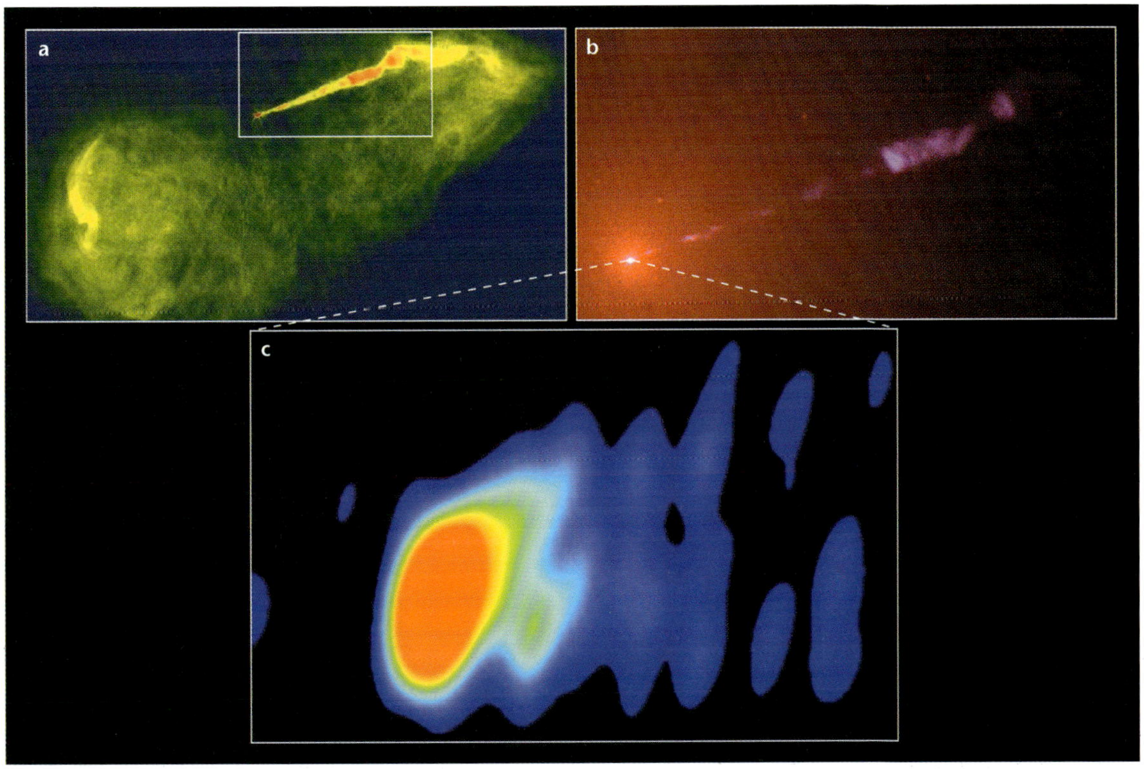

Près d'un trou noir galactique

a. Cette image de la galaxie M87 prise par le radiotélescope *VLA* montre une structure gigantesque dont l'émission radio est alimentée par des jets de particules subatomiques produites par le trou noir au centre de cette même galaxie.

b. *Hubble* a pris cette photographie du même objet dans le visible, qui révèle un jet brillant d'électrons très rapides émis par le noyau de la galaxie où se cacherait un trou noir géant de 3 milliards de masses solaires.

c. L'image radio prise par le *VLBA* (*Very Long Baseline Array*) montre le jet produit par le trou noir.

Certaines étoiles voyagent en couple ou en petits groupes rapprochés. À première vue, elles semblent être un unique petit point lumineux, puis on s'aperçoit de leur multiplicité grâce à de meilleurs instruments ou parce que la luminosité de ce petit point varie. Parfois, l'une des composantes se transforme en nova et illumine le ciel. D'autres étoiles changent rapidement de magnitude : ces étoiles variables sont de nombreux types.

ÉTOILES BINAIRES ET VARIABLES

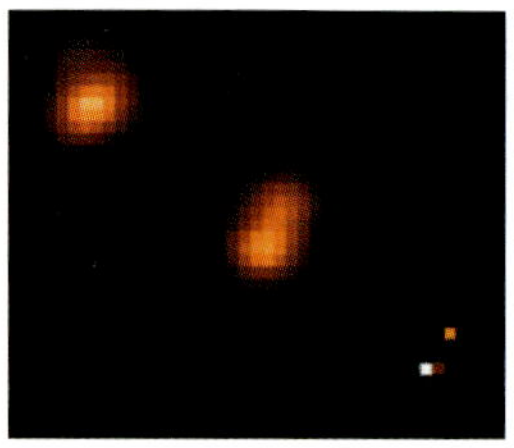

Une étoile double
Les deux étoiles très rapprochées ont été séparées ici en augmentant progressivement (*de gauche à droite*) le pouvoir de résolution des instruments d'observation.

Une nova récurrente
Ce qui reste de la nova τ Pyxidis (dans la Boussole), prise dans l'ultraviolet par *Hubble*.

À l'observation, certaines étoiles s'avèrent être deux (ou plus) : elles sont dites ***doubles*** (ou ***multiples***) ; 20 % des étoiles sont doubles. Si elles sont séparables à l'œil nu, on parle de double *visuel*. Si c'est le seul fait de la perspective, ce qui est assez rare, on parle de doubles *optiques* ; mais si les étoiles, physiquement liées l'une à l'autre par la gravité, orbitent autour de leur centre de masse commun, c'est un ***système binaire*** (ou ***multiple***). Ainsi, dans la Grande Ourse, Mizar forme un double visuel avec Alcor et est elle-même un double optique. Ces étoiles font, en outre, partie de l'amas mobile de la Grande Ourse, composé de 7 étoiles de la « casserole » de la Grande Ourse (hors Benetnash et Dubhe) et 12 autres étoiles, physiquement liées mais distantes de plusieurs années-lumière, qui voyagent ensemble à 14 km/s en direction du Sagittaire.

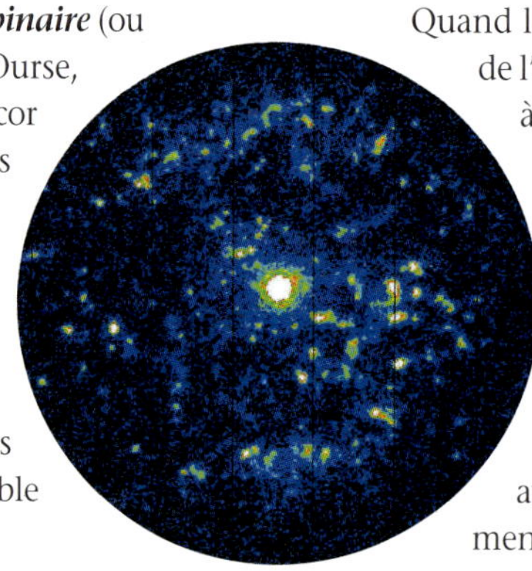

L'étude du mouvement des binaires est un moyen de trouver les « compagnons invisibles » – naines blanches ou brunes ou trous noirs – mais dont la masse interfère avec le mouvement de l'étoile principale. C'est aussi l'unique moyen de déterminer de façon directe la masse de ces étoiles peu observables et d'établir leur courbe masse-luminosité.

Quand les étoiles sont très rapprochées, la gravité de l'étoile la plus dense « arrache » de la matière à l'étoile la moins dense. Ainsi, naissent les trous noirs et les novae.

LES NOVAE

Ce sont des étoiles dont la luminosité augmente subitement et qui semblent surgir de nulle part – d'où ce nom d'étoile « neuve » donné les Anciens. En réalité, avant leur embrasement, elles étaient seulement peu lumineuses, mais tant qu'on ne com-

DYNAMIQUE DE COUPLE

Ce schéma montre l'évolution probable d'après une simulation informatique d'un système binaire s'étant formé à partir d'une nébuleuse primitive d'environ 30 masses solaires et dont l'une des deux étoiles a concentré l'essentiel de la masse – nous supposerons ici qu'elles ont respectivement 6 et 20 masses solaires. Liées par leur gravité, les deux étoiles sont actives pendant environ 10 millions d'années jusqu'à ce que la plus grosse commence à se dilater au stade « géante rouge » de son développement stellaire normal (**1**). Ses couches les plus externes sont arrachées par le champ gravitationnel de la seconde étoile (**2**) dont la masse augmente. Le noyau de la première étoile se retrouve dénudé (**3**), ce qui la précipite dans la phase supernova (**4**) ; du fait de sa masse initiale, elle survivra ensuite sous la forme d'une étoile à neutrons ou d'un trou noir de 3 masses solaires (**5**). L'augmentation de masse de la seconde étoile provoque son rapide « vieillissement » : devenue une étoile massive de température et de vitesse de rotation élevées, elle se transforme à son tour en quelques millions d'années en géante rouge. Elle transfère alors à son tour de sa masse à son compagnon (**6** et **7**) ; la matière ainsi capturée forme un disque d'accrétion qui, en s'échauffant, émet des rayons X et γ.

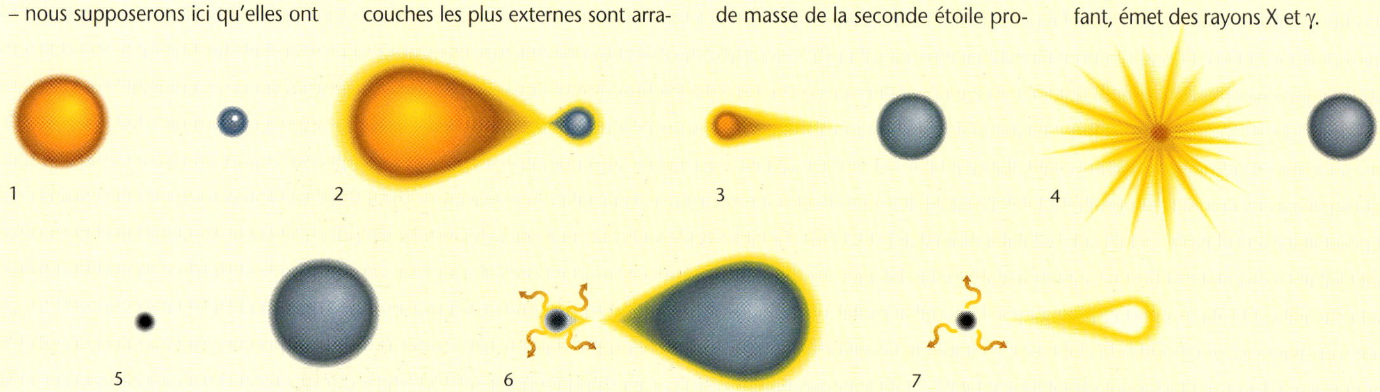

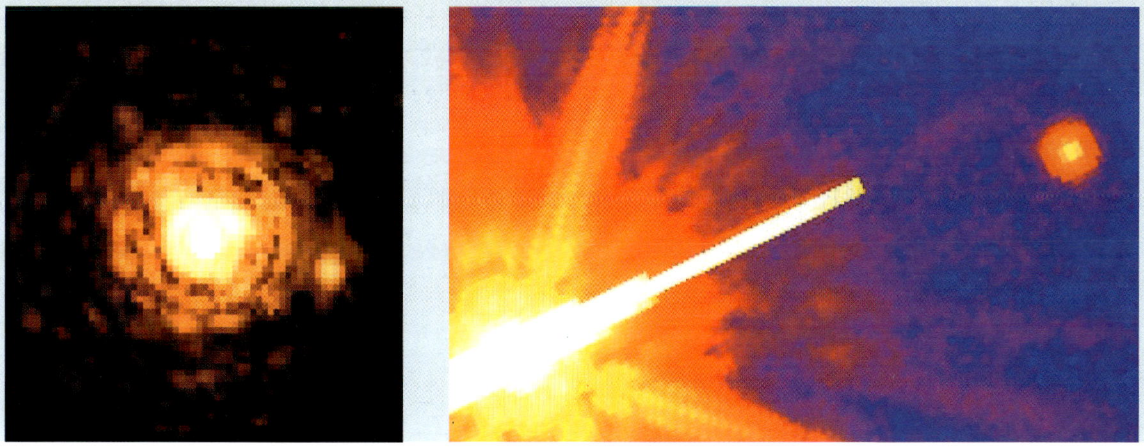

Gliese 623B et 105A
Ce système binaire a été pris par *Hubble* dans le visible (à gauche) et une autre longueur d'onde (à droite). Gliese 105A, la plus petite, est une naine brune.

pare pas le ciel avant et après l'événement avec des techniques photographiques, leur existence reste ignorée. Les novae sont presque toutes des *binaires serrées* (très rapprochées) où l'une des étoiles est une naine blanche et l'autre, une géante rouge. La matière arrachée à la géante rouge forme un disque d'accrétion autour de la naine. Quand la masse de ce disque dépasse une certaine limite, les conditions dans les couches du disque les plus proches de la naine sont réunies pour que des réactions de fusion s'amorcent; la grande explosion qui en résulte multiplie par 100000 la luminosité de la binaire en quelques jours. Les couches supérieures du disque sont soufflées et forment un nuage de gaz qui se dilate à des milliers de km/s; la quantité de matière expulsée n'est pas élevée mais est riche en éléments lourds. L'explosion ne signe pas la mort du système binaire qui revient aux conditions initiales. Le processus peut se répéter jusqu'à ce qu'il n'y ait plus assez de matière à capturer, et de nombreuses novae sont ***récurrentes*** – par exemple, l'étoile τ dans la Couronne Boréale, qui s'est « rallumée » en 1866 et 1946. On a calculé qu'il survient environ 25 novae par an dans une galaxie moyenne comme la nôtre.

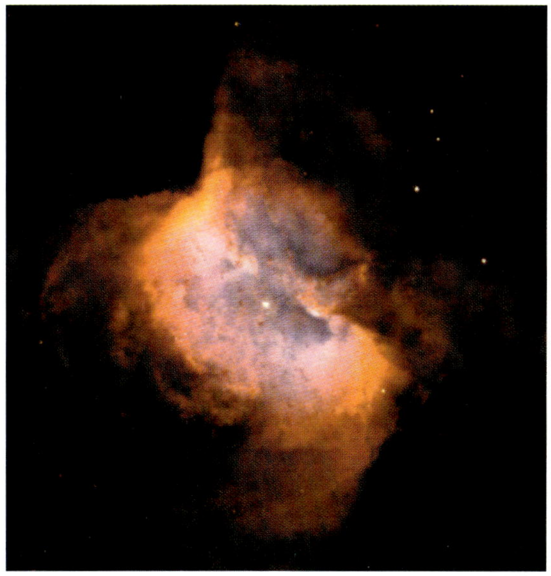

Un système binaire serré
La nébuleuse planétaire NGC2346 est le premier cas observé dont le centre abrite un système binaire. Les deux composantes, très rapprochées, accomplissent une orbite en 16 jours.

LES ÉTOILES VARIABLES

Les novae ne sont pas les uniques objets dont la luminosité varie: toutes les étoiles le font plus ou moins, mais certaines plus que d'autres. Cette variabilité peut être casuelle – ce sont les ***variables à éclipses*** (des binaires dont la variation de luminosité est due au passage périodique d'un compagnon inobservable entre nous et l'étoile visible) et les ***pulsars*** (des étoiles à neutrons à la rotation très rapide et régulière, dont les émissions balaient l'espace tel le pinceau d'un phare) – ou d'origine intrinsèque. Dans ce dernier type on distingue les ***variables éruptives***, irrégulières (jeunes étoiles du type T Tauri, novae et supernovae), et les ***variables régulières***, à période courte ou longue. Ces dernières sont des étoiles de masses variées qui traversent une phase de leur évolution loin de la séquence principale dans le diagramme H-R. L'étude Doppler de la vitesse de leurs gaz a montré que leur diamètre variait sur une période allant de 1 à 50 jours (*Céphéides*) ou de 9 à 17 heures (type *RR Lyrae*); elles sont plus lumineuses quand elles se contractent car elles s'échauffent alors.

Une Céphéide (variable pulsante)
Le schéma montre la relation entre vitesse radiale et luminosité de δ Cephei.

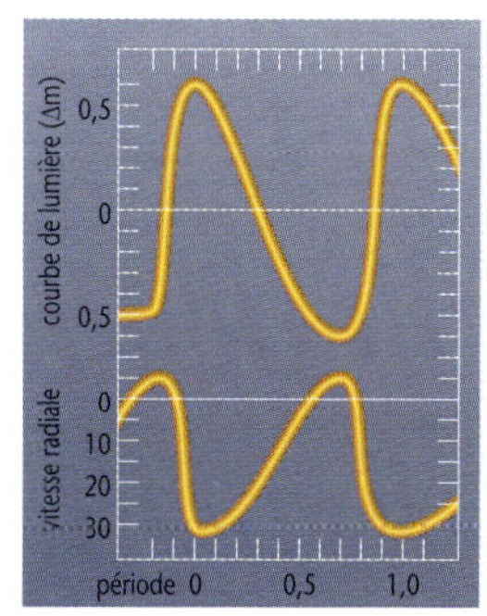

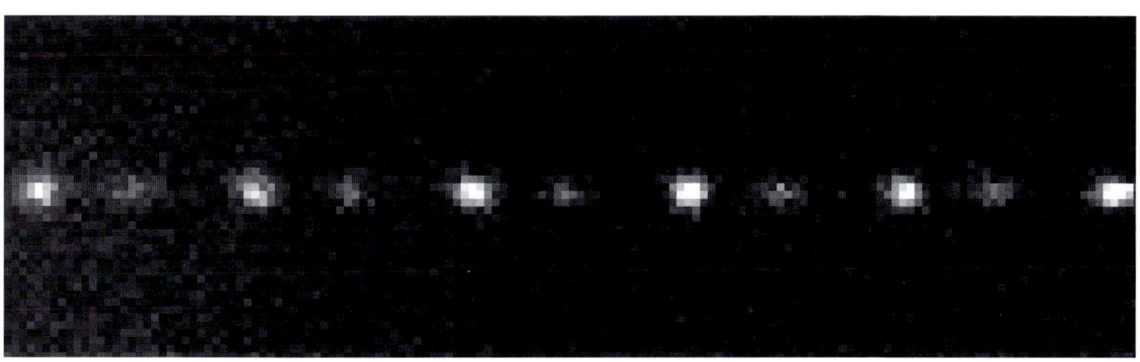

Pulsar
Séquence photographique du pulsar du Crabe prise par le VLT. Le nom « pulsar » dérive de pulsating radiosource (radiosource pulsante) mais ces étoiles ne pulsent pas réellement: leurs émissions balaient seulement l'espace au rythme de leur rotation, tel le faisceau d'une balise.

LES GALAXIES

CELA SEMBLE IMPOSSIBLE, MAIS MÊME À DES ANNÉES-LUMIÈRE DE DISTANCE LES ÉTOILES RESTENT EN CONTACT : ELLES SONT LIÉES PAR LES FORCES GRAVITATIONNELLES QUI LES EMPORTENT EN UNE VALSE TRÈS RAPIDE ET LES REGROUPENT EN D'ÉNORMES SYSTÈMES APPELÉS LES GALAXIES. AINSI, LE SOLEIL FAIT PARTIE, AVEC DES MILLIARDS D'AUTRES ÉTOILES, DE LA GALAXIE – *NOTRE* GALAXIE. LES ANCIENS L'ONT APPELÉ LA VOIE LACTÉE SANS SAVOIR CE QUE C'ÉTAIT, SIMPLEMENT EN OBSERVANT DANS LE CIEL NOCTURNE CETTE ÉCHARPE LUMINEUSE QU'AUJOURD'HUI NOUS SAVONS ÊTRE LE PLAN DANS LEQUEL SE TROUVE LA MAJEURE PARTIE DES ÉTOILES, DES NÉBULEUSES ET DES POUSSIÈRES QUI ORBITENT AUTOUR DU CENTRE GALACTIQUE. NOUS EN CONNAISSONS MIEUX CHAQUE JOUR LA STRUCTURE EN OBSERVANT LES MILLIONS D'AUTRES GALAXIES DE L'UNIVERS ET EN INVENTANT DE NOUVELLES MÉTHODES D'ANALYSES.

Les Anciens ont fait bien des hypothèses sur ce que pouvait être cette traînée de lumière diffuse ponctuée d'étoiles traversant le ciel. Pour les Grecs, c'était le lait perdu par Héra, la mère des dieux ; ils lui donnèrent le nom de Galaxie, ou plus exactement de *galàxias kùklos* (le cercle lacté) que nous avons traduit et utilisons encore sous le vocable Voie lactée. Les Chinois pensaient que c'était un Fleuve Céleste (ainsi nommé) où nageaient des milliers de poissons-étoiles qui, prenant le croissant de Lune pour un hameçon, fuyaient et disparaissaient à mesure que la Lune avançait. Les habitants de la Sibérie, convaincus que le ciel s'était autrefois scindés en deux, pensaient que c'était la soudure qui maintenait unis les deux hémisphères...

Cependant personne ne s'était rendu compte, avant que Galilée n'y pointe sa lunette, que cette lumière diffuse, pourtant visible de n'importe quel point de la Terre, était en réalité la somme de milliards de petites étoiles.

LA VOIE LACTÉE
Dans ce ciel estival resplendit le centre galactique, à environ 30 000 années-lumière de distance. On distingue de nombreux groupes d'étoiles et des nuages de matière sombre. En haut à gauche de la région brillante, on reconnaît la constellation du Sagittaire.

L'ORIGINE DE LA VOIE LACTÉE
Ce tableau, peint par Le Tintoret en 1582 et conservé à la *National Gallery* de Londres, évoque le mythe grec de l'origine de la Voie lactée. Il représente Héra dont le lait éclabousse le ciel d'étoiles.

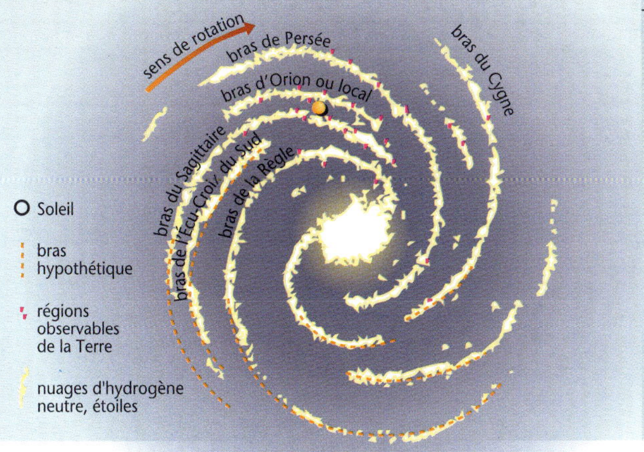

La Voie lactée en chiffres

Diamètre du disque	100000 a.l.	• d'étoiles de type spectral O et B	11 %
Épaisseur au centre du disque	1000 a.l.	• d'étoiles de type A et F	41 %
Âge	15 milliards d'années	• d'étoiles de type G, K et M	48 %
Masse (kg)	$1{,}99 . 10^{33}$	Nombre de pulsars	~ 500
Densité moyenne des gaz	100000 atomes/cm^3	Nébuleuses planétaires	~ 1700
Composition	H (73 %), He (25 %)	Amas globulaires	~ 147
Nombre d'étoiles	200 à 300 milliards	Amas ouverts	~ 20000
Pourcentage d'étoiles doubles	20 %	Nombre moyen de novae/an	~ 30
• de naines blanches	15 %	• de supernovae/an	10

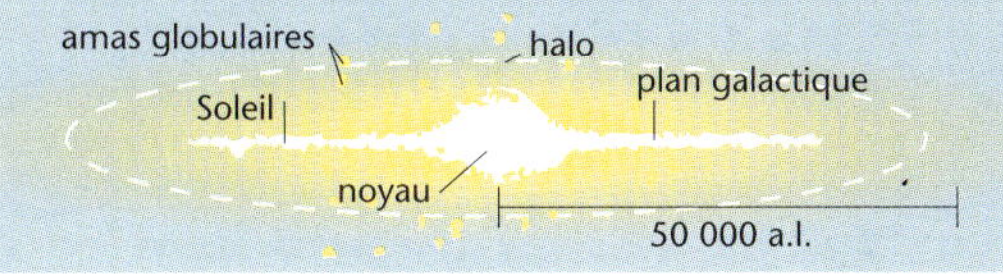

C'est William Herschel qui donne pour la première fois un « corps » à la Galaxie : voulant trouver quelle place occupait le Soleil par rapport aux autres étoiles, il réalise une carte bidimensionnelle du ciel indiquant clairement comment les étoiles sont distribuées dans un disque aplati où devait se trouver aussi le Soleil. Et c'est seulement à la fin des années 1920 qu'on sait avec précision que les étoiles de notre galaxie sont entre 200 et 300 milliards, que le centre de la Galaxie se situe à environ 30000 années-lumière du Soleil en direction du Sagittaire, et que dans sa structure spiralée, on distingue des régions plus ou moins peuplées d'étoiles. On commence alors à parler de ***bras*** de la spirale, du ***bulbe*** situé à la jonction des bras, du ***halo*** galactique, de forme sphérique, qui enveloppe le disque de la galaxie et est constitué d'étoiles très vieilles et d'amas globulaires. Le Soleil est en position périphérique et nous observons la Galaxie de l'intérieur, projetée sur la sphère céleste.

Les observations des autres galaxies situées hors de notre système stellaire confirment ce qui a été reconstruit de la Voie lactée et valident en outre les observations suggérant qu'elle est en mouvement.

LA DYNAMIQUE DE LA VOIE LACTÉE

L'étude directe du mouvement des étoiles ainsi que de leur spectre (qui nous renseigne sur leur vitesse de rotation et la vitesse à laquelle l'étoile s'éloigne de nous) a permis de réaliser des modèles très fiables de la Galaxie. Celle-ci tourne sur elle-même avec une vitesse radiale de 220 km/s et accomplit un tour complet en 240 millions d'années. Comme les autres galaxies, sa rotation est différentielle : les étoiles proches du centre, qui se meut comme un corps solide, tournent plus vite que les étoiles les plus lointaines qui suivent sans doute les lois de Kepler. Toutefois, les mouvements sont bien plus complexes : le Soleil, par exemple, a un mouvement propre en direction de l'étoile μ d'Hercule qui se superpose au mouvement général galactique ; et tous les autres objets de la Galaxie ont de tels mouvements propres : étoiles, nébuleuses, amas ouverts et globulaires, etc.

Une galaxie spirale
Le terme « Galaxie », employé depuis l'Antiquité pour désigner la Voie lactée, a été utilisé ensuite comme nom commun (sans majuscule) pour désigner d'autres systèmes stellaires similaires.
Le cliché ci-contre montre NGC4603, une galaxie très similaire à la nôtre distante de 108 millions d'années-lumière.

UNE GALAXIE EST UN SYSTÈME COMPLEXE FORMÉ DE MILLIARDS D'ÉTOILES – SEMBLABLES AU SOLEIL, PLUS GRANDES OU PLUS PETITES, DE FORMATION RÉCENTE OU PROCHES DE LEUR FIN. DE GRANDES QUANTITÉS DE MATIÈRE SOMBRE CONTRIBUENT EN OUTRE À LA FORMER : GAZ, POUSSIÈRES, PARTICULES ATOMIQUES, INVISIBLES MAIS QUI *DOIVENT* ÊTRE LÀ POUR POUVOIR EXPLIQUER LA DYNAMIQUE GALACTIQUE OBSERVÉE.

STRUCTURE DE LA VOIE LACTÉE

STRUCTURE DE LA GALAXIE
AU CENTRE Le schéma montre la structure de la Galaxie telle que déduite des observations optiques et radio et des dernières données infrarouges et ultraviolettes. En fait, la partie opposée à celle où se trouve le Soleil est hypothétique ; c'est seulement depuis peu que de nouveaux instruments tels que *Hubble* réussissent à « voir de l'autre côté » du noyau galactique surpeuplé d'étoiles et de gaz lumineux.

La forme spiralée de notre Galaxie est confirmée par l'étude de la distribution de l'hydrogène neutre (qui émet à la longueur d'onde de 21 cm) sur le plan galactique : les régions de plus forte concentration correspondent au disque galactique, au bulbe et aux bras. À l'extérieur, dans le halo, on trouve des amas stellaires – des groupes d'étoiles qui gravitent autour du bulbe galactique ; bien qu'ils ne soient pas immergés dans la partie la plus dense du vortex galactique, ils lui restent néanmoins liés par la gravité.

RÉGIONS ET CARACTÉRISTIQUES

La Voie lactée a une structure semblable à celle de millions d'autres galaxies spirales observées dans l'espace. Son diamètre est de 100 000 années-lumière mais son épaisseur dans les régions externes est d'à peine 100 a.l. Au centre se trouve un renflement, le ***noyau*** ou ***bulbe***, autour duquel s'étend le ***disque***, d'environ 1 700 a.l. d'épaisseur. Ce dernier présente des zones où la matière

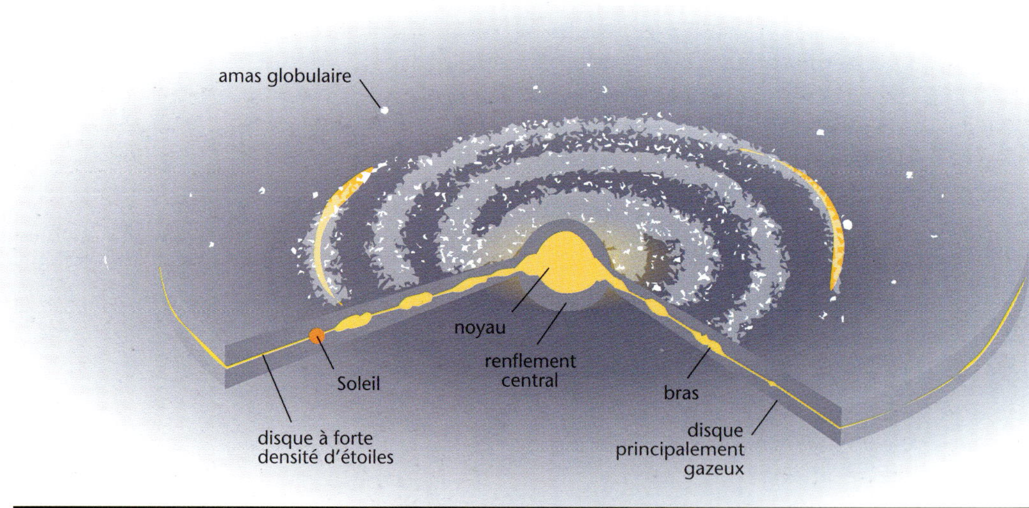

PROFIL GALACTIQUE
Cette vue de profil de la galaxie spirale NGC4013 permet d'indiquer les différentes régions qu'on distingue aussi dans notre galaxie :
1. bras,
2. halo,
3. noyau,
4. plan galactique,
5. amas globulaire.

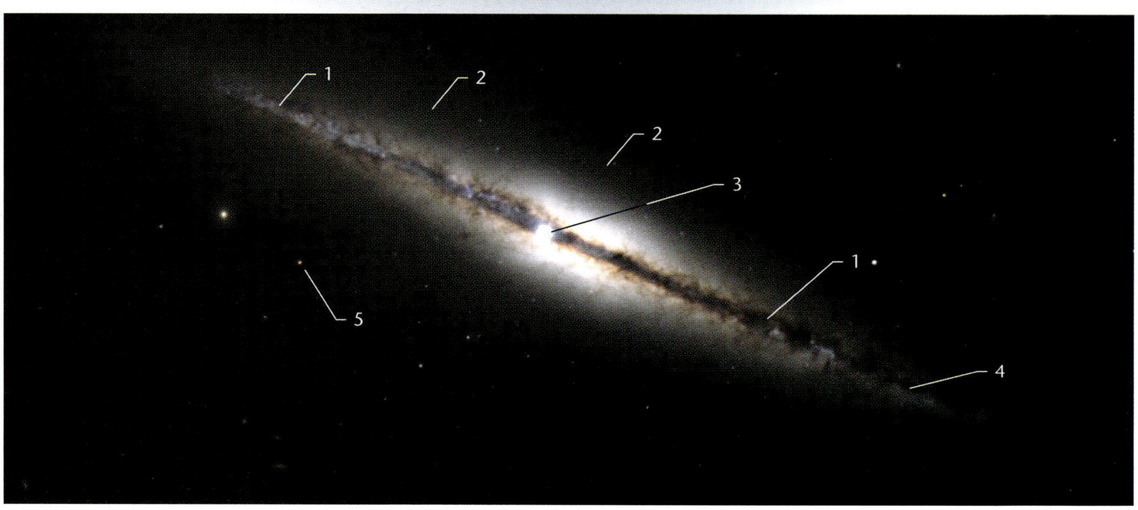

Noyau
À droite Détail de la galaxie du Sombrero, dans la Vierge, pris par le *VLT*, montrant la quantité d'étoiles lumineuses amassées dans le bulbe galactique. À la périphérie du disque se trouvent d'immenses nuages sombres composés de poussières et de gaz qui, n'étant pas illuminés par des étoiles proches, contrastent avec le rayonnement central.

Gaz
en bas La nébuleuse du Cygne prise par *Hubble*. Les gaz galactiques illuminés par des étoiles réémettent le rayonnement absorbé dans des longueurs d'onde de diverses couleurs.

est plus dense et les étoiles, plus rapprochées : les bras, qui s'effilent en spirale du fait de la rotation différentielle.

LE BULBE

Vu de la Terre, il se trouve en direction de la constellation du Sagittaire. D'un diamètre d'environ 20000 a.l. et d'une épaisseur d'environ 3000 a.l., il est constitué d'étoiles « vieilles » (proches du terme de leur évolution), actives depuis près de 15 milliards d'années. Ces étoiles, dites de *population II*, ont des caractéristiques semblables à celles du halo, et notamment aux étoiles des amas globulaires. Ce sont des étoiles rouges relativement pauvres en éléments chimiques lourds car issues de la matière encore primitive, avant que l'hydrogène et l'hélium aient pu se transformer en d'autres atomes. C'est pourquoi ces étoiles ont sans doute peu de chance d'avoir développé un système planétaire doté de planètes rocheuses (constituées d'éléments lourds).
Dans le bulbe, les gaz et les poussières se trouvent en quantités très limitées par rapport à d'autres régions galactiques : ses étoiles sont tout ce qui reste de la très lointaine période de formation de la Galaxie.
La vitesse orbitale des étoiles du noyau est presque la même : on pense qu'il tourne autour de l'axe de rotation galactique presque comme un corps solide. On suspecte en outre, comme pour d'autres galaxies, que le centre de la Voie lactée abrite un trou noir (p. 205) géant de plusieurs millions de masses solaires.

LE DISQUE

Dans le disque se trouvent toutes les étoiles « jeunes » (au début de leur évolution) ou en voie de formation, qui constituent la *population I* avec les étoiles des amas ouverts du halo galactique. Ces étoiles se trouvent surtout dans le plan galactique et les bras, et sont souvent très chaudes. Elles se sont formées à partir de nuages géants riches en éléments lourds et, pour cette raison, sont susceptibles d'accueillir des systèmes planétaires analogues au nôtre.
On trouve aussi dans le disque des étoiles différentes, tel notre Soleil, typiques de la *population du disque*, dont l'âge peut atteindre quelques milliards d'années. En particu-

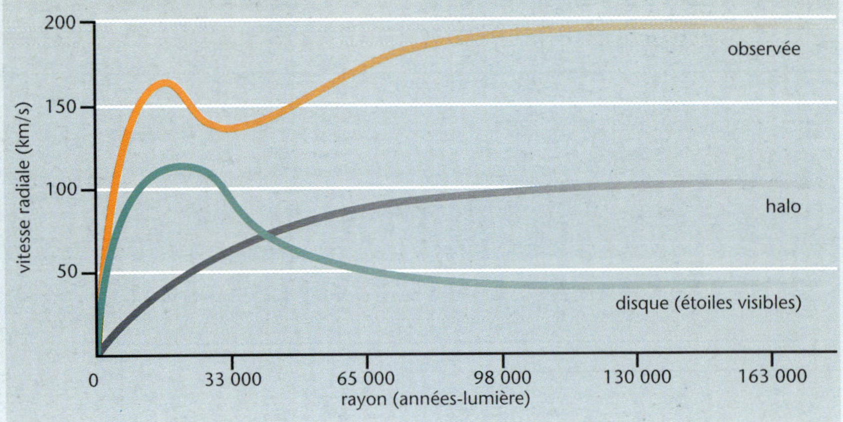

Vitesse de rotation
La Galaxie tourne de façon non uniforme : sa vitesse radiale augmente depuis le centre du noyau jusqu'à environ 30 000 années-lumière, puis diminue pour augmenter de nouveau jusqu'à se stabiliser à environ 75 000 années-lumière du centre. Toutefois, si l'on étudie la vitesse de chaque type d'objets galactiques, on obtient des courbes différentes : manifestement, la distribution des vitesses ne peut s'expliquer par la distribution gravitationnelle des seules étoiles visibles. Le Soleil, situé à environ 30 000 a.l. du centre galactique, a une vitesse orbitale d'environ 250 km/s. L'*année cosmique*, c'est-à-dire le temps qu'il met à accomplir un tour galactique, dure 225 millions d'années solaires moyennes.

lier, les étoiles d'âge compris entre 2 et 5 milliards d'années (comme le Soleil) sont plus nombreuses près du plan galactique, alors que les gaz et les poussières qui donnent naissance aux étoiles, présents en quantités considérables dans cette partie de la Galaxie, se trouvent surtout dans les régions plus externes et entre les bras.

La vitesse orbitale de chaque étoile dépend tout d'abord de sa distance au centre galactique : jusqu'à environ 15 000 a.l., plus une étoile est située loin du centre, plus elle est lente. Puis, contrairement à la dynamique animant notre système solaire, la vitesse augmente comme l'ont démontré les observations avec des radiotélescopes qui ont mesuré la vitesse des nuages de monoxyde de carbone, détectables à plus de 40 000 a.l. du centre galactique.

Ces données suggèrent que la masse impliquée dans les mouvements galactiques ne se réduit pas à celle observable : la périphérie de la Galaxie doit contenir 5 fois la quantité de matière contenue à l'intérieur de l'orbite galactique du Soleil. Même chose dans les autres galaxies connues et le reste de l'univers. C'est pourquoi il doit exister une grande quantité de ***matière sombre***, invisible à nos instruments : étoiles trop pâles pour être vues, planètes de masse conséquente mais invisibles à grande distance, noyaux atomiques et particules élémentaires (peut-être les neutrinos, dispersés dans le milieu interstellaire, dont on essaie de déterminer la masse...).

Les hypothèses sont nombreuses, mais le problème de la « ***masse manquante*** », tant au niveau galactique

La « Tête de la Sorcière »
Cette nébuleuse, photographiée par *Hubble*, est un exemple de nébuleuse à émission.

Galaxie M51
Le noyau de la galaxie spirale Whirlpool (le Tourbillon), pris par *Hubble*, révèle une intense activité de formation d'étoiles.

La nébuleuse Trifide
À droite Située dans la constellation du Sagittaire, cette nébuleuse riche d'étoiles naissantes contient des régions obscures et des régions réfléchissantes (cliché *Hubble*).

Nébulosités et étoiles naissantes
en bas Détail du Grand Nuage de Magellan pris par le télescope spatial *Hubble*.

qu'au niveau de l'univers, est encore loin d'être résolu. C'est un fait que la masse dynamique de la Galaxie équivaut à 1 500 milliards de masses solaires alors que la masse des étoiles visibles extrapolée jusqu'au centre galactique s'élève à seulement 100 milliards de masses solaires environ.

LES BRAS

À l'instar de la vitesse, la distribution de la matière observable dans la Galaxie n'est pas uniforme : dans certaines régions la matière est moins dense et les étoiles, plus distantes tandis que d'autres régions sont plus lumineuses et riches d'étoiles. Ces dernières, appelées bras, sont vraisemblablement dues à la rotation différentielle de la Galaxie. Toutefois, si c'était

Les amas ouverts les mieux visibles

Nom	Constellation	Caractéristiques
Les Hyades	Taureau	Plus de 100 étoiles, dont certaines de magnitude 3 à 4
Les Pléiades (M45)	Taureau	Plus de 100 étoiles dont 6 de magnitude < 5
M47	Poupe	30 étoiles de magnitude < 5
La Crèche (M44)	Cancer	50 étoiles dont plus de 10 de magnitude < 7
Le Papillon (M6)	Scorpion	Env. 80 étoiles de magnitude > 7
M7	Scorpion	Environ 80 étoiles de magnitude > 7
M35	Gémeaux	Environ 200 étoiles de magnitude > 8

Nébuleuses les mieux visibles

Nom	Ascension droite	Déclinaison
M8 – la Lagune	18 h 3,8 min	–24° 23′
M16 – l'Aigle	18 h 18 min 8 s	–13° 47′
M17 – Oméga	18 h 20 min 8 s	–16° 11′
M20 – Trifide	18 h 02 min 6 s	–23° 02′
M42 – Orion	5 h 35 min 4 s	–5° 27′
NGC2237 – Rosette	6 h 32 min 3 s	+5° 03′

Milieu interstellaire

	Température (°C)	Densité (atomes/cm^3)	Masse (masses solaires)
Nuages diffus	–265	1 à 1 000	?
Nuages moléculaires	–245 à –175	1 000 à 10 000 000 mol.	500 000
Nébuleuses obscures	–265	1 milliard	10 à 30
Nébuleuses à émissions	10 000	10 à 10 000	10

la seule cause de leur existence, les bras auraient disparu en quelques rotations (soit de l'ordre du milliard d'années).

La spiralisation de la Galaxie, comme celles des autres galaxies est, en fait, l'aspect visible d'une onde de densité qui se déplace autour de la Galaxie dans le même sens que les étoiles mais avec une vitesse inférieure (environ 30 km/s, alors que les étoiles se déplacent, en moyenne, à 200-300 km/s). De ce fait, les étoiles atteignent puis dépassent l'onde de densité, engendrant une onde de choc qui tourne, comme elle, le long de la spirale. Les nuages de gaz et de poussières dont le disque est riche sont alors comprimés immédiatement à l'arrière de l'arc que nous voyons comme un bras de spirale, donnant naissance à une intense activité de formation stellaire.

Ce que nous voyons comme « les bords des bras » sont en réalité des zones plus lumineuses à cause de l'intense production d'étoiles ; c'est là que s'accumulent les étoiles jeunes, très chaudes et lumineuses. Ces étoiles de masse importante explosent au bout d'un temps « bref » (à l'échelle astronomique, bien sûr), engendrant une onde de choc qui génère à son tour de nouvelles formations stellaires dans les nuages voisins. Ce sont cette fois de petites étoiles qui accompagnent la matière interstellaire résiduelle dans sa course galactique. Dans chaque cas, avant ou après, elles enrichissent le milieu interstellaire en éléments lourds le matériau nébulaire qui, à son tour, sera recyclé en nouvelles étoiles, et ainsi de suite. On a calculé que le rythme auquel les nuages interstellaires sont transformés en étoiles équivaut à celui auquel les étoiles en

Les Pléiades
L'amas ouvert des Pléiades est visible à l'œil nu. La « jeunesse » des étoiles se signale par la présence, autour, de halos de gaz et de poussières, résidus de leur formation. Ceux-ci sont lumineux parce qu'ils reflètent la lumière des étoiles.

phase finale dispersent la matière qui les compose dans le milieu interstellaire.

À partir de ces hypothèses et en se basant sur les données recueillies, des simulations sur ordinateur ont confirmé que la perturbation produite par la poursuite de ce processus de formation stellaire continue sur un corps galactique en rotation donne effectivement naissance à une spirale. Ces modèles mathématiques arrivent en outre à une autre conclusion : à moins qu'il n'existe réellement une grande quantité de matière sombre, la structure spirale finit par se désagréger. La présence de cette matière stabilise la structure spiralée en la transformant peu à peu en une spirale barrée (p. 222).

Les autres éléments caractéristiques des bras spiralés de la Galaxie sont les amas ouverts (ou amas galactiques), les nuages moléculaires et les poussières cosmiques, absents du milieu intergalactique mais présents à l'intérieur des autres galaxies.

LES AMAS OUVERTS OU AMAS GALACTIQUES

Ce sont des groupes irréguliers et relativement petits de quelques dizaines à quelques milliers d'étoiles de population I distribuées de façon irrégulière et peu dense dans un volume de 6 à 30 années-lumière de diamètre (en moyenne 12 a.l.).

Jeunes, ces étoiles sont très lumineuses et peuvent être observées avec facilité – telles les Pléiades, dans la constellation du Taureau, l'amas de la Crèche (M44 ou *Praesepe*) dans la constellation du Cancer, le double amas de Persée, l'amas du Papillon (M6) dans le Scorpion, ou encore les Hyades, dans le Taureau, à seulement 140 a.l. de la Terre, qui ont été très utilisées pour définir une échelle des distances galactiques.

Les étoiles d'un amas ouvert sont toutes nées de la même nébuleuse, comme le démontre la relative uniformité de leur composition chimique. Elles ont en outre presque le même âge. Leurs différences peuvent être justifiées par leurs parcours évolutifs différents, dus à leurs différences de masse initiale. Ces étoiles restent liées par la gravité qui ne réussira pas, toutefois, à s'opposer plus de quelques centaines de millions d'années aux forces de désagrégation.

Nébuleuse du Croissant
Photographiée par *Hubble* dans la galaxie NGC6888, une grande étoile proche de sa fin lacère de son vent stellaire le nuage de matière émis 250 000 ans auparavant. La nébuleuse apparaît pour la première fois dans cette image comme un réseau complexe de filaments et de nœuds plus denses entouré d'une enveloppe gazeuse (en bleu, par émission).

LES NUAGES GALACTIQUES OU NÉBULEUSES

Parmi les innombrables images prises par les plus puissants instruments, et notamment le télescope spatial *Hubble* et le télescope terrestre *VLT*, celles des nuages galactiques sont sans doute les plus spectaculaires. Ces énormes masses de gaz représenteraient au total une masse de 3 milliards de masses solaires – soit 15 % de la masse totale des étoiles du disque galactique. Selon leur nature on distingue :

- les ***nuages diffus***, d'une densité de 1 à 1 000 atomes/cm^3. Petits et froids (–265 à –175 degrés), ils sont composés principalement d'hydrogène atomique neutre. Ils peuvent fusionner pour former les futurs nuages moléculaires ;
- les ***nuages moléculaires***, de quelques années-lumière de diamètre et d'une densité de 1 000 à 10 millions de molécules/cm^3, sont principalement constitués d'hydrogène moléculaire. Leur température très basse, autour de –260 °C, permet à des molécules assez complexes de s'y former notamment à la surface des grains de poussières également présentes.

Les nuages moléculaires fusionnent pour donner des ***nuages moléculaires géants*** de 150 à 250 a.l. de diamètre pour une masse totale pouvant atteindre 1 million de masses solaires. Outre l'hydrogène moléculaire, on y trouve du monoxyde de carbone et (en quantité bien moindre) jusqu'à plus de 60 types différents de

OBSERVER UNE NÉBULEUSE
Les nuages galactiques deviennent visibles de trois façons.

a. par émission propre de rayonnements consécutive à l'excitation des gaz par une étoile se trouvant de l'autre côté par rapport à la Terre ;

b. par réflexion des rayonnements provenant d'une source se trouvant entre le nuage et la Terre ;

c. par interception et absorption des rayonnements émis par un objet diffus se trouvant de l'autre côté par rapport à la Terre.

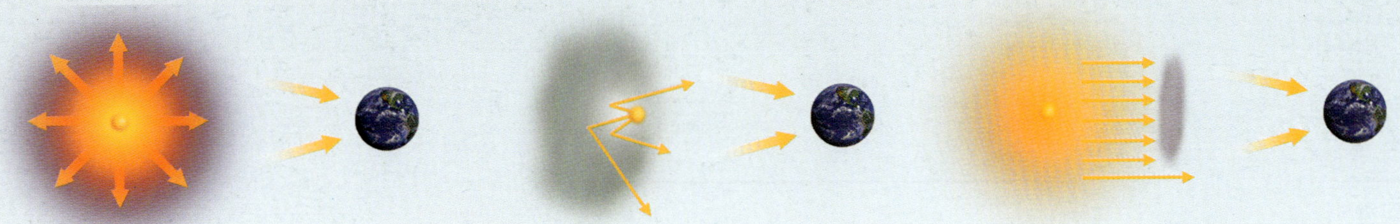

DÉTAIL D'UNE NÉBULEUSE
Dans la nébuleuse η Carinae (NGC3372), *Hubble* dévoile en détail la petite nébuleuse obscure appelée « le Trou de serrure » par sir John Herschel au XIXe siècle – un nuage sombre de molécules froides et de poussières jouxtant un filament de gaz fluorescent.

molécules parfois assez complexes (jusqu'à 13 atomes). Quand ces nuages géants donnent naissance à de nouvelles étoiles, leur température s'élève. Les étoiles en formation, sous forme de « globules » plus denses atteignant jusqu'à 1 000 masses solaires, sont détectables par leurs émissions infrarouges et maser (pour « amplification micro-onde par émission stimulée de radiations ») ; ces dernières sont produites par l'excitation des molécules par les micro-ondes produites par les étoiles en formation, qui excitent d'autres molécules qui, à leur tour, réémettent des micro-ondes dans une réaction en chaîne qui génère des rayonnements de longueur d'onde bien précise.
Les nuages galactiques deviennent visibles quand leurs gaz émettent des rayonnements après avoir été excités par une source voisine (ils sont appelés alors ***nébuleuses à émission***) ou, s'ils sont riches en poussières et reflètent la lumière d'étoiles (***nébuleuses par réflexion***). Sinon, ils restent obscurs mais se détachent parfois comme une masse sombre sur un fond lumineux (***nébuleuses obscures***).

LA POUSSIÈRE COSMIQUE

On appelle ainsi les petites particules de matière qui « remplissent » l'espace interstellaire – des grains formés principalement de graphite et de silicates et souvent recouverts de glace d'eau, d'ammoniac ou de dioxyde de carbone (glace « sèche » ou carbonique). D'un diamètre de un dix-millième à un millième de micron, ces poussières sont détectées parce qu'elles absorbent

Nébuleuses
Nébuleuse obscure dans le Grand Nuage de Magellan, prise par *Hubble*, et nébuleuse à émission prise en rayons X par *Rosat* dans le petit groupe de galaxies NGC2300, distante d'environ 150 millions d'années-lumière de la Terre en direction de Céphée.

et diffusent le rayonnement stellaire, en particulier dans le bleu et dans l'ultraviolet. Leur présence fait donc paraître les étoiles plus rouges qu'elles ne le sont, de même que le Soleil qui se lève ou se couche est rougi par la présence de poussières dans l'atmosphère terrestre. On a calculé que la présence des poussières interstellaires réduit la luminosité des étoiles de notre Galaxie de 1 magnitude pour chaque 30 000 années-lumière environ parcourues par la lumière.
Ces grains proviennent probablement de matière formée dans l'atmosphère des étoiles « froides » puis dispersée dans l'espace. La quantité estimée de poussières ainsi produites est considérable : environ 200 millions de masses solaires pour notre seule Galaxie. On pense que ces grains glacés dispersés dans les nuages géants offrent autant de surfaces propices à la synthèse de molécules complexes tels que les acides aminés. Cette hypothèse sort renforcée par la découverte de glycine (un des plus simples acides aminés) dans un nuage stellaire.

Nébuleuse de la Bulle
Il n'y a pas de nom plus approprié pour la nébuleuse NGC7635, dans Cassiopée, que *Hubble* a photographiée avec une clarté incroyable. Le bord sphérique en expansion signale la limite atteinte par un vent stellaire très fort, où commence la région plus tranquille et froide de la nébuleuse.

Une lentille gravitationnelle
L'image, recueillie par *Hubble* dans l'amas de galaxies 0024+1654, montre l'effet d'une lentille gravitationnelle : la gravité d'un objet dévie la lumière de la source qui peut devenir plus lumineuse ou être multipliée. Certains pensent que ce dernier phénomène peut prouver que l'espace, non plus plat et infini, est replié sur lui-même : la lumière des étoiles arrive donc de plusieurs directions.

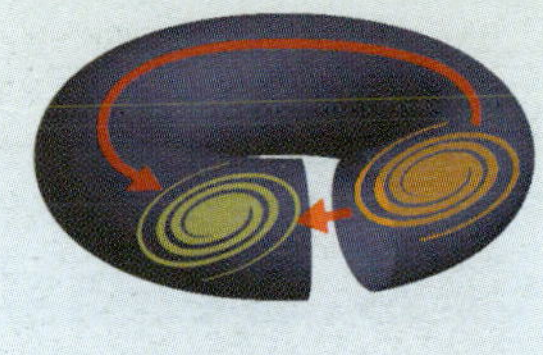

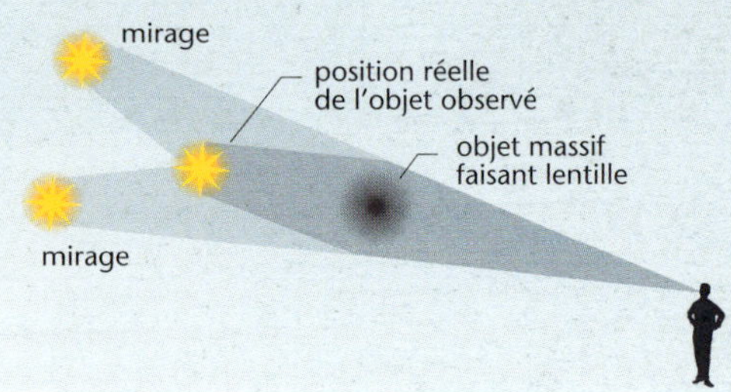

AU VOISINAGE DE LA GALAXIE

La Galaxie, comme l'indique sa dynamique, ne s'arrête donc pas à ses régions lumineuses. En outre, on sait depuis longtemps que d'autres corps célestes lui sont liés par la gravité tels que les Nuages de Magellan (de petites galaxies irrégulières, satellites de la nôtre) ou les amas globulaires.

LE HALO GALACTIQUE

C'est le nom d'une région sphérique entourant le disque galactique et dominée par l'influence gravitationnelle de la matière sombre galactique. Le halo comporte deux parties :

- une région lumineuse ayant le même diamètre que le disque (soit environ 100 000 a.l.), formée de gaz très chauds, d'étoiles de population II et d'étoiles issues d'amas ;
- et une partie obscure, beaucoup plus étendue, probablement riche en étoiles très pâles (naines brunes). L'existence de ces objets est démontrée par les effets de lentille gravitationnelle qu'ils produisent, en particulier, sur la lumière qui arrive d'objets très éloignés de la Galaxie et qu'ils déforment.

Selon des calculs dynamiques, la masse « manquante », c'est-à-dire la matière sombre, devrait se trouver pour l'essentiel dans le halo – soit près de 90 % de la masse de la Galaxie. Ce modèle théorique a été conforté par une série d'observations d'autres galaxies ; notamment, en 1994, des astronomes de l'observatoire de Kitt Peak ont détecté autour d'une galaxie lointaine une luminosité aux dimensions présumées d'un halo sombre. La recherche continue pour obtenir d'autres confirmations.

LES AMAS GLOBULAIRES

Ces amas sphériques regroupent dans un diamètre de 50 à 300 années-lumière des centaines de milliers, voire des millions d'étoiles de population II dont beaucoup ont déjà atteint le stade géante rouge. Parfois, les étoiles sont si concentrées qu'on en décompte 1 000 dans une sphère de rayon un peu supérieur à 2 a.l. Pour avoir

Amas globulaire
CI-DESSUS Les autres galaxies ont aussi des amas globulaires qui, comme les nôtres, gravitent autour du centre galactique sur des orbites fortement elliptiques, traversant périodiquement le disque. Dans ce cliché de *Hubble* nous voyons G1 (Mayall II), un amas globulaire d'au moins 300 000 étoiles se trouvant à environ 13 000 a.l. du centre de la galaxie d'Andromède.

NGC1850
CI-CONTRE Cet amas ouvert et sa nébuleuse par réflexion se trouvent dans le Grand Nuage de Magellan dans la constellation de la Dorade.

Les amas globulaires
L'amas globulaire M80 (NGC6093) pris par *Hubble* et, ci-dessous, le centre de l'amas 47 du Toucan. Souvent, le cœur des amas globulaires est si dense qu'on ne réussit pas à distinguer les étoiles les unes des autres même avec les instruments les plus puissants.

une idée de ce que cela signifie, rappelons que l'étoile la plus proche du Soleil (Proxima du Centaure) se trouve à 4,2 a.l.

Tous ces amas orbitent autour de la Galaxie en restant dans le halo et bien qu'ils ne se trouvent pas dans le plan galactique, peu d'entre eux sont plus éloignés du centre de la Galaxie que le Soleil.

D'après leur distribution spatiale et leur composition chimique, pauvre en métaux, on pense que les étoiles des amas globulaires sont nées peu après le Big Bang, il y a 10 à 20 milliards d'années, quand la Galaxie elle-même était en formation. Comme toutes les étoiles d'un même amas se trouvent presque à la même distance de la Terre, en les ordonnant dans le diagramme H-R on peut évaluer la distance de l'amas. L'étude de 150 amas connus a eu une importance cruciale pour mieux définir l'évolution stellaire et déterminer la structure de la Galaxie ; elle continue d'être fondamentale pour déterminer l'âge exact de l'univers.

EFFET DOPPLER ET VITESSE

L'effet Doppler décrit initialement la compression des ondes sonores quand leur source se rapproche de l'observateur (leur fréquence diminue et leur intensité augmente), puis leur « étirement » quand la source s'éloigne (la fréquence augmente et l'intensité diminue).

Mais cet effet s'étend, en fait, à tous les rayonnements électromagnétiques, comme le démontra au milieu de XIXe siècle le physicien français Armand Fizeau. En l'exploitant, il est donc possible de déduire la vitesse relative d'une source de rayonnements : le rayonnement d'un objet lumineux qui se déplace dans notre direction est décalé vers le bleu, si l'objet s'éloigne, il est décalé vers le rouge, et ce d'autant plus que la vitesse de l'objet le long de la ligne de visée est grande.

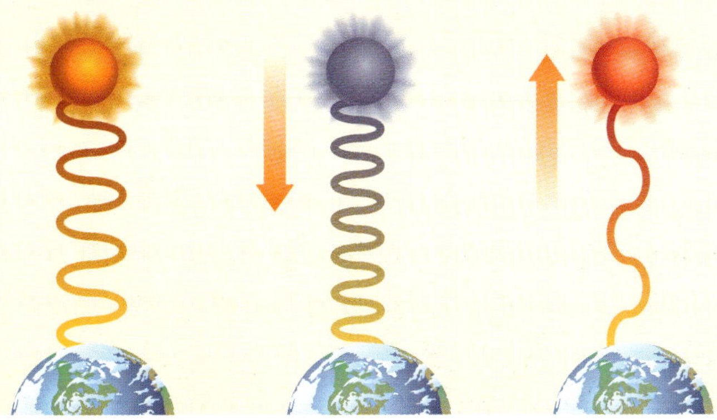

Si l'on réussit à mesurer la vitesse transversale de l'objet, la combinaison de cette information avec son décalage Doppler permet de déduire son mouvement réel. C'est une technique fondamentale pour déterminer les distances cosmiques. L'effet Doppler est utile aussi pour préciser la masse d'étoiles qui composent les systèmes binaires ou multiples, pour quantifier la vitesse de rotation des objets stellaires et galactiques, ou la vitesse relative de galaxies qui se trouvent à l'intérieur d'un même amas – des données essentielles pour quantifier les masses en jeu et préciser le pourcentage de matière sombre dans l'univers.

Depuis qu'en 1925, l'Américain Edwin Hubble a levé tout doute sur la distance entre notre Galaxie et celle d'Andromède en la situant à plus de 1 million d'années-lumière de nous, l'univers connu a commencé à s'étendre à vitesse astronomique. Instruments, observations et données sur d'inimaginables systèmes et objets célestes ont stimulé l'élaboration de théories et scenari cosmologiques toujours plus complexes.

AUTRES TYPES DE GALAXIES

Analyse d'une galaxie
Le puissant télescope spatial *Hubble*, tout comme le *VLT* et les télescopes construits ces dernières années, ont permis de montrer des détails de galaxies lointaines encore impensables il y a seulement quelques années.
Nous voyons ici la galaxie spirale barrée NGC1365 distante de 60 millions d'années-lumière prise par un télescope optique terrestre.
en haut à droite, son bulbe pris dans le visible par *Hubble*: autour du noyau (la sphère jaune), des gaz et des poussières sombres sont entraînés vers le centre galactique.
en bas à droite, cette même région centrale prise par *Hubble* dans l'infrarouge, montrant des amas d'étoiles naissantes. On pense qu'un trou noir occupe le centre de la galaxie.

Une fois dépassés les confins de la Galaxie s'ouvre l'univers: la Terre n'est plus au centre du Système solaire, le Soleil n'est plus au centre d'une sphère d'étoiles – et la Galaxie n'est plus le centre de l'Univers mais seulement l'un des milliards de systèmes stellaires qui tournent à vitesse incroyable dans l'espace.
Nous observons des galaxies de tous les types: simples comme des amas stellaires ou complexes comme la Voie lactée, allongées, en forme de spirale barrée, de papillon... Edwin Hubble les a classifiées pour la première fois. Et, en proposant la première hypothèse sur leur évolution, il a donné une explication aux formes étranges d'un groupe limité de galaxies.

FORMES DES GALAXIES ET CLASSIFICATION DE HUBBLE
Hubble a proposé de ranger les galaxies en deux grands groupes selon leur forme.

Les galaxies elliptiques
Elles rappellent les amas globulaires en beaucoup plus grands. Qu'elles soient presque sphériques ou plus allongées, leur luminosité décroît en s'éloignant du centre. Elles n'ont pratiquement pas de structure – ni bras, ni noyau, ni disque –, ne présentent ni condensations ni nuages de gaz ou de poussières, et sont formées uniquement d'étoiles de population II. Faute de

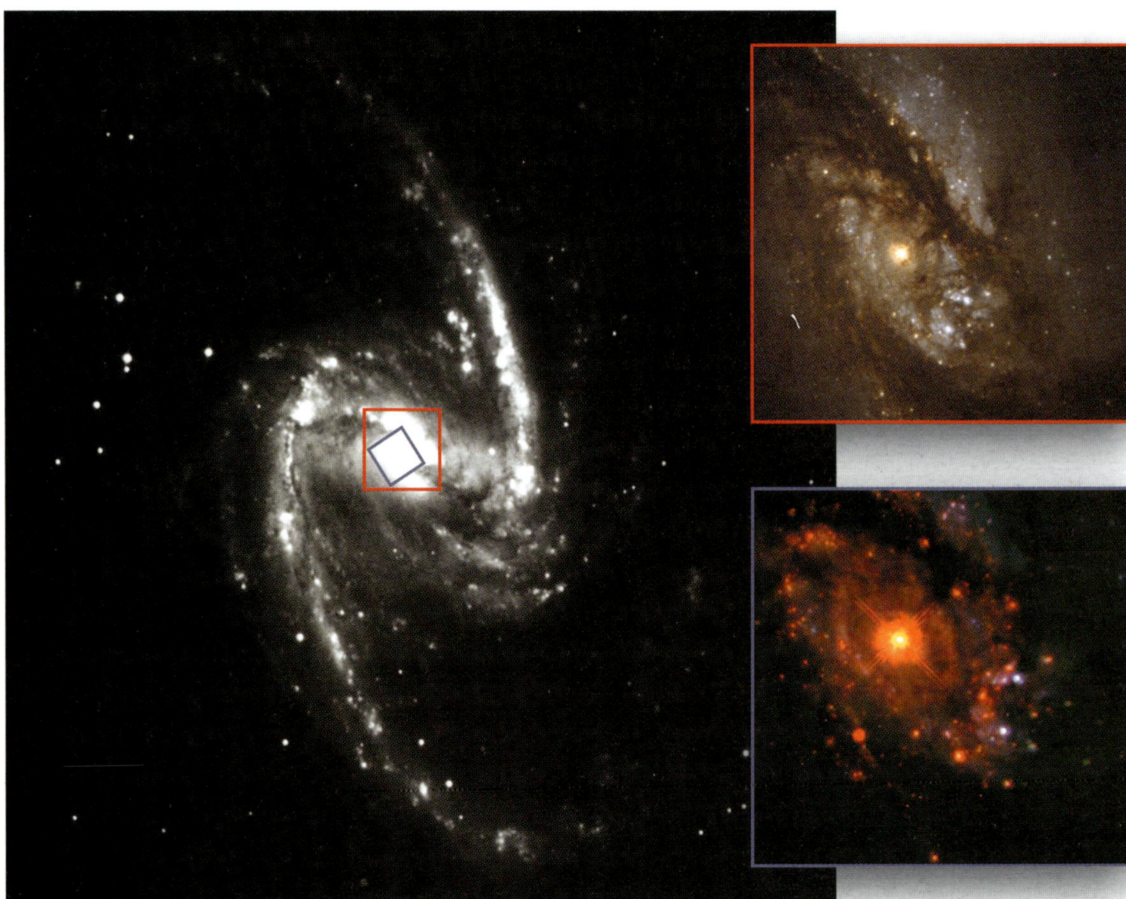

Galaxies célèbres
Dans ces deux images prises par *Hubble* en lumière visible on reconnaît :
À gauche, la Grande Galaxie d'Andromède (M31), une galaxie spirale géante semblable à la Voie lactée, dont on a calculé avec précision pour la première fois la distance à notre système solaire : 2,3 millions d'a.l.

À droite, la galaxie NGC4650A, située à environ 130 millions d'a.l. C'est l'une des 100 galaxies connues présentant un anneau polaire dont on sait encore peu de chose sur la nature, la structure et la dynamique ; il s'agirait du résultat d'une collision entre deux galaxies survenue au moins 1 milliard d'années auparavant.

Interactions de galaxies
À l'extrême gauche Détail du fameux « quintette de Stephan », un groupe de 5 galaxies déformées par leurs fortes interactions gravitationnelles réciproques qui leur arrachent de longs ponts de gaz.
À gauche Les forces de marée s'exerçant entre les galaxies NGC6872 et IC4970 modifient nettement la forme de la spirale barrée.

gaz, il ne peut s'y former de nouvelles étoiles ; il est probable que les rares galaxies de ce type contenant un peu de gaz et de poussières ont en fait « absorbé » des galaxies plus récentes. Les galaxies elliptiques, en effet, contiennent quelques-unes des étoiles les plus vieilles que nous connaissions, et sont sans doute elles-mêmes les plus vieilles des galaxies.

Leur aspect aplati est d'autant plus prononcé que la galaxie est inclinée par rapport à l'axe de la Terre. Toutefois, faute de détails superficiels, il est difficile de dire quelle est leur symétrie. Leur aplatissement plus ou moins fort pourrait résulter d'une plus ou moins grande vitesse de rotation. Des observations récentes suggèrent toutefois que la dynamique des galaxies elliptiques serait davantage liée à la dynamique chaotique des étoiles individuelles plutôt qu'à un mouvement d'ensemble comme dans le cas de notre Galaxie. Cela expliquerait notamment l'absence de bulbe plus dense : à l'instar d'un nuage de gaz chauds dont la forme dépend de la vitesse des molécules, ces galaxies ne s'effondrent pas sur elles-mêmes mais conservent leur forme à cause de la distribution chaotique de la vitesse des étoiles.

Hubble a en outre attribué aux galaxies elliptiques (notées *E*) un numéro de 0 à 7 caractérisant leur ellipticité : une galaxie de type *E0* est quasiment sphérique, une de type *E7*, très allongée.

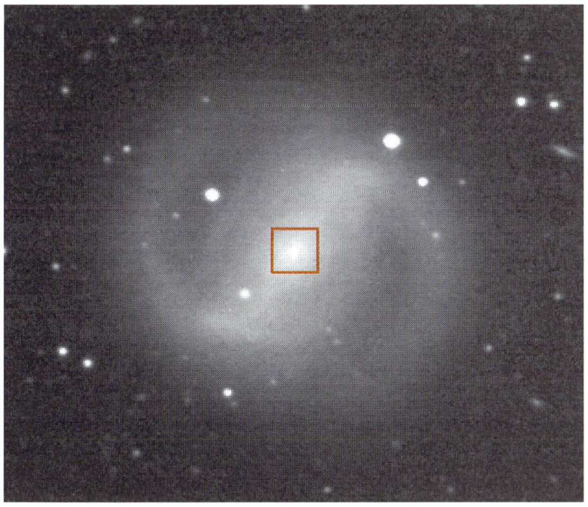

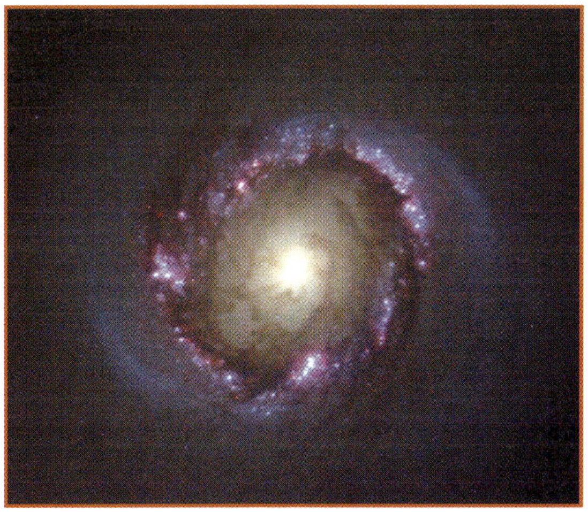

Galaxie spirale barrée
NGC4314 telle qu'elle apparaît dans le télescope optique de l'observatoire McDonald au Texas et, à droite, le détail de sa région centrale prise par *Hubble* qui révèle des foyers d'active formation stellaire.

HCG87
Ces quatre galaxies, qui constituent l'amas compact Hickson 87, sont si proches que leur attraction gravitationnelle mutuelle induit des échanges de gaz et altère leur forme et leur évolution. HCG87a (de profil) et HCG87b (elliptique, sur la droite) possèdent des noyaux actifs au centre desquels se trouverait un trou noir. Dans HCG87c (en haut), assez proche, on note une forte activité de formation stellaire. Leur analyse spectrale ne permet pas encore d'assurer que la petite galaxie spirale au centre est réellement liée aux trois autres au niveau gravitationnel ou si c'est le seul effet de la perspective.

Choc de galaxies
Bien que leurs étoiles soient à des années-lumière de distance les unes des autres, la rencontre de deux galaxies a des effets dévastateurs sur la forme et la dynamique de ces immenses objets célestes. Dans ces images prises par *Hubble* qui comparent une vue d'ensemble et le détail des régions centrales, on constate le changement de forme résultant de la « collision » des galaxies spirales NGC4038 et NGC4039.

Les galaxies spirales

On distingue les *galaxies spirales ordinaires*, telle la Voie lactée, et les *galaxies spirales barrées*.

• Galaxies spirales ordinaires (*type S*) : elles comportent des structures courbes, allongées et très lumineuses – les *bras spiraux* – en nombre très variable, qui se rattachent tous à un renflement central, le noyau ou *bulbe*, très brillant. Le bulbe a habituellement des caractéristiques rappelant une galaxie elliptique miniature : plus ou moins aplati, il est formé d'une forte proportion d'étoiles de population II et presque dépourvu de gaz et de poussières. Il est entouré d'un disque mince formé d'étoiles de population I, de poussières, de gaz et de nuages où se forment activement de nouvelles étoiles.
Les dimensions relatives du bulbe, du disque et des bras sont très variables et servent à classer les galaxies spirales en sous-groupes. Les galaxies de *type Sa* ont un bulbe très grand par rapport au disque et des bras très épais et compacts, celles de *type Sc*, un petit bulbe et des bras très longs et bien ouverts, et celles de *type Sb*, des caractéristiques intermédiaires. Les galaxies de *type S0* sont aussi appelées ***galaxies lenticulaires*** et sont considérées comme un stade de transition entre les galaxies elliptiques et les galaxies spirales.

• Galaxies spirales barrées (*type SB*) : outre un bulbe et un disque, elles comportent une *barre* habituellement symétrique par rapport au bulbe. Aux extrémités de la barre s'allongent deux bras spiraux principaux, mais d'autres bras peuvent se développer en un point quelconque de l'anneau lumineux centré sur le bulbe et de diamètre égale à la longueur de la barre.

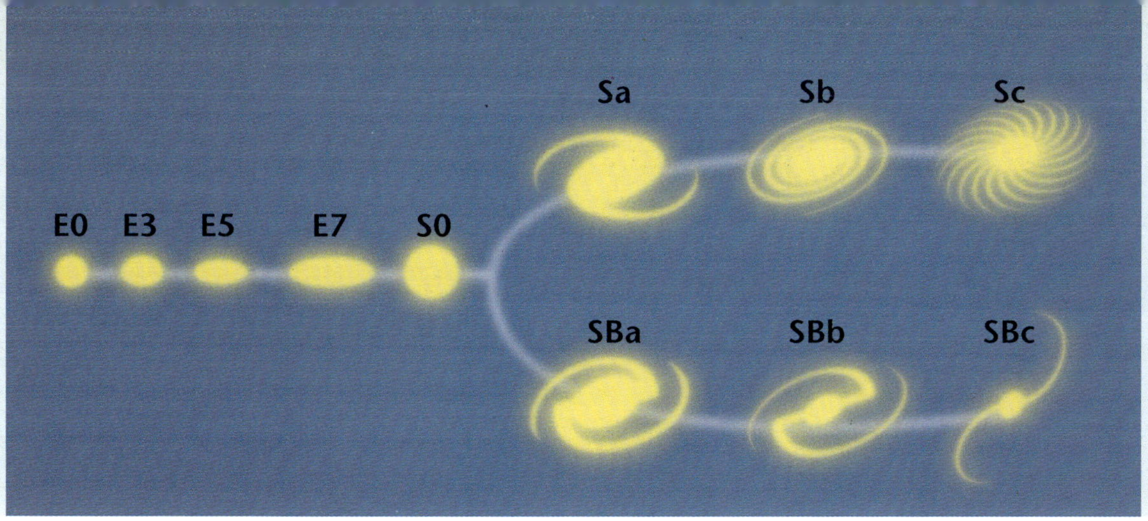

La séquence de Hubble
Bien que très simplifié, le modèle proposé par Edwin Hubble pour classifier les galaxies d'après leur morphologie et, ce faisant, en décrire l'évolution, reste très utilisé.

Galerie de galaxies
Les régions centrales de quelques galaxies prises dans le visible (en haut) sont ensuite détaillées en bas en combinant des observations du télescope spatial *Hubble* dans le visible et l'infrarouge. Celles-ci mettent en évidence les populations stellaires plus vieilles du bulbe des galaxies spirales.
DE GAUCHE À DROITE : NGC5838 (type S0), NGC5689 (Sa), NGC5965 (Sb) et NGC7537 (Sbc), la plus semblable à notre Galaxie.

Dans ce cas aussi, l'aspect et les dimensions relatives des éléments galactiques (bulbe, barre, bras) sont variables et servent à classer ces galaxies en sous-groupes : le *type SBa*, à très gros bulbe, barre relativement courte et bras compacts et souvent nombreux, le *type SBc*, à petit bulbe, barre très longue et bras fins et souvent réduits à 2, et le *type SBb*, intermédiaire.

Galaxies irrégulières, naines et géantes

Ce sont les galaxies qu'Hubble n'a pas réussi à classer et qui sont probablement le résultat de collisions entre galaxies. Les galaxies irrégulières, dans lesquelles il est impossible de trouver une quelconque symétrie, sont riches en poussières et matière interstellaire mais sont habituellement de faible masse et relativement pâles. C'est aussi le cas des galaxies naines, bien que celles-ci aient clairement une structure spirale, et des galaxies elliptiques géantes qui se rencontrent habituellement au centre des amas de galaxies.

HYPOTHÈSES SUR LA FORMATION DES GALAXIES

Les savants ont pensé un certain temps que la classification de Hubble reflétait l'évolution des galaxies : les galaxies de type Sa et SBa seraient « primitives » tandis que les galaxies Sc et SBc seraient « évoluées ». Bien que sa terminologie continue d'être employée, on pense aujourd'hui que le modèle évolutif de Hubble est trop simpliste.

En fait, si l'on connaît bien l'évolution stellaire, l'évolution des galaxies depuis leur formation est bien moins sûre. Cela est dû au fait qu'à l'intérieur d'une même galaxie, nous pouvons observer des populations entières d'étoiles à tous les stades de leur évolution, alors que les galaxies que nous parvenons à observer semblent toutes avoir le même âge – seules quelques-unes, extrêmement lointaines, aux confins de l'univers connu, semblent être relativement plus jeunes. En l'absence d'un large spectre d'âges de galaxies, il est donc difficile de décrire un parcours évolutif, et nous devons avoir recours à la modélisation théorique et à l'analyse statistique. En moyenne, sur 100 galaxies observées, 13 sont elliptiques, 22 lenticulaires, 61 spirales et 4 irrégulières.

La majorité des galaxies sont associées en groupes ou ***amas***, plus ou moins densément peuplés. Notre Galaxie fait ainsi partie d'un amas, le *Groupe local*, qui contient une dizaine de membres dont les Nuages de Magellan, satellites de la Voie lactée, la Grande Galaxie d'Andromède (M31) et ses galaxies-satellites NGC205 (M110), NGC221 (M32), NGC185 et NGC147, et la

Galaxie lenticulaire
La forme de la galaxie NGC6745 est clairement due à son interaction avec la petite galaxie de passage en bas à droite.

Échanges de matière
ci-dessus Observées par *Hubble*, les deux galaxies en collision, NGC1410 et NGC1409, apparaissent liées par un pont de matière long de plus de 20000 a.l.

HE1013-2136
à gauche Ce quasar, à droite sur l'image prise par le *VLT* de l'ESO, présente une longue queue de matière due à son interaction gravitationnelle avec la galaxie voisine.

galaxie du Triangle (M33). Le Groupe local occupe un volume d'environ 350000 milliards d'années-lumière cube. C'est un amas modeste, certains amas contenant sans doute plusieurs milliers de galaxies.

Les amas tendent eux-mêmes à se regrouper en ***superamas*** de l'ordre de la dizaine de fois plus volumineux. Les superamas auraient une origine lointaine : après le Big Bang, les éléments primordiaux (hydrogène et hélium) se seraient agrégés en énormes nuages de masse des millions de fois supérieure à celle de la Voie lactée. Du fait d'inhomogénéités gravitationnelles en leur sein, il se serait ensuite créé spontanément de très nombreux noyaux galactiques – les *amas globulaires* qui, encore aujourd'hui, orbitent autour des grandes galaxies. Certaines observations suggèrent que dans les galaxies les plus lointaines (dont nous observons, par conséquent, les tout premiers instants d'activité) se trouvent des noyaux multiples et une intense formation d'étoiles de grande masse.

Ce scénario est compatible avec l'hypothèse que les grands systèmes stellaires tels que notre galaxie actuelle sont nés de l'agrégation de multiples amas stellaires proches.

LES OBJETS EXTRAGALACTIQUES

Les observations spectroscopiques, en radio et en rayons X ont montré que les noyaux des galaxies émettent souvent d'énormes quantités d'énergie sous forme de rayonnements électromagnétiques – parfois si énormes qu'elles semblent incompatibles avec l'existence normale des galaxies.

Les mécanismes produisant l'énergie de ces ***galaxies à noyaux actifs*** sont encore incertains, mais l'hypothèse qu'un gigantesque trou noir se trouve en leur centre explique « naturellement » la plupart des observations – notamment, que les rayonnements issus de ces

La galaxie de l'Anneau
ci-dessous *Hubble* a photographié cette galaxie appartenant au groupe des galaxies de Seyfert, dont le bulbe compact contient sans doute un trou noir. Elle émet des jets de gaz de vitesse inouïe.

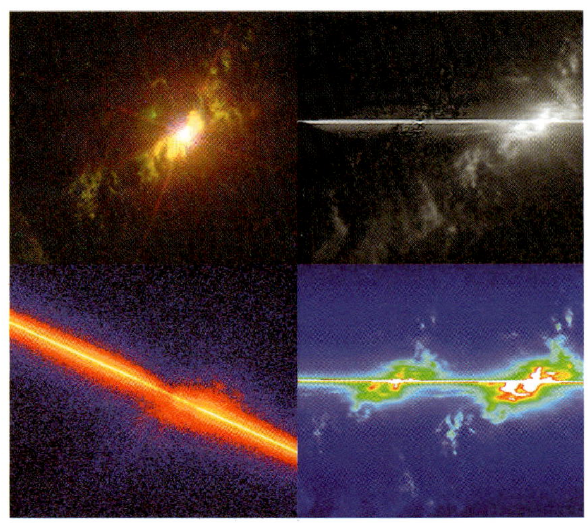

Trou noir galactique
ci-dessus Images dans le visible (en haut) et dans l'ultraviolet (en bas à gauche) de la galaxie de Seyfert NGC4151.
à droite Images prises par l'instrument *STIS* monté sur *Hubble*, qui visualise et mesure la vitesse des gaz accélérés par le double cône de radiations émis aux pôles de rotation du trou noir supermassif se trouvant au centre de la galaxie.

Quasars
CI-CONTRE À DROITE
L'image prise par *Hubble* du quasar PG1115+080 dans la constellation du Lion, distant d'environ 8 milliards d'années-lumière, est distordue par une lentille gravitationnelle due à la présence d'une galaxie elliptique se trouvant dans l'axe de la Terre à 3 milliards d'années-lumière.

À L'EXTRÊME DROITE
Corrigée et reconstruite, l'image du même quasar dans l'infrarouge révèle un anneau presque complet – la galaxie contenant le noyau actif. L'observation de ces objets très lointains est utile pour mesurer les dimensions de l'univers et sa vitesse d'expansion.

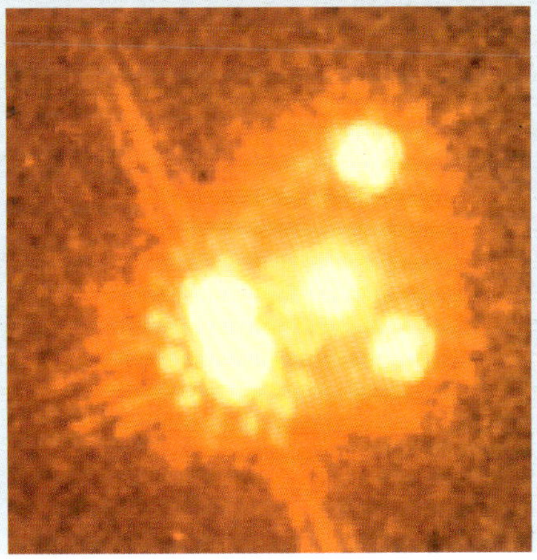

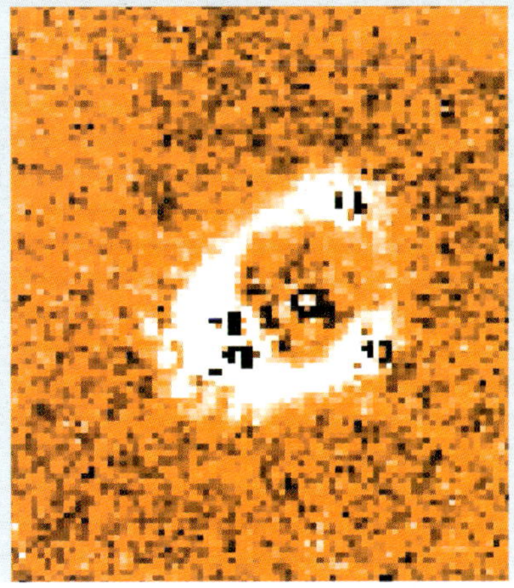

noyaux actifs soient majoritairement « non thermiques » ; ce sont des rayonnements dits « synchrotron », produits lorsque des électrons se déplacent à très grande vitesse sur des trajectoires courbes dans un champ magnétique (tel qu'un disque d'accrétion autour d'un trou noir en produirait).

Tous les objets galactiques à noyaux actifs ont des caractéristiques communes : leur noyau est compact et sa luminosité est intense mais variable, et ils sont d'autant plus nombreux qu'ils sont lointains (c'est-à-dire observés au début de l'Univers). Parmi ces objets on distingue : les ***galaxies de Seyfert***, dont les spectres présentent de nombreuses raies d'émission très élargies ; les ***radiogalaxies***, toujours elliptiques et dotées de régions d'émissions radio en forme d'immenses lobes (jusqu'à 10 millions d'années-lumière de diamètre) qui émettent 10 millions de fois plus en radio qu'une galaxie ordinaire ; les ***quasars***, caractérisés par leur extrême compacité, leur excès de rayonnement ultraviolet et leurs intenses émissions X et visible, mais surtout, une vitesse d'éloignement compatible seulement avec d'énormes distances ce qui en fait les objets les plus énergétiques de l'univers ; et enfin les ***objets BL Lacertae***, d'abord pris pour des étoiles variables, aux caractéristiques intermédiaires entre les galaxies de Seyfert et les quasars, avec un spectre complètement dépourvu de raies d'absorption ou d'émission (ces galaxies seraient donc totalement dépourvues de gaz interstellaires).

Double noyau
Ces deux images prises par *Hubble* montrent la galaxie NGC4486B et un agrandissement de sa région centrale qui révèle deux noyaux.

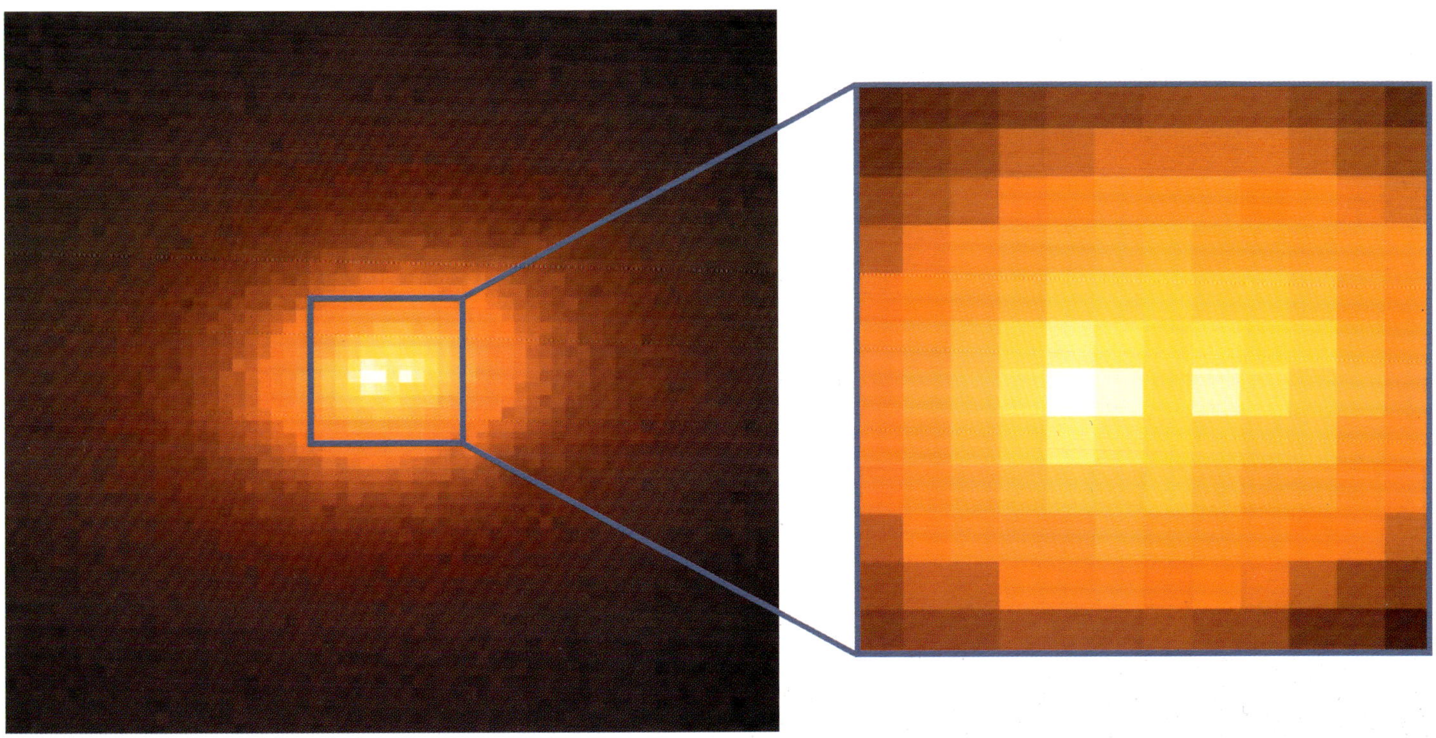

Depuis combien de temps s'est formé l'univers ? Quelle taille a-t-il ? Comment finira-t-il ? Nous voilà revenus aux questions que se posaient les philosophes antiques. Avec une différence : les réponses que nous pouvons apporter aujourd'hui sont plus « concrètes » que celles d'il y a 4000 ans. Nous pouvons désormais élucider (partiellement) ces mystères en nous appuyant sur des observations, des mesures, des calculs, des simulations informatiques et non plus sur la seule imagination.

DU BIG BANG AU FUTUR

Aux confins de l'univers
Les puissants instruments de *Hubble* permettent d'observer les objets extragalactiques les plus lointains et de mesurer leur vitesse. Selon les ultimes données recueillies, les galaxies lointaines sont moins rapides que prévu : l'univers recommencera-t-il à se contracter en une singularité ?

Les opinions des spécialistes sur le début de l'univers sont relativement concordantes. L'univers serait issu d'une singularité, c'est-à-dire un point où la masse universelle, de densité et température infinies, se trouvait concentrée dans des conditions telles que toutes les lois sur lesquelles se fonde notre connaissance et tout concept d'espace et de temps n'avaient alors aucune signification. La cause originelle de la naissance de l'univers, toutefois, reste une pure spéculation philosophique, mathématique ou religieuse.
Puis ce fut le Big Bang, la « grande explosion » prévue par Alexander Friedmann et George Gamow en 1940 – bien que le terme « explosion » ne soit pas à prendre ici dans son sens commun. Tout cela entre, en fait, dans le cadre d'une complexe théorie mathématique qui distingue une succession d'événements initiaux très rapides :

- **entre 10^{-43} et 10^{-35} seconde après le Big Bang**, une force inconnue engendre une *inflation*, c'est-à-dire l'expansion de l'univers à vitesse supérieure à celle de la lumière. En l'espace d'un instant, l'univers serait passé de moins d'un millimètre de diamètre à sa taille actuelle (que nous ne parvenons pas à observer aujourd'hui, même avec les plus puissants télescopes). L'espace naît.
- **entre 10^{-35} et 10^{-12} seconde après le Big Bang**, une fois l'inflation tarie, la force qui l'a engendrée se scinde en force gravitationnelle et force unifiée (nucléaire et électromagnétique). Les particules élémentaires qui se créent (électrons, quarks, gluons et neutrinos) occupent un espace à 10^{27} K. Les lois d'Einstein commencent à s'appliquer et l'univers continue de s'étendre et se refroidir.
- **10^{-11} seconde après le Big Bang**, la température est descendue à 10^{15} K. L'électromagnétisme commence à agir avec les autres forces physiques fondamentales déjà existantes (gravitationnelle, nucléaire forte et nucléaire faible), engendrant des particules élémentaires plus complexes.
- **10^{-6} seconde après le Big Bang**, les quarks se lient par groupes de trois pour former les protons et les neutrons. La matière et l'antimatière qui se rencontrent s'annihilent réciproquement. Pour une raison inconnue, il y a plus de matière que d'antimatière, c'est pourquoi il ne reste plus aujourd'hui que de la matière. La température descend encore à 10^9 K.
- **100 secondes après le Big Bang** les neutrons et les protons forment des noyaux d'hydrogène, d'hélium et de lithium. Le refroidissement de l'univers se poursuit si rapidement qu'il ne se forme pas d'atomes plus lourds. Dès lors, les événements se succèdent par sauts temporaux démesurés.
- **300000 ans après le Big Bang**, l'univers a une température de 300000 K et la lumière, qui ne réussissait pas jusqu'à présent à le traverser du fait de la densité élevée d'électrons, peut désormais se propager. Les électrons, en effet, peuvent se lier aux noyaux pour former des atomes et les photons sont donc libres de constituer le premier signal électromagnétique de l'univers : l'espace devient *transparent* aux rayonnements, et c'est

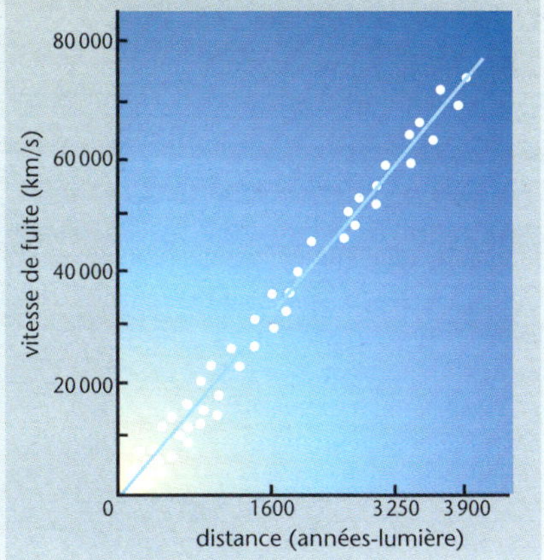

Vitesse et distance
À GAUCHE Les galaxies semblent s'éloigner d'autant plus rapidement qu'elles sont distantes de la Terre (loi de Hubble). Toutefois, les nouvelles observations apportent des données contradictoires.

Univers ouvert, univers fermé
Il suffit d'augmenter la valeur de la masse de l'univers pour que le futur change : après avoir atteint une taille limite, l'univers recommencerait à se contracter en une singularité, comme au moment du Big Bang.

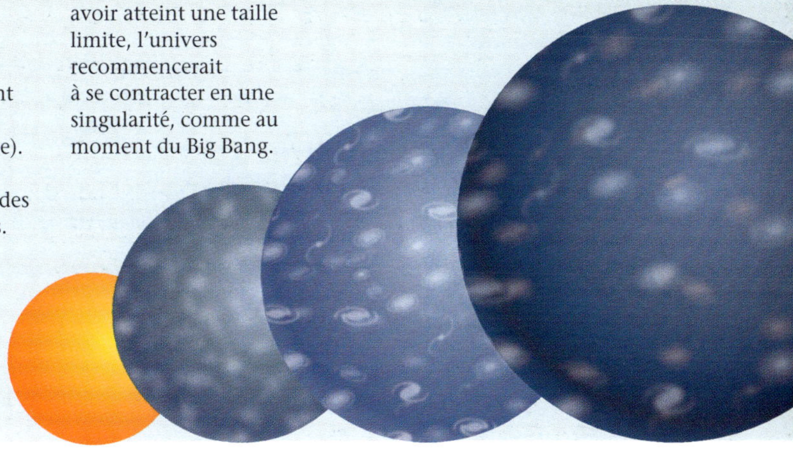

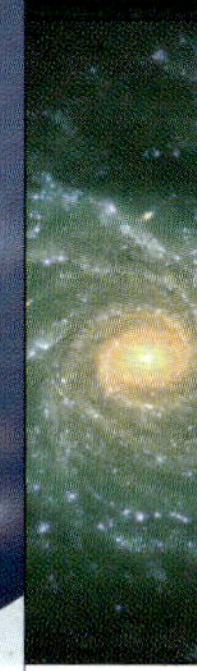

ce rayonnement primordial que nous observons aujourd'hui, appelé le ***bruit de fond cosmique*** qu'ont identifié Penzias et Wilson en 1965. Il est caractérisé par un spectre typique d'un corps noir (p. 206) de température absolue de 2,7 K.

- **2-3 milliards d'années après le Big Bang**, au centre d'immenses nuages de gaz les premières étoiles s'allument. Elles synthétisent de nouveaux éléments chimiques et forment des galaxies.
- **5 milliards d'années après le Big Bang**, le Système solaire se forme.
- **13-20 milliards d'années après le Big Bang**, l'Homme développe la théorie du Big Bang.

Et le futur ? Grâce à nos observations, nous sommes tout près de pouvoir répondre à la question suivante : si les galaxies s'éloignent les unes des autres, comme nous l'observons, continueront-elles à le faire pour toujours ? Autrement dit : l'univers est-il destiné à s'épandre tant qu'il aura de l'énergie et à se diluer dans le vide, à moins qu'il n'ait une masse suffisante pour recommencer à se concentrer en singularité – et peut-être renaître à nouveau ? Tout dépend de la masse de l'univers. Est-elle suffisante pour engendrer cette gravité « universelle » nécessaire pour ralentir la course des galaxies et faire « involuer » l'univers jusqu'à son point de départ ? Les valeurs de la ***masse critique*** de l'univers dans les différents scenari sont, en effet, très voisines. Il suffirait d'arriver à observer les galaxies les plus lointaines, à la limite de visibilité, et de voir si leur vitesse diminue.
Une tâche vraiment difficile.

Superamas
Photographié par *Hubble*, l'amas de galaxies Abell2213 se trouve à environ 2 milliards d'années-lumière de la Terre en direction de la constellation du Dragon. Il est extrêmement difficile de calculer avec précision la masse des galaxies qui peuplent l'univers et de la matière sombre que contient ce dernier. Or, entre une hypothèse cosmologique et l'autre, les différences de masse critique sont minimes.

Il est préférable de ne pas débuter seul dans le monde de l'astronomie, même amateur : l'expérience, l'échange d'idées et d'opinions comme les conseils de ceux qui sont déjà avancés dans ce domaine, professionnellement ou par passion, sont essentiels. Il est tout aussi essentiel d'avoir envie de lire, de se documenter, de chercher de nouvelles informations. L'étude du ciel, des objets qui le peuplent et de leurs mouvements, mais aussi de l'histoire qui nous a conduit à nos connaissances actuelles, sont quelques-unes des innombrables voies offrant l'accès à cette science – autant de points de départ vers de nouvelles découvertes. Nous avons donc voulu donner ici quelques pistes à ceux qui veulent élargir leur horizon et entreprendre cette fabuleuse aventure.

QUELQUES CONSEILS

BIBLIOTHÈQUES, LIBRAIRIES ET BOUTIQUES SPÉCIALISÉES

Dans les bibliothèques publiques, celles des observatoires et des instituts universitaires, vous trouverez d'excellents livres d'astronomie en mesure de répondre aux exigences tant des néophytes que des astronomes amateurs avertis.

Dans certaines librairies et maisons spécialisées telles que la Maison de l'Astronomie (Paris), et la chaîne de magasins Nature & Découvertes, vous pouvez trouver et commander non seulement des livres, mais aussi des cartes célestes (certaines phosphorescentes !) et des astrolabes simples en carton plastifié ou plastique qui vous permettront de déterminer la position des astres ; ceux qui prennent en compte la latitude du lieu sont inutilement sophistiqués pour rechercher simplement des constellations.

Aujourd'hui, on trouve de bonnes lunettes de 60 cm et de petits télescopes à prix très raisonnables dans les grandes surfaces (surveillez les promotions !). Si vous recherchez un instrument plus perfectionné, optez pour les boutiques spécialisées en astronomie amateur (notamment, celles citées ci-dessus), les grands magasins avec un grand département Optique tels que les FNAC, voire chez certains opticiens, et comparez les performances et les prix.

PLANÉTARIUM

Les planétariums sont des salles au plafond hémisphérique sur lequel est projetée une vue de la voûte céleste ; l'appareillage de projection au centre de la salle reproduit aussi le mouvement apparent de celle-ci de façon très réaliste. Un commentateur indique les constellations visibles et les caractéristiques des corps célestes les plus importants. C'est l'occasion d'une première initiation à l'observation du ciel.

Les planétariums proposent aussi des cours, des lectures et des conférences en astronomie. Vous en trouverez un au Bourget, à Cappelle-la-Grande, Cholet, Nantes, Nice, Nîmes, Paris, Poitiers, Reims, Saint-Étienne et Strasbourg.

ASSOCIATIONS D'ASTRONOMES AMATEURS

Que vous soyez néophyte ou amateur confirmé, prenez contact, si ce n'est déjà fait, avec une association d'astronomes amateurs. Les débutants s'y verront offert, outre un soutien et des conseils, des séances de présentation et d'initiation aux instruments et aux techniques d'observation et des activités culturelles (lectures, visites d'observatoires, participation aux grands événements de l'astronomie amateur). Les plus confirmés pourront participer à des programmes d'observations (souvent effectués en collaboration avec des observatoires professionnels) et utiliser des instruments professionnels en observatoires (ces sessions publiques sont ouvertes uniquement aux associations).

Les multiples associations françaises sont généralement affiliées à l'une des trois grandes associations d'astronomie amateur ci-dessous, qui pourront vous communiquer les coordonnées de l'association la plus proche de chez vous :

- l'AFA (Association française d'astronomie) 17, rue Émile Deutsch-de-la-Meurthe, 75014 Paris
- la SAF (Société astronomique de France) 3, rue Beethoven, 75016 Paris
- la SAP (Société d'astronomie populaire) 1, rue Camille Flammarion, 31500 Toulouse

Des stages, des conférences et des voyages à thèmes sont également organisés par le Géospace Observatoire d'Aniane (34150), la Cité des Sciences à Paris, le Futuroscope de Poitiers, le Palais de la Découverte à Paris ou la Ferme des étoiles à Fleurance. N'oubliez pas les nombreux clubs locaux qui vous aideront à vivre votre passion dans votre région.

Pensez en outre à visiter lors de leurs portes ouvertes les grands organismes de recherche astronomique : l'Agence spatiale européenne (siège à Paris 15e, institut de recherche en Hollande), l'Observatoire de Paris, l'Observatoire de Meudon et le Centre National d'Études Spatiales à Toulouse.

BIBLIOGRAPHIE DE VULGARISATION

POUR EN SAVOIR PLUS

– pour débuter l'observation :

Constellations, éd. Gründ.

A. Rükl, *Atlas de la Lune*, éd. Gründ.

Constellations et planètes, éd. Gründ.

Astronomie, mode d'emploi, éd. Bordas.

A. Rükl, *Astronomie – Guide de l'amateur*, éd. Gründ.

– pour aller plus loin :

S. Brunier, *Observer Mars*, éd. Bordas, 2001.

Collectif, *Observer et photographier le Système solaire*, éd. Bordas, 2000.

S. Brunier, *Astronomie du ciel profond*, éd. Dunod

P. Bourge, *La photographie astronomique d'amateur*, éd. Paul Montel.

A. Brahic, *Les comètes*, Paris, PUF, 1993.

A. Carion, *Les météorites et leurs impacts*, Paris, Armand Colin, 1993.

G. Vanin, *Les Grands phénomènes célestes*, Paris, Gründ, 1999.

C. Levasseur-Regourd et P. de La Cotardière, *Les comètes et les astéroïdes*, Paris, Seuil, 1997.

S. Brunier, *Voyage dans le Système solaire*, Paris, Bordas, 2000.

M. Marcellin, *Ciel et astronomie passion*, Paris, Hachette, 1986.

G. Viscardy, *Atlas-guide photographique de la Lune*, Paris, Masson, 1985.

J-L. Heudier, *Le livre de la Lune*, Z'éditions, 1996.

J. Villain, *À la conquête de la Lune*, Paris, Larousse, 1998.

A. Rükl, *Atlas de la Lune*, Paris, Gründ, 2000.

H.C. Nataf, J. Sommeria (sous la direction de), *La physique de la Terre*, Paris, Belin-CNRS, Coll. Croisée des sciences, 2000.

J.-C. Pecker, *L'avenir du Soleil*, Paris, Hachette, 1990.

P. Lantos, *Le Soleil en face*, Paris, Masson, 1997.

M. Cassé, *Nostalgie de la lumière*, Paris, Belfond, 1987.

G. Israël, *L'exploration du Système solaire*, Paris, Hachette.

R. Dars, *La géologie des planètes*, Paris, PUF (« Que sais-je ? », n° 3028), 1995.

S. Brunier, *Observer Mars*, Paris, Bordas, 2001.

– sur l'astronomie en général :

L'espace, éd. Gründ.

Nébuleuses et galaxies, éd. Dunod.

Guide des étoiles et des planètes, éd. Delachaux et Niestlé.

Étoiles et planètes, guides Nature-Poche, éd. Gründ.

Le Système solaire, éd. Gründ.

Vénus dévoilée, J. Blamont, éd. Odile Jacob.

À la conquête de Mars, O. de Coursac, éd. Larousse.

– Encyclopédies :

Grand Atlas de l'Espace, éd. Encyclopædia Universalis.

Grand Atlas de l'Astronomie, éd. Encyclopædia Universalis.

Astronomie, éd. Larousse.

Astronomie, éd. Flammarion.

– Atlas :

Sky Atlas 2000, W. Tirion, éd. Sky Publishing Corporation (pour amateurs confirmés, en librairies spécialisées).

Cartes « Ciel 2000 », Y. Dagery et B. Pellequer, éd. Librairie de l'Observatoire d'Aniane.

Éphémérides (position des planètes), éd. International Edition – Saint-Michel Éditions (07200 St-Michel-de-Boulogne et librairies spécialisées).

– Réflexions sur l'univers :

De la pierre à l'étoile, C. Allegre, éd. Fayard.

Patience dans l'azur, H. Reeves, éd. Seuil.

Poussières d'étoiles, H. Reeves, éd. Seuil.

La mélodie secrète, Xuan Thuan Trinh, éd. Gallimard

REVUES DE VULGARISATION

Ciel & Espace éditée par l'AFA (en kiosque).

L'Astronomie magazine (en kiosque).

L'Astronomie publiée par la Société astronomique de France (abonnement ou au siège).

Air & Cosmos (en kiosque).

Sky & Telescope (en kiosque).

Sciences & Vie, Sciences et Avenir, La Recherche, Pour La Science – revues de vulgarisation scientifique avec articles fréquents en astronomie, astrophysique et astronautique, et rubriques « Ciel du mois » (en kiosque).

CD-ROM

Ballade à ciel ouvert (initiation avec vues du ciel au-dessus de chez vous jour par jour), A. Superbie, éd. AFA/Ciel & Espace.

Les passagers du Soleil, éd. Infogrammes.

Caelum 2.0, logiciel de cartographie céleste – éphémérides.

Atlas du Système Solaire, éd. Alsyd.

Redshift 4 (encyclopédie), éd. Alsyd.

Mars : visite guidée de la planète rouge, éd. Alsyd.

Encyclopédie de l'astronomie, éd. Larousse.

Cosmos, éd. Montparnasse Multimédia.

MATÉRIEL SPÉCIALISÉ

Optique 41, Carrefour Lingostière, RN 202 – 06200 Nice

Astronomie espace optique, 253 rue de Pessac, 33 Bordeaux

L'Astronome, 13 rue du Couedic, 56 Lorient

Optique Unterlinden, 3 place de la Cathédrale, 68000 Colmar

Maison de l'Astronomie, 33-35 rue de Rivoli, 75004 Paris

Le Chasseur d'étoiles, 130 avenue de Versailles, 75016 Paris

Krys Astronomie, 28 rue de Pologne, 78100 Saint-Germain-en-Laye

Magasins Nature & Découvertes

Magasins FNAC (liste des magasins au 3615 FNAC et accès direct sur le Net à fnac.com)

POUR EN SAVOIR PLUS SUR LE NET

http://www.esa.int
Le site principal de l'ESA, l'Agence spatiale européenne.

http://solarsystem.estec.esa.nl
Tout sur les missions spatiales de l'ESA.

http://www.cnes.fr
Le site du CNES, le Centre français d'études spatiales.

http://www.cieletespace.fr
Le site de la revue française de vulgarisation de l'astronomie *Ciel & Espace*.

http://www.stsci.edu
Les données du télescope spatial *Hubble* par le site même du Space Telescope Institute.

http://www.planetscapes.com/solar/french/mars.htm
Le site de vulgarisation sur Mars, en français.

http://www.gsfc.nasa.gov
Le site du Goddard Space Flight Center, le centre de contrôle des lancements de la NASA.

http://spacescience.nasa.gov.
Le site général de toutes les activités scientifiques de la NASA.

http://www.solarsviews.com
Les dernières photos du Système solaire (sources NASA).

http://www.nineplanets.com
Panorama des neuf planètes du Système solaire (NASA).

http://pds.jpl.nasa.gov/planets
Les plus belles images des programmes NASA d'exploration planétaire.

http://mpfwww.jpl.nasa.gov
Le site d'actualité sur l'exploration de la Planète rouge.

http://cass.jsc.nasa.gov/moon.html
Tout ce qu'il faut savoir sur la Lune et sa conquête.

http://www.earth.nasa.gov
Notre planète vue de l'espace.

http://spaceflight.nasa.gov/station
Les pages Web dédiées à la Station spatiale internationale (ISS).

http://seds.lpl.arizona.edu/billa/tnp/
Un voyage multimédia divertissant à travers le Système solaire.

http://vraptor.jpl.nasa.gov
Les données les plus complètes sur les missions Voyager.

http://www.jpl.nasa.gov/cassini
Tout sur la mission Cassini d'exploration de Saturne.

http://www.jpl.nasa.gov/galileo
Les nouvelles de la mission Galileo d'exploration de Jupiter.

http://impact.arc.nasa.gov/reports/spaceguard
Tout sur les astéroïdes, comètes ou débris proches de la Terre et leur éventuelle menace.

http://huey.jpl.nasa.gov/~spravdo/neat.html
Les données les plus récentes sur l'exploration des astéroïdes.

http://nssdc.gsfc.nasa.gov/planetary/giotto.html
Les résultats de la mission d'exploration cométaire Giotto (voir aussi site ESA).

http://www.nationalgeographic.com/solarsystem
Une reconstruction virtuelle des corps du Système solaire.

http://www.seti.org
Le site du projet SETI dévolu à la recherche de la vie extraterrestre.

http://space.jpl.nasa.gov
Un moyen interactif de visualiser les corps du Système solaire.

http://www.sunspot.noao.edu/PR/index.html
Le site de l'observatoire solaire américain de Sacramento Peak.

http://solar-center.stanford.edu
Pages interactives dédiées au Soleil hébergées par le Stanford Solar Center.

http://sohowww.nascom.nasa.gov
Images et données fournies par l'observatoire spatial *SoHO*.

http://www.astro.ucla.edu/~obs/intro.html
Images et données recueillies à l'observatoire du mont Wilson.

A

Absides Points aux extrémités du grand axe d'une orbite elliptique. La ligne des absides coïncide avec ce grand axe. La droite perpendiculaire à la ligne des absides terrestres et au plan de l'écliptique et passant par le centre coupe la sphère céleste en deux points, les **pôles de l'écliptique**.

Absorption Phénomène par lequel un corps chimique retient une fraction de l'énergie électromagnétique qui arrive sur lui.

Accélération Grandeur vectorielle qui mesure la variation de la vitesse en fonction du temps (positive : la vitesse augmente, négative : elle diminue). Elle dépend du système de référence choisi.
– **de la gravité** C'est l'accélération communiquée à tout corps libre tombé à proximité d'un corps céleste ; elle varie avec la distance au centre de masse de celui-ci. La mesure de la gravité sert à déterminer indirectement la forme d'une planète. L'accélération de la gravité terrestre à 45° de latitude est de 9,8062 m/s^2.

Acides aminés Famille de molécules organiques essentielles à la vie, contenant un groupe amine (NH_2) et un groupe acide (CO-OH). 21 principaux acides aminés forment toute la matière vivante.

Activité solaire Ensemble des processus et phénomènes variant dans le temps et affectant les parties visibles du Soleil – photosphère, chromosphère et couronne.

Albédo ou **Pouvoir réflecteur** Pourcentage de lumière réfléchi par un corps.
– **de la Terre** C'est le rapport entre le flux lumineux émis par sa surface et celui arrivant du Soleil. Il varie avec l'altitude et la nature du sol : l'eau reflète 10 % de la lumière solaire, la végétation, 15 à 20 %, les glaces marines, 50 à 60 %, et la neige fraîche 80 à 90 %. Il est maximal en Antarctique.

Altitude Distance verticale entre un niveau de référence conventionnel (pour la Terre, c'est le niveau de la mer) et le point considéré. Elle est positive si le point se trouve au-dessus du niveau de référence, négative sinon.

Analyse spectroscopique Étude des rayonnements électromagnétiques émis ou absorbés par les éléments chimiques contenus dans un objet dont on observe le spectre lumineux. On en déduit les caractéristiques physico-chimiques de l'objet (composition, température, état d'ionisation, etc.), notamment des étoiles.

Angle horaire Distance angulaire mesurée le long de l'équateur céleste à partir du Milieu du ciel jusqu'au méridien passant par le point considéré. C'est l'une des deux *coordonnées horaires* avec la déclinaison. Elle est mesurée en heures (h), minutes (min) et secondes ou en degrés, minutes et secondes d'arc, et est positive vers l'ouest et négative vers l'est.

Année Temps mis par une planète pour accomplir sa révolution autour du Soleil.
– **anomalistique** Intervalle de temps moyen s'écoulant entre deux passages consécutifs du Soleil au périhélie. Elle vaut 365,259 jours solaires moyens.
– **civile** ou **calendaire** Basée sur l'année solaire, c'est l'année du calendrier. Elle comporte un nombre entier de jours solaires moyens : 365 pendant 3 années consécutives, puis 366 la 4e année ou ***année bissextile***. Pour « récupérer » le décalage par rapport à l'année solaire dû à des mouvements mineurs (notamment la *précession*), les années de fin de siècle divisibles par 4 sont aussi bissextiles (***années séculaires***) : ainsi 1700, 1800 et 1900 ne l'étaient pas, mais 1600 et 2000, si.
– **lumière (a.l.)** Unité de mesure de distance utilisée en astronomie, correspondant à la distance parcourue par la lumière dans le vide en un an à la vitesse constante de 300 000 km/s. Elle vaut 9 460 milliards de km. Une année-lumière équivaut à 0,3066 parsec.
– **sidérale** Temps mis par la Terre pour revenir au même point de l'orbite par rapport aux étoiles fixes. Elle vaut 365,256 jours solaires moyens. La différence de près de 20 minutes avec la durée de l'année solaire est due au mouvement de précession de l'axe de rotation terrestre.
– **solaire** ou **tropique** Temps écoulé entre deux passages consécutifs du Soleil au point γ. Elle vaut 365,242 jours solaires moyens.

Antihoraire (sens) *voir* Direct.

Antimatière Matière constituée d'antiparticules de propriétés opposées aux particules du même nom (notamment, de charge électrique opposée).

Aphélie Point d'une orbite le plus éloigné du Soleil. L'opposé (le point le plus rapproché du Soleil) est le **périhélie**.

Ascension droite Distance angulaire mesurée dans le sens antihoraire (vers l'est) le long de l'équateur céleste à partir du point γ. C'est l'une des deux *coordonnées équatoriales*. Elle se mesure en heures (h), minutes (min) et secondes (s) ; 1 h = 15° d'arc.

Astronomie zénithale Étude des astres basée sur un système de coordonnées horizontales, typique des peuples antiques, notamment des Mayas et des Aztèques qui habitaient près de l'équateur.

Atome (du grec *atomos* = indivisible) Dans l'Antiquité, c'est la plus petite partie possible de matière, dépourvue de structure, mais au sens moderne, l'atome a une structure interne. Il se compose d'un **noyau**, central (constitué de particules élémentaires), de charge électrique positive, autour duquel se déplacent des **électrons** de charge négative. Un atome complet stable a une charge électrique globale nulle – il est *neutre*.

Aurore polaire Lueurs colorées diffuses, visibles dans le ciel surtout aux grandes latitudes terrestres et dans l'atmosphère des planètes dotées d'un champ magnétique. Elle est due à l'interaction des particules de haute énergie et électriquement chargées émises par le Soleil (*vent solaire*) et capturées dans le champ magnétique avec les gaz de la haute atmosphère, selon des processus d'interaction très similaires à ceux à l'origine de la fluorescence des tubes au néon.

Axe
– **de rotation** Droite autour de laquelle chaque point d'un corps en rotation parcourt un cercle, à l'exception des points situés sur cet axe.
– **magnétique** Droite autour de laquelle les lignes de champ magnétique se disposent symétriquement.

Azimut Distance angulaire mesurée dans le sens horaire (vers l'ouest) sur le cercle de l'horizon à partir du point cardinal Sud, généralement en degrés. C'est une des *coordonnées horizontales*.

B

Bactérie Organisme unicellulaire dépourvu de noyau mais protégé par une paroi externe, présent dans tous les milieux, même les plus extrêmes. C'est pourquoi l'on pense que les premiers organismes apparus sur Terre étaient semblables aux archéobactéries modernes et qu'il est probable de trouver des formes de vie analogues sur les autres corps célestes.

Basalte Roche ignée basique, à grain fin, sombre, contenant de 45 à 50 % de silice (SiO_2) mais pas sous forme de quartz. Cette lave, caractéristique des fonds océaniques terrestres et des bassins lunaires, constitue environ 90 % des roches volcaniques.

Big Bang C'est l'événement primordial de l'histoire de l'univers selon la théorie actuellement la plus répandue. L'immense quantité d'énergie concentrée en un point unique (ou *singularité*) aurait « explosé » en commençant immédiatement à se transformer en matière en expansion (selon le principe d'équivalence matière-énergie d'Einstein).

Bilan énergétique Calcul de l'énergie totale contenue dans le fonctionnement d'un système donné.

Biomasse Terme générique désignant toute la matière organique. Comprend une partie de l'énergie solaire sous forme de liaisons chimiques.

C

Calotte polaire Région proche des pôles géographiques, recouverte de glace (d'eau ou autre).

Catalyseur Tout atome, molécule ou substance qui active une réaction sans y participer ou en se régénérant. Il peut réduire la durée d'une réaction, en diminuer l'énergie d'activation (c.-à-d. la « barrière » énergétique qui empêche le démarrage de la réaction) ou modifier ses réactants.

Ceinture de Kuiper Ensemble des corps de même nature que les noyaux cométaires dont l'orbite est comprise entre celle de Neptune et celle de Pluton. Pluton pourrait être l'un des plus gros corps de cette ceinture.

Ceinture principale d'astéroïdes Région du Système solaire comprise entre l'orbite de Mars et celle de Jupiter où se déplacent la majorité des astéroïdes.

Chaleur Forme d'énergie que possède un corps du fait de l'agitation des molécules qui le composent ; plus un corps est chaud, plus ses molécules se déplacent vite et de façon désordonnée. Dans certaines conditions, cette agitation se manifeste par un travail mécanique visible (ex. les bouillonnements de l'eau). La chaleur se propage aussi dans le vide, sous forme de rayonnements électromagnétiques (notamment infrarouges).

Champ de force Toute force qui agit sans point d'application particulier.
– **gravitationnel** Créé par la présence même d'un objet massif, il déforme l'espace-temps d'autant plus que l'objet est massif. Il agit sur tout autre corps, massif ou non – même sur la lumière qu'il courbe. *Voir aussi* effet de fronde, force gravitationnelle, trou noir.

Champ Région de l'espace soumise à une force.
– **dipolaire** Qui présente deux pôles (notés + ou « sud », et - ou « nord »).
– **électrique** Où s'exercent les effets d'une force électrique. C'est un champ dipolaire dont les pôles sont mis en évidence par le trajet suivi par les charges électriques négatives, qui migrent du pôle nord vers le sud.
– **électromagnétique** Où s'exercent les effets d'une force électrique et d'une force magnétique.
– **géomagnétique** ou **champ magnétique terrestre** Champ magnétique engendré par la Terre. Assimilable à un champ dipolaire, il a changé plusieurs fois de sens (le pôle magnétique nord migrant au sud et vice versa) – c'est le phénomène de l'*inversion du champ magnétique terrestre*.
– **gravitationnel** Où s'exercent les effets de la force gravitationnelle. Tout corps massif engendre un champ gravitationnel qui déforme localement l'espace-temps.
– **magnétique** Où s'exercent les effets d'une force magnétique. Un champ magnétique courbe la trajectoire de tout corps électrisé. Les *lignes de champ* sont les lignes où le champ a la même valeur ; dans un champ dipolaire, les lignes de champ « sortent » par le pôle sud et « entrent » par le pôle nord. Les étoiles et beaucoup de planètes possèdent un champ magnétique globalement dipolaire qui s'étend dans l'espace environnant (*magnétosphère*).

Charge électrique À l'origine du champ électrique. Tout corps chargé électriquement exerce une force attractive ou répulsive sur un autre corps chargé. Il existe des charges électriques positives et négatives ; les charges de même signe se repoussent, les charges de signes contraires s'attirent. Un corps dépourvu de charge électrique ou dont les charges électriques positives et négatives s'annulent est dit *électriquement neutre*.

Composé Matière constituée de molécules formées d'au moins deux atomes d'éléments chimiques différents.

Conjonction Position de deux astres qui, vus de la Terre, ont la même longitude. Par exemple, la Lune est en conjonction avec le Soleil à la Nouvelle Lune.

Constante solaire Flux d'énergie provenant du Soleil et mesuré au-dessus de l'atmosphère à mi-distance entre le Soleil et la Terre. Elle équivaut à 1 400 watts/m^2.

Continent lunaire Région plane, plus ou moins étendue, caractérisée par une altitude moyenne supérieure à 200 m, souvent délimitée par des flancs escarpés et entaillée de vallées profondes.

Convection Phénomène prenant place dans les fluides (liquides et gaz) lorsqu'ils subissent un gradient (une différence) de température. Le transfert de chaleur s'effectue via l'apparition de *courants convectifs*.

Coronographe Instrument optique où un écran circulaire occulte le disque solaire pour permettre d'étudier la couronne et la chromosphère qui ne sont bien visibles depuis la Terre que lors des éclipses totales de Soleil. Il est utilisé là où la lumière diffuse est minimale – en haute montagne et à bord des satellites.

Corps noir Corps idéal absorbant tous les rayonnements qui le frappent, il sert à déterminer la relation quantitative entre la longueur d'onde du rayonnement d'une source lumineuse et sa température absolue.

Courant Mouvement continu dans la masse d'un fluide (liquide ou gaz) principalement unidirectionnel par rapport au système de référence choisi.

– **convectif** Courant qui s'instaure dans la masse d'un fluide où existe un gradient de température. Les courants chauds sont formés de fluide de température supérieure et de densité inférieure à celles du fluide environnant ; les courants froids, de fluide de température inférieure et de densité supérieure. Tout courant s'accompagne d'une transmission d'énergie véhiculée par le déplacement de la matière. Les courants subsistent jusqu'à ce que toute la masse se retrouve à température uniforme (le gradient de température a disparu).

Cromlech Édifice mégalithique formé de grosses pierres disposées en cercle.

Croûte Couche solide la plus externe d'une planète.

Cycle Phénomène dont l'évolution est caractérisée par le changement d'une ou de plusieurs variables qui reviennent à leurs valeurs initiales après une certaine période de temps.

– **solaire** Cycle de l'activité du Soleil au cours duquel l'intensité des phénomènes solaires passe d'un maximum à un minimum pour revenir à un maximum sur environ 11 ans.

D

Datation Détermination de l'âge d'une roche, d'un fossile, d'une poterie..., effectuée habituellement en mesurant dans un échantillon de l'objet la proportion des différents isotopes d'un même élément chimique radioactif de période et de modes de désintégration connus (ex : datation au carbone 14).

Décalage vers le rouge (en anglais, *redshift*) Décalage vers les longueurs d'onde plus grandes des raies présentes dans le spectre des objets célestes, lié à leur éloignement par rapport à l'observateur. De la même façon, ils peuvent présenter un décalage vers le bleu de ces raies s'ils se rapprochent. C'est une conséquence de l'effet Doppler. L'origine du décalage systématique vers le rouge des galaxies lointaines est due à leur mouvement de fuite lié à l'expansion de l'univers.

Déclinaison Distance angulaire d'un objet depuis l'équateur céleste. Elle se mesure en degrés d'arc et est positive dans l'hémisphère Nord, négative dans l'hémisphère Sud. C'est l'une des *coordonnées équatoriales* et *horizontales*.

Déférent Dans le système ptolémaïque, c'est un cercle le long duquel se déplace le centre d'un *épicycle*. Synonyme de **excentrique**.

Degré Unité de mesure d'angle ou de température.

– **absolu** ou **kelvin (K)** Unité de mesure de la température sur l'échelle thermométrique absolue. Le kelvin est défini à partir de considérations thermodynamiques sans référence à un phénomène physique particulier : 0 °K ou *zéro absolu* est la température la plus basse possible. La température T en kelvin est liée à celle t en Celsius par la relation $T = t - 273{,}15$.

– **centigrade** ou **Celsius (°C)** Unité de mesure de la température la plus utilisée telle que, par convention et à la pression atmosphérique, la glace d'eau fond à 0 °C et l'eau bout à 100 °C.

– **d'arc (°)** Unité de mesure d'angle. Un cercle comporte 360 degrés (360°), 1° comporte 60 minutes d'arc (60'), 1' comporte 60 secondes d'arc (60").

Densité Rapport de la masse d'une substance par unité de volume. S'exprime en kg/m^3 ou en g/cm^3.

Dérive des continents Théorie avancée à plusieurs reprises en géologie mais développée par Alfred Wegener en 1912 puis confirmée au début des années 1960 par les recherches de Hess sur l'expansion des fonds océaniques. Elle est englobée dans la théorie plus générale de la tectonique des plaques de McKenzie et Parker.

Désintégration radioactive Transformation d'origine naturelle ou artificielle du noyau d'un atome lourd qui se « casse » et se réorganise en un ou plusieurs noyaux d'atomes différents, plus légers. S'accompagne de l'émission de particules (*radioactivité*).

Déterminisme Attitude culturelle considérant que tout phénomène est mécaniquement et nécessairement causé par un autre qui le précède et qu'il est donc possible de prévoir le comportement d'un objet donné ou d'un ensemble d'objets dont on connaît les conditions initiales et les lois physiques les régissant.

Diamètre apparent Diamètre que semblent avoir les corps célestes vus depuis la Terre. Du fait de la distance, il est inférieur au diamètre réel.

Diffraction Phénomène dû aux propriétés ondulatoires de la lumière, dont la propagation ne suit pas rigidement la direction prévue par les règles géométriques de l'optique, et notamment dû au phénomène d'interférences. S'applique aussi aux sons.

Direct (sens) Se dit d'un mouvement de rotation ou de révolution planétaire dans le même sens que la majorité des planètes et des satellites du Système solaire. Si l'on se place sur l'écliptique, la tête vers le pôle Nord céleste, c'est le sens inverse des aiguilles d'une montre. Synonyme de sens *antihoraire*.

Discontinuité Région où survient un brusque changement des paramètres (physiques, chimiques...) d'un milieu.

Dispersion de la lumière Phénomène tel qu'un rayon de lumière polychromatique se scinde en ses différentes longueurs d'onde, donnant naissance à un spectre lumineux. Conséquence de la *réfraction*, elle s'applique à tous les types de rayonnements électromagnétiques.

E

Écliptique Plan de l'orbite terrestre. Par extension, désigne aussi la projection de ce plan sur la sphère céleste – c'est-à-dire la trajectoire apparente du Soleil au fil de l'année.

Effet

– **Doppler** Modification de la fréquence d'un signal mesurée par un observateur due au mouvement relatif de la source du signal et de l'observateur.

– **de fronde** Accélération subie par un objet se déplaçant dans le champ gravitationnel d'un corps massif (ex. planète) ; cet effet est exploité par les véhicules spatiaux pour augmenter leur vitesse.

– **de serre** Réchauffement progressif de l'atmosphère d'une planète dû à la présence d'une substance empêchant les rayons infrarouges de se disperser dans l'espace (principalement le gaz carbonique dans le cas de la Terre et Vénus).

– **synergique** Effet tel que l'action conjuguée de deux ou plusieurs facteurs est facilitée et globalement plus efficace que l'action individuelle de chaque facteur.

Effondrement stellaire Implosion d'une étoile vers son centre de masse sous sa propre force gravitationnelle, avec destruction de sa structure.

Électron Particule subatomique découverte en 1897 par J. Thomson. Il porte la charge électrique négative élémentaire (toutes les charges électriques sont multiples de celle de l'électron) et possède une masse élémentaire indivisible 500 fois plus petite que celle du proton. Pour arracher un électron à l'attraction d'un noyau atomique (chargé positivement) et créer un *ion*, il faut lui fournir de l'énergie. L'antiparticule de l'électron est le *positron*.

Élément chimique Composant primaire de la matière. Chaque élément chimique possède une structure atomique propre et une famille d'*isotopes*. Il existe actuellement 109 éléments chimiques, dont 92 d'origine naturelle. Le plus simple, le plus léger et le plus abondant de l'univers est l'hydrogène.

Ellipse Courbe fermée décrite comme l'intersection de la surface d'un cône avec un plan incliné par rapport à l'axe du cône et d'angle supérieur à la moitié de l'angle d'ouverture du cône. Caractérisée par deux **vertex** reliés par un *grand axe* où se trouve à mi-distance le *centre* de l'ellipse. Son *petit axe* passe par ce dernier et fait un angle droit avec le grand axe. Sur le grand axe existent deux points, les *foyers* de l'ellipse, tels que la somme des distances entre tout point sur l'ellipse et chacun des foyers est constante.

Émission radioactive Liée à la *désintégration radioactive*, on en connaît 3 types : les rayons α (noyaux d'hélium), les rayons β (électrons et positrons) et les rayons γ (les rayonnements électromagnétiques les plus énergétiques).

Endogène D'origine interne. Antonyme : **exogène**.

Énergie Mesure la capacité d'un corps à fournir un travail liée à son état chimique ou physique.

– **chimique** Énergie que possède un composé du fait de sa structure chimique. Elle est contenue dans les liaisons qui unissent les atomes d'une molécule et, lorsque ces liaisons sont rompues, elle peut se distribuer différemment via l'établissement de nouvelles liaisons ou être libérée sous forme de chaleur.

– **cinétique** Énergie possédée par un corps du fait de son mouvement.

– **de liaison nucléaire** Énergie qui maintient la cohésion de tout noyau atomique. Elle est égale à l'énergie qu'il faut à un noyau pour briser les liaisons entre ses particules subatomiques.

– **électromagnétique** Elle se propage dans l'espace sous forme non mécanique (*énergie rayonnante*) et est issue de phénomènes électriques et magnétiques (d'où son nom). Un flux d'énergie électromagnétique est un *rayonnement électromagnétique*. Toutefois, quand un tel rayonnement frappe un objet capable d'en absorber l'énergie, il produit un travail via le déplacement des charges électriques présentes dans le corps, qui permettent d'emmagasiner cette énergie ou de l'utiliser.

– **lumineuse** Énergie électromagnétique associée aux rayonnements lumineux.

– **magnétique** Elle dérive de l'action d'une force magnétique elle-même associée à un champ magnétique, et se mesure en fonction du travail qui doit être produit pour créer ce champ magnétique ou qui est produit quand ce champ est détruit.

– **nucléaire** Énergie libérée par les réactions impliquant les noyaux des atomes.

– **rayonnante** Qui se propage sous forme de rayonnements électromagnétiques.

– **solaire** Énergie qui provient des réactions nucléaires prenant place dans le cœur du Soleil et est irradiée dans l'espace (énergie électromagnétique).

– **thermique** Énergie possédée par tout corps qui n'est pas à la température du zéro absolu, due à l'agitation des molécules qui le constituent. Elle augmente avec l'augmentation de la température. Synonyme de **chaleur**.

– **thermique rayonnante** Synonyme de *rayonnements infrarouges*.

Épicycle Selon les anciennes théories astronomiques, c'est le cercle sur lequel toute planète se déplace circulairement et qui se déplace lui-même sur un cercle concentrique ou excentrique par rapport à la Terre. Servait à rendre compte des différents mouvements planétaires sans recourir à d'autres figures que le cercle.

Équateur
- **céleste** Circonférence construite par l'intersection du plan équatorial terrestre avec la sphère céleste.
- **solaire** Circonférence maximale de la surface visible du Soleil perpendiculaire à son axe de rotation.
- **terrestre** Circonférence maximale de la Terre perpendiculaire à son axe de rotation. C'est le parallèle de référence.

Équinoxes (du latin *aecqua* = égal, *nox* = nuit) Points de l'orbite terrestre tels que la durée de la nuit égale la durée du jour (soit 12 h), ce qui survient les 21 mars et 23 septembre. En ces points, l'écliptique coupe l'équateur céleste, et la Terre est alors illuminée perpendiculairement à son axe de rotation.

Érosion Usure du sol sous l'action d'agents exogènes (eau, vent, écarts de température, glace, etc.)

Éruption
- **solaire** Phénomène de l'activité du Soleil qui libère soudain et en un temps très bref une grande quantité d'énergie à proximité de la surface de notre étoile.
- **volcanique** Jaillissement, souvent violent, de fluides issus de l'intérieur d'un corps céleste par une fissure de la croûte sous la pression des gaz produits en profondeur.

Excentricité Rapport constant, noté e, des distances d'un point quelconque d'une conique à l'un des foyers et à sa droite directrice. Si la conique est une hyperbole, $e > 1$; si c'est une parabole, $e = 1$; si c'est une ellipse, $e < 1$; et si c'est un cercle, $e = 0$. C'est un élément fondamental de la détermination de l'orbite d'un corps céleste ; l'excentricité de l'orbite des planètes et astéroïdes est proche de 0, celle des comètes, proche de 1.

Exogène D'origine externe.

F

Fluide État de la matière liquide ou gazeuse. Selon sa viscosité (c.-à-d. le niveau des frottements internes), son comportement suit ou non les lois de la dynamique des fluides.

Flux énergétique Quantité d'énergie qui traverse par unité de temps une surface unitaire perpendiculairement à sa direction de propagation.

Force Grandeur physique de la dynamique et de la statique, notée F, définie comme l'agent physique capable d'altérer l'état de repos ou de mouvement d'un corps ou de le déformer. Elle est caractérisée par son intensité, sa direction et son sens, et par son point d'application. Selon le second principe de la dynamique, elle est liée à la masse m du corps auquel elle s'applique par la relation $F = m \times \gamma$ où γ est l'accélération qu'elle lui communique. Lorsqu'une force ne s'applique pas directement à un corps mais agit à distance, on parle de *champ de force*.
- **électrique** Force attractive ou répulsive exercée par tout corps électriquement chargé ou sur toute charge électrique se trouvant dans un champ électrique.
- (ou **interaction**) **électromagnétique** L'une des quatre forces fondamentales régissant l'univers. Cette force est induite par une charge électrique en mouvement ou subie par toute charge électrique située dans un champ électromagnétique. De portée infinie, elle est véhiculée par les *photons*.
- (ou **interaction**) **faible** L'une des quatre forces fondamentales de l'univers, elle régit les interactions entre les *leptons* et les *quarks*, et est responsable de la radioactivité. De courte portée (la dimension du noyau), elle est véhiculée par les bosons intermédiaires.
- (ou **interaction**) **forte** L'une des quatre forces fondamentales de l'univers, elle lie entre eux les *quarks* formant la matière ordinaire. De portée courte (la dimension d'un noyau), elle est véhiculée par les gluons.
- **de friction** Force générée au contact de deux corps et qui s'oppose à leur mouvement relatif.
- (ou **interaction**) **gravitationnelle** L'une des quatre forces fondamentales régissant l'univers. Attractive, elle est exercée par tout corps doté d'une masse M et s'exerce sur tout objet de masse m qui en est situé à la distance r selon la loi de la gravitation universelle de Newton : $F = G_N \times m \times M/r^2$, où G_N est la *constante de la gravitation universelle* mesurée par Cavendish en 1798 (égale à $6{,}67\ 10^{-11}\ N \times m^3/kg/s^2$). De portée infinie, elle est théoriquement véhiculée par les gravitons.
- **magnétique** Force attractive ou répulsive exercée par un aimant ou tout corps magnétique, et sur toute charge électrique et tout corps magnétique situés dans un champ magnétique.
- **nucléaire** Force attractive liant les particules constituant le noyau atomique (*protons* et *neutrons*) : elle les maintient à moins de 1 milliardième de micromètre (10^{-15} m) les uns des autres.
- **de pesanteur** ou **gravité** C'est la force qui attire tout objet à proximité d'un corps céleste vers le centre de masse de celui-ci. La pesanteur est la résultante de la force gravitationnelle exercée sur l'objet par le corps céleste et de la force centrifuge due à la rotation de ce même corps sur lui-même.

Fossile Aujourd'hui, le terme désigne un corps qui a subi un processus de fossilisation ou, génériquement, tout ce qui a résisté au temps et est parvenu jusqu'à nous (ex : rayonnement fossile, fossile vivant).

Fréquence Grandeur physique qui indique le nombre de répétition d'un phénomène périodique par unité de temps (généralement, par seconde). Dans le cas d'une onde, elle est égale au rapport de la vitesse de propagation de l'onde sur sa longueur d'onde.
- **d'un rayonnement électromagnétique** Grandeur qui mesure le nombre d'oscillations par unité de temps des champs magnétique et électrique en un point de l'espace au passage d'un rayonnement électromagnétique. Elle se mesure en hertz (Hz). La lumière visible, par exemple, induit environ 10^{15} oscillations à la seconde : sa fréquence est de 10^{15} Hz.

Friction ou **frottements** Ensemble des forces dissipatives qui s'opposent au mouvement relatif (glissement) de deux surfaces en contact. La friction entraîne une perte d'énergie.

Fusion nucléaire Processus conduisant à la formation d'un noyau atomique de masse supérieure par l'union de noyaux de masses plus faibles. Pour fusionner, les noyaux doivent surmonter les forces répulsives dues à leurs charges électriques identiques (positives) en se rencontrant à très haute vitesse, ce qui survient notamment quand la température est très élevée. La masse du noyau produit est souvent inférieure à la somme des masses des noyaux l'ayant formé ; la différence de masse se retrouve sous forme d'énergie de liaison nucléaire et d'énergie « libre » (émission de rayonnements électromagnétiques et/ou de particules élémentaires). Si la masse finale est supérieure à cette somme, la fusion ne peut avoir lieu sans apport extérieur d'énergie. Processus opposé : fission.

G

Galaxie (nom commun) Terme désignant une énorme concentration de gaz, de poussières et de milliards d'étoiles en évolution, mutuellement liés par leurs forces gravitationnelles.
- **Galaxie** (nom propre) Désigne notre propre galaxie, aussi appelée la Voie Lactée.

Gauss (G) Unité de mesure de l'intensité d'un champ magnétique. L'intensité moyenne du champ magnétique terrestre est d'environ 50 G.

Géoïde Forme caractéristique du globe terrestre, approximativement sphérique.

Gnomon Objet allongé dont l'ombre projetée sur un plan horizontal ou vertical indique la direction et la hauteur du Soleil. Les peuples antiques l'utilisaient pour déterminer la latitude d'un lieu et l'écoulement du temps.

Gradient Variation d'une grandeur physique selon une direction de l'espace donnée.

Grandeur Mesure ancienne de l'éclat d'un corps céleste équivalant à la **magnitude apparente**. Ex : une étoile de 1re grandeur = de magnitude apparente $m = 1$.

Granit Roche ignée acide, à grain grossier, formée surtout de quartz, feldspath alcalin et mica. C'est une roche cristalline issue de la consolidation du magma juste sous la surface de la croûte.

Gravimétrie Analyse géologique où la mesure des différences même minimes de la gravité locale permet de déduire les variations de masse, et donc de densité, qui les ont induites. On l'utilise pour obtenir des informations sur la nature des masses rocheuses dans la croûte d'un corps céleste.

H

Hauteur Mesure angulaire du point où se trouve un corps céleste au-dessus de l'horizon de l'observateur. C'est l'une des deux *coordonnées horizontales*.

Héliosphère Zone d'influence du Soleil, elle s'étend au-delà de l'orbite de Pluton.

Hélium Élément chimique caractérisé par un noyau à deux protons auxquels s'ajoutent 2 neutrons (hélium stable) ou 1 (isotope instable). C'est, après l'hydrogène, l'élément le plus simple, le plus léger et le plus abondant de l'univers.

Hertz (Hz) Unité de mesure des fréquences dans le Système international. 1 Hz est la fréquence d'un phénomène ayant une période de 1 seconde (c.-à-d. se reproduisant 1 fois par seconde) : 1 Hz = 1 s^{-1}.

Horaire (sens) Se dit d'un mouvement de rotation ou de révolution dans le sens des aiguilles d'une montre. Antonyme : *sens antihoraire* ou *direct*. Synonyme : *sens indirect* ou ***rétrograde***.

Horizon Plus grand cercle de la sphère céleste à angle droit avec la verticale du lieu passant par l'observateur.
- **de Hubble** Selon la 2e loi de Hubble, distance théorique à laquelle les galaxies s'éloignent les unes des autres à la vitesse de la lumière, soit environ 20 milliards d'années-lumière. C'est la distance que la lumière a eu le temps de parcourir depuis le Big Bang (c'est donc aussi l'âge de l'Univers). Tout objet se trouvant au-delà de cette limite demeurerait, par suite, invisible.

Hydrogène (symbole chimique : H) Élément chimique le plus simple et de plus faible masse, dont le noyau est constitué d'un proton et d'un neutron.

I – J

Infrarouges Rayonnements électromagnétiques émis par tout corps ayant une température supérieure à 0K, de longueurs d'onde comprises entre 0,8 µm et 1 mm environ.

Interférences Phénomène propre aux mouvements ondulatoires survenant quand des ondes issues de sources cohérentes (c.-à-d. de même fréquence et de différence de phases constante) se superposent. Si les ondes initiales sont en concordance de phases, l'onde résultante a une amplitude égale à la somme des amplitudes des premières (*interférence constructive*). Si les ondes ont une différence de phases égale à un nombre impair de fois la demi-longueur d'onde, l'amplitude de l'onde résultante est nulle (*interférence destructive*).

Ion Terme d'origine grecque(de *ion*, part. prés. du verbe *ienai* = avancer, en référence au mouvement des ions qui se déplacent vers un pôle électrique) désignant un atome ou une molécule (normalement électriquement neutre) doté d'une charge électrique globale positive ou négative due respectivement à la perte ou à l'acquisition d'un ou plusieurs électrons ou de groupes atomiques chargés. Le processus amenant à la formation d'ions est appelé **ionisation** et nécessite de fournir de l'énergie au système.

Ionisée Se dit de toute matière dont les atomes et/ou les molécules, initialement neutres, sont devenus électriquement chargés.

Isotope Le noyau atomique d'un élément chimique donné est caractérisé par un nombre précis de *protons*, mais aussi de *neutrons* dont le nombre peut varier. Les atomes dont seul le nombre de neutrons varie sont appelés des *isotopes* d'un élément chimique donné ; ils ont donc la même charge électrique nucléaire (même nombre de protons) et les mêmes caractéristiques chimiques, mais une masse différente (nombre différent de neutrons) et donc des caractéristiques physiques différentes. Chaque élément chimique et ses isotopes sont donc décrits par :

– le *symbole chimique* de l'élément chimique originel (des lettres caractéristiques de son nom).
– un *numéro atomique (Z)* : noté en indice, c'est le nombre de protons caractéristique du noyau de l'élément chimique considéré (c'est donc le même pour tous les isotopes de cet élément). Dans un atome neutre, il est égal au nombre d'électrons ;
– un *nombre de masse (A)* : noté en exposant, c'est la somme du nombre *Z* de protons et du nombre *N* de neutrons contenus dans leur noyau ($A = Z + N$) ; il diffère donc pour chacun des isotopes d'un même élément chimique.
Par exemple, le carbone (symbole C) existe dans la nature sous trois formes isotopiques en proportions variées : 98,9 % de carbone ${}^{12}{}_{6}C$, comportant 6 protons et 6 neutrons, 1 % de l'isotope ${}^{13}{}_{6}C$ comportant 7 neutrons, et 0,1 % de l'isotope instable ${}^{14}{}_{6}C$ comportant 8 neutrons.

Joule (J) Unité de mesure du travail, de l'énergie et de la quantité de chaleur dans le Système international. 1 J = 1 N × m.

Jour
– **sidéral** Par convention, c'est l'intervalle de temps séparant deux passages consécutifs du point γ (ou d'une étoile quelconque) par le méridien de l'observateur. Comme les dimensions de l'orbite terrestre sont négligeables comparées aux distances stellaires (considérées comme infinies), le jour sidéral a toujours la même durée, fixée à 24 h sidérales, soit 23 h 56 min 4 s en temps solaire moyen. L'heure sidérale se mesure à compter du moment où le point γ est sur le méridien de l'observateur (temps zéro).
– **solaire moyen** ou **civil** C'est l'intervalle de temps, constant, qui sépare deux passages consécutifs du Soleil « moyen » ou « théorique » par le méridien de l'observateur ; il vaut 24 h 3 min 56 s (en temps sidéral). Le Soleil « moyen » se déplace sur l'équateur céleste avec un mouvement circulaire uniforme de vitesse égale à la vitesse moyenne du Soleil réel, et il accomplit un tour en un an.
– **solaire vrai** C'est l'intervalle de temps séparant deux passages consécutifs du Soleil réel par le méridien de l'observateur. Sa durée, un peu supérieure à 24 h sidérales, varie légèrement au cours de l'année parce que la Terre tourne sur elle-même et tourne autour du Soleil avec une vitesse non uniforme.

K

Kelvin ou **degré absolu** *voir* Degré.

Kilo- (k) Préfixe désignant 1 000 fois l'unité. Ex : 1 km = 1 000 m.

L

Laser Dispositif qui génère et amplifie des rayonnements optiques de fréquence définie.

Lever héliaque Lever d'un corps céleste juste avant celui du Soleil. Pour un horizon donné, une étoile donnée se lève chaque jour 4 min plus tôt que le jour précédent et ne se lève à une heure donnée qu'une fois par an ; aussi, chaque jour, ce sont des étoiles différentes qui se lèvent quelques minutes avant le Soleil. Les peuples de l'Antiquité et les Indiens nord-américains observaient le lever héliaque des étoiles les plus lumineuses ou de constellations particulières pour corriger leur calendrier par rapport à la durée réelle de l'année ; les Égyptiens utilisaient le lever héliaque de Sirius pour rythmer le leur.

Lignes de champ Lignes imaginaires reliant les points de même intensité d'une grandeur considérée (champ magnétique, électrique, gravitationnel...). Elles sont, en proportion, plus nombreuses et serrées là où la variation de cette grandeur est la plus rapide.

Longueur d'onde Distance entre deux crêtes successives (ou deux points successifs de même phase) d'une onde. Plus la longueur d'onde est grande, moins l'onde est énergétique.
– **d'un rayonnement** Cette distance pour une onde électromagnétique. Dans le vide, la longueur d'onde λ d'un rayonnement électromagnétique est liée à la fréquence ν de celui-ci par la relation $\lambda = c/\nu$, où c est la vitesse de la lumière dans le vide (300 000 km/s).

Lumière Énergie rayonnante visible par l'œil humain, de longueurs d'onde comprises entre 380 et 700 nm.

Luminosité Mesure l'intensité lumineuse d'un corps céleste. Définie comme l'énergie totale irradiée par unité de temps, elle est proportionnelle à la superficie de ce corps et à sa température effective.
– **solaire** Quantité totale d'énergie rayonnante émise par le Soleil par unité de temps.

Lune Dérive de *leuk*, une très ancienne racine indo-européenne qui a donné notamment *leucos* (brillant, blanc, pur, clair en grec), *lux* (lumière en latin), *luceo* (illuminé en latin) et *lumen* (lampe en latin). Comme nom commun, désigne un satellite naturel d'une planète. Comme nom propre, désigne l'unique satellite naturel de la Terre.

M

Magnétosphère Région de l'espace entourant un corps céleste doté d'un champ magnétique où s'exercent les effets de ce champ. Dans la magnétosphère des planètes se trouvent des *ceintures de radiations* – des régions où s'accumulent les particules électriquement chargées piégées dans les lignes de champ ; celles de la Terre s'appellent les *ceintures de Van Allen*.

Magnitude Mesure l'éclat d'un corps céleste.
– **apparente** ou (ancien) **Grandeur** (notée *m*) Éclat apparent d'un corps céleste pour un observateur, sans considération de distance. Historiquement, la magnitude apparente est d'autant plus grande que cet éclat est faible : une étoile de magnitude 5 (de 5e grandeur) est 100 fois moins brillante qu'une de magnitude 1 (de 1re grandeur).
– **absolue** (notée *M*) C'est la magnitude qu'aurait un corps céleste situé à 10 parsecs de la Terre. Elle est reliée à la luminosité réelle (intrinsèque) de ce corps.

Marées Changements périodiques du niveau de l'atmosphère, des mers, du sol d'un corps céleste sous l'action de forces gravitationnelles externes.

Maser Acronyme de *Microwave Amplification by Stimulated Emission of Radiation* ou amplification des micro-ondes par émission stimulée (ou induite) de rayonnements. Dans l'effet maser, analogue à l'effet laser, un rayonnement électromagnétique excite des molécules ou des atomes dans un état énergétique particulier ; ceux-ci réémettent l'énergie sous forme de rayonnements de même longueur d'onde que le rayonnement initial, qui réexcitent les molécules, etc. Progressivement le rayonnement initial s'intensifie. L'effet maser survient naturellement dans les nuages interstellaires irradiés par des étoiles proches (sources maser de micro-ondes ou d'infrarouges). Les dispositifs exploitant cet effet (ou masers) sont notamment utilisés en astronomie pour détecter les signaux micro-ondes et hertziens très faibles.

Masse C'est un des concepts de la physique les plus difficiles à saisir et sur lequel on peine encore à donner une définition acceptable et non équivoque. Pour la physique classique, elle est définie comme la quantité de matière qui constitue un corps. Puis on a mis l'accent sur la capacité d'un corps à s'opposer à son mouvement : la masse est l'inertie (la résistance au mouvement). Avec Einstein, la masse *m* est considérée comme un autre aspect de l'énergie *E*, une sorte d'énergie « condensée », à laquelle elle est liée par la relation d'Einstein $E = m \times c^2$, où *c* est la vitesse de la lumière dans le vide (constante) : quand la masse disparaît, de l'énergie se crée et vice versa. Pour la physique des particules, c'est un état d'énergie minimale (celui de la masse au repos).
– **atomique** Rapport entre la masse d'un atome et celle de l'atome d'hydrogène. Elle est un peu inférieure à la somme des masses des protons et des neutrons qui forment son noyau. Ce défaut de masse est égal à l'énergie de liaison nucléaire.

Méga- (M) Préfixe désignant un million de fois l'unité. Ex : 1 MW (1 mégawatt) = 1 000 000 W (1 million de watts).

Menhir Monument mégalithique dressé, fait d'un seul bloc de pierre, trouvé dans les terrains à fonction religieuse, funèbre ou astronomique connue.

Météore Phénomène lumineux produit par une météorite qui, en tombant dans l'atmosphère terrestre, brûle par friction avec l'air.

Météorites Corps ou fragments de corps célestes de dimensions et de composition variables (métalliques ou rocheuses) qui tombent sur Terre ou tout autre corps céleste.

Méthane Le plus simple des hydrocarbures, formé d'un atome de carbone et de quatre atomes d'hydrogène.

Micro- (μ) Préfixe indiquant la millionième partie de l'unité. Ex : 1 μs (microseconde) = 0,000001 s.

Micro-ondes Rayonnements électromagnétiques de longueurs d'onde comprises entre 1 mm et 1 m.

Milieu du ciel Point où l'équateur céleste coupe le méridien du lieu au-dessus de l'horizon. Sert à mesurer l'angle horaire des coordonnées horaires.

Milieu interplanétaire Espace entre les planètes d'un système solaire, baigné de rayonnements. Il contient de la matière froide sous forme de poussières diffuses de faible densité, de vent solaire et d'astéroïdes.

Milieu interstellaire Espace entre les étoiles d'une même galaxie, baigné de rayonnements. Il contient de la matière très froide (env. –260 °C) et très diluée (une centaine de particules par cm^3) constituée de gaz et de poussières.

Milli- (m) Préfixe indiquant la millième partie de l'unité. Ex : 1 mm (millimètre) = 0,001 m (1 millième de mètre).

Minéral Substance naturelle de composition chimique et de structure cristalline définies.

Modèle atomique Schématisation de la structure de l'atome donnant une explication cohérente des phénomènes observés et permettant une vérification expérimentale.

Molécule Union d'au moins deux atomes liés par des forces de type électromagnétique (*forces de Van der Waals*). Selon le nombre d'atomes la composant, ses dimensions sont minimes (comme la molécule d'hydrogène) ou très grandes (comme la molécule d'ADN d'une bactérie).
– **inorganique** Qui ne comprend pas d'atomes de carbone.
– **instable** Qui, du fait de ses liaisons moléculaires faibles, tend à se défaire.
– **organique** Associée à la chimie du carbone ; elle présente un « squelette » d'atomes de carbone.

N

Naine Classe d'étoile la plus répandue, de masse comprise entre 0,1 et 10 masses solaires. Le Soleil est une naine jaune.
– **blanche** Phase ultime de l'évolution d'une étoile de masse comparable à celle du Soleil (naine). C'est le résidu du noyau stellaire après son explosion, de densité très élevée (des dizaines de milliers de fois celle de l'eau).
– **brune** Étoile avortée (formée lors de l'effondrement gravitationnel du nuage de gaz mais dont la masse, inférieure à environ 8 % de la masse solaire, était insuffisante pour que s'initient des réactions de fusion nucléaire) ou résidu d'une naine blanche après que les réactions nucléaires s'y sont arrêtées. Elle irradie faiblement en infrarouge du fait de la conversion de l'énergie gravitationnelle en chaleur ou de son refroidissement.

Nano- (n) Préfixe indiquant la milliardième partie de l'unité. Ex : 1 nm (nanomètre) = 0,000000001 (10^{-9}) m.

Nébuleuse Nuage interstellaire plus ou moins condensé, constitué de gaz et de poussières. Donne naissance à des centaines voire des milliers d'étoiles en se contractant.
– **planétaire** Coquille de gaz souvent ionisés mêlés à des poussières cosmiques, expulsée à la fin de sa vie par une étoile de masse analogue à celle du Soleil.
– **primitive** Nuage de gaz et de poussières donnant naissance à une ou des étoiles et à leur cortège planétaire.

Neutre (électriquement) Se dit d'un corps dépourvu de charge électrique ou dont les charges électriques positives et négatives se contrebalancent.

Neutrinos Particules élémentaires sans charge et de masse probable extrême-

ment faible qui n'interagissent presque pas avec la matière. Avec les antineutrinos, les électrons et les positrons, ils forment la famille des *leptons*.

Neutron Particule subatomique sans charge électrique contenue dans le noyau des atomes. De masse presque égale à celle du proton, il peut se transformer en celui-ci par radioactivité β. Il est formé de 3 *quarks* (u, d, d).

Newton (N) Unité de mesure de l'intensité d'une force. 1 N est la force nécessaire pour communiquer une accélération de 1 m/s^2 à une masse de 1 kg.

Norite Roche lunaire formée de potassium, de terres rares, de phosphore et de traces d'uranium et de thorium.

O

Opposition Position où se trouvent deux astres quand, vus de la Terre, leurs longitudes diffèrent de 180°.

Orage magnétique Perturbation de la magnétosphère d'une planète due à l'augmentation de l'activité solaire (par exemple, suite à une éruption solaire qui injecte de grandes quantités de particules chargées dans le vent solaire). Il altère localement et temporairement l'intensité du champ magnétique sur la surface de la planète et les transmissions radio.

Orbite Trajectoire parcourue dans l'espace par un corps céleste autour d'un autre corps, généralement elliptique. Le plan idéal de l'orbite d'un corps céleste est son *plan orbital*. Une orbite est caractérisée par : son *excentricité*, la longueur de son demi *grand axe* et l'*inclinaison* de son plan par rapport à un plan de référence (pour le Système solaire, l'écliptique). La position du corps sur l'orbite est définie par l'*anomalie*, c'est-à-dire l'angle formé par celui-ci, le corps autour duquel il tourne et le périhélie, compté dans le sens du mouvement.

P

Parallaxe Angle sous lequel serait vu le rayon terrestre (ou le diamètre, ou l'orbite terrestre, selon l'éloignement) par un astre dont on veut estimer la distance. On le déduit par trigonométrie en mesurant la hauteur de l'astre en deux points opposés de ce rayon (ce diamètre, etc.)

Parsec (pc) Unité de mesure de distance en astronomie. 1 pc est la distance à laquelle 1 unité astronomique soustend un arc de 1″. 1 pc = 3,08 10^{13} km / 30 800 milliards de km = 3,26 a.l.

Particules élémentaires Particules sans structure interne à la base de toute la matière ordinaire. Elles comportent deux grandes familles, les *leptons* (électron, muon et tau, et leurs antiparticules) et les *quarks* (u, d, c, s, b et t, chacun pouvant porter 3 couleurs différentes, et leurs antiparticules).

Pascal (Pa) Unité de mesure de la pression dans le Système international. 1 Pa = 1 N/m^2 = 9,869 millionièmes d'atmosphère/9,869 10^{-6} atm = 0,00001 bar.

Photodissociation Rupture des liaisons chimiques d'une molécule sous l'action de la lumière (en grec, *fotós*).

Photons Particules élémentaires dépourvues de masse et de charge électrique, définie comme la quantité indivisible d'énergie électromagnétique (*quantum de lumière* ou *d'énergie*) L'énergie ε des photons est proportionnelle à la fréquence ν du rayonnement d'après l'équation $\varepsilon = h \times \nu$, où h est la constante de Planck. Les photons se déplacent évidemment à la vitesse de la lumière (notée **c**), et leur longueur d'onde λ est inversement proportionnelle à leur fréquence (et donc à leur énergie).

Photosphère « Surface » visible du Soleil d'où provient la lumière que nous observons. Elle correspond à une région d'environ 300 km d'épaisseur où les gaz deviennent transparents aux rayonnements solaires.

Photosynthèse Création de liaisons chimiques ou d'une molécule sous l'action de la lumière (en grec, *fotós*).

Plan Surface plate illimitée.
- **équatorial** Plan idéal contenant l'équateur.
- **orbital** Plan idéal contenant une orbite.

Planète Corps céleste « froid » de masse assez importante (masse de l'ordre de 10^{19} à 10^{27} kg) bien que très inférieure à celle d'une étoile, de forme approximativement sphérique, où ne prend place aucune réaction nucléaire de fusion.
- **externe du Système solaire** Ce sont Jupiter, Saturne, Uranus, Neptune et Pluton. Hormis Pluton, elles ont une masse bien supérieure à celle des planètes externes (de l'ordre de 10^{26} à 10^{27} kg) et sont constituées d'un fort pourcentage de gaz, c'est pourquoi elles sont aussi appelées « géantes gazeuses ». Elles sont accompagnées de très nombreuses lunes et d'anneaux.
- **interne du Système solaire** Ce sont Mercure, Vénus, la Terre et Mars. Leur masse est relativement petite (de l'ordre de 10^{19} à 10^{24} kg). Elles sont constituées principalement de minéraux (fer, nickel, silicium et magnésium).
- **jovienne** De taille et de composition gazeuse analogues à Jupiter.
- **tellurique** De taille et de composition rocheuse analogues à la Terre.

Planétésimaux (sing. **-mal**) Selon la théorie actuelle de la formation des planètes, ces « grumeaux » de matière précocement condensée dans la *nébuleuse primitive* se sont agrégés pour former les planètes.

Plasma Gaz constitué de matière fortement ionisée. Il constituerait 99 % de la matière dans l'univers, notamment la majeure partie des étoiles, la matière diluée et certains nuages du milieu interstellaire, le vent solaire et la haute atmosphère des planètes. Pour la physique, c'est l'un des quatre états de la matière avec les états solide, liquide et gazeux.

Pôle Chacun des deux points où un axe de révolution ou de symétrie coupe une sphère.
- **céleste** Point où l'axe de rotation terrestre coupe la sphère céleste.
- **de l'écliptique** Point où l'axe perpendiculaire à l'écliptique et passant par son centre coupe la sphère céleste.
- **galactique** Point où l'axe perpendiculaire au plan de l'équateur galactique coupe la sphère céleste.
- **géographique** Point où l'axe de rotation terrestre coupe la surface de la Terre.
- **magnétique** Point où l'axe de symétrie d'un champ magnétique coupe la surface du corps qui l'engendre, et où convergent les lignes de champ.

Positron ou **Positon** Particule élémentaire identique à l'électron mais de charge électrique opposée : c'est son *antiparticule*. Par suite, s'il rencontre un électron, tout deux *s'annihilent* : toute leur masse est convertie en énergie sous forme de photons.

Proton Particule subatomique de charge électrique élémentaire positive (d'intensité égale à celle de l'électron mais de signe opposé), de masse égale à environ 2 000 fois celle de l'électron. Il est formé de 3 *quarks* (u, u, d).

Q

Quarks Particules élémentaires composant la matière ordinaire (neutrons et protons). Les quarks ont chacun une masse spécifique et une charge électrique valant une fraction de la charge élémentaire de l'électron. Il en existe 18 sortes, chacun portant l'une des 6 « saveurs » possibles – u (*up*), d (*down*), c (*charm*), s (*strange*), t (*top*), b (*bottom*) –, et l'une des 3 « couleurs » possibles (bleu, rouge, vert) qui les rend sensibles à l'*interaction forte*. Leur existence a été prouvée indirectement car ils ne peuvent exister à l'état isolé, seulement associés par 2 ou 3 dans une particule de telle sorte que la couleur de celle-ci soit « blanche » et sa charge électrique, entière.

R

Radial Qui suit les rayons divergeant d'un point ou *source ponctuelle*. Si la source est sphérique, les rayons sont perpendiculaires en tout point au plan tangent à sa surface. Ex. émission radiale.

Radiations Émissions de corpuscules et/ou de rayonnements électromagnétiques lors des désintégrations radioactives et des réactions nucléaires. Ce peut être des :
- **particules** α (alpha) Ce sont des noyaux d'hélium (2 protons et 2 neutrons).
- **particules** β (bêta) Ce sont des électrons ou des positrons.
- **rayons X** *Voir* Rayonnements.
- **rayons** γ (gamma) *Voir* Rayonnements.

Radiotélescope Instrument de mesure des rayonnements radio émis par les objets célestes.

Raie d'absorption Bande de fréquences (ou de longueurs d'onde) dans laquelle s'effectue l'absorption d'énergie par un corps, composé ou non. Chaque élément chimique produit un spectre aux raies d'absorption spécifiques.

Rayonnement électromagnétique Mode de propagation de l'énergie électromagnétique, il se comporte tantôt comme une onde électromagnétique, dont la propagation s'accompagne d'une variation locale des champs électrique et magnétique et qui se déplace à la vitesse de la lumière (299 792 km/s dans le vide), tantôt comme un flux de particules, les *photons*, dont l'énergie ε est liée à la fréquence ν de l'onde et à sa longueur d'onde λ par la relation $\varepsilon = h \times \nu = h \times c/\lambda$ (où h est la constante de Planck et vaut 6,626 10^{-34} J × s). On distingue plusieurs domaines :
- **radio** ou **ondes hertziennes** De fréquence inférieure à environ 0,8 GHz (longueur d'onde supérieure à 1 m), ce sont les moins énergétiques des rayonnements électromagnétiques et ils nous sont imperceptibles.
- **micro-ondes** Imperceptibles aux humains, leur longueur d'onde est comprise entre 1 mm et 1 m.
- **infrarouges** De longueur d'onde comprise entre 0,8 mm et 1 mm, ils sont invisibles pour l'œil humain mais perceptibles sous forme de chaleur. Ils constituent de la majeure partie des émissions des corps de température inférieure à quelques milliers de kelvins.
- **lumière visible** Ce sont les rayonnements perceptibles par l'œil humain. Leur longueur d'onde est comprise entre 390 et 790 nm.
- **ultraviolets** Énergétiques, ils sont arrêtés dans la peau et provoquent des dégâts cellulaires. Leur longueur d'onde est comprise entre 0,4 et 400 nm.
- **rayons X** Très énergétiques, ils traversent la matière peu dense comme les tissus mous du corps humain et sont, de ce fait, utilisés pour le radiographier. Leur longueur d'onde est comprise entre 0,001 et 0,5 nm.
- **rayons** γ De fréquence supérieure à 10^{19} Hz, ou encore de longueur d'onde inférieure à 0,001 nm, ce sont les plus énergétiques de l'univers.

Réaction En chimie, désigne toute variation ou transformation de la nature chimique d'une ou plusieurs substances. Toute réaction chimique s'accompagne de la libération ou de l'absorption d'énergie (réaction *exoénergique* ou *endoénergique*).
- **en chaîne** Suite de réactions successives, généralement exoénergiques, qui, une fois initiées d'une façon quelconque, se poursuivent toutes seules mais dont chacune dépend des précédentes.

Réfraction Déviation de la direction de propagation d'une onde (sismique, lumineuse ou acoustique) survenant lorsque l'onde passe d'un milieu à un autre de densité différente.

Régolite (de *lithos* = roche et « régulière ») C'est le nom donné par les astronautes au sol poudreux recouvrant la surface lunaire.

Rétrograde Se dit d'un mouvement de rotation ou de révolution planétaire dans le sens contraire au sens le plus répandu (contraire au sens direct).

Révolution Mouvement de rotation d'un corps céleste ou d'un système de corps autour d'un centre de gravité.

Roche Agrégat de minéraux.

Rotation
- **différentielle** Rotation caractérisant un corps dont les différentes parties se déplacent à des vitesses différentes. Elle est typique des corps fluides (planètes gazeuses, étoiles) ou hétérogènes (galaxies).
- **sidérale (de la Terre)** Mouvement circulaire de la Terre autour de son axe observé « depuis » un corps céleste fixe sur la sphère céleste pris comme référence.

S

Séisme ou **Tremblement de terre** Mouvements soudains du sol dus à une fracture survenant dans la croûte d'un corps céleste. Il comporte une série de *secousses sismiques* qui se propagent à travers tout le corps planétaire en irradiant depuis le lieu de la fracture (*hypocentre*), avec des vitesses et de façons différentes selon la nature de la roche traversée. La force des secousses est maximale dans la zone immédiatement au-dessus de l'hypocentre, appelée l'*épicentre*. Chaque secousse libère de l'énergie cinétique mesurée sur l'échelle de Richter.

Soleil moyen Artifice théorique, c'est un Soleil qui se déplace sur l'équateur céleste avec un mouvement circulaire uniforme, une vitesse égale à la vitesse moyenne du véritable Soleil, et accomplit sa révolution en un an. Il est utilisé pour calculer la durée du jour solaire moyen ou *jour civil*.

Solstice (Du latin *sol* = Soleil et *stat* = immobile) Nom donné aux jours où la Terre se trouve aux deux points de l'écliptique les plus éloignés de l'équateur céleste. À ce moment, la variation quotidienne de la hauteur du Soleil au-dessus de l'horizon est minimale et très faible.

Spectre Succession de bandes colorées et de raies sombres résultant de la séparation à l'aide d'un prisme des rayonnements électromagnétiques émis par un corps (par exemple, une étoile).

– **d'absorption** Ensemble des raies sombres visibles sur le spectre continu d'une source de rayonnements; elles sont caractéristiques de la nature, de la température et de l'état d'ionisation des éléments chimiques qui composent la source. Le spectre d'absorption d'une substance est le « négatif » de son spectre d'émission.

– **d'émission** Ensemble des raies lumineuses émises par une source dont le rayonnement a été décomposé par un dispositif de diffraction (prisme).

– **primastique** Figure lumineuse obtenue en recueillant sur un écran la lumière émergeant d'un prisme frappé par un faisceau de lumière qu'on veut analyser en exploitant le phénomène de diffraction.

Spectrographe ou **Spectroscope** Instrument permettant de produire, d'observer et d'enregistrer les spectres.

Spectrophotomètre Instrument permettant de comparer l'intensité lumineuse de sources différentes dans différentes longueurs d'onde.

Spontané En sciences, se dit d'un processus qui survient sans apport d'énergie extérieure au système considéré.

Supernova Étape finale de l'évolution d'une étoile de masse supérieure à 10 masses solaires qui explose de façon cataclysmique.

T

Tectonique Terme d'origine grecque (de *tectaino* = construit) désignant la branche de la géologie traitant de la structure et de la déformation de la croûte d'un corps planétaire qui résultent de la disposition et de la distribution des masses rocheuses sur le globe. Cette science tente aussi de déterminer les causes de ces mouvements de la croûte.

Température (Du latin *temperatura* = mélange en justes proportions de chaud et de froid, d'humide et de sec, etc.) Cette grandeur mesure l'énergie cinétique moyenne des molécules, atomes et particules qui composent un corps.

– **cinétique** Déduite des calculs de l'énergie cinétiques des molécules et non d'une mesure expérimentale effectuée sur le corps lui-même, elle s'applique aux seuls gaz très raréfiés dont les molécules sont très énergétiques (*plasma*).

Terminateur Frontière entre la partie illuminée d'un corps céleste (solide ou liquide) et sa partie dans l'ombre – c'est-à-dire la limite entre le jour et la nuit.

Trou noir Objet si massif et si dense qu'il troue l'espace-temps et est capable de retenir « prisonnier » de sa gravité jusqu'aux rayonnements électromagnétiques.

– **stellaire** Phase finale de l'évolution d'une étoile de très grande masse.

– **galactique** Le cœur de chaque galaxie semble abriter un trou noir géant équivalent à des millions (voire des milliards) de masses solaires.

Turbulent Se dit d'un mouvement ou d'un écoulement où les constituants (molécules, billes) suivent une trajectoire non linéaire, sans continuité ou périodicité, et de vitesse variant en tout point et à chaque instant avec une forte composante transversale par rapport à la direction générale du mouvement. Il s'accompagne d'une forte dissipation de l'énergie.

U

Union astronomique internationale (UAI) C'est l'association internationale officielle qui supervise l'ensemble des astronomes et des recherches spatiales.

Unité astronomique (UA) Unité de mesure des distances astronomiques utilisée principalement pour les distances planétaires. Elle correspond historiquement à la distance moyenne Terre-Soleil au cours d'une révolution et a été arrondie à la valeur « standard » de 149 597 870 km 1 UA = 149,6 millions de km = 499,005 seconde-lumière.

V

Vitesse Rapport entre une distance parcourue et le temps de ce parcours.

– **angulaire** Rapport entre l'angle (en radians) parcouru par un point sur une circonférence ou par une ligne sur un cercle tournant dans un sens donné autour d'un axe fixe et le temps mis pour cette rotation.

– **de libération** Vitesse qu'un corps doit avoir au moment de son décollement de la surface d'un corps céleste pour échapper à son champ gravitationnel. Elle est proportionnelle à la masse de ce corps céleste: plus celui-ci est massif, plus elle doit être élevée.

– **de satellisation** Elle doit être telle que la force centrifuge qu'elle engendre égale à tout instant le poids de l'objet à satelliser.

– **tangentielle** C'est le rapport entre la distance parcourue par un point ou une ligne ayant tourné dans un sens donné autour d'un axe donné et le temps mis pour cette rotation.

W

Watt (W) Unité de mesure de la puissance. Elle se calcule en mesurant la quantité d'énergie libérée ou absorbée par unité de temps. 1 W = 1 J/s.

Z

Zéro absolu C'est le zéro mesuré sur l'échelle thermométrique absolue (0 K). Il correspond à l'état de la matière où la vitesse moyenne des molécules devient nulle. Il est déterminé par des considérations thermodynamiques totalement indépendantes des phénomènes physiques servant de référence aux autres échelles thermométriques. 0 K = -273,15 °C.

PUISSANCES DE 10

10^3 = 1 000 (millier)
10^4 = 10 000
10^5 = 100 000
10^6 = 1 000 000 (million)
10^7 = 10 000 000
10^8 = 100 000 000
10^9 = 1 000 000 000 (milliard)

10^{-2} = 0,01
10^{-3} = 0,001 (millième)
10^{-4} = 0,0001
10^{-5} = 0,00001
10^{-6} = 0,000001 (millionième)

INDEX ANALYTIQUE

En gras, les pages qui traitent principalement de l'argument, en italique, les noms propres d'engins et instruments spatiaux, les noms et racines étrangères et les titres d'ouvrages.

0024+1654, galaxie 218
Abell 2213, amas de galaxies 227
Abell 39, nébuleuse 203
Aberration chromatique 121
Absorption 23, 140
– atmosphérique 125
Abysses marines 36
Acides aminés 183, 217
Acquarius, LEM d'*Apollo 13* 60
Activité géologique 166
Activité solaire 143, 149, **150-153**
voir aussi Aurores polaires, Éruptions, Magnétosphère, Vent solaire
Adams, John 179
Adrastée, lune 172
Afrique 36
Âge, de la Terre 29
– de la Lune 43, 44
– de la Voie lactée 209
– de l'Univers 150, 219
– des étoiles 24, 198, 211
– des galaxies 223
– du Système solaire 185
Aigle (*Aquila, Aquilae*), constellation 79, 80, **82**, 85, 89, 92, 93, 97, 100, 101, 104, 105, 108, 133, 202
Albédo 114, 117
Alcyon, lune 197
Aldébaran (α Tauri), étoile 78, 79, 84, 85, 86, 87, 89, 90, 94, 97, 98, 102, 105, **189**, 197
Aldrin, Edwin « Buzz » 59, 61
Alignement 117
Almageste (Ptolémée) 15
Alphabet grec 79
Altaïr (α Aquilae), étoile 78, 79, 80, 85, 92, 93, 100, 101, 104, 105, 108, 197
Altimètre laser 61
Amalthée, lune 172
Amas stellaires 69, 85, 215, 218-219, 224
– – du Trapèze 82, 198
– globulaires 25, 82, 209, 210, 211, **218-219**, 220
– – d'Hercule (M13) 81
– – M5 (NGC5904) 82
– ouverts 83, 84, 209, 210, 211, 214, **215**
– – Arches 64
– – de la Crèche (Praesepe) 84, 215
– – des Hyades 84, 215
– – des Pléiades (M45) 71, 84, 89, 94, 101, 214, 215
– – double de Persée (χ-h ou NGC884 et 869) 215
– – du Papillon (M6) 214, 215
– – mobile de la Grande Ourse 81
– – M35 (NGC2168) 84
– – o Velorum (I2391) 83
Amas de galaxies 84, 215, 223-224
– – Abell 2218 227
America, navire d'*Apollo 17* 61
Analyse, chimique d'une étoile ou spectrale 23, 196
– Doppler 144, 145, 207
Ananke, lune 172
Anaxagore 42
Anaximandre 11
Anaximène 11
Anders, William 59
Andromède, constellation (*Andromeda, Andromedae*) 70, 78, **80**, 81, 84, 85, 86, 90, 92, 93, 94, 96, 97, 101, 105
– galaxie (M31) 25, 70, 78, 80, 93, 218, **221**, 223
Angle horaire 66, 73
Angström, Anders 23
Anhydride carbonique *voir* Dioxyde de carbone
Anneaux 155, 156, 167
– de Jupiter 170, **172**, 178
– de Neptune **180**
– de Saturne 70, 134, **176**, 178
– d'Uranus 177, **178**
Année, cosmique 212
– martienne 164
– sidérale 138
– solaire moyenne 51
– vénusienne 163
Anorthosite 48
Antarès (α Scorpionis), étoile 84, 85, 92, 95, 96, 99, 100, 103, 104, 105, 107, 108, 109, 197
Antarès, navire d'*Apollo 14* 60
Antenne 74, 124, 126
Antimatière 25, 226
Apex du Soleil 68
Aphélie 41
Apogée lunaire 43, 51, 53,55
Apollo, astéroïdes 169
Apollo, programme spatial 49, **59-61**
– *1* 59
– *2* à *9* 59
– *11* 43, 59-60, 61
– *12* 48, 60
– *13* 60
– *14* 43, 60
– *15* 43, 60, 61
– *16* 61
– *17* 45, 49, 61
Apollon 80
Apollonius 14, 15
Arabes, 52
Arcturus (α Bootis), étoile 78, 80, 81, 84, 87, 91, 92, 96, 99, 100, 104, **189**
Ariel, lune 178
Aristarque de Samos 12-13, 15, 43, 120
Aristote 10, 12-13, 14, 19, 42
Armstrong, Neil 4, 59
Ascension droite **66**, 67, 79, 124
Asclépios *voir* Esculape
Assombrissement du limbe **144**
Astéroïdes 43, 44, 45, 70, 126, 129, 132, 133, 134, 154, 155, 156, **168-169**, 173, 176, 182, 185
– orbites 169, 170
voir aussi Planétoïdes
Asthénosphère 31, 32
Astrolabe 4 (8-9), 228
Astrologie 84
Astronomes amateurs 69, 72, 73, 74, 75, 118
– associations **228**
Atmosphère 29, 36, **38-39**, 54, 70, 75, 120, 123, 125, 139, 155, 162, 173, 182
– de Jupiter 134, 171
– de Mars 131
– de Neptune 179, 180
– de Saturne 174, 175
– d'Uranus 178
– de Vénus 130
– lunaire 42, 48, 61
– primitive terrestre 176
– solaire 38, 142, 195
– stellaire 24, 196, 201, 202, 217
– terrestre 75, 132, 138, 155, 195
Atomes 138, 150, 151, 154, 183, 192, **193**, 194, 195, 196, 198, 230
– ionisés 193, 196
– métalliques 197
– modèles atomiques 24, 193
– neutres 193, 202
– structure **193**
Attraction gravitationnelle 168
– lunaire 54
– solaire 54, 55
– terrestre 43, 51
voir aussi Force, Gravité
Aurores polaires 38, 39, 171, 182
Axe, de rotation 40, 41, 53, 64, 66, 67, 73, 94, 156
– galactique 211
– polaire 50, 51, 66, 67
Azimut 64, **65**
Bacon, sir Francis 25
Balance (*Libra, Librae*), constellation 67, **84**, 85, 91, 92, 95, 103, 104, 107, 108
Baleine (*Cetus, Ceti*), constellation 81, **82**, 89, 93, 94, 97, 98, 101, 102, 104, 105
Balmer, Johan 23, 24
– série (raies de l'hydrogène) 23, 24, **193**, 195, 196, 197
Banquise 34
Barberini, Maffeo *voir* Urbain VIII
Barrière corallienne 34
Basaltes, lunaires 43, 48
– terrestres 33, 48
Bassin hydrographique 35
Bean, Alan 60
Beatles 168
Becquerel, Henri 23-24
Bélier (*Aries, Arietis*), constellation **84**, 85, 86, 88, 89, 90, 93, 94, 98, 101, 102, 105
Beppo SAX, satellite astronomique 127, **128-129**
Bételgeuse (α Orionis), étoile 78, 79, 82, 86, 90, 102, **188**, **189**, 192, **197**
Bethe, Hans 152
Big Bang 129, 219, 224, **226**, 227
Binaires, étoiles ou systèmes 84, 171, 205, **206-207**, 219
– serrées 207
Biosphère 29, **36-37**
BL Lacertae, objets célestes 225
Bohr, Niels 24
Bok, globules de 4 (186-187), 199
Bolomètre 121
Bombardement météoritique 42, 45, 48
Borman, Frank 59
Boussole (*Pyxis, Pyxidis*), constellation 207
Bouvier (*Bootes, Bootis*), constellation 79, **80**, 84, 87, 89, 91, 92, 95, 96, 99, 100, 104
Boyle, Robert 22
Brahe, Tycho 11, 15-16, 17, 18, 120
Braille, astéroïde 132
Bras galactiques 209, 210, 211, 212, 213, 215, 222, 223
– de la Voie lactée **209**, 210
Brèches 48
Bruno, Giordano 15
Bulbe ou Noyau galactique 204, 209, 210, **211**, 212, 220, 222, 224, 225
– actifs (AGN) 222, 224, 225
Bunsen, Robert 23
Calcaire 33
Calcium, raies 197
Calendrier 12, 16, 52
Californie, nébuleuse (NGC1499) 89
Callisto, lune 172, 173
Calottes polaires, de la Terre 34
– de Mars 164, 166
– de Mercure 158
Calvino, Italo 42
Caméléon (*Chamaeleon, Chamaeleontis*), constellation 98, 100, 101, 102, 103, 104
Canaries, observatoire des îles 22, 86, 87
Cancer (*Cancer, Cancri*) **84**, 85, 90, 214, 215
Canopus (α Carinae), étoile 78, **83**, 94, 98, 99, 104, 108, **189**, 197
Capella (α Aurigae), étoile 22, 78, **80**, 81, 84, 85, 86, 87, 89, 90, 91, 93, 95, **189**, 197
Capricorne (*Capricornus, Capricorni*), constellation **85**, 92, 93, 96, 107, 109
Carbonates 33
Carène (*Carina, Carinae*), constellation 79, **83**, 98, 99, 100, 102, 103, 104, 105, 108
Carme, lune 172
Carottage 61
Cartes célestes ou stellaires 69, 78-79, 86-109
– hémisphère Nord 80, 81, 82, **86-97**
– hémisphère Sud 82, 83, **98-109**
Cartes géographiques 78
Cartes topographiques,
– de la Lune 56, 110, **111-117**, 126, 127
– – premier croissant 111
– – premier quartier 112
– – Lune gibbeuse croissante 113
– – pleine Lune 114
– – Lune gibbeuse décroissante 115
– – dernier quartier 116
– – dernier croissant 117
– de Mars 132, 166
– de Mercure 158, 159
– de Vénus 161, 163
Casper, navire d'*Apollo 16* 61
Cassegrain, monture de télescope **72-73**
Cassini, division 175
Cassiopée (*Cassiopeia, Cassiopeiae*), constellation 64, 76, 79, **80**, 81, 82, 86, 87, 89, 90, 91, 92, 93, 94, 96, 97
Cavendish, Henry 43
Ceinture d'astéroïdes 129, **168-169**
– ceinture principale 155, 168
– ceinture de Kuiper 136, 156, 181, 182
Ceintures de Van Allen 39
Centaure (*Centaurus, Centauri*), constellation 79, **83**, 98, 99, 100, 102, 103, 104, 105, 107, 108, 109, 189
Centre galactique 40, 212, 213, 218, 220
Céphée (*Cepheus, Cephei*), constellation 79, 80, 86, 90, 91, 92, 93, 94, 97, 217
Céphéides, étoiles 80, 81, **207**
Cercle, de hauteur 65
– de longitude 65, 68
– horaire 65, 66, 67
– polaire 77, 80
Cérès, astéroïde 168, 169
Cernan, Eugène 59, 61
Chaffe, Roger 59
Chaîne p-e-p **151**
Chaîne proton-proton **151**
Chaînes montagneuses 33, 45
Chaldéens 52
Challenger, LEM d'*Apollo 17* 61
Champ électrique 139, 192, 230-231
Champ magnétique 23, 163, 173, 174, 176, 180, 192, 197, 203, 225
– de Jupiter 171
– d'Uranus 178
– interplanétaire 134-135
– lunaire 56, 60, 127
– solaire 135, 139, 143, 146, 147
Chapront 55
Chariot *voir aussi* Grande Ourse
Charlie Brown, navire d'*Apollo 10* 59
Charon, lune 134, 136, **181**
Chevalet du Peintre (*Pictor, Pictoris*), constellation 188, 191
Chiens de Chasse (*Canes Venatici, Canem Venaticorum*), constellation 80
Chimpanzé Ham 56
Chiron (mythol.) 80
Chlorures 33
Choc de galaxies 223
Chromosphère **142**, 143, 144, 146, 147
Circino, galaxie 224
Circumpolaires, étoiles 41, 67, 68, 69, 77, 80
– constellations 77, 79, 80, 91, 92, 93, 97
Citta di Vitta (M. Palmieri) 82
Classification des étoiles 189, 190
voir aussi Alphabet grec, Hubble, Type spectral
Climat 34, 36, 40, 136
Cocher (*Auriga, Aurigae*), constellation 79, **80**, 81, 82, 84, 86, 87, 88, 90, 91, 93, 94, 95, 97, 98, 102, 190
Coelostat 125
Collimateur 121
Collins, Michael 59, 60
Collision de galaxies 221, 222, 224
Colomb, Christophe 53
Colombe (*Columba, Columbae*), constellation **83**
Colonisation, de la Lune 127
– de Mars 131
Columbia, navire d'*Apollo 11* 59
Comètes 17, 21, 44, 45, 70, 71, 126, 129, 132, 133, 134, 135, 154, 155, 156, 157, 179, 181, **182-183**
– Borelly 132
– Burger 183
– de Halley 130, 132-133, 154
– Giacobini-Zinner 132, 134
– Grigg-Skjellerup 133
– Hale-Bopp 182
– Hyakutake 71
– Linear 183
– P/Wild 2 132, 133
– P/Wirtanen 133
– Tempel-1 126, 133
– West 182
Composition chimique des étoiles 189, 192, 193, 215, 219
Configurations planétaires 169
Conjonction 157
Conrad, Charles 60
Constante gravitationnelle 43
Constante solaire 134
Constante universelle 24
Constellations 11, 14, 40, 62, 67, 69, 70, 76, 77, 78, 79, 80, 81, 82, 84, 86, 87, 88, 89, 90, 98, 99, 100, 103, 106, 107, 108, 109, 133, 198, 204, 215, 225, 227
– australes 98-109
– boréales 86-108
– circumpolaires 77, 80, 81, 91, 92, 93, 97
– zodiacales 15, **84-85**, 91, 92, 93, 95, 96, 97, 100, 101, 102, 104, 105, 107
voir aussi Aigle, Andromède, Balance, Baleine, Bélier, Boussole, Bouvier, Caméléon, Cancer, Capricorne, Carène, Cassiopée, Centaure, Céphée, Chevalet du Peintre, Chiens de Chasse, Cocher, Colombe, Couronne Australe, Couronne Boréale, Croix du Sud, Cygne, Dauphin, Dorade, Dragon, Éridan, Flèche, Gémeaux, Grand Chien, Grande Ourse, Grue, Hercule, Horloge, Hydre Femelle, Hydre Mâle, Lièvre, Lion, Loup, Lynx, Lyre, Mouche, Octant, Ophiucus, Orion, Paon, Pégase, Persée, Petit Chien, Petite Ourse, Phénix, Poisson Austral, Poissons, Poupe, Sagittaire, Scorpion, Sculpteur, Serpent, Table, Taureau, Toucan, Triangle Austral, Verseau, Vierge, Voiles
Continents 28, 30, 32, 34, 54
– lunaires 42, 45, 46, 48, 61
Contraction gravitationnelle 171, 184, 188
Convection 170, 177
– courants 45, 139, 141, 143
Coordonnées célestes **65-68**, 73, 77
– écliptiques 68
– équatoriales 65, 66, 67, 73
– horaires 65, 66
– horizontales 65
Coordonnées géographiques **64**
Copernic, Nicolas 15-16, 17, 19, 20
Cordes cosmiques 25
Coronographe 118, 121, 149
Corps noir 24, 194, 195, 227
Cosme II, grand-duc de Toscane 4, 19
Cosmos, sondes spatiales
– *Cosmos 21* 27, 162
– *Cosmos 167, 359, 482* 162
COSTAR (*Corrective Optics Space Telescope Axial Replacement*) 128
voir aussi Télescope spatial *Hubble*
Coulées de lave 47, 159, 161, 166
Courants océaniques 34, 35
Courants-jets 179
Couronne Australe (*Corona Australis, Coronae Australis*), constellation 78, 104
Couronne Boréale (*Corona Borealis, Coronae Borealis*), constellation 78, 82, 86-89, 92, 96, 99, 100, 104, 207
Couronne solaire 53, 119, 135, 142, 143, 144, 147, 148, 149
Crabe, nébuleuse 84, 85, 98, 204
– pulsar 204, 207
Cratères 168, 173
– d'impact ou météoritiques 46, 166, 173
– de la Lune *voir* Lune
– de Mercure 159
Crèche (la) ou *Praesepe*, amas 84, 214
Cristaux 33, 45
Croix du Sud (*Crux, Crucis*), constellation 79, **82-83**, 95, 98, 99, 100, 102, 103, 104, 105, 107, 108, 109
Cromlech 10
Croûte (géologie) 159, 161, 165, 166, 173
– lunaire 43, 44, 45, 47, 49, 54
– terrestre 30, 32, 36, 44
Culmination 66
Cunningham, Walter 59
Curie, Marie et Pierre 24, 192
Cycle du carbone ou CNO **151**
Cycle, de l'activité solaire 144, 153
– de l'eau 38
– des taches solaires 153
– lunaire 112
– solaire 134, 150, **152-153**
Cygne ou « Croix du Nord » (*Cygnus, Cygni*), constellation 79, **80**, 82, 86, 87, 88, 89, 91, 92, 93, 96, 97, 100, 101, 211
Cygnus X-1, étoile 205
Dactyl, astéroïde 168
Dauphin (*Delphinus, Delphini*), constellation **82**
Davida, astéroïde 169
De revolutionibus orbium coelestium (N. Copernic) 16
Débarquement sur la Lune 57-61, 126
Débit fluvial 35
Déclinaison 40, **66**, 67, 73, 75, 77, 79, 80, 124
– du Soleil 67
– magnétique 69
Défaut de masse 150
Déférent 14
Déferlante (lame ou vague) 35
Déforestation 36
Deimos, lune 167
Démocrite 42
Descartes, René 21
Désertification 37
Désintégration nucléaire 166, 184
Diagénèse 32, 33
Diagramme de Hertzsprung-Russell **197**, 198, 199, 200, 201, 202, 207, 219
Diagramme masse-luminosité 206
Dialogue sur les deux grands systèmes du monde (Galilée) 18, 206
Dioptrique (J. Kepler) 19
Dioxyde de carbone ou anhydride carbonique ou gaz carbonique (CO_2) 132, 160, 162, 165, 167, 175, 217
Discontinuité géologique 30, 31, 49
– de Mohorovičić ou Moho **30-31**, 33
Discours sur deux sciences nouvelles (Galilée) 20
Disque d'accrétion 205, 206, 207
Disque galactique 209, 210, 211, 222
Disque protoplanétaire 82, 188
Distances, stellaires 18
– stellaires **190-191**, 197
– Lune-Soleil 42, 54
– Terre-Lune 12-13, 42, 43, 54
– Terre-Soleil 12-13, 150, 168
voir aussi Année-lumière, Luminosité
Diversité biologique 34
Données chiffrées (tableaux)
– Jupiter 171
– Lune 43
– Mars 165

– Mercure 159
– Neptune 180
– planètes externes 155
– planètes internes 155
– Pluton et Charon 181
– principaux astéroïdes 169
– Saturne 175
– Soleil 139
– Terre 29
– Uranus 178
– Vénus 161
– Voie Lactée 209
Doppler, Johan 23
– effet 142, 143, 145, 207
Dorade (*Dorado, Doradus*), constellation 70, 79, 103, 107, 109
Dorsale médio-océanique 33
Dragon (*Draco, Draconis*), constellation 64, 76, **80**, 81, 86, 87, 89, 90, 91, 92, 93, 94, 95, 96, 97, 100, 227
Duke, Charles 61
Dynamique galactique 210, 213, 218
Eagle, LEM d'*Apollo 11* **59**, 61
Eau 29, **34-37**, 38, 48, 131, 132, 138, 140, 162, 163, 173, 174, 176, 180, 181
Écarts ou excursions thermiques 159, 164
Échantillons lunaires 126, 185
Échelle de distance galactique 215
Échelle de Richter 49
Éclairs (foudre) 134
Éclipses 11, 12, 13, 42, **52-53**, 68, 114, **118**, 138, 142, 149, 172
– de Lune 52, 53, 11, 117
– de Soleil 52, 53, 121, 138, 142, 149
Écliptique 14, 40, 41, 51, 52, 55, 66, 67, 68, 79, 84, 91, 92, 93, 96, 97, 98, 100, 101, 102, 103, 104, 105, 107, 108, 118, 154, 156, 157, 161, 183
École pythagoricienne 11
Écosystème 34, 36, 37
Effet de fronde 130, 134, 135
Effet de serre 160, 162, 165
– naturel 29, 37
Effet ou décalage Doppler 25, **219**
Effet Wilson 145
Égyptiens 52, 81
Einstein, Albert 22, 23, 24, 43, 192
– lois 138, 226
Eisele, Donn 59
Éjecta 46, 47
Élara, lune 172
Électromagnétisme 226
– théorie 23, 24
Électrons 39, 193, 194, 205, 226
Éléments chimiques 23, 24, 31, 150, 155, 166, 185, 192, 194, 195, 196, 204, 227
– lourds 204, 207, 211
Élongation 157
Émissions radio 205, 225
Empédocle 42
Encke, division 175
Endeavour, navire d'*Apollo 15* 60
Énergie, d'ionisation 193
– gravitationnelle 203
– de liaison atomique 24
Épicycles 14, 16
Équateur 14, 29, 35, 38, **64**, 65, 67, 79, 82, 86, 98, 115, 177
– céleste 64, 65, 66, 67, 68, 79, 80, 84, 85
Équilibre écologique 37
Équinoxes 55, 66, 67, 68, 80
– d'automne (Nord) 89, 93, 97
– d'automne (Sud) 99, 103, 107
– de printemps (Nord) 87, 91
– de printemps (Sud) 101, 105, 109
– précession 14, 21, 40, 80, 84
Ératosthène de Cyrène 13, 14, 120
Éridan (*Eridanus, Eridani*), constellation 79, 97, 98, 100, 101, 102, 104, 105, 108, 109
Éros, astéroïde 43, 132, 168, 169
Érosion 32, 33, 34
Éruptions solaires 134, 135, 138, 142, 143, **144**, 147, 153
ESA (*European Space Agency*), agence spatiale européenne 127, 128, 130, 132, 133, 134, 135
Esculape (Asclépios) 82
ESO (*European Southern Observatory*), observatoire européen austral 74, 120, 122, 123, 128
Espace, interplanétaire 38, 148
– interstellaire 217
Été 41, 71, 92, 98, 106, 164
Éther 12, 14
Étoile
– Achernar 97, 98, 100, 101, 102, 104, 105, 107, 109, 197
– Achird 80
– Acrux 108
– Adhara 105
– Agena ou Hadar (β Centauri) 105, 108, 197
– Aldébaran 78, 79, 84, 85, 86, 87, 89, 90, 94, 97, 98, 102, 105, 189, 197
– Alderamin 91, 94, 97
– Mirfak ou Algenib (α Persei) 82, 92, 101, 197
– Algenib (α Pegasi) 101
– Algieba ou Al Gieba 84, 94, 98, 99, 103
– Algol, « la Tête du Démon » 82, 91, 94, 97, 101, 197
– Alhema 90
– Alioth 89, 197
– Al Kahid 197
– Almach 94
– Alnilam 86
– Alphard 91, 94, 99, 107
– Al Rischa, « le Nœud » 85
– Alsuhail 94, 105, 107, 108
– Altaïr 78, 79, 80, 82, 85, 92, 93, 100, 101, 104, 105, 108, 197
– Aludra 109
– Antarès 84, 85, 92, 95, 96, 99, 100, 103, 104, 105, 107, 108, 109, 189, 197
– Arcturus 78, 80, 84, 87, 91, 92, 96, 99, 100, 104, 189
– Asellus Australis 84
– Aspidiske 107, 108
– Atria 101
– Barnard 189
– Bellatrix (γ Orionis) 197
– Bételgeuse 79, 82, 86, 90, 102, 189, 197
– BD +36°2147 189
– Canopus 83, 94, 98, 99, 104, 108, 189, 197
– Capella 22, 81, 84, 86, 87, 89, 90, 91, 93, 95, 189, 197
– Caph (β Cassiopeae) 80, 86, 197
– Castor 22, 84, 86, 91, 93, 94, 95, 99, 102
– Cursa 109
– Dabih 85, 109
– Deneb 80, 86, 91, 189, 197
– Deneb Algiebi 109
– Denebola 84, 94, 95, 103
– Dubhe 91
– Enif 81, 100
– Etamin 86, 90, 92, 93, 95, 100
– Fomalhaut 104, 105, 109, 197
– Gredi ou Giedi 85
– Gliese-105A 207
– Gliese-229B 203
– Gliese-623B 207
– Hamal 98, 105
– Herbig-Haro-30 202
– Herschel-36 22, 199
– Izar 95
– Lalande-21185 189
– Luyten-776-8 189
– Megrez 80
– Markeb 105, 107, 108
– Menkalinan (β Aurigae) 95, 197
– Menkar 94, 101, 102, 197
– Miaplacidus 108
– Mimosa 108
– Mintaka 189
– Mira, « La Merveilleuse » 82, 189, 197
– Mirach (β Andromedae) 101, 105, 197
– Mizar 81, 206
– Naos (ζ Puppis) 83, 105, 107, 108, 109
– El Nath 84, 98
– Phecda 89, 91
– Polaire ou Polaris (α Ursae Minoris) 64, 66, 69, 76, 77, 81, 82, 84, 86, 90, 92, 95, 197
– Pollux (β Geminorum) 22, 84, 86, 89, 91, 93, 94, 95, 197
– Procyon (α Canis Minoris) 22, 82, 189, 197
– Proxima Centauri 83, 105, 189, 218
– Ras Algethi 197
– Ras Alhague 197
– Rastaban 86
– Régulus 84, 85, 90, 99, 103, 197
– Rigel (β Orionis) 79, 82, 86, 90, 102, 109, 189, 197
– Ross-154 189
– Ross-248 189
– Sadal Melek 100
– Sadr 86, 87, 101
– Saiph 109
– Scheat 87, 197
– Schedar ou Schedir 80, 197
– Sirius 23, 83, 86, 87, 90, 94, 95, 98, 101, 102, 103, 105, 107, 109, 190, 197
– Sirrah 86, 87, 90, 92, 94, 96, 101, 197
– l'Épi ou Spica 84, 91, 92, 95, 96, 99, 103, 104, 107, 108, 197
– Tejat Prior 84
– Toliman ou Rigil Kentorus (α Centauri) 102, 105, 108, 189, 197
– Thurban 81
– Véga 80, 81, 85, 87, 89, 91, 92, 93, 95, 97, 104, 131, 197
– Wolf-359 189
– Wezen 105, 109
– WR124 188
– Zaurak 102
– Zosma (δ Leonis) 87
– Zuben-el-Genubi 84, 91, 103
– Zuben-el-Schemali 84
– α Centauri *voir* Toliman
– α Coronae Borealis 197
– α Hercules 189
– α Hydri 197
– α Persei *voir* Mirfak
– β Andromedae *voir* Mirach
– β Aurigae *voir* Menkalinan
– β Cassiopeae *voir* Caph
– β Centauri *voir* Agena
– β Corvi 197
– β Hydri 197
– β Pegasi *voir* Scheat
– β Persei *voir* Algol
– β Ursae Majoris 197
– δ Cephei 207
– ε Eridani 189
– γ Crucis 197
– γ Orionis *voir* Bellatrix
– γ Scorpionis 197
– η Bootis 197
– μ Geminorum 197
– ρ Puppis 197
– τ Pyxis 207
– ζ Herculis 197
– ζ Puppis *voir* Naos
Étoiles 13, 24, 25, 38, 40, 62, 64, 66, 68, 69, 71, 76, 77, 78, 79, 82, 99, 107, 109, 120, 133, 138, 154, 170, 184, 185, 186, 187, **188-191**, 195, 196, **198-207**, 208, 209, 210, 211, 212, 213, 216, 217, 218, 219, 220, 227
– âge 24, **198**
– à neutrons 191, 201, **203**, 206, 207
– atmosphère 196, 201
– binaires 84, 171, 205, **206-207**, 219
– circumpolaires 41, 67, 68, 69, 77, 80
– classification 23, 189, 190, 197
– composition et analyse chimique 23, 189, 192, 193, 196, 197
– couleur **189**
– distances 189, **197**
– doubles 69, 80, 81, 82, 84, 85, 109, 171, 186, **206**, 209
– évolution 25, **198-205**, 223
– filantes 70, 84, **183**
– « fixes » 11, 14, 15, 23, 62, 70
– formation 211, 214, 221, 222, 224
– géantes 82, 84, 138, 197, 200, 201, 202, 206, 207, 218
– les plus proches **189**
– mouvement 66, 219
– multiples 81, 84, 109, **206**, 219
– naines 83, 138, 191, 197, 201, 202, 203, 206, 207, 209, 218
– pulsar (étoile à neutrons) **203**, 204, 207
– structure 201
– supergéantes 82, 84, 197, 205
– température 193, 199
– type spectral et spectre 23, 24, **197**
– variables 69, 82, 206, **207**
voir aussi Alphabet grec, Géantes, Naines, Trous noirs
Eunomia, astéroïde 169
Europe, lune 169, 172, **173**
EVA (*Extra-vehicular activity*) ou sortie extravéhiculaire 57, 61
Evans, Ronald 43, 61
Évolution, de l'univers 24
– des étoiles 25, 198-205, **201**, 219, 223
– des galaxies 220, 223
– d'un système binaire 206
– d'un système planétaire 191
– du Système solaire 135
Exosphère 39
Expéditions spatiales 120, 126
– humaines sur Mars 132
voir aussi Missions
Exploration du Système solaire 126-135
Facules solaires 138, 142, **144**
Failles 32, 46, 47, 110, 159, 167, 168
– de San Andreas 32
voir aussi Lune
Falcon, LEM d'*Apollo 15* 60
Faraday, Michaël 23
Fermat, Pierre de 22
Filaments 143, 144
voir aussi Protubérances
Filtres 118, 186
Fizeau, Armand 23, 219
Flash de l'hélium **201**, 202
Flèche (*Sagitta, Sagittae*), constellation **82**
Fleuves 34-35
– sur Mars 134
Fluorescence 182
Focale 73, 112, 113
Fonds océaniques 32
Force **232**
– de Coriolis 171
– de gravité ou gravitationnelle 38, 43, 204, 205, 208, 215, 226
– de marées 24, 49, 167, 176, 206, 221
– de pression 32
– électromagnétique 226
– nucléaire 226
– unifiée 226
Force de Coriolis 41
Forêt pluviale 37
Formation, de l'univers **226-227**
– des galaxies 210, 219, **223-224**
– des étoiles 4, 184, 186-187, **198**, 200, 204, 211, 212, 214, **215**, 221
– des systèmes planétaires 168, **184-185**, 190-191
– des trous noirs **206**
Formations géologiques, lunaires 42, **46-47**
– terrestres 32-33
Forme des galaxies 220, 222
Fosse océanique 33, 34
Fossiles 32, 33
Foucault, Jean 23
Fraunhofer, Joseph 22-23
– raies 196
Fridman, Aleksandr 226
Fuseaux horaires 41
Fusées *voir* Lanceurs
Fusion nucléaire **150**, 151, 185, 188, 189, 200, 201, 203, 204, 207
G1, amas *voir* Mayall II
Galaxie (la) ou Voie lactée 19, 22, 25, 40, 68, 70, 75, 122, 129, 186, 191, 207, **208-219**, 220, 221, 223, 224
– cartographie 209
– dynamique 210, 213
– forme 210
– mouvement 24-25, 209, 212
– pôles 68
– structure 209, 210, 219
– vitesse de rotation 212, 219
Galaxies 25, 62, 64, 70, 87, 96, 120, 121, 122, 128, 187, 208, 209, 210, 214, 218, 219, **220-225**, 227
– actives 205, 212, **225**
– amas 218, 223, 227
– classification 220-223
– collision 222, 224
– compactes 225
– de Seyfert 224, 225
– dynamique 222
– elliptiques 220, 221, 225
– éloignement 227
– évolution 222, 223
– géantes 80, 223
– irrégulières 223
– lenticulaires 222, 223
– lointaines 226
– naines 223
– satellites 167, 224
– spirales 222, 223
– spirales barrées 215, 220, 221, 222, 223
voir aussi Andromède, BL Lacertae, Galaxie, Nuages de Magellan, Messier, NGC, Noyaux galactiques, Trous noirs
Galilée (Galileo Galilei, dit) 15, **18-20**, 21, 22, 25, 42, 43, 44, 62, 70, 72, 73, 120, 121, 136, 138, 161, 172, 174, 175, 186, 208
Galiléennes, lunes 18, **172**, 173
Gamow, George « Joe » 226
Ganymède, lune 172, **173**, 176
Gaspra, astéroïde 134, 168, 169
Gaz 23, 38, 170, 171, 183, 184, 185, 186, 194, 196, 198, 201, 204, 205, 207, 210, 211, 212, 214, 215, 218, 221, 222, 224
– fluorescents 216
– galactiques 211
– interstellaires 135
– nébulaires 216
Gaz carbonique *voir* Dioxyde de carbone
Géantes, étoiles 138, 197
– bleues 84
– jaunes 82
– rouges 80, 84, 200, 201, 202, 206, 207, 218
Gémeaux (*Gemini, Geminorum*), constellation 79, **84**, 85, 86, 87, 89, 90, 91, 93, 94, 95, 98, 102, 214
Géocroiseurs (NEO's), astéroïdes **129**, 132, 133, 169
Géoïde 28
Géosynclinaux 32, 33
Glace 38, 158, 166, 167, 173, 174, 175, 181, 182, 217
– lunaire 44, 126, 127
Glaciation 36
Glaciers 34, 35
Gliese, étoiles du catalogue 203, 207
Globules de Bok 4 (186-187), **199**
Gluons 226
Glycine, acide aminé 217
Gnomon 11, 13, 49
Goethe, Johan 22
Gordon, Richard 60
Grand Chariot *voir* Grande Ourse
Grand Chien (*Canis major, Canis Majoris*), constellation 79, **83**, 86, 90, 94, 98, 99, 101, 103, 105, 107, 108, 109
Grande Ourse (*Ursa Major, Ursae Majoris*), constellation 64, 69, 76, 77, 79, 80, **81**, 82, 84, 86, 87, 89, 90, 91, 92, 93, 94, 95, 96, 97, 99
– amas mobile 81, 206
– Chariot 81, 91, 99
Grande tache rouge de Jupiter 170
Granulation solaire 138, 142, **143**, 144, 145
Gravimétrie 45, 61
Gravité, gravitation 19, 21, 38, 142, 185, 201, 206, 212, 218, 22, 227, **232**
– lois 21, **156**
– solaire 148, 154, 182
voir aussi Effet de fronde, Force
Grecs 11, 13, 52, 79, 80, 208
Gregory, James 72
Grimaldi, Francesco 22
Grissom, Virgil 59
Grossissement 72, **73**, 111, 113
Grottes 34, 36
Groupe de galaxies 222, **223**
– Groupe Local 224
voir aussi Amas de galaxies
Grue (*Grux, Gruis*), constellation 97, 109
Gutemberg, Beno 30
Guyot lunaire 46
Haise, Fred 60
Halley, comète 183
Halo galactique 209, 210, 211, 218, 219
Hauteur 64, 65
– du Soleil 68
Hawaï, observatoire 74; 124, 166
HCG87 (*Hickson Compact Group 87*), groupe de galaxies 222
HE1013-2136, quasar 224
Hegel, Georg 22
Héliopause 134
Héliosphère 133
Hélium 23, 24, 39, 124, 140, 150, 151, 152, 154, 159, 171, 174, 176, 178, 179, 184-185, 197, 201, 202, 203, 211, 223, 226, **232**
– flash **202**
– raies spectrales 146, 194, 197
– synthèse **151**
voir aussi Fusion
Hémisphère 40, 41, 55, 115
– austral ou Sud 64, 65, 66, 70, 76, 77, 79, 80, 82, 83, **98-109**
– boréal ou Nord 64, 65, 66, 76, 77, 79, 80, 81, 82, **86-97**
Hen-1357, nébuleuse planétaire 202
Hercule (*Hercules, Herculis*), constellation **81**, 82, 84, 91, 93, 95, 96, 99, 100, 104, 209
Herschel, sir John 23, 216
Herschel, William 22, 177, 208
Hertzsprung 24
Hess 33
Hétérosphère 39
Himalia, lune 172
Hipparque 13, **14**, 43, 84, 120, 190
– cratère Hipparcus 110
Hiroshima 144
Hiver 41, 71, 86, 89, 94, 100, 165
Homosphère 39
Hooke, Robert 21, 192
Horizon 65, 87, 89, 92, 93, 94, 95, 97, 98, 99, 101, 104, 105, 107, 108, 116
Horoscope 84
Hubble, Edwin 220
– classification des galaxies **223**
– loi **227**
Hubble, télescope spatial (*HST*) 82, 125, 126, 127, **128**, 129, 133, 160, 164, 169, 170, 172, 174, 177, 179, 180, 181, 183, 184, 190, 192, 198, 199, 200, 201, 202-203, 204, 205, 207, 210, 211, 212, 213, 215, 216, 217, 218, 219, 220, 221 222, 223, 224, 225, 226
Huygens, Christan 21, 192
Hyades, amas 84, 214, 215
Hydre de Lerne 84
Hydre Femelle (*Hydra, Hydrae*), constellation 87, 91, 93, 94, 98, 99, 100, 103, 107, 108, 134, 168, 169
Hydre Mâle (*Hydrus, Hydri*), constellation 79, 83, 97, 98, 99, 100, 101, 102, 103, 104, 107, 109
Hydrogène (H) 24, 39, **150**, 155, 171, 174, 175, 178, 179, 180, 184, 188, **193**, 194, 198, 200, 201, 202, 210, 211, 223, 226, 231, **232**
– fusion 140, 150, **151**
– nuages galactiques 209, 215
– raies spectrales 23, 24, **193**, 195, 197
Hydrosphère 29, **34-35**, 36
Hygiea, astéroïde 169
Hypocentre d'un séisme 30, 49
IC4970, galaxie 221
Icare, astéroïde 169
ICE (*International Cometary Explorer*), sonde spatiale 132, 135
Iceberg 34
Il Saggiatore (Galilée) 19
Inégalité lunaire 50
Inflation de l'univers 226
Infrarouge, rayonnement 45, 75, 121, 125, 128, 132, 139, 140, 141, 145, 162, 193 195, 199, 200, 216, 220, 223, 225, **232**
Inquisition 20
Insolation (irradiation solaire) 150, 162

– de la Terre 39, **41**, 118
– de Vénus 162
Instruments de mesures 17, 18, 22, 25, 71, 72, 74, 112, 114, **120-126**, 127, 129, 135, 136, 138, 139, 158, 177, 179, 186, 193, 195, 196, 220
Interactions de galaxies 221, 223
Interamnia, astéroïde 169
Interférences lumineuses 194
Interféromètre 124, 125
Intrepid, LEM d'*Apollo 12* 60
Io, lune 166, 172, **173**
Ionosphère 39, 148
Ions 39, 193, 194, 196, **233**
Irradiation solaire *voir* Insolation
Irwin, James 60
ISAS, agence spatiale japonaise 126, 127, 130, 132, 133, 135
ISEE (*International Sun-Earth Explorer*), satellites 134
Janus, astéroïde 168
Jour, lunaire 50, 51
– sidéral 41, **233**
– solaire moyen 41, 51, 52, **233**
Jumelles 62, 69, 70, **71**, 79, 81, **111**, 158, 160, 164, 170, 172, 174, 177
Junon, astéroïde 168
Jupiter 11, 12, 14, 15, 18, 19, 62, 70, 120, 126, 129, 133, 134, 135, 136, 149, 154, 155, 157, 166, 168, 169, **170-173**, 174, 176, 178, 179, 185
– anneaux 178
– lunes 71, 133, 136, 170, 172
– orbite 155, 168
– rotation différentielle 157, 170, 171
Kant, Emmanuel 22, 184
Kepler, Johannes 15, **16-18**, 19, 20, 21, 72, 156
– lois **18-19**, 21, 41, 53, 156, 157, 206, 209
Kirchhoff, Gustav 23
Kitty Hawk, LEM d'*Apollo 14* 60
Kuiper, ceinture d'astéroïdes 182
– objets de Kuiper 181
Laboratoires spatiaux 127, 129
Lacs 34-35
Lagrange, Joseph-Louis de 51
Lagune, nébuleuse (M8) 103
Lanceurs (fusées) 57, 59, 60, 130
Laplace, Pierre-Simon, marquis de 184
Lascaux 10-11
Latitude, céleste 65, 66, 67, 77, 78, 79, 80, 90, 144, 147, 152, 153
– écliptique ou galactique 68
– géographique 35, 41
– – moyenne 77, 80, 81
– – Nord 90-93
– – Sud 102-105
Lave 37, 44, 46, 166
Le Verrier, Urbain 179
Leçons d'optique (I. Newton) 22
Leda 172
Leibniz, Gottfried von 22
Lentille, optique 19, 70, 71, 73-75, 111, 118, 119, 121, 122
– gravitationnelle 218, 225
Léonides, étoiles filantes 84
L'Épi ou Spica (α Virginis), étoile 84, 85, 91, 92, 95, 96, 99, 103, 104, 107, 108, 197
Léviatan de Parson 22
Lièvre (*Lepus, Leporis*), constellation **83**
Ligne des apsides ou des nœuds 51
Lion (*Leo, Leonis*), constellation **84**, 85, 87, 90, 91, 94, 95, 98, 99, 103, 225
Lithosphère 29, **30-33**, 34
Lois, de Hubble 227
– d'Einstein 226
– de Kepler 18-19, 41, 53, 156, 157, 206, 209
– de Newton 41, 50
– de la gravitation 19, 138
– du mouvement 18
Longitude, écliptique ou galactique 68
– géographique 65
– lunaire 115
Longueur d'onde 23, 73, 124, 125, 128, 132, 134, 138, 139, 140, 146, 147, 163, 188, 192, 193, 194, 195, 196, 207, 211, 216, 225, **233**
Loup (*Lupus, Lupi*), constellation 109
Lovell, James 59, 60
Lumière 22, **234**
– cendrée 51-52, 116
– solaire 35, 37, 42, **140**, 163, 182, 183, **195**
– polarisée 45
– pression de la lumière 182, 183
– théorie corpusculaire et ondulatoire 192
– visible 111, 139, 142, 145, 186, 192, 195, 196, 217, 218, 219, 226, 233
– vitesse 22, 172
– zodiacale 183
voir aussi Rayonnements électromagnétiques, Spectre, Visible
Luminosité 24, 79, 81, 118, 122, 143, 144, 145, 163, 170, **190-191**, 200, 201, 202, 204, 206, 207, 217, 220, 223, 225
– d'un instrument 71, 72, 73, 111, 114
– intrinsèque 190
Luna Rover d'*Apollo 16* 61
Lunaison 52, 115
Lune 4 (26-27, 42), 12, 13, 14, 18, 19, 25, 26, **42-61**, 62, 70, 71, 84, **110-117**, 118, 119, **126**, 129, 130, 134, 157, 158, 159, 160, 166, 168, 173, 180, 208
– activité volcanique 46
– âge 44
– anomalies gravitationnelles (mascons) 44, 46
– atmosphère 42
– axe de rotation 50, 51, 53, 55
– bassins, mers (*mare*) et océans (*océanus*) 42, 44, 45, 46, 47, 48, 111, 115, 117, 159
– – Mer Australe (*Mare autralis*) 115
– – de la Connaissance (*Mare Cognitum*) 114, 115, 116
– – des Crises (*Mare Crisium*) 111
– – de la Fécondité (*Mare Foecconditatis*) 111, 116
– – du Froid (*Mare Frigoris*) 112, 113, 114, 115, 116
– – de Humboldt (*Mare Humboldtianum*) 111
– – des Humeurs (*Mare Humorum*) 114, 115, 116
– – des Pluies (*Mare Imbrium*) 45, 113, 114, 115, 116
– – Marginale (*Mare Marginis*) 111
– – du Nectar (*Mare Nectaris*) 112
– – des Nuées (*Mare Nubium*) 113, 114, 115, 116
– – de la Sérénité (*Mare Serenitatis*) 61, 112, 113, 116
– – de Smyth (*Mare Smythii*) 111
– – Écumante (*Mare Spumans*) 111
– – de la Tranquilité (*Mare Tranquilitatis*) 59, 112, 113, 116
– – des Ondes (*Mare Undarum*) 111
– – des Vapeurs (*Mare Vaporium*) 112, 113, 115
– – Océan des tempêtes (*Oceanus Procellarum*) 60, 114, 115, 116, 117
– cartographie 126, 127
– champ magnétique 56, 60, 127
– chenaux 46
– colonisation 127
– conquête et débarquements **56-61**, 120, 126
– continents 42, 45, 46, 48, 61
– cratères et cirques 42, 44, **46-47**, 56, 70, 111-117
– – Abulfeda 112
– – Albateginus 112, 113
– – Aliacensis 112
– – Alpetragius 113
– – Alphonsus 112, 113, 115
– – Atlas 111, 112
– – Apollonius 111
– – Archimedes 112, 113, 114, 115
– – Aristarchus 114, 115, 116, 117
– – Aristillus 110, 112, 113
– – Aristoteles 112, 113, 115
– – Arzachel 112, 113, 115
– – Autolycus 113
– – Babbage 117
– – Baily 113
– – Barrow 112
– – Beaumont 112
– – Blancanus 113, 116
– – Bond 112, 113
– – Bullialdus 113, 115, 116
– – Bürg 112
– – Byrgius 115
– – Campanus 114, 116
– – Capuanus 113, 114, 116
– – Cassini 112
– – Catharina 112, 115
– – Cavalerius 117
– – Cayley 61
– – Clavius 113, 115, 116
– – Cleomedes 111
– – Colombus 111
– – Condamine 113
– – Conon 60
– – Cook 111
– – Copernicus 113, 114, 115, 116, 117
– – Curtis 112
– – Curtius 113
– – Cyrillus 112, 115
– – Deslander 112, 113
– – Endymion 111
– – Epigenes 115
– – Eratosthenes 113, 115, 116
– – Eudoxus 112, 113
– – Euler 116
– – Fabricius 111
– – Faraday 112
– – Firmicus 111
– – Foucault 116
– – Fourier 115, 116, 117
– – Fra Mauro 60, 114, 115, 116
– – Fraunhofer 111
– – Furnerius 111
– – Gassendi 114, 115, 116
– – Gauricus 116
– – Geminus 111
– – Gioja 114
– – Goclenius 111, 112
– – Goldschmidt 112
– – Grimaldi 114, 115, 116, 117
– – Gutemberg 111, 112
– – Hainzel 116
– – Harpalus 115, 116
– – Helicon 116
– – Hercules 111, 112
– – Herodotus 116
– – Herschel 113
– – Hevelius 117
– – Julius Caesar 112
– – Kepler 114, 115, 116, 117
– – Klein 112
– – Lacroix 115
– – Lambert 114, 115, 116
– – Langevin 111
– – Langrenus 110
– – Lansberg 116
– – Le Monnier 56, 113
– – Le Verrier 116
– – Letronne 114, 115
– – Littrow 61
– – Longomontanus 113, 115, 116
– – Maginus 112, 113, 115
– – Manilius 112, 113, 115
– – Maurolycus 112, 115
– – Menelaus 112
– – Mercator 116
– – Metius 111
– – Mitchell 112
– – Mutus 111
– – Olbers 116, 117
– – Petavus 111
– – Philolaus 115, 116
– – Phocyclides 116
– – Picard 111
– – Piccolimini 112
– – Pico 113, 115
– – Pitatus 113, 114, 115, 116
– – Pitiscus 112
– – Platon 113, 114, 115, 116
– – Plinius 112
– – Posidonius 112
– – Proclus 111
– – Ptolemaeus 112, 113, 115
– – Purbach 112, 115
– – Pythagoras 115, 117
– – Pytheas 116
– – Regiomontanus 112, 115
– – Reiner 115
– – Reinhold 116
– – Rheita 111, 112
– – Riccioli 116, 117
– – Rutherford 113
– – Sacrobosco 112
– – Scheiner 113, 116
– – Schiaparelli 115
– – Schickard 114, 115, 116, 117
– – Schiller 114, 116
– – Sharp 115, 116
– – Snellius 111, 112
– – Steinheil 111
– – Stevinus 111, 112
– – Stöfler 112
– – Strabo 111
– – Taruntius 111, 112
– – Thebit 112, 113, 115
– – Theophilus 112, 115
– – Timocharis 113, 115, 116
– – Triesnecker 112
– – Tsiolkovsky 46
– – Tycho 113, 114, 115, 116, 117
– – Vendelinus 111
– – Vlacq 111
– – Wargentin 117
– – Watt 111
– – Werner 112
– – Wilhelm 113, 116
– – Wurselbauher 116
– failles (*rupes*) et rainures (*rima*) **46-47**
– – Escarpement Altaï 112
– – Faille de Philolaus 115
– – Rima Ariadaeus 112
– – Rima Hyginus 112
– croûte 44, 45, 47, 49
– diamètre, apparent 52-53, 117, 138
– – angulaire moyen 43
– éclipses 11, 13, 52, 53, 111, 118
– exploration 59-61, 126
– face cachée 50, 56, 126
– formations géologiques **44-47**, 111-116, 127
– glace 126, 127
– gravité 45, 127
– golfes (*sinus*) et marais (*palus*)
– – Golfe Luna 112, 114, 115
– – Golfe Torride (*Sinus Aestuum*) 113, 114
– – des Iris (*Sinus Iridum*) 114, 115, 116
– – Central (*Sinus Medii*) 113, 114, 115
– – de la Rosée (*Sinus Roris*) 114, 115, 116
– – Marais de la Putréfaction (*Palus Putredinis*) 112, 114, 115
– du Sommeil (*Palus Somni*) 112
– jour 50, 56
– lacs (*lacus*)
– – lac de la Mort (*Lacus Mortis*) 112
– – lac des Songes (*Lacus Somniorum*) 112
– librations **53-54**
– luminosité 117
– masse 43, 44, 50, 54
– mouvements 10, 43, 50, 51, 53, 54, 55
– observation 110-118
– orbite 43, 50, 51, 52, 53, 54
– origine **44**
– phases 12, 42, **50-51**, 52, 54, 55, 111-114, **115-117**, 118
– pôles 50, 126
– reliefs : montagnes (*mons*), chaînes (*montes*) 45, 46, 47, 111, 136
– – mont Argaeus (*Mons Argaeus*) 112
– – Alpes (*Montes Alpes*) 114
– – Apennins (*Montes Apenninus*) 45, 60, 112, 113, 114, 115
– – Carpates (*Montes Carpatus*) 113, 116
– – Caucase (*Montes Caucasus*) 112, 115
– – monts Hémus (*Montes Haemus*) 112
– – Jura (*Montes Jura*) 114, 115
– roches 42, 44, 45, 47
– séismes 42, 46, 49
– sol 44, 46, 56, 126
– structure interne 43, 48, **49**
– tectonique 45
– topographie 43
– vallées (*vallis*)
– – Rheita 111, 112
– – Alpes 112, 115
– – Schröter 114, 115, 116
Lunes (satellites naturels) 42, 50, 56, 126, 129, 132, 133, 136, 154, **155**, 156, 157, 166, 173, 177, 181, 234
– de la Terre (Lune) **42-61**, **110-118**, **126**
– de Mars **167**
– de Jupiter 18, 71, 133, 159, 167, 170, **172**, **173**
– de Neptune **180**
– de Saturne 133, **176**
– d'Uranus 177, **178**
– mouvements orbitaux 21, 51, 157
Lunette astronomique 19, 43, 44, 72, 120, 208
Lynx (*Lynx, Lyncis*), constellation 93-95
Lyre (*Lyra, Lyrae*), constellation 79, **81**, 82, 87, 92, 93, 97, 104, 202
Lysithée, lune 172
Magma 32, 33, 166
Magnétomètre 60, 130, 135
Magnétosphère 39, 134, 148
– de Jupiter 133, 171
– de Mercure 130
– de Saturne 133, 134, 176
Magnitude 71, 80, 82, 120, 177, 191, 204, 206, 217
– apparente ou Grandeur **190**
– absolue **191**, 197, 198
Marées 20, 21, 26, 34, 39, 43, 44, 54, 173
– atmosphériques 165
Mariner, sondes spatiales 129, 130, 158, 162
– *Mariner 1*, *2* et *5* 162
– *Mariner 10* 129, 130, 131, 162
Mars 11, 12, 14, 15; 18, 45, 62, 70, 126, 130, 131, 132, 154, 155, 157, **164-167**, 185
– activité volcanique 166
– atmosphère 131, 132, 165
– calottes polaires 165, 166, 167
– colonisation 131, 132
– durée du jour 164
– écarts thermiques 164
– effet de serre 165
– fleuves 164, 166
– glaces 166, 167
– missions spatiales **130-132**, 165
– orbite 15, 18, 129, 155, 157, 168
– saisons 166, 167
– sol 131, 132, 155, 164, 165, 166
– topographie 164, 166, 167
– – Elysium, volcan 166
– – Hellas, bassin 167
– – mont Olympe (*Olympus Mons*) 165, 166, 167
– – Tharsis, plateau 166, 167
– – Valles Marineris, canyons 164, 167
Mars Pathfinder, mission 131, 154
– rover 131
Mascons lunaires 44
Maser 216, 233
Masse manquante 212, 213, 218
Mathilde, astéroïde 168
Matière interstellaire 198, 223
Matière sombre 210, 212, 215, 218, 219, 227
Mattingly, Thomas 61
Maximum, minimum solaire 149, 152, 153
Maxwell, James 24, 192
Mayall II ou G1, amas globulaire 218
McDavitt, J. 59
McKenzie 33
Meeus 55
Mendeleïev 24
Mercator 166
Mercure 12, 14, 15, 70, 126, 129, 130, 154, 155, **158-159**, 160, 166, 173, 176
– atmosphère 159
– bassin Mare Caloris 159
– champ magnétique 159
– écarts thermiques 159
– mouvements 157, 158
– orbite 157, 159, 161
– phases 158
Mercury Redstone, lanceur 56
Méridien 29, 41, 64, 65, 66
– de Greenwich 65
– du lieu (local) 65, 66, 67
– terrestre 13, 14
Mers, terrestres 173
– – Baltique 34
– – Caspienne 35
– – Rouge 34
– lunaires *voir* Lune
Mésopause 39
Mésosphère 39
Messier, catalogue d'objets célestes
– M2-9, nébuleuse du Papillon 203
– M6 (NGC6405), amas ouvert du Papillon 215
– M13 (NGC6205), amas globulaire d'Hercule 81
– M31 (NGC224), Grande galaxie d'Andromède 80, 221
– M32 (NGC211), galaxie 224
– M33 (NGC598), galaxie du Triangle 224
– M35 (NGC2168), amas ouvert 84
– M4 (NGC6121), amas globulaire 202
– M42 (NGC1976), Grande nébuleuse d'Orion 82, 109
– M43 (NGC1982), nébuleuse 109
– M5 (NGC5904), amas globulaire 82
– M51 (NGC5194), galaxie du Tourbillon (Whirlpool) 212
– M57 (NGC6720), nébuleuse annulaire de la Lyre 202
– M6 (NGC6405), amas ouvert 215
– M80 (NGC6093), amas globulaire 219
– M84 (NGC434), galaxie 205
– M87 (NGC4486), galaxie 205
– M104 (NGC4594), galaxie du Sombrero 211
Métamorphisme 33
Météores 155
Météorites et bolides 42, 44, 46, 47, 48, 70, 155, 157, 159, 167, 169, 173, **183**, 184, 185
– de Murchison 183
– micrométéorites 44, 46
Méthane 39, 154, 170, 174, 175, 177, 178, 179, 180, 181, 233
Méthode scientifique 18, 19
Métis, lune 172
Michell, John 205
Micrométéorites 44, 46
Micro-ondes 125, 139, 193, 216
Milieu du Ciel 66, 101, 233
Milieu interplanétaire 131, 133, 154, **183**
Milieu interstellaire 133, 204, 212, **214**, 215
Minéraux 30
– lunaires 48
Miroir astronomique **72**, 111, 120, **122**
– primaire ou principal 122, 123, 128
– secondaire 122
Missions spatiales **126-135**, **162**
– américaines 162
– laboratoires orbitaux **127-128**
– – *Skylab* 127, 127-128, 134
– satellites astronomiques orbitaux **127-129**
– – *Beppo SAX* 127, 128
– – *Hubble* (*HST*) **128**
– – *SMM* **134**
– – *SOHO* **135**
voir aussi Hubble, *SOHO*
– sondes vers les planètes **129-132**, **133-134**
– – *2001 Mars Odyssey* 132
– – *Bepi Colombo* 130
– – *Cassini-Huygens* 134, 176
– – *Cosmos* 27, 162
– – *Deep Space 1* et *2* 132
– – *Galileo* 127, 134, 163, 171, 172, 173
– – *Giotto* 132
– – *Magellan* 130, 161, 162, 163
– – *Mariner* 129, 130, 131, 158, 162
– – *Mars* 131
– – *Mars 96* 132
– – *Mars Climate Orbiter* 132
– – *Mars Express* 132
– – *Mars Global Surveyor* 131, 165
– – *Mars Observer* 131
– – *Mars Pathfinder* 130, 131

– – *Mars Polar Lander* 132
– – *Mars Surveyor 2003* et *2005* 132
– – *Mercury Orbiter* 130
– – *Messenger* 130
– – *Multiprobe* 130
– – *Nozomi* 132
– – *Phobos 1* et *2* 131
– – *Pioneer* 58, 127, 133, 171, 172
– – *Pioneer-Venus* 130, 162
– – *Spoutnik* 162
– – *Vega* 130, 131, 162
– – *Venera* 130, 162, 163
– – *Viking* 127, 131, 165
– – *Voyager* 75, 133, 167, 171, 172, 173, 175, 176, 177, 178, 179, 180
– – *Zond* 56, 58, 126, 162
– sondes vers des comètes ou des astéroïdes **132**
– – *Deep Impact* 133
– – *NEAP* 133
– – *NEAR* 132
– – *Rosetta* 133
– – *Sakigake* 133
– – *Stardust* 132, 133
– – *Suisei* 133
– sondes et vaisseaux habités vers la Lune **58**
– – *AsiaSat3/ HGS-1* 58
– – *Clementine* 58
– – *Explorer* 58
– – *Gemini* 57, 126
– – *Hagoromo* 127
– – *Hiten* 58, 126
– – *Luna* 21, 50, 56, 58, 126
– – *Luna 3* 127
– – *Lunar Orbiter* 56, 58, 126
– – *Lunar Prospector* 58, 127
– – *Lunar-A* 58, 127
– – *Mercury* 57, 126
– – *Ranger* 58, 126
– – *Selene* (*Selenological and Engineering Explorer*) 58, 127
– – *SMART-1* 58
– – *Surveyor* 56, 58, 60
– sondes vers le Soleil **134-135**
– – *Genesis* 135
– – *ISEE* 134
– – *Ulysses* 134-135
– – *Yohkoh* 135
– soviétiques 162
voir aussi Expéditions spatiales, Lanceurs, Programmes, Sondes spatiales
Mitchell, Edgar 60
Modèle, d'atome 193
– d'évolution d'un système binaire 206
– d'évolution stellaire 201
– de formation des planètes 185
– de pulsar 203
– de trou noir stellaire 204
Moho, discontinuité **30**, 31, 33
Mohorovičić, Andrea 30
Mois,
– lunaire anomalistique 55
– lunaire synodique ou lunaison 52
– sidéral 51, 52
Molécules 42, 182, 183, 194, 214, 215, 216, 217
voir aussi Acides aminés, Dioxyde de carbone, Méthane
Mont Maat (Vénus) 162, 166
Montagnes 32
voir aussi Lune, Mars, Vénus
Mouche (*Musca, Muscae*), constellation 107
Mouvement, différentiels 210
– galactique 68, 209, 212
– planétaire 68, 70
– rétrograde 177, 178, 180
– tectonique 33, 166
Mystère cosmographique (J. Kepler) 17, 18
Nadir 65
Naines, étoiles 138, 191, 197, 205
– blanches 83, 191, 197, 201, 202, 203, 206, 207, 209
– brunes 202, 203, 207, 218
– rouges 83, 197, 203, 206, 207
NASA (*National Aeronautics and Space Administration*), agence spatiale américaine 82, 126, 127, 128, 130, 131, 132, 133, 134, 135
Navette spatiale 128, 129, 134
NEAP (*Near Earth Asteroid Prospector*), sonde spatiale 133
NEAR (*Near Earth Asteroid Rendez-Vous*), sonde spatiale 132
Nébuleuses 62, 69, 71, 83, 96, 99, 122, 185, 200, 203, 208, 209, **214**, 216
– à émission 216, 217
– – Californie (NGC1499) 89
– – de l'Aigle (M16) 214
– – de la Bulle (NGC7635) 217
– – de la Carène 216
– – de la Dorade 4 (62-63), 200
– – de la Lagune (M8) 103, 199, 214
– – des Voiles (SNR Vela) 83
– – de l'Œuf (CRL2688) 4 (188)
– – du Cône (NGC2264) 184
– – du Crabe (M1) 84, 98, 204
– – du Croissant 215
– – du Papillon 203
– – du Pélican (IC5067) 101
– – du Trapèze 82
– – Grande nébuleuse d'Orion (M42) 82, 109, 214
– – la Tête de la Sorcière 212
– – NGC3603 4 (186-187)
– – Nord America (NGC7000) 101
– – Omega ou du Fer à Cheval (M17) 103, 214
– – La Rosette (NGC2237-9) 214
– – Trifide (M20) 103, 213, 214
– obscures 213, 216, 217
– originelle ou primitive ou solaire 45, 135, 168, **184**, 185, 191, 201
– planétaires 81, **202**, 203, 207
– – Abell 203
– – annulaire de la Lyre (M57) 202
– – Hen-1357 202
– – la Tête du Clown ou l'Eskimo (NGC2392) 85
– – NGC2240 203
– – NGC6751 202
– par réflexion 214, 216
voir aussi Nuages galactiques
NEO (*Near Earth Objects*) *voir* Géocroiseurs
Néréide, lune 180
Néréus, astéroïde 133
Neptune 126, 133, 154, 155, **179-180**
– anneaux 180
– atmosphère 179, 180
– orbite 157, 179
– lunes 180
Neutrinos 127, 151, 212, 226, 234
Neutrons 127, 150, 151, 193, 226, 234
Neutrons, étoile 191, 201, **203**, 206, 207
voir aussi Pulsar
Newton, Isaac 19, 20, **21-22**, 43, 72, 120, 121, 186, 192
– lois 41, 50, 138, 156
NGC, catalogue d'objets célestes
– NGC205 (M110), galaxie 224
– NGC221 (M32), galaxie 224
– NGC1365, galaxie 220
– NGC1409, galaxie 224
– NGC1410, galaxie 224
– NGC1850, amas 218
– NGC2237-9, nébuleuse la Rosette 214
– NGC2240, nébul. planétaire 203
– NGC 2264, nébuleuse du Cône 184
– NGC2300, groupe de galaxies 217
– NGC2346, nébuleuse planétaire 207
– NGC2392, néb. plan. de la Tête du Clown 85
– NGC3372, nébuleuse 216
– NGC4013, galaxie 210
– NGC4038, galaxie 222
– NGC4039, galaxie 222
– NGC4151, galaxie 224
– NGC4314, galaxie 221
– NGC4486B (M87), galaxie 225
– NGC4603, galaxie 209
– NGC4594 (M104), galaxie du Sombrero 211
– NGC4650A, galaxie 221
– NGC5689, galaxie 223
– NGC5838, galaxie 223
– NGC5965, galaxie 223
– NGC6093 (M80), amas globulaire 219
– NGC6745, galaxie 223
– NGC6751, nébul. planétaire 202
– NGC6872, galaxie 221
– NGC6888, nébuleuse 215
NGC7537, galaxie 223
– NGC7635, nébuleuse de la Bulle 217
NIMS (*Near Infrared Mapping Spectrometer*), spectromètre 163
Niveaux d'énergie atomiques 193, 196
NIVR, Agence spatiale hollandaise 128
Nœuds équinoxiaux 52, 67
Nombre de masse **193**
Nombre relatif de Wolf 144, **153**
Nord America, nébuleuse 101
Nouvelle Lune 51, 113, 116
Novae 17, 69, 138, 205, **206**, 207, 209
– récurrentes 24, **207**
Noyaux atomiques 23, **150**, 151, 159, 184, **193**, 200, 204, 212, 226, 227, 230
Noyaux cométaires 132, 133, 156, **182**, 183, 185
Noyaux galactiques *voir* Bulbe
Noyaux planétaires 30, **31**, 43, 45, 130, 155, 159, 161, 165, 171, 173, 174, 175, 176, 178, 180
Noyaux stellaires 198, 200, 201, 202, 203, 204, 206
– du Soleil 139, 140, 141, 142
Nuage d'Oort 156, 182
Nuages de Magellan, galaxies 224
– Grand Nuage 70, 98, 103, 107, 213, 217, 218
– Petit Nuage 70, 98, 99, 102, 103, 104, 107, 109
Nuages, atmosphériques 38, 178, 179, 180, 184, 185, 191, 214, 222
– de Magellan 70, 98, 99, 102, 103, 104, 107, 109, 213, 217, 218, 224
– galactiques 211, 212, **215-216**, 224, 227
– – géants 215, 216, 217
– – moléculaires 215
– interstellaires 125, 182, 186, 188-189, 198, 200, 214, 215, 220
– sombres (nébuleuses obscures) 203, 208, 211, 216
– stellaires 217
voir aussi Nébuleuses
Nucléosynthèse 193, **204**
Numéro atomique **193**, 196
Obéron, lune 178
Objectif (optique) 72, 111, 113, 121
– achromatique 212
Observations 40, 42, 63, 69, 71, 74, 76, 78, 112, 121, 205, 210, 220, 226, 227
– de la Lune **110-117**
– des éclipses **117-118**
– du Soleil 73, 136, 144, 145,
– des planètes 164, 170, 179, 184
Observatoires astronomiques 10, 69, 72, **74-75**
– d'Arecibo 74, 75, 124, 125, 158
– de Berlin 179
– de Cerro de la Silla 74, 120, 123
– de Cerro Pachon 124
– de Cerro Paranal 124
– de Coonabarabran 124
– d'Effelsberg 124
– ESO 120, 122, 123
– de Greenwich 65, 74
– de Jodrell Bank 74
– de Kitt Peak 74, 123, 124, 125, 203, 218
– de La Palma 124
– de La Serena 124
– McDonald 221
– de Maui 124
– du Mauna Kea 74, 124
– du Mont Fowlkes 124
– du Mont Hopkins 124
– du Mont Palomar 74, 124
– de Nizhny Arkhyz 124
– de Palerme 168
– de Socorro 74
– de Stjoenerborg 16-17
– d'Uraniborg 17
– de Yerkes 23, 121
– de Zelenchukskaya 74
Occultation 114, 116, 161
Océan 30, 34, 35, 38
– lunaire *voir* Lune
Octant (*Octans, Octantis*), constellation 79, 98
Oculaire 72, 113, 114, 118, 121
– orthoscopique 113
Odyssey, navire d'*Apollo 13* 60
Omega (Fer à Cheval), nébuleuse 103
Ondes 34, 35
– acoustiques ou sonores 141, 219
– électromagnétiques 39, 75, 192, 194, 219
– gravitationnelles 135, 141
– radio 74, 124, 139, 145, 193, 224
– sismiques 30, 42, 46
voir aussi Rayonnements électromagnétiques
Oort, nuage cométaire 156, 182
Ophiucus ou le Serpentaire (*Ophiuchus, Ophiuchi*), constellation **82**, 100, 107, 108
Opposition 170
Orbites 15, 16, 17, 18, 126, 156
– héliocentriques 77, 129, 132, 134, 135, 161
– héliostationnaires 125
– géocentriques ou géostationnaires 125
– lunaires 43, 51, 52, 53, 54
– planétaires 17, 184, 185, 193
– – de Jupiter 129
– – de Mars 129, 189
– – de Neptune 179, 181
– – de Pluton 179
– – d'Uranus 179, 181
– – terrestre 50, 54, 66, 189
Orientation (ciel) **76**
voir aussi Astrolabe, Cartes célestes, Coordonnées célestes, Horizon
Orion (*Orion, Orionis*), constellation 76, 79, **82**, 83, 85, 86, 89, 90, 93, 94, 97, 98, 101, 102, 105, 109, 198
Orion, Grande nébuleuse (M42) 82, 184
Orion, LEM d'*Apollo 16* 61
Ouverture d'un instrument **71**
Oxygène (O) 31, 39, 60, 173, 182, 195
– synthèse 150, **151**, 204
Ozone 140, 195
Pallas, astéroïde 168, 169
Palmieri, Matteo 82
Pangée 32
Paon (*Pavo, Pavonis*), constellation 102, 105, 108
Pape Alexandre 178
Parabole ou Miroir collecteur 124, 125
Parallaxe 13
– trigonométrique 189, 197
Parallèles 64, 65
Parker 33
Parménide 42
Parson, William, comte de Ross 22
Particules 126, 133, 134, 135, 139, 144, 148, 150, 154, 177, 182, 183, 186, 204, 205, 210, 212, 217, 226
– alpha (α) 127, 159
voir aussi Electron, Neutrinos, Neutron, Photon, Proton
Pascal, Blaise 22
Pasiphaé, lune 172
Pégase (*Pegasus, Pegasi*), constellation 76, 80, **82**, 85, 86, 87, 89, 90, 92, 93, 94, 96, 97, 100, 101, 105
Pélican, nébuleuse 101
Penzias, Arno 227
Périgée lunaire 51, 54, 55
Périhélie 41, **156**, 169, 181, 182
voir aussi Données chiffrées
Persée (*Perseus, Persei*), constellation 80, **82**, 87, 89, 90, 91, 92, 93, 94, 97, 100, 101
Persée, amas ouvert double 215
Perturbations, atmosphériques 71, 74, 123, 179
– gravitationnelles 43, 44, 51, 54, 55, 129, 154, 168, 169, 181, 182, 190-191, 198, 215, 218, 221
– magnétiques 145, 148
Petit Chien (*Canis Minor, Canis Minoris*), constellation **82**
Petit Nuage de Magellan, galaxie 98, 99, 102, 103, 104, 107, 109
Petite Ourse (*Ursa Minor*), constellation 40, 64, 69, 76, 77, 79, 80, **81**, 86, 87, 89, 90, 92, 93, 94, 95, 96, 97
PG1115+080, quasar 225
Phases planétaires 157
– de la Lune 13, **51**, 141
– de Mercure 158
– de Vénus 12, 19, 157, **162**
Phénix (*Phœnix, Phœnicis*), constellation 97, 105
Philosophiae Naturalis Principia Mathematica ou Principe mathématique de philosophie naturelle (I. Newton) 21
Phobos, lune 131, **167**
Photographie 24, 44, 70, 71, 75, 77, 113, **114**, 118, 121, 135, 197, 205, 207, 220
Photomultiplicateurs 121
Photons ou quanta de lumière 154, 192, 193, 194, 195, 196, 202, 203, 226
– gamma (γ) 141, 151
voir aussi Radiations, Rayonnements électromagnétiques
Photosphère, du Soleil 71, 138, 139, **141**, 142, 142, 144, 145, 147, 230, **234**
– de Bételgeuse 189
Piazzi, Giuseppe 168
Pioneer, sondes spatiales 58, 127, 133, 171
– *Pioneer 10* et *11* 133, 172
Plaine abyssale 34
Plan, de révolution lunaire 50
– équatorial céleste 73
– focal 72
– galactique 68, 210, 211, 212, 219
Planck, Max 24, 192
– théorie quantique 193
Planètes 11, 14, 16, 17, 18, 19, 21, 25, 33, 50, 69, 70, 71, 75, 78, 84, 126, 129, 131, 132, 133, **154-183**, 184, 185, 188, 191, 193, 212
– axe de rotation 156
– champ magnétique 154
– doubles 136, 181
– externes ou joviennes 75, 133, 136, 154, 155, 170, 179, 180, 181, 185, 191
– extrasolaires **190-191**
– géologie 120
– mouvement 18, 21, 68, 70, 136, 156, 157
– orbite 21, 156
– spectre 22
voir aussi Jupiter, Lune, Mars, Mercure, Neptune, Pluton, Saturne, Terre, Uranus, Vénus
Planétésimaux 45, 168, 184, 185
Planétoïdes 132, 133, 134, 168, 169
voir aussi Astéroïdes
Plaques tectoniques 32, 33, 45
Plasma 38, 39, 134, 135, 139, 141, 142, 143, 144, 147, 148, 149, 153, 183, 188
Plate-forme continentale 34
Pléiades (M45), amas 71, 84, 89, 94, 101, 214, 215
Plutarque 42
Pluton 134, 136, 154, 158, 159, 173, 179, 180, **181**
– mouvements 157
– orbite 148, 157
Point gamma (γ) du Bélier *voir* Point vernal
Point vernal ou Point γ du Bélier 40, 66, 68, 84, 85
Points cardinaux 65, 79
Points équinoxiaux *voir* Nœuds équinoxiaux
Poisson Austral (*Piscis Austrinus, Piscis Austrinus*), constellation 93, 101, 104, 105, 108, 109
Poissons (*Pisces, Piscium*), constellation 82, 84, **85**
Polarité magnétique 147, 149, 152
Pôles, célestes 40, 62, 64, 65, 66, 67, 77, 80, 94, 97, 98, 99, 102, 105, 108, 157
– géographiques 35, 67, 79, 80
Populations stellaires 223
– du disque **211**
– de type I **211**, 215, 222
– de type II **211**, 218, 220, 222
Positron ou Positon 151, 237
Poupe (*Puppis, Puppis*), constellation 79, **83**, 99, 103, 107, 108, 109, 203, 214
Poussières spatiales 61, 78, 135, 154, 155, 175, 176, 182, 183, 184, 185, 186, 188, 191, 198, 205, 208, 210, 211, 212, 214, 215, 216, **217**, 220, 222
Pouvoir de résolution *voir* Résolution
Pratt, John 32
Précession des équinoxes 14, 21, 40, 80, 84
Principe d'équivalence masse-énergie 43
Principes mathématiques de philosophie naturelle (I. Newton) 22
Prismes optiques 32, 111, 121, 192
Programmes spatiaux
– *Apollo* 56, 57, **58-61**, 126
– Grands observatoires 128
– *Mercury* 56
Protéus, lune 180
Proto-étoile 198, 199, 200
Proto-Lune 45
Protons 148, 150, 151, 152, **193**, 226, **234**
Proto-Soleil 185
Protubérances et filaments solaires 73, 119, 135, 138, 142, 144, **146-147**
Psychée, astéroïde 169
Ptolémée, Claude 14, 15, 16, 17, 82
Pulsar 24, 84, 203, 204, 207
– du Crabe 204, 207
voir aussi Neutrons (étoile)
Pythagore 11
Quadrature 52, 157
Quarks 226, **234**
Quasars 25, **224**, 225
Quintette de Stephan 221
Radar 43, 130
Radiations 4 (188), 36, 58, 120, 135, 138, 141, 145, 148, 182, **192**, 196, 216, 224, **234**
– galactiques 224, 225
– solaires 38, **138-140**, 159, 192, 195
– stellaires 24, 120
– pression de radiation 182
voir aussi Radioactivité, Rayonnements électromagnétiques, Rayons
Radioactivité 24, 132
– naturelle 33
Radiogalaxies **225**
voir aussi Radiosource, Radiotélescopes
Radiomètre 61
Radiosource 124
Radiotélescopes 74, 75, 124, 125, 203, 205, 212
– d'Arecibo 124, 125
– interférométriques 124, 125
Raies spectrales
– d'absorption 23, 24, 140, 144, 195, 225
– de Balmer 197
– d'émission 23, 194, 196, 225
– de Fraunhofer 196
– métalliques 197
Ranger, sondes spatiales 58
RATAN (*Radio Astronomical Telescope of the Academy of Science*) 74
Rayon de Schwarzschild 204
Rayonnements électromagnétiques 73, 75, 125, 132, 139, 140, 144, 185, 188, 189, 190, 192, 193, 194, 195, 196, 199, 202, 203, 205, 211, 216, 217, 219, 227, **234**
– du corps noir **195**
– micro-onde fossile ou Bruit de fond cosmologique diffus 227
– synchrotron 225
voir aussi Rayons gamma, Rayons X, Ultraviolets, Infrarouges, Visible
Rayons gamma (γ) 75, 127, 134, 135, 139, 141, 145, 150, 193, 206
Rayons X 75, 129, 134, 135, 139, 141, 144, 145, 149, 193, 205, 206, 217, 224
Rayons, cosmiques 38, 75, 134
– galactiques 135
RCW38, région céleste 200
Réactions nucléaires 139, 142, 150, 171, 184, 185
– de fusion 140, 171, 189, 195, 200, 201, 202

– chaîne p-e-p 151
– chaîne proton-proton 151
– cycle du carbone ou CNO 151
– dans le Soleil **150-151**
Réflecteur laser 60
Réfraction 192
– terrestre 117
Régolithe (ou régolite) 43, 46, 48
Remparts (cratères) 45, 158
Rendez-vous spatiaux 57
Réseau de diffraction 121
Résolution instrumentale 72, 73, 122, 124, 125
Reticus 16
Révolution copernicienne 120
Révolution, lunaire 41, 50, 51, 54
– terrestre 67, 68, 77, 121
Rigel (β Orionis), étoile 79, 82, 86, 90, 102, 109, 189, 197
Roches 30, 31, 32-33, 34, 36, 44, 45, 155, 166, 175, 176
– basaltiques 44
– évaporitiques 32
– ignées ou volcaniques 32, 33
– lunaires 42, 44, 45, 48, 60, 61
– métamorphiques 33, 48
– sédimentaires 32, 33, 48
Rømer, Ole 22, 172
Röntgen, Wilhelm 192
Roosa, Stuart 60
Rosat, satellite astronomique 217
Rotation, différentielle 148, 152, 170, 171, 174, 209, 213
– lunaire 50, 51, 54, 55
– solaire 143, 147, 149, 153
– terrestre 43, 55, 64, 65, 77, 78, 79
Rover, véhicule d'exploration
– lunaire 56
– martien 130, 131
RR Lyrae, étoiles variables 207
Russel, Henry 24
Rutherford, lord Ernest 24
Sagittaire (*Sagittarius, Sagittarii*), constellation 80, **85**, 92, 96, 99, 100, 103, 104, 105, 107, 108, 208, 209, 211, 213
Sahara 37
Saisons 41, 50, 53, 55, 62, 67, 68, 77, 78, 80, 136
– sur Mars 164, 166, 167
Salinité 34
Salviati 20
Satellites artificiels 4(26-27, 28), 58, 74, 125, 129, 131, 134, 138, 114, 145
– européens 126
– géodésiques 28
– japonais 126, 127
– en orbite lunaire 61, 127
voir aussi Missions
Satellites naturels *voir* Lunes
Saturn 1B, lanceur 59
Saturn V, lanceur 60
Saturne 11, 12, 14, 62, 70, 71, 126, 133, 134, 136, 154, 155, 172, **174-176**, 179
– anneaux 18, 70, 134, 174, 175, 176, 178
– lunes 133, 176
– magnétosphère 133, 134, 175, 176
– révolution 157
– rotation différentielle 157, 174
Schiaparelli, Giovanni 164
Schiste 33
Schmidt-Cassegrain, télescope 72
Schmitt, Harrison 61
Schwarzschild, rayon 204
Schweickart, R. 59
Scorpion (*Scorpio, Scorpionis*), constellation 82, **84**, 85, 92, 95, 96, 99, 100, 103, 104, 105, 108, 109, 214, 215
Scott, David 59, 60
Sculpteur 101
Secchi, Angelo 23
Séismes 47, 49, 61
– terrestres 30, 32, 33
– lunaires 42
– solaires 135, 144
Selene, sonde lunaire 58
Séquence principale 197, 200, 201, 207
Série de Balmer 195, 197
Serpent (*Serpens, Serpentis*), constellation **82**, 99, 108
Shakespeare, William 178
Shepard, Alan 60
Shirr, Walter 59
Sidereus Nuncius (Galilée) 42
Signes du Zodiaque ou zodiacaux 14, 62, 84-85
Silicates 33, 167, 217
Simplicius 20
Singularité cosmologique 226, 227
Sinope, lune 172
Sirius (α Canis Majoris), étoile 83, 86, 87, 90, 94, 95, 98, 101, 102, 103, 105, 107, 109, 190, 197
Sismographe 30, 60, 61
Skylab, laboratoire spatial **127-128**, 134
SMART 1, sonde lunaire 58
SMM (*Solar Maximum Mission*), satellite **134**, 138
Snoopy, LEM d'*Apollo 10* 59
SNR (reste de supernova) **204**
– SNR du Crabe 204, 207
– SNR Vela 83
voir aussi Naines blanches, Pulsars, Supernovae
SNR Vela, reste de supernova 83
Soddy, sir Frederick 24
SOHO (*Solar and Heliospheric Observatory*), satellite 121, 125, **135**, 138, 141, 142, 146, 147, 149
Sol orange (Lune) 49, 61
Sol, de Mars 131, 132
– de Mercure 130
– lunaire 44, 46, 56, 126, 127
Soleil 12, 13, 14, 15, 16, 17, 18, 19, 21, 22, 23, 24, 25, 26, 38, 39, 40, 41, 42, 50, 51, 52, 53, 54, 55, 62, 66, 67, 68, 70, 71, 73, 80, 84, 86, 114, 115, 116, 118, 120, 121, 128, 129, 132, 134, 135, **136-153**, 154, 155, 156, 157, 158, 159, 160, 161, 168, 169, 170, 171, 174, 182, 183, 184, 185, 186, 188, 189, 190, 197, 199, 203, 208, 209, 210, 212, 218, 219, 220
– activité 135, 138, 143, 149, **150-153**
– analyse spectrale 121
– anneau coronal 148-149
– assombrissement du limbe 144
– atmosphère 38, 39, 142, 195
– champ et axe magnétiques 135, 143, **148-149**, 152
– chromosphère **142**, 143, 144, 147
– couronne 53, 135, **142**, 143, 144, 147, 148, 149
– – matière coronale 147, 149
– – trous coronaux 148-149
– cycle solaire 134, 144, 150, **152-153**
– cycle du carbone 151
– densité moyenne 138
– diamètre ou rayon 138, 142
– – apparent 52-53, 124, 138
– dynamique 138
– éclipses 12, 13, 52, 53, **118-119**, 121, 142, 149
– émissions 134, 135, **139**, **148**, 149, 159
– – électromagnétiques 38, 42, 43, **140**, 144, 146, 149, 163, 152, 153, 195
– – de particules (vent solaire) 134, 144, **147**, 148, 149, 184, 186
– éruptions 134, 135, 138, 142, 143, **144**, 147, 153
– facules 138, 142, **144**
– phénomènes superficiels (photosphériques) 138, **143-147**
– – transitoires (sursauts) 144
– filaments 143, 144
– granulation et supergranulation 138, 142, **143**, 144, 145, 148
– hauteur et apex 68, 41
– rayonnement 38, 39, 41, 118, 150, 162
– masse 138, 140, 151
– maxima et minima 149, 152, 153
– mouvement apparent, trajectoire 41, 52, 67, 68, 125
– noyau ou cœur 139, **140**, 141, 142, 150, 195, 232
– photosphère ou surface 71, 135, 138, 139, **141**, 142, 143, 144, 145, 147, 148, 153, 230, **234**
– polarité 148, 149, 152, 153
– pôles 135, 138, 144, 147, 153
– pores **143**, 146
– protubérances 73, 135, 138, 143, 144, **146-147**
– réactions nucléaires **150**, **151**, 152
– rotation 143, 147, 148, 149, 153
– – différentielle 148, 152
– spicules 142, **146**
– structure interne 140, **141**
– surface *voir* photosphère
– séismes 135
– taches 140, 142, 143, 144, **145-146**, 147, 148, **152-153**
– zone convective, radiative 140, 141
voir aussi Aurores polaires, Vent solaire
Solstices 10, 67, 84, 98, 100, 102, 104, 106, 108
– d'été septentrional 88, 92, 96
– d'été austral 98, 102, 106
– d'hiver septentrional 86, 90, 94
– d'hiver austral 100, 104, 108
Sombrero, galaxie (M104 ou NGC4594) 211
Sondes spatiales 75, 126, 130, 132, 134, 136, 141, 149, 154, 158, 161, 164, 167, 176
– américaines 158, 165, 172
– européennes 158
– japonaises 158
– interplanétaires 75
– lunaires 44, 50, **126-127**
– planétaires 184
– radar 61
– sismiques 49
– solaires **134-135**, 158
– soviétiques et russes 43, 50, 127
voir aussi Missions
Sortie extravéhiculaire *voir EVA*
Soufre et sulfates 173, 174
Sources galactiques 129
voir aussi Galaxies
Space Shuttle, navette spatiale américaine 128, 129, 134
Spectre 22, 23, 25, 121, 192, 196, 219, 225, 235
– continu 140, **194**, 195
– d'absorption 23, 194, **195-196**
– d'émission 23, **194**, 195
– de galaxies 24
– de nébuleuses 23
– d'un corps noir 195
– solaire 23, 139, 140, 195
– stellaire 23, 24, 193, 196
Spectrographe 121, 192
Spectrohéliographe 121
Spectromètre 60, 61, 130, 135, 163
– à neutrinos 127
– à particules a 127
– à rayons g 127, 132
Spectrophotomètre 121
Spectroscope 23, 121, 146, 192
Spectroscopie 23, 209
Sphère céleste 14, 40, 55, 64, 65, 66, 67, 68, 76, 79, 80, 157, 209
– droites et parallèles 67
– rotation 40, 64
Sphère homocentrique 12
Spica, étoile *voir* L'Épi
Spicules 142, **146**
Spider, LEM d'*Apollo 9* 59
Spiralisation de la Galaxie 213
Stafford, Thomas 59
Stephan, Quintette de galaxies 221
Stonehenge 10, 54
Stratopause 39
Stratosphère 39
Structure atomique **193**, 194
Sumériens 10, 11
Superamas de galaxies 224
Superficie et surface, lunaire 42, 48, 49, 52, 71, 126
– solaire 135, 145, 147, 148, 153
Supergéantes 82, 84, 197, 205
– bleues 82
– rouges 82, 84
Supergranulation **143**, 146
Supernovae (SN) 24, 83, 84, 184, 198, 201, **204**, 205, 206, 207, 209, 235
– SN1987A 204
– restes de supernova (SNR) 83, 204, 207
Susterman J. 19
Swigert, John 60
Sylvia, astéroïde 169
Système solaire 17, 22, 25, 26, 46, 70, 71, 75, 120, 121, 122, 126, 127, 132, 133, 136, 148, 154, 156, 158, 168, 170, 173, 176, 177, 179, 180, 181, 182, 183, 186, 188, 190, 212, 220, 221, 227
– évolution 135
– exploration **126-135**
– origine 44, 135, **184-185**, 191
– volcans **166**
Système Terre-Lune 38, 42, 43, 44, **50-55**
Système, copernicien 18
– de référence 65
– héliocentrique 13
– géocentrique 13, 15
– ptolémaïque 15, 16, 19
Systèmes de coordonnées **64-68**
– horizontales 65
– horaires 65, 66, 73
– équatoriales 65, 66, 67
– écliptiques 67, 68
– galactiques 68
Systèmes planétaires 188, **190-191**, 211
voir aussi Système solaire
Systèmes stellaires 220
voir aussi Amas, Binaires, Étoiles, Galaxies
Systèmes stellaires binaires *voir* Binaires
Tauri, étoiles 185
Table (*Mensa, Mensae*), constellation 70
Table des éléments chimiques 23
Taches solaires 136, 138, 140, 142, 143, 144, **145-146**, 147, 148, **152-153**
Talus continental 34
Taureau (*Taurus, Tauri*), constellation 82, **84**, 86, 87, 89, 90, 94, 97, 98, 101, 102, 133, 204, 214, 215
Techniques radar 44
Tectonique des plaques 33, 163
Télémesures 44
Télescope 22, 44, 62, 69, 70, 71, **72-73**, 74, 76, 79, 81, **112-113**, 114, 119 120, 135, 154, 158, 160, 162, 164, 167, 170, 172, 175, 177, 180, 188, 191, 226
– à particules 120
– à poursuite lunaire (ou sidérale) 113
– dans l'ultraviolet 61
– en orbite 125
– grégorien 72
– infrarouge 120, 125
– newtonien 72, 112, 120
– optique 120, 122, **124**, 125
– réflecteur ou à miroir (télescope) 21, 69, **72**, **112**, 121, 122, 123, 124
– – type Cassegrain 72, 73, 112
– – type Maksutov 73
– – type Ritchey-Chrétien 128
– – type Schmidt 73
– réfracteur (lunette) **72**, **112**, 122
– – apochromatique 112
voir aussi Lunette
Télésismomètre 59
Température 23, **235**
– stellaire 195, 199
Terminateur 115, 116, 235
Terrasses lunaires
Terre 12, 13, 14, 15, 16, 18, 19, 21, 24, **26-41**, 43, 44, 45, 46, 49, 50, 51, 59, 64, 67, 70, 76, 77, 78, 80, 84, 115, 120, 123, 125, 126, 127, 128, 131, 132, 134, 136, 139, 148, 149, 154, 155, 156, 158, 162, 163, 164, 166, 169, 170, 173, 175, 177, 190, 191, 205, 208, 215, 216, 217, 219, 220, 225, 227
– âge 32
– aplatissement polaire
– atmosphère **38-39**, 132, 138
– atmosphère primitive 176
– axe de rotation 41, 64, 66, 67
– champ de gravité 45
– champ magnétique 38, 39
– croûte 31, 44
– diamètre ou rayon 28-29, 30, 43
– dynamique 32, 33
– évolution 36
– ionosphère 148
– magnétosphère 134, 148
– masse 138
– milieux 36
– mouvement 16, 40, 55, 64
– orbite 13, 15, 26, 41, 50, 54, 55, 66, 138, 157
– révolution 40, **41**, 67, 68, 77, 79, 157
– rotation 20, 26, 29, **40**, 41, 43, 55, 65, 71, 77, 78, 79, 157
– – ralentissement 43
– structure 11, 30, **31**
– température 37
Thalès 11
Thébé, lune 172
Théorie copernicienne **19**, 161
Théorie corpusculaire **192**
Théorie de la dérive des continents **32**
Théorie de la relativité restreinte 24
Théorie de l'orogénèse 33
Théorie isostatique 32
Théorie ondulatoire **192**
Théorie quantique de Planck 193
Théories cosmogoniques 25, 226-227
Thermosphère 39
Timocharis 14
– cratère 110, 113, 115, 116
Tintoret (Jacopo Tintoretto, dit Le) 208
Titan, lune 134, 173, 176
Titania, lune 178
Titius-Bode, loi 168
Topographie, de Vénus 161
– lunaire 43, 112
– martienne 166
Torricelli, Evangelista 22
Toucan (*Tucana, Tucanae*), constellation 70, 109, 219
Transit planétaire 161
Trapèze, amas 198
– nébuleuse 82
Tremblement de terre *voir* Séismes
Triangle Austral (*Triangulum Australe, Trianguli Australis*), constellation 98, 101, 102, 105, 108
Trifide, nébuleuse (M20 ou NGC6514) 103
Triton, lune 173, 180, 181
Tropopause 39
Troposphère 38, 39
Trou de Serrure, nébuleuse (NGC3372) 216
Trous coronaux 148, 149
Trous noirs, stellaires 25, 129, 191, **198**, 201, **205**, 206
– galactiques 129, 204, 210, 220, 222, 224, 225
Tube de lave 47
Turbulences atmosphériques 72, 78, 112, 164
Type spectral 24, 189, **196-197**, 199
Ultraviolets, rayons (UV) 35, 45, 75, 121, 125, 128, 139, 141, 144, 145,146, 152, 179, 195, 203, 207, 217, 224, 225
Umbriel, lune 178
Univers 25, 186, 188, 190, 204, 205, 219, 220, 223
– âge 150, 219, 226
– de bulles 25
– évolution 25
– expansion 225
– ouvert 227
voir aussi Hubble
Uranus 22, 126, 133, 154, 155, **177-178**, 179
– anneaux 177, 178
– orbite 179
– révolution et rotation 157, 177
Urbain VIII, pape (Maffeo Barberini) 19
V404 Cygni, candidat trou noir 205
Vapeur d'eau 38, 39, 78, 138, 195
Variables, étoiles 69, 81, 82, 83, 206, **207**
voir aussi Céphéides, RR Lyrae
Variété des espèces 37
Véga, étoile (α Lyrae) 80, 81, 87, 89, 91, 92, 93, 95, 97, 104, 131, 197
Vent 34, 35, 38, 179, 180
– sur Jupiter 170
– sur Vénus 160, 162
Vent solaire 38, 46, 60, 126, 132, 133, 134, 135, 136, 142, 144, 145, 147-149, 154, 159, 171, 176, 183, 185, 186
Vents stellaires 215
Vénus (Étoile du Matin, Étoile du Soir ou Étoile du Berger) 12, 14, 62, 70, 126, 130, 134, 136, 154, 155, 157, 158, **160-163**, 166, 169, 170, 190
– atmosphère 130, 160, 161, 162
– calendrier des explorations **162**
– champ de gravité 129, 130, 161, 162
– couverture nuageuse 162, 163
– effet de serre 160, 162
– mouvements 18, 160, 161, 163
– orbite 15, 161
– phases 12, 19, 157, 160, 161
– révolution et rotation 157, 162
– volcans 160
Verseau (*Aquarius, Aquarii*), constellation 82, **85**, 89, 92, 93, 100, 108
Vesta, astéroïde 168, 169
Vie 75, 120, 131, 136, 161, 164, 176, 188
Vierge (*Virgo, Virginis*), constellation 79, **84**, 85, 92, 95, 96, 99, 100, 103, 104, 214, 215
Visibilité observationnelle 71, 73, 78, 114, 115, 164, 190
Visible, rayonnement 141, 143, 144, 162, 173, 193, 194, 199, 200, 203, 205, 217, 224, 235
Vitesse de la lumière (*c*) 172, **192**, 193, 195, 234
Vitesse de rotation galactique 212
VLA (*Very Large Array*), télescope 74, 124
VLBA (*Very Long Baseline Array*), radiotélescope 205
VLT (*Very Large Telescope*), télescope 122-123, 124, 200, 205, 207, 211, 215, 220, 224
Voie Lactée *voir* Galaxie
Voiles (*Vela, Velorum*), constellation 79, **83**, 94, 102, 103, 104, 105, 107, 108, 109, 204
Volcanisme 163, 166-167
Volcans 32, 36, 44, 160, 164, 166, 167, 173
– du Système solaire **166-167**
Voûte céleste 156, 190
– rotation et mouvement 84, 113
Voyager, sondes spatiales 133, 167, 171
– *Voyager 1* 75, 133, 172, 176
– *Voyager 2* 133, 172, 173, 175, 177, 178, 179, 180
Wegener, Alfred 32
Whirlpool, galaxie du Tourbillon (M51) 212
White, Edward 59
Wilson, Robert 227
Wolf, Rudolf 153
Wollaston 22
Worden, Alfred 60
Yankee Clipper, navire d'*Apollo 12* 60
Young, John 59, 61
Zeeman, Pieter 23
Zénith 65, 66, 67, 69, 79, 80, 87, 89, 92, 93, 94, 95, 97, 98, 99, 100, 101, 103, 107, 108, 109
Zodiaque, constellations 77, 80, **84-85**
voir aussi Balance, Bélier, Cancer, Capricorne, Gémeaux, Lion, Poissons, Sagittaire, Scorpion, Taureau, Verseau, Vierge